普通高等教育"十四五"规划教材

冶金工业出版社

钢铁冶炼设备

朱德庆　潘　建　郭正启　杨聪聪　主编

U0315872

北　京

冶金工业出版社

2023

内 容 提 要

本书集钢铁冶炼全流程的核心装备之大成,基于钢铁冶炼流程主线,以原料准备、铁矿造块(烧结、球团)、高炉炼铁、转炉炼钢、电炉炼钢、炉外精炼及连铸等各冶炼环节的主要设备为核心,系统介绍主要工序中涉及的关键设备的功能、作用及应用,突出其实践性和先进性的特点。全书共9章,其中第2章主要介绍原料准备与加工装备,包括粉碎筛分及配料设备;第3、4章分别介绍烧结、球团主体工艺装备,包括强力混合机、圆筒混合机、带式烧结机、环式鼓风冷却机、造球机、链算机-回转窑及带式焙烧机的结构与特点;第5章为高炉炼铁设备,主要讲述高炉本体设备、装料设备、供料设备、送风设备、煤气净化设备、渣铁处理设备及喷吹设备等附属系统;第6~8章为部分炼钢设备,包括氧气转炉炼钢设备、电弧炉炼钢设备和炉外精炼设备;第9章为铸钢设备,重点介绍连铸设备类型、结构和操作维护要点。书中每章节均附有思考题,方便教学使用。

本书可作为大专院校钢铁冶炼专业教学用书,也可用于冶金行业职业培训或其他有关专业技术人员参考用书。

图书在版编目(CIP)数据

钢铁冶炼设备/朱德庆等主编. —北京:冶金工业出版社,2023.4
(2023.10 重印)

普通高等教育"十四五"规划教材

ISBN 978-7-5024-9444-5

Ⅰ.①钢… Ⅱ.①朱… Ⅲ.①炼钢设备—高等学校—教材 ②炼铁设备—高等学校—教材 Ⅳ.①TF3

中国国家版本馆 CIP 数据核字(2023)第 045546 号

钢铁冶炼设备

出版发行	冶金工业出版社	电　　话	(010)64027926
地　　址	北京市东城区嵩祝院北巷 39 号	邮　　编	100009
网　　址	www.mip1953.com	电子信箱	service@mip1953.com

责任编辑　卢　敏　姜恺宁　美术编辑　吕欣童　版式设计　郑小利
责任校对　郑　娟　责任印制　禹　蕊
北京富资园科技发展有限公司印刷
2023 年 4 月第 1 版,2023 年 10 月第 2 次印刷
787mm×1092mm　1/16;32.5 印张;788 千字;509 页
定价 76.00 元

投稿电话　(010)64027932　投稿信箱　tougao@cnmip.com.cn
营销中心电话　(010)64044283
冶金工业出版社天猫旗舰店　yjgycbs.tmall.com
(本书如有印装质量问题,本社营销中心负责退换)

前　言

　　钢铁材料由于性能优良、原料丰富、生产成本低及可无限循环，已经渗透到了人类生活中的方方面面，是国防、工业、农业、交通运输、建筑等国民经济各个领域中应用最广泛和使用量最大的一种金属。世界钢材消耗量占全部金属的95%以上。铝、塑料等其他原材料在相当长的时期内将无法从根本上取代钢铁作为结构功能材料的主导地位。无论是在过去、现在，还是在将来相当长的历史时期内，钢铁工业的发展水平仍然是衡量一个国家工业化和现代化水平高低的重要标志之一。

　　世界钢铁工业经历了三次技术革命，例如平炉炼钢、转炉替代平炉、连铸连轧及电炉短流程，很大程度上依赖于钢铁冶炼设备的创新，新工艺新技术的应用均以新装备为平台来实现。我国是一个钢铁生产大国，目前粗钢产量已占世界的56%以上，但是距钢铁强国仍然有一定距离，而创新性人才培养是建设钢铁强国的重要途径之一。钢铁材料是从在自然界具有丰富储量的铁矿石中冶炼出来的，因此钢铁冶金是一个非常大的学科门类，内容极其丰富，涉及铁矿粉造块、高炉炼铁、转炉炼钢、电炉炼钢、铸钢、轧钢等环节。钢铁冶金原理、工艺及设备等课程是我国钢铁冶金本科专业的必修课程，目前相关高校大多开设了钢铁冶金相关的设备课程。但是，相关设备课程均只分别涉及铁矿粉造块、高炉炼铁、转炉炼钢、电炉炼钢、铸钢等环节，设备教材零星分散，迄今没有一本系统性的教材涵盖所有钢铁冶炼设备，同时已有教材对一些新的冶炼设备缺乏介绍。

　　本教材集钢铁冶炼全流程的核心装备之大成，基于钢铁冶炼流程主线，以原料准备、铁矿造块（烧结、球团）、高炉炼铁、转炉炼钢、电炉炼钢、炉外精炼及连铸等各冶炼环节的主要设备为核心，系统介绍主要工序中涉及的关键设备的结构、原理、功能及应用，注重钢铁冶金设备的专业性与实用性，特别注意选取近些年以来在钢铁行业开发运用的新设备，突出其先进性和实践性，以满足钢铁冶金厚基础、宽口径的本科、专科人才培养要求，也可用于冶金行业职业培训或其他有关专业技术人员参考用书。

本教材共9章，其中第1章为概述；第2章主要介绍原料准备与加工装备，包括粉碎筛分及配料设备的结构及工作原理；第3、4章分别介绍烧结、球团主体工艺装备的结构、工作原理及相关操作与维护，包括强力混合机、圆筒混合机、带式烧结机、圆盘造球机、圆筒造球机、链算机-回转窑及带式焙烧机等装备；第5章涉及高炉炼铁设备的结构、工作原理及操作，主要包括高炉本体设备、装料设备、供上料设备、送风设备、煤气净化设备、渣铁处理设备及喷吹设备等附属系统；第6~8章为部分炼钢设备，主要讲述转炉炼钢设备、电弧炉炼钢设备和炉外精炼设备的结构及工作原理；第9章为铸钢设备，重点介绍连铸设备类型、结构、工作原理和操作维护等。书中每章后均附有思考题，方便教学使用。

本教材参考了一些文献，在此对相关文献的作者表示感谢！

非常感谢中南大学教材出版基金资助及资源加工与生物工程学院对本教材的大力支持。

由于时间紧迫加之作者水平有限，本书错误与不足之处恳请读者批评指正。

编　者

于长沙　中南大学

2023 年 2 月

目　　录

1 绪 论

1.1 钢铁工业的地位和作用

钢铁材料性质优良、原料丰富、生产成本低，是人类社会应用范围最广的金属材料，已经渗透到了人类生活中的方方面面。钢铁是国防、工业、农业、交通运输、建筑等国民经济各个领域中应用最广泛和用量最大的一种金属，是现代工业的基础产业。2021 年全球钢产量达到 19.505 亿吨，金属材料中排名第二的原铝产量仅为 0.67343 亿吨，是钢铁产量的 3.45%；排名第三的铜产量仅为 0.2466 亿吨，是钢铁产量的 1.26%。2021 年我国粗钢产量是 10.3279 亿吨，铜、铝、铅、锌、镍、镁、钛、锡、锑、汞 10 种有色金属总产量为 6454.3 万吨，其中电解铝 3580 万吨、精炼铜 1049 万吨、铅 737 万吨、锌 656 万吨。钢是有色金属产量的 16 倍。

钢铁材料是从自然界具有丰富储量的铁矿石中提取，并具有良好的加工和使用性能。地壳中铁的储量比较丰富，按元素总量计占 4.2%，在金属元素中仅次于铝（O、Si、Al、Fe、Ca、Na、K、Mg）。铁矿石冶炼加工容易，且生产规模大、效率高、质量好、成本低。钢铁具有良好的物理、机械和工艺性能，如具有较高的强度和韧性、热和电的良好导体、耐磨、耐腐蚀、焊接及铸造加工性能好；将某些金属元素（如 Ni、Cr、V、Mn 等）作为合金元素加入铁中，就能获得具有各种性能的合金材料；钢铁通过热处理能调整其力学性能，以满足国民经济建设各方面的要求。

专家们估计，随着生产技术的不断发展，钢铁产品应用的日趋广泛和深入，世界钢材消耗量仍将占全部金属的 95% 以上。铝、塑料等其他材料在相当长的时期内仍将无法从根本上取代钢铁作为结构功能材料的主导地位。

钢铁工业属于资源、资金和科技密集型产业，包括地质、采矿、选矿、炼铁、炼钢、铸钢、轧制和金属制品等系列工程，是生产、经营、科技和经济的综合体。无论是在过去、现在，还是在将来相当长的历史时期内，钢铁工业的发展水平仍然是衡量一个国家工业化和现代化水平高低的重要标志之一。

世界钢铁工业的发展与各国国民经济发展规模和发展水平之间存在一定的正相关性（见图 1-1），新兴工业化国家和发展中国家的钢铁工业发展迅速，粗钢产量增加较快，增速超过发达国家，具有广阔的发展前景。

世界粗钢产量与我国粗钢的增长如图 1-2 所示，其发展大体分 3 个阶段：

第 1 阶段：1901—1951 年，钢产量年均增长速度 4.0%，1951 年世界钢产量达到 2 亿吨，其中美国产量占世界总量的 45%。

第 2 阶段：1952—1974 年，钢产量年均增长速度 5.4%，其中日本最为突出，通过优化生产流程结构，年增长速率达到 13.4%。

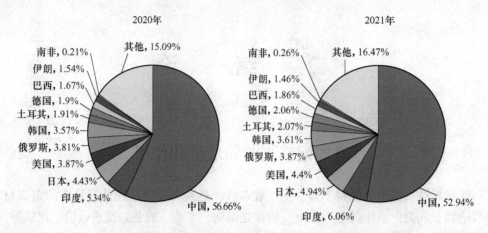

图 1-1 2020 年和 2021 年世界粗钢产量分布情况

第 3 阶段：从 1975 年至今，世界钢铁总量逐年提高，尤其是近 20 年世界钢铁产量快速增长，2018 年高达 18.09 亿吨。目前，先进产钢国和新兴工业国已经完成了从吨位扩张到生产流程结构优化的转移。如日本在钢产量增长的同时，依靠科技进步，加快生产流程结构优化的步伐；韩国采用最新技术、装备，完成了产量的增长和先进流程的建设。

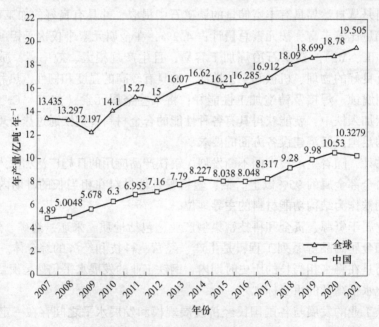

图 1-2 世界粗钢产量增长过程

我国钢铁工业快速发展，带动了世界钢产量的明显增长。2007 年世界粗钢产量 13.435 亿吨，2017 年 16.912 亿吨，2021 年 19.505 亿吨。改革开放后我国钢铁工业蓬勃发展，粗钢产量飞速递增：1990 年为 6638 万吨，1996 年突破 1 亿吨，2017 年为 8.317 亿吨，2018 年为 9.28 亿吨，2019 年达到 9.98 亿吨，2020 年更是高达 10.53 亿吨，首次突破 10 亿吨，我国粗钢产量占世界 56.6% 左右。

我国在低水平工艺技术和装备基础上起步,通过快速进行技术创新和不断进行设备大型化,完成了产能的扩张,现已发展成为世界第一产钢大国。

1.2 钢铁冶金过程及主要设备状况

钢铁冶炼的任务就是把铁矿石冶炼成合格的钢水。按从铁矿石炼制成不同钢铁产品的脱氧程度和脱碳过程,钢铁冶炼可分为以下几类:

(1) 间接炼钢法(长流程):高炉炼铁-转炉(平炉)炼钢。工艺成熟、规模大、生产率高、成本低,是现代化大型钢厂的主要生产流程。

(2) 直接炼钢法:由铁矿石一步冶炼成钢的方法(直接炼铁法)。不用高炉和昂贵的焦炭,用气体还原剂或煤将铁矿石直接还原为铁,替代废钢,形成了直接还原—电炉炼钢短流程。

(3) 熔融还原法:将铁矿石在高温熔融状态下用碳把铁氧化物还原成金属铁的非高炉炼铁法。其产品为液态生铁,用传统转炉炼钢。投资及成本低、工艺简单,是一种新方法。

从技术和装备的角度看,伴随着钢铁生产总量的变迁和发展,钢铁工业出现了三次大规模的技术和装备创新高潮,开发出众多新技术、新装备。主要体现在三代生产流程上:

第一代生产流程技术和装备是以空气底吹转炉、酸性平炉、模铸为代表;第二代生产流程技术和装备是以氧气顶吹转炉炼钢、连续铸钢、连续轧制为代表,铁水预处理、炉外精炼、控制轧制、熔融还原、薄板坯连铸连轧等技术和装备;第三代生产流程(第三次技术革命)为直接还原—电炉炼钢短流程及装备。

现代化大型钢厂大多以长流程生产钢铁产品,即烧结(焦化)—高炉—转炉—连铸连轧工艺,该工艺的粗钢产量占世界粗钢产量的70%左右,而我国长流程钢产量占全国钢产量的90%以上。钢铁联合企业一般的主要工艺环节和车间包括铁矿粉造块、焦煤炼焦、高炉炼铁、转炉(电炉)炼钢、铸钢、轧钢等主要生产环节及其生产车间和辅助车间。

铁矿粉造块车间:铁矿粉不能直接入高炉冶炼,必须对其进行造块,以增大其入炉粒度,改善高炉料柱上部的透气性,同时改善炉料冶金性能、脱除有害元素,是现代钢厂必不可少的工艺。该工艺又分为两大类:一类是铁矿粉烧结工艺,另一类是铁精矿球团焙烧工艺,分别采用不同的工艺装备,生产出具有不同性能的高炉炉料。

铁矿粉烧结是将铁矿粉、各类熔剂及焦粉经混匀制粒后,由布料系统加入烧结机,点火炉点燃焦粉,抽风机抽风完成烧结反应,高温烧结矿经破碎冷却、筛选后,送往高炉作为冶炼铁水的主要原料(见图1-3),大型钢厂铁矿粉烧结主要是采用带式烧结机生产烧结矿,包括配料设备、混合制粒设备、带式烧结机及其辅助设备、烧结矿破碎筛分设备等。

铁矿球团生产过程是将细磨铁矿粉或细粒铁精矿添加黏结剂、固体燃料或熔剂(取决于球团碱度),混匀后在造球机上制备成生球,生球再布到焙烧机上进行高温焙烧固结,最后进行冷却,得到成品球团矿(见图1-4)。主要采用精矿干燥机、高压辊磨机、混合机、圆盘造球机(或圆筒造球机)、带式焙烧机或链箅机-回转窑、竖炉等装备进行生产。

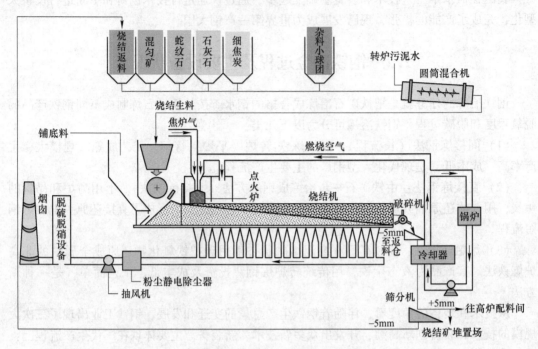

图 1-3　铁矿粉烧结过程及设备

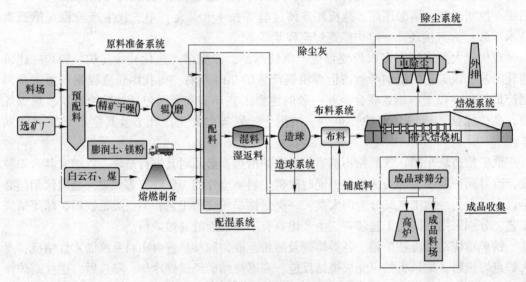

图 1-4　带式焙烧机球团生产过程及设备

　　焦煤炼焦车间：块状焦炭不仅是高炉炼铁的还原剂，而且是高炉料柱的骨架，维持高炉冶炼过程的透气性。因此，焦炭质量不仅影响高炉炼铁产量，而且影响其能耗和生产成本。炼焦作业是将焦煤经混合、破碎后加入炼焦炉内经干馏后产生热焦炭及粗焦炉气的过程（见图 1-5）。热焦炭经过冷却、筛分后，大块送高炉炼铁厂，小粒度焦炭送烧结厂。

　　高炉炼铁车间：是以铁矿烧结矿、球团矿、天然铁矿块矿、焦炭为原料，从炉顶加入

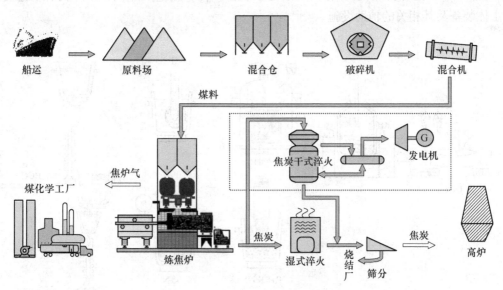

图 1-5 焦煤炼焦工艺过程及装备

高炉内，再由炉下部风口鼓入高温热风，产生还原气体，在高炉内将铁矿石还原、熔化，产生熔融铁水与熔渣，实现铁、渣分离，得到含碳铁水和炉渣的工艺过程（见图1-6）。主要装备是高炉本体及相关辅助设备，如配料设备、热风炉、煤粉制备及其喷吹设备、煤气处理设备及炉渣处理设备等，构成的庞大而复杂的生产系统。

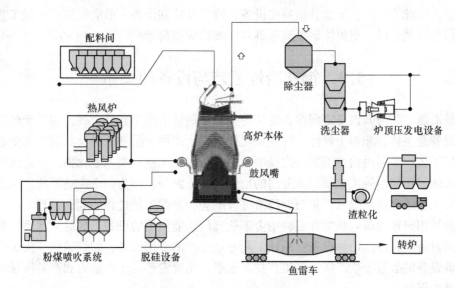

图 1-6 高炉炼铁工艺过程及装备

转炉（电炉）炼钢车间：先将铁水送前处理站作脱硫脱磷处理，经转炉（或电炉）吹炼除杂（脱碳、脱硫、脱磷、脱氧等杂质）后，再依订单钢种特性及品质需求，送二次精炼处理站进行各种处理，调整钢液成分，得到合格的钢水最后送连续铸造机浇铸成钢坯（图1-7）。涉及的主要设备有铁水预处理设备、转炉或电炉炼钢、炉外精炼及连铸机等主体装备及其相关的辅助设施。

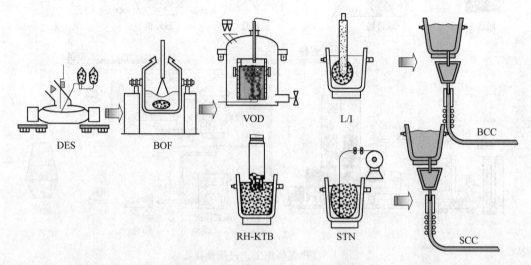

图1-7　转炉炼钢及轧钢过程及装备

DES—脱硅炉；BOF—氧气转炉；L/I—盛桶吹射处理站；

SCC—带钢连铸机；BCC—方坯连铸机；STN—钢包喂丝机；VOD—真空吹氧脱碳炉；RH-KTB—真空脱气炉

轧钢车间：以钢锭或连铸坯为原料，在轧机上将其轧制成不同形状和规格的钢材。

电炉炼钢短流程主要是以废钢、直接还原铁为炉料，通过电弧炉进行炼钢。主体设备是电弧炉，以此为核心，配套其他精炼设备、铸钢及轧钢设备，形成短流程炼钢工艺。随着低碳绿色钢铁发展，电炉炼钢短流程具有广阔的应用前景。

1.3　钢铁冶炼工艺与设备的关系

钢铁冶炼工艺与其设备之间存在密切的关系。钢铁冶炼工艺是主线，相当于软件；钢铁冶炼设备是主体，相当于硬件。首先是根据钢铁生产的产量和品种及其规模等要求选择钢铁冶炼工艺，然后由冶炼工艺决定设备的选择。钢铁工业生产专业化强，工艺流程呈多样性，因此，不同冶炼工艺须配备专门的冶炼设备。此外，作为一个产业系统，钢铁工业生产需要大量冶金通用机械设备与专门冶炼设配套，确保工艺过程的顺利进行。

冶金通用机械设备：是指在各种冶金工业部门均能使用的设备，如起重运输、泵、风机、传动设备等；专门冶炼设备：钢铁工业专业生产的专用设备，如烧结机、高炉、转炉等。冶炼设备的数量、生产能力及工艺技术水平，是确定产品生产能力和产品质量的重要条件和基本保证。

本教材将主要介绍与钢铁冶炼工艺相关的专门冶炼设备及主要通用设备，包括原料的接收和堆存、原料的混合与配料、铁矿粉烧结球团、高炉炼铁、转炉（电炉）炼钢、炉外精炼及连铸机等冶炼环节的主要设备的结构及其特点、工作原理及主要操作特性等，使学生们形成完善的钢铁冶金知识结构，为今后职业的发展奠定良好基础。

1.4 影响设备生产能力的因素分析

一个生产企业设备的生产能力是由设备数量、设备的有效工作时间及其生产效率决定的，相互间的关系如下：

设备的生产能力＝设备的数量×设备的有效工作时间×设备生产效率

设备的数量是指企业已安装在生产线上可供使用的设备数量，不仅包括企业正在运转的和正在检修、安装和准备检修的设备，也包括暂时没有任务而停用的设备，但不包括已报废的、不配套的、封存待调的设备和企业备用的设备。

设备的有效工作时间是指设备全年最大可能运转的时间。不同设备之间存在较大的差异：

（1）连续生产设备：有效工作时间＝365×24-计划大修时间（h）

（2）非连续生产的设备：有效工作时间＝（365-全年节假日天数）×设备开动班次×每班应开动的时数-计划检修的时数

设备生产效率是指单台设备在单位时间内的最大可能产量，亦指单位机器设备的产量定额或单位产品的台时定额，单位时间、单位面积的产量定额或单位产品生产面积占用额等。这是由该设备结构特点和工作原理决定的。

1.5 钢铁冶炼设备利用率

设备利用率是指每年度设备实际使用时间占计划使用时间的百分比，反映设备的工作状态及生产效率的一项技术经济指标。一般来说，设备投资在企业总投资中的占比很大，因此，设备的利用率直接关系到投资效益。提高设备的利用率，等于相对降低生产成本。

设备利用率包括设备数量利用指标、设备时间利用指标、设备能力利用指标和设备综合利用指标。

设备数量利用指标包括实有设备安装率、已安装设备利用率。

设备时间利用指标包括设备制度台时利用率、设备计划台时利用率。

设备能力利用指标是指设备负荷率。

设备综合利用指标是指设备综合利用率。

提高设备利用率的因素主要涉及两个方面：一是提高操作人员的素质，加强设备的维护保养等管理水平，提升设备本身的质量、技术装备水平；二是减少设备停机时间，提高设备的利用率。

提高设备利用率的措施主要体现在两个方面，其一，保持设备经常处于良好技术状态，包括设备处于整洁工作环境与井然秩序、注意润滑、严格执行操作规程及定期检查；其二，不断对设备进行挖潜、革新、改造和更新，因为设备是为生产工艺服务、新的工艺需要新的设备实现。

思　考　题

1-1　请描述钢铁生产长流程的主要生产工艺环节及对应的主体设备。

1-2　请解释生产工艺与设备的关系。

1-3　如何提高设备的生产能力？

2 原料加工与准备设备

我国大多数钢厂生产烧结矿和球团矿所用含铁原料具有品种多样、来源广泛、数量巨大的特点，不仅有来自国内的细粒铁精矿和粗粒铁矿粉等，还有大量来自世界各地的粗粒铁矿粉、细粒铁精矿。每年我国炼铁要消耗 20 多亿吨铁矿石，其中 2019 年进口铁矿石高达 10.7 亿吨，对进口铁矿的依存度高达 80%以上。部分沿海钢厂甚至基本上全部使用进口铁矿。这些铁矿石不仅产地众多，而且铁品位、含杂量、粒度和水分等物理化学性能也千差万别。此外，在烧结矿、球团矿生产过程中，还要大量使用熔剂，如石灰石、生石灰、白云石、蛇纹石及固体燃料，如焦粉、煤粉等铺料。为了满足原料供应和质量的稳定，提高烧结矿和球团矿质量，改善和强化烧结与球团生产过程，必须对原料进行精心准备，包括原料的接收和堆存，原料的取料和混匀，熔剂和固体燃料的破碎、筛分；球团原料的细磨、过滤脱水及烧结厂、球团厂原料的准确配料，为后续的烧结矿、球团矿生产创造良好条件。通常原料化学成分波动越小、粒度越均匀，对稳定烧结和球团工艺操作、提高高炉利用系数、降低焦比越有利。

原料准备厂（或车间）是钢铁企业专门从事原料准备生产作业的部门，加工处理的散状原料、固体燃料量占钢铁企业进出物料总量的 75%左右；除向内给焦化、烧结、炼铁、炼钢、石灰石和白云石焙烧及热电供料外，向外与各矿山、交通运输直接相关。本章将介绍原料的破碎筛分、细磨、称量及配料设备。

2.1 粉碎筛分设备

烧结所用熔剂和固体燃料（如焦粉、煤粉）需要进行破碎处理，以满足烧结工艺对熔剂和固体燃料的粒度要求。而球团工艺对铁矿粉粒度要求更加严格，通常需要进行细磨，提高其粒度，甚至要进行高压辊磨处理，获得很高的比表面积，以提高铁精矿的成球性和焙烧性能，降低膨润土配比，改善球团质量。因此，在烧结球团工艺中，需要使用破碎机、球磨机、高压辊磨机和筛分机等设备。

2.1.1 破碎机

2.1.1.1 反击式破碎机

烧结厂一般使用生石灰、石灰石、白云石、蛇纹石等熔剂，要求其粒度达到-3mm 占 85%以上，甚至高达 95%。通常在烧结厂采用锤式破碎机、反击式破碎机与振动筛构成闭路，以控制石灰石、白云石、蛇纹石等熔剂的粒度。

单转子反击式破碎机结构如图 2-1 所示，主要部件由以下部分组成：上机体、衬板、后反击板、板锤、转子、下机体、前反击板、进料导板、链幕等。

反击式破碎机是一种利用冲击能来破碎物料的破碎机械。其工作原理如图 2-2 所示，

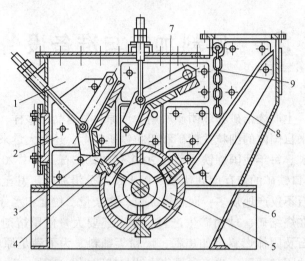

图 2-1　单转子反击式破碎机结构示意图

1—上机体；2—衬板；3—后反击板；4—板锤；5—转子；
6—下机体；7—前反击板；8—进料导板；9—链幕

机器工作时，在电动机的带动下，转子高速旋转，物料进入板锤作用区时与转子上的板锤撞击破碎，后又被抛向反击装置上再次破碎，然后又从反击衬板上弹回到板锤作用区重新破碎，此过程重复进行，物料由大到小进入一、二、三反击腔重复进行破碎，直到物料被破碎至所需粒度由出料口排出。调整反击板与转子之间的间隙就可以改变物料出料粒度和物料形状。

图 2-2　反击式破碎机工作原理示意图

　　反击式破碎机优点：板锤冲击力较小，适宜破碎中等硬度的矿石，尤其适宜于破碎石灰石、白云石、蛇纹石等易碎性物料；结构简单、体积小、破碎比大、处理能力大、电能消耗低、产品粒度均匀、有选择性破碎作用、使用广泛。其缺点是板锤和反击板很容易磨损，需经常更换，运转时噪声较大。

　　反击式破碎机规格性能见表 2-1。

表 2-1 单转子反击式破碎机规格性能

型号与规格	进料口尺寸/mm	最大给矿粒度/mm	排矿粒度/mm	处理量/t·h⁻¹	转子转速/r·min⁻¹	电机功率/kW	电源/V	最重件重量/t	外形尺寸（长×宽×高）/mm	重量（主机）/t	制造厂
PF-54 φ500×400	430×300	100	20~0	4~10	950	7.5	380	0.792	1305×996×1010	1.35	洛阳矿山机械厂等
PF-107 φ1000×700	670×400	250	20~0	15~80	680	37	380	1.526	2170×2650×1850	5.54	上海重型机械厂等
PF-1210 φ1250×1000	1000×530	250	50~0	40~80	475	95	380	3.794	3357×2256×2450	15.25	沈阳重型机械厂等
φ1400×1500		<300	<25	300	740	380			4640×2430×2640	10.2	沈阳重型机械厂
MFD-500		<300	<25	500	600	480			5088×2800×2490		

反击式破碎机适用于在水泥、化工、电力、冶金等工业部门破碎中等硬度的物料，如用于石灰石、炉渣、焦炭、煤等物料的中碎和细碎作业。

2.1.1.2　锤式破碎机

锤式破碎机分单转子和双转子两种形式。单转子锤式破碎机又分为可逆式和不可逆式两种。单转子锤式破碎机获得广泛的应用。

锤式破碎机由箱体、转子、锤头、反击衬板、筛板等组成。其结构如图 2-3 所示。

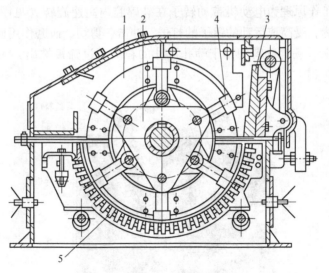

图 2-3　锤式破碎机主要工作部件
1—机壳；2—转子；3—衬板；4—锤头；5—算条

破碎机的主轴上安装有数排挂锤体。在其圆周的销孔上贯穿着销轴，用销轴将锤子铰接在各排挂锤体之间，锤子磨损后可调换工作面。挂锤体上开有两排销孔。销孔中心至回转轴心的距离不同，可用来调整锤子和算条之间的间隙。为了防止挂锤体和锤子的轴向窜动，在挂锤体两端用压紧锤盘和锁紧螺母固定。转子两端支承在滚动轴承上，轴承用螺栓固定在机壳上。主轴和电动机用弹性联轴器直接连接。为了使转子运转平稳，主轴的一端装有一个飞轮。

圆弧状卸料筛条安装在转子下方，算条的两端装在横梁上，圆弧形外面的算条用压板压紧，算条排列方向和转子运动方向垂直。算条间隙由算条中间凸出部分形成。为了便于物料排出，算条缝隙向下逐步扩大，同时还向转子回转方向倾斜。

锤式破碎机的机壳由下机体、后上盖、左侧壁和右侧壁组成，通过螺栓将各部分连接为一体。上部开设进料口一个，机壳内壁全部以高锰钢衬板镶嵌，方便衬板磨损后进行更换。

转子是锤式破碎机的主要工作部位，转子由主轴、锤盘、销轴、锤头等组成。圆盘上均匀开有分布的销孔，用销轴悬挂锤头，并用锁紧螺母在销轴两端固定以防止圆盘和锤头的轴向窜动。转子支承在两个滚动轴承上，轴承通过螺栓固定在下机体的支座上，还有两个定位销钉固定在轴承的中心距上。为了使转子在运动中存储一定的动能，以减小电机的尖峰负荷和减轻锤头的磨损，特意在主轴的一端装有飞轮。

锤头是锤式破碎机最为重要的工作部件。其中锤头的质量、形状和材质决定着锤式破碎机的生产能力，锤头动能的大小与锤头的重量成正比，锤头越重，动能越大，破碎的效率越高，锤头重量种类齐全，最小锤头 15kg，最大锤头可达 298kg。

锤式破碎机通过锤头高速捶打矿石，使矿石在瞬间具有极大的速度和动能。为了防止机架的磨损，在机架的内壁用锰钢做衬板，打击板采用高锰钢经淬火强化处理，以保证衬板和打击板优越的耐磨性和耐冲击性。

锤式破碎机工作原理为电动机带动转子在破碎腔内高速旋转（见图 2-4）。物料自上部给料口给入机内，受高速运动的锤子的打击、冲击、剪切、研磨作用而粉碎。在转子下部设有筛（算）板，粉碎物料中小于筛孔尺寸的粒级通过筛板排出，大于筛孔尺寸的粗粒级留在筛板。

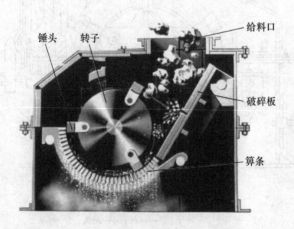

图 2-4　锤式破碎机工作原理示意图

锤式破碎机的优点：破碎比大（一般为 10 ~ 25，高者达 50）、生产能力高、产品均匀、过粉现象少、单位产品能耗低、结构简单、设备质量轻、操作维护容易等。锤式破碎机系列产品适用于破碎各种中等硬度和脆性物料，如石灰石、煤、盐、白亚、石膏、明矶、砖、瓦、煤矸石等。被破碎物料的抗压强度不超过 150MPa。该机主要用于水泥、选煤、发电、建材及复合肥等行业，它可以把大小不同的原料破碎成均匀颗粒，以利于下道工序加工，机械结构可靠、生产效率高、适用性好。

锤式破碎机的缺点：锤头和算条筛磨损快，检修和找平衡时间长，当破碎硬质物料时，磨损更快；破碎粘湿物料时，易堵塞算条筛缝，导致生产能力降低，甚至容易造成停机（物料的含水量不应超过 10%）；粉碎坚硬物时，锤头和衬板磨损大，消耗金属材料多，经常更换易磨损件需占用较多检修时间。

锤式破碎机的主要工作部件为带有锤子（又称锤头）的转子，根据转子可运转的方向分为可逆式和不可逆式。可逆式锤式破碎机转子可双向运转，部分可逆式锤式破碎机规格性能见表 2-2。

表 2-2　锤式破碎机规格性能（可逆式）

型号与规格	PC-41 $\phi400\times175$	PC-64 $\phi600\times400$	PC-86 $\phi800\times600$	PCK-1010 $\phi1000\times1000$	PCK-1413 $\phi1430\times1300$
进料口尺寸/mm	270×145	450×295	570×350	100×300	
最大给矿粒度/mm	50	50	200	80	80
排料粒度/mm	3~0	13~0	10~0	3~0	3~0
处理量/t·h⁻¹	0.5（煤）	8~10	18~24	100~150（煤）	200（煤）
转子转速/r·min⁻¹	960	1000	970	980	735
锤头数量/个	16	20	36	51	6 排
传动电机　型号				JS138-6	JS158-8
传动电机　功率/kW	5.5	17	55	280	370
传动电机　电压/V	380	380	380	380	6000
外形尺寸/mm	1022×763×1310	1055×1020×1122	1495×1698×1020	3800×2500×1800	2470×2450×1900
主机重量/t	0.4	1.21	2.5	13	19.74
制造厂	上海建设机械厂等	沈阳重型机械厂等	广州重型机械厂等	沈阳重型机械厂等	沈阳重型机械厂等

2.1.2　辊式破碎机

为了稳定烧结操作，得到优质烧结矿，烧结固体燃料的品种和粒度至关重要。一般烧结用固体燃料为自高炉槽下筛分的小粒焦丁或无烟煤。烧结用焦粉的破碎通常采用辊式破碎机，包括对辊破碎机粗碎、四辊破碎机细碎。也有钢厂为了减少固体燃料的过粉碎，采用棒磨机进行破碎。一般入厂粒度为 25~0mm，通过破碎、筛分，控制到 3~0mm 占 85%~90%。

对辊破碎机，又叫做双辊式破碎机。具有体积小、破碎比大（5~8）、噪声低、结构简单、被破碎物料粒度均匀、过粉碎率低、维修方便、过载保护灵敏、安全可靠等特点，适用于煤炭、冶金、矿山、化工、建材等行业，更适用于大型煤矿或选煤厂原煤（含矸石）的破碎。尤其是齿辊式破碎机破碎能力大，电动机与减速器之间用限距型液力耦合器联结，防止动力过载，传感器具有过载保护，安全可靠。齿辊间距用液压调整，齿辊轴承集中润滑；齿形通过优化设计，靠剪切力选择性破碎，高效低耗，出料均匀。

靠辊子的挤压力来粉碎矿石的中碎、细碎用破碎机，旋转的工作辊借助摩擦力的作用，将给到辊面上的物料拉入破碎腔中，使物料受到以挤压为主的应力作用而破碎，并由转动的辊子带出破碎腔，作为破碎产品排出。这种破碎机的辊面有光滑辊面和非光滑辊面两种。光滑辊面多处理较硬的物料；非光滑辊面带有沟槽或辊齿，多用来破碎像煤一类的脆性物料。辊式破碎机按辊子数目可分为单辊、双辊或多辊破碎机。双辊破碎机又称对辊破碎机，是最常见的破碎机。按辊子的转速还可以分为快速、慢速和差速辊式破碎机，快速的圆周速度可达 $4 \sim 7.5 \mathrm{m/s}$，慢速的为 $2 \sim 3 \mathrm{m/s}$；差速辊式破碎机主要用来处理黏性物料，多为 2 个转辊直径不同的对辊机。

2.1.2.1 对辊破碎机

对辊破碎机又称为双辊破碎机，分为光面辊和齿面辊。该破碎机结构简单（见图 2-5），辊式破碎机的基本构造为带有耐磨辊皮的工作辊，工作辊的轴承座后有弹簧或液压调整机构，用来调整排料口大小，同时作为过载时的保护装置，此外有传动系统、给料和排料装置、机架和保护罩、动力部分等。

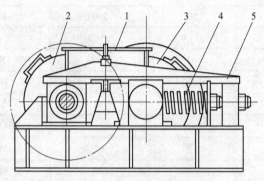

图 2-5　对辊破碎机结构示意图

1—给料口中；2—固定辊；3—活动辊；4—弹簧；5—机架

对辊破碎机由 2 个相向同步转动的挤压辊组成，一个为固定辊，另一个为活动辊。物料从两辊上方给入，被挤压辊连续带入辊间，受到 $50 \sim 200 \mathrm{MPa}$ 的高压作用后，以较为理想的粒度从机下排出。物料从被辊面咬住时开始受到辊子的作用力逐渐增加，最大压力可达 $200 \mathrm{MPa}$。

对辊破碎机工作原理如图 2-6 所示。其工作机构是两根圆柱形辊子。固定辊 2 由固定辊轴承 4 支承，移动辊 1 由移动辊轴承 5 支承。用电动机带动两辊子相对旋转。借相对旋转的两个辊子的摩擦作用将物料挤碎，已破碎的物料借重力作用从两辊间排出。弹簧 6 用以平衡两辊间产生的压力。若有非破碎物落入两辊间时，可推开轴承 5 压缩弹簧 6 扩大间隙使非破碎物通过，非破碎物通过后，弹簧 6 又可使两辊间的空隙保持原有大小，继续工作。两辊轮之间装有楔形或垫片调节装置，楔形装置的顶端装有调整螺栓，当调整螺栓将楔块向上拉起时，楔块将活动辊轮顶离固定轮，即两辊轮间隙变大；出料粒度变大；当楔块向下时，活动辊轮在压紧弹簧的作用下使两轮间隙变小，出料粒度变小。垫片装置是通过增减垫片的数量或厚薄来调节出料粒度大小的，当增加垫片时两辊轮间隙变大，出料粒度变大；当减少垫片时两辊轮间隙变小，出料粒度随之变小。

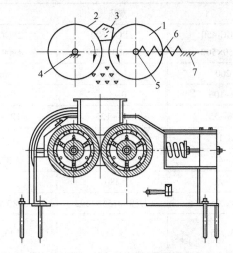

图 2-6　对辊破碎机工作原理
1—移动辊；2—固定辊；3—矿石颗粒；4—固定辊轴承；5—移动辊轴承；6—弹簧；7—机架

驱动机构是由两台电动机，通过三角皮带传动到槽轮上拖动辊轮，按照相对方向产生旋转。在破碎物料时，物料从进料口通过辊轮，经碾压而破碎，破碎后的成品从底架下面排出。

对辊式破碎机的每个辊子都是由单独的电机带动。也有使用一台电机通过皮带传动带动固定轴承的辊子，固定轴承的辊子轴的另一端装有齿轮，通过齿轮带动活动辊子。由于物料性质变化会使活动辊子左右移动，所以必须增加齿轮齿高，以防齿合脱离。因此，传统对辊式破碎机都是采用长齿齿轮传动，它能允许运转中改变两辊中心距而不破坏齿合特性。

部分对辊破碎机的规格性能见表 2-3、表 2-4。

表 2-3　双光辊破碎机规格性能

型号与规格	φ400×250	φ610×400	φ750×500	φ1200×1000
辊子直径/mm	400	610	750	1200
辊子长度/mm	250	400	500	1000
辊子间隙/mm				2~12
最大给矿粒度/mm	20-32	85	40	40
排料粒度/mm	2~8	10~30	2~10	
产量/t·h^{-1}	5~10	13~40	3.4~17	15~90
电机功率/kW	11	30	28	2×40
转子转速/r·min^{-1}	200	75	50	
外形尺寸/mm	1430×1436×816	2235×1722×810	3889×2865×1145	7500×4800×2000
主机重量/t	1.3	3.5	12.25	46.5
制造厂	上海重型机械厂等	上海重型机械厂	沈阳矿山机械厂	沈阳重型机械厂

表 2-4　双齿辊及沟槽型双辊破碎机规格性能

类型	双齿辊			沟槽型
规格	2PGC-450 $\phi450\times500$	2PGC-600 $\phi600\times750$	2PGC-900 $\phi900\times900$	ZPG-1830 $\phi1830\times915$
最大给矿粒度/mm	200	600	800	360
排料粒度/mm	0~100	0~125	0~125	50
产量/t·h^{-1}	20~55	60~125	125~180	550
电机功率/kW	8.11	20.22	30	65
转子转速/r·min^{-1}	64	50	37.5	50
电压/V	380	380		380
外形尺寸/mm	2260×2205×766	2780×3155×1392	4200×3205×1895	5130×2690×2855
主机重量 （不含电机）/t	3.765	5.712	13.27	84.645
制造厂	上海重型机械厂等	洛阳矿山机械厂	沈阳矿山机械厂	沈阳重型机械厂

2.1.2.2　四辊破碎机

烧结厂对入厂粒度为 –25mm 的焦粉或煤粉进行破碎，通常采用光面四辊破碎机。如果采用反击式破碎机或锤式破碎机进行破碎，就必须与筛分机构成闭路，才能将破碎产品控制在 –3mm 占 85%~90% 的范围。而采用四辊破碎机则无需筛分机，可减少投资、简化生产流程。

四辊破碎机是由两对平行的圆柱形破碎辊子组成，实际上可以看成是重叠起来的两台对辊破碎机，其目的是增大破碎比、减少设备占地面积。

四辊破碎机主要是由机架、破碎辊子、调整装置、传动装置、车辊机构和防护罩等组成（见图 2-7、图 2-8）。

图 2-7　四辊破碎机外形

四辊的两个机架用螺栓固定在混凝土基础上，上下各一对平行辊安装在机架上，上下对辊均有主动和从动辊各一个。下主动辊通过皮带传动带动上辊。上下被动辊的轴承座采用带有弹簧的调整丝杆来调整辊子的水平位置，控制所需的开口度。为了张紧传送皮带，在连接轴的大小皮带轮之间有一个压轮。在主动辊的一端，通过联轴节与减速机、电机连接。

四个辊子的轴头处均装有链轮，机架上还有走刀机构，用来车削辊皮。当辊皮磨损后直接车削，使辊面重新得到平整，从而减少停车时间。

四辊破碎机工作原理如下（见图 2-9）：利用 4 个高强度耐磨合金辊子相对旋转产生的高挤压力和剪切力来破碎物料。粗粒物料进入上两辊 V 形破碎腔以后，首先受到上两辊相对旋转的挤压力作用，将物料挤轧和啮磨（粗破），然后再在通过相对旋转的上两辊时，利用上两辊的挤压力进行二次挤轧和碾磨（细破），而后进入下两辊，再次利用下两

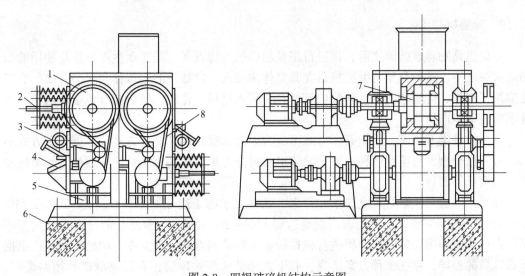

图 2-8　四辊破碎机结构示意图

1—从动轮；2—弹簧；3—车辊刀架；4—观察孔；5—机架；6—基础；7—破碎辊；8—传动带

辊进行第三次挤压、剪切和研磨（超细碎），破碎成需要的粒度后由输送设备送出（仅适用于四辊三破机型）。

四辊破碎机主要技术参数见表 2-5。武钢烧结厂采用的 4PGφ900×700 四辊破碎机（光面），其主要性能如下：

辊子尺寸（直径×长度）：900mm×700mm；

生产率：当上辊间隙 10mm、下辊间隙为 2mm 时，约为 16t/h；

电机功率：上主动辊 20kW 或 24kW，下主动辊 28kW 或 45kW。

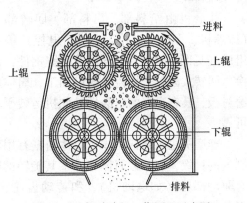

图 2-9　四辊破碎机工作原理示意图

表 2-5　四辊破碎机主要技术参数

型号	4PG0404	4PG0605	4PG0806	4PG0812	4PG1009	4PG1210	4PG1216	4PG1618
辊子直径/mm	400	600	800	800	1000	1200	1200	1600
辊子长度/mm	400	500	600	1200	900	1000	1600	1800
最大给料尺寸/mm	<120	<200	<200	<200	<450	<650	<700	<950
出料粒度/mm	2~20	2~20	2~30	2~30	2~35	2~40	2~50	2~50
生产能力/t·h⁻¹	5~50	8~95	12~150	20~180	30~260	40~50	60~700	90~950
辊子个数	4	4	4	4	4	4	4	4
电机功率/kW	7.5（11）	22（30）	30（37）	45（55）	55（75）	75（90）	90（110）	110（132）
传动方式	三角带或联轴器							

2.1.3　球磨机

球磨机是物料被破碎之后，再进行细粒粉碎的关键设备，是工业生产中广泛使用的高细磨机械之一。这种类型的磨矿机是在其筒体内装入一定数量的钢球作为研磨介质。它广泛应用于水泥、硅酸盐制品、新型建筑材料、耐火材料、化肥、黑色与有色金属选矿以及玻璃陶瓷等生产行业。

球磨机种类有很多，根据磨矿方式可分为干式和湿式两种磨矿方式；根据排矿方式不同，可分格子型和溢流型两种；根据筒体形状可分为短筒球磨机、长筒球磨机、管磨机和圆锥型磨机等四种。

球团厂一般对铁矿石粒度要求非常高，通常要求用于造球的原料粒度为−200 目85%或−325 目60%~70%以上，比表面积要达到1500~2000cm²/g。因此，部分现代化大型球团厂在生产流程中安装了球磨机进行粗粒粉矿或精矿的再磨处理工序。球磨流程往往根据矿石性质的差异，存在多种方案选择，有干式球磨和湿式球磨，有开路磨矿和闭路磨矿。此外，为了控制磨碎产品粒度，通常还会给球磨机配套分级设备。

2.1.3.1　球磨机结构

球磨机由给料部、出料部、回转部、传动部（减速机、小传动齿轮、电机、电控）等主要部分组成（见图2-10）。中空轴采用铸钢件，内衬可拆换，回转大齿轮采用铸件滚齿加工，筒体内镶有耐磨衬板，具有良好的耐磨性。此机运转平稳、工作可靠。

图 2-10　球磨机结构外形图

球磨机主机包括筒体，筒体内镶有用耐磨材料制成的衬板，有承载筒体并维系其旋转的轴承，还有驱动部分（如电动机），和传动齿轮、皮带轮、三角带等。

通常在进料端的进料口及出料端的出料口内均安装有内螺旋叶片。

球磨机配件有球磨机大齿轮、球磨机小齿轮、球磨机中空轴、球磨机齿圈、球磨机大齿圈、球磨机钢球、球磨机隔仓板、球磨机传动装置、球磨机轴承、球磨机端衬等。

球磨机大齿轮的结构由于使用要求不同而具有各种不同的形状，但从工艺角度可将齿轮看成是由齿圈和轮体两部分构成。按照齿圈上轮齿的分布形式，可分为直齿、斜齿、人字齿等。大齿轮安装在筒体上。

球磨机筒体为长的圆筒，筒内装有研磨体，筒体为钢板制造，有钢制衬板与筒体固定，研磨体一般为钢制圆球，并按不同直径和一定比例装入筒中，研磨体也可用钢段。

提高球磨机效率的措施如下：

（1）增大有效容积：提高磨机有效容积可同比提高磨机生产率，如果衬板厚度加大，不仅其重量升高动力消耗增加，而且筒体有效容积会减小，球磨机生产效率降低。如选用磁性衬板，可使筒体的有效容积增加，同时重量相对减小，动力消耗降低。然而选用较薄的磁性衬板也有一定的弊端，由于厚度小，抗击打能力不如现用的 Cr-Mn-Mo 合金铸钢衬板，容易出现破裂问题。针对衬板问题，某些厂家采用沟槽式环形衬板，增加球矿接触表面，加强研磨作用，且对矿石有提升能力，减小了能耗，已被广泛应用。

（2）增加充填率和转速：球磨机的处理能力随钢球的充填率增加而增加，提高充填率可增加钢球碎磨矿石的几率和矿石自磨作用。钢球充填率在45%时球磨机负荷为最大；超过45%时随充填率的增加其负荷大幅度下降。这主要是因为随着充填率的增加，钢球起抛点被抬高，钢球落下的冲砸合力作用点加速向回转中心靠近或超过回转中心，其合力矩大大缩短而变为零或负值，其钢球（含矿）砸落下的冲击合力矩所需负荷由大变为零，直到变为推动筒体转动的动力（即合力作用点超过中心，合力矩为负值）。

（3）改变磨矿介质形状：可选用椭圆球介质代替现用圆球介质，椭圆球与圆球相比，可使球磨机的破碎和研磨能力得到很大提高，同时也可相应降低设备损耗。

溢流型球磨机随着筒体的旋转和磨矿介质的运动，矿石等物料破碎后逐渐向右方扩散，最后从右方的中空轴颈溢流而出。

格子型球磨机在排料端安设有格子板，由若干块扇形孔板组成，其上的箅孔宽度为7~20mm，矿石通过箅孔进入格子板与端盖之间的空间内，然后由举板将物料向上提升，物料沿着举板滑落，再经过锥形块向右至中空轴颈排出机外。

风力排料球磨机物料从给料口进入球磨机，磨矿介质对物料进行冲击与研磨后，物料从磨机的进口逐渐向出口移动，出口端与风管连接，在系统中串联着分离器、选粉机、除尘器及风机的进口，当风力排料开始运作时，球磨机机体内相对地处于低负压，破碎后被磨细的细粒物料随着风力从出料口进入管道系统，由选粉机将较粗的颗粒分离后重新送入球磨机进口，而已经磨碎的细粒物料则由分离器分离回收。

大型溢流型球磨机或格子型球磨机通常与旋流器构成磨矿分级闭路，将铁矿粉磨细到适宜粒度，然后再送到沉降、过滤脱水处理工序。适合处理易过滤脱水铁矿粉。

风力排料方式与干式磨机、风力分级机配套，即构成干式磨矿闭路，省去沉降、过滤脱水作业，流程简单、投资省、成本低，适合处理难过滤脱水和难干燥的铁矿粉。

2.1.3.2 球磨机工作原理

球磨机工作原理如下（见图2-11）：铁矿粉由球磨机进料端空心轴装入筒体内，圆筒内装有各种直径的磨矿介质（钢球、钢棒等）。当球磨机筒体绕水平轴线以一定的转速转动时，研磨体由于惯性和离心力、摩擦力的作用，使它附在筒体衬板上被筒体带走，当被

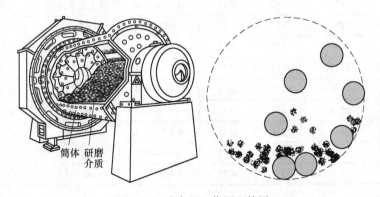

图 2-11　球磨机工作原理简图

带到一定高度，当自身的重力大于离心力时，由于其本身的重力作用便脱离筒体内壁抛射下落或滚下，下落的研磨体像抛射体一样将筒体内的物料击碎，矿石由于冲击力及研磨作用被击碎，磨碎后的物料通过空心轴颈排出。

若入磨物料粒度较大时（一般20目），可把磨机筒体用隔仓板分隔为二段，即成为双仓。物料由进料装置经入料中空轴螺旋均匀地进入磨机第一仓，该仓内有阶梯衬板或波纹衬板，内装各种规格钢球，筒体转动产生离心力将钢球带到一定高度后落下，对物料产生重击和研磨作用。物料在第一仓粗磨后，经单层隔仓板进入第二仓，该仓内镶有平衬板，内有钢球将物料进一步研磨，粉状物通过卸料算板排出，完成粉磨作业。

在筒体回转的过程中，研磨体也有滑落现象，并在滑落过程中对物料产生研磨作用。

2.1.3.3　球磨机型号规格

常见球磨机型号规格见表2-6。

表2-6　球磨机规格及参数

规格型号	筒体转速 /r·min⁻¹	装球量/t	进料粒度 /mm	出料粒度 /mm	产量 /t·h⁻¹	电机功率 /kW	总重量 /t
φ2100×3000	23.7	15	≤25	0.074~0.4	6.5~36	155	45
φ2100×4500	23.7	24	≤25	0.074~0.4	8~43	245	56
φ2100×7000	23.7	26	≤25	0.074~0.4	12~48	280	59.5
φ2200×4500	21.5	27	≤25	0.074~0.4	9~45	280	54.5
φ2200×6500	21.7	35	≤25	0.074~0.4	14~26	380	61
φ2200×7000	21.7	35	≤25	0.074~0.4	15~28	380	62.5
φ2200×7500	21.7	35	≤25	0.074~0.4	15~30	380	64.8
φ2400×3000	21	23	≤25	0.074~0.4	7~50	245	58
φ2400×4500	21	30	≤25	0.074~0.4	8.5~60	320	72
φ2700×4000	20.7	40	≤25	0.074~0.4	22~80	380	95
φ2700×4500	20.7	48	≤25	0.074~0.4	26~90	480	102
φ3200×4500	18	65	≤25	0.074~0.4	按工艺条件定	630	149
φ3600×4500	17	90	≤25	0.074~0.4	按工艺条件定	850	169
φ3600×6000	17	110	≤25	0.074~0.4	按工艺条件定	1250	198
φ3600×8500	18	131	≤25	0.074~0.4	45.8~256	1800	260
φ4000×5000	16.9	121	≤25	0.074~0.4	45~208	1500	230
φ4000×6000	16.9	146	≤25	0.074~0.4	65~248	1600	242
φ4000×6700	16.9	149	≤25	0.074~0.4	75~252	1800	249
φ4500×6400	15.6	172	≤25	0.074~0.4	84~306	2000	280
φ5030×6400	14.4	216	≤25	0.074~0.4	98~386	2500	320
φ5030×8300	14.4	266	≤25	0.074~0.4	118~500	3300	403
φ5500×8500	13.8	338	≤25	0.074~0.4	148~615	4500	525

选择球磨机型号规格应从矿石性质和产品细度、产品含水率及能耗和钢耗三方面进行

充分考虑。

（1）矿石性质和产品细度：

1）当矿石的可磨性较好，且所需产品粒度-200目占60%以下时，一段磨矿和二段磨矿均可选择型号为MQG的格子型球磨机。

2）矿石的可磨性较差，且所需产品粒度-200目占60%以上，一段磨矿可选择MQG型号的格子型球磨机，二段磨矿选择型号为MQY型号的溢流型球磨机。

3）球磨机的规格按照矿石的处理量、矿石的可磨性等因素来选定。

（2）磨矿产品含水率要求：

1）当后续工艺流程中要求矿石的含水率较低时，即要求磨矿产品为干式产品，则需选择干式球磨机。

2）当后续工艺流程中对磨矿产品的含水率不作要求时，由于湿式球磨机不易堵塞，且磨矿效率高，因此，通常选择湿式球磨机。

（3）球磨能耗和钢耗：

1）能耗通常用处理每吨矿石需要多少千瓦的电来表示。球磨机的能耗很大，在选择球磨机型号规格时，必须将球磨机的能耗考虑在内。通常情况下，大规格的球磨机能耗较大。也可通过测定所处理矿石的功能数大小，选择球磨机的功率。

2）钢耗通常用处理每吨矿石需要消耗多少吨钢球来表示。球磨机钢耗是磨矿成本的一个重要组成部分。因此在选择球磨机型号规格时，必须考虑该球磨机的钢耗量。

2.1.3.4 水力旋流器

水力旋流器在选矿工业中主要用于分级、分选、浓缩和脱泥。当水力旋流器用作分级设备时，主要用来与磨机组成磨矿分级系统；用作脱泥设备时，可用于重选厂脱泥；用作浓缩脱水设备时，可用来将选矿尾矿浓缩后送去充填地下采矿坑道。

水力旋流器无运动部件，构造简单；单位容积的生产能力较大，占地面积小；分级效率高（可达80%~90%），分级粒度细；造价低，材料消耗少。

A 水力旋流器结构和工作原理

水力旋流器的结构：由上部一个中空的圆柱体，下部一个与圆柱体相通的倒椎体，二者组成水力旋流器的工作筒体。除此，水力旋流器还有给矿管、溢流管、溢流导管和沉砂口。其结构如图2-12（a）所示。

水力旋流器工作原理如图2-12（b）所示：水力旋流器用砂泵以50~250kPa的压力和5~12m/s的流速将矿浆沿切线方向旋入圆筒，由于受到外筒壁的限制，迫使液体做自上而下的旋转运动，通常将这种运动称为外旋流或下降旋流运动。外旋流中的固体颗粒受到离心力作用，如果密度大于四周液体的密度（这是大多数情况），它所受的离心力就越大，一旦这个力大于因运动所产生的液体阻力，固体颗粒就会克服这一阻力而向器壁方向移动，与悬浮液分离，到达器壁附近的颗粒受到连续的液体推动，沿器壁向下运动，到达沉砂口附近聚集成为大大稠化的悬浮液，从沉砂口排出。分离净化后的液体（当然其中还有一些细小的颗粒）旋转向下继续运动，进入圆锥段后，因旋液分离器的内径逐渐缩小，使液体旋转速度加快。由于液体产生涡流运动时沿径向方向的压力分布不均，越接近轴线处越小而至轴线时趋近于零，成为低压区甚至为真空区，导致液体趋向于轴线方向移动。同时，由于旋液分离器底流口大大缩小，使液体无法迅速从底流口排出，而旋流腔顶盖中央的溢流口由于处于低压区而使一部分液体向其移动，因而形成向上的旋转运动，并从溢流口排出。

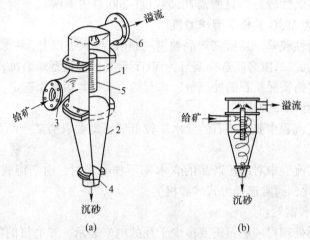

图 2-12　水力旋流器结构（a）和工作原理示意图（b）
1—筒体；2—锥体；3—给矿管；4—沉砂口；5—溢流管；6—溢流产品

B　水力旋流器结构参数

水力旋流器结构参数包含 10 个方面：

（1）水力旋流器直径：主要影响生产能力和分离粒度的大小。一般来说，生产能力和分离粒度随着水力旋流器直径增大而增大。

（2）入料管直径：对处理能力、分级粒度及分级效率均有一定影响。入料管直径增大，分级粒度变粗，其直径与旋流器直径之比为 0.2~0.26。

（3）锥体角度：增大锥角，分级粒度变粗；减小锥角，分级粒度变细。一般来说对细粒级物料分级，采用较小锥角，通常取 10°~15°；粗粒级分级和浓缩一般采用较大的锥角，通常在 20°~45°。水力旋流器内的流体阻力随着锥角的增大而增大。在同一进口压力下，由于流体阻力增大，其生产能力会减小。分离粒度随其锥角的增大而增大，总分离效率降低，而底流中混入的细颗粒较少。

（4）溢流管直径：增大溢流管直径，溢流量增大，溢流粒度变粗，底流中细粒级减少，底流浓度增加。溢流管直径与筒体直径之比为 0.2~0.4。溢流管内径是影响水力旋流器性能的一个最重要的尺寸，它的变化会影响水力旋流器所有的工艺指标。当进口压力不变，在一定范围内，旋流器的生产能力近似正比于溢流管直径。

（5）溢流管插入深度：是溢流管插入到旋流器内部的一节的长度，指的是溢流管底部到旋流器顶盖的距离。减小溢流管插入深度，分级粒度变细；增大溢流管插入深度，分级粒度变粗；溢流管插入深度与筒体直径之比为 0.3~0.7。

（6）进料口断面尺寸：进料口的形状和尺寸对其生产能力、分离效率等工业指标有重要的影响。进料口的作用主要是将作直线运动的液流在柱段进口处转变为圆周运动。进料口按照截面形状可以分为圆形和矩形两种。

（7）沉砂口直径（d）：沉砂口直径增大，分级粒度变细；沉砂口直径减小，分级粒度变粗。沉砂口直径与筒体直径之比为 0.15~0.25。沉砂口是旋流器中最易磨损的部位。沉砂口直径增大，会使水力旋流器生产能力相应增大，但其影响比进料口尺寸及溢流管直径相对来说小一些。

（8）内表面粗糙度及装配精度：水力旋流器的内表面粗糙度及装配精度对其生产能力、分离效率等性能参数的影响较小。

（9）进料黏度：分离粒径和进料黏度的平方根成正比，亦即进料黏度的增加会导致分离粒径的增大。水力旋流器的生产能力和分流比也会随着黏度的提高而增加。

（10）锥比：锥比是沉砂口直径和溢流口直径之比，是设计旋流器的主要参数，也是操作调整分级指标的重要因素。锥比大，分级粒度小；锥比小，分级粒度大。锥比取值范围在 0.35~0.65，由于溢流口直径是不可调参数，所以在生产中主要通过更换不同的沉砂口来选择适宜的锥比。

水力旋流器的技术参数见表 2-7。

表 2-7　水力旋流器技术参数

型号与规格	直径 /mm	锥角 /(°)	溢流粒度 /μm	处理能力 /m³·h⁻¹	溢流管直径 /mm	给矿口尺寸/mm	沉砂口直径 /mm	外型尺寸（长×宽×高）/mm	重量 /kg
FX-125	125	20	20~50	3.1~6.1	14, 18, 25, 35	25×10	15, 25	260×320×646	57
FX-150	150	20	35~75	7.5~15	20, 40, 32, 25	22×22	32, 24, 16	570×426×1123	128
FX-250	250	20	40~100	10~39	26, 34, 50, 69	50×20	20, 25, 35	852×516×1273	205
FX-300	300	20	45~105	37~43	65, 75	47×60	35, 40	852×525×1940	287
FX-350	350	20	50~110	74~90	115, 105, 95	80×65	80, 70, 60	955×680×2299	430
FX-500	500	20	60~120	170~220	180, 160, 140	110×120	110, 90, 70	1090×811×2835	718

2.1.4　高压辊磨机

2.1.4.1　概述

早在 20 世纪 70 年代末，德国 Causthal 技术大学的 K. schönert 教授提出了料层粉碎原理，并设计出高压辊磨机（HPGR，high pressure grinding roller）。1977 年 Krupp Polysius 公司从 K. Schönert 教授处获准制造 HPGR，并于 1985 年生产出第一台产品。1986 年 HPGR 用于 Leimen 水泥厂，随后在水泥行业得到迅速推广应用。受辊面耐磨技术的制约，主要用于水泥工业领域。20 世纪 90 年代以来，随着将高效打散分级机与 HPGR 配套、HPGR 合金柱钉辊面、液压耦合传动以及万向传动轴辊轴直连等关键技术的日趋成熟，在国内外已普遍应用于水泥行业的粉碎、金属矿选矿、化工行业的造粒以及铁矿球团矿生产。尤其是我国 HPGR 设备生产得到快速发展，例如成都利君生产的 HPGR 完全能够替代进口设备。

HPGR 用于金属矿石的破碎，例如毛利塔尼亚 SNIM/zouerat 用其将 25~0mm 铁矿石闭路破碎至−1.6mm 占 65%左右；智利 CMH 用其将 65~0mm 铁矿石破碎至 7~0mm；澳大利亚 One Steel 公司用将 25~0mm 磁铁矿碎至 3.15~0mm；美国 Empire Iron Ore Mine 用其破碎自磨机顽石；葡萄牙某矿用其破碎锡矿石；波兰 KGHM Polish Copper、Polkowice 用其破碎铜矿；美国亚利桑那州 Morenci 铜矿将 HPGR 安装在一个闭路破碎回路中替代细碎，并配备有一台筛孔为 8mm 的湿筛，其产品喂入 2 台 7.3m（24ft）球磨机；俄罗斯 Alrosa 矿用其破碎金矿石等。HPGR 用于选矿，不仅能简化碎矿流程、多碎少磨、减少粉碎能耗，而且能改善分选指标，提高系统生产能力。20 世纪 90 年代 HPGR 逐渐用于铁矿球团生产领域，用于预处理粗粒或低比表面积的铁精矿。归纳起来，HPGR 适用范围包括以下方面：

（1）在选矿行业，HPGR 可替代中碎、细磨碎和超细磨碎设备。特别是可布置在球磨机之前，既可以作为预磨设备，也可和球磨机构成混合粉磨系统。不仅可以提高磨矿效率、降低能耗，而且可提高分选指标。

（2）在铁矿球团行业，可以代替普遍采用的润磨机，适用于大规模球团厂，提高物料成球性，减少膨润土配比，改善球团焙烧性能及成品球团矿冶金性能，降低生产成本。

（3）在建材、耐火材料等行业，在水泥熟料、石灰石、铝矾土等粉磨上均有成功应用。

HPGR 具有以下特点：

（1）破碎效率高。HPGR 在工作压力为 4.0MPa 的情况下，可将物料中 -3mm 和 -0.074mm 含量分别从 28.45% 和 3.30% 提高至 68.01% 和 18.45%，-3mm 含量提高 39.56%，新生成的大量微细颗粒为粗粒抛尾创造了条件。

（2）生产能力大。目前美卓 HRC^{TM}3000（辊子直径 3m、宽度 2m）单机最大处理量可达到 5400t/h，国内成都利君也能制造处理能力高达 7500t/h 的 HPGR。

（3）破碎能耗低。其能耗为 1.1~1.5kW·h/t，一段 HPGR 所需电耗比一段球磨机低 60% 以上。

（4）提高铁精矿的比表面积。在球团领域，由于铁精矿粒度粗、比表面积低、成球性差，导致其膨润土配比高、生产成本高及产品质量差。通过采用 HPGR 进行一次开路预处理，可使铁精矿比表面提高 200~300cm²/g，造球效果得到明显提升。

2.1.4.2　HPGR 结构

HPGR 主要由给料装置、料位控制装置、一对辊子、转动装置（电动机、皮带轮、齿轮轴）、液压系统、横向防漏装置等组成（见图 2-13）。高压辊磨机的工作部件是一对平行排列且相向转动的高压辊，每个辊子由 1 台电动机通过行星齿轮减速机驱动，其中固定辊位置固定，动辊可在水平滑道上移动。滑动辊轴上的液压系统提供极高的工作压力（最高达 300MPa）到工作辊面上。

HPGR 在破碎过程中，给料的料柱形成的重力对破碎效果非常重要，一般在给料斗内形成数米高的料柱（见图 2-14）。在此重力作用下，有利于增加辊子间料层内的静压力。

HPGR 辊面有光面辊和齿面辊之分。工业生产

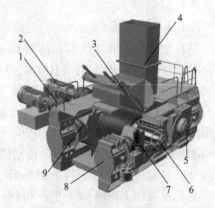

图 2-13　HPGR 基本结构简图
1—传动系统和扭矩平衡装置；
2—电机；3—料层调节装置；
4—料斗；5—定辊系；6—动辊系；
7—蓄能器；8—机架；9—液压缸

中主要是采用齿钉面辊，主要是用高强度耐磨合金制作的齿钉面辊（见图 2-15），主要是在齿钉之间形成料层保护辊面，减少磨损及更换工作量及降低生产成本。

图 2-14　HPGR 给料斗内的料柱

图 2-15　压辊的齿钉面辊

2.1.4.3　HPGR 工作原理

A　HPGR 工作过程及特点

根据所处理物料形态的变化，HPGR 粉碎物料的过程可分为 3 个主要区域（见图 2-16），依次为加速区、挤压区和释放区。HPGR 给料方式为挤满给料。待粉碎物料由 HPGR 顶部的喂料口给入粉碎腔，可通过调节喂料开口大小来控制给料量。物料在喂料器和粉碎腔内能够形成一定高度的连续料柱，料柱自身的高差能够确保产生足够高的给料压力，使矿石物料的堆积密实度达到真密度的 80%~85%，此时物料呈粒群状分布于加速区。设备工作时两压辊相向慢速转动，物料加速进入两个压辊间的挤压粉碎区域，受静载高压作用矿物颗粒被重新排列，相互间的点接触逐渐变为面接触，颗粒料层愈加密实，在粉碎过程中颗粒间的作用力和反作用力不断增加，当作用力超过物料颗粒所能承受的抗压强度时，物料颗粒开始碎裂，在物料运动到辊缝最窄位置时，所受压力值达到巅峰，粉碎程度亦达到最大。在通过此位置后物料所受压力迅速变为零，外部应力突然消失，物料会发生一定程度的反弹膨胀，最终产品以料饼形式经辊缝排出。物料在整个过程中真密度增大，总体积明显减少，破碎过程在密封的机械内部完成，不易发生剧烈碰撞和冲击，噪声低，生产环境整洁。经压实的料饼单位容重达到物料真密度的 85%~88%。在球团矿生产厂，通常设置料饼打散装置或采用强力混合机分散料饼。

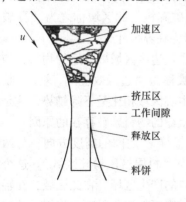

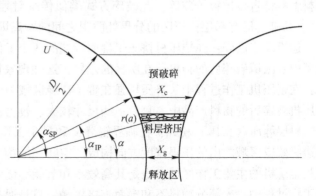

图 2-16　HPGR 工作过程

B　HPGR 工作原理

HPGR 工作原理如图 2-17 所示。高压辊磨机对物料破碎的过程分为预破碎、边缘效应破碎和料层挤压三个阶段，预破碎发生在加速区，边缘效应破碎和料层挤压破碎发生在挤压区，如图 2-18 所示。

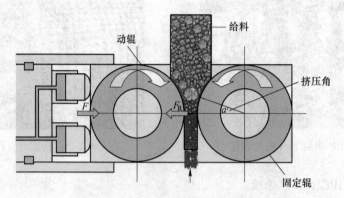

图 2-17　HPGR 工作原理示意图

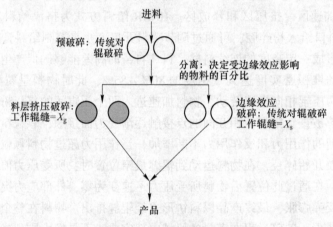

图 2-18　HPGR 破碎机理模型

预破碎：在加速区，当物料颗粒尺寸大于一固定的临界尺寸 X_c（两辊表面间距），此物料颗粒将直接被辊子破碎，此破碎方式类似传统对辊破碎机，此区域称之为"预破碎区"。预破碎区与料层挤压区的分界处两辊之间的距离即为临界尺寸 X_c。

边缘效应破碎：在辊压机挤压辊辊面两端的两个工作辊边缘区域破碎后的物料，与在辊子中心区域破碎后的物料存在明显的差异，这种现象被称为"边缘效应"。这主要是由于，在辊压机工作过程中，挤压压强在辊子边缘区域与中心区域相比呈下降趋势，这是经辊压机破碎后的物料产品中，总有一些尺寸较大、较为粗糙的物料颗粒存在的原因。

料层静压（挤压）粉碎：在临界辊缝 x_c 和最小工作辊缝 x_g 之间的高度方向，与两辊间边缘效应区域之内的压辊宽度方向构成的空间区域称为"料层挤压粉碎区域"。这个区域是辊压机的主要工作区域，也是其高效率和节能等优势的产生区域。在此区域，在辊压机工作过程中，大部分物料不和辊面直接接触，只是通过辊面料层物料颗粒将辊子的挤压力传递给其他物料颗粒，即大部分物料只是受到其周围物料颗粒的挤压，将两辊之间高挤压力转变为物料颗粒之间的高强度挤压，使物料颗粒沿着其最为脆弱的界面破坏（多沿晶界），这也是部分破碎后的物料颗粒内存在微裂纹的原因（见图 2-19）。在辊压机中，以挤满给料方式给入机内的物料，被两个相向转动的辊子咬住向下运动，使料团在辊子之间的封闭空间内受到峰值达 50MPa 以上的压力作用。与传统破碎方式相比，辊压机的料层挤压方式的能量的传递和分布更为均匀，同时降低能量以热、噪声等形式的损失，这就使得破碎能量得到最大的有效利用，这是辊压机较传统破碎设备节能和高效的主要原因。

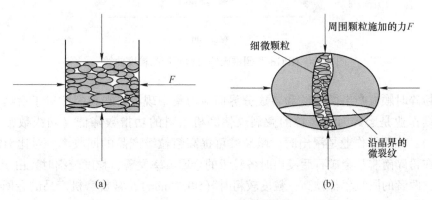

图 2-19　HPGR 料层挤压破碎机理示意图
（a）料层受力状况；（b）颗粒内裂纹形成过程

综上所述，物料进入辊压机后首先经过预破碎区域，尺度大于临界辊缝的物料受到预破碎的作用，然后物料分为两部分，大部分进入料层挤压区域，另有一小部分进入边缘效应区域，这两部分的挤压产品组成辊压机最后的挤压产品。

含有一定水分和泥质的给料咬住作用更好。料层被辊子压实后，空隙度约为物料松散体积的 15%，如给料水分高于此极限值，则一部分水分在料层受压时将被挤出，影响机器正常工作。生产应用中，矿石水分多在 3%~8% 之间。咬住作用和挤压给料是料层在封闭空间内压力能够产生并积聚的前提。

料层粉碎时全部颗粒都受力并产生粉碎，而不仅仅是与辊面直接接触的较粗颗粒受力。因此，辊压机产量和能量利用率高、辊面磨损低。HPGR 最高产量可达 7500t/h，粉碎坚硬金属矿石时单位能耗为 0.8~3kW·h/t（比常规粉碎机低 10%~50%）。辊面工作寿命在 1500~2000h 以上。

料层粉碎产品中超细粒含量往往高于常规粉碎机。在常规粉碎机中，细颗粒处于粗颗粒之间的空隙中，不直接受粉碎工具的作用力，发生粉碎的概率较低。在料团粉碎时，细颗粒在封闭粉碎空间除受到粉碎工具作用力外，还受到颗粒与颗粒之间的作用力，全部颗粒都产生粉碎。这反映在粉碎产品的粒度分布上就是细粒和超细粒含量较常规粉碎机高，即产生过粉碎，对于后续选矿作业的影响需要考虑。

图 2-20 所示为我国某铁矿石用 HPGR 和常规圆锥破碎机细碎产品的粒度曲线。圆锥破碎机产品小于 300μm 的累积含量为 10%，而辊压机是 34%，两者相差 24%。如将圆锥破碎机产品中大于 7mm 粗粒级用检查筛分分出（闭路粉碎作业），筛下产品中小于 300μm 的细粒累积含量增至 17%，仍同辊压机产品的细粒累积含量相差 17%，辊压机产

品中细粒级和超细粒级含量高对产品送球磨机再磨、作为生产球团给料和金矿石浸出等后续作业是有利的。

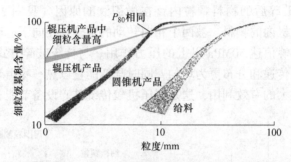

图 2-20　HPGR 和圆锥破碎机粉碎产品粒度曲线

料层粉碎时颗粒产生微裂纹和各成分界面应力集中现象：颗粒裂纹对于后续作业有利：当后续作业是磨碎时，颗粒的微裂纹使磨机给料的功指数降低（功指数常可降低 10%~25%）；当后续作业是浸出时，微裂纹可提高粗粒级产品的回收率。对比 HPGR 和常规磨机在粉碎南非某金矿石后浸出时各粒级的金回收率发现，粒度较细时，由于金矿物充分解离，两者的回收率都较高；粒度较粗时（>0.25mm），常规磨机产品的金回收率降低，HPGR 产品由于颗粒内部有微裂纹使浸出液渗入而提高了金回收率。

目前，辊压机逐渐在粉碎脆性、硬度和磨蚀性高的矿石（铁、金、铜、金刚石等）中推广应用；另一应用是与球磨机等磨碎机械配用，对铁精矿细磨，以提高比表面，生产炼铁用的球团矿。

在粉碎工艺方面，HPGR 粉碎效率高，产品粒度细（用于中细碎时实现多碎少磨），粉碎球团给料时铁精矿每经辊压机一次压碎，比表面平均增加约 300cm²/g（Blaine 指数）。此外，对一些难处理铁精矿，因为矿石颗粒内部产生微裂纹而改善球团焙烧性能和冶金性能。但辊压机产品中有一些较粗粒级（边料），对于产品有严格粒度要求的场合，需配套采用检查筛分或检查分级的闭路工艺。因此，球团矿生产工艺中通常采用一段开路 HPGR 流程或 HPGR+边料循环的闭路流程。

2.1.4.4　HPGR 主要参数及规格

HPGR 的工作参数是决定其粉磨效果的能量利用率的重要因素。包括其结构参数和工艺参数。HPGR 的结构参数有钳角、辊子尺寸、两辊间隙宽度和最大给料量等。HPGR 主要工艺操作参数包括辊压力、辊子线速度、单位能耗、驱动功率等。

不同型号的 HPGR 径宽比（辊子直径 D 与宽度 B 的比值）存在差异，每个 HPGR 公司的径宽比都具有自己的特色，如 Polysuis 公司 $D/B > 2.5$，KHD 公司 $D/B = 2.5~1$，Fuller 公司 $D/B = 1.4~0.8$ 等，国内高压辊磨机径宽比值可取：$D/B = 3.0~1.5$。小的径宽比能够减轻压辊在给料不均匀或有金属块等物质介入的情况下高压辊的偏斜程度，允许较大的块料给入；大的径宽比能够减轻设备的边缘效应，加强咬合力。通常高压辊磨机处理铁矿石时可接受的给矿粒度上限为辊缝的 1.5~1.7 倍。

HPGR 与传统辊式破碎机的区别：由于高压辊磨机 HPGR 在形式上很像传统的对辊破碎机，很多人错误地认为高压辊磨机与传统的对辊破碎机具有相同的缺点。但是实际上

HPGR 与传统的粉碎技术有两点本质上的不同：

（1）HPGR 采用准静压粉碎。HPGR 的料层静压能够使物料"粉身碎骨"。而传统的破碎机则是基于粉碎原理设计的使物料"一分为二"。这种准静压粉碎方式相对于冲击粉碎方式可节省能耗 30%~50%。

（2）HPGR 实施的是层压粉碎，是物料与物料之间的相互粉碎。这种原理的粉碎效率相对于传统的破碎和球磨技术有明显的提高，磨损也明显地减少。

HPGR 的优点如下：粉碎效率高、能耗低、耐磨性好、可处理含水量较高的物料，节能降耗、增产提质和简化后续磨选流程。HPGR 结构紧凑、体积小、重量轻，方便对系统改造，而且操作、维修方便，易实现高压辊磨机的自动工作和监控，生产环境良好。HPGR 采用层压粉碎原理，物料被封闭在挤压辊和给料装置中，依靠静压粉碎，不会产生很大的物料冲击和飞溅，使得振动和噪声低；同时料层内颗粒产生位移、压实，出现微裂纹和粉碎等过程，提高物料活性，有利于后续分选和球团。

HPGR 的缺点如下：（1）边缘效应。挤压辊工作时受其结构特征及两侧挡料板磨损的影响，许多未经破碎的颗粒伴随挤压形成的料饼运出，从侧边逃逸的物料使挤压辊线压力呈现不均匀分布。（2）振动与闷车。给料不均匀，给料粒度分布太宽是造成挤压辊振动的主要原因，给料太多会产生闷车现象。（3）挤压辊磨损与修复。通常情况下，挤压辊辊面采用堆焊制造而成，该种结构在运行中常常会出现辊面发生裂纹及脱落问题，更为严重的会发生断轴事故。（4）轴承寿命。HPGR 破碎物料所需的压力由液压系统提供，此破碎力可达数十万牛。

常规破碎工艺中，HPGR 主要用于三段一闭路破碎流程中的第三段细碎设备和第四段超细碎设备，其典型破碎工艺流程分为开路流程和闭路流程，其中闭路流程又分为带边料返回的闭路流程和带检查筛分的闭路流程。典型 HPGR 破碎工艺流程如图 2-21 所示。在球团生产中存在一台 HPGR 一段开路、多台 HPGR 串联及一台 HPGR 边料循环三种流程。

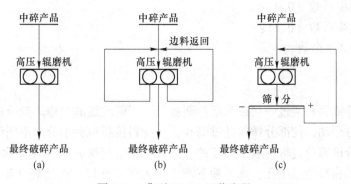

图 2-21　典型 HPGR 工艺流程
（a）开路流程；（b）带边料循环的闭路流程；（c）带检查筛分的闭路流程

HPGR 开路破碎流程的优点是配置简单、运行稳定、占地面积小、生产成本低、操作与管理方便；缺点是采用开路流程，未考虑 HPGR 的边缘效应，把边料未粉碎的粗颗粒矿石也作为 HPGR 最终产品，成品中粒度跨度大，粗细分布不均，影响最终的破碎效果。

带边料返回的 HPGR 闭路破碎流程同样具有配置简单、运行稳定、占地面积小、生产成本低、操作与管理方便等优点，同时又考虑到了边缘效应和侧漏情况。采用边料返回闭路流程时，要特别注意根据实际情况选择适宜的边料循环量，以满足 HPGR 对处理能力和粉碎产品粒度的要求。

HPGR 闭路破碎工艺流程的最大优点是高压辊磨机的破碎产品以料饼形式居多，要根据现场情况选择干式或者湿式闭路筛分作业。若采用干式闭路筛分作业，则筛分前通常需设置打散工艺。此外，筛分设备的筛孔尺寸选择影响筛分效率和 HPGR 的处理能力。在铁矿球团厂，通常对 HPGR 处理后的物料进行强力混合，以分散料饼。

HPGR 设备选型包括通过量及电机功率的确定。我国成都利君对 HPGR 设备选型提出了一系列经验计算公式：

（1）单机物料通过量 Q。单机物料通过量 Q 可采用下式进行计算：

$$Q = 3600K_c\rho svB \tag{2-1}$$

式中　Q——台时处理量，t/h；

　　　K_c——压缩密度系数；

　　　ρ——物料密度，kg/m³；

　　　s——压辊工作辊缝，m；

　　　v——压辊线速度，m/s，$v = \pi \times D \times n/60$；

　　　n——压辊转速，r/min；

　　　B——压辊宽度，m，$B = (0.012 \sim 0.030)D$，系数取决于所处理物料的性质；

　　　D——压辊直径，m。

（2）电机功率 N。HPGR 电机功率 N 可采用下式进行计算：

$$N = \frac{QW}{\eta \varepsilon m} \tag{2-2}$$

式中　Q——台时处理量；

　　　W——单位电耗，kW·h/t；

　　　η——功率系数（0.9）；

　　　ε——负荷系数（0.7）；

　　　m——HGPR 台数。

2.1.5　筛分机

筛分是指碎散物料通过一层或数层筛面被分为不同粒级的过程。筛分机是利用散粒物料与筛面的相对运动，使部分颗粒透过筛孔，使物料按颗粒大小分成不同级别的振动筛分机械设备。筛分机筛分过程一般是连续的，筛分原料给到筛分机械（简称筛子）上之后，小于筛孔尺寸的物料透过筛孔，称为筛下产物；大于筛孔尺寸的物料从筛面上不断排出，称为筛上产物。

2.1.5.1　筛分机的分类和选型

筛分的颗粒级别取决于筛面，筛面分算栅、板筛和网筛三种。算栅适用于筛分大颗粒物料，算栅缝隙为筛下物粒径的 1.1~1.2 倍，一般不宜小于 50mm。板筛由钢板冲孔而成，孔呈圆形、方形或矩形，孔径一般为 10~80mm，使用寿命较长，不易堵塞，适用于筛分中等颗粒。网筛由钢丝编成或焊成，孔呈方形、矩形或长条形，常用孔径一般为 6~85mm，长条形筛孔适合于筛分潮湿的物料，网筛的优点是有效面积较大。筛分机原理分为滚动筛分和振动筛分。滚动筛分包括筛轴式筛分机、滚筒筛、实心、螺旋滚轴筛、叶片式滚轴筛等，振动筛分基本有香蕉筛、高频筛、张弛筛等。滚动类筛分原理：设备采用强行输送，不易造成物料堵塞筛面。振动式由于原理特性及黏湿物料（一般水分6%以上）筛分易造成堵塞，功率较大。

筛分机种类繁多，一般按筛面的结构形式和运动形式将其分为以下几种类型。

（1）固定筛是最简单，也是最古老的筛分机械，筛面由许多平行排列的筛条构成，排列的方向与筛上料流的方向相同或垂直。筛面呈水平安装（脱水时）或倾斜安装，工作时固定不动，物料靠自重沿筛面下滑而筛分。固定格筛是在选矿厂应用较多的一种，一般用于粗碎或中碎之前的预先筛分。可以直接把矿石卸到筛面上。固定筛构造简单、寿命长，尤其不消耗动力，没有运动部件，设备成本和使用成本低。主要缺点是生产率低、筛分效率低，一般只有50%~60%。因此，虽然生产能力和筛分效率较低，但仍在广泛使用。

弧形筛和旋流筛属于新型固定筛。弧形筛筛面沿筛上料流方向呈圆弧形，筛条与筛上料流方向垂直；旋流筛的筛面是圆锥形，筛条近似与母线平行。它们可用于料浆的初步脱水、脱泥或脱介，工作时皆利用料浆沿筛面运动时产生的离心力强化筛分。

（2）滚筒筛的工作部分为圆柱面或圆锥面筛筒，沿筛筒的对称轴线装有转轴，整个筛子绕筒体轴线回转，轴线在一般情况下装成不大的倾角。圆锥面筛筒体水平安装，物料从圆筒的小端给入，并随筛筒旋转被带起，当达到一定高度时，因受重力作用自行落下，细级别物料从筒形工作表面的筛孔通过，粗粒物料从圆筒的另一端排出，如此不断起落运动实现物料的筛分。圆筒筛的转速很低、工作平稳、动力平衡好；但是其筛孔易堵塞变形、筛分效率低、工作面积小、生产率低，可用于粗、中粒物料的筛分和脱水。选矿厂很少使用。

（3）振动筛运动特点是频率高、振幅小，筛面倾斜度越大流动速度越快，物料在筛面上作跳跃运动，因而生产率和筛分效率都较高。振动筛可分为直线振动筛、水平振动筛、摇动筛、偏心筛、旋转振动筛、圆振筛、香蕉振动筛、概率筛，等等。按其传动机构的不同，又可以分为以下几种：偏心振动筛、惯性振动筛、自定中心振动筛、共振筛。

因此，筛分机的选型要考虑以下因素：

（1）筛子的用途：筛分不同类型的物料，是筛分原煤还是筛洗过的煤、矿石、化工原料、粮食等，是分级还是脱水、脱介、脱泥等。

（2）物料是筛干料还是湿料（水分含量是多少），水分含量大或物料黏度大时选择运动型和倾斜度大的筛面。

（3）筛分机安装空间尺寸：筛面宽度 B 和长度 L 及高度 H。

（4）筛分设备的选型分类：固定筛面、振动筛面、运动筛面、滚筒筛面等。

（5）入料最大粒度、出料粒度。

（6）筛分机上接口设备和后续设备的尺寸，是否需要输送功能、布料功能和除铁功能等。

（7）设备处理量：t/h。

（8）安装形式：座式或吊式；电机是左安装还是右安装。

（9）电控箱安装及控制联动顺序。电机、电控选型要求。

（10）其他特殊要求：筛面倾角、筛子外观涂料颜色等。

衡量筛分过程的主要指标有两个：生产率和筛分效率。生产率，即生产能力，指单位时间内能够处理的物料量，单位为 t/h。筛分效率：筛分中实际得到的筛下产物重量与给料中所含小于筛孔或筛缝尺寸的粒径重量之比叫筛分效率，用百分数表示。筛分效率是分设备工作质量的一个指标，它表示筛分作业进行的完全程度和筛分产品的质量。

2.1.5.2 筛分过程的影响因素

影响筛分过程的因素有原料性质与筛子的结构参数、操作参数两大方面。

A 入筛原料性质的影响

（1）含水率：物料的含水率又称湿度或水分。附着在物料表面的外在水分对物料筛分影响很大；物料裂缝中的水分以及物质化合的水分，对筛分过程则没有影响。

物料在细孔筛网上筛分时，水分的影响尤其突出。由于细粒级的物料比表面积很大，所以其外在水分也最高。物料的外在水分能使细颗粒互相黏接成团，并附着在大块上。这种黏性物料会把筛孔堵住。除此之外，附着在筛丝上的水分，在表面张力的作用下可能形成水膜，把筛孔掩盖起来。所有这些情况，都妨碍了物料在筛面上按粒级分层，使细颗粒难以透过筛孔而留在筛上产物中。

（2）含泥量：如果物料含有易结团的混合物（如黏土等），即使在水分含量很少时，筛分也可能发生困难。因为黏土物料在筛分中会黏结成团，使细泥混入筛上产物中；除此之外，黏土也很容易堵塞筛孔。黏土质物料和黏性物料只能在某些特殊情况下用筛孔较大的筛面进行筛分，筛分黏性矿石时，必须采用特殊的措施，包括湿法筛分（即向沿筛面运动的物料上喷水）、筛分前预先脱泥、对筛分原料进行烘干。用电热筛面筛分潮湿且有黏性的矿石，能取得很好的效果。

（3）粒度特性：影响筛分过程的粒度特性主要是指原料中含有对筛分过程有特定意义的各种粒级物料的含量。原料中所含的难筛粒及阻碍粒相对其他粒级较多时，对筛分过程不利；而所含易筛粒和非阻碍粒相对其他粒级较多时，对筛分过程有利。影响筛分过程的粒度特性还包括颗粒的形状。对于三维尺寸都比较接近的颗粒，如球体、立方体、多面体等，筛分比较容易；而对于三维尺寸有较大差别的颗粒，如薄片体、长条体、怪异体等，在其他条件相同的情况下筛分将比较困难。

（4）密度特性：当物料中所有的颗粒都是同一密度时，一般对筛分没有影响。但当物料中粗、细颗粒存在密度差时，情形就很不一样。若粗粒密度小，细粒密度大，则容易筛分，例如从稻谷中筛出混入的细砂等。这是由于粗粒层的阻碍作用相对较小，而细粒级的穿层及透筛作用却比较大。相反，若粗粒密度大，细粒密度小，筛分就相对困难。

B 筛子性能的影响

（1）筛板和筛孔的形状：筛分粒度在 25mm 以上，一般用冲孔或钻孔筛板，孔眼多数采用圆孔，菱形排列。25mm 以下可用编织筛网，编织筛网用方孔。25mm 的筛孔可以用冲孔筛板，或编织筛网，编织筛网应防止筛条滑动、筛孔变形。对于 1mm 以下筛分（包括脱泥、脱水、脱介）采用条缝筛板，0.5mm 以下的可以用条缝筛板（可用穿过筛板上圆环的螺杆或直接焊接的方式固定筛板）或尼龙筛网。不论是筛板或筛网，本身均须绷紧，并和筛箱紧固，这是十分重要的，既可以延长筛板、筛网、筛箱的寿命，提高筛分效率，而且可以减轻噪声。

对于 50mm 以上的筛板，经常由钢筋或轻轨制成。尤其是固定筛，使用旧钢轨更是合适。棒形筛条宜制成楔形的，上宽下窄，便于物料通过。

圆形筛孔，以圆的直径标明筛孔的大小，以保证通过的粒度都小于筛孔的尺寸，其筛下产品基本不含大于筛孔的，但方形孔的对角线是边长的 1.414 倍，有的资料认为通过方孔的最大颗粒，相当于通过圆孔的最大粒度的 1.23 倍。矩形筛孔以矩形的短边作为筛孔的名义尺寸，在这种情况下，超过筛孔尺寸的粒度，特别是扁平颗粒将顺着筛眼长边透筛。还有一些不规则形状的筛孔，如一些编织筛网。概率筛的筛孔常大于分离粒度，故用筛孔的投影进行计算。无论如何，筛分产品的粒度是衡量筛孔尺寸的标准。

（2）筛面的长度和宽度：筛面的宽度决定筛分机的处理能力，若筛面宽物料的通过能力大；筛面的长度决定筛分机的筛分效率，筛面越长物料经过筛分的时间越长，筛分越彻底，但是，过长的筛面对提高筛分效率并不显著，而仅仅多余地加长了筛分机的尺寸。

我国现有筛分机的筛面长度，粗粒级的筛分为 3.5~4m，中细粒级的筛分为 5.5~5.6m，脱水、脱介为 6.5m。

（3）筛面的倾角：筛面倾角的大小会影响筛上物料的移动速度。倾角大，物料的移动快，处理能力高。筛面的倾角和筛子的结构形式与筛分产品的质量要求有关。一般筛孔在 50mm 以上，作预先筛分时都采用圆运动筛分机，如惯性振动筛和自定中心振动筛，其倾角为 15°~20°。而直线运动的筛分机，一般作水平安装，其倾角为 0°，物料在筛面上运动，依靠筛面对物料的抛射力，这种筛分机一般用于煤的脱水、脱泥和脱介。

（4）振幅和频率：振幅是指筛箱行程的一半，频率是指筛箱每分钟往复振动的次数。筛箱除筛面倾角外必须具备足够大的速度才能使筛面上的物料前进。经试验研究得出煤用振动筛筛箱的加速度不超过 $70~80m/s^2$，振幅大致为 2~5mm，转速为 800~1500r/min。

直线运动筛分机的振幅一般采用三角形测量。方法是在白底的振幅牌上画上黑色的三角形，一般放在筛箱的侧板上，其底边与振动方向相垂直。在测量三角形里画出一束平行的基线，上面标有刻度，以表示三角形中相应截面的宽度，当筛箱振动时，根据视觉暂留的原理，在白底的振幅牌上将看到两组三角形，两组三角形相交点的读数，就是振动筛的行程（即双振幅）。

（5）抛射角：抛射角是筛箱运动方向与筛面所形成的角度。抛射角较大，有利于物料透筛，但处理量较小。直线运动筛主要靠抛射作用推动物料前进，并使细粒透筛。直线运动筛的抛射角一般在 30°~55°之间，我国采用 45°，圆运动筛分机也有抛射作用，但其抛射角不固定，并与筛分机的频率和振幅有关。

（6）处理量：过大地加大处理量（单位面积或是单位宽度的处理量），会严重影响筛分效率，使筛上物中含有的小于筛孔粒级的数量增加。

2.1.5.3　振动筛结构及工作原理

振动筛是利用振子激振所产生的往复旋型振动而工作的。振子的上旋转重锤使筛面产生平面回旋振动，下旋转重锤使筛面产生锥面回转振动，其联合作用的效果使筛面产生复旋型振动。其振动轨迹是一复杂的空间曲线。该曲线在水平面投影为一圆形，在垂直面上的投影为一椭圆形。调节上下旋转重锤的激振力，可以改变振幅；调节上下重锤的空间相位角，可以改变筛面运动轨迹的曲线形状并改变筛面上物料的运动轨迹。

振动筛按传动结构和工作原理的差别可分为惯性振动筛、偏心振动筛、自定中心振动筛和电磁振动筛等类型。

振动筛的主要优点：由于筛箱振动强烈，减少了物料堵塞筛孔的现象，使筛子具有较高的筛分效率和生产率；构造简单，拆换筛面方便；筛分每吨物料所消耗的电能少。

A　振动筛基本结构

振动筛一般由振动器、筛箱、支承或悬挂装置、传动装置等部分组成。

振动器：单轴振动筛和双轴振动筛的振动器，按偏心重配置方式区分一般有两种形式。偏心重的配置方式以块偏心形式较好。

筛箱：筛箱由筛框、筛面及其压紧装置组成。筛框由侧板和横梁构成。筛框必须要有足够的刚性。

支承装置：振动筛的支承装置有吊式和座式两种。座式安装较为简单，且安装高度低，一般应优先选用。振动筛的支承装置主要由弹性元件组成，常用的有螺旋弹簧、板弹簧和橡胶弹簧。

传动装置：振动筛通常采用三角带传动装置。由于振动筛的结构简单，可以任意选择振动器的转数，但运转时皮带容易打滑，可能导致筛孔堵塞。振动筛也有采用联轴器直接驱动的。联轴器可以保持振动器的稳定转数，而且使用寿命很长，但振动器的转数调整困难。

B　振动筛的工作原理

将颗粒大小不同的碎散物料群，多次通过均匀布孔的单层或多层筛面，分成若干不同级别的过程称为筛分。大于筛孔的颗粒留在筛面上，称为该筛面的筛上物；小于筛孔的颗粒透过筛孔，称为该筛面的筛下物。实际的筛分过程是：大量粒度大小不同、粗细混杂的碎散物料进入筛面后，只有一部分颗粒与筛面接触，由于筛箱的振动，筛上物料层被松散，使大颗粒本来就存在的间隙被进一步扩大，小颗粒乘机穿过间隙，转移到下层或运输机上。由于小颗粒间隙小，大颗粒并不能穿过，于是原来杂乱无章排列的颗粒群发生了分离，即按颗粒大小进行了分层，形成了小颗粒在下，粗颗粒居上的排列规则，到达筛面的细颗粒，小于筛孔者透筛，最终实现粗、细粒分离，完成筛分过程。然而，在筛分时，一般都有一部分筛下物留在筛上物中。细粒透筛时，虽然颗粒都小于筛孔，但它们透筛的难易程度不同，物料和筛孔尺寸相近的颗粒透筛较难，透过筛面下层的颗粒间隙就更难。

惯性振动筛、偏心振动筛、自定中心振动筛和电磁振动筛等在结构上存在差别，故在工作原理上存在一定的差别。

C　自定中心振动筛

（1）自定中心振动筛的结构：自定中心振动筛主要由筛框、筛面、偏重物、偏心传动轴、轴承、弹簧等部件组成（见图2-22）。筛箱（框）用钢板或钢管焊接而成，用角钢压板将筛网压紧在筛箱上。除振动器的主轴在中心部分与在两端的中心线不重合，有一定的偏心距外，其两端还装有可调节配重的皮带轮和飞轮。电动机经三角皮带传动带动振动器转动，它的偏心效应与惯性振动筛相同，使筛子产生振动。弹簧支承筛箱，同时也减轻筛机传递给基础的动力。自定中心振动筛的筛面有一层和两层两种，安装方式也有吊式和座式两种，吊式通过弹簧悬吊在梁上，座式通过弹簧座在基础上，目前以悬吊式应用广。

（2）自定中心振动筛的工作原理：自定中心振动筛的原理如图 2-23 所示，与惯性振动筛所不同的只是传动轴与皮带轮 7 相连接时，皮带轮 7 上轴孔中心与其几何中心 O-O 不同心，带轮轴孔中心偏离几何中心一个偏心距 A，且偏向于偏心重块 6 的对方（A 为振动筛的振幅）。故当偏心块 6 位于下方时，筛箱 3 及传动轴 1 的中心线在振动中心线 O-O 之上，距离为 A。同样，由于轴孔在带轮上偏心，便使得皮带轮 7 的中心与振动中心线 O-O 相重合。所以，不管筛箱 3 和传动轴 1 在工作过程中处于任何位置，皮带轮 7 的中心 O 总能保持与振动中心线相重合，空间位置不变，实现皮带轮自动定心，故名为自定中心振动筛。由于自定中心，大小皮带轮的中心距保持不变，消除了惯性振动筛皮带传动中心距变化而导致的皮带时紧时松的现象，故皮带寿命可以延长，对电动机也有利。

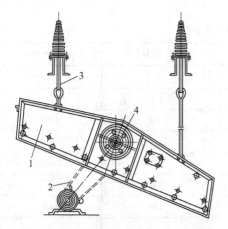

图 2-22 自定中心振动筛结构示意图
1—筛框；2—三角皮带轮；
3—吊架；4—主轴

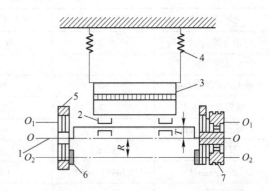

图 2-23 自定中心振动筛的工作原理示意图
1—传动轴；2—偏心轴；3—筛箱；4—弹簧；
5—偏心轮；6—偏心块；7—皮带轮

自定中心振动筛工作时，筛子在偏心轴作用下做上下振动，当偏心轴的偏心距向上运动时筛子向上运动，同时又产生向上的惯性力；偏心轴的偏心距向下运动时筛子向下运动，同时又产生向下的惯性力，使筛子整体产生振动。为使振动筛保持平稳，当偏心距向上运动时，偏重物向下运动；偏心距向下运动时，偏重物向上运动，二者所产生的惯性力大小相等、方向相反，筛子上下运动的距离等于偏心轴偏心距 T 的大小，此时偏心传动轴上的槽带轮的空间位置不变，即自定中心。当上述平衡不能达到时，调整偏重物径向位置就可保持槽带轮的空间位置不变，达到自定中心的目的。自定中心振动筛工作稳定，振幅比惯性振动筛的振幅大，筛分效率可达 80% 以上，设备寿命长，因此自定中心振动筛在选矿中被广泛采用。

偏心振动筛和惯性振动筛的振动原理如图 2-24 所示。偏心振动筛（见图 2-24（a））的轴承和支架是固定的，由于存在偏心距，势必增大轴承的负荷和基础振动，使相应部件寿命降低，甚至折断，已被淘汰。惯性振动筛（见图 2-24（b））取消了固定的轴承，而是一根无偏心的直轴，振动是利用固定在传动轴两端的偏心质量，其缺点是皮带轮旋转中心与筛子一起运动，传动皮带张力不稳定，时紧时松，甚至脱落。

（3）自定中心振动筛型规格：国产自定中心振动筛的型号为 SZZ，每种规格筛子又分

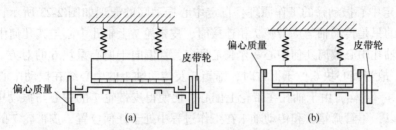

图 2-24　偏心振动筛（a）和惯性振动筛（b）的振动原理示意图

为单层筛网（SZZ_1）与双层筛网（SZZ_2）两种，一般为悬吊式筛，但也有座式筛。部分自定中心振动筛参数见表 2-8。

表 2-8　部分自定中心振动筛参数

型号与规格	SZZ_1 400×800	SZZ_2 400×800	SZZ_1 800×1600	SZZ_2 800×1600
筛分面积/m^2	0.29	0.29	1.3	1.3
筛网层数	1	2	1	2
最大给矿粒度/mm	50	50	100	100
处理量/$t \cdot h^{-1}$	12	12	20~25	20~25
筛孔尺寸/mm	1~25	1~16	3~40	3~40
双振幅/mm	3（6）	3（6）	6	6
振次/min^{-1}	（1440）1450	1300	1300	1000
筛面倾角/(°)	15~25	15~25	15	15
电机型号	Y90S-4	Y90S-4	Y100L2-4	Y100L2-4
功率/kW	1.1（0.75）	1.1（0.75）	2.2	3
外形尺寸 （长×宽×高）/mm	1275×780×1200	1275×780×1200	2140×1328×475	1880×1328×673
重量/kg	120（200）（140）	149（150）	498	822

2.2　混合料配料设备

根据高炉炼铁的需要，由炼铁厂提出入炉烧结矿和球团矿化学成分及冶金性能的目标值。配料是指将各种铁矿粉（铁精矿）、熔剂、固体燃料、黏结剂（或添加剂）按一定质量比配合，生产出化学成分和冶金性能均满足要求的烧结矿和球团矿的工艺过程。它是烧结球团生产工艺必不可少的环节。

配料工艺通常由配料槽和配料设备构成。每种原料配置一定数量的配料槽（矿槽），在配料槽下配置给料机和称量设备对每种原料进行定量配料。根据每种原料下料量和品种性能的不同，设置不同型号和规格的给料机和称量设备以满足配料要求。在炼铁过程广泛采用配料工艺，包括混匀料场、烧结及球团车间均需按后续工艺要求进行准确配料。

配料方法包括容积配料法和重量配料法。前者是通过控制下料的体积，然后根据物料堆积密度计算配料量，该法误差较大，主要在 20 世纪 60 年代前使用。自 60 年代中期逐渐被重量配料法所取代。

目前，重量配料法是配料用得最多的工艺，其设备是由给料机与称量装置组合而成，包括以下 3 种设备组合形成：皮带给料机和皮带秤组合、圆盘给料机和皮带秤组合（图 2-25）、螺旋给料机和皮带秤组合。第一种形式多用于粉矿、熔剂、固体燃料以及其他的添加物料槽；第二种形式多用于粉矿和精矿料槽；第三种形式多用于细粒粉状黏结剂或添加剂参与配料，下料量小，易扬尘。此外，也有采用配有皮带秤的振动给料机代替圆盘给料机以及板式给料机，以解决黏性矿粉的配料问题。大量生产实践表明，圆盘给料机与电子皮带秤的联合装置能较好地达到定量配料，易于维护和经久耐用，因此得到了广泛应用。

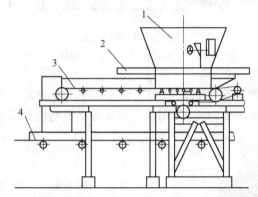

图 2-25　圆盘给料机和皮带秤组合的联合配料称量装置
1—套筒及排料口调节机构；2—圆盘给料机；3—带式称量机；4—主带式输送机

无论哪种配料设备，在进行定量配料时应满足以下要求：

（1）定量给料装置的能力应满足最大给料量的要求。

（2）提高称量的精确度，除给料机可以调速外，带式称量机应能调速，使输送带单位长度上的料重大致保持不变。

（3）带式称量机的带宽应等于或小于配料输出输送机带宽 1~2 级，在平面布置上，两中心线应重合，尽量不采用带式称量机与配料输出输送机相互垂直的布置方案。同一配料槽下的圆盘给料机，应采用相同的圆盘直径。

（4）配料设备的称量精确度不应小于 ±1%。

（5）大中型厂的配料设备，应设置甘油集中润滑装置。

2.2.1　给料机

给料机就是一般意义上说的给料机，是企业机械化储运系统中的一种辅助性设备，其主要功能是将已加工或尚未加工的物料从某一设备（料斗、储仓等）连续均匀地喂料给承接设备或运输机械中。

给料机可分为圆盘给料机、皮带给料机、振动给料机、螺旋给料机等。

2.2.1.1　圆盘给料机

圆盘给料机是一种选矿、冶金用给矿设备，适用于 20mm 以下粉矿。圆盘给料机通常由给料圆盘、下料量大小调节装置、卸料装置、传动装置等组成，结构如图 2-26 所示。

卸料装置通常有刮刀卸料和闸门套筒卸料两种方式。通常通过调节装置（包括闸门

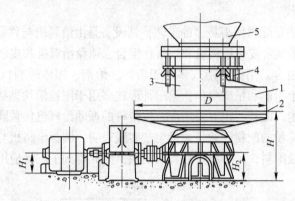

图 2-26　圆盘给料机

1—固定刮板；2—转盘；3—套筒；4—螺杆；5—料仓

和套筒高度调节装置）来调控下料量大小（图 2-27）。传动装置由电机、减速器及联轴节、大小锥齿轮组成（见图 2-28）。采用的电机又分交流电机和调速电机。

图 2-27　圆盘给料机闸门调节装置

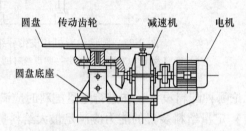

图 2-28　圆盘给料机传动示意图

　　圆盘给料机的结构形式分敞开吊式（DK）、封闭吊式（DB）、敞开座式（KR）、封闭座式（BR）等。

　　圆盘给料机工作原理：物料从接料套筒下落至调整套筒，再由圆盘和调整套筒的间隙中漏散出来，并被刮板将物料从圆盘上刮落下来。调节调整套筒和圆盘的间隙大小和调整刮板的位置即可达到调节给料量的目的。套筒高度的调节主要是通过固定在套筒两边的螺纹杆旋转带动套筒的上下运动。

　　圆盘给料机具有如下优点：结构简单、运行可靠、调节安装方便；装有限矩型液力耦合器，能满载启动，过载保护；重量轻、体积小、工作可靠、寿命长、维护保养方便；最大给料量可达 1200t/h（煤）。

　　圆盘给料机主要性能规格见表 2-9。

表 2-9　圆盘给料机主要性能规格

型号规格 /m	圆盘转速 /r·min⁻¹	生产能力 /t·h⁻¹	配用动力 /kW	盘斜度 调整范围/(°)	外形尺寸 /m	重量 /kg
φ2.2	14.25	4~8	7.5	35~55	2.8×2.75×2.58	2850

型号规格/m	圆盘转速/r·min⁻¹	生产能力/t·h⁻¹	配用动力/kW	盘斜度调整范围/(°)	外形尺寸/m	重量/kg
φ2.5	11.81	5~10	7.5	35~55	3.2×2.3×3	3250
φ2.8	1.21	12~16	7.5	35~55	3.4×2.6×3.1	3710
φ3.0	11.3	15~18	11	35~55	3.7×2.7×3.3	4350
φ3.2	9.6	15~20	11	35~55	3.9×2.7×3.4	5110
φ3.6	9.1	18~24	15	35~55	4.3×3.1×4.0	6510

2.2.1.2　振动给料机

振动给料机结构简单，振动平稳，喂料均匀，连续性能好，激振力可调；可随时改变和控制流量，操作方便；偏心块为激振源，噪声低，耗电少，调节性能好，无冲料现象；若采用封闭式机身可防止粉尘污染；操作方便，不需润滑，耗电量小；可以均匀地调节给矿量，因此已得到广泛应用。振动给料机一般用于松散物料。根据设备性能要求，料仓底部排料处应设置足够高度的拦矿板。振动给料机可把块状、颗粒状物料从料仓中均匀、连续地喂料到受料装置中。振动给料机通常分为电磁振动给料机和电机振动给料机两种类型。

电磁振动给料机（见图2-29）既可以输送各种松散的粒状和粉状物料，也可以输送粒度达500mm的大块物料。对于粉状物料，可以采取密封给料方式。给料机不宜输送黏性较大的、潮湿的物料，也不适用于输送300℃以上的热物料和具有防爆要求的场合。电磁振动给料机分为直槽式和螺旋式两类，两者的工作原理基本一致。

电磁振动给料机由给料槽体、激振器、弹簧支座、传动装置等组成，其结构如图2-30所示。激振器由电磁铁、衔铁和装在两者之间的主振弹簧等构成，是产生振动的激振源，激振器的工作可以通过一定的控制装置进行控制，以适应工序中的不同需求。

图2-29　电磁振动给料机外形

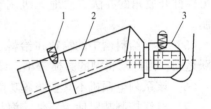

图2-30　电磁给料机结构示意图
1—减振器；2—框体；3—电磁激振器

电磁振动给料机工作原理如图2-31所示。电磁振动给料机是一个较为完整的双质点定向强迫振动的弹性系统，整个系统工作在低临界共振状态，通过利用电磁激振器驱动槽体在一定的倾角下做往复振动，使物料沿槽体移动。物料2置于由主振弹簧3支撑的给料槽1上，衔铁4与槽体的主振弹簧连成一体，线圈6缠绕在铁芯5上。当半波整流后的单向脉动电流在线圈中流过时，电磁铁就产生相应的脉冲电磁力。在交流电的正半周，脉动电流流过线圈，在铁芯和衔铁之间产生脉动电磁吸力，使槽体向后运动，激振器的主弹簧发生变形，储存势能；在负半周期内，线圈中无电流通过，电磁力消失，衔铁在弹簧力的作用下与电磁铁分开，使料槽向前运动，这样料槽就以交流电源的频率，连续地进行往复振动。

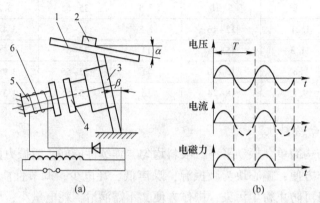

图 2-31　电磁振动给料机工作原理示意图
（a）工作原理；（b）激磁过程
1—给料槽；2—物料；3—主振弹簧；4—衔铁；5—铁芯；6—线圈

电磁振动给料机是一种新型的给料设备，它和其他给料设备相比具有以下特点：

（1）体积小、安装方便、结构简单、重量轻、无转动部件、不需润滑、维修方便、运行费用低。若采用封闭式机身可防止粉尘污染，振动平稳、工作可靠、寿命长。

（2）由于运用了机械振动学的共振原理，双质体在低临界近共振状态下工作，因而消耗电能少。偏心块为激振源，噪声低、耗电少、调节性能好，无冲料现象。

（3）可以瞬时改变和启闭料流，所以给料量有较高的精确度；喂料均匀，连续性能好，激振力可调。

（4）电振机的控制设备采用了可控硅半波整流线路，因此在使用过程中可以通过调节可控硅开放角的办法方便地无级调节给料量，并可以实现生产流程的集中控制和自动控制。

（5）由于给料槽中的物料在给料过程中连续地被抛起，并按抛物线的轨迹向前进行跳跃运动，因此给料槽的磨损较小，设备更换费用低。

（6）该系列电振机不具备防爆功能，因此在有防爆要求的场合不适用。

（7）电气控制装置使用条件：海拔高度不超过 1000m，设备周围温度不低于 −20℃，周围温度为 25℃ 时相对湿度不大于 85%，周围没有严重腐蚀性及影响电气绝缘性能的物品。

（8）电磁振动给料机的缺点是安装后的调整较复杂。一般用于松散物料给料。物料的流动速度控制在 6~18m/min。对给料量较大的物料，料仓底部排料处应设置足够高度的拦矿板；为不影响给料机的性能，拦矿板不得固定在槽体上；为使料仓能顺利排出，料仓后壁倾角最好设计为 55°~65°。

已定型生产的电磁振动给料机产品有 GZ 型通用系列电磁振动给料机、GZV 系列微型电磁振动给料机等。常用的 GZ 系列电磁振动给料机规格齐全、生产能力大、应用范围广。其主要技术参数见表 2-10。

表 2-10 电磁振动给料机主要技术参数

类型	型号	生产率/t·h⁻¹ 水平	生产率/t·h⁻¹ −10°	给料粒度/mm	双振幅/mm	供电电压/V	电流/A 工作电流	电流/A 表示电流	有效功率/kW	配套控制箱信号
基本型	GZ1	5	7	50			1.34	1	0.06	XKZ-5G2
	GZ2	10	14	50			3.0	2.3	0.15	
	GZ3	25	35	75	1.75	220	4.58	3.8	0.2	
	GZ4	50	70	100			8.4	7	0.45	XKZ-20G2
	GZ5	100	140	150			12.7	10.6	0.65	
	GZ6	150	210	200			16.4	13.3	1.2	
	GZ7	250	350	250			24.6	20	3	XKZ-20G3
	GZ8	400	560	300	1.5	380	39.4	32	4	
	GZ9	600	840	350			47.6	38.6	5.5	XKZ-200G3
	GZ10	750	1050	500			39.4×2	32×2	4×2	XKZS-200G3
	GZ11	1000	1400	500			47.6×2	38.6×2	5.5×2	
上振型	GZ3S	25	35	75			4.58	3.8	0.2	XKZ-5G2
	GZ4S	50	70	100	1.75	220	8.4	7	0.45	XKZ-20G2
	GZ5S	100	140	150			12.7	10.6	0.65	
	GZ6S	150	210	200			16.4	13.3	1.5	XKZ-20G3
	GZ7S	250	350	250	1.5	380	24.6	20	3	XKZ-100G3
	GZ8S	400	560	300			39.4	32	4	
封闭型	GZ1F	4	5.6	40			1.34	1	0.05	XKZ-5G2
	GZ2F	8	11.2	40			3.0	2.3	0.15	
	GZ3F	20	28	60	1.75	220	4.58	3.8	0.2	
	GZ4F	40	56	60			8.4	7	0.45	XKZ-20G2
	GZ5F	80	112	80			12.7	10.6	0.65	
	GZ6F	120	168	80	1.5	380	16.4	13.3	1.5	XKZ-20G3
轻槽型	GZ5Q	100	140	200		220	12.7	10.6	0.65	XKZ-20G2
	GZ6Q	150	210	250			16.4	13.3	1.5	XKZ-20G3
	GZ7Q	250	350	300		380	24.6	20	3	XKZ-100G3
	GZ8Q	400	560	350	1.5		39.4	32	4	
平槽型	GZ5P	50	70			220	12.7	10.6	0.65	XKZ-20G2
	GZ6P	75	105	100		380	16.4	13.3	1.5	XKZ-20G3
	GZ7P	158	175				24.6	20	3	XKZ-100G3
宽槽型	GZ5K1		200							
	GZ5K2		240	100	1.5	220	12.7×2	10.6×2	0.65×2	XKZ-20G2
	GZ5K3		270							
	GZ5K4		300							
圆管型	GZ1G	2		50			1.34	1	0.05	XKZ-5G2
	GZ2G	4		50			3.0	2.3	0.15	XKZ-5G2
	GZ3G	10		60	1.75	220	4.58	3.8	0.2	XKZ-5G2
	GZ4G	20		70			3.4	7	0.45	XKZ-20G2
	GZ5G	40		80			12.7	10.6	0.65	XKZ-20G2
特大型	GZ11.T		1000 资料为煤比量 0.85	300	1.5	380	47.6×2	38.6×2	5.5×2	SZK00

2.2.1.3　螺旋给料机

螺旋给料机适用于各种工业生产环境的粉体物料配料。在烧结球团车间，主要是对黏结剂、添加剂等小批量物料进行精确给料，与称量装置联合实现定量配料。

螺旋给料机根据使用环境的要求可分为单管螺旋给料机（见图2-32）与U形LS螺旋给料机两大系列。单管螺旋给料机采用密闭输送物料，密封性较好，能避免粉尘对环境的污染，改善劳动条件，具有给料稳定、可实现锁气的特性，也可消除物料的回流现象。单管螺旋给料机也可根据使用要求设计成水平输送、倾斜输送、垂直输送，可降低设备的制造成本。

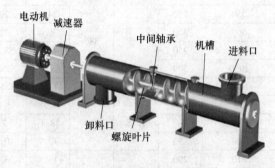

图 2-32　单管螺旋给料机外形

A　螺旋给料机结构

螺旋给料机结构通常由驱动装置、头节、中间节、尾节、头尾轴承、进出料装置等几部分组成（见图2-33），如条件允许，最好将驱动装置安放在出料端，因驱动装置及出料口装在头节（有止推轴承装配）较合理，可使螺旋处于受拉装态。其中头节、中间节、尾节每个部分又有几种不同的长度。螺旋式输送机各个螺旋节的布置次序最好遵循按螺旋节长度的大小依次排列和把相同规格的螺旋节排在一起的原则，安装时从头部开始，顺序进行。螺旋给料机在总体布置时还应注意，不要使底座和出料口布置在机壳接头的法兰处，进料口也不应布置在吊轴承上方。

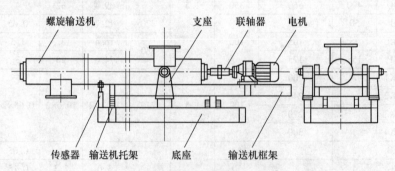

图 2-33　螺旋给料机结构示意图

螺旋是该机的主要部件，它由轴和焊接在轴上的螺旋叶片组成。螺旋叶片和螺纹相同，可分为左旋和右旋两种。螺旋叶片的形式较多，一般是根据需要选取。常见的螺旋叶片有下列4种：

（1）实体螺旋。这种形式应用较广。它结构简单，给料效率高，对散状料最为适宜。

（2）带状螺旋。这种螺旋叶片与轴的接触部位是空的，用拉筋支承，螺旋面较窄，能避免物料被粉碎或螺旋叶片与机体被大块物料卡住，在输送大块和黏性物料时被采用。

（3）齿状螺旋。这种螺旋在叶片边缘开有若干缺口，由于螺旋带有齿状凹槽，所以能同时起松散、搅动和输送物料的作用，因此多用于输送易被挤紧的物料。

（4）弯折齿螺旋。该螺旋凸出的叶片，在转动过程中能使物料不断提升和翻转，它能在输送过程中同时对物料进行混合、冷却和干燥。

B 加料与卸料装置

螺旋给料机的加卸料装置有多种形式，以适应不同加卸料位置的要求。常见的加料方式有：物料直接落在螺旋叶片上进行加料，或以星形加料器加料，这种加料能够调节进入螺旋给料机的物料量。一般卸料是从机槽底部开卸料口，有时可沿机长方向开设数个卸料口，以适应多点给料需要。

螺旋给料机驱动端轴承、尾部轴承置于料槽壳体外部，故减少了灰尘对轴承的影响，提高了螺旋给料机关键件的适用寿命。螺旋给料机中间吊挂轴承采用滑动轴承，并设防尘密封装置，螺旋给料机密封件用尼龙或塑料，因而密封性能好、耐磨性强、阻力小、寿命长。螺旋给料机滑动轴承的轴瓦有粉末冶金、尼龙和巴氏合金，可根据不同需要选用，螺旋给料机进出料口可灵活布置，使其适应性更强。

螺旋给料机具有如下特点：给料螺旋具有独特的稳流结构，采用变螺距结构和出口溢流方式，在整个进料口截面上料粉均匀下沉，不易结拱，不易冲料；有效解决了出口物料的冲料难题（产量>60t/h采用双管稳流）；摆线针轮减速电机，保证了长期稳定运行；密封结构，减少粉尘外扬。

LC型螺旋给料机主要技术参数见表2-11。

表 2-11　螺旋给料机主要技术参数

规格	LC200	LC250	LC315	规格	LC200	LC250	LC315
螺旋直径/mm	200	250	315	输送高度/m	7.5~10	6~7.5	6.5~9
螺旋速度/r·min^{-1}	450	415	380	电机型号	Y132S-4	Y160M-6	Y180L-6
输送量/m³·h^{-1}	28.5	51	95	功率/kW	5.5	7.5	15
输送高度/m	2.5~5.5	2.5~4	2.5~4	输送高度/m	10.5~13.5	8~11	8.5~12
电机型号	Y100L2-4	Y132M1-6	Y160M-4	电机型号	Y132M-4	Y160L-6	2XY160L-6
功率/kW	3	4	7.5	功率/kW	7.5	11	2×11
输送高度/m	6~7	4.5~5.5	4.5~6	输送高度/m	14~15	11.5~15	12.5~15
电机型号	Y112M-4	Y132M2-6	Y160L-6	电机型号	Y160M-4	Y180L-8	2XY180L-6
功率/kW	4	5.5	11	功率/kW	11	15	2×15

2.2.1.4　板式给料机

板式给料机广泛地应用在采矿、冶金、建材和煤碳等工业部门。主要用于具有一定仓压的料仓和漏斗下面，将各种大容重物料短距离均匀连续地输送给破碎、筛分和运输设备，特别是用在初碎更合适。板式给料机不仅适合处理粗粒物料，对细粒物料也同样适应。可在恶劣环境中完成繁重的工作，对物料的粒度、成分的变化，温度、黏度、冰霜、雨雪的影响或冰结的物料都有较大的适应性。给料量均匀准确可靠，板喂机既可水平安装，也可倾斜安装，向上运输最大倾角为30°。在钢铁厂适合对大块和高温物料的卸料，如高炉槽下块矿的卸料及环式冷却机的烧结矿或球团矿的卸料等。

板式给料机分为轻型、中型、重型板式给料机和新型带式板式给料机。

各种型号的板式给料机按传动方式可分为右式传动和左式传动，顺物料运行方向，传动系统在机器右侧的为右式传动，反之为左式传动。

板式给料机由头部驱动装置、尾轮装置、拉紧装置、链板部分及机架等五个部分组成（见图2-34、图2-35）。

图2-34　中型板式给料机外形图

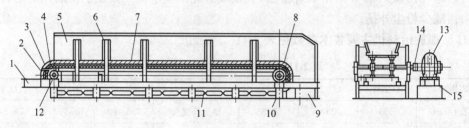

图2-35　板式给料机结构示意图

1—中部支架；2—拉紧装置；3—链板；4—链条；5—密封罩；6—密封罩支腿；7—导轨；8—头部链轮及轴承座；9—头部出料口；10—支腿；11—托轮；12—尾部链轮；13—驱动装置；14—联轴器；15—驱动架

（1）头部驱动装置：是重型板式给料机的动力及传动部分，它由电动机、减速机及主动链轮装置等组成。电动机采用专用变频调速电动机，以满足工艺上调节喂料量的要求。重型板式给料机的主动链轮装置采用2只齿数为6的链轮带动2条片式链、槽板沿轨道运动。

（2）尾轮装置：是重型板式给料机链板的改向部分，它由尾轮轴、两只尾轮、轴承等组成。

（3）拉紧装置：采用结构简单、安全可靠的螺旋拉紧装置。

（4）链板部分：由牵引链和槽板组成。牵引链采用耐冲击、运行平稳、工作可靠的片式链。槽板由16Mn钢板焊接而成，两边焊有钢板作挡边，用高强度螺栓将其与牵引链紧固在一起。

（5）机架：由头架、中间架、尾架组成一个整体机架，由头架、中间架、尾架组成，均为槽钢、角钢及钢板焊接而成，机架上设有4条轨道支承链板装置及物料（上分支）和两条轨道支承链板装置（下分支）。

重型板式给料机的工作原理是采用高强度推土机模锻链条为牵引件，两根链条绕过安装在机体头部的一对驱动链轮和机体尾部的一对张紧轮联成封闭回路，在两排链条的每个链节上装配相互交迭的、重型结构的输送槽，成为一个连续的能够运载物料的输送线路。其自重和物料的重量由安装在机体上的多排支重轮、链托轮和滑道梁支承。传动系统经交流变频调速电动机连接减速机，再由涨套与驱动装置直联驱动运载机构低速运行。将尾部料仓卸入的物料沿输送线路运至机体的前方排出，实现向下方的工作机械连续均匀喂料的目的。

各种类型板式给料机输送物料性能如下：

重型板式给料机是运输机械的辅助设备，在大型选矿厂破碎分级车间及水泥、建材等部门，作为料仓向初级破碎机连续且均匀给料，也可用于短距离输送粒度与比重较大的物料；既可水平安装，也可倾斜安装，最大倾角12°~15°。为避免物料直接打击到给料机上，要求料仓不能出现卸空状态。重型板式给料机可输送较大粒度，但一般粒度不大于板宽的60%，输送板宽一般在1250~3150mm。

中型板式给料机：间歇给料机械，可适用于短距离输送物料粒度小于400mm，块重不超过500kg，堆积密度不大于1240kg/m³，温度不高于400℃，输送板宽一般在500~1250mm，既可水平安装，也可倾斜安装，其最大向上倾角20°。

轻型板式给料机：连续给料机械，适用于短距离输送给料粒度160mm以下的块状物料，块重不超过100kg，堆积密度不大于1200kg/m³，温度不高于350℃。输送板宽一般在500~1250mm，既可水平安装，也可倾斜安装，其最大向上倾角20°。

新型板式给料机：适用于输送含水大的黏性物料，如红土镍矿、黏土等。

2.2.2 电子皮带秤

电子皮带秤是一种非常成熟可靠的配料称量设备，在众多行业获得广泛应用。通常与圆盘给料机配合，实现各种原料的连续定量配料。其外形如图2-36所示。

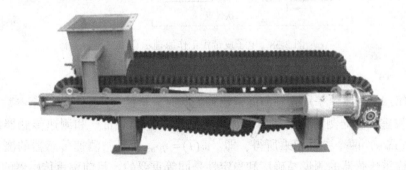

图2-36 电子皮带秤外形

电子皮带秤一般由秤架、皮带、主动滚筒、从动辊筒、减速电机、托辊、计量装置、测速装置、防跑偏装置、挂料板、清扫器、涨紧装置、模/数转换装置、控制仪表或计算机、数据通信线、变频器等组成（见图 2-37）。

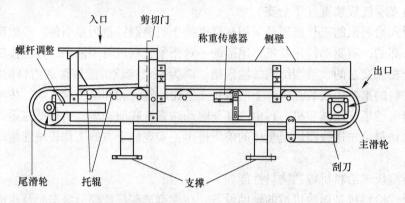

图 2-37　电子皮带秤结构示意图

电子皮带秤的工作原理如下（见图 2-38）：给料过程为皮带连续给料，给料机将来自用户给料仓或其他给料设备的物料输送并通过称重桥架进行重量检测，同时装于尾轮的测速传感器对皮带进行速度检测。被测量的重量信号和速度信号一同送入计算器进行微分处理，并显示以吨每小时为单位的瞬时流量，进行比较，且根据偏离大小输出相应的信号值（PID 信号），通过变频器改变电机转速的快慢以改变给料量，使之与设定值一致，从而完成恒定给料流量的控制。

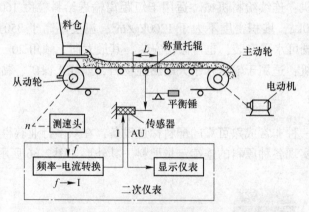

图 2-38　电子皮带秤工作原理示意图
n—转速；f—频率；I—电流；AU—称重传感器

从称重原理可知，电子皮带秤所测量物料的瞬时流量的大小取决于两个参数，即瞬时流量（等于称重传感器测量的承载器上物料负荷值）q（kg/m）和测速传感器测量的皮带速度值 v（m/s）两个参数相乘所得，即：$w(t) = qv$。可见，测速传感器的测量精确度和稳定性与称重传感器的测量精确度和稳定性是同等重要的。目前称重传感器的精确度普遍提高到万分之几，而测速传感器的精确度大多在千分之几，所以提高测速传感器精确度是提高电子皮带秤系统精确度有效的途径之一。

电子皮带秤主要技术参数如下：

（1）控制精度：±0.25%。

（2）皮带宽度：500~1400mm。

（3）输送能力：0.25~200t/h。

（4）物料粒度：≤60mm。

（5）调速范围：5~50Hz 或 10:1。

（6）控制电流：4~20mA 正比于流量。

（7）进出料口距离：1500~8000mm。

（8）环境温度：仪表 0~40℃；给料机-20~60℃。

（9）电源：仪表 220VAC（-15%/+10%）、50Hz（±2%）。

（10）给料机 380VAC（-15%/+10%）、50Hz（±2%）。

电子皮带秤计量的准确性直接影响配料的准确性，从而决定烧结矿或球团矿产品化学成分是否满足生产要求。必须加强日常维护，使其保持良好的运行状况。电子皮带秤的维护要注意以下方面：

（1）新安装的首次校准，需进行零点校准及间隔校准后投入使用。

（2）定期清扫，以防秤体积灰积料，造成称量不准。

（3）定期检查皮带秤的活动部分，是否有物料或异物卡住。具体的检查位置有托辊与输送机架的中间位置，秤架与秤体的横梁处。保证称重托辊及称重域内托辊运转自如，否则更换。测速滚筒应定期清扫，以防粘料。测速滚筒的轴承座应定期加油润滑。

（4）定期检查测速传感器的轴套处顶丝，以防松动或脱落。

（5）皮带如跑偏，定期调整，以防造成计量不准。

（6）不要有外力冲击秤体和传感器，严禁检修人员检修时在皮带秤上站立或操作其他设备。设备大修时不要在秤体上进行电焊、气割等操作。

（7）信号电缆敷设时或使用中不要与电力电缆交叉布置，以防干扰。仪表应可靠接地，要有独立的电源供电。

思 考 题

2-1 熔剂破碎有哪两种主要设备？简述其结构和工作原理。

2-2 焦粉破碎的主要设备是什么，简述其结构及工作原理。在生产中有哪些特别注意事项？

2-3 熔剂及焦粉筛分主要设备有哪两大类，工作原理及结构上的主要区别是什么？

2-4 简述高压辊磨机结构、工作原理及优缺点。

2-5 简述电子皮带秤的结构及工作原理。

3 烧 结 设 备

烧结矿是一种人造块矿，也称为熟料或高炉精料，不仅其铁品位高，而且冶金性能优良，有害元素含量低，热稳定性好。提高烧结矿入炉比例是强化现代大型高炉冶炼的重要举措，可提高生铁产量，降低焦比及生产成本。烧结矿已经成为现代高炉炼铁炉料中不可缺少的重要组成部分，我国烧结矿入炉比例在 70%~80%，烧结技术的发展又促进了炼铁生产技术的发展。

烧结矿产量、质量、生产成本及对环境的影响在很大程度上取决于烧结装备水平，而且随着高炉不断大型化，烧结机也在不断大型化，烧结工艺相关环保设施也不断完善。

本章将对烧结工艺过程涉及的主要装备，从设备结构和特点、工作原理及设备性能规格等方面进行详细介绍。

3.1 烧结工艺设备概述

20 世纪 70 年代，国外烧结工业有了快速发展，其突出特点是烧结设备大型化，单机生产能力越来越大，烧结工艺水平越来越高，烧结矿质量越来越好。我国烧结行业在 20 世纪 90 年代末才开始随着钢铁工业的飞速发展而快速发展，大量采用烧结新工艺、新技术，烧结装备，目前，烧结设备大型化发展已赶上和超越国外，为我国现代大型高炉冶炼获得优质高产烧结矿打下了良好基础。

3.1.1 国外烧结机发展状况

1897 年，T. Huntington 和 F. Heberlein 申请了硫化铅矿焙烧的专利，这是世界上烧结法最早的专利（德国专利 95601）。1902 年 W. Job 申请的专利（德国专利 137438），内容涉及将硫酸渣、铁矿粉和煤粉混合，在倾动式炉子上进行鼓风烧结，被认为是铁矿石烧结法的发明人。1904 年在比利时列日的 Cockerrill 厂用于烧结高炉灰。1905 年，E. J. Savelsberg 首次采用 T. Huntington 和 F. Heberlein 的硫化铅矿鼓风烧结锅法（德国专利 95601）用于铁矿粉烧结，并获得德国专利（210742）。1906 年，A. S. Dwight 和 R. L. Lloyd 发明了连续作业的 DL 型带式抽风烧结机。1909 年 Schlippenbach 男爵申请了连续烧结硫化铅矿的环式烧结机专利。世界上第一台带式烧结机于 1911 年在美国太平洋沿岸 Birdboro 的 Brooke 公司投产，烧结机面积为 8.325m^2（1.07m×7.78m），德国于 1914 年在 Bochumer 投产了第一台 DL 型带式烧结机。从 1910 年开始使用带式烧结机算起，铁矿烧结技术和装备的发展迄今已有 110 年的历史。但在 20 世纪 50 年代以前，烧结机的发展非常缓慢。20 世纪 30 年代，铁矿烧结主要采用带式烧结机、烧结盘和回转窑法进行烧结；1934 年带式烧结机的面积为 36.6m^2，1936 年为 75m^2。50 年代初期，烧结机有效面积不到 100m^2。60 年代发展较快，1960 年出现 225m^2烧结机，1964 年出现 288m^2烧结机，

1969 年出现 302m² 烧结机。进入 70 年代，烧结机有效面积增大步伐越来越大。1970 年出现 320m² 烧结机，同年又制造出 400m² 烧结机。1971 年投产了 500m² 的烧结机，1973 年550m² 问世，1975 年制造出了 600m² 烧结机。20 世纪 60~70 年代，在烧结设备大型化方面发展较快的国家主要有日本、法国和前西德；此外，比利时、卢森堡等国家也建成了一些大型烧结设备。70 年代日本新建 400m² 以上的大型烧结机占世界同类烧结机总数的50%。日本于 1975 年、1976 年及 1977 年相继投产 3 台 600m² 烧结机，是世界上烧结机大型化发展最快的国家，1971 年拥有烧结机 54 台，平均烧结面积为 145m²。到 80 年代末期，苏联作为世界烧结生产能力最大的国家，拥有 171 台烧结机，总烧结面积 15574m²，均占世界第一位，但技术不够完善，装备不够先进；日本拥有 60 台烧结机，总烧结面积13050m²，位居世界第二位，平均烧结面积 218m²，400m² 的有 11 台，但由于钢铁生产不景气，仅有 40 台烧结机在生产，烧结矿产量仅为其年产能 1.45 亿吨的 70%。

3.1.2 国内烧结机的发展

新中国成立前我国烧结工业十分落后，在 20 世纪 30 年代后期全国只有小型带式烧结机 10 台，总面积 330m²，年产量仅 10 多万吨。到新中国成立前，仅有鞍山剩下两台残缺不全的 50m² 烧结机。新中国成立后，经过 3 年的修复和改造，年产烧结矿达到 100 万吨，第一个五年计划期间（1953—1957 年），新建了 9 台 50~75m² 烧结机，年增加烧结矿生产能力 600 万吨。第二个五年计划期间（1958—1962 年），新建 17 台烧结机，总面积为858m²。到第四个五年计划末期（1975 年），先后在攀钢、梅山、酒钢建成 130m² 烧结机，在太钢、武钢建成 90m² 采用冷矿工艺流程的烧结机，总烧结矿产能达到 5600 万吨。1978年开始，我国烧结行业发生较大变化，到 1982 年我国已有烧结机 146 台，总烧结面积达6943m²，烧结矿年产能 6100 万吨，仅次于苏联和日本，排世界第三位。在此期间，还自制了 130m² 烧结机，并掌握了大型烧结机技术，编制了 260m² 烧结机的设计，开始引进450m² 烧结机。1985 年，宝钢通过引进国外先进技术，建成了我国第一台 450m² 现代化大型烧结机，带动了中国烧结工艺技术的发展。新中国成立 50 年时，全国拥有烧结机 210台，总烧结面积 13000m²，400m² 以上烧结机 5 台，年产烧结矿 1.5 亿吨，已跃居世界第一。尤其是 2000 年以后，中国烧结技术进入了前所未有的高速发展时期，一大批 180~660m² 大型烧结机相继建成投产，2010 年太钢投产的 660m² 烧结机是当今世界上最大的烧结机。近 20 年来，通过对烧结机密封、给料、布料等装置的持续改进，在提高产量、改善质量、降低能耗等方面取得显著成效，我国烧结机已走完了从数十平方米到 600m² 以上的大型化发展道路，100m² 以下的烧结机绝大多数已经淘汰。在此基础上还带动了环冷机、混合机、除尘器、风机、振动筛等相关设备也向大型化方向发展。2018 年我国360m² 以上烧结机已经超过 100 台，主要钢铁企业拥有 280 多台烧结机，烧结机平均面积已经达到 240m² 以上，年产烧结矿近 10 亿吨，排世界第一位，远超其他国家。当前我国大型烧结机的设计、制造和运行均已经达到国际先进水平，为中国烧结生产和炼铁技术进步奠定了坚实基础。

烧结机本体除了向大型化及高料层（超高料层达 1000mm）方向发展以外，近年来自动化程度提升非常快，如烧结终点温度自动化测控系统、自动化布料系统等。此外，烧结机高温废气余热发电、烧结烟气循环燃烧等技术也开始得到推广。在烧结废气的处理问题上，为提高机头电除尘器的除尘效果，高频电源技术得到了很大程度的推广；再就是与烧结废气处理有关的脱硫、脱硝、消白等技术快速发展，从运行情况看，干法、湿法、活性炭吸附法等技术已经趋于成熟，存在的主要问题是如何处置其副产物。

冷却设备的发展虽然经历了带冷机、传统环冷机、液密封环冷机等几代的结构形式，但是始终未将漏风、物料抛洒、扬尘问题解决好，环冷机区域逐渐成为烧结车间环境治理的重点区域。近年来，从球团工艺中借鉴过来的翻转卸料式环冷机，以其节能、可靠、环保的优势，逐渐成为传统环冷机改造的主流方向。

筛分设备经历了直线筛、椭圆等厚筛、棒条环保筛等几代产品的演变，近年来一种集节能、环保、高效于一体的新型筛分设备复频筛问世。

混料设备除了向大型化方向发展外，在筒体衬板上也取得了技术性突破。过去惯用的树脂衬板、尼龙衬板基本退出了历史舞台，取而代之的是橡胶衬板、陶瓷衬板。近来一种新型三合一逆流衬板的出现，除了具备陶瓷衬板的耐磨特性之外，还能有效提高混合料的成球率。

生石灰消化及其除尘设备虽然市场上总有形形色色的新产品问世，但截至目前还没有任何一款产品取得突破性成功。为了解决环境污染问题，不少企业将生石灰的消化转移到圆筒混合机中进行。

烧结生产工艺包括配料、混合、布料、烧结、烧结矿鼓风冷却、破碎筛分等环节。下面主要系统介绍混合制粒机、带式烧结机、环式冷却机和烧结矿破碎筛分机等设备。

3.2　圆筒混合机

混合设备是烧结厂主要设备之一。混合设备通常配置在配料设备与烧结设备之间，为烧结机提供化学成分混合均匀且具有适宜粒度组成和水分的烧结原料。

烧结矿产量的高低和质量的好坏、能耗的高低等技术经济指标在很大程度上取决于烧结混合料中各种成分的均匀性及混合料的透气性。混合的作用是将按比例配好的混合料混匀、润湿、制粒，达到成分均匀、水分适中、透气性良好的要求，以保证烧结过程顺利进行，为烧结生产高产、优质、低耗及低排放创造良好条件。

在铁矿造块中常见的混合设备种类有搅拌机、轮式混合机和圆筒混合机。搅拌机和轮式混合机处理能力小、设备磨损严重，主要用于球团厂；圆筒混合机具有结构相对简单、性能可靠、操作容易、维修方便、使用安全等优点，而且产量大，能够适应烧结机大型性化发展的需要，在烧结生产中得到了广泛的应用。世界上大型烧结厂无一例外使用圆筒混合机做为一次混合、二次混合设备。但是，圆筒混合机存在其体积大、重量大、振动噪声较严重、圆筒内壁粘料的清理也比较困难等问题，尤其是作为二次混合设备其制粒效果并不令人满意，因此可以说圆筒混合机目前还不是一种十分理想的混合制粒设备。如何改进现有圆筒混合机或寻求新的混合、制粒设备仍然是烧结工作者研究的重要方向之一。

混合作业分为一次混合和二次混合，一混的主要目的是混匀和润湿，二混除继续混匀和水分微调外，主要目的是制粒，改善粒度组成，提高混合料透气性。也有很多烧结厂在二次圆筒混合机内通蒸汽预热混合料，以提高混合料露点，减轻烧结料层下部过湿程度，从而改善烧结过程透气性。至于采用何种混合制粒工艺流程，主要取决于钢厂使用的含铁原料性能。在早期使用全粉矿烧结时，可以只使用一段圆筒混合机，该圆筒混合机兼备有一次混合和二次混合的功能。目前，由于铁矿粉原料性能的劣化，粉矿中细粒级含量很高，故即使使用全粉矿烧结，仍然需要二次圆筒混合机；当原料中细粒铁精矿比例偏高时，甚至采用三段圆筒混合设备。也有钢厂为了改善混合制粒效果，将强力混合机与圆筒混合机组合使用，强化混匀和制粒效果。

宝钢三烧进行的技术改造，将 $450m^2$ 烧结机改造为 $600m^2$ 烧结机，一混采用强力混合机充分混匀混合料，二、三混采用圆筒混合机制粒，二、三次混合时间合计超过 8min，进一步提高混合料制粒性能，以改善料层透气性。

国内外在烧结机大型化的同时，圆筒混合机也在大型化。例如日本圆筒混合机的直径达到 5~6m，长度达到 21~26m。法国、德国、苏联、比利时等圆筒混合机的直径达到 4~5m。

圆筒混合机的配置存在两种形式：对中小型烧结厂，通常一次圆筒混合机安装在地面，二次圆筒混合机配置在烧结机主厂房顶层楼板上。这样主要是为了避免混合料因长距离运输可能引起制粒后的小球破损以及温度、水分等的波动而影响烧结矿产量和质量。对于大型烧结厂，由于混合机转动质量和接触压力很大，不宜采用第一种配置形式，而是将一次圆筒混合机和二次圆筒混合机均安装在地面上。

我国混合设备与烧结工业同步发展，并随着烧结机的不断大型化而快速发展。特别是 20 世纪 80 年代宝钢引进的 $450m^2$ 烧结机建成投产后，有力促进了我国烧结行业的发展，使得混合机设计制造水平得到了大幅度提升。尤其是 2010 年太钢投产了目前世界最大的 $660m^2$ 烧结机，更是进一步推动了混合机及烧结机的大型化。

国内圆筒混合机技术规格见表 3-1。

表 3-1　国内圆筒混合机技术规格

| 规格(直径×长度)/m×m | 生产能力/t·h⁻¹ | | 筒体倾角 | | 筒体转速/r·min⁻¹ | 传动电机 | | 总重量/t | 适用烧结机/m² | 设计制造单位 |
	一混	二混	一混	二混		型号	功率/kW			
φ3×12	648	468	2.5°	1.5°	7	JS127-6	185	62	130	沈阳矿山机械厂
φ3.2×12	500		2°29′		7		300	168	180	鞍山矿山设计院
φ3.8×15		560		1.5°					180	鞍山矿山设计院
φ3.8×14	820		2°52′		6	YKK	400	209	300	西安重型机械研究所、沈阳有色冶金机械厂
φ4.4×18		820		2°17′	6	YKK	710	264	300	西安重型机械研究所、沈阳有色冶金机械厂
φ4.4×17	1200		3°8.9′		6	F5KT-H1W	600		450	日立造船株式会社、西安重型机械研究所、上海重型机器厂合作生产，沈阳有色冶金机械厂

续表 3-1

规格(直径×长度)/m×m	生产能力/t·h⁻¹		筒体倾角		筒体转速/r·min⁻¹	传动电机		总重量/t	适用烧结机/m²	设计制造单位
	一混	二混	一混	二混		型号	功率/kW			
φ5.1×24.5		1220		2°51.7′	5.6	F5KT-H1	950		450	日立造船株式会社、西安重型机械研究所、上海重型机器厂合作生产，沈阳有色冶金机械厂
φ5.1×24.5	1479	1485	2°	2°	6				600	

3.2.1 圆筒混合机主要结构及工作原理

圆筒混合机主要由筒体、传动装置、托轮、挡轮装置、加水装置、头尾溜槽及支架、保护罩、润滑系统等组成。图 3-1 所示为宝钢 450m² 烧结配套的一次圆筒混合机系统构成图。一次混合和二次混合除筒体内构造和洒水装置有所不同外，其余结构形式完全相同；组合型圆筒混合机（一混和二混合并）的筒体更长一些，筒内前后段结构不同，前段采用一次混合筒内结构，后段采用二次筒内结构，其余部分和分离型的一、二次圆筒混合机无差异。形式上只采用了一台圆筒混合机，实质上完成了一次混合和二次混合的任务。

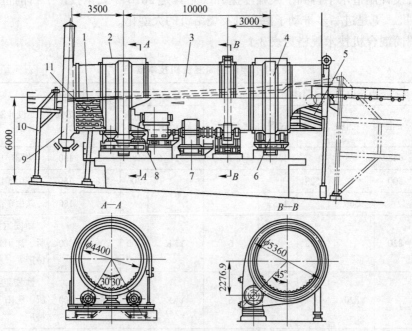

图 3-1 宝钢圆筒混合机结构示意图

1—洒水装置；2—保护罩；3—筒体；4—滚圈；5—橡胶衬；
6—托轮装置；7—传动装置；8—挡轮装置；9—溜槽；10—支架；11—扬料板

圆筒混合机筒体安装有 1.5°~4° 的倾斜角度，使筒体入料口与卸料口中心产生高度差，物料在混合的同时受到物料重力的分力作用而不断向前运动。整个筒体通过两个滚圈坐落在前后两组托轮装置上，可以自由转动。在前托轮组（位于卸料端）基础座上装有一组挡轮，挡轮和滚圈侧面接触，承受筒体下滑力，约束了筒体轴向窜动。一次混合机的洒水管贯穿整个筒体，洒水管上每隔一定间距安装一个喷嘴，沿长度方向均匀喷水；二次混合机只在给料端伸入长度不等的3根水管，各带一个喷嘴，作水分微调。

　　皮带输送机直接或通过给料漏斗不断将混合料输入筒体内，随着圆筒转动，筒内混合料被连续带到一定高度后向下抛落翻滚，并沿筒体向前移动，形成螺旋状运动，从头至尾，经多次循环，完成混匀、制粒和适量加水，然后到达尾部经溜槽排出。

3.2.2　圆筒混合机主要参数与技术规格

　　圆筒混合机参数的确定应以满足生产量为前提，以取得最佳混匀制粒效果为目标，尽量减少筒体尺寸，节省投资，降低生产成本。

　　影响圆筒混合机混匀制粒效果的设备参数主要包括筒体转速、筒体倾角和填充率。

　　（1）筒体转速。筒体转速决定物料在筒体内的运动状态，因而对混匀制粒效果影响很大。物料在筒体内随着其转速变化呈现三种不同的运动状态（见图3-2）。当转速过低时（见图3-2（a）），物料呈滑动状态，各组分原始层次基本保持不变，很难混匀，形不成翻滚状态，也难以制粒。当转速提高到物料呈抛落状态（见图3-2（b））时，混合料中各种组分在大量翻滚的过程中，有充分的接触机会，因此能取得良好的混匀效果，是一次混合机较为理想的运动状态。在此基础上稍微调整筒体转速，在筒体内形成滚落状态（见图3-3），就能取得良好的制粒效果。

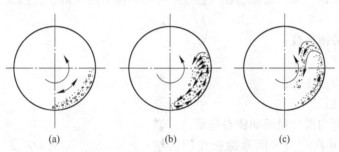

图3-2　筒体转速对物料在筒体内运动状态的影响
（a）滑动状；（b）抛落状；（c）瀑布状

　　当筒体转速过高时，混合料受到过大的离心力，使物料紧贴筒内壁而上升到的高度过高后再落下，形成瀑布状（见图3-2（c））。在上升和下落的过程中，混合料内各种组分间不形成错落和交合状态，相同厚度的料层基本保持在同一层上。因此，该运动状态对混匀和制粒均造成不利影响。当转速继续增大到一定值时，过大的离心力使物料紧贴筒内壁而上升到越过中心线而不下落，以致于完全失去混匀和制粒作用。这时对应的转速称为临界转速 N_c，可用下式计算：

图3-3　制粒适用的滚落状态

$$N_c = 42.3/\sqrt{D_e} \tag{3-1}$$

式中　D_e——筒体有效直径，m；

　　　N_c——临界转速，r/min。

一般一次混合机的转速 $n_1 = (0.2 \sim 0.3)N_c$；二次混合机转速 $n_2 = (0.25 \sim 0.35)N_c$。

（2）筒体倾角。筒体倾角影响物料在筒体内的运动状态和停留时间，主要根据混合时间及混合机的作用确定。一般倾角大，停留时间短。一般情况下一次混合机 2.3°～3.4°，二混为 1.7°～2.9°。

（3）充填率。充填率是指筒体内物料平均横截面积占筒体有效横截面积的百分比，用下式进行计算：

$$\Psi = A/(\pi D_e^2/4) \times 100\% \tag{3-2}$$

式中　Ψ——填充率，%；

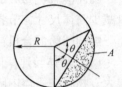

　　　A——物料截面积，m^2（见图3-4）；

　　　D_e——筒体有效直径，m。

混合机充填率对产量、制粒效果均有很大影响。充填率过大，转速和混合时间保持不变时，虽然能提高产量，但此时料层增厚，混合料运动状态发生改变，破坏了原有的较为适宜的运动状态和轨迹，对混匀和制粒带来产生不良影响；填充率过小，生产率低，不能满足要求。填充率的确定必须和转速协同考虑，使两者搭配合理，以获得适宜的物料运动，才能提高混匀和制粒效果。

图3-4　筒体内物料横截面积 A

在流体力学中，两个流体的重力相似准则就是在两个流体中相应的弗劳德准数相等。弗劳德准数（Froude）是一无量纲数，它是重力与惯性力的比值，表达式为：

$$Fr = gL/v^2 \tag{3-3}$$

式中　Fr——弗劳德准数；

　　　v——速度；

　　　g——重力加速度；

　　　L——线性长度。

实质上，圆筒内混合料运动状态是重力、惯性力及物料间相互作用力等因素综合作用的结果。因为弗劳德准数是重力和惯性力之比值，填充率又直接影响物料间相互作用力，所以可以填充率和弗劳德准数为坐标来描述圆筒内物料的运动，其关系曲线如图3-5所示。由此可见，只有当填充率和弗劳德准数在一定范围内，筒体内物料才能处于正常的抛落状态，达到良好的混匀、制粒效果。

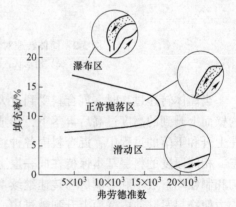

图3-5　筒体内物料运动状态与
弗劳德准数间的关系

圆筒混合机转速与圆筒内物料的弗劳德准数之间存在以下换算关系：

$$0.25N_c = 3.2 \times 10^{-3} Fr$$

$$0.30N_c = 4.6 \times 10^{-3}Fr$$

$$0.35N_c = 6.2 \times 10^{-3}Fr$$

$$0.40N_c = 8.1 \times 10^{-3}Fr$$

根据上述公式可以近似把正常取值范围内的圆筒混合机转速换算为弗劳德准数，然后用此曲线校核其参数是否合适。

一般情况下，一次混合机填充率为10%~20%，二次混合机填充率为8%~15%。

（4）筒体直径和长度。筒体直径和长度是决定混合机生产能力大小的主要参数，并直接影响混匀制粒效果。直径的影响可用转速、填充率和混合时间几个主要参数体现，长度主要是影响混合时间。增加长度，相应也就延长了混合制粒时间。一般有一个适宜的长径比，通常一次混合机长径比为3~4，二次混合机长径比为3~5。

（5）混合制粒时间。增加混合制粒时间，有利于改善混匀和制粒效果。根据实践经验，混合时间一般可定为不少于5min，其中一混约2min，二混约3min。混合时间与原料的种类、粒度组成和成球性有很大关系。

混合时间 t 可由下式进行计算：

$$t = L_e/(\pi D_e \cdot n \cdot \tan\gamma) \tag{3-4}$$

式中　t——混合时间，min；

　　L_e——筒体有效长度，m；

　　D_e——筒体有效内径，m；

　　γ——物料前进角，（°），$\tan\gamma = \sin\alpha/\sin\beta$（$\alpha$ 为筒体倾角；β 为混合料安息角）；

　　n——筒体转速，r/min。

筒体内填充率 Ψ 也可由下式计算：

$$\Psi = Qt/(0.471\rho \cdot L_e \cdot D_e^{2}) \times 100\% \tag{3-5}$$

式中　Q——混合机生产量，t/h；

　　ρ——混合料堆密度，t/m³。

3.2.3　圆筒混合机主要部件结构及其特点

圆筒混合机主要部件包括筒体装置、托轮装置、挡轮装置、传动装置、给料和加水装置及润滑装置等（见图3-6）。

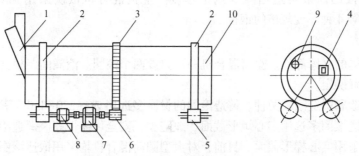

图 3-6　圆筒混合机主要部件示意图

1—进料溜槽；2—滚圈；3—大齿圈；4—刮料装置；5—托轮；

6—小齿轮；7—减速器；8—电机；9—加水装置；10—筒体

3.2.3.1　筒体装置

筒体装置是混合机的主体，由筒体、滚圈、大齿圈、筒体内附件等部件组成。一次混合机和二次混合机筒体装置除筒内附件稍有差异外，其余构件大致相同（见图3-7）。

图 3-7　圆筒混合机的筒体装置

A　筒体

筒体是承接混合料并进行混匀和制粒的圆筒形容器，是混合机最主要也是制造难度最大的部件。

筒体多为直筒形，但也有把进料端部一段设计成锥形（见图3-8），主要目的是防止向筒外散料和快速输送物料进入混合机。筒体用厚度不等的几节等内径筒节对焊而成。小直径筒径可用一块钢板卷成，轴向只有一条拼接焊缝；而大直径筒节因受轧制钢板长度限制，需由2~3块钢板拼焊，轴向焊缝条数增多，从强度角度考虑，相邻筒节的轴向焊缝必须沿圆周均匀错开布置，一般错开90°或180°。

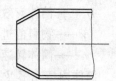

图 3-8　进料端为锥形的筒体

筒节厚度主要根据刚度条件及经验确定，当然也必须有足够的强度。在沿轴向不同部位，作用力和受力不同，所需板厚不一样。与托轮支撑的地方、与滚圈有连接的筒节、装有支承大齿圈的筒节必须有足够大刚度，只有这样才能保证整个筒体的刚性，使滚圈和托轮、挡轮具有良好接触，齿轮与齿圈应有较高的啮合精度，使整个混合机运转平稳。头尾筒节和中间连接的筒节可适当减少钢板厚度。宝钢混合机依次采用了60mm、40mm、32mm、22mm等4种厚度规格的钢板。

B　滚圈

滚圈是筒体的支撑部件。圆筒混合机一般只设两个滚圈。滚圈间距根据筒体最佳受力条件和结构布置确定。

滚圈分铸造和锻造滚圈两种。铸造滚圈的材质多选用ZG-230-450，滚圈截面多为箱形或矩形。铸造滚圈多选用实心矩形截面，缺陷少、安全可靠性高。锻造滚圈的材质多选用中碳锻钢，采用实心梯形截面。目前，对大型圆筒混合机均采用锻造滚圈。

滚圈与筒体的固定方法有三种，包括松套式、螺栓联结式和焊接式。这种连接方式对筒体的寿命影响很大，大型圆筒混合机的滚圈采用中碳钢整体锻造，通过两侧的突出部分与筒体对焊成一个整体，成为筒体的一部分。

为保证焊接质量，焊后需进行消除内应力的退火处理，并对焊接部件进行超声波和磁性探伤等检查。

C 大齿圈

大齿圈是简体转动的传动件。为使传动啮合准确，大齿圈应安装在简体变形较小处，一般应尽可能靠近上滚圈，有的直接连接在滚圈上。

大齿圈一般为铸钢件，为便于安装，采用对半剖分制造，铰配螺栓联结。大齿圈的参数选择应考虑3点：一是取偶数齿，并使剖分面在齿谷处。二是选择较大模数。主要是圆筒混合机齿轮载荷大且不稳定，为了确保安全生产，应在按正常传动计算出的模数基础之上适当放大模数值。三是齿圈直径的确定，应考虑安装齿圈必需的操作空间。

齿圈与简体的连接有多种方式。一种连接方式是宝钢大型圆筒混合机采用的（见图 3-9）。它是在简体上焊上一个环形托架，相当于一个立式法兰，和大齿圈腹板贴合，分别用普通螺栓和铰头螺栓将两者牢固连接。另一种是齿圈和滚圈直接连接的方式（见图 3-10）。

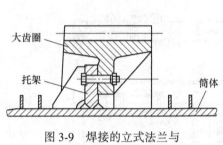

图 3-9 焊接的立式法兰与
大齿圈通过螺栓连接

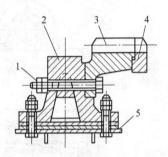

图 3-10 齿圈和滚圈直接连接方式
1—连接螺栓；2—滚圈；3—齿圈；
4—辅助齿圈；5—简体

D 筒体内部附件

简体内部附件主要包括衬板和扬料板，衬板主要是防止简体磨损，扬料板主要是改善混合效果。衬板多采用稀土含油尼龙材料，具有光滑耐磨的特点；在没有安装橡胶衬板和扬料板的简体内部，还有高 150mm、长 250mm 和厚 12mm 的不锈钢扬料板以及高 50mm、厚 9mm 的扁钢焊在简体上，以形成料衬来保护简体。为了提高混合效果和对物料运动的导向作用，有一半扬料板与简体轴线成 60°的倾角，其余一半扬料板与简体轴线平行，扬料板的两种安装方式是沿圆周方向和轴向交错进行的。

一混内同时设有衬板和扬料板，在二次混合机内取消扬料板。

为提高一次混合机的混匀效果，可在简体内部安装螺旋搅拌装置（见图 3-11）。螺旋轴的回转方向与简体转动方向相反，可使物料在简体内混合时间加长，物料也能迅速混匀。

3.2.3.2 托轮装置

托轮装置是圆筒混合机简体装置的支撑部件，要承受整个简体装置和筒内混合料的重量，以及工作运转负荷，并传递到基础。圆筒混合机一般只设前后两对托轮。从横断面上

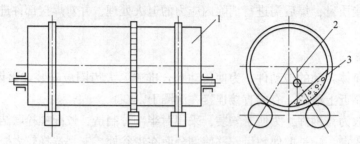

图 3-11　筒体内部安装螺旋搅拌装置
1—筒体；2—搅拌装置；3—混合料

看，每对托轮对称布置在滚圈垂直中心线两侧，左右夹角各 30°。后托轮组安装在同一机座上（见图 3-12），前托轮组连同挡轮装置共用同一底座（见图 3-13）。这样便于保证正确位置，且能大大减少地基横向剪力。

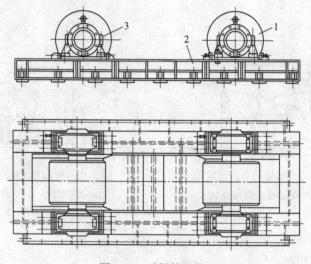

图 3-12　后托轮组装置
1—托轮装置；2—底座；3—轴承座

托轮有两种类型：摩擦传动的胶轮、齿轮传动的钢制托轮。

每个托轮装置由箍轮、轴、轴承、轴承座等组成（见图 3-14）。

托轮一般采用中碳钢制造，经淬火和回火后用热压配合的方法固定在托轮轴上，其硬度比滚圈表面硬度稍高，滚圈与托轮直径比一般为 3.5～4 倍；为适应筒体的窜动和保持滚圈与托轮的良好接触，托轮的宽度应比滚圈宽度稍大，在托轮的两侧距托轮外圆周约 30mm 的地方，各开一条宽和深都约 0.5mm 的沟槽，作为检查测量托轮磨损的基准。

为了便于托轮的安装调制，同一端两侧的托轮采用整体底座，底座机械加工，以保证有关的安装精度。

3.2.3.3　挡轮装置

挡轮装置是筒体轴向定位的装置，承受因筒体倾斜安装产生的轴向力和其他附加轴向力，并通过底座传递给基础。圆筒混合机设置一对挡轮，分别置于排料端滚圈的前后侧，

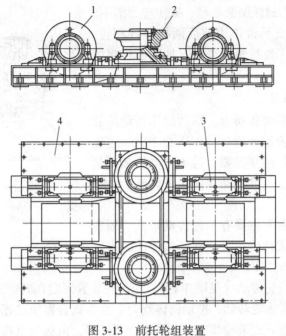

图 3-13　前托轮组装置
1—托轮装置；2—挡轮装置；3—轴承装置；4—底座

可限制筒体在轴向的窜动。正常情况下，只有前挡轮一滚圈侧面接触而被带着转动，后挡轮和滚圈间约有 10mm 间隙。但当托轮轴线与滚圈轴线不平行而产生附加力时，筒体也有可能向后窜动，所以成对设置挡轮还是很有必要的（见图 3-15）。

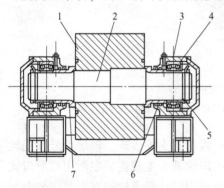

图 3-14　托轮装置结构示意图
1—托轮；2—托轮轴；3—轴承；4—轴承座；
5—紧定螺母；6—密封；7—定位套

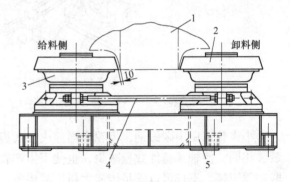

图 3-15　挡轮装置与滚圈的关系
1—滚圈；2—前挡轮；3—后挡轮；4—拉杆；5—底座

挡轮装置由挡轮、轴承、支承轴等组成（见图 3-16）。

挡轮采用铸钢制造，其直径根据与滚圈的接触强度确定。挡轮轴承应能同时承受径向和轴向作用力，通常采用双列圆锥滚子轴承，也有采用双列球面滚子轴承和止推轴承的组合形式，分别承受径向和轴向力。

支承轴与挡轮轴为整体铸造，克服了分离式结构因装配间隙造成的挡轮偏摆，减少了装配工作量，但这种结构轴根部尺寸有很大突变，易产生铸造缺陷，出现应力集中。因此，应尽可能加大根部过渡圆弧半径，减少应力集中。

前后挡轮装置的支承台体用前后两根拉杆相连，使下滑力分散，改善了连接螺栓受力，加强了连接的可靠性。

3.2.3.4　传动装置

传动装置是传递运动和动力、驱动筒体转动的装置。大型圆筒混合机传动装置具有传递功率大、速比大的特点。为满足安装维修需要，避免主电机频繁起动，通常还有辅助传动，可驱动筒体正反转动，并按要求准确停位。

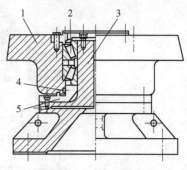

图 3-16　挡轮装置
1—挡轮；2—轴承；3—支承轴；
4—密封；5—定位环

圆筒混合机传动装置主要有三种传动形式：固定式传动、胶轮传动和柔性传动。三种形式传动的主要区别在于驱动筒体的方式不同。

固定式传动属于齿轮传动（见图3-17），小齿轮装置固定在底座上。正常生产时，由主电机带动小齿轮和大齿轮转动，推动筒体旋转。爪形离合器使减速器与微动电机脱开，辅助系统处于脱离状态。安装检修时，爪形离合器连接，由辅助电机驱动筒体缓慢转动，此时，主电机随动。微动时通过爪形离合器使筒体正转或反转。

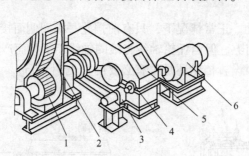

图 3-17　混合机固定式传动装置示意图
1—小齿轮；2—大齿轮；3—微调用电动机；4—爪形离合器；5—主减速机；6—主电机

小齿轮采用中碳锻钢，齿轮表面淬火。大齿圈和小齿轮的支承形式、轴承型号和托轮装置相同，使轴承备件数量减少，也便于生产管理。小齿轮轴与主减速器之间用鼓形齿式联轴器连接，不仅可以满足传递大扭矩的要求，而且也可用以补偿齿轮轴变形及安装误差造成的两轴中心线的相对偏移。

固定式传动方式应用非常普遍，但存在的最大问题是大齿圈和小齿轮间的啮合不稳定，尤其是筒体负载变形后，因啮合副接触率达不到要求而传动不良。因此，固定式传动装置不是一种理想的传动方式。

胶轮摩擦传动装置主要由电机、减速器、传动胶轮等组成（见图3-18）。其下利用胶轮支承、传动筒体，变刚性接触为较大弹性接触，使系统具有良好的缓冲吸振性能，能降低筒体运转中的振动能，减少系统的动负荷，对整个设备及基础均有好处。尤其适合安装在主厂房高层楼板上的圆筒混合机。但是因橡胶材质的抗压能力限制，目前这种传动形式还不能应用于直径在4m以上的大型圆筒混合机。

图 3-18　胶轮摩擦传动装置

　　柔性传动装置由电机、主减速器、万向联轴器、悬挂小齿轮等组成（见图 3-19）。与固定式传动装置的最大区别在于小齿轮不再是固定的，而是悬挂在筒体的大齿轮上，能随着大齿圈摆动，具有自调整机能。当筒体变形引起大齿圈歪斜时，小齿轮随之移动，解决了大小齿轮间的啮合精度难题。悬挂的小齿轮与主减速器之间用万向联轴器连接，能补偿较大的中心线偏斜量，从而保证整个系统的传动性能。

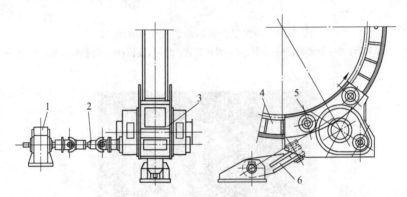

图 3-19　圆筒混合机的柔性传动装置
1—主减速器；2—万向联轴器；3—悬挂小齿轮；4—大齿圈；5—滚轮；6—平衡杆

　　小齿轮装置通过 4 个滚轮悬挂在大齿圈内轮缘上，滚轮轴一般为偏心结构，能调整齿轮副的啮合侧隙，当出现较大齿面磨损，倾隙变大时，借用此手段仍可调回正常侧隙。平衡杆的作用是平衡系统受力，优化支承位置，可得到理想的受力状况，使滚轮和轮缘接触力处于最小值，减少其磨损。柔性传动装置最大的缺点是大齿圈的加工量偏大。

3.2.3.5　给料和加水装置

　　圆筒混合机的给料形式有皮带给料和漏斗给料两种。大型烧结厂主要采用皮带给料机，能保证连续生产。其过程是把输送机皮带轮直接伸入圆筒体内给料，给料顺畅，没有堵料问题。缺点是占用部分筒体长度，缩短制粒时间；另外，返回皮带粘料，如果不采取措施，直接散落在给料平台上，既影响环境，又增加清扫工作量。漏斗给料易堵料，影响生产。

　　混合料的加水主要在一次混合机内完成，所以一次混合机内有一根加水管贯穿整个筒体，在水管上均匀布置多个喷嘴（见图 3-20、图 3-21）。其主要特点是利用钢丝绳并通过多个支点悬吊喷水管，解决了筒体过长、洒水管刚度不够引起的水流不畅、给水不均等问题。钢丝绳两端分别连接在筒体头尾支架上，尾部设有螺纹调节机构，支承套筒内还有圆柱螺旋压缩弹簧，钢丝绳张紧和安装长度调节方便，并对落料的冲击具有缓冲作用。喷嘴安装倾角为 15°~30°，使水洒在料面中心，不洒到筒壁上，以防加重粘料。

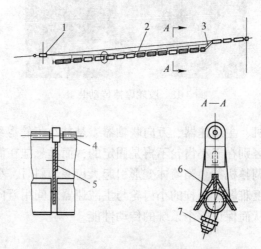

图 3-20　一次混合机洒水装置结构示意图
1—支撑套筒；2—钢丝绳；3—水管；4—保护套管；5—吊挂板；6—防护橡胶板；7—喷嘴

图 3-21　一次混合机洒水装置

　　二次混合机内只进行水分微调，洒水装置相对简单，仅在给料端伸入长度不同的三根水管，各装一个喷嘴洒水。洒水装置支承在皮带机支架上，水管也采用橡胶板防护。

3.3　带式烧结机

3.3.1　概述

　　烧结生产是将铁矿粉、铁精矿、钢厂除尘灰、轧钢皮、焦炭、熔剂和返矿在烧结机上将其加热和产生部分熔化，冷却后凝固，固结成为含铁量较高、有足够强度、化学成分稳定、粒度合格而均匀及冶金性能良好的烧结矿，以及在烧结过程中脱除所含硫等杂质。

烧结机根据烧结方法分为连续式和间隙式两大类。属于间隙式烧结设备有炉箅下鼓风的固定式和移动式烧结盘，目前已经淘汰不用。连续式烧结设备包括带式烧结机和环式烧结机两种，目前世界各国广泛采用的是带式烧结机。带式烧结机具有生产率高、机械化程度高、对原料适应性强及便于大规模生产等优点，世界上90%的烧结矿是采用该类设备生产的。

目前世界上使用的带式烧结机可以分为以下五种类型：

（1）麦基型（Mckee）：烧结机特点是烧结机带有头部星轮和尾部摆架机构。它能自动调节台车热胀冷缩，同时消除台车间的撞击和尾部台车断开处的散料现象，大大减少有害漏风。这种烧结机滑道多采用落棒式密封，日本三菱重工就是采用这种形式。

（2）科珀斯型（Coppers）：美国研制，在烧结机尾部采用移动式的固定弯道，用液压缸将机尾框架与烧结机本体框架相连，以吸收台车的热膨胀。通过台车本体的切槽也可吸收一部分热膨胀。这种烧结机滑道多采用落棒式密封。台车宽度为 1.065m、1.38m、1.83m、2.44m、3.05m、3.685m。

（3）鲁奇型（Lurge）：德国鲁奇公司研制，其特点是带有头部、尾部星轮和机尾摆动架式结构。能自动调节台车热膨胀，同时消除台车间的撞击、磨损和尾部台车断开处的散料现象，大大减少漏风率。其尾部有两种结构：水平移动式和摆动式。烧结机滑道多采用弹压式密封。漏风率可降低到18%以下，在世界各地得到广泛应用。台车宽度为 2.0m、2.5m、3m、3.5m、4.5m、5m。

（4）苏式：苏联研制，机尾为固定弯道式结构，型号为 AKM1 型。为了调整台车的热膨胀，在尾部弯道处台车间留有 200mm 的间隙，这种类型卸料时车体产生台撞击，使台车车体边角磨损，容易造成漏风现象。当烧结机有效面积在 $75 \sim 160m^2$ 之间时，台车的有效宽度为 2.5m；当烧结机有效面积为 $200 \sim 400m^2$ 时，台车宽度为 4m；当烧结机有效面积大于 $400m^2$ 时，台车宽度为 5m。

（5）机上冷却式烧结机：矿粉的烧结和热烧结机的冷却在同一台烧结机上完成，前部分进行烧结，后部分进行冷却。

（6）我国带式烧结机台车宽度分别是 3m（$180m^2$）、3.5m（$220 \sim 265m^2$）、4m（$360m^2$）、5m（$435 \sim 660m^2$）。

下面主要介绍鲁奇型带式烧结机结构特点、型号规格、技术参数及其操作。

3.3.2 带式烧结机结构及特点

带式烧结机主要由烧结台车、驱动装置、混合料给料装置、铺底料装置、点火装置、密封装置、风箱与降尘管、主排气管道、灰尘排出装置及骨架等部分组成（见图3-22）。

3.3.2.1 烧结机台车

带式烧结机是由许多个台车组成的一个封闭烧结带。在烧结过程中，台车在上轨道上进行装料、点火、烧结，在尾部排出烧结矿。烧结台车是烧结机主要运行部件，主要作用是在烧结机头尾轮间组成运行回转链，在上部水平段接受烧结混合物料，经预热点燃、烧结、冷却、翻料后，返程回到头轮，形成传动循环，达到烧结物料之目的。

我国生产的台车主要有尾部弯道式烧结机和链轮式烧结机用的台车，前者用于小型烧

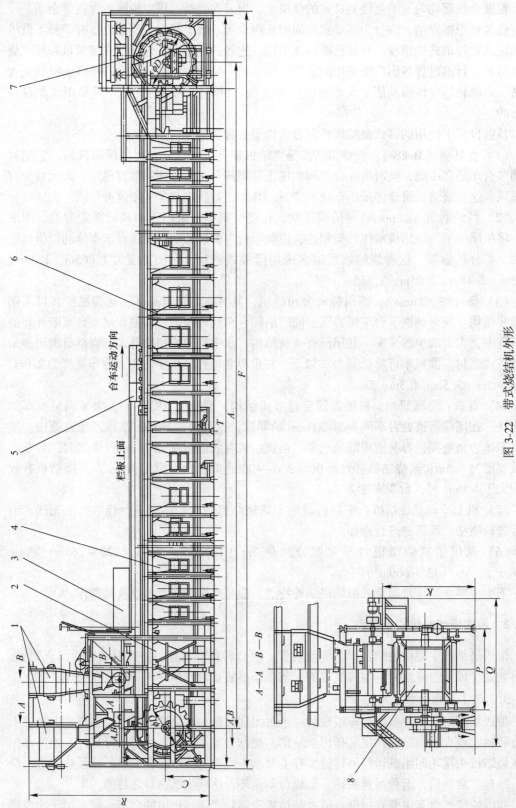

图 3-22　带式烧结机外形

1—原料及铺底料给料装置；2—灰尘排出装置；3—点火装置；4—风箱；5—台车；6—骨架；7—尾部星轮装置；8—大烟道

结机，目前已淘汰；后者是目前我国主要生产用台车，其外形如图 3-23 所示。

链轮式带式烧结机台车主要由台车车体、台车导轨、栏板、箅条、滑板、卡辊、车轮等组成。

台车在连续的烧结过程中经受温度变化在 200~500℃，同时又要承受台车本身自重、炉箅条、烧结矿的重量和抽风负压的作用，工作条件非常恶劣，因此会产生热疲劳而损坏，是易损坏的部件。因台车造价昂贵、数量多，是烧结机的重要组成部分，它的性能优劣直接影响烧结机的效率。

图 3-23 烧结机台车外形

A 台车技术规格

烧结机有效烧结面积是台车的宽度与烧结机有效长度（抽风段长度）的乘积。一般的长宽比为 12~20。国内烧结机台车的主要尺寸及技术参数分别如图 3-24 和表 3-2 所示。

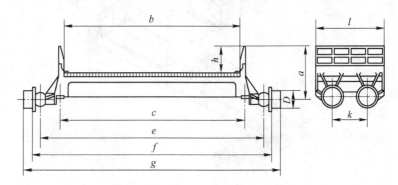

图 3-24 链轮式带式烧结机台车尺寸

表 3-2 我国烧结机台车技术参数

台车规格/m×m	1.5×1	2×1	2.5×1	3×1	3.5×1.5	4×1.5	5×1.5
有效宽度 b/mm	1502	2020	2500	3000	3500	4000	5000
车体长度 l/mm	1000	1000	1000	1000	1500	1500	1500
料层厚度 h/mm	252	307	300	500	500	500	600
台车高度 a/mm	480	555	640		900	760	1110
密封板中心距 c/mm	1450	2005	2600	3140	3660	4160	5190
车轮直径 D/mm	200	240	240	240	320	320	360
卡轮直径 d/mm			170	170	250	250	250
卡轮中心距 e/mm			3180	3180	4340	4840	5950
轮缘间距（轨距）f/mm	1940	2484	3402	3770	4660	5072	6268
轮距 k/mm	510	510	510	510	760	760	760
台车总宽 g/mm			3653		4904	5340	5618
车体材料	QT450-10	QT450-10	QT450-10	QT450-10	QT450-10	QT450-10	QT450-10
台车总重/t	1.49	2.27	2.59	3.9	5.9	7.2	9.58

B　台车结构

链轮式带式烧结机台车主要结构部件如图 3-25 所示，主要结构部件包括台车车体、台车导轨、栏板、箅条、滑板、卡辊、车轮等部分。

（1）台车车体：台车的寿命取决于台车体的寿命。台车体损坏的原因是由于冷热循环变化及燃料燃烧接触引起的裂纹和变形；此外，高温气流对台车车体上部有强烈的烧损及气流冲刷作用。因此，台车材质选择应充分考虑上述情况，材料不仅应具有足够的机械强度、耐磨性，还要具有耐高温、抗热疲劳性能。台车车体材料一般采用铸钢和球黑铸铁。

台车车体采用装配式有三种类型：两体装配式、三体装配式和整体结构，如图 3-26 所示。

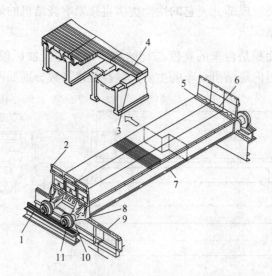

图 3-25　链轮式带式烧结机台车主要结构部件

1—台车导轨；2—栏板；3—隔热垫；4—中间箅条；5—端部箅条；6—箅条压条；

7—台车车体；8—台车空气密封；9—滑板；10—卡辊；11—车轮

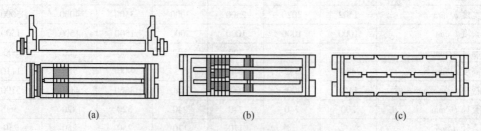

（a）　　　　　　　　　　（b）　　　　　　　　　　（c）

图 3-26　台车结构形式

（a）两体式；（b）三体式；（c）整体式

大型烧结机台车（宽度大于 3m），一般采用三体装配式结构。把温度较低的两端和温度较高的中部分开，用螺栓连接，便于维护和更换。装配式结构成本高于整体式铸造的台车，但使用寿命较长。

台车车体两端安装有栏板，与算条构成烧结空间。一般拦板由球墨铸铁制造。有整体拦板和分块拦板结构两种形式。通常两侧栏板在高度方向分为二节，纵向分为三节，以减少铸造缺陷，可局部更换易损部件；各连接面需要加工，螺栓具有耐高温特性，螺母具有防松锁紧特性。对于分块拦板，为防止相邻拦板之间的漏风，在下拦板侧面开槽，压入特制的耐热石棉绳，有一定效果。

（2）隔热件：为了降低台车的热应力，在台车主梁和算条间安放隔热件，可有效阻止高温的烧结矿及算条的热量传递到台车上。台车体的热量不仅来自高温气体的辐射、对流，而且来自与台车直接接触的算条，通常算条将共 30%～40% 的热量传递给台车车体。采用隔热垫后可使台车主梁最高温度不超过 400℃ 及主梁上下部温差明显减少，由此大大降低由温差导致的热应力。大致使台车温度降低 150～200℃。台车越宽，效果越明显。

在台车本体梁与炉算条之间增设隔热垫（见图 3-27），两者之间有 3～6mm 的间隙，可形成空气隔热层。台车宽度大于 4m 时采用该措施。一根主梁上装有若干块隔热垫，其装卸需要在卸掉拦板后进行。隔热垫材质通常为球墨铸铁。

（3）算条：台车算条连续排列在烧结机台车上，构成烧结炉床，支撑混合料进行烧结和透气。因此，算条的形状及寿命对烧结机生产具有很大影响。

从工作条件来看，台车算条处于温度剧烈变化之中，在 200～800℃ 之间变化；同时受高温含尘气流冲刷及氧化、含硫气体腐蚀，所以算条极易磨损。因此，要求算条材质能经受高温及温度剧烈变化，能抵抗高温氧化、耐腐蚀，还要有足够的机械强度。目前算条材质较多采用球墨铸铁、铸钢、铬镍合金等材料。宝钢 $450m^2$ 烧结机算条采用高铬铸铁，其形状及尺寸如图 3-28 所示。

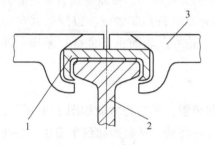

图 3-27 台车隔热垫

1—隔热件；2—主体梁；3—算条

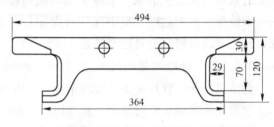

图 3-28 算条形状及尺寸

算条加工要求精密铸造，严控尺寸精度，便于安装。另外，铸造后还要进行退火处理，消除内应力及细化晶粒。

台车上两根算条之间的距离为 5mm，其通风面积约占总面积的 13%（扣除被隔热垫堵塞的部分为 9%）。

（4）密封装置：是指台车和滑道之间的密封，是烧结机中的重要组成部分。它直接关系到烧结机风量的有效利用，对于提高烧结矿产量、降低烧结矿成本具有重要意义。

台车和风箱两侧滑板的密封装置主要有弹簧式密封、落棒式密封、塑料板密封及水力密封等形式。我国主要采用弹簧式密封结构（见图 3-29）。风箱两侧为固定滑道，此密封装置固定在台车下面的左右槽内，密封板在弹簧的作用下紧密压在固定滑道上。所选择的弹簧压力加密封板重力，使其在压面产生的压力一般在 0.005~0.01MPa，适宜的弹簧压力为 0.007~0.008MPa。

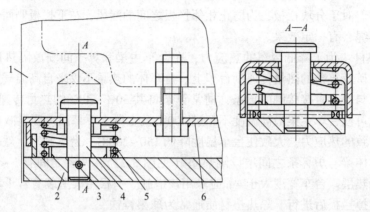

图 3-29　台车弹簧式密封装置
1—台车车体；2—密封滑板；3—弹簧销；4—销轴；5—弹簧；6—门形框体

　　将密封装置用螺栓连接在台车体上，密封滑板通过销轴装在密封装置的门形框体中，由螺旋弹簧以适当压力将其固定在固定滑道上。密封滑板与滑道间由打入的润滑油脂形成的油膜保持密封。

　　（5）其他：台车其他部件还包括车轮、卡轮，也是台车的重要组成部分。

　　车轮支撑整个台车重量、物料重量及抽风负压带来的大气压力。车轮里装有承载能力很大的双列圆锥滚子轴承，车轮表面与轨道接触的部分要进行高频淬火，以增强其耐磨性。卡轮是在台车运行过程中保持台车定位的部件，卡轮外圆表面也要进行高频淬火处理，其内部嵌有铜合金制造的衬套。

3.3.2.2　烧结机驱动装置

　　烧结机驱动装置是使烧结机台车向一定方向运动的装置，其运行方向如图 3-30 所示。驱动装置安装在烧结机给料端，在其作用下使给料端星轮转动，从而推动台车前移，并使后面的台车推动前面的台车连续往排料端移动。在给料端和排料端链轮（星轮）与台车内侧卡轮啮合，使台车上升和下降，沿着轨道翻转，使台车在上下轨道上循环移动。

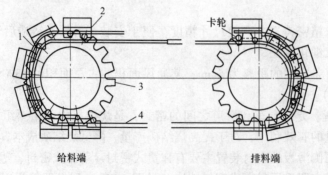

给料端　　　　　　　　　　排料端

图 3-30　台车运行状况
1—弯轨；2—台车；3—链轮；4—轨道

台车尾部星轮运动状态如图 3-31 所示，台车轮间距 a、相邻两台车的轮距 b，与链轮节距 t 之间的关系如下：$a=t$；$a>b$。

从链轮与卡轮开始啮合时起，相邻的台车间便开始产生一个间隙，在上升和下降的过程中，保持着随 a、b 而定的间隙，从而避免一个台车的前端与另一个台车后端的摩擦和冲击，造成台车的损坏和变形。从链轮与卡轮分离之前起间隙开始缩小。由于链轮齿形顶部的修削，因此相近台车运行到上下平行位置时间隙开始减少至消失，台车就一个紧挨着一个运动。

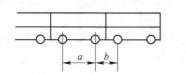 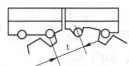 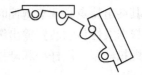

图 3-31 台车尾部星轮运行状态

烧结机驱动装置构成包括电机、定转矩联轴器、柔性传动装置、给料端链轮、排料端链轮、主轴承调整装置等，如图 3-32 所示。

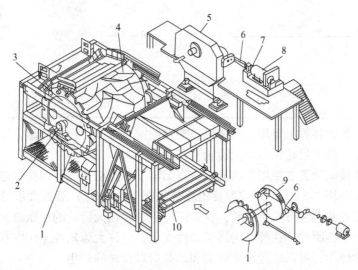

图 3-32 带式烧结机驱动装置示意图
1—星轮齿板；2—星轮轴承；3—星轮滚筒；4—除尘滚筒；5—柔性传动装置；
6—万向接手；7—定转矩联轴器；8—电动机；9—大齿轮；10—台车

台车的运行是由电机、定转矩联轴器、柔性传动装置，将其旋转力矩传递给大齿轮轴及装配于星轮上的齿板，再通过齿板与台车卡轮的啮合来推动台车实现的。现对其各部件进行介绍如下。

A 电动机

选用直流电动机，一般采用可控硅直流调速系统。选用交流电机，由选用变频调速控制，其特点是节省电能，操作简单可靠，易于维护检修。

B　定转矩联轴器

定转矩联轴器是在台车运行阻力异常大时作为防止事故等危险而采用的一种保护装置。定转矩联轴器的打滑，则接近开关进行检测并在主控室有显示。

C　柔性传动装置

柔性传动装置是一种用途十分广泛的低速、大转矩的新型传动装置。由于柔性传动具有传动转矩大、结构紧凑、成本低等特点，发展很快，20 世纪 70 年代开始，广泛用于转炉、混铁水车、烧结机等各种低速、大转矩的传动装置上。为了适应其热胀冷缩所带来的较大变形和位移，大型烧结机广泛采用柔性传动装置，除具有结构紧凑、安装找正容易外，其突出特点是调节跑偏时齿轮的啮合不受影响。

根据柔性传动装置输出级小齿轮与大齿轮连接形式不同，柔性传动装置大致可分为三类，即拉杆型、压杆型和悬挂型，如图 3-33 所示。

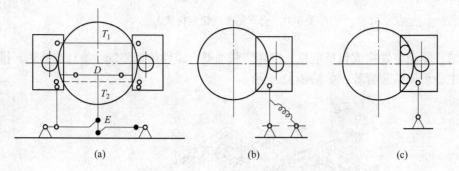

图 3-33　柔性传动装置类型简图
(a) 拉杆型；(b) 压杆型；(c) 悬挂型

拉杆型柔性传动装置主要用于烧结机、斗轮挖掘机等。所设拉杆型主要是用两根成对角线布置的拉杆，将小齿轮压靠在大齿轮上（见图 3-33 (a)）。

压杆型柔性传动装置主要用于水泥窑、烧结窑、干燥机等。其结构特点是小齿轮通过压杆和液压杆（见图 3-34 (a)）或弹簧压杆（见图 3-34 (b)）靠在大齿轮上。与拉杆型一样小齿轮齿宽的两端装有两个靠轮，靠轮随齿轮啮合在大齿轮的外轨道上滚动。靠轮是用来确定齿轮副中心距的。这种结构属于柔性支承，允许大齿轮在工作中有较多的径向偏摆，并具有缓冲作用，可以减轻冲击载荷和动载荷对齿轮的作用。

悬挂型柔性传动装置主要用于水泥窑、干燥回转窑等。其结构特点是小齿轮箱通过 4 个滚轮悬挂在大齿轮轮缘的内轨道上，滚轮主要用来承受小齿轮的径向力。

下面详细介绍带式烧结机用柔性传动装置结构特点及其工作原理。

a　柔性传动装置及其特点

宝钢 450m² 烧结机拉杆型柔性传动装置结构如图 3-35 所示。柔性传动装置是由蜗杆蜗轮副、万向联轴器、小齿轮、大齿轮、拉杆、连杆及转矩平衡装置等构成。

悬挂安装：左右蜗轮副（见图 3-36）分别安装在左右箱体内，带动各自的小齿轮按同一方向旋转，驱动安装在烧结机星轮轴上的大齿轮；输出大齿轮是直接通过涨紧环无键联结的方式装在被驱动的主轴的伸出端上。

多点啮合：一个大齿轮由 2 个小齿轮同时驱动，使功率分流，使传动中心距减少，传

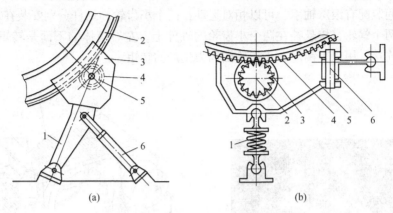

图 3-34　压杆型柔性传动装置示意图

(a) 液压杆；(b) 弹簧压杆

(a)：1—压杆；2—大齿轮；3—小齿轮箱；4—靠轮；5—小齿轮；6—压杆

(b)：1—弹簧压杆；2—小齿轮；3—靠轮；4—大齿轮；5—小齿轮箱；6—压杆

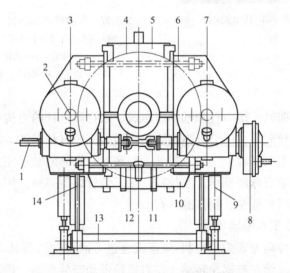

图 3-35　宝钢 450m² 带式烧结机拉杆型柔性传动装置结构示意图

1—蜗杆；2—小齿轮；3—左箱体；4—大齿轮；5—上箱体；6—上拉杆；7—右箱体；8—输入减速器；
9—重量平衡器；10—下箱体；11—万向联轴器；12—下拉杆；13—转矩平衡装置；14—连杆

动装置体积、重量减轻。

　　柔性支撑：悬挂箱体不是直接固定在地基上，而是通过扭力杆与地基相连，主动配合和保持大小齿轮间轮齿的理想接触，并具有缓冲作用和使传动装置正常运转及制动平衡。

　　结构紧凑、安装找正容易。调节台车跑偏时齿轮的啮合不受影响（因为上下拉杆、拉压杆和扭转杆连接处均是球面铰接，台车跑偏时，各杆件的连接处会产生位移，但不会影响大小主传动齿轮的啮合）。

　　柔性传动装置的齿轮箱不是整体的，它由 4 部分组成：左右箱体和上下箱体（见

图 3-37）。左右箱体与上下箱体是不相连的；上下箱体用螺栓连接悬挂在输出大齿轮的毂上，它们之间装配有滚珠轴承，可以相对运动；两个小齿轮和蜗杆分别安装在左右箱体的轴承孔内，两个蜗轮直接悬挂在两个小齿轮的轴伸上。左右箱体的下面是转矩平衡装置，中间用连杆连接，用以平衡左右小齿轮圆周力生产的转矩。

图 3-36　蜗杆蜗轮副示意图

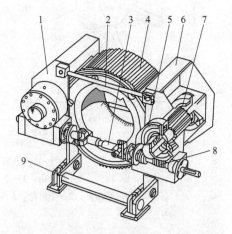

图 3-37　英国带式烧结机柔性传动装置示意图
1—左箱体；2—上拉杆；3—万向联轴器；
4—大齿轮；5—蜗轮；6—右箱体；
7—小齿轮；8—蜗杆；9—转矩平衡装置

转矩平衡装置由曲柄、扭力杆和轴承座组成。来自两连杆的力构成转矩，使扭力杆受扭。通过扭力杆的扭转变形，还可以测定输出转矩和实现过载保护。两轴是轴承座用来支承扭力杆的，安装在地面基础上。上下拉杆安装在左右箱体的轴承座上，两根拉杆成对角线布置，拉杆的两端装有球面轴承，上拉杆一端还装有碟型弹簧，用拉杆通过左右箱体的下面配置拉压杆，用以平衡左右箱体的载荷。

b　柔性传动装置工作原理

柔性传动装置的传动方式为主电机-减速机通过万向联轴器将转动力矩传递给左右蜗杆，再由左右蜗杆传递给左右蜗轮转动，左右蜗轮带动安装在同一根轴上的左右小齿轮转动，左右蜗轮副带动各自的小齿轮按同一方向旋转，驱动安装在烧结机星轮轴上的大齿轮。大齿轮的转动驱动安装在同一根轴承上的星轮产生转动，从而推动台车运行。

烧结机头部（给料端）驱动的柔性传动装置输入轴采用万向联轴器与固定在传动平台上的主机点的定扭矩联轴器相连。

柔性传动装置的输出大齿轮直接通过涨紧环无键联结的方式装在被驱动的主轴的伸出端上（与头部星轮为同一轴）。

D　给料端和排料端星轮

给料端星轮滚筒为焊接构件，传动轴也焊接在筒体上形成耳轴形式。星轮齿板能装配在星轮滚筒上。齿板齿面设计成曲线形状，使台车在给料端和排料端的弯道上圆滑无干涉地作上升翻转与下降翻转运动。星轮齿板齿形结构及形状如图 3-38 所示。

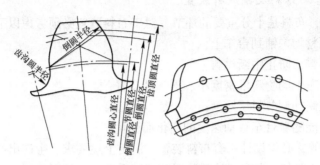

图 3-38　星轮齿板齿形结构及形状示意图

　　排料端两组星轮分别用键固定在同一根轴上，并设置了键的止退装置。排料端星轮齿板与给料端完全相同。

　　E　星轮用轴承与轴承调速装置

　　给料端星轮轴通过装有球面滚子轴承的轴承座安装在烧结机的骨架上，靠驱动装置侧的轴承座是固定的，另一侧的轴承座装在径向能移动的轴承调节装置上，在台车跑偏时可利用油压装置来实现其调整（见图 3-39）。给料端和排料端星轮轴向伸长时，自由侧轴承的外圈可作轴向滑动。

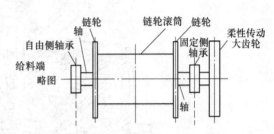

图 3-39　星轮用轴承与轴承座结构示意图

　　排料端的星轮通过装有球面滚子轴承的轴承座支撑在带重锤的平行移动架上（见图 3-40）。各部轴承的密封均由集中干油润滑装置进行。

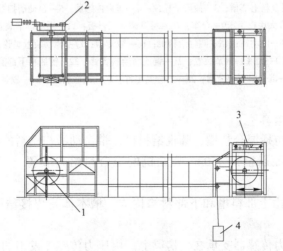

图 3-40　轴承调速与移动架

1—轴承调节装置；2—柔性传动装置；3—平行移动架；4—重锤

3.3.2.3　混合料给料及铺底料装置

在烧结作业中，布料是十分重要的环节，对于布料装置必须考虑以下几点：

（1）尽量使原料均匀铺到台车上；

（2）要连续供料，防止中断供料；

（3）使布到台车上的物料堆密度小、透气性良好；

（4）能自动控制和调节料层厚度；

（5）给料量要能随着台车移动速度的变化而变化。

为达到上述目的，必须设计一套布料装置，满足上述要求，生产出产量和质量符合要求的烧结矿。布料装置包括混合料给料装置和铺底料装置，如图3-41所示。

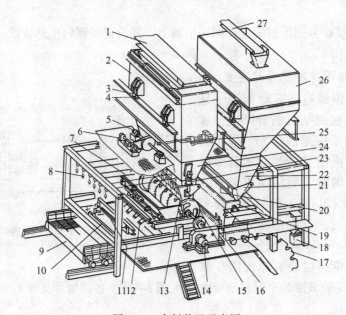

图3-41　布料装置示意图

1—梭式布料器；2—混合料上部槽；3—油压千斤顶；4—压力传感器；5—自动清扫器；6—限位旋转开关；
7—混合料溜槽；8—排大块拉手；9—台车；10—层厚调节压料板；11—层厚调节装置；12—层厚检测器；
13—给料装置；14—电动机；15—圆辊给料机；16—减速器；17—驱动装置星轮；18—平衡重锤；
19—摆动漏斗；20—铺底料调节装置；21—铺底料给料装置；22—铺底料下部溜槽；23—油缸；
24—混合料下部溜槽；25—水分测定计；26—铺底料槽；27—胶带式

A　混合料给料装置

混合料给料装置包括混合料槽、圆辊给料机、带自动清扫粘料的混合料溜槽、层厚调节压料板等部件。下面以宝钢450m² 烧结机的混合料给料装置（见图3-42）为例进行介绍。

（1）混合料槽：由上部料槽和下部料槽构成。槽本体是焊接结构，内衬钢板衬板和高铬铸铁衬板。

上料槽由四点压力传感器支承在厂房梁上。由压力传感器发出的信号与料槽下面的料层厚度调节机构联运，来控制槽内混合料的水平高度。料槽内水平方向的支承由4组止振拉条来承担。下料槽固定安装在烧结机台架上。上料槽中装有中子水分测定计，可测定混合料水分，进而对混合机的水分添加量进行控制。用扇形闸门来调节混合料排出量。闸门的总开闭控制，是在厚度检测器检测出台车上混合料厚度后，由油压缸自动进行调整。

另外，沿整个台车宽度方向料层厚度的调节，是由设置在扇形闸门排出部的几块微调闸门与层厚检测器构成，分别由几个油压缸自动控制。混合料排出部的微调闸门是铰连式的，平时工作时，重锤使其保持正常位置，但遇有大块堵住时，可用手动方式打开铰连部，排出大块后恢复正常位置。

（2）圆辊给料机：圆辊本体是焊接构件，圆辊外衬板由不锈钢制造，可提高耐磨性，还可防止粘料。

圆辊驱动由直流或交流电动机带减速机负责，电动机转速可调，应使圆辊转速与烧结机机速、冷却机机速同步，由主控室控制。

在圆辊混合料排出的相反侧，安装有粘料清扫器（刮料装置），其由支架、橡胶板、弹簧等组成，弹簧的压力使橡胶板始终压在圆辊表面，以除掉黏着物，保证圆辊给料机均匀地向台车上布料。

（3）混合料溜槽：由圆辊给料机排出的混合料落在混合料溜槽上，进入从溜槽上再落入到台车上。在混合料溜槽上，混合料改变了运动方向并在落下过程中产生粒度偏析，使大颗粒物料落在底层，小颗粒落在上层，从而有利于改善料层透气性，提高烧结矿产量。

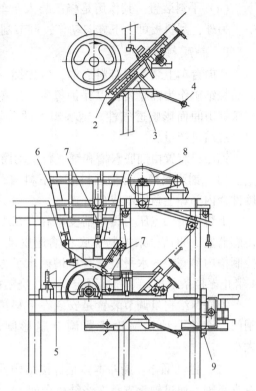

图 3-42　混合料给料装置
1—圆辊给料机；2—自动清扫器；
3—原料溜槽；4—浮动辊式层厚检测器；5—刮料装置；
6—原料槽；7—油缸；8—链轮；9—平料装置

溜槽本体是焊接件，它通过车轮架在烧结机台架上，可前后移动 200mm 距离。在溜槽本体上装有倾斜板，倾角可在 45°~60° 范围内调整。通过对溜槽位置及倾角的调整达到向台车上布料的最佳状态。倾斜板上铺有不锈钢制成的衬板，防止粘料。

为了改善布料效果，强化混合料的粒度偏析，近年来很多烧结厂采用多辊布料器替代溜槽布料。

自动清扫器：自动清扫器的清扫板兼作保护衬板，是用高铬铸铁制造的，装在框架上，可沿倾斜板上下移动，以清除粘在倾斜板上的物料。在保护衬板表面附着的物料，由设置在其上部的刮板刮掉。自动清扫器的清扫板，通过带制动器的行星针摆减速器、一对链轮、提升卷筒及钢丝绳等零部件，上下移动，控制清扫板动作（见图 3-43）。

松料装置：又称为松料器，安装在溜槽及圆辊给料机下方，为防止混合料下落时被压实而设置，固定在烧结机台架上。

层厚检测器：在溜槽下边，沿台车宽度方向安装几个检测器，使其与混合料排出扇形闸门及微调闸门的控制装置联运，调整和控制混合料沿整个台车宽度方向均匀排出。

（4）平料装置：其作用是将已装入台车的混合料刮平。另外，刮料板可上下方向动作，调节刮料高度。

B　铺底料装置

在向台车上装入混合料之前，应先铺一层已烧好的成品烧结矿作为铺底料，以保护箅条，避免混合料落入箅条缝隙间而影响透气性。铺底料可改善烧结矿质量，提高烧结机产量。

铺底料装置由铺底料槽和铺底料摆动溜槽组成。

（1）铺底料槽：分为上料槽和下料槽。槽体均为焊接件，内部焊上角钢制成自衬式。

上料槽由四点压力传感器支承在厂房梁上。由压力传感器发出的信号来控制铺底料输送皮带机的给料量，控制槽内铺底料的水平高度。料槽内水平方向的支承由4组止振拉条承担。下料槽固定安装在烧结机台架上。

铺底料给料量调节装置是安装在下料槽下部的扇形闸门，通过手动式蜗轮装置调节扇形闸门的开启度大小。

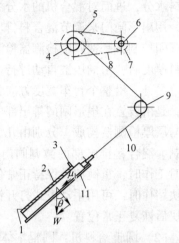

图 3-43　自动清扫器结构示意图

1—黏着料；2—自动清扫器；3—橡胶板；
4—提升卷筒；5—链轮；6—减速机；
7—链轮；8—滚子链；9—滑轮；
10—钢丝绳；11—倾斜板

（2）摆动漏斗：漏斗本体是焊接结构件，在倾斜面上装有衬板。漏斗两侧的上部焊有支承轴，通过轴承支承在烧结机台架上。

漏斗支承轴的中心线与漏斗本体的重心线不重合，其中心线向圆辊给料机相反方向偏移。偏心量的大小是这样确定的：当正常铺底料排料时漏斗不允许摆动，但在台车上有大块异物又与漏斗下部卡住时，漏斗可绕支承轴旋转，排出异物后，由于这个偏心距和重锤的作用，漏斗恢复原来的位置，保护漏斗不被破坏。

3.3.2.4　风箱及降尘管

风箱部包括两侧抽风式风箱、框架、滑道、给料端和排料端部密封、隔板等。风箱、支管及主排气管（大烟道）的布置如图3-44所示。

A　风箱及框架

风箱及框架的结构示意图如图3-45所示，由纵向梁、横向梁、中间支撑梁等构成，分别用螺栓固定成一个整体框架。整体框架摆放到烧结机台架的梁上，只在距给料端约2/3处用螺栓将框架与骨架的梁固定起来，其余不固定，考虑给料端和排料端因热膨胀向两侧伸长的要求。

在烧结过程中，风箱将受负压作用而产生的浮力，通过防止其上浮的支承梁传递到烧结机骨架上。

风箱采用普通钢板焊制的结构件，位于排料端的最后两个风箱，因落料量大，在风箱内部倾斜处焊上起衬板作用的角钢。

B　滑道

多块滑板组成了头尾部密封之间的防止纵向漏风的滑道。滑板用螺栓固定在风箱框架的纵向梁上。滑板上开了很多润滑油沟槽，通过集中润滑装置，向滑板和台车弹性密封滑

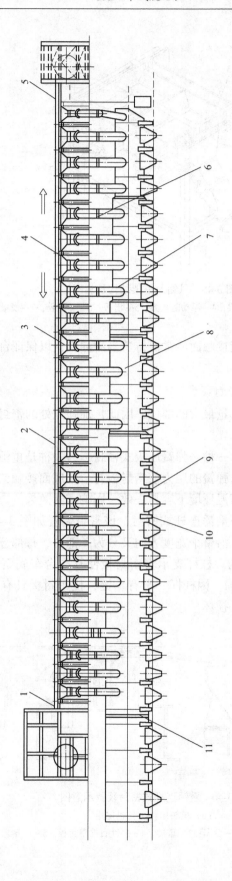

图 3-44 风箱、支管及主排气管（大烟道）的布置图

1—给料端密封装置；2—纵向梁；3—风箱；4—风箱固定脚；5—排料端密封装置；6,11—膨胀圈；7—风箱支管；8—主排气管；9—固定脚；10—自由脚

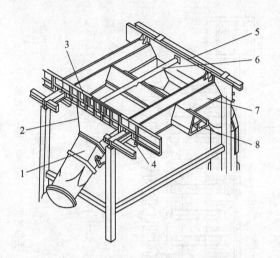

图 3-45　风箱及框架结构示意图

1—风箱支管；2—风箱；3—纵向梁；4—浮动防止梁；5—滑板；6—支持管；7—横梁；8—中间支撑梁

道的滑动板之间打入润滑脂，使接触面经常保持适当的油膜，以保证台车与风箱之间良好的密封。

C　给料和排料端的端部密封装置

带式烧结机头尾端部是漏风量最大的部位，因此，加强此处的密封是防止烧结机漏风的重要环节。

头尾端部密封有两种形式：一种是弹簧压板式密封，另一种是重锤连杆式密封。前者是将密封板装在金属弹簧上，以弹簧的压力使密封板与台车底面接触，防止漏风；但排料端温度较高，弹簧长期工作在高温环境下容易失效，影响密封效果。

宝钢 450m^2 烧结机采用的是重锤连杆式密封，该密封装置如图 3-46 所示。给料端密封通常为一段，排料端为二段。沿整个宽度方向又分为 4 部分，每部分用销子将杠杆与密封板连接起来，组成四连杆机构。杠杆支承着密封板使其与台车底面保持尽量小的间隙（1～3mm），防止台车本体梁磨损。因杠杆一端有重锤，使密封板具有挠性，故即使异物掉在密封板上面，也能避免设备损坏。

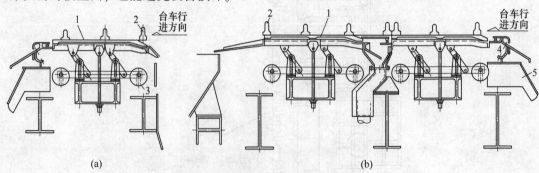

图 3-46　重锤连杆式密封装置示意图

（a）机头用；（b）机尾用

1—密封板；2—台车；3—重锤；4—挠性石棉密封板；5—风箱

另外，整个密封板的高度和宽度方向上的几块密封板的高度都可以用调整螺栓进行调节。

密封板用球墨铸铁制造（30mm 厚），用沉头螺钉固定在密封装置的框架上，磨损后易于更换。

端部和风箱框架之间密封采用特制的挠性石棉密封板进行密封。该板采用不锈钢丝为芯的石棉布，在三层中间用 0.05mm 的铝箔胶结而成，总厚度大约为 6mm。这种石棉板具有挠性、耐高温和强度大的特性。

排料端的二段密封装置之间设置了散料收集槽，与机下输送带相连。宝钢二期 450m^2 烧结机的给排料端端部密封装置如图 3-47 所示。此种密封装置采用转架支板代替杠杆支撑，去掉了石棉密封板的软连接，其密封效果更好、寿命更长。

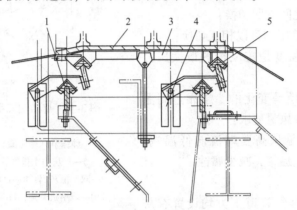

图 3-47　给排料端端部密封装置示意图
1—支板；2—密封板；3—框架；4—平衡锤；5—转架

D　隔板

在点火炉下面的风箱框架上设置了风箱隔板，以便风箱支管阀能正确地进行废气排出量的调整。在需要测温的风箱内，沿台车行进方向设置了中间隔板，使温度测量更加准确。

E　风箱支管及主排气管道

排气管道由主排气管道、风箱支管及双层放灰阀等组成（见图 3-48），其作用是收集料层烧结产生的全部废气（包括粉尘）并经除尘系统及脱硫脱硝处理后排放。

a　风箱支管

风箱支管：由普通钢板焊接而成，是由矩形截面到圆形截面的异形管和弯管组成的。膨胀圈安装在异形管和弯管之间，用来吸收热变形。

风箱支管阀：有百叶窗式阀和蝶阀两种。点火炉下用百叶窗式阀，其余部位均采用蝶阀。阀的开闭是电动的（亦能手动），通过一组杠杆、连杆机构操纵阀板动作。

风箱支管可在两组主排气管道之间进行转换，以调节抽风量。其转换阀的操作是手动的。

b　主排气管道

对于大型烧结机均采用一对主排气管道平行布置（又称为大烟道或降尘管）。在厂房内和厂房外的主排气管道结构之间存在少量差别。厂房内主排气管道包括固定支脚、自由支脚、灰箱、膨胀圈、冷风吸引阀、消音器等；厂房外主排气管道包括支承台架、膨胀圈、检测仪表用平台等。

主排气管道均用普通钢板焊接而成，在连接处设置以特制石棉布为主体的膨胀圈，用以吸收热膨胀。

主排气管道的设计特点如下：

（1）大型烧结机采用两根降尘管，可在脱硫系和非脱硫系之间来回切换；

（2）一部分支管闸门可以相互切换；

（3）降尘管的强度是按风机的最大压力设计的；

（4）沿纵向管径是变化的，越靠近高温端管径越小，以适应风量要求；

（5）气流方向是从高温端流向低温端，以免水分冷凝和粉尘黏结，减少腐蚀。

c　双层放灰阀

厂房内两条主排气管道下方均设置有灰箱，每个灰箱下均设有一组双层放灰阀，以泄出管道中的灰尘。

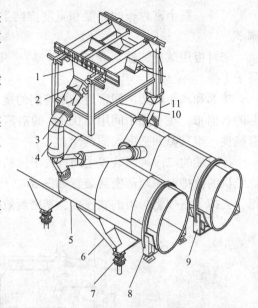

图 3-48　烧结烟气系统结构示意图
1—风箱；2—风箱支管阀；
3—伸缩节（膨胀圈）；4—风箱支管；
5—厂房内主排气管道；6—灰箱；
7—双层漏灰阀；8—自由脚；9—固定脚；
10—烧结机骨架；11—风箱支管转换阀

在给料端和排料端部下面均安装了双层放灰阀，其上部阀是球墨铸铁制成的锥形阀，下部阀为普通钢板制成的平板阀。其余的双层放灰阀的结构上下部均是平板阀。依靠杠杆机构使锥形阀上下运动。锥形阀的密封部位被设计成密封性能较好的球面。

在双层放灰阀的上部有手动隔板。当需要修理和更换双层放灰阀时，关闭隔板，不影响整个系统正常工作。

F　灰尘排出装置

烧结机灰尘排出装置包括给料端灰箱、排料端灰箱、烧结机下灰箱、台车密封板油脂排出装置等。

a　给料端灰箱

在烧结机给料端设置了两个灰箱，用以收集台车上升和翻转时以及台车装料时从箅条缝隙漏下的小粒烧结矿和混合料、粉尘等物料。

一号灰箱靠近给料端星轮，横跨在下轨道的台车上方，落在除尘滚筒上的烧结矿、混合料及灰尘经导向叶片导入灰箱内，由伸向台车两侧外边的灰管排出。

二号灰箱也是横跨在下轨道的台车上方。由一号、二号灰箱排出的烧结矿、混合料及灰尘进入烧结机下灰箱。

灰箱内均设有衬板，在磨损后可进行更换。

b　排料端灰箱

排料端又称卸料端，台车运行到排料端尾部星轮处，在台车分离及下降翻转时，台车间会产生分离缝隙，部分烧结矿散料即从此缝隙中漏下，先落入移动灰箱中，再经固定在星轮筋板上的旋转溜槽排到星轮的外侧，进入装在移动架上的灰箱，导入热破碎机下的灰箱中。

移动灰箱左右对称布置，通过 4 个托轮支承在尾部台架伸出的悬壁梁上。移动架移动时带动灰箱一起动作，保证了移动灰箱与旋转漏斗在水平方向前后移动的一致性（见图 3-49）。

在旋转漏斗上装有与星轮辐板数目相同的 4 个溜槽，溜槽从星轮辐板孔中伸到星轮体外侧。旋转漏斗随着星轮一起转动，每当溜槽转到最下位置时，散料即由此排出。

在移动架两侧架体上与旋转漏斗相对应的部位设有 2 个灰箱，接收从旋转漏斗中排出的散料，继而排往烧结机下灰箱。

这一套排灰系统装置消除了排料端灰尘堵塞现象。

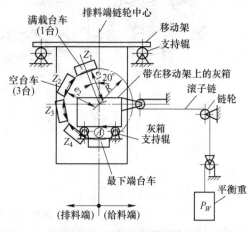

图 3-49　排料端结构示意图

c　烧结机下灰箱

烧结机下灰箱用普通钢板焊接制作。内侧焊上扁钢作成自衬。

灰箱上面除排料端外，均铺设了用扁钢和角钢焊成的尖房顶形格子（给料端下面铺成平的）。在排料端下面铺设扁钢和圆钢焊成的方格子盖板，以防止大块烧结矿直接掉入灰箱。

d　台车密封板油脂除去装置

此装置采用刮板式，由弹簧板、铜板和钢板组装而成。安装部位是在台车进入滑道的前边。当台车通过时，油脂除去装置中的铜板接触台车弹性密封装置中的密封板，将其上的油脂和灰尘刮掉，落入给料端灰箱的油脂漏斗中，再排到设置在烧结机旁边的油盒内。

G　骨架

烧结机骨架包括给料端骨架、排料端骨架、中部骨架、给料端弯道、排料端弯道、上侧轨道、下侧轨道、轨道支承梁、移动架、取台车用油压装置、台车密封装置保护罩、密封盖板、各种平台、过桥等部件。图 3-50 所示为骨架示意图。现对主要部件进行详细介绍。

a　骨架的支撑方式

烧结机给料端、排料端骨架的底板用螺栓固定在烧结机厂房的基础上。中部骨架在距离给料端 2/3 处，只有 3 列立柱的底板用螺栓固定，其余立柱均不固定，但在宽度方向设置导板，骨架纵向（烧结机长度方向）可以自由膨胀。

b　适应骨架热胀冷缩的措施

在烧结过程中，由于温度升高，设备部件会产生热膨胀。当烧结机停产检修时因冷却又产生收缩，因此，骨架结构应能适应热胀冷缩。

在中部骨架与头部骨架和尾部骨架连接处，将连接梁的螺栓孔制作成长孔，以适应热

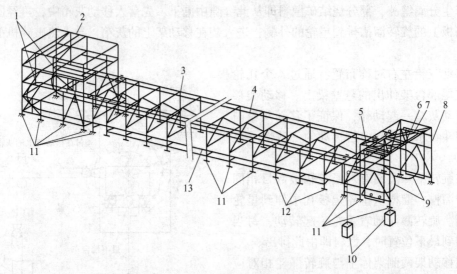

图 3-50   烧结机骨架示意图

1—给料端导轨；2—给料端骨架；3—中部骨架；4—上侧轨道；5—移动架用支承辊；6—移动架用侧辊；7—移动架；
8—排料端骨架；9—排料端导轨；10—移动架用平衡重锤；11—固定支撑点；12—自由支撑点；13—下侧轨道

胀冷缩。

将轨道支撑梁中间部分全部用螺栓固定在中部骨架的横梁上，在与给排料端骨架相连接的地方，将装螺栓处的梁开切缺口，用螺栓固定伸缩夹板，这样轨道可自由伸缩。

    c   轨道及弯道

上轨道的工作面应进行淬火处理。

给排料端的弯道采用高强度钢板制作。内轨和外轨各成为一组。台车的车轮在内外轨间运行，弯道由三段圆弧构成，使台车能圆滑上升和下降，如图 3-51 所示。

    d   台车适应热胀冷缩的装置

为了解决台车在受热后膨胀的问题，将烧结机排料端制作成可动式。有两种结构形式：平移式和摆架式，其结构如图 3-52 所示。

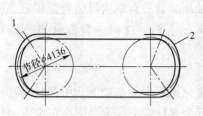

图 3-51   轨道结构示意图

1—给料端导道；2—排料端导道

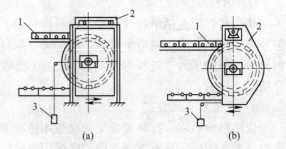

(a)   (b)

图 3-52   烧结机排料端结构示意图

(a) 水平移动式尾部框架；(b) 摆架式尾部框架

1—台车；2—移动架；3—平衡重锤

宝钢 450m² 烧结机采用水平移动式尾架。即将支承从动侧星轮的轴承座及弯道装在移动架上,该移动架通过支承辊吊在排矿部台架上。

移动架由于平衡重锤的作用,始终被拉向给料端方向,使台车间不会产生间隙。为了使移动架平行移动,在移动架下面的两侧和上面的中部设置导向轮。

为了在检修时从烧结机取出或装入台车,必须将移动架顶开(克服重锤的阻力),为此在尾部设有专用的电动式油压千斤顶。

在移动架的下部设有限位用行程开关,当台车有异常热膨胀时,行程开关动作,使烧结机立即停机。

e 台车密封装置防护罩

在下侧轨道台车两侧的上部,沿烧结机全长设置了防护罩,以防烧结矿粉等杂物掉到密封板上。

3.3.3 带式烧结机型规格及主要参数

带式烧结机型号规格是以其有效面积(m²)来表述的,它是其有效长度和有效宽度的乘积。烧结机有效面积越大,单台设备生产能力就越高。烧结机的产量通常定义为单位有效面积单位时间的烧结矿产量(t/(m²·h))。我国制造的带式烧结机型号规格及主要参数见表3-3。

表 3-3　带式烧结机型规格及主要参数

规格型号		KSH183	KSH220	KSH231	KSH238	KSH265	KSH360	KSH435	KSH450
图号		13B768-2	K316		13B790-2	K319		20300	K318
有效烧结面积/m²		183	220.5	231	238	265.125	360	435	450
台车规格/m×m		1×3	1×3.5	1×3.5	1×3.5	1×3.5	1×4	1.5×5	1.5×5
有效烧结长度/m		61	63	66	68	75.75	90	90	90
台车行走速度/t·min⁻¹		1~3	2.06~6.18	1.1~3.3	1.1~3.3	2.06~6.18	1.78	1.5~4.5	1.9~5.3
料层最大厚度/mm		700	460	700	700	600	700	630	600
设备最高产量/t·h⁻¹		450~515	1000	600	650	1000	995	1145	625
主电机	电动机型号	YISP200L-6	ZZJ2-51	YTSP200L-6	YTSP200L-6	ZZJ2-51	YZP280S-6	Y280M-6	SF-KH250M
	电动机功率/kW	2×18.5	30	2×18.5	2×18.5	30	45	55	45
	转数/r·min⁻¹	1000	680	1000	1000	680	320~960	326~930	300~900
圆辊给料电机	电动机型号	YISP180L-6	Z02-91	YISP160L-6	YTSP160L-6	Z02-91	YZP200L1-6	Y200L1-6	SF-KH225S
	电动机功率/kW	15	10	22	22	10	18.5	18.5	15
	转数/r·min⁻¹	1000	1000	1000	1000	1000	320~960	323~970	300~900
机器重量/t		1140.63	1450	1338.8	1354.833	1660	2112	3000	3100

带式烧结机设计主要涉及烧结机台车运行速度、台车宽度及台车驱动功率等参数,主要计算公式如下。

3.3.3.1　台车运行速度

台车运行速度是由烧结速度决定的,而烧结速度取决于烧结矿产量及烧结料层透气性好坏,因此,由式(3-6)计算台车运行速度 v_s:

$$v_s = Q/(60W_p h\rho) \tag{3-6}$$

式中　v_s——台车运行速度，m/min；

　　　Q——混合料给料量，t/h；

　　　W_p——台车宽度，m；

　　　h——烧结机上料层高度，m；

　　　ρ——烧结机上混合料堆积密度，t/m³。

台车最大运行速度 v_{smax} 由下式确定：

$$v_{smax} = v_s/(0.7 \sim 0.8) \tag{3-7}$$

3.3.3.2　台车的驱动功率

台车是由位于烧结机给料端的传动装置驱动，其驱动功率按下式进行计算：

$$P \approx 0.1A_S \tag{3-8}$$

式中　P——烧结机驱动功率，kW；

　　　A_S——烧结机有效面积，m²，$A_S = W_P L_S$；

　　　L_S——烧结机有效长度，m。

带式烧结机有效面积与其驱动功率间的关系见表3-4。

表3-4　带式烧结机有效面积与其驱动功率间的关系

A_S/m^2	200	200~300	300~350	350~400	400~500	500~700
P/kW	22	30	37	45	55	75

3.3.3.3　台车宽度

台车有效宽度 W_S 主要根据烧结机有效面积 A_S 来确定，两者的关系见表3-5。

表3-5　台车宽度与烧结机有效面积 A_S 及长宽比的关系

有效宽度 W_S/m	有效面积 A_S/m^2	L_S/W_S
3.0	≤200	≤22
4.0	≤400	≤25
5.0	≤700	≤28

3.4　环式冷却机

3.4.1　概述

烧结机的高温烧结矿（700~1000℃），若直接运输到高炉矿槽，则需要专门的矿车和铁路专用线，而将烧结矿冷却后，就可用皮带运输机输送。后者不仅钢厂总图运输更加合理，而且使用冷矿可延长高炉矿槽、上料系统及炉顶设备使用寿命，减少维修量。此外，烧结矿冷却后可进行破碎筛分，经整粒后的烧结矿粒度更加均匀，可改善高炉煤气利用率、提高产量、降低焦比。作为整个系统热平衡的重要环节，回收高温烧结矿中的热量，用于前面的工序，还可降低整个系统的燃料消耗；采用冷矿入炉，可减少粉尘入炉，有利于改善炼铁环境。因此，从 20 世纪 70 年代开始，新建烧结厂基本上采用生产冷烧结矿。烧结矿冷却技术得到快速发展。

在烧结厂，烧结矿冷却方法有很多种。按冷却介质，可分为空气冷却、水冷却及空气和水冷却相结合的冷却方法。无论采用哪种方法，均是根据冷却介质通过赤热层的烧结矿层，通过传导、对流、辐射三种传热方式，将烧结矿中的热量带走。目前所采用的主要方法为强制机械式通风冷却。该冷却方法又可分为抽风冷却和鼓风冷却。按机械类型又可分为烧结机上冷却、振动冷却、带式冷却、环式冷却、格式冷却和盘式冷却等。目前鼓风环冷机用途最为广泛。

国外最大的烧结机是日本的 3 台 600m² 带式烧结机，分别配 610m² 鼓风环冷机、780m² 鼓风带冷机及 1160m² 鼓风格式冷却机，是世界上最大冷却面积的冷却机。宝钢 3 台、太钢 1 台 450m² 带式烧结机，均配 460m² 鼓风环冷机。环冷机台车利用率高、与相同处理能力的带式冷却机相比，设备重量减少 1/4 左右。带式冷却机布料及密封容易，因此，鼓风带冷机发展迅速。

3.4.2 环式冷却机冷却参数

影响烧结矿冷却效率的因素主要有以下两个方面：一是热量通过对流、辐射和传导，从烧结矿表面散失；二是热量主要通过传导，自烧结矿内部转移到外表面。

烧结矿的冷却速度取决于烧结矿块内的传热速度，因此，应保证充分的空气量，使传到烧结矿表面的热量能尽快被空气带走，并使烧结矿内的热传导不至于延迟、停滞。

影响烧结矿冷却的参数中比较显著的有风量、风压、风速、料层厚度、透气性、冷却时间，烧结矿粒度组成（最大块度、粉末含量、粒度均匀程度）等。如果烧结矿粒度上限过大，则大块中心不容易冷却下来，从冷却机上卸下来破碎后，会因中心过热而烧坏皮带运输机。烧结矿中粉末增多，对堆密度、孔隙率，最终对料层透气性有不利影响，在空气量一定时，即使有足够的压力，如烧结矿中粉末过多，亦需要较长的冷却时间。

冷却机冷却面积要根据烧结机有效面积确定，也就是要选择适宜的冷却参数，包括冷烧比、冷却时间、冷却风量和冷却风压力等。

(1) 冷烧比：是指冷却机有效面积与烧结机有效面积之比。鼓风冷却机的冷烧比在 0.8~1.3 之间。宝钢为 1.02，鞍钢新三烧为 1.06。选择冷烧比时，主要考虑烧结矿粒度组成。如果-8mm 粒级多，应选择大的冷烧比；反之，选择较小的冷烧比。

(2) 冷却时间：冷却时间是评价冷却效率的一个重要指标。与烧结矿粒度组成、料层厚度及通过料层的风量有关，即冷却时间与料块表面同空气热交换速度以及块料中心部至表面热传导速度有关。一般鼓风冷却时间为 60min。

冷却时间可由下列公式进行计算：

$$t = u\rho h/(60v) = (60\rho hA)/Q \tag{3-9}$$

式中　t——冷却时间，抽风冷却为 25~30min，鼓风冷却为 60min；

u——冷却 1t 烧结矿所需风量，t/m^3；

ρ——烧结矿堆积密度，t/m^3，$\rho = (1.7\pm0.1)$；

h——冷却机装料高度，m，鼓风冷却时 $h = (1.4\pm0.1)$，抽风冷却时，$h = (0.3\pm0.1)$；

v——风速，m/mim；

A——烧结机有效面积，m^2；

Q——冷却机的设计生产能力，t/h。

（3）冷却风量：冷却风量小，冷却时间长，效率低；风量过大，又会造成不必要的动力消耗。鼓风冷却一般采用 $2000 \sim 2200 m^3/t$。

环式鼓风冷机主要技术参数见表 3-6，主要包括冷却面积、冷却环平均直径、台车宽度、进料温度、出料温度、风机风量配套烧结机规格、处理能力等。

表 3-6　环式鼓风冷机主要技术参数

项目	冷却面积/m^2			
	145	190	280	460
冷却环平均直径/m	22	24.5	33	48.0
台车宽度/m	2.6		3.2	3.5
进料温度/℃	750	750	750~850	750
排料温度/℃	<150	<150	<150	<150
风机风量（工况）/$m^3 \cdot min^{-1}$	2600		5133	9200
配套烧结机规格/m^2	130	180	260	450
处理能力/$t \cdot h^{-1}$	300		565	1150
使用单位	天津铁厂	唐钢烧结厂	鞍钢新烧结厂	宝钢烧结厂
供图单位	鞍山设计院	鞍山设计院	鞍山设计院	日立造船厂

目前我国投产的鼓风环式冷却机规格有：$110m^2$、$130m^2$、$170m^2$、$190m^2$、$235m^2$、$280m^2$、$360m^2$、$415m^2$、$450m^2$、$520m^2$ 等规格。

3.4.3　鼓风环式冷却机结构及特点

鼓风环式冷却机是一种机械通风的冷却机，风机鼓入的空气通过风箱和台车箅板，穿过料层，将烧结矿中的热量带走，使烧结矿温度冷却到 150℃ 以下。

环式鼓风冷却机主要由台车装置、水平轨道、给料装置、卸料装置（含板式给矿机）、鼓风系统、水平轨侧轨及其支承装置、侧轨定心装置、散料收集装置、骨架、密封罩及烟囱等组成，如图 3-53 和图 3-54 所示。

3.4.3.1　骨架

骨架是支承环式冷却机全部重量并承受全部机器荷重的钢结构件，通过地脚螺栓固定在基础上。一般分为环形骨架、传动骨架和排气烟筒骨架三部分。每部分都包含骨架和平台。

骨架由立柱、横梁和斜撑等型钢构件通过螺栓连接，组成一个环形框架结构。立柱沿圆周方向分为 3 列，外两列间装着冷却机主要构件；内二列装着电葫芦的导轨和电葫芦，在中间主柱的外侧还装着侧导轨，如图 3-55 和图 3-56 所示。

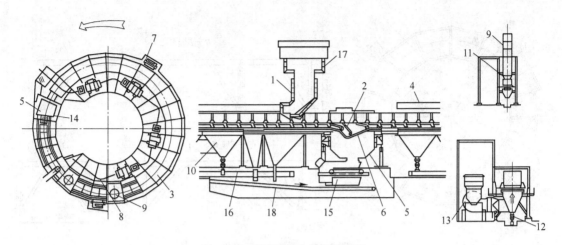

图 3-53　鼓风环式冷却机示意图

1—给矿斗；2—台车；3—冷却槽；4—罩子；5—排矿斗；6—卸料曲轨；7—传动装置；
8—电葫芦导轨；9—烟筒；10—风箱；11—连接罩；12—双层阀；13—鼓风机；14—托辊；
15—板式给矿机；16—散料输运机；17—破碎机下溜槽；18—成品胶带运输机

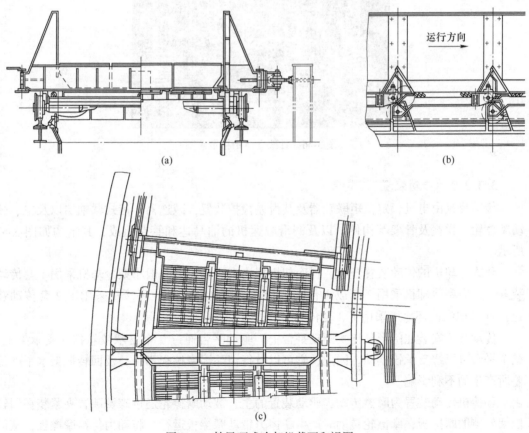

图 3-54　鼓风环式冷却机截面和视图

（a）截面图；（b）侧面图；（c）平面图

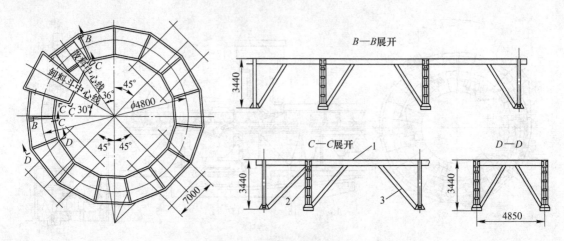

图 3-55　骨架结构示意图
1—横梁；2—立柱；3—斜撑

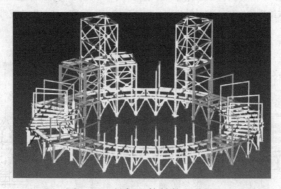

图 3-56　骨架立体结构示意图

3.4.3.2　传动装置

传动装置由电机，定扭矩联轴器及其滑差检控装置，减速器，齿式联轴器以及主、被动摩擦轮，弹簧及骨架等构件，以及润滑减速机的油马达和管路组成，其结构如图 3-57 所示。

环式冷却机的传动装置套数，视冷却机规格大小确定。一般小型冷却机采用 1 套传动装置，大中型冷却机采用 2 套以上传动装置。例如宝钢 460m² 环冷机采用了 2 套传动装置，日本 610m² 环冷机采用了 3 套传动装置。

传动装置安装在门形悬挂式驱动平台上。驱动平台通过 2 个支承铰悬挂在支承架上，整个平台可以绕支承铰摆动。因此，它可以自行消除因摩擦板不平整及回转框架水平度偏差所产生的不利影响。

环冷机传动装置为摩擦传动：驱动装置的主、被动摩擦轮通过碟簧装置夹紧装在回转框架外侧的摩擦板，摩擦轮转动时产生摩擦力带动摩擦板运行，将动力传给摩擦板，从而驱动回转框架在水平面上作回转运动。通过调整碟簧的压缩量，可获得不同大小的驱动力。

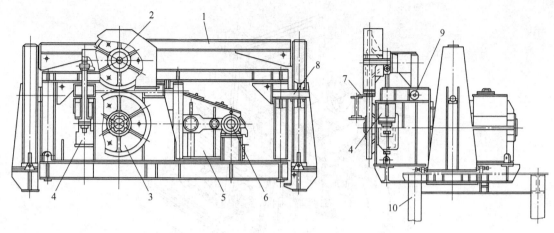

图 3-57　环式鼓风冷却机传动装置示意图

1—骨架；2—从动轮；3—主动轮；4—弹簧装置；5—减速机；
6—电动机；7—摩擦板；8, 9—转轴；10—传动骨架

主动轮与减速机低速轴通过联轴器相连接，主动轮轴用滚动轴承支承，滚动轴承装在固定在传动架上的轴承座内。从动轮组装在可以摆动的底架上，在侧面设有支杆和弹簧，通过调整弹簧的弹力来保证啮合点的夹紧力。

电机与减速器通过定扭矩联轴器连接，如遇过负荷联轴器打滑，滑差检控装置就会按设定要求自动控制环式冷却机停机及设备联锁。

减速机采用稀油循环润滑，摩擦轮轴承则采用润滑脂（干油）集中润滑。

为减少摩擦板和摩擦轮的磨损，在摩擦接触表面进入啮合点前，用机械清扫装置或压缩空气清除表面的散料和污垢，以延长使用寿命。

3.4.3.3　冷却槽

冷却槽是冷却机的核心部分，由台车、三角梁、台车侧板、内外环及摩擦板等构件形成的冷却空间。冷却槽带内装有热烧结矿并整体回转做圆周运动，通过下部鼓入的空气经过料层将烧结矿（或球团矿）热量带走，使烧结矿冷却。冷却槽结构如图 3-58 所示。

（1）台车：台车及其内外侧板、三角梁构成环形槽，烧结矿装在槽内。台车是主要承载件，并受一定温度的热辐射影响，设计时应使其具有足够强度。

台车结构如图 3-59 所示，由台车体、车轮、三角梁、箅板、球铰轴承及连接件等构成。为使台车体结构合理，应对台车进行车体强度计算。台车体是由型钢焊接的整体扇形结构件。

每个台车在台车行进的后方两端均装有两个车轮，支撑冷却槽。台车通过心轴和球铰轴承与三角梁相连接，两个车轮与一个球铰构成三点支撑，球铰作为转动点使台车成一摆动体，用以克服冷却环运动时出现的水平微量波动和摆动，有利于台车在卸料曲轨段下行卸料与上行复位。

为减少台车轮与轨道接触面，把台车轮踏面设计成球面，采用铸钢材质，踏面进行高频淬火，以保证耐磨性和接触应力。台车轮轴如图 3-60 所示。车轮轴用卡板固定在台车体上，为防止松动，螺栓拧紧后，将其螺栓头周围点焊在卡板上。

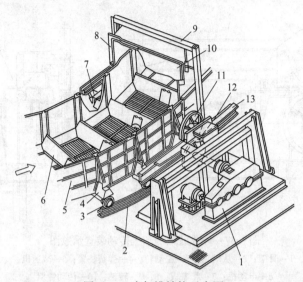

图 3-58　冷却槽结构示意图

1—传动装置；2—轨道；3—台车轮；4—端部挡板；5—侧板；6—三角梁；7—侧挡轮；

8—罩子；9—吊挂架；10—台车；11—从动摩擦轮；12—主动摩擦轮；13—摩擦板

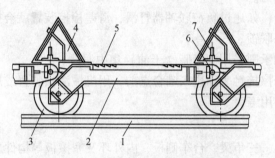

图 3-59　环式冷却机台车结构示意图

1—轨道；2—台车体；3—车轮；4—三角梁；

5—箅板；6—球铰轴承；7—连接件

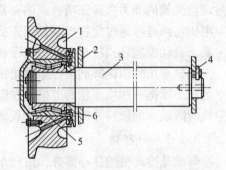

图 3-60　环式鼓风冷却机台车轮轴结构示意图

1—车轮；2—台车体；3—车轴；

4—卡板；5—轴承；6—密封件

　　台车宽度与有效冷却面积、回转框中心距、曲轨区域长度及卸料高度等诸多因素有关。大型冷却机一般宽度为 3500mm。台车沿圆周方向的中心长度一般在 2100mm 以下。中心长度过长则台车数减少，会增加卸料高度及卸料区长度；中心长度过小则台车数量和重量增加，更主要的是有效通风面积减少。通常，在保证足够的通风面积和强度基础上，设计时应尽量减少中心长度。台车个数一般取 3 的倍数。

　　台车上的箅板是在角钢制造的框架上，用扁钢焊接成百叶形式，如图 3-61 和图 3-62所示。沿台车宽度方向装有 3 排箅板，用压板和四头螺栓将箅板固定在台车车体上。每排箅板的一端与压板焊接 3 处，焊缝长度为 40~50mm，另一端不焊，为自由端，作为热胀冷缩调节手段。箅条之间的间隙决定有效通风面积，间隙和倾角可依据经验选取。宝钢环冷机箅条之间间隙为 13.5mm，与水平倾角为 24°。

图 3-61 台车与三角梁的连接方式

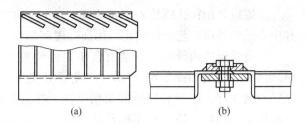

图 3-62 台车算板安装方式示意图

(a) 台车算板;(b) 算板固定图

　　在两个三角梁之间装有台车内外侧壁板,其高度应高或等于装料料层高度,宝钢按1.5m 安装。侧板的厚度,太厚会增加重量,过薄则易变形。一般按实践经验选取 6mm 的钢板制作,外面加加强筋板。为防止物料从台车与侧板接触面外漏,可在侧板下部靠装料面上焊上一个三角形板。

　　(2) 回转框:大型环式冷却机回转框为正多边形,由内外环和三角梁构成 (见图 3-63)。宝钢 460m^2 鼓风环式冷却机是由一个正七十二边形回转框架构成。三角梁个数与台车数目相同,与内外环用高强度螺栓接合;内外环按其形状尺寸也分为若干块,其段数也与台车个数相同,各段之间在侧面与底面通过连接板用螺栓连接起来,构成整体回转框架。框架内环的内侧安装侧挡轮,侧挡轮与侧导轨之间留有一定间隙。宝钢环式冷却机的该间隙为 5mm,如图 3-64 所示。

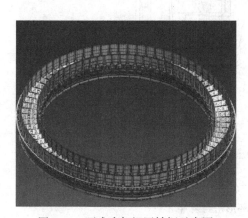

图 3-63 环式冷却机回转框示意图

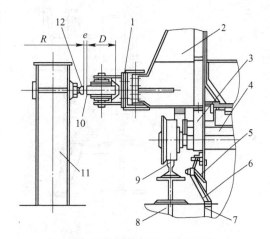

图 3-64 回转框挡轮端部结构示意图

1—内环;2—三角梁;3,5—密封板;4—台车;
6—密封座;7—风箱;8—走台;9—轨道;
10—侧挡轮;11—骨架;12—侧导轨

　　一般在三个台车区间安装一个侧挡轮,其主要作用是限定回转框架中心的变动量,保证回转台车有确定的运行轨迹,使得台车运行平稳。

在外环外侧装有润滑台车与三角梁之间的球铰轴承用的给脂分配阀及其配管,以减少轴承磨损。

摩擦板是用铰孔螺栓固定在外环上,由多块拼接而成。每块分段长度根据摩擦板宽度和中心弧半径用工艺条件确定。用高强度钢制作,寿命不低于2年。

三角梁连接内外环,并装有台车内外侧板。其断面呈三角形,结构如图3-65所示。三角梁是主要承载件,其结构刚性好,装配后回转框架精度高。在三角梁中部一侧焊上一凸块,插在台车两凸块之间,可限制台车的摆动和窜动,使台车轮缘与水平轨道之间的间隙一致,保证冷却机平稳运行。

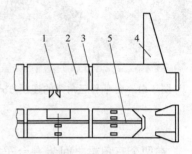

图 3-65　三角梁结构示意图
1—销座;2—衬板;3—本体;
4—圆钢;5—连接板

3.4.3.4　密封装置

环式鼓风冷却机密封包括环形密封、端部密封、台车轴部密封和余热回收高温门型罩部位的密封。冷却机密封效果好坏直接影响冷却效果。此外,漏风率的大小还会影响烟气温度,从而影响余热回收效果。因此,应尽量减少漏风。

环形密封:指给料端到排料端整个圆周方向的密封,其结构如图3-66所示。这种密封是在台车密封板下、风箱之上所形成的密封。每道密封分为两层。内层密封橡胶板吊挂在台车密封侧板下,跟随冷却环一起转动,为活动密封;外层密封橡胶板为固定在风箱之上的密封腔座上,是固定不动的,称为固定密封。

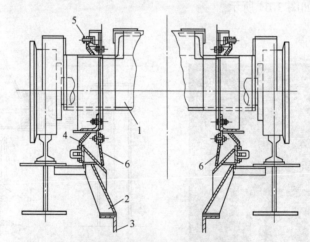

图 3-66　鼓风冷却机环形密封装置
1—台车;2—密封座;3—风箱;4—固定密封;5—台车轴密封;6—活动密封

台车轴部密封:是指台车车轴上部和两侧部与冷却环下部吊挂的密封板槽部的密封。如图3-66中6所示,台车沿卸料曲轨运动时密封面脱开,台车处于水平轨道时密封面接触,形成密封。此处必须注意的是固定环形橡胶板的吊挂板和台车轴下部吊挂密封橡胶板的吊挂板之间在设计时要留有足够间隙,以免台车进入曲轨运动时,由于曲面的轨迹变化而引起卡住故障。根据宝钢二号机的经验,此间隙应大于8mm。但是,该间隙也不能过大，否则会增加漏风率。

端部密封：是指设在鼓风区域第一个和最后一个风箱上面的横向密封座的上表面密封。该表面为一平面，平面的高度可以进行调整，在台车下面横向挂着橡胶板，橡胶板与密封座上平面接触形成密封。密封座的长度是台车长度的 1.5 倍，这样保证至少有一个台车吊挂的橡胶板与密封座接触。若对冷却废气余热进行回收，还应在门形罩高温区和人字形风罩低温区之间设置一套横向密封，以防止高温气体和低温气体串通，影响冷却效果及余热回收。

上述三部分密封形成一个密封腔，鼓入的气体压力在 4000Pa 左右，为防止气体外漏，还需在相关构件连接接触面间加密封板。密封填料可选橡胶石棉板。因为环形密封座与风箱端侧面均为直线段，而与橡胶板接触面在圆周方向为圆锥面，所以在制作密封座时，要严格按照设计尺寸和施工要求，并防止在堆放和运输过程中产生变形。

余热回收高温门形罩部位的密封：是指门形风罩与台车及三角梁上部的密封，其结构如图 3-67 所示。台车侧板与三角梁立板上表面装有密封座 9，密封座外侧呈圆锥面，随同冷却环回转。复合橡胶板 2 与密封座 9 的圆锥面接触，构成密封。在门形罩 6 上装有密封吊座 7，吊座上装有隔热板 8，隔热板可上下活动，但始终与密封座 9 保持一定距离，以免划伤密封座，隔热板既可防止部分尘粒进入密封面，又可防止热直接辐射到复合橡胶板 2。复合橡胶板 2 的安装和更换是靠偏心轴 3 来实现的，而偏心轴的压紧和脱开是通过曲柄 4 由锁紧板 5 卡住。复印橡胶板要能承受 300～400℃ 的热辐射，所以橡胶一定要耐热。为延长其寿命，可在橡胶板上敷设一层耐热石棉板。

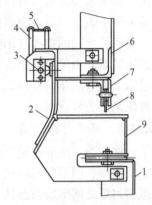

图 3-67 门形罩部位的密封结构示意图
1—台车三角梁；2—复合橡胶板；
3—偏心轴；4—曲柄；5—锁紧板；
6—门形罩；7—密封吊座；
8—隔热板；9—密封座

3.4.3.5 鼓风系统

环式冷却机鼓风系统包括鼓风机、风箱和风管等。风机配置包括风机、电机、消声器、变径管、金属补偿器、手动蝶阀及控制风门开度的电动执行机构等。风机电机设置电加热器和温度检测，风机轴承设置温度检测和冷却水。

鼓风机的台数根据冷却机面积大小确定。风机的出口压力根据料层厚度和系统压损确定。宝钢 460m² 环式冷却机配 5 台鼓风机。对于大型冷却机，鼓风机一般布置在环内，充分利用场地，但要考虑风机的安装和检修设备配置。

风箱用钢板焊制，并用螺栓固定在骨架上（见图 3-68）。其主要作用是将鼓风机送来的冷风均匀布于台车箅板之下，在风机连续工作的情况下，具有一定压力的冷风穿过台车箅板进入热烧结矿料层进行热交换；同时，烧结矿中的部分粉料又会通过箅板缝隙落入风箱得到收集。为了使散料能顺利落入风箱底部，风箱的侧板角度要大于散料安息角。一般取 40°～50°。

风机与风箱之间均由风管连接。为克服风机运转时产生的振动，通常在风出口与总风箱接合面之间设置减振膨胀节，如图 3-69 所示。

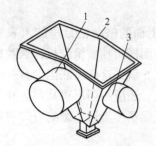

图 3-68　风箱结构示意图
1—总风管；2—风箱；3—横风管

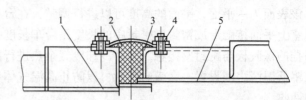

图 3-69　风管膨胀节连接示意图
1—风机风管；2—膨胀节；
3—支架；4—螺栓；5—总风管

根据风机数量和风量，可以把风箱分成几组，每组风箱之间用隔板阀分开，使风不能串通。若需调节风量，可将隔板阀打开到一定角度。

风箱与风箱之间的连接管用法兰连接或直接焊接，但余热风箱段要考虑热膨胀问题。

在鼓风区域，由风箱收集的散料，通过设在风箱下面的双层卸灰阀储存并定时排出。风箱连接管下设有灰斗。双层卸灰阀上下阀的动作交错有序，因此，风箱里积灰既可按时排出，冷风又不会外泄。

3.4.3.6　风罩与排气筒

风罩分两两段：在靠近给料端的冷却废气温度高、含尘量大，大致占冷却面积的1/3，该段罩子呈门形，门形罩两端设有可随料层高度变化而调整的扇形活动多排密封板。门形罩和扇形密封板之间形成高温区，门形罩经受高温气流的辐射和烘烤，容易变形。门形罩以后的2/3部分为低温区，采用开式屋顶形人字风罩。这两种风罩均用拉杆钩挂在台架上。

排气烟筒：大型冷却机设置2个以上，用以排除高温废热气体，排气烟筒通过过渡烟罩与门形罩相连接。排气烟筒由单独机架支撑，通常采用钢骨架。在排气筒下部1/3处的内壁，敷设可捣固材料，防止高温废气对内壁的冲刷，在其顶部设防雨罩。

在两个排气筒上部适当位置设有旁通管道，与余热回收装置相连。在旁通管道上方烟筒上装有闸板阀，当余热回收装置工作时，闸板阀处于关闭状态；否则，闸板阀处于开启状态。

3.4.3.7　给料和排料

给入方法：环式鼓风冷却机的给料是采用从中心方向，即给料口与环式冷却机切线方向垂直的给矿布料法。经过单辊破碎机破碎后的热烧结矿通过溜槽和给料斗布置到冷却机的台车上。

给料要求：给矿斗的构造和形状较复杂，主要是不但要防止落差过大使烧结矿粉碎而影响冷却料层透气性，而且还要使其布到台车上的矿料粒度均匀分布而不产生偏析。大块料落下后对料斗磨损很严重，为防止磨损，可在矿斗内壁焊上一些方格筋，使料存在筋槽内，形成料磨料的自磨料衬。为防止矿斗因高温烘烤产生变形，可采取部分位置通水冷却。在矿料易磨部位，可加高铬铸铁衬板。在漏斗内部上侧设置矿料落下的缓冲台阶，下部做成梯形储矿槽，矿料在其内部经过几次翻滚后，粒度趋于均匀。在漏斗的外部有数条加强筋，但有若干条加强筋相交的位置需用螺栓连接，以防止受热后变形。

给料斗通过四点固定在烧结厂房平台上，另外，在出料端外部上方两处用螺栓吊挂。

排矿斗主要是接受环冷却机冷却后的矿料并排出，同时在矿斗内装有卸料曲轨。台车运行到曲轨处时，将矿料直接卸在矿斗内的给矿机上，经皮带输运机送去破碎筛分工序。同给料斗一样，为克服料对内壁的磨损，也在内壁上焊上许多隔板，使料留在板槽内，形成自磨料衬。排料斗通过两点铰接和两点测压传感器支承在台架上，这种支承方法，使料斗呈一种浮动状态，装料多少可通过测压传感器测量，如图3-70所示。

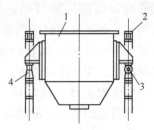

图 3-70　排料斗结构示意图

1—料斗；2—骨架；

3—铰链；4—传动器

台车在卸料时有粉尘飞扬，所以要将排料斗罩住，在罩子开口处，用管道与除尘系统相连通。在罩子上还要开观察门，以便检修和观察排料情况。此外，还要设置监控装置，观察台车的运行情况。

为使冷却机运行平稳，平衡台车卸料时产生的倾翻力矩来支托冷却环，需在卸料区内外侧同时设置数个托辊。托辊轴心应通过冷却机回转中心。

3.4.3.8　轨道

环式冷却机轨道可分为两部分，即水平轨道和卸料曲轨。内外各一条轨道成环形。两条水平轨道互相平行，固定在骨架上，并支承台车车轮承受的荷重，使台车按其轨迹运行。结构如图3-71所示。

曲轨的作用除支承台车外，还要使台车能顺利卸料和平稳返回到水平轨道上。为防止台车在曲轨上卸料时掉道脱轨，还要设置与曲轨轨迹完全相似的护轨。曲轨

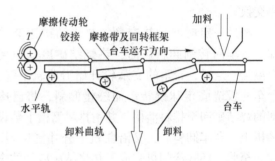

图 3-71　环式冷却机轨道结构示意图

的几何形状复杂，不但要使台车卸料时不产生冲击力，又要使台车卸料完全。台车在卸料区的运行轨迹是两条空间曲线，即台车绕环式冷却机垂直中心线公转和绕球铰轴承转轴自转的合成。设计时应尽量简化曲线形状，少用过多弧度，以减少制造难度。沿台车行进方向曲轨下降角度一般取30°左右，上升倾角取45°左右，最大不超过60°。

3.4.3.9　散料收集和双层放灰阀

环式冷却机的散料主要来源于装料时沿台车箅板空隙落下及台车运行中鼓风落下的细粒物料。大量散料主要集中在给料端部和靠近给料端。给料端的散料通过设在下部的散料收集斗收集和排除。在风箱区域内，由风箱收集散料，通过设在风箱下的双层灰阀定时排出。

双层放灰阀结构如图3-72所示。它是由上阀和下阀组成，阀座也是2个。阀体是圆锥体，一般用球墨铸铁材质制作。阀座和阀体接触面通过机加工，并在阀座加工面处用橡胶圈密封。阀体的启闭由气缸通过连杆自动控制或手动。

上下阀体始终处于一开一闭位置。散料不出时，下阀体处于关闭，上阀体处于开启；排料时，上阀体处于关闭，下阀体处于打开状态。这样既能保证散料的收储和排出，又能

保证风不从风箱下口和双层阀外漏。

　　插板是一块有一定厚度的长方形钢板，一端开有同阀座一样口径的孔，另一端是盲板。在当双层阀出故障时或需要单一检修双层阀时，将无孔的一端对准风箱的出口，可避免散料下落及漏风，保证冷却作业。

　　对于大型环式冷却机，散料经过设在冷却机下等直径的散料运输机运到成品胶带机上。

3.4.4　鼓风环式冷却机工作原理

　　烧结机卸下的烧结饼经单辊破碎进入给料溜槽，由此连续均匀地布在冷却机回转台车的算板上。回转台车由驱动装置的摩擦轮驱动，在水平轨道上作匀速圆周运动。同时，鼓风机将冷空气送入台车下的风箱，在正压力的作用下穿过台车算板间隙进入热烧结矿并与之进行热交换。

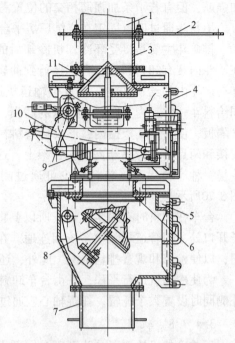

图 3-72　双层放灰阀结构示意图
1—风箱；2—插板；3—连接管；4—上阀座；
5—下阀座；6—橡胶圈；7—排出管；8—下阀体；
9—气缸；10—连杆；11—上阀体

　　经过一定时间的热交换，热烧结矿逐渐冷却。台车回转到卸料区时，热烧结矿冷却至要求温度。这时，台车的支承轮开始沿曲轨下降，台车底板绕固定球铰转动而缓慢倾斜，将已冷却的烧结矿卸至排料溜槽，并由排料溜槽下装设的板式给矿机把冷烧结矿送至成品皮带运输机上。台车卸料后，又沿曲轨上升并复位到水平轨道，并进行下一个循环的加料和冷却。至此，环式冷却机完成了热烧结矿冷却的全过程。对高温区的热风进行余热回收，可产蒸汽或余热直接发电。

3.4.5　鼓风环式冷却机主要结构参数

3.4.5.1　冷却机有效面积

鼓风环式冷却机有效面积采用式（3-10）计算：

$$A_S = Qt/(60\rho h) \tag{3-10}$$

式中　A_S——冷却机有效面积，m^2；

　　　Q——冷却机的处理能力，t/h；

　　　t——冷却时间，min，鼓风冷却 $t = 60min$，抽风冷却 $t = 30min$；

　　　h——冷却机中料层高度，m，$h = (1.4 \pm 0.1)m$；

　　　ρ——烧结矿堆积密度，t/m^3，$\rho = (1.7 \pm 0.1)t/m^3$。

3.4.5.2　环式冷却机直径

环式冷却机直径采用式（3-11）计算：

$$D = \frac{A_S}{\pi B} + \frac{L_d}{\pi} \tag{3-11}$$

式中　D——环式冷却机环中径，m；

　　　B——台车宽度，m；

　　　L_d——冷却机非通风段占的中心弧长，m。

3.4.5.3 冷却机转速

环式冷却机转速采用式（3-12）、式（3-13）计算：

$$n = \frac{60 A_S}{\pi DBt} \qquad (3-12)$$

$$n_{max} = n/(0.7 \sim 0.8) \qquad (3-13)$$

3.4.5.4 环式冷却机驱动功率

环式冷却机驱动功率在初步设计时可先按经验公式初选电动机，待参数确定后进行详细计算。

鼓风环式冷却机功率计算经验公式如下：

$$N = 0.5 A_S \times 10^2 \qquad (3-14)$$

冷却机功率计算公式采用下式进行计算：

$$N = \frac{Mn_1 k}{9549\eta}$$

式中　N——环式冷却机驱动功率，kW；

　　　M——环式冷却机驱动力矩（N·m）；

　　　n_1——摩擦轮转速，r/min；

　　　k——安全因数，一般取 $k=2$；

　　　η——机械效率，一般取 $\eta = 0.75$。

驱动力矩计算如下：

$$M = \frac{1}{2} D_1 (F_1 + F_2) \qquad (3-15)$$

式中　D_1——摩擦轮直径，m；

　　　F_1——使台车运行摩擦轮所需的力，N，$F_1 = FD/D_2$；　　　　(3-16)

　　　F——作用在台车中心的总阻力，N；

　　　D——环式冷却机冷却环中径，m；

　　　D_2——啮合点直径，m；

　　　F_2——摩擦轮阻力，N，$F_2 = F_2' + F_2''$；　　　　(3-17)

　　　F_2'——摩擦轮的滚动阻力，N；

　　　F_2''——摩擦轮的滑动阻力，N。

3.5　烧结矿破碎机

3.5.1　概述

3.5.1.1　烧结矿破碎

由于高炉炼铁对原料有一定的粒度要求（5~40mm），因此，必须对烧结后的大块烧结矿进行破碎和筛分。烧结矿的破碎分两次破碎。

一次破碎，即热烧结矿的破碎，对从烧结机台车上卸下的热烧结矿采用单齿辊破碎机进行破碎。这种破碎机安装在烧结机排料端的下方。主要破碎刚刚从烧结机台车上卸下的大块高温烧结饼。通常将大块烧结矿破碎到 100~150mm 后立即进入环式冷却机进行鼓风冷却。我国生产的主要热烧结矿单齿辊破碎机的性能参数见表 3-7。

表 3-7 我国生产的主要热烧结矿单齿辊破碎机性能参数

型号规格	齿辊外径/mm	齿辊长度/mm	出料粒度/mm	产量/t·h⁻¹
PGC-S 1118	1100	1860	≤150	140
PGC-S 1629	1600	2990	<160	460
PGC-S 1800	1800	3230	<150	330
PGC-S 2000	2000	3740	<150	565
PGC-S 2400	2400	5130	<150	1150

二次破碎：将冷却后的烧结矿（-150mm）通过皮带运输机送至破碎筛分车间，进行破碎筛分和分级，分出返矿（-5mm）、铺底料（10~15mm）和成品烧结矿（5~40mm）。冷烧结矿的破碎通常采用双齿辊破碎机进行破碎。其优点是破碎后成品率高、粉化率低，结构简单、维修方便，能耗较低。我国生产的主要冷烧结矿双齿辊破碎机的性能参数见表3-8。

表 3-8 我国生产的主要冷烧结矿双齿辊破碎机的性能参数

型号规格	φ900×900	φ1000×1500	φ1200×1600	φ1200×1800
破碎辊直径/mm	900	1000	1200	1200
破碎辊宽度/mm	900	1500	1600	1800
最大给料粒度/mm	150	150	150	150
名义排料粒度/mm	≤35	≤50	≤50	≤50
处理能力/t·h⁻¹	50	150	240	260
传动电机功率/kW	40	75	90	90
设备重量/t	30	38	45	45
适用烧结机规格/m²	50~75	90~180	300	450

3.5.1.2 烧结矿整粒

烧结矿整粒工艺是指冷烧结矿经过一次破碎和多次筛分，将烧结矿分成返矿、成品烧结矿和铺底料，以满足高炉炼铁和烧结要求的工艺过程。它是 20 世纪 60 年代发展起来，并在 70 年代获得广泛应用，越来越受到重视。

整粒的作用是减少成品中的粉末（-5mm），改善成品烧结矿的粒度组成及分出适宜粒度的铺底料，并由此带来以下效果：

（1）强化高炉冶炼。因减少粉末及改善入炉烧结矿粒度，从而改善高炉料柱透气性和入炉矿还原性，炉料顺行，铁水成分稳定，炉顶设备寿命提高。

（2）改善烧结过程。不但提高烧结过程透气性，从而提高烧结矿产量；而且保护台车，使台车算条寿命延长；同时大大减少烧结烟气含尘量，减轻除尘系统负担，提高风机叶片使用寿命。

常规的烧结矿整粒工艺流程为：首先对冷烧结矿进行第一次筛分（固定条筛），筛上产品经过双齿辊破碎后与筛下产品合并，再进行 3~4 次筛分，产出返矿、成品烧结矿和铺底料。目前整粒工艺仅集留了 2~4 次筛分，取消了冷烧结矿的双齿辊破碎作业。为提高作业率，确保为高炉稳定供料，通常大中型烧结厂设置两套烧结矿整粒系统，一个系统生产，一个系统备用。

冷烧结矿的筛分设备主要有圆形振动筛（自定中心振动筛）和直线振动筛两种。圆振动筛用于粗粒烧结矿的筛分，直线振动筛用于筛分细粒烧结矿。

3.5.2 单齿辊破碎机结构及特点

单齿辊破碎机主要由齿辊、齿板、驱动装置、算板支承台车、破碎机防尘罩、机下漏斗及齿辊起吊工具等部件组成，其结构示意图如图 3-73 所示。

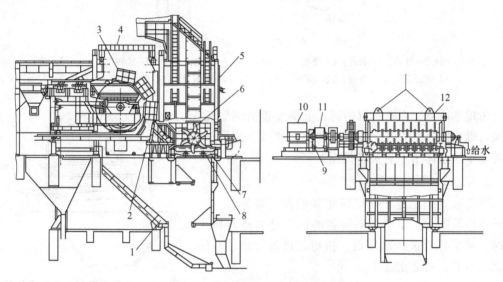

图 3-73 单齿辊破碎机结构示意图

1—机下漏斗；2—破碎导板；3—台车；4—移动架；5—防尘罩；6—齿辊；
7—算板台车；8—算板；9—定转矩联轴器；10—电动机；11—减速机；12—吊具

3.5.2.1 齿辊

齿辊是热烧结矿破碎的主要工作部件，由破碎齿、主轴、轴承座等构成，如图 3-74 所示。因破碎高温烧结矿，要求耐热耐磨。目前使用的单齿辊破碎机破碎齿有两种结构形式，即堆焊式和镶块式，新型破碎机采用堆焊方式破碎齿。

破碎齿沿主轴方向有若干排，沿圆周方向布置 3~5 个齿。相邻两排齿错开 60° 布置。破碎齿与主轴焊接为一体。在破碎齿前端、破碎面及主轴圆柱表面均堆焊耐热耐磨合金。主轴和破碎齿通水冷却，以延长齿辊的使用寿命。

主轴轴承选用球面滚子轴承，能保证承受破碎时产生的不均匀载荷。主轴的润滑采用集中自动润滑。

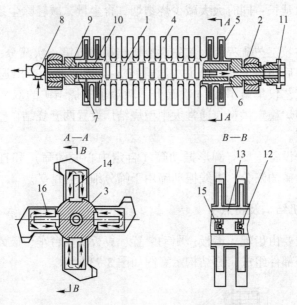

图 3-74　单齿辊破碎机齿辊结构示意图

1—主轴；2—轴承；3—长孔；4—齿辊；5—直钩；6，7—冷却水通道；8—旋转接头；9—给水管；
10—隔离环；11—螺塞；12—隔板；13—盖板；14—进水管；15—排水孔；16—冷却腔

齿辊本体安装在密封罩内部，上部设置活动盖板，更换齿辊本体时，打开上部活动盖板，通过上部吊车，把齿辊本体整体吊出更换（见图 3-75）。

3.5.2.2　驱动装置

驱动装置包括电机、定转矩联轴器、减速机、一对开式齿轮副等。定转矩联轴器的作用是当破碎机工作时，如有异物进入破碎机，扭矩超过设定值，联轴器就会打滑，可防止过载。

3.5.2.3　箅板及箅板支承台车

箅板是由钢板焊接而成（在工作部位堆焊耐热耐磨合金）。将箅板安装在可移动的台车上，一方面可以变动破碎部分的位置，一端磨损后可调个使用，使箅板磨损均匀；

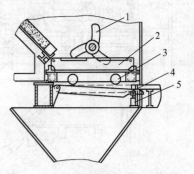

图 3-75　齿辊及箅板整体更换装置

1—齿辊；2—箅板；3—移动台车；
4—活动轨道；5—千斤顶

另一方面在箅板更换检修时，可以通过专门设置的卷扬机构，方便地将台车和箅板从密封防尘罩内拉出。箅板更换检修完毕后，再将台车和箅板一起拉进工作位置。为了延长其使用寿命，其内部通水冷却。箅板工作时，台车必须固定，而且台车车轮也要离开轨道悬空，台车车轮不承受负荷。

3.5.2.4　导料溜槽

导料溜槽是用普通钢板焊接的结构件，用螺栓固定在厂房的钢梁上。在靠近烧结机排料端链轮侧的导料溜槽的前上方，装有堆焊着耐热耐磨合金的高铬铸铁衬板，其与下端的水冷梁连接在一起。

导料溜槽中间倾斜部是钢板焊制的框架，中间很小的格子里积存着烧结矿，起到衬垫作用，以减少烧结矿抛落时对设备的磨损。两侧壁上安装有可更换的衬板。

E　破碎机防尘罩

破碎机防尘罩由普通钢板焊制而成，上部兼作除尘罩，其结构设计要便于破碎机、导料溜槽、箅板等的维护与保养。

思　考　题

3-1　简述圆筒混合机的结构和工作原理。

3-2　简述烧结机主体结构及工作原理。

3-3　论述烧结机产生漏风的原因及对烧结生产的影响，如何从装备上采取措施减少漏风。

3-4　请画出烧结机台车结构草图，并描述其由哪些部件构成。

3-5　简述烧结矿环式冷却机结构、工作原理及其工艺影响因素。

3-6　简述烧结矿单辊破碎机结构及工作原理。

3-7　如何提高烧结矿单辊破碎机效率及使用寿命？

4 氧化球团焙烧设备

4.1 概　述

　　铁矿球团法最早是在 1912 年由 A. G. Anderson 在瑞典取得的一个专利中提出的：用圆筒滚制生球，然后焙烧固结成球团。几乎同时德国也开展了球团法研究，1913 年 C. A. Brackelsber 也取得德国专利，并在随后的研究中发现球团矿还原速度比块矿和烧结矿快。1926 年 Rrupp 公司莱茵豪森钢铁厂建设了一座日产 120t 球团矿的试验厂，由于干燥费用大、球团质量差，1937 年该试验厂被拆除。20 世纪 40 年代，为了开发储量巨大的梅萨比地区微细粒嵌布的铁燧岩资源，美国明尼苏达大学在球团技术上取得突破，进行了小规模工业性球团生产试验并取得成功，1944 年发表了第一批成果。1948 年美国矿山局在一座小高炉中进行球团冶炼试验，取得良好效果。由于球团法既能解决细磨精矿造块问题，又能改善高炉炉料的理化性能和冶炼效果，因此，从 20 世纪 50 年代开始球团法获得迅速发展。尤其到 70 年代，球团矿产量增长很快，1977 年国外球团矿总产量约 2.4 亿吨，分别是 1957 年和 1967 年的球团总产量的 14 倍和 2.48 倍。

　　氧化球团工艺多样化、设备大型化及球团品种多样化是球团工艺近年发展方向。球团工艺有竖炉焙烧法、链箅机-回转窑焙烧法和带式机焙烧法三种主流工艺，对应三大类球团焙烧的主体设备有：竖炉、链箅机-回转窑及带式焙烧机。球团品种丰富，铁矿氧化球团品种包括酸性球团、熔剂性球团、碱性球团、含镁球团（酸性和碱性）等；氧化球团除来自于铁精矿加工外，还用于生产锰矿球团、铬铁矿球团、红土镍矿球团等，为高炉、矿热炉提供优质炉料。除氧化球团外，金属化球团（直接还原铁）越来越受重视。第一代氧化球团焙烧设备的单机能力仅 20 万~30 万吨，而目前最大的焙烧单机能力达到 825 万吨。

　　球团工艺得到迅速发展是由下列因素推动的：

　　（1）天然富矿越来越少，而世界对钢铁的需求量日益增大，这就导致工业开采品位越来越低，同时对铁精矿品位及杂质含量要求越来越高，这就需要细磨深选，从而导致铁精矿粒度越来越细。但是，细磨精矿给烧结带来很多困难，而球团工艺则是解决细粒精矿造块的一种有效途径。

　　（2）球团生产工艺比烧结工艺更加环保、低碳及低污染物排放。

　　（3）在球团生产及高炉炼铁中的使用方面，积累了丰富经验。氧化球团矿具有良好的物理化学性能和冶金性能，是现代高炉优质高产的主要炉料之一。

　　（4）球团法的应用已经跳出了高炉炉料的界限，以氧化球团为原料生产的金属化球团（直接还原铁）已广泛应用于电弧炉炼钢，其年产量已超过 1 亿吨。此外，球团法已扩大到有色金属的回收、工业固体废弃物的处理，如钢厂含锌粉尘的循环利用，以及从硫酸渣中回收铁和有色金属等。

4.1.1　国外球团焙烧设备发展状况

4.1.1.1　竖炉球团法

世界上第一座工业生产的竖炉于 1947 年在于美国伊利矿业公司奥洛格球团厂投产。竖炉为圆形，料线处直径为 3.5m。由于存在诸多技术难题，于 1951 年另行建造矩形竖炉并获得成功，单炉面积 7.81m²。1961 年在美国格雷斯球团厂，建成 15.95m² 竖炉，年生产能力为 50 万吨。1963 年伊利矿业公司拥有 27 座该类竖炉，设计产量为 820 万吨/年。此外，加拿大、日本和瑞典等相继建成一批竖炉，20 世纪 60 年代初，世界竖炉产量达到 2000 万吨，约占世界球团产量的 62%。1975 年世界上有 110 座竖炉，总的生产能力为 2900 万吨，但占比下降到 13.8%。最大竖炉 1975 年建在阿根廷希拉格郎球团厂，单炉面积为 25m²，年生产能力为 50 万吨。随着其他球团焙烧工艺的出现，到 70 年代末，日本、美国、加拿大相继关闭和拆除竖炉球团厂。目前，除位于澳大利亚塔斯马尼亚的竖炉球团厂外，国外已经很少见竖炉球团厂。

4.1.1.2　带式焙烧机球团法

带式焙烧机起源于带式烧结机。1951 年美国提出带式焙烧机焙烧球团，世界第一座工业性带式焙烧机于 1954 年在美国里赛夫球团厂投产，其有效面积为 94m²，年生产能力为 60 万吨，该厂于 20 世纪 60 年代初扩建，生产能力达到 1070 万吨/年。1970 年，荷兰艾莫伊登球团厂投产了一台 430m² 带式焙烧机，生产能力为 300 吨/年，1977 年巴西 SAMARCO 第一球团厂投产了一台 704m² 带式焙烧机，年生产能力为 500 万吨。2003 年巴西 SAMARCO 第四球团厂投产又投产了一台 816m² 带式焙烧机，这是目前世界上最大的带式焙烧机，生产能力达到 825 吨/年。

20 世纪 60 年代带式焙烧机球团矿产量占世界球团矿总产量的 34.3%，1971 年上升到 56.1%。近年来带式机球团矿产量占世界球团矿总产量的比例位于 50%~60%。

带式焙烧机是由带式烧结机发展而来的，主要有 4 种类型：麦基型、鲁奇型、鲁奇-德腊伏型和苏联 OK 型。目前，鲁奇-德腊伏型（DL 型）带式焙烧机应用最为广泛。

4.1.1.3　链箅机-回转窑球团法

链箅机-回转窑装备最早用于水泥生产，美国 Allis-Charmers 公司研究将此法用于铁精矿球团焙烧，该公司于 1960 年在亨博尔特建成世界第一座链箅机-回转窑球团厂。第一套工业性链箅机-回转窑装置的生产能力为 33 万吨/年，链箅机宽度为 2.84m、长度 21.64m，回转窑直径为 3.05m、长度 36.6m。1974 年，美国克里夫兰-克里夫斯在蒂尔登 1 号球团厂建成当时世界最大的链箅机-回转窑，生产能力为 400 万吨/年，链箅机宽度为 5.66m、长度 64.21m，回转窑直径为 7.62m、长度 48.77m。

1960 年代链箅机-回转窑球团矿产量占世界球团矿总产量的 3.7%，1971 年上升到 25.8%，1980 年达到 40%。近年来链箅机-回转窑球团矿产量占世界球团矿总产量的比例为 30%~35%。

4.1.2　国内球团焙烧设备发展状况

我国球团生产始于 1939 年，当时鞍钢有 12 台 2m×70m 隧道窑式焙烧机，生产碱度为

0.8 的团块，但不属于真正意义上的球团，是压团-焙烧工艺。真正球团矿的研究和生产是在新中国成立后之后开始的。由于新中国成立初期受苏联钢铁生产技术的影响，以及我国以生产铁精矿为主，高炉炼铁几乎都采用自熔性烧结矿为入炉原料，导致球团生产发展较为缓慢。但是，我国球团研究基本与国外同步，由苏联专家支持，于 1956 年在中南大学（原中南矿冶学院）设立我国首个团矿专业，1958 年开始从事烧结球团研究和专门人才培养。1958 年国家组织有关单位在鞍钢用隧道窑焙烧装置开展球团工业试验，并于 1959 年开始在鞍钢和本钢用该装置进行球团矿生产（1980 年因其质量满足不了大型高炉要求而被迫停产）。从 1966 年开始建设竖炉球团厂，1968 年济南钢铁厂第一座 8m² 竖炉球团线投入生产。随后在承钢、杭钢、安阳水冶、承德、凌源、涞源等建成 20 余座 5~8m² 竖炉，相继投入生产，并将我国开发的"烘干床-导风墙"技术出口到了美国 LTV 矿山公司。1987 年 9 月在本钢建成投产我国最大的竖炉（16m²）。我国竖炉球团发展显明显快于其他工艺，2003 年有竖炉 30 余座，竖炉球团总产量 1300 万吨，占国内球团总产量的 80% 左右，2009 年底有 200 余座 3~16m² 竖炉，以 8m² 和 16m² 居多，马钢拥有最大竖炉（16.2m²）。但随着链箅机-回转窑及带式焙烧机工艺的快速发展，目前已下降到 25% 左右。

链箅机-回转窑氧化球团生产发展较晚，1978 年在沈阳立新铁矿建成规格为 1.8m×20.5m 的链箅机和 φ2.5m×24m 回转窑工业装置。南京钢厂从日本引进了一套链箅机-回转窑，用于处理硫酸渣，1978 年动工建设，1980 年 12 月投产，回收渣中有色金属，年产氧化球团 30 万吨。承钢 1983 年 6 月投产一套链箅机-回转窑，设备规格为：链箅机 2.4m×23.75m、回转窑直径 3.50m、长度 30m，原生产钠化球团，后改为氧化球团，生产能力为 40 万吨/年。1986 年首钢迁安铁矿金属化球团的链箅机（4m×52m）-回转窑（φ4.7m×74m）投产，1989 年转产氧化球团，2000 年由首钢国际工程公司进行截窑改造和重新设计的国内首条 100 万吨/年链箅机-回转窑生产线建设投产。随后我国钢铁工业进入飞速发展期，拉动该工艺快速发展。由中冶长天、中冶北方、首钢国际工程公司等单位设计的一大批球团厂相继投产，例如 2003 年投产的就有：首钢迁安铁矿 200 万吨/年球团工程，武钢程潮铁矿 120 万吨/年磁铁矿球团工程；柳钢烧结厂 120 万吨/年球团工程；鞍钢弓长岭 200 万吨/年球团工程；2004 年投产的还有昆钢 2×120 万吨/年球团工程；攀钢企业公司 120 万吨/年球团工程，太钢峨口 200 万吨/年球团工程等，后续又新建设了铜陵有色 120 万吨/年（处理硫酸渣）、安徽池洲 120 万吨/年（处理硫酸渣）、沙钢 200 万吨/年、扬州泰富 2×300 万吨/年球团工程。由中冶北方、中冶长天、武钢、宝钢与中南大学等多家单位合作，建成的武钢鄂州 500 万吨/年、湛江龙腾 500 万吨/年等链箅机-回转窑球团厂也分别于 2008 年和 2009 年投产，装备及技术达到世界领先水平。2021 年底我国拥有 140 余条链箅机-回转窑生产线，单台设备生产能力以 120 万吨/年、200 万吨/年、240 万吨/年、300 万吨/年、500 万吨/年为主。

我国发展带式焙烧机始于 20 世纪 70 年代。1972 年武钢把 2 台 75m² 带式烧结机改造为带式焙烧机，年生产能力为 90 万吨。随后又从日本引进二手球团设备（日立造船采用西德鲁奇技术制造），在包钢建成 162m² 带式焙烧机，于 1973 年建成投产，设计能力为年产球团矿 110 万吨。1989 年在鞍钢建成来自澳大利亚罗布河引进的二手设备 321.6m² 带式焙烧机（采用西德鲁奇技术），年生产能力为 200 万吨，是当时自主设计规模最大的带式球团生产线，代表了我国 80 年代球团领域的技术水平。2010 年首钢京唐公司建成投产504m² 带式焙烧机（由首钢国际工程公司与 Outotec 合作完成，主体设备及控制系统引进德国技术），生产能力为 400 吨/年。2015 年底包钢建成投产 624m² 带式焙烧机（由首钢国际工程公司总体设计，采用 Outotec 技术），生产能力为 500 万吨/年，成为国内乃至亚洲最大的带式焙烧机球团生产线。

中钢设备有限公司与中南大学等单位合作，形成带式焙烧机球团核心技术体系和设备国产化，建成一系列带式机球团厂，如伊朗 SISCO 球团厂（250 万吨/年）2014 年投产，阿尔及利亚 TOSYALI 球团厂（400 吨/年）2018 年投产，三明钢厂 200 万吨/年球团厂2019 年投产，2021 年投产的带式机球团厂有河钢 2×480 万吨/年、柳钢 400 万吨/年等一系列带式机球团厂。

目前已形成以链箅机-回转窑和带式机球团工艺为主的局面，竖炉逐渐被淘汰。2001年我国球团矿产量为 1784 万吨，2006 年为 8500 万吨，2008 年为 1.21 亿吨，2011 年达到2.04 亿吨，2014 年产量降低到了 1.28 亿吨，2018 年球团矿产量达到 1.68 亿吨，2022 年球团矿产量则高达 2.3 亿吨。本章主要介绍链箅机-回转窑和带式机球团工艺装备。

4.1.3 球团工艺流程及设备

球团矿是把经过湿润的细粒精矿和适量黏结剂或熔剂、固体燃料等混匀后，在特定的成球机中用滚动成球或模具中加压成团，再对生球（或生团块）经过干燥和焙烧固结，使之成为适合高炉使用的人造富矿。球团矿粒度均匀，透气性和还原性好，可强化高炉冶炼。

根据固结温度的差异可将球团法分为两大类：高温固结和低温固结球团工艺。

（1）高温固结又根据固结气氛可分为五类：1）氧化焙烧；2）还原焙烧；3）磁化焙烧；4）氧化-钠化焙烧；5）氯化焙烧。

（2）低温固结根据其固结机理的差异又可分为以下 5 种：1）水泥冷固结法；2）热液固结法；3）碳酸化固结法；4）锈化固结法；5）焦化固结法等。

无论哪种球团生产工艺，其生产一般流程为：原料准备→干燥→配料→混匀→造球（压、团）→布料→焙烧（固结）→冷却→筛分→成品输出。

原料准备涉及的细磨、配料、筛分等环节的设备已在第 2 章进行了论述。

本章主要介绍氧化球团生产工艺主要设备，包括强力混合机、圆盘造球机、圆筒造球机、带式焙烧机、链箅机-回转窑等设备的结构及其工作原理。

4.2 强力混合机

混合机是烧结、球团生产流程上常用的混合设备，用于对混合料进行混匀和制粒或造球。但是，其混匀、制粒效率仍然有待提高，提高圆筒混合机制粒效率是一个永恒的课题，仅从圆筒混合机结构进行改进已经很难取得明显效果。为了提高混匀制粒效果，人们开发了立式强力混合机对烧结混合料进行预处理，提高圆筒混合机制粒效率的工艺流程。常见的组合流程有一段强力混合机结合一段圆筒混合机，或者一段强力混合机结合二段圆筒混合机，取得了良好效果。前一个组合流程可省去一台圆筒混合机，制粒效果提高，并节省投资，降低运行成本；后一个组合流程的制粒效果得到明显提高。此外，在球团生产中，通常添加黏结剂来提高生球强度和爆裂温度，但黏结剂添加量少，必须充分混匀，以充分发挥黏结剂的作用。圆筒混合机不能达到效果，须采用强力混合机来强化混匀。

4.2.1 立式强力混合机

立式强力混合机是靠一个旋转的竖立圆筒强制混合物料的设备，由于在筒体旋转的过程中，其内部有搅拌转子反向旋转，对物料进行强制搅拌故而使物料得到充分混匀，其外形如图 4-1 所示。立式强力混合机主要结构部件包括混合转子、转子驱动电机、减速机、机架、回转支承、转动混料盘、混料盘驱动电机、多功能刮刀、集中润滑泵、卸料门、液压泵等。

下面对每个部件的结构及其特点进行详细分析，并介绍其工作原理。

4.2.1.1 立式强力混合机结构特点

（1）混合系统：混合系统是强力混合机的核心部分，用于使混合料得到充分的混匀。该系统主要由底料盘转动的混料筒及其驱动装置、一对偏心安装的混合搅拌转子及其驱动装置以及多功能刮刀所组成。其结构如图 4-2 所示。

图 4-1　立式强力混合机外形

图 4-2　混合系统示意图

底料盘转动的混料筒及其驱动装置：由大底盘、衬板、围圈侧壁（密封护罩）、大齿圈等组成。底盘直径为 $\phi1400 \sim 2200mm$。围圈侧壁高为混合料高度的 2~3 倍。旋转料盘支承在一圈滚珠上。滚珠直径为 $\phi40mm$，用迷宫密封。围圈侧壁与底料盘构成具有一定体积的密闭圆筒空间，从而决定能容纳的物料体积大小。不同盘径的混合料容积一般为500~1500L。底料盘旋转由电动机、减速机及小直齿轮构成，小直齿轮与料盘上大齿圈啮合，带动料盘旋转。料盘转速为 6~10r/min。

搅拌转子包括一个中速转子和一个高速转子，对混合料进行强制搅拌，强化物料的混匀，改善混匀效果。

中速转子：安装在底料盘的偏心处。由电动机、行星摆线针轮减速机、星形架及搅拌工具构成。搅拌工具根据所混合物料的性质（粒度、黏度、流动性等），可以制成刮板式、捏合棒、叶片状及辗轮等形式。中速转子转速约 40r/min，旋转直径为料盘直径的

60%左右，这样既能保持有效的作用面积，又能超越料盘中心的卸料孔，使混合好的物料迅速、干净地卸出。

高速转子：安装在围圈附近。由电动机通过三角皮带轮传动，使之高速旋转，转速为400~1200r/min，圆周速度为10~30m/s，高速转子有H形、W形、转鼓形等，以适应搅拌不同性质的物料。高速转子外缘的物料加速度很高，形成一定的惯性力，使物料受到揉搓捏合作用。

多功能刮刀：固定位置安装的多功能刮刀连接在机架上的弧形钢板上，伸向料盘，起阻挡物料反向的作用。刮板可安装成不同的水平高度，磨损后还可以向下调整。多功能刮刀的作用主要有3个：1）作为挡流板打乱物料流向，使物料混合运动更为复杂；2）清洁黏附在料筒底部和筒壁上的物料，确保所有物料全部参与混合；3）在物料混合完成后，加速卸料。多功能刮刀与物料接触面有耐磨保护，大大增加了刮刀的使用寿命，且刮刀和支撑立柱为分离设计，刮刀调整更换非常方便。

（2）卸料门及其液压装置。卸料门是强力混合机的一个关键机构，卸料门的可靠性对保证生产的正常进行有着至关重要的作用。卸料门位于料筒底部中心位置，在筒体旋转和多功能刮刀的辅助下，可完成快速卸料（见图4-3）。卸料门开启关闭由液压泵控制完成，并且配备限位开关，卸料门可根据需要打开任意角度。卸料门位于料盘底部的中心部位，为钢结构阀体，采用液压缸启闭，卸料门通过短轴支承在滚动轴承上，关闭时随料盘一起旋转。液压装置由油泵、油箱、油缸及管路阀体等组成液压系统，用以操纵控制卸料阀门的启闭。

图4-3　卸料门示意图

（3）润滑系统：强力混合机润滑系统由两套独立润滑系统组成，为整机的正常运转提供充分的润滑冷却保障。1）中心润滑系统：用于润滑强力混合机各轴承部位，主要包括润滑油泵、高压过滤器、递进式分配器及润滑油流动电子检测；2）混料盘回转支承喷雾润滑系统：位于混料盘齿轮侧面，主要包括润滑油泵、空气过滤器及调压器。

（4）机架：钢结构框体，下部梁架支承整个机体，上部梁支承搅拌转子、高速转子的传动机构及连接固定刮板。

（5）密封护罩：属于钢结构罩体，罩上装有下料管及除尘管，下料管一直下伸到料层，离底盘的高度略大于料层厚度。护罩侧面有封闭的小门，供清理和修理机件使用。密封罩是静止的，连接在机架底部，旋转底料盘与密封护罩之间用板弹簧（由不少于1片的弹簧钢叠加组合而成的板状弹簧）压紧橡皮板密封。

4.2.1.2　强力混合机工作原理

当混合料经过下料道管进入立式强力混合机内，底料盘转动带动物料进行旋转，使物料产生水平和垂直方向上的运动，并持续不断将物料输送至位于偏心位置的中速转子，同时形成一个强大的垂直方向上的混合物料流，多功能刮刀分离并打乱物料流向，并持续不断剥离黏附在筒壁和筒底部的物料，引导物料流并将其推向搅拌转子，确保所有物料参与混合；高速搅拌转子持续产生作用于物料的高剪切运动，使物料产生高速差的逆流和错流运动，由此达到最佳混匀效果。

底料盘以低速顺时针方向旋转、连续不断地将物料送入中速逆时针转动的搅拌转子的转轨迹内。借助底料盘旋转及刮刀的作用，将物料翻转送入高速逆时针旋转的高速转子内进行混料。在连续的、逆流相对运动的高强度混练过程中，物料能够在很短的时间内混合均匀一致。通常在 $60\sim120s$ 内即可达到所需的混匀程度。

强力混合机位于固定位置的多功用刮刀在混合过程中打乱物料流向，并将物料保送到高速转子的混合范围，同时避免物料黏结在混合盘壁和底部，确保所有物料参与混合，对物料的高效混合起到有力的支撑作用。强力混合机旋转的混合盘、高速转子通常为异向旋转，以使物料在强力混合机中产生最剧烈的混合运动。

4.2.2　卧式强力混合机

卧式强力混合机是一种强力混合设备，具有体积小、混合能力强、混合精度高、安全可靠等特点。其筒体水平安装，筒体内设有搅拌转子，不仅推动物料前行，而且使物料翻滚，产生混匀。其外形如图 4-4 所示。

图 4-4　卧式强力混合机外形

强力混合机由给料装置、传动装置、筒体及排料装置等构成，其结构如图 4-5 所示。

筒体是对物料进行混匀的核心部分，包括筒体、衬板、搅拌轴、搅拌转子等。

搅拌转子：由推料板和耙齿构成，安装在转动的轴上。特殊几何形状的搅拌转子是实现物料混匀的保证，搅拌转子在空间合适的排布方式是转速提高和能耗降低的基础（其结构如图 4-6 所示）。混合物料对与之接触的结构部件具有磨蚀性，所以对这些结构件制

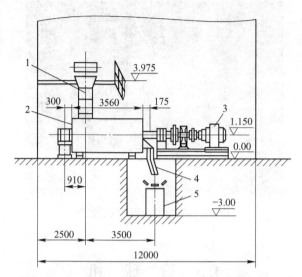

图 4-5　强力混合机结构示意图

1—进料溜槽；2—筒体；3—传动装置；4—排料槽；5—出料皮带

造材料的选择要有针对性：作为结构材料的优质钢、复合橡胶内衬和专用工程塑料、硬质合金涂层和硬质合金包覆层、高级合金钢。

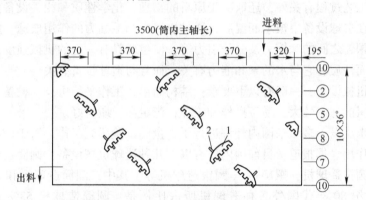

图 4-6　卧式强力混合机搅拌转子沿主轴展开图

1—耙齿；2—推料板

内衬：为了防止筒体内壁粘料，通常在筒体内衬橡胶或含油稀土尼龙衬板（见图 4-7），这样不仅可以避免筒体磨损，而且可以减轻筒体重量。

传动装置包括防爆电机、减速器、联轴器等。

卧式强力混合机混合原理：主要按强对流混合原理进行设计，径向和轴向均有混合。混合料由筒体的一端通过给料溜槽给入，在高速旋转的搅拌转子的作用下，物料沿径向流动产生混合，同时在推料板作用下，物料沿轴向流动再次产生混合，使得物料在短时间内得到最大程度的混匀，物料连续从筒体一端的上方给入，从筒体另一端的下方排出，完成混匀过程。

图 4-7　筒体内衬橡胶板示意图

4.3　造　球　机

造球又称滚动成型，它不仅是球团矿生产中重要的基本工序之一，也是球团矿生产中第一道工序。因此，生球质量在很大程度上决定着成品球团的质量。例如生球的大小、水分、机械强度、热稳定性和化学组成等的波动，会严重影响下一步的固结过程。而生球本身的质量除与工艺过程有关外，还取决于原料的物理、化学性质和相关设备。

细磨物料在造球设备中被水润湿后，通过机械力和毛细力的作用成球。并且，由于存在毛细压力、颗粒之间的摩擦力及分子引力等，使生球具有一定的机械强度。生球性能不仅与物料的表面性质和它与水的亲和能力有关，而且与造球设备有关。

对于造球机械设备，一般有以下要求：结构简单，工作平稳可靠；设备重量轻，电能消耗少；对原料的适应性大，易于操作和维护；产量高，质量好。

从上述要求出发，多年来国内外都进行了大量的试验研究工作，对于球团矿的发展起了很好的促进作用。据报道，目前国内外有以下几种造球机械设备：圆筒造球机、圆盘造球机、圆盘型圆锥造球机、螺旋挤压-圆锥造球机等。其中，圆筒造球机和圆盘造球机使用最广。20 世纪 80 年代国外各种造球机所占比例是：圆筒造球机 53%，圆盘造球机 46%。国内所用造球机除宝武集团鄂州球团厂采用圆筒造球机为主外，其余几乎全部为圆盘造球机。

现有圆筒造球机最大规格为 $\phi5m \times 3m$，最大圆盘造球机规格为 $\phi7.5m$，单机产量为 $120\sim180t/h$。

4.3.1　圆盘造球机

约在 20 世纪 40 年代末，圆盘造球机正式用于冶金工业。由于有自动分级作用，无须筛分，运转可靠，生产能力大，因而发展较快。

圆盘造球机是一个倾斜带有边板的平底钢质圆盘，它工作时绕圆盘中心轴旋转，其外形如图 4-8 所示。其主要构件有圆盘、刮刀、给水给料装置、传动装置和支承机构等。为了强化物料和生球的运动、分级和顺利排出合格生球，圆盘通常倾斜安装，倾角一般为

45°~60°。造球物料自给料装置给入圆盘造球机,物料加入圆盘后,随着洒水管不断加水和造球盘使物料产生滚动,细粒造球物料便逐步长大成各种粒度的生球。由于生球粒级本身的差异,在旋转圆盘的作用下,它们将按不同的轨迹进行运动。大颗粒位于表面和圆盘的边缘,因此,当总给料量大于圆盘的填充量时,大颗粒的合格生球就自盘内自动排出。由于圆盘造球机具有自行分级的特点,所以它的产品粒度比较均匀,小于5mm含量一般不大于3%。

4.3.1.1 圆盘造球机的结构及特点

圆盘造球机的结构如图4-9所示,主要由造球圆盘(包括主轴及传动齿轮)、传动装置、刮板装置、圆盘倾角调整装置、机座、给料和给水装置等组成。圆盘造球机的传动装置安装在圆盘主轴的支座上,便于调整圆盘倾角。

图4-8 圆盘造球机外形示意图

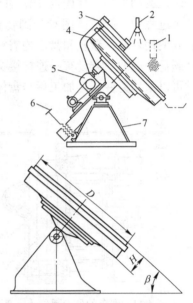

图4-9 圆盘造球机的结构示意图
1—给料装置;2—喷水装置;3—刮板装置;4—圆盘;
5—传动装置;6—圆盘倾角调整装置;7—机座

A 传动装置

圆盘造球机的传动装置由电动机、三角胶带传动、减速器及开式齿轮传动组成。圆盘转速的调整采用更换不同直径三角带轮的方式来实现。传动装置的末级传动有三种方式。

a 锥齿轮传动

锥齿轮传动装置如图4-10所示,这是我国使用最早且至今仍在使用的一种传动方式。如图所示,大锥齿轮用螺栓与圆盘连接,并装在中心主轴上,小锥齿轮装在减速机的主轴上。驱动机构与造球机本体分别安装于设备基础上,常用于不需要经常调整圆盘倾角的条件下。该装置运转平稳,结构简单,传动效率也较高。适用于大型圆盘造球机。

b 直齿外齿圈传动

直齿外齿圈传动如图4-11所示。这种结构的驱动装置与轴套连在一起,大齿圈与圆盘用螺栓连接，调整圆盘倾角时，只需调整主轴轴套即可。

　　c　直齿内齿圈传动

　　直齿内齿圈传动如图4-12所示。这种传动装置的结构与外齿圈传动基本相同，即整个驱动装置瓦轴轴套连为一体，内齿圈用螺栓与圆盘连在一起。

　　B　圆盘

　　圆盘是圆盘造球机的主体部分，其结构如图4-13所示。圆盘由盘底、盘边及连接接头等组成。盘底、盘边用Q235钢板焊接制造。盘底要求平稳，盘边要求圆正，以保证圆盘运动平稳、球团易于滚动且有良好的造球轨迹。造球过程中，旋转的圆盘受到物料的不断冲刷，为了延长其使用寿命，盘底和盘边均需衬以耐磨衬板。

　　在圆盘中心的下方设有一连接接头，与主轴相连接。该零件可以采用铸件，经加工后与盘体焊接。

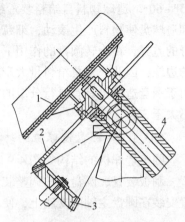

图4-10　锥齿轮传动装置示意图

1—圆盘；2—大锥齿轮；

3—小锥齿轮；4—主轴系统

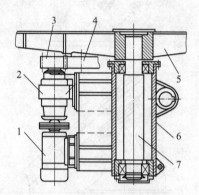

图4-11　圆盘的外齿圈传动示意图

1—电动机；2—行星减速器；3—小齿轮；

4—大齿轮；5—圆盘；6—轴套；7—主轴

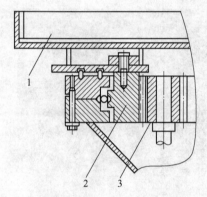

图4-12　圆盘的内齿圈传动示意图

1—圆盘；2—内齿圈；3—小齿轮

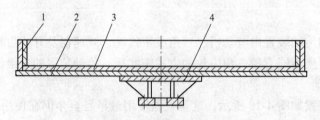

图4-13　圆盘结构简图

1—盘边；2—盘底；3—衬板；4—连接头

　　不管采用锥齿轮传动或直齿外齿轮传动还是直齿内齿轮传动，圆盘下方都安装有传动齿轮（大齿轮），根据不同情况，传动齿轮可通过连接盘连接或直接安装在盘底下方。

边高是决定圆盘造球机填充率的重要参数之一，有的国家采用夹层套装可调盘边，即盘边的下半部是固定的，上半部套装在下半部上，上下位置可调，以此调整填充率。

C 主轴系统

主轴系统结构如图 4-14 所示，主要由连接盘 1、主轴 5、轴套 6、上轴承 3、下轴承 7 和密封装置等组成。连接盘 A、B 两面与圆盘和传动齿轮用螺接连接。圆盘及物料等的重量，通过连接盘、主轴、上轴承传至轴套，轴套则由其本身两侧之耳轴（图中虚线所示），将力传至机座。由于圆盘为倾斜安装，故上轴承或下轴承需承受轴向和径向载荷。主轴系统的上下轴承润滑须引起高度重视（尤其是上轴承润滑及密封环境差时），应分别采用密封及储油装置。

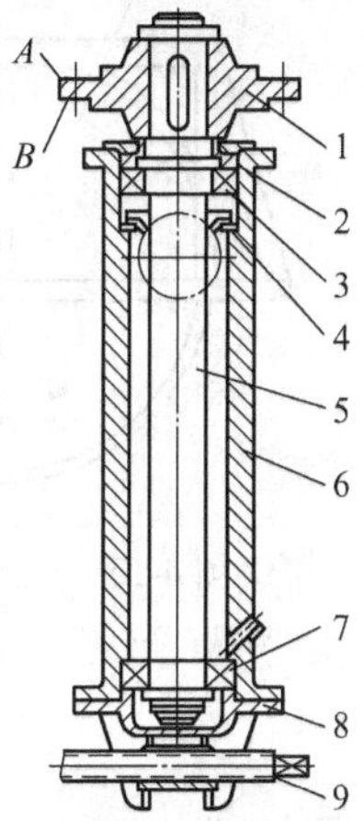

为了调整圆盘的倾角，圆盘造球机设置了倾角调整丝杆 9，丝杆一端与主轴系统相连，另一端则与机座连接。

图 4-14 主轴系统

1—连接盘；2—密封环；3—上轴承；4—储油装置；5—主轴；6—轴套；7—下轴承；8—端盖；9—调倾角装置

D 机座

机座用来承受圆盘的整个重量，它的上面装有两个轴承座，用以安装主轴轴套的耳轴，同时，机座设置应考虑主轴系统的摆动空间。

E 刮刀装置

刮刀装置又称刮板装置，包括盘底面刮刀和盘周边刮刀，用来刮掉圆盘底面和周边上黏结的多余物料，使盘底保持必要的料层（底料）厚度，底料具有一定的粗糙度，增加球粒与底料之间的摩擦力，强化球的滚动运动，以提高球粒的长大速度。此外，刮刀还能控制料球流向，起到导流作用，最大程度地利用盘面。

合理地配置刮刀，对提高成品球的产量、质量会起到良好的效果。

刮刀一般布置在母球区和过渡区。成球区是不能布置刮刀的，否则将会破坏已制成的球。

刮刀装置安装于固定在围盘上方的钢管或型钢焊接的机架上，各刮刀的刀杆均垂直于盘面。刀头与盘面间留有一定的间距，以保证在盘面上形成一定厚度的料皮，增加生球与盘面的摩擦系数。该间距可按需要进行调整，整个装置也可随圆盘倾角的调整而调整。

目前，国内圆盘造球机采用的刮刀装置有固定式、往复式、回转式和摆式几种，除固定式不带驱动装置外，其余都带有自己的驱动装置。

a 固定式

固定式刮刀装置结构如图 4-15 所示。这种刮刀的刀杆是用螺栓固定在焊接机架的横梁上。圆盘转动时刮刀不动。圆盘带着料层通过刮刀时，多余料层即被刮刀刮掉。这种装置结构简单、制造方便，但消耗功率较大。

b 往复式

往复式刮刀装置如图 4-16 所示。该装置是将一排刮刀固定于一个附有滑块的拉杆 5 上，拉杆在曲柄滑块机械的带动下沿固定在机架上的导向装置往复运动，刮除从圆盘中心到圆盘周边的整个盘面上的多余粘料。

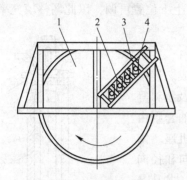

图 4-15　固定式刮刀装置
1—圆盘；2—刀架；3—刮刀片；4—刀杆

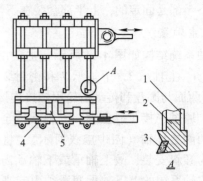

图 4-16　往复式刮刀装置
1—刀杆；2—刀头；3—刀刃（硬质合金）；
4—导向装置；5—拉杆

c　回转式

回转式刮刀装置如图 4-17 所示，这是近年来国内才开始采用的一种新型刮刀装置。该装置由带电动机的摆线针轮减速机驱动，整个装置安装在机架的横梁上。刀盘圆周上均匀布置 5 把刮刀。刮刀刀杆端头上镶有硬质合金刀片，刀片能拆除更换。

由于刮刀随刀架回转，单位时间内刮刀在各个部位出现的次数比其他形式多，在底料还结得不太厚时就被刮除，刮下的料块不大于母球的合理粒度，料块继续造球容易获得理想的生球尺寸。

实践证明，采用这种刮刀的圆盘造球机，成球、粒度都很均匀，生球强度也高，刮刀刮出的盘面更为平整，是一种值得推广的刮刀装置。

d　摆动式

摆动式刮刀装置如图 4-18 所示。将刮刀装到扇形刀柄上，刀柄的中点由铰支座固定，其另一端通过铰链与拉杆 4 相连，拉杆则被曲柄连扦机构带动作往复运动，从而使扇形刀柄带着刮刀不断地摆动。刮刀装置固定在机架上。

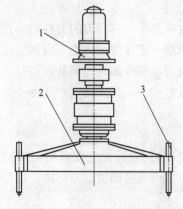

图 4-17　回转式刮刀装置
1—摆线针轮减速机，带电动机；
2—刮刀架；3—刀杆及刀头

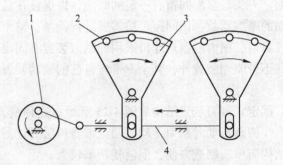

图 4-18　摆动式刮刀装置示意图
1—偏心轮；2—刮刀；3—扇形刀柄；4—拉杆

4.3.1.2 圆盘造球机的工作原理

A 圆盘造球机的造球过程

如前所述,为了制造出质量良好的生球,对造球机的要求是,不仅能产生滚动运动,使物料滚动成球,而且能使料球在运动过程中相互之间产生一定的压实力,这就要求圆盘的安装应倾斜一定的角度,当圆盘转动时,能使物料产生上向及下向的滚动运动,制出球团。

圆盘造球机的造球过程如图4-19所示。圆盘顺时针方向转动,向加料区加入的混合矿料,在与圆盘底面产生的摩擦力作用下,被圆盘带着一起作顺时针转动,由于圆盘倾斜安装,当矿料被带至一定高度时,即当其本身的重力分量大于摩擦力分量时,矿料将向下滚落。

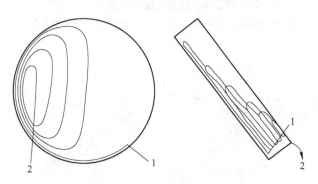

图 4-19 圆盘造球机造球过程示意图
1—加料;2—排球

实际上,向圆盘所加的物料是润湿不足的混合矿料,此时还需补加水分,当水滴加在料上,由于水的凝聚力的作用,使散料很快形成母球,不同大小的母球随圆盘作上向、下向滚动运动,不断滚粘散料而长大,不断搓压而密实,最后由排球口排出。

B 圆盘造球机的自动分级原理

圆盘造球机的工作特点之一,是造球过程中球粒能够自动分级。所谓球粒的自动分级,即圆盘中物料能按其本身粒径大小不同有规律地运动,并且都有各自的运动轨迹。如图4-20所示物料的运动轨迹逐渐长大,粒度大的,运动轨迹靠近盘边,且在料面上;相反,粒度小或未成球的粉料,其运动轨迹贴近盘底和远离盘边。当球粒大小达到要求时,即从盘边自行排出,粒度小的贴近盘底运动,继续滚动长大。自动分级效果取决于是否能正确地选择圆盘造球机的工艺参数,最大限度地提高造球机的产量和质量。因此,对圆盘造球机中的物料运动规律进行分析是必要的。

图 4-21 所示为一个球粒在盘内运动时的受力分析图。从图中可以看出,此时作用在球粒上的力有离心力 (F_1)、重力 G、盘边对球粒的作用 (F_2) 和摩擦力 (F_3)。图中,F_3' 是阻碍球粒依 G_2 方向沿盘边发生运动,而 F_3 则是阻碍球粒依 G 的方向沿盘面向下发生运动。

当球粒运动到某一高度(如 A 点),在球粒处于平衡状态时(即球粒开始向下运动前一瞬间),作用在球粒上的合力必将为零,则:

$$G_2 = F_3'$$

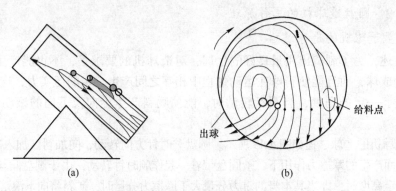

图 4-20　圆盘内球粒运动状态

(a) 沿盘面高度方向球径分布；(b) 在盘内料面球径分布情况

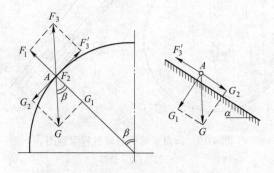

图 4-21　球粒在盘内运动时的受力分析图

而球粒失去平衡时的一瞬间，盘边对球粒失去作用力，故 $F_2 = 0$。所以，上式变成：

$$G_1 = F_1 + F_3\cos\beta \tag{4-1}$$

或

$$mg \cdot \sin\alpha \cdot \cos\beta = m\frac{v^2}{R} + mg \cdot \cos\alpha \cdot f \cdot \cos\beta \tag{4-2}$$

式中　R——圆盘半径，m；

　　　v——圆盘周速，m/min $\left(v = \dfrac{\pi R n}{30}\right)$；

　　　f——物料与盘面的摩擦系数；

　　　α——圆盘倾角，(°)；

　　　β——物料离开盘壁的脱离角，(°)。

化简后得：

$$\frac{Rn^2}{900} = (\sin\alpha - f \cdot \cos\alpha)\cos\beta$$

或

$$n^* = \frac{20}{\sqrt{R}} \cdot \sqrt{(\sin\alpha - f \cdot \cos\alpha) \cdot \cos\beta} \tag{4-3}$$

用式 (4-3) 可近似计算出圆盘转速。

为了研究各种不同直径球粒在盘中的运动规律，假设有 2 个直径不同的球粒（m_1 和

m_2) 被提升到同一高度 A (图 4-21), 则它的合力分别为:

$$R'_1 = m_1 g (\sin\alpha - \tan\phi_1 \cdot \cos\alpha)$$

$$R'_2 = m_2 g (\sin\alpha - \tan\phi_2 \cdot \cos\alpha)$$

如果此时

$$m_1 < m_2$$

那么 $\phi_1 > \phi_2$ (大颗粒的自然堆积角小于细颗粒的自然堆积角)

$$\frac{R'_1}{R'_2} = \frac{m_1(\sin\alpha - \tan\phi_1 \cdot \cos\alpha)}{m_2(\sin\alpha - \tan\phi_2 \cdot \cos\alpha)}$$

$$\frac{F_{1-1}}{F_{1-2}} = \frac{m_1 \cdot \omega^2 \cdot r}{m_2 \cdot \omega^2 \cdot r} = \frac{m_1}{m_2}$$

则

$$\frac{R'_1}{R'_2} = \frac{F_{1-1}}{F_{1-2}} \cdot \frac{m_1(\sin\alpha - \tan\phi_1 \cdot \cos\alpha)}{m_2(\sin\alpha - \tan\phi_2 \cdot \cos\alpha)}$$

因为

$$\tan\phi_1 > \tan\phi_2$$

$$\frac{\sin\alpha - \tan\phi_1 \cdot \cos\alpha}{\sin\alpha - tg\phi_2 \cdot \cos\alpha} < 1$$

所以

$$\frac{F_{1-1}}{F_{1-2}} > \frac{R'_1}{R'_2}$$

$$R_2 > R_1$$

由上式可知, 当圆盘直径、转速、倾角一定时, 小球的脱离角 β 将取决于其本身与盘底的摩擦系数 f。f 越大, 脱离角 β 越小, 小球上升高度越高。

如前所述, 物料从加入圆盘到开始成球、长大, 直至制成要求的球粒, 其粒径是逐渐长大的, 即成球的不同阶段, 小球的直径是不同的。小球直径越大, 则与盘底的摩擦角 φ 越小, 即摩擦系数 f 越小, 因而脱离角 β 越大, 其上升高度越小。

从式 (4-2) 和式 (4-3) 可以得出这样的结论: 在 β 角相同的情况下, 小球粒贴近盘面不向下滚落, 而大球粒因为 R_2 较大沿盘面向下滚动。另外, 不同直径的球粒具有不同的 β 角, 球径愈大, β 角愈大, 提升高度愈低; 反之亦然。由于以上原因, 各种不同直径的球粒便随 β 角由小到大, 而球粒从大到小依次沿盘面滚下。这样, 便使得整个球盘中的球料按不同直径有规律地分布和往返运动 (图 4-20)。这时, 在造球盘的平面上 (由外向中心) 和断面上 (由上往下) 球粒便按由大到小的顺序进行分级。直径最大的球团处于最外层和表面, 细粒物即处于最里层和盘底。

从圆盘的正面观察, 小球的运动轨迹呈左偏的锥螺旋状, 螺旋线的每一圈都可以分为上升的和下降的两部分, 其下降部分依球径大小依次远离盘面左边, 而上升部分则顺着盘面垂直线的方向依球径大小靠近盘边, 即球径愈大愈靠近螺锥尖端, 并由盘边排出。这种运动规律完成了料球的自动分级, 使得圆盘造球机只排出合格的球粒。若有超出要求的大球产生, 则该球沿盘内料坡滚入低处料流旋涡中, 在圆盘中继续增大, 并在料的旋涡中自旋, 不能自行排出, 这时必须将其打碎或另作处理。

试验表明, 母球在造球盘内单位时间所经过的路程愈长则母球长大愈快。为此, 增大圆盘造球机的直径和转速, 对提高造球机的产量是有利的。但是转速的提高必然引起离心力的增大。而这种离心力一直是企图将球粒压向圆盘的边壁并防止它向下运动。因此, 要加强球粒向下滚动趋势，就必须相应地增大圆盘的倾角。

增大圆盘造球机的倾角，可以加强球粒下滚趋势，同时，假如末速过大，即由于球粒冲击圆盘边壁的能量加大到超过球粒的强度时，球粒便会在冲击中粉碎。这时造球机的产量不但不会提高，相反还会降低。因此，圆盘的倾角不能随意加大。

从直观上还可以看出，圆盘直径增大，球粒一次行程距离也增加。因此，随着圆盘直径的增大，其倾角应相应减小。

根据能量转换关系，可以得出圆盘倾角、圆盘直径和球粒末速的关系。

设球粒在圆盘内位移的距离为 D（最大位移为圆盘直径），则球粒移动所作的功（A）为：

$$A = mg(\sin\alpha - f \cdot \cos\alpha)D \tag{4-4}$$

球粒由上部滚至下部与盘壁碰撞，并将功转化为球粒的动能（假设球粒初速为零）。所以

$$\frac{mv^2}{2} = mg(\sin\alpha - f \cdot \cos\alpha)D$$

$$v = \sqrt{2gD(\sin\alpha - f \cdot \cos\alpha)} \tag{4-5}$$

为了在直径不同的圆盘造球机中得到相同的动能，因此应保证球料的末速相等，因此

$$\sin\alpha_2 - f \cdot \cos\alpha_2 = \frac{D_1}{D_2}(\sin\alpha_1 - f \cdot \cos\alpha_1) \tag{4-6}$$

假如已知某一直径圆盘造球机的适宜倾角，那么，根据式（4-6）就可以找到另一直径的圆盘造球机的适宜倾角。这一倾角可保持两种不同直径造球机中的球粒具有相同的动能。

由式（4-3）可得出：

$$\left(\frac{n_1}{n_2}\right)^2 = \frac{D_2}{D_1} \cdot \frac{\sin\alpha_1 - f \cdot \cos\alpha_1}{\sin\alpha_2 - f \cdot \cos\alpha_2} \tag{4-7}$$

由式（4-6）可得：

$$\tag{4-8}$$

所以

$$\left(\frac{D_2}{D_1}\right)^2 = \left(\frac{n_1}{n_2}\right)^2$$

或

$$\frac{n_1}{n_2} = \frac{D_2}{D_1} \tag{4-9}$$

从式（4-9）可以看出，不同圆盘直径之比与它们的转速成反比。

应当指出，上述对圆盘造球过程的分析，是在理想情况下进行的，而在实际生产过程中，球群在盘中的运动远较所分析的要复杂得多。因此，利用上述公式确定的参数，尚须通过生产实践加以检验和调整。

4.3.1.3　圆盘造球机的结构及技术参数

A　圆盘直径

为了制取合格的生球，圆盘造球机的参数，如圆盘转速、圆盘倾角、盘边高度、填充率以及物料停留时间等，均应根据不同的圆盘规格而定，圆盘直径是圆盘造球机的最主要

参数。

圆盘造球机的圆盘直径决定着圆盘面积的大小。其面积对生球质量没有影响，但对造球机的产量却具有决定性的意义。根据对圆盘造球机的运动特性分析，其产量与圆盘面积或圆盘直径的平方成正比。

圆盘直径的大小，主要依据造球规模的大小而定。我国规定的造球机；圆盘直径系列规格有 2000、2500、2800、3200、3500、4000、4500、5000、5500、6000、6500、7000、7500 十二种。国外的圆盘直径有达 7500mm 的。表 4-1 为我国常用圆盘造球机的技术参数，表 4-2 为国外圆盘造球机的技术参数。

表 4-1 我国已系列化的圆盘造球机基本参数

型 号	直径 D/mm	边高 H/mm			工作转速 /r · min^{-1}	倾角 β/(°)	生产能力/t · h^{-1}	
		冶金	陶粒	建筑			建筑	冶金
QP-20	2000	—	—	400	15	40~55	7.2	3~4.5
QP-25	2500	—	—	500	12.5	40~55	11	4.9~7.5
QP-28	2800	400	—	500	11.8	40~55	14	6.5~9.5
QP-32	3200	450	—	650	11.0	40~55	18.5	8.0~12
QP-35	3500	450	500	650	10.5	40~55	22	9.5~14.5
QP-40	4000	500	600	800	8.6~11	40~55	29	9.5~14.5
QP-45	4500	500	650	800	8.1~10	40~55	36.5	16~24
QP-50	5000	600	700	—	6.8~82	40~55	45	20~30
QP-60	6000	600	—	—	6.2~7.6	40~55	64.8	19~43
QP-65	6500	600	—	—	5.5~6.9	40~55	—	44.3~66.4
QP-75	7500	600/800	—	—	5.0~6.5	40~55	—	75~120

表 4-2 国外常用圆盘造球机的技术参数

圆盘直径 /mm	圆盘面积 /m^2	圆盘边高 /mm	圆盘倾角 /(°)	圆盘转速 /r · min^{-1}	生产能力	
					t/h	t/(m^2 · h)
5000	20	550/600	45~48	6.5/7.5	40~60	2~3
5500	23.5	550/600	45~48	6.5/7.5	50~70	2.1~3
6000	28	550/600	45~48	6/7	60~90	2.1~3.2
7000	38	600/700	45~48	6/7	90~120	2.4~3.1
7500	44	600/800	45~48	6/7	90~140	2.1~3.2

B 圆盘边高

边高与圆盘倾角和圆盘直径有关，它的大小直接影响着造球机的容积填充率。倾角越小、边高越大，则填充率越大。但填充率过大，部分粉料不能形成滚动运动，造球机生产率反而下降，所以圆盘边高是有一定限度的。

当圆盘直径和倾角都不变时，边高还与原料的性质有关。如果物料的粒度粗、黏度小，盘边应取得高些；反之就应取得低些。

布雷尼（Bhrany）曾提出

$$h = CD \tag{4-10}$$

式中　　h——边高，m；

　　　　D——圆盘直径，m；

　　　　C——常数。

皮契（Pietsch）和邦布莱德（Bombled）认为该常数 C 为 0.2；克拉特（Klatt）则认为常数 0.2 只适用于直径为 4m 以下的圆盘，直径再大时，该常数值应逐渐减小。

西德鲁奇公司提出的计算圆盘边高的公式为

$$h = 0.07D + 0.217 \tag{4-11}$$

此公式对于计算大直径圆盘的边高较合适，对于小直径圆盘，按此公式算出的边高值偏大。

通常，直径 1000mm 的造球机，$\alpha = 45°$，边高为 180mm；直径 500mm 的造球机，$\alpha = 45° \sim 47°$，边高为 600~650mm。在 1000~5500mm 之间的圆盘直径和边高，可用插入法求得。大于 5500mm 的圆盘，推荐用德国鲁奇公司的计算公式。

C　圆盘倾角

圆盘倾角与物料性质和圆盘转速有关。不同物料其安息角不同，用于不同物料的圆盘，其倾角必须大于物料的安息角；否则，物料将形成一个不动的粉料层，与圆盘同步运动，此时，可借助刮刀强迫物料下落而滚动，成球后安息角自然减小了，否则，无法进行造球。

转速高的圆盘，其倾角可取大值；否则应取小值。倾角过大，则物料对盘底压力减小，物料的提升高度降低，盘面不能充分利用，使圆盘造球机的产量下降。倾角的大小由经验确定，一般为 40° ~ 50°。对于某些物料，在某种转速下，倾角也有大到 60° 的。

D　圆盘转速

造球过程中，为了制取合格的生球，必须使细粒物料处于滚动状态，为此，圆盘造球机需要有一个合适的工作转速。如果转速过低，物料便保持在一个相对静止的位置，不产生滚动；转速过高，则物料被带动向上，且由于离心力的作用，物料粘挂到盘边上，不再离开盘边，也不产生相对滚动。

当物料的重力刚好被作用到料球上的离心力所平衡时，即圆盘工作面带着物料同时转动至物料的脱离角 β 等于零时，这时的圆盘转速称为临界转速。临界转速可用下式计算。

$$n = k \cdot n_{临} \qquad n_{临} = \frac{42.4f'}{\sqrt{D}} \cdot \sqrt{\sin\alpha - \sin\phi} \tag{4-12}$$

式中　　n——工作转速；

　　　　k——比转数（取 0.6~0.75）；

　　　　$n_{临}$——临界转数；

　　　　f'——物料塑性指数（0.6~1，塑性差取高值，塑性好取低值）；

　　　　ϕ——物料休止角（堆积角）；

　　　　D——造球机直径；

α——造球机倾角。

为了保证生球的质量，合适的工作转速应为临界转速的 $55\% \sim 60\%$。

也有人提出圆盘合适的工作转速的计算公式：

$$n = \frac{22.5}{\sqrt{D}} \tag{4-13}$$

式中符号意义同前。

E 填充率

圆盘造球机的填充率取决于圆盘的直径、边高和倾角。在一定范围内，填充率越大，产量越高，球粒强度也将越大。但是过大的填充率，球粒不能按粒度分级，反而降低了生产率。

根据经验，填充率一般取 $8\% \sim 18\%$ 为宜。

F 造球对间

从物料进入圆盘到制成合格生球的时间为造球时间。造球时间与生球的粒度和质量要求有关，时间的长短可由调整圆盘的转速和倾角来控制。

一般，造球时间为 $6 \sim 8min$。

G 圆盘造球机生产能力的计算

由于圆盘造球机的产量除了与圆盘造球机的结构、工艺参数有关以外，还与造球物料的成球特性、粒度组成、造球前物料的湿度、温度以及操作水平和生产过程是否正常等诸因素密切有关。因此，到目前为止，还没有一个包含所有影响因素并能适用于各种情况的生产率计算公式。但是，经验计算公式还是比较多，下面列出一部分供参考。

（1）北京水泥设计院公式：

$$Q = 1.2D^{2.3} \tag{4-14}$$

（2）朝阳机械厂推荐的公式：

$$Q = 1.15K_c D^{2.33} \tag{4-15}$$

式中 K_c——成球系数；

D——圆盘直径，m。

K_c 值可参考表 4-3 数据选出。

表 4-3 K_c 值

物料名称	K_c	物料名称	K_c
水泥生料粉	$0.85 \sim 1.20$	钼矿粉	$0.6 \sim 0.65$
铁 矿 粉	$0.4 \sim 0.5$	锌 矿 粉	$0.6 \sim 0.7$
铝 矿 粉	$0.5 \sim 0.6$	矾 矿 粉	$0.80 \sim 0.85$

圆盘造球机的理论生产能力可按式（4-14）或式（4-15）进行计算

$$Q = \frac{\pi D^2 H \phi \gamma}{4t} \tag{4-16}$$

或

$$Q = \frac{1}{4}\pi D^2 q \tag{4-17}$$

式中 Q——圆盘造球机的生产能力，t/h；

   D——圆盘直径，m；

   H——圆盘边高，m；

   γ——物料堆密度，t/m³，一般取 1.3~1.8；

   ϕ——填充率，一般为 8%~18%；

   t——成球时间，h，一般为 0.1~0.13；

   q——圆盘单位面积生产能力，t/(m²·h)，一般为 2.0~3.0。

H 圆盘造球机的驱动功率计算

圆盘造球机的驱动功率由有效功率 N_1、空载功率 N_2 及刮料功率 N_3 三部分组成。

a 有效功率 N_1

有效功率即圆盘举升物料所消耗的功率。圆盘造球机工作时，基本上是偏载荷的，且成球区物料分布最多。生产过程中常带负荷启动。应按最不利的情况计算有效功率。

设物料的全部重量集中到一点，且在盘边缘，如图 4-22 所示。

图中 G 为盘中物料总重，由力的分析，G_2 为圆盘在回转线速度方向的分力，圆盘带动物料转动时所消耗的功率为

$$N_1 = \frac{G_2'' v}{1000} \qquad (4\text{-}18)$$

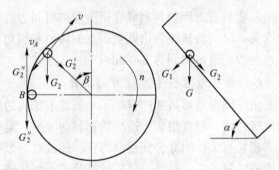

图 4-22　圆盘受力分析图

式中 N_1——有效功率，kW；

   v——圆盘切线速度，m/s，$v = \dfrac{\pi D n}{60}$；

   G_2''——圆盘切线速度方向的阻力，N，$G_2'' = G\sin\alpha\sin\beta$，$G = \dfrac{\pi D^2}{4}H\gamma\phi g$；

   D——圆盘直径，m；

   H——圆盘边高，m；

   γ——物料堆密度，kg/m³；

   ϕ——填充率，%；

   α——圆盘倾角，(°)；

   β——物料脱离角，(°)；

   n——圆盘转速，r/min；

   g——重力加速度，m/s²。

将 G_2''、v 代入式 (4-18) 中得

$$N_1 = 4.03 \times 10^{-4} H D^3 \gamma \phi n \sin\alpha \qquad (4\text{-}19)$$

b 空载功率 N_2

空载功率是驱动空载圆盘转动时，为克服圆盘主轴轴承上的摩擦而消耗的功率。其计

算与常规计算相同，不再赘述。

c 刮料功率

刮刀刮料时会对圆盘造成阻力，为克服这个阻力所消耗的功率为刮料功率。刮料阻力的大小与刮刀的形式有关。对于固定式刮刀，由于刀口宽度较大，消耗的功率是相当大的。经验表明，在相同条件下，装刮刀圆盘的运转功率是未装刮刀圆盘运转功率的 1.5 倍，而回转式刮刀消耗功率较小。因此，在考虑因装设刮刀而消耗的功率时，可用一个系数 K 来解决，据经验，$K = 1.1 \sim 1.5$，采用固定式刮刀时取高限，采用回转式刮刀时取低限。

综上所述，圆盘造球机工作时总的消耗功率为

$$N = K(N_1 + N_2)$$

若传动装置的总效率为 η，则电动机功率应为

$$N_D = \frac{N}{\eta} \tag{4-20}$$

4.3.1.4 圆盘造球机的使用与维护

A 使用中存在的问题

a 圆盘造球机使用中存在的问题

在我国铁矿球团厂使用圆盘造球机过程中，存在过以下问题：盘面积有效利用率低、盘底钢板磨损快，盘底粘料严重，刮刀磨损快。

图 4-23（a）所示为我国 20 世纪 50 年代后期，在铁矿石球团上采用圆盘造球机时盘面结构和物料运动的示意图。盘底用 8mm 钢板制成，刮刀是通过圆心垂直装设的。从图中可以看出，此时盘面有效利用率是很低的，通常低于 40%。1959 年，鞍钢烧结总厂在适当提高圆盘转速的基础上采用多副刀分流的方法（见图 4-23（b）），使造球盘有效面积利用率显著提高，造球盘单位面积生产率从不到 $1t/(m^2 \cdot h)$ 提高到 $1.25t/(m^2 \cdot h)$。

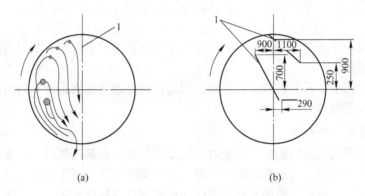

图 4-23 球盘刮刀及物料运动示意图
（a）物料运动示意图；（b）多刮刀分流方法示意图
1—刮刀位置

刮刀由刮刀本体和刮刀架组成，刮刀是一块长方竖立的钢板，像一把刀一样可使球盘底的粘料不会粘得很厚，刮刀还起到疏导在盘面上滚动的生球流的作用，它可使盘内生球合理分布，一个圆盘上可以只配备一块刮刀，也可配备 2~3 块刮刀，刮刀固定在刮刀架

上，与盘底不直接接触。圆盘转动时，刮刀不动，生球流被不同位置上的刮刀分导开来，促进了母球更快长大。此外，从国外引进的一种圆盘造球机曾安装了一组两个带多齿杆的圆形旋转刮刀，此刮刀由电动机及传动装置带动旋转的一组轮子在造球盘面上转动，起到刮料、导流、疏松作用。旋转刮刀磨损力小，刀头磨损少，能造成粗糙而平整的物料盘底，改善盘底的成球性能，减少刮刀对物料成球运转的干扰，提高盘面利用系数。刮刀固定在刮刀架上，刮刀架落在底座上。

b　刮刀安装要求

根据各球团厂在安设刮刀方面积累的经验，圆盘造球机的刮刀设置应满足下述要求：

所配置的刮刀，应有利于增加圆盘工作面积的有效利用；有利于盘内生球的合理分布。为此，对顺时针运转的圆盘造球机，刮刀应尽量避免配置在第一象限。但是，当母球的形成速度大大超过母球的长大速度时，可在第一象限增加一块辅助刮板（见图4-24），强制部分较大母球加速滚动，而下部较小的母球就让它从副板下部通过。应当注意，强制副板（其他分流刮刀也一样）要沿着球流的流势进行导流，切忌使刮板与生球流垂直相遇。因为上述情况会使母球相互挤压而成大块料。

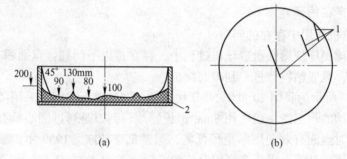

图 4-24　球盘底料黏结示意图
（a）球盘底料黏结示意图；（b）刮板配置象限分布图
1—副板；2—死料层

刮刀的数量应尽量少，刮刀所画圆环面应不相互重复，以便减少刮刀对造球机形成的阻力和盘面的磨损。

刮刀应通过圆心，避免圆盘中心积料；周边刮刀必须将盘周边所粘的料全部刮掉，以保持圆盘的最大有效容积。

B　圆盘造球机的维护

圆盘造球机采用光滑的钢板作底盘时，生球的强度一般都比较高，底盘粘料和刀磨损都很微弱。不足之处是，光滑底盘磨损严重。生产实践证明：厚22mm钢板制成的底盘仅使用3个月便磨穿。因此，使用光滑底盘的造球机钢材消耗量比较大，维修工作量也比较大。为此，我国大多数铁矿球团厂的圆盘造球机均先后进行了改装；在钢板上敷设鱼网板或在钢板上焊上小圆钢（在盘面上类似蜘蛛网状），或铺设瓷砖、橡胶衬板。

安装有鱼鳞板、焊有小圆钢的或橡胶衬板球盘，工作时造球物料填充于孔穴之中，并以此为基础形成一层保护层（又称底料）。实践证明，这一措施对保护底盘是极为有效的，一层不厚的底料对加速成球过程是有利的。但是，采用该方法又带来了球盘严重粘料和副刀的迅速磨损。因为，底料在生球不断的流动作用下，变得越来越紧密，底料表面湿度也相应提高，因此，疏松物料很易黏附其上面使底料加厚。随着底料的逐渐加厚，造球盘的负荷和电耗也逐渐增加。

按照一般的设想，控制好刮刀与盘底的距离后，多余的粘料应被刮落。但事实并非完全如此。刮刀通常能够刮下大部分粘料，但另一部分的粘料是由于圆盘的旋转和刮刀（副刀总是向着料流这一面，磨损得快一些）与底盘所形成的啮角啮进去的（刮刀磨损越严重，啮进去的料就越多），这时底料将被压紧。随着底料的反复压紧和加厚，造球盘的负荷和电耗增大，刮刀的磨损加快。据武钢烧结厂资料，厚 40mm 左右高强度的辉绿岩刮刀只能使用半个月左右。

从图 4-24 和表 4-4 不难看出，盘底黏料情况是比较严重的，因而产品产量和质量显著下降，电耗迅速提高。

表 4-4　清理前后的工作指标底料状态

底料状态		清理前	清理后
造球盘直径/mm		约 5500	5500
边高/m		400	600
倾角/(°)		47	47
转速/r·min^{-1}		6	6
填充率/%		6.3	15
造球时间/min		4~5	11
生产率/t·(台·h)$^{-1}$		25	28
生球强度	抗压强度/N·个$^{-1}$	25	50
	落下强度/次·(0.5m)$^{-1}$	3.6	5.4
工作电流/A		90	60
电机功率/kW		75	75

注：清盘底时，其清出 7.3t 死料层，占圆盘总容积的 17%。

为了解决这一问题，国内外多数趋于采用移动刮刀装置这一方法，如日本、俄罗斯、美国和我国钢铁厂等。移动刮刀设有专门的电机和传动装置以保证刮刀沿一定的轨迹均匀移动（平移或圆弧移动），底盘副刀的最大行程为圆盘的半径。

为了清理圆盘周边，国外还专门设计了周边清料移动副刀。这样可使圆盘整个工作面总是处于最理想状态，对于保证圆盘的产量和质量十分重要。另外，由于移动副刀本身很短小，即使用比较高质量的材料，消耗量也是有限的。短小的移动刮刀和造球圆盘底盘的摩擦力远比固定刮刀小得多，况且它不会不断地将造球物料压成死料层，所以移动刮刀还可降低造球圆盘的功率消耗。

C　圆盘造球机的操作

圆盘造球机的操作要领指：造球时的加水加料方法和圆盘转速、倾角与边高的调整。事实上，对于大多数球团厂，由于所用原料和加工工艺大体上是比较稳定的，所以圆盘的转速、倾角和边高一般是不作多少变动的。因此，造球的日常操作主要是控制好加水和加料。

a　水分及添加方式

任何一种造球物料，都有一个最适宜的造球水分。当造球物料水分达到适宜值时，生球的产量和质量就比较理想。但是，当添加水分的方式不同时，生球的产量和质量仍然有差别。通常有三种加水方式：造球前预先将造球物料补加水分至最适宜值；将部分造球物料过湿，造球时再添加部分干料，使整个球团含水量仍为适宜值；造球物料进入造球盘前含水量低于适宜值，不足之数在造球盘内补加。

第一种情况的优点是，母球生长容易，造球盘产品粒度均匀；缺点是母球长大速度较慢，在工艺上也难以准确控制。

对于粗粒矿粉造球或采用挤压-立式圆锥造球机造球时，第二种方式是可以考虑的。但对于细磨精矿，用圆盘造球机造球时，这种方法便不大适宜。因为过湿的细磨精矿会完全失去松散性，而使造球过程难于进行。另外，准备两种原料也会使流程复杂化。

第三种方法是目前生产上最常用的方法。这种方法能加速母球的形成和长大，可以准确控制生球的适宜水分和生球尺寸；另外，还可以根据来料情况和球盘情况灵活调整补加水量和加水地点以强化造球过程。

圆盘造球机的加水通常有加滴状水和雾状水两种。滴状水加在新给入的物料上，雾状水喷洒在长大的母球表面。试验表明，在圆盘造球机中借助不同的加水和加料方式，可以得到不同粒度的生球（见图4-25）。

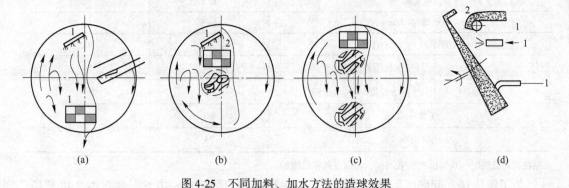

图 4-25　不同加料、加水方法的造球效果

（a）主要获得大球（10~30m）；（b）主要获得中球（5~10m）；（c）制粒（1~5mm）；（d）圆盘侧面图

1—加水；2—加料

物料在加入造球机前，应把水分控制在比适宜造球水分低 1%~2%，在造球过程中再加入少量的补充水。加水时应采用滴水成母球，喷雾水长大，在无加水区滚动紧密的方法。如果造球前原料水分大于或小于造球最适宜的水分都会影响成球速度和生球的质量。不同原料造球的适宜水分应通过试验确定。

在工业生产中，由于圆盘直径较大，所以，只有调节好圆盘倾角、转速、边高和刮板位置，才可能使球盘的有效面积得到最大的利用。在这种情况下，从圆盘两边同时加水和加料是有利的。就给水量来说，通常大部分水以滴状水形式加到新给入的原料流中以形成母球，而少部分水以雾状水形式加在母球长大区。

b　加料方式

一般在成球区加入小部分物料，在长球区加入大部分物料，在紧密区不加物料（或加入很少一点料以吸收生球表面多余的水）。另外也有采用物料从圆盘造球机盘面两边同时给入或以分布面的布料方式加料，也可使母球长大得很快。给料时应使物料疏松、散开、不结块，并要有足够宽的给料面。在圆盘的不同区域加水加料能造出不同粒度的生球。图 4-25 所示为不同的加料、加水方法的造球效果，第一种方法主要造出 10~30mm 的大球，第二种方法主要造出 5~10mm 的中球，第三种方法则造出 1~5m 的小粒（制粒）。

我国 $\phi5.5m$ 圆盘造球机，采用轮式混合机给料。由于轮式给料机面宽而物料疏松，所以效果良好。总之，圆盘造球机的给料，应保证物料疏松，有足够宽的给料面，母球形成区和母球长大区有适宜的料量给入。

c 圆盘造球机各参数对造球的影响

圆盘造球机的倾角、边高、转速和刮刀对生球的产量和质量都有重要的影响。

（1）圆盘的倾角与边高。圆盘的倾角由造球原料的动休止角确定，倾角必须稍大于原料的动休止角。布雷尼提出了造球机的倾角与原料动休止角的关系，如图 4-26 所示。图中的 φ_0 是动休止角，α 是盘底倾角。那么，α 角必须总是要大于 φ_0 角，如果 α 角小于或等于 φ_0 角，则物料处于静止状态，滚动混乱，并破坏了造球过程；如果 α 角过大，则物料不会被摩擦力提升，同样达不到造球的目的。适宜的倾角应根据所处理物料的摩擦系数确定，一般在 45°~50°。

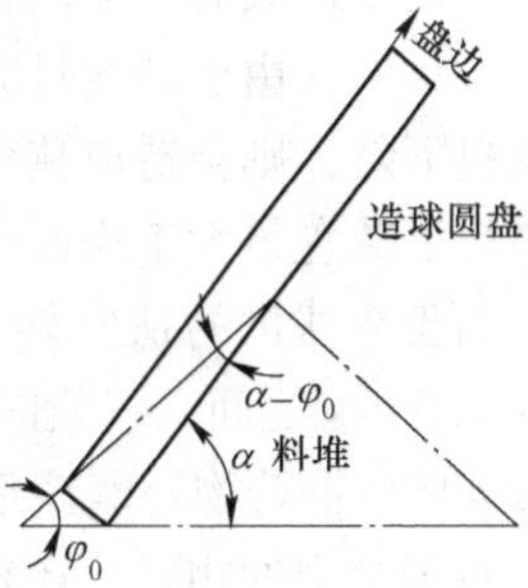

在圆盘造球机的转速相应提高的情况下，增大倾角可以提高生球的滚动速度和下滚的动能。因而，对生球的紧密过程是有利的。但是当倾角过大时，由于下滚球团的动能过大，它们撞击圆盘周边很易导致生球破碎。另外，增大倾角会使圆盘的填充率下降，生球在盘内的停留时间缩短，这些都不利于提高造球机的产量和质量。圆盘造球机的倾角通常为 45°~50°。

图 4-26 圆盘倾角、边高与
细粒料动休止角的相互关系

边高的大小和圆盘造球机的填充率密切相关，也就是和生球在造球机内的停留时间密切相关。因此，边高影响生球的强度和尺寸。实践证明：过高或过低的圆盘边高都不能使造球盘获得良好的指标。很显然，边高过低，生球很快从球盘中排出，不可能获得粒度均匀、强度高的生球。同样，边高过高也不能获得高的生产率。这是由于填充率过大时盘内的物料运动特性受到了破坏，生球不能进行很好的分级。

圆盘的边高是随造球机直径而定的。造球机直径增加，边高也相应增加。当造球机的直径和倾角不变时，边高取决于所用原料。如果物料粒度粗、黏度小，盘边就应高些；若物料粒度细、黏度大，盘边就应低一些。

圆盘造球机的容积填充率取决于圆盘的倾角和边高。倾角越小、边高越大，则容积填充率越大。当给料量一定时，填充率越大，则成球时间越长，因而，生球的强度越好。但是，圆盘造球机的填充率也不能太大，一般是 10%~20%。如果超出上述范围，则造球机生产率反而下降，这是由于破坏了物料运动状态的缘故。通常，直径为 1m 的圆盘造球机，其倾角为 45°，边高 180mm；直径为 5.5~6.0m 的圆盘造球机，其倾角为 45°~47°，边高 600~650mm。

（2）圆盘转速。圆盘转速与倾角有关，如果圆盘的倾角较大，为了使物料上升到规定的高度，则必须提高圆盘的转速。

当倾角一定时，圆盘造球机应当有一适宜的转速。如果转速过低，则物料保持在一个相对静止的位置，不产生滚动；如果转速过高，由于离心力的作用，物料粘在盘边和盘一起转动，所以也不产生相对运动。

为了制取优质生球，必须使物料处于滚动状态。为此，圆盘造球机需一个最佳的转速，使重力、摩擦力和离心力相互协调让物料产生滚动与搓动。因此，造球机的临界转速，便是十分重要的。在临界转速下，物料的重力刚好被作用到球料上的离心力所抵消，物料随圆盘造球机一起旋转而不下落。

生产实践证明，倾角一定时，如转速过小，物料上升不到圆盘的顶点，会造成母球形成区"空料"，并且母球下滚时滚动路程较短，它所具有用于压紧细粒物料的动能也较小；当速度过大时，盘内物料就会全部甩到盘边，造成盘心"空料"，球的形成过程甚至停止。另外，由于转速过大，球粒紧靠盘壁，在上升过程中球粒滚动微弱，如果用刮刀强迫物料下降，则会造成狭窄的料流，恶化球盘滚动成形特性。因此，只有转速适宜，才能使物料沿球盘最大工作面强烈而有规则地运动。

圆盘造球机的适宜转速随物料特性和圆盘倾角不同而不同，通常其线速度波动于1.0~2.0m/s 之间。一般的经验是，若物料摩擦角大，则线速度可选低一点（1.2~1.6m/s，$\alpha=45°$）；若物料摩擦角较小，则线速度可选高一点（1.6~2.0m/s，$\alpha=45°$）。

对于给定的物料，还须考虑其动休止角（见图 4-26）和摩擦阻力。因此，最佳转速为临界转速的 50%~60%。在该转速下，细粒物料应当提升到最高点，然后被刮刀强迫离开盘边向下滚动（见图 4-23（b））。

对于生产中使用的大型圆盘造球机来说，当圆盘直径为 6.0~7.5m 时，其最佳转速应低于或等于 6~7r/min。在这种转速下，不仅可以达到良好的造球状态，而且还可以保证最大限度地利用圆盘造球机面积。

圆盘造球机的工艺参数主要是指倾角、转速和边高。它们三者之间是相互制约的，因此，必须统筹兼顾才能使圆盘造球机获得最高的产量和质量指标。

（3）刮刀。为了使造球盘内保持一定厚度的底料，必须在造球机内设置副刀。另外，刮刀还可以控制球料运动，以达到最大限度地利用盘面。

安装有旋转刮刀的造球机的工艺性能显著优于采用旧有固定式刮刀的造球机，并且随着一批 5.5~6.0m 大型圆盘造球机投入使用，旋转刮刀越来越受到重视。使用这种带旋转刮刀的造球机，首先必须在圆盘上造就一个良好的底料床。该目标能否实现，在很大程度上取决于是否合理选用圆盘与旋转刮刀的转速匹配。

刮刀轨迹是由于圆盘和底刮刀器的相对运动形成的。人为规定：圆盘旋转一周后，刮刀在圆盘上留下的一圈闭合或不闭合的轨迹曲线，称为一匝曲线。当圆盘和底刮刀器以某种转速匹配运转时，刮刀在圆盘面上可能形成的轨迹曲线的匝数，称为轨迹曲线密度。由式（4-21）计算

$$D = \frac{\alpha m}{\Delta \phi} K \tag{4-21}$$

式中　D——一个底刮刀器在圆盘上所能形成的轨迹曲线密度，匝；

　　　α——均匀分布的相邻两刮刀夹角，（°）；

$\Delta\phi$——圆盘旋转一周时，底刮刀器与圆盘转速的角差，(°)/匝；

m——使 $\dfrac{\alpha}{\Delta\phi}$ 成为整数（不为零）的最小自然数，把$^{-1}$；

K——一个底刮刀器的刮刀数，把。

底刮刀器在圆盘上的工作范围及轨迹如图 4-27、图 4-28 所示。副刀由 $\phi32m$ 圆钢制成，刮刀的轨迹实际上是一条具有一定有效宽度的带状轨迹，对圆盘起覆盖作用，可用覆盖指数来衡量其大小。

$$\zeta = \frac{DS}{\pi d} \tag{4-22}$$

式中　ζ——覆盖指数，无量纲；

　　　D——底刮刀器刮刀轨迹曲线密度，匝；

　　　S——刮刀轨迹的有效宽度，mm/匝；

　　　d——底刮刀器直径，m。

根据成球工艺要求，以底刮刀器与圆盘的转速角差不低于 8° 及 ζ 不低于 2.5 为宜。

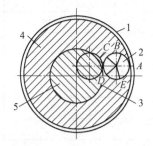 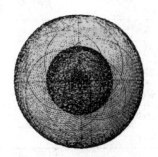

图 4-27　底刮刀器在圆盘上的工作范围　　　　图 4-28　转速角差 $\Delta\phi = 1°$ 时，
1—造球圆盘；2—底刮刀器Ⅰ；3—底刮刀器Ⅱ；　　　　1/6 刮刀轨迹曲线密度图形
4—底刮刀器Ⅰ的工作范围；5—底刮刀器Ⅱ的工作范围；
A，B，C，D，E—刮刀位置

4.3.2　圆筒造球机

圆筒造球机是从圆筒混合机发展而来的，是造球机中应用最早的一种，它结构简单、运行可靠、生产能力大，至今仍得到广泛使用。由于圆筒造球机没有自动分级功能，通常与振动筛分机联合使用，以控制生球达到适宜粒度，细粒级及过大粒径生球返回造球机。但由于振动筛对生球有破坏作用，而且筛分效率不高，因此，也有生产厂家将圆筒造球机与辊筛、弧形筛等搭配使用。因为辊筛的筛分效率比振动筛高25%，而且还能提高生球强度。在美国、苏联广泛使用圆筒造球机。我国仅宝武集团鄂州球团厂使用大型圆筒混合机。

圆筒混合机外形如图 4-29 所示。它

图 4-29　圆筒造球机外形

是一个两端敞口的倾斜圆筒，圆筒围绕中心线旋转。有时，在给料端装有不高的挡料圈或挡料锥口，防止给料倒流。为了增大筒内壁的黏着力和粗糙度，往往在金属筒体的光滑内壁上挂上一层湿料皮，料皮厚度由刮刀控制。

美国、苏联及我国使用的大型圆筒造球机主要性能见表 4-5。苏联 ϕ3.6m×14.0m 圆筒球机是与 520m² 带式焙烧机配套使用的造球机，鄂州球团厂 ϕ5m×13.0m 是与 500 万吨/年链算机-回转窑法球团生产线配套。澳大利亚 Savage River 球团厂被沙钢收购，该厂采用圆筒造球机造球，采用竖炉生产氧化球团矿。其中生球筛分采用了振动筛、弧形筛与圆筒造球机搭配。

表 4-5　各国使用的几种圆筒造球机技术性能

厂　家	中　国		苏联	美国
台时产量/t·h⁻¹	合格生球 172（处理量 708）		90~100	—
圆筒直径/m	5		3.60	3.66
长度/m	13		14.0	10.06
转速/r·min⁻¹	3.8~4.3		7~10.5	10
电机功率/kW			110	74.6
斜度/(°)	7		8	0.111~0.125
刮刀（燕翅杆）	—		往复式	往复式
转数/r·min⁻¹	—		0.74	32~33
电机/kW	—		11	2.2
设备重量/t				
生球筛（长×宽）/m	辊筛 ϕ80mm×92 辊，辊长 3.2m，设备处理能力 708t/h		7.5×2.0	2.44×4.88
斜度/(°)	14		0~10	0.3
振幅/mm	—		3~5	9.52
筛孔/mm	10		10	9.52

4.3.2.1　圆筒造球机结构及其特点

圆筒造球机的结构与圆筒混合机非常相似，它主要由筒体、传动装置、支撑辊和筒内刮刀等部分构成。其基本结构如图 4-30 所示。由图可见，圆筒造球机与圆筒混合机的最大差别是前者安装了刮刀，以保证混合料在圆筒内产生滚动。

圆筒造球机的筒体内装有与筒内壁平行的刮刀，在筒体的前段设有喷水装置（亦可喷入液状的造球所需的黏结剂，以增强生球的强度）。刮刀的作用是刮下黏附在筒壁上的粉状物料，从筒壁上刮下的物料大部分已黏结成块，在圆筒中翻滚，很快就成球，会加速造球的作用。由于刮刀从筒壁上刮下的料块度和水分都不均匀，尽管造球的时间相等，但生球的粒径不均匀。为减少检修工作量，有些厂家已经将往复式燕翅杆改为固定式和旋转式燕翅杆。

刮刀同圆筒轴线平行配置。早期采用往复式刮刀，在现代大型球团厂，采用的是旋转或螺旋刮刀（见图 4-31），它不仅可以控制料皮厚度，而且可使筒内壁具有较大的摩擦阻力。

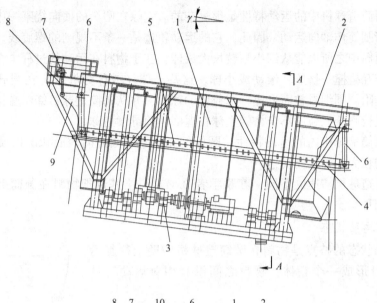

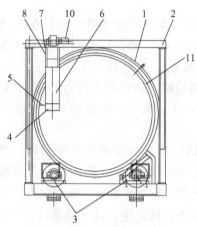

图 4-30　圆筒造球机结构示意图

1—筒体；2—筒体支撑装置；3—筒体驱动装置；4—刮刀梁；5—刀片；
6—连接杆；7—曲柄；8—传动杆；9—三角连接板；10—电机；11—料衬

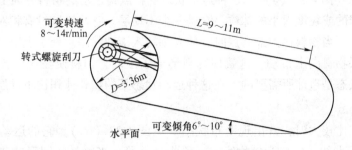

图 4-31　旋转刮刀在圆筒内的配置

4.3.2.2　圆筒造球机工作原理

物料在圆筒造球机中的运动特性是很复杂的。它除在圆筒的横向绕某一中心作回转运动外，还沿着圆筒作轴向运动。因此，它的运动轨迹是一条不规则的螺旋线。

物料在圆筒中之所以能从细小颗粒长大成球，在于物料在运动的过程中在水分的作用下，颗粒间相互碰撞、挤压、滚动成小球。这些小球（或称为母球）在圆筒轴向运动过程中，继续黏附周围细颗粒而形成一定粒度的球团，并从圆筒造球机卸料端排出。再经过生球筛分机进行筛分，粒度不合格的生球粒返回圆筒继续造球。

物料在圆筒造球机内的运动特性与圆筒的充填率、圆筒内表面状况以及圆筒转速有关，其中影响较大的是圆筒转速。

根据圆筒造球机转速的不同，苏联学者 B.И·科洛基奇把物料在圆筒上的运动状态归纳为以下四种状态。

A　梭式运动状态

这种运动状态的特点是物料在圆筒造球机内壁上往复运动，物料本身形成一个整体，物料之间没有相对运动（见图4-32）。

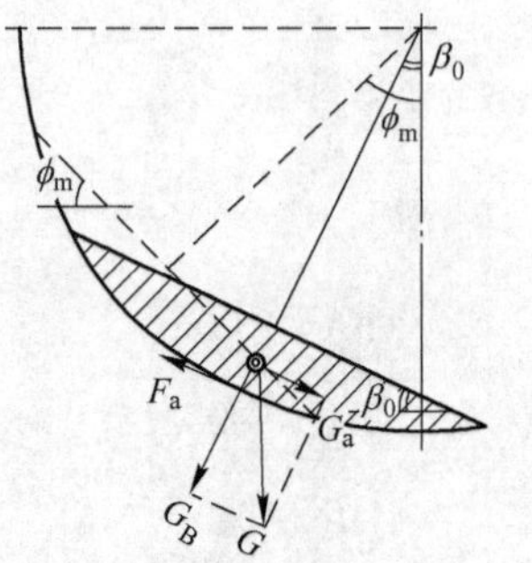

产生该种运动状态的原因是圆筒转速太低。物料在圆筒回转时被带到一定高度，这时物料的重心 G 偏离垂直中心线所形成的 β_0 角小于物料安息角 ϕ_m，这样物料不会塌落下来，形成相对运动。随着圆筒继续转动，物料的下滑力 G_a 大于摩擦力 F_a，因此，物料又滑下来了。这样的往复运动就构成了梭式运动。

图 4-32　物料在圆筒内的梭式运动状态

摩擦力的不足可能是圆筒内壁光滑和物料水分太高，降低了摩擦系数。圆筒充填率直接影响重力 G 的大小，当然也影响摩擦力的大小。为增加圆筒内壁的粗糙度，通常向内壁上喷水泥。

物料处于这种梭式运动状态的圆筒中，既不能造球，又不能进行物料的混合。因此，它是一种不允许出现的运动状态。

B　滚动状态

当圆筒造球机的转速处于最佳值时，随着物料不断给入圆筒，物料的重心与圆筒垂直中心线的偏离角大于物料的安息角。这时物料便开始向下塌落，并形成一个滚动层以恢复其自然堆积状态（图4-33（a））。这种运动状态的特点是运动的物料分为上下两层。靠近筒壁的是未成球的或粒度很小的球粒，它是一个不动层。它与筒壁没有相对运动，随着圆筒一起向上运动。当物料达到最高点时，便立刻转入滚动状态。处于上层的物料在向下运动时，又被下层物料向上带动，这就使物料形成了滚动，物料便在这里长大和密实。因而，这种运动状态是造球所需要的。在这种运动状态下的物料体积比不动层约大 10%。

C　瀑布状态

当圆筒转速比较大时，常出现瀑布状态（见图4-33（b））。它的运动轨迹由三段组成：ab 段是圆形曲线，bc 段为抛物线，ca 段为滚动段。当物料从圆形轨迹段离开时，便在空中沿抛物线运动，落在物料上以后，又继续滚动。在这种运动状态下滚动段很少，成

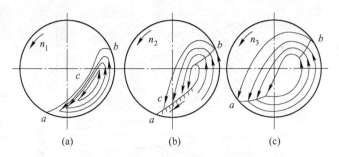

图 4-33 物料在圆筒内的运动状态

（a）滚动状态；（b）瀑布状态；（c）封闭环形状态

球效果差。在物料向下抛落时，冲击较大，易破坏生球，不利于成球。

D 封闭环形状态

当圆筒转速过高时，常出现封闭环形状态（见图 4-33（c）），每个单元层的轨迹都形成了封闭的曲线。这些曲线互不相交，且没有滚动段，只有圆形线段和抛物线段，构成一个环形。在这种运动状态下物料似乎围绕一个中心以一个相同的角速度"回转"着。

从对上述四种运动状态的分析可知，第二种运动状态是圆筒造球机的操作范围；第三种运动状态适合于圆筒混合机，因为混合料呈瀑布状态运动时，物料间碰撞机会多，搅动强烈，因而混合效果好；而第一种和第四种运动状态均对造球和混合不利。

4.3.2.3 圆筒造球机主要参数

a 圆筒转速

由上述分析可见，圆筒造球机的效果与圆筒的充填率、圆筒转速有密切关系。其中圆筒转速影响较大。圆筒造球机的临界转速 n_c 可用下式进行计算：

$$n_c = \frac{30}{\pi} \times \sqrt{\frac{2g}{D}} \tag{4-23}$$

式中 D——圆筒造球机直径，m。

圆筒造球机的最佳工作转速通常为其临界转速的 25%～35%。

对于直径 3～3.6m 的圆筒造球机而言，当转速在 8～14r/min，圆筒倾角在 6°～10°时，物料处于滚动运动状态。

b 筒体长度和倾角

物料在造球机中要形成合格的生球，需要经过一定的成球阶段。在此阶段，必须经过一定的滚动距离。为此，造球机的圆筒必须要有一定的长度。根据经验，圆筒的长度应该是圆筒直径的 2.5～3.0 倍。

除了圆筒长度外，圆筒倾角也起很重要的作用。因为在给定处理能力的条件下，倾角决定圆筒的充填率和物料在圆筒内的停留时间。圆筒的倾角在 1°～8°，一般为 6°。它与充填率之间的关系如图 4-34 所示。一般而言，随着圆筒倾角的增大，物料在圆筒内的停留时间缩短。

c 充填率

圆筒造球机的充填率也是影响造球效果的重要因素之一。由上述分析可见，形成第一

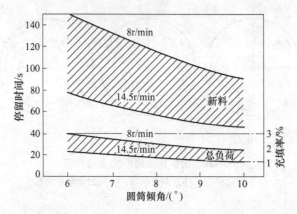

图4-34　圆筒倾角对充填率和停留时间的影响（圆筒直径3.6m，长度11.0m）

种运动状态的重要原因之一是物料充填率太小。H. H. 别列日诺伊等认为，当充填率低于15%以下条件时，产量不变，筒体直径变小，充填率增加时，或直径不变需要提高产量而加大充填率时，成球路程增加较快，球团强度随之提高。这时球团的粒度组成不均匀。当充填率超过15%时，球团的路程增加不明显。但是充填率过大时，圆筒排料量加大，不成球或成球粒度不够、强度增加不足的球团增加，循环负荷加大。强度不足的生球经过多次转运，破碎量增大，将影响焙烧设备的正常运行。实际上并没有提高圆筒造球机产量。最佳的圆筒造球机充填率为3%~5%，最大允许值为10%~15%。

  d　停留时间

  研究圆筒造球机内物料的运动状态的目的是确定物料在圆筒内的停留时间，计算圆筒的产量和决定圆筒的尺寸以及制定合理的操作制度。物料在圆筒内的停留时间，R. A. 贝亚得（Bayard）提出可用式（4-24）计算：

$$T = \frac{0.037(\varPhi_m + 24)L}{nDS} \tag{4-24}$$

式中　　L——圆筒的有效长度，m；

  $\varPhi_m$——造球物料的安息角，(°)；

  D——圆筒有效直径，m；

  n——圆筒转速，r/min；

  S——圆筒斜度，小数；

  e　圆筒产量

  根据物料在圆筒造球机中的停留时间、圆筒转速和圆筒造球机的长径比（2.5~3.0），再加上圆筒的最佳充填率，便可以计算出圆筒造球机的产量。

  B. И·科洛基奇提出了一个计算公式。但他假定将圆筒从垂直回转轴方向切开，一层滚动料层长度为m，厚度为h_c，则1min内沿圆筒内所经历的距离为πDn，它在轴向的距离为$\pi Dn\tan\alpha$（见图4-26）。那么通过圆筒横切面单位时间的生产率$Q(t/min)$为：

$$Q = \pi Dn\tan\alpha \cdot mh_c \cdot \rho \tag{4-25}$$

因为$m = \frac{D}{2}\lambda\frac{2\pi}{360}$（$\lambda$用度表示）；$h_c = (a\lambda - b)D$，一同代入式（4-25），得到以下产量计

算式：

$$Q = 7.27D^3(a\lambda - b)\tan\alpha \tag{4-26}$$

式中，λ、α 角与圆筒充填率和物料性质有关，而系数 a、b 与物料种类和粒度有关，应由实验来确定。例如，对于粒度为 3~5mm 鲕状褐铁矿粉，$a=8.7\times10^{-4}$，$b=1.1\times10^{-2}$。

由式（4-26）可见，圆筒造球机的产量与造球机直径的 3 次方成正比。但是，圆筒造球机的产量很难用公式准确计算出来。因为影响因素太多，所以，确定圆筒造球机的产量时，应通过试验确定或者根据经验来确定。通常圆筒造球机的利用系数是 7~12t/（$m^3 \cdot h$）。

f 循环负荷

循环负荷是指生球筛分后返回的不合格生球与圆筒造球机新给料量的比值。一般循环负荷为 100%~400%。循环负荷的增加能提高造球机的稳定性及生球质量。

循环负荷取决于圆筒造球机的长度、倾角和生球筛分机的筛孔尺寸，它们之间的相互关系如图 4-35 所示。随着圆筒长度增加，循环负荷减少。但圆筒长度过大时，循环负荷仍不能消失。同时，圆筒的成本和生产费用增加。圆筒倾角加大，导致循环负荷升高；同时，筛孔尺寸增加，循环负荷也相应升高。

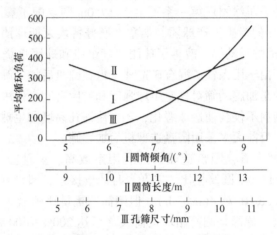

图 4-35　圆筒造球机长度、倾角和筛孔尺寸对循环负荷的影响

（造球水分 10.4%，膨润土配比 0.5%）

4.3.3　圆盘造球机与圆筒造球机的比较

圆盘造球机与圆筒造球机是当前世界上大型球团厂应用的两种造球设备。20 世纪 80 年代世界上圆筒造球机数量占 53%，圆盘造球机占 46%，几乎各占一半。目前我国几乎全部采用圆盘造球机，仅有武钢鄂州球团厂使用 5 台圆筒造球机。世界最大的位于巴西的 Samarco 带式焙烧机球团厂全部采用圆盘造球机。这两种造球机是根据相同的工艺原理工作的，制出的生球质量几乎相同。二者主要差别在于：在圆筒造球的情况下，由于生球须经筛分而保持有较多的筛下循环负荷，在一定程度上来说，圆筒造球机对给料量的波动不像圆盘造球机那样敏感。瑞典 LKAB 公司在产量为 250 万吨/年的马尔姆贝尔格（Ma Imberget）带式焙烧机球团厂对圆盘造球机和圆筒造球机进行了全面比较。将 ϕ7.5m 的圆

盘造球机同 $\phi3.6m×9.5m$ 的圆筒造球机做了操作对比，现将对比试验结果归纳于下：

（1）圆筒造球机对给料量波动的适应性在一定程度上优于圆盘造球机；

（2）两种造球方式的产品质量相同；

（3）圆筒造球机排出的生球须经筛分，筛下物循环造球；

（4）对于要求保持粒度范围很窄的直接还原用球团矿，圆盘造球机排出的生球须经筛分，高炉用球团则不需要筛分。

关于投资的问题也有所不同。LKAB 公司所进行的比较证明，圆盘造球机在经济上是优越的。在生产高炉球团的情况下，由于生球不需筛分，圆盘造球方式的费用要比圆筒造球方式低 4%，同时，在使用圆盘的情况下，预计粒度 9~15mm 的生球占 85%~92%，小于 5mm 粒级的低于 3%。

从原料上来看，圆筒造球机适于单一磁铁矿或矿种不变化的易成球的矿石，因为圆筒不如圆盘调节灵活。圆盘造球机用于天然赤铁矿和混合矿比较好。

在生球处理系统上，通常圆盘造球机后面不需加筛分设施，而圆筒造球机必须加筛以便把不合格的小球和粉料筛出，返回造球机。但是，圆盘造球机后面加筛分的球团厂也有。苏联的北方采选公司球团厂 $306m^2$ 带式焙烧机用的 $\phi7.0m$ 圆盘配了 TMT-61C0 型震动筛；列别津斯克采选公司球团厂第一系列由于 $\phi7.0m$ 圆盘配了震动筛使之能用比表面积为 $(1500\pm200)cm^2/g$ 的精矿生产球团。加拿大塞普特埃莱斯球团厂将 $\phi7.62m$ 圆盘造球机配以 $1.83m×4.27m$ 的震动筛，改善了球团粒度组成和球团焙烧过程。此外，日本神户钢铁公司神户球团厂由于用褐铁矿混合矿造球，也在圆盘后加了筛分装置。

这里应提起注意的是加震动筛对稳定生球强度和粒度有利，但决不应放松对造球原料的处理。不合要求的物料不仅会使造球恶化，还会使筛孔易堵和生球破损增加，导致造球筛分系统的产量下降。目前大多采用圆盘造球机后加辊筛。

从基建和生产角度来看，圆盘造球机的利用系数高、重量轻、直地面积小。例如 $\phi5.5m$ 圆盘与 $\phi2.8m×11.0m$ 圆筒相比，二者台时产量接近，圆盘利用系数为 1.2~1.6t/ $(cm^2 \cdot h)$，圆筒只有 0.6~0.75t/ $(m^2 \cdot h)$，但圆筒的重量比圆盘大 1 倍还多。占地面积圆盘一般比圆筒少 30%。原因是圆筒循环负荷大（可达 200%~400%）。此外在动力消耗和设备维修量方面，圆盘都较低，只有操作费用圆盘较高。

根据上面的两种造球设备的比较，可以看出造球设备的选择主要是看造球原料种类和原料的稳定性及对产品的要求，美国之所以圆筒造球机较多，和它的球团厂大都建在矿山及原料成分稳定有关。对于造球困难的原料，采用圆盘较好。为此，苏联有专家提出根据铁精矿静态成球性指数 K 大小选择造球机，成球性 K 值小于 0.65 的物料，应该选择圆筒造球机；K 值大于 0.65 的所谓成球性好的物料，应用圆盘造球机造球。这个规定似乎与人们的印象有些相反。加拿大塞普特埃莱斯球团厂使用造球困难的磁铁矿、赤铁精矿，为改善造球却选用圆盘造球机，并在圆盘后配有震动筛。B.I. 科洛基奇认为，细磨铁精矿生产球团时，采用圆盘较好，圆筒用于烧结混合料制粒比较合适。因为混合料中的返矿、焦粉和粉矿粒子已经构成"母球"，在圆筒中有足够的时间滚动、混合和湿润。混合料用圆盘造球机制粒并不合适，因为这些大颗粒会过早分级出来，不能保证成球过程的发展。

4.4 带式焙烧机

4.4.1 概述

带式焙烧机是一种历史最古老、灵活性最大、使用范围最广泛的细粒物料造块设备，但直到 20 世纪 50 年代初才开始用于球团矿的生产，60 年代以后得到迅速发展。60 年代带式焙烧机球团矿产量占世界球团矿总产量的 34.3%，1971 年上升到 56.1%。近年来带式机球团矿产量占世界球团矿总产量的比例为 50%~60%。但我国带式焙烧机球团矿产量比例严重偏低，其占比低于 15%，目前正处于快速增长期。

4.4.1.1 带式焙烧机球团工艺过程

带式焙烧机球团工艺相对简单，生球干燥、预热、焙烧、均热和冷却等过程均在同一台设备上完成，球团料层始终处于相对静止状态。因此，带式焙烧机的焙烧制度是根据矿石性质的差异及保证上下球层都能均匀焙烧，通过大量试验来确定的，并为工程设计提供依据。其工艺过程及其特点如下：

（1）布料：为保证整个料层均匀焙烧，高产优质，生球布料是重要环节。它必须按照规定的产量和料层厚度来进行，而料层厚度是通过试验确定的。

生球布料前通常需在台车上铺边料和底料（见图 4-36），它既解决了台车两侧球层烧不透和底层过湿现象，又保护了台车拦板和箅条，延长设备寿命，提高了作业率。铺底料和边料取自筛分后的成品球，然后通过皮带运输机送到焙烧机上的铺底料和边料槽，分别通过阀门给到台车上。铺底料和边料层厚度一般为 75~100mm，底、边料的粒度为 10~25mm。总料层厚度为 300~600mm。

为保证台车上球层具有良好的透气性和成品球团粒度均匀，生球必须先筛分。然后通过辊式布料器给台车布料。辊式布料器除布料均匀外，还具有筛分作用，生球在滚动过程中变得更加致密和光滑，提高了质量。另外，辊式布料器还可使生球布到台车上的落差降低到最低限度，保证了生球强度。

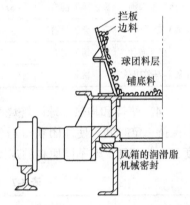

图 4-36 台车铺边料和底料示意图

（2）干燥：生球中的水分必须在进入焙烧系统前全部脱除，以免因升温速度过快而产生大量爆裂。现代化的带式焙烧机球团厂均采用先鼓风后抽风的混合干燥系统，以保证上下球层干燥均匀而避免出现过湿现象。针对不同类型铁矿石原料特点，带式焙烧机热风回流系统具有不同的流程及设备配置。

不同原料生球所需干燥时间和干燥风温及风速是不同的，通常由试验确定。干燥时间与干燥风温、风速有关，与生球水分，特别是与矿物是否含结晶水关系更大；而干燥风温取决于生球的热敏感性，即生球的爆裂温度。对于热敏感性差，含水 9%~10% 的生球，干燥温度以 350~400℃ 为宜，每千克生球需要风量为 1~2kg（0.773~1.546m³）。对于易爆裂的含水 13%~15% 的生球，干燥温度一般控制在 150~175℃，每千克球所需风量为 7~

8kg（5.411~6.184m^3）。

从实践中得到，通常的生球干燥制度如下：

鼓风干燥：4~7min，风温：170~400℃；

抽风干燥：2~4min，风温：150~340℃；

风速：1.5~2.0m/s，或90~120m^3/（m^2·min）。

（3）预热：预热的目的是使球团在焙烧机上逐渐升温到焙烧温度。对不含结晶水或碳酸盐矿物的球团，升温速度一般不大严格，可以较快。焙烧磁铁矿球团时可以快速升温，以控制高温下磁铁矿氧化为赤铁矿的过程，使球层迅速达到焙烧温度，节省燃料消耗。但对人造磁铁矿或超细磁铁矿则相反，升温过快易使球团表层生成赤铁矿外壳，产生双层结构，故需放慢升温速度。对于含结晶水或碳酸盐矿物的球团，预热时的升温速度要严格控制，以免球团产生爆裂。这种原料的生球一般要通过试验确定其最佳加热速度。

一般而言，对非严格要求的球团，预热时间可控制在2~4min，而对人造磁铁矿或超细磁铁矿或土状含结晶水的球团，则需10~15min（见表4-6）。

表 4-6　矿石种类和加热时间的关系

厂名	矿石类型	时间/min						
		鼓风干燥	抽风干燥	预热	焙烧	均热	一冷	二冷
（澳）罗布河	赤、褐铁混合矿	5.5	10+5.5	1.57	13.36	1.57	13.75	3.53
（美）格里夫兰	磁、赤铁混合矿	7.0	2.8	2.8	14.1	4.2	12.2	4.2
（加）瓦布什	磁、镜铁混合矿	5.2	3.2	2.1	15.8	—	13.7	—
（秘）马尔康乐	磁铁矿		2	4	4	5	9	—

（4）焙烧和均热。球团焙烧必须达到晶粒发育和生成渣键所需的温度，并在此温度下保持一定时间，使球团获得最佳的物理化学性能。表4-7为国外不同球团厂的焙烧制度，由此可见，对不同原料的球团而言，其热工制度存在较大差别。

表 4-7　国外带式焙烧机球团厂的焙烧制度

厂名	生球特型		各段加热温度/℃					冷却温度/℃	
	矿石类型	水分/%	鼓风干燥	抽风干燥	预热	焙烧	均热	一冷	二冷
（印）乔古拉	磁铁矿	8~8.5	250	250	450~500	1350	500	500	—
（苏）克里沃罗格	磁铁矿	10~11	280	350	1000	1350	1200	—	—
（秘）马尔康乐	磁铁矿	8.6	260~316	482~538	982~1204	1343	538	482~538	260
（澳）丹皮尔	赤铁矿	6~7	177	350~420	560~960	1316	870	872	316
（加）卡罗尔	镜铁矿	8.9~9.2	260~325	288	900	1316	—	—	288
（美）格罗夫兰	赤、磁铁混合矿	9	426	540	980	1370	1370	1200	540
（加）瓦布什	磁、镜铁混合矿	9	316	286	983	1310	—	—	120
（澳）罗布河	赤、褐铁矿	10	232	204~649	830	1343	821	821	232

此外，在料层干燥过程中，带式机的上、中、下层球团的加热时间和加热程度是不同

的，存在较大差距。图 4-37 所示为在焙烧杯中取得的鲁奇-德腊伏型（以下简称 DL 型）带式焙烧机模拟焙烧特性曲线（焙烧温度为 1300~1340℃，原料为赤铁矿）。由图可见，球团表层温度最高，其次为中部球层和铺底料层以上部分，铺底料层中温度最低。对不同原料的球团矿，由于 FeO 含量的不同产生的氧化放热量不一样，导致球团料层中温差更大。因此，对不同磁铁矿配比的球团采用带式机进行焙烧时，要注意控制料层中的焙烧温度与气相温度的差异。

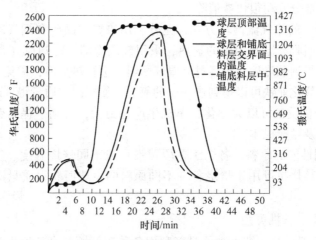

图 4-37　料层及气相温度分布

（5）冷却。目前大多采用分段鼓风冷却。冷却过程中，球团可进一步氧化，冷却后的热风可通过回热系统全部加以利用。高温段（一冷）的回热风温可以达到 800~1200℃，经过烟罩和导风管直接循环到预热、焙烧和均热段，低温段（二冷）的回热风温度一般在 250~350℃，由回热风机循环到鼓风干燥段。

球团最终冷却温度一般在 120~150℃较为合适。温度过高会烧损皮带运输机，过低则会降低设备能力和浪费动力。总的冷却时间一般为 10~15min，风球重量比为 2~2.5。

带式焙烧机主要有四种类型：麦基型、鲁奇型、鲁奇-德腊伏型和苏联 OK 型，目前，鲁奇-德腊伏型焙烧机应用最为广泛。麦基型、鲁奇型、鲁奇-德腊伏型带式焙烧机存在诸多相似之处，下面以鲁奇-德腊伏型带式焙烧机工艺为代表进行介绍。

4.4.1.2　DL 型带式焙烧机法

A　DL 型带式焙烧机法特征

DL 型带式焙烧机工艺首先由德国鲁奇公司创立的，并在加拿大国际镍公司投产了第一台该工艺带式焙烧机，后经鲁奇-德腊伏改进，至今已成为世界上运用最为广泛的带式焙烧机。DL 型带式焙烧机球团法发展如此迅速，主要是基于以下特征原因：

（1）采用圆盘造球机（或圆筒造球机）制备生球。

（2）采用辊筛布料，对生球起筛分和布料作用，并降低生球落差，提高生球质量，降低膨润土用量。

（3）在向台车布生球前，采用铺边料和底料的方法，以防止台车拦板、箅条及台车底架梁过热，提高设备使用寿命，改善料层透气性；生球料层较薄，既可避免料层压力负荷过大，又可保持料层透气性均匀，从而减少产品质量的不均匀性。

（4）生球采用先鼓风干燥后抽风干燥的干燥工艺，先由下往上向低层生球料层鼓入热风进行干燥，然后由上往下抽风干燥，以避免下层生球过湿、其爆裂温度过低而削弱球团的结构，降低料层透气性，最终影响成品球团质量和产量。干燥热风来自高温焙烧球团矿的热烟气。

（5）工艺气流以及料层透气性所产生的任何波动只能影响到一部分料层，而且随着台车水平移动，这部分波动很快被消除。

（6）采用全烟气的热气流循环方式，充分利用焙烧球团矿和烟气的显热，球团矿生产热耗较低，为了回收高温球团矿的显热，采用鼓风冷却。冷却风（常温空气）首先穿过台车和底部料层得到预热后，再经过高温球团料层进行热交换，避免了球团矿的快速冷却，球团矿品种的氧化亚铁可以得到进一步的氧化，使球团矿质量得到改善。

（7）带式焙烧机设备可以大型化，单机生产能力大，有利于提高劳动生产率，降低单位产品运行费用及生产成本。

（8）根据不同性能的原料，各个工艺段可设计成不同焙烧温度、气体流量、速度和流向，因此，带式焙烧机可用于焙烧各种不同原料的生球而获得质量满足要求的成品球团矿。

B　DL型带式焙烧机类型

DL型带式焙烧机的最主要的功能是能利用各种矿石原料高效地生产出满足性能要求的各种球团矿产品，包括铁矿、锰矿、铬铁矿等球团，也能生产酸性球团、碱性球团、自熔性球团及含镁球团等。该工艺可以根据不同类型的矿石，采用不同的烟气循环方式和换热方式，一般分为以下4种类型：

（1）以赤铁矿、磁铁精矿的混合矿为原料制备氧化球团（见图4-38）。该类带式焙烧机烟气循环流程为鼓风循环和抽风循环混合使用，可提高热能利用率。一冷段（高温段）烟气直接循环到焙烧和均热段回热管路进行换热，二冷段（低温段）烟气通过炉罩换热风机后返回抽风干燥段，焙烧和均热段的烟气通过风箱换热风机后进入鼓风干燥段。

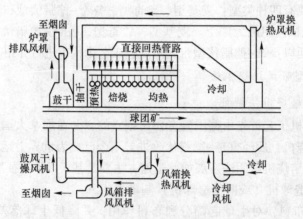

图4-38　DL型带式焙烧机焙烧赤铁矿和磁铁精矿的混合矿球团烟气循环流程

（2）以磁铁精矿为原料制备氧化球团（见图4-39）。该类带式焙烧机烟气循环是在对第一种流程稍做修改的基础上形成的，主要区别在于该流程取消了炉罩换热风机，将炉罩内高温气流全部直接循环进入抽风干燥、预热、焙烧和均热段，将冷却端低温烟气直接排放。

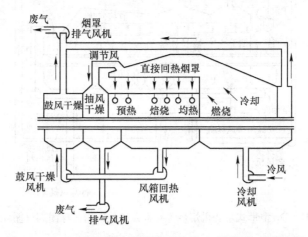

图 4-39　DL 型带式焙烧机焙烧磁铁精矿球团烟气循环流程

（3）以赤铁矿为原料制备氧化球团（见图 4-40）。赤铁矿生球水分高、爆裂温度低，导致干燥时间和预热时间较长。为了适应球团原料带来生球干燥预热和焙烧性能的变化，可适当增加带式焙烧机面积，同时增加干燥预热段所需热量供应，采用炉罩烟气流全部直接循环。其特点是将预热段和均热段风箱的热烟气混合后进入抽风干燥段，以弥补抽风干燥所需热量的不足；炉罩高温烟气流全部直接循环进入预热、焙烧和均热段；焙烧段风箱烟气经过回热风机向鼓风干燥段提供热风。

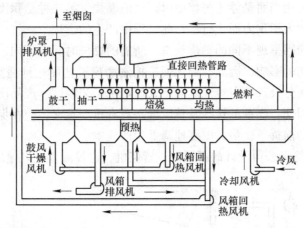

图 4-40　DL 型带式焙烧机焙烧赤铁精矿球团烟气循环流程

（4）以含有害元素的铁精矿为原料制备氧化球团矿（见图 4-41）。对一些含氟、氯、硫及结晶水等的铁精矿为原料制备氧化球团矿时，带式焙烧机采用此类烟气循环流程。主要是为了有利于从高温烟气区排除废气进行烟气治理，以控制烟气中有害元素对环境的污染。其特点是预热、焙烧段和均热段部分风箱烟气循环返回抽风干燥和预热段，将抽风干燥段、预热段和焙烧段的部分风箱烟气单独抽出来进行烟气治理。

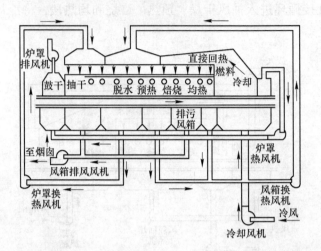

图4-41　DL型带式焙烧机焙烧含有害元素的铁精矿球团烟气循环流程

由于天然气等石油资源价格高涨，为了降低生产成本及扩大带式焙烧机对原料和燃料的适应性，20世纪80年代德国鲁奇公司又设计了一种新型煤基带式烧焙机（见图4-42）。该法是将煤破碎到一定粒度，通过一种特制的煤粉分配器，在鼓风冷却段利用低压空气将煤粉喷入炉内，并借助于从下向上鼓入的冷却风，将煤粉分配到各段中进行燃烧供热。煤粉在带式焙烧机内的燃烧可分为三种类型：第一种是固定层燃烧，它是较粗颗粒的煤粒因其重力大于浮力而落在球团料层顶部时产生的燃烧，并且这种燃烧在随着台车的移动而进行至卸料端的整个过程中，其粒度越粗，持续时间越长。第二种是流态化燃烧，是指煤粉颗粒因其重力和浮力相当而悬浮于气相中时产生的燃烧。第三种是飘飞燃烧，是指微细粒度的煤粉因其浮力远大于重力而飞行，在此过程中产生的燃烧。

不同粒度的煤粉因呈现不同的燃烧状态，所需的燃烧时间也不同，对球团焙烧过程的温度和气氛具有不同的影响，因此，要求通过控制磨粉工艺而达到适宜的煤粉粒度组成。此外，煤种、煤的灰分及灰熔点等性能对带式焙烧机工艺制度、产品质量及烟气脱硫脱硝也具有重要影响。因此，煤种的选择及粒度准备具有重要意义，应在保证工艺过程顺利进行及满足环保要求的前提下，最大限度地降低生产成本。

图4-42所示为鲁奇公司设计的新型带式焙烧机，这种流程可以使用100%的煤或油为

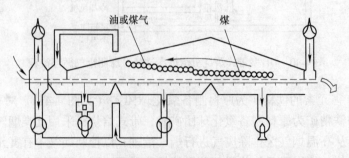

图4-42　全部烧煤或煤油的新型带式焙烧机示意图

燃料或几种燃料以任何比例在带式焙烧机上进行球团焙烧。第一个该类带式焙烧机球团厂建在印度的库德雷穆克铁矿公司。此外，印度 TATA 球团厂采用气体燃料配加焦油进行带式球团焙烧。

4.4.2 带式焙烧机设备结构及特点

带式焙烧机球团厂的工艺环节简单，设备也较少，主要设备有原料准备设备、造球机、布料设备、带式焙烧机及其附属风机等。本节主要介绍布料设备、带式焙烧机及其附属风机。

国内外带式焙烧机的规模及其主要设备见表4-8。由表可见，带式焙烧机形成了系列规模，单机产能从94万吨/年到825万吨/年，以适应不同钢铁企业和矿山企业需求。尤其最近20年设备大型化发展趋势非常明显，单机生产能力在700万吨/年以上的带式机球团厂均是在1997年以后建成投产。

表 4-8 国内外典型带式焙烧机球团厂的规模及主要设备

国别	厂名	投产年份	规模/万吨·年⁻¹	焙烧机			造球设备		
				台	宽/m	面积/m²	台	规格/m	类型
中国	柳钢	2020	400	1	4	504	10	$\phi 7.5$	圆盘造球机
中国	河钢	2020	480	2	4	624	10	$\phi 7.5$	圆盘造球机
中国	三钢	2019	200	1	3.5	315	4	7.5	圆盘造球机
阿尔及利亚	Tosyali	2018	400		4	504	8	$\phi 7.5$	圆盘造球机
伊朗	SISCO	2016	250	1	3.5	388.5	6	$\phi 7.5$	圆盘造球机
中国	包钢	2015	500	1	4	624		$\phi 7.5$	圆盘造球机
巴西	Smarco	2013	825	1	4	816	12	$\phi 7.5$	圆盘造球机
中国	首钢	2010	400	1	4	506		$\phi 7.5$	圆盘造球机
巴西	Smarco	2007	750	1	4	768	11	$\phi 7.5$	圆盘造球机
巴西	Smarco	1997	600	1	4	744	10	$\phi 7.5$	圆盘造球机
墨西哥	AHMSA	1984	300	1					圆盘造球机
印度	乔古拉	1978	180	1	3.5	399	4	$\phi 7.5$	圆盘造球机
美国	希宾2	1978	270	1	4.0	304	4	$\phi 3.66 \times 9.75$	圆筒造球机
加拿大	锡伯克	1978	600	2	4	464	8	$\phi 7.5$	圆盘造球机
巴西	Smarco	1977	500	1	4	704	10	$\phi 7.5$	圆盘造球机
印度	TATA		600	1	4	768	10	$\phi 6$	圆盘造球机
委内瑞拉	西多	1977	660	2	4	552	12	$\phi 7.5$	圆盘造球机
伊朗	阿赫瓦兹	1977	500	2	3.5	388.5	10	$\phi 7.5$	圆盘造球机
墨西哥	西卡查	1976	185	1	3.5	278	3	$\phi 7.5$	圆盘造球机
巴西	尼布拉斯科	1976	300	1	3.5	451.5	5	$\phi 7.5$	圆盘造球机
巴西	佩布尔	1976	250	1	3.5	388.5	5	$\phi 7.5$	圆盘造球机

续表 4-8

国别	厂名	投产年份	规模 /万吨·年⁻¹	焙烧机			造球设备		
				台	宽/m	面积/m²	台	规格/m	类型
瑞典	维塔福斯	1975	300	1	3.5	315	5	$\phi3.66\times9.75$	圆筒造球机
墨西哥	佩拉科罗拉多	1974	150	1	3.0	189	3	$\phi7.5$	圆盘造球机
苏联	北方采选公司	1974	450	2	3.0	306	12	$\phi7.0$	圆盘造球机
加拿大	布瓦什	1972	600	18	3.05	228	18	$\phi3.05\times9.45$	圆筒造球机
加拿大	卡兰德	1966	100	1	3.05	228	5	$\phi5.5$	圆盘造球机
印度	乔古拉	1967	50	1	2.5	110	2	$\phi5.5$	圆盘造球机
美国	大西洋城	1962	150	2	1.83	107	6	$\phi2.74\times9.14$	圆筒造球机

4.4.2.1　布料设备

带式焙烧机的布料设备包括生球布料及铺底料、边料两部分，其结构如图 4-43 所示。生球布料系统由摆动皮带（或梭式皮带）、宽皮带和辊式布料器构成。宽皮带速度慢且可变，其宽度一般比焙烧机宽 300mm 左右，以便调整料层厚度。这种布料系统不仅保证了料面均匀平整，而且料层具有良好的透气性。

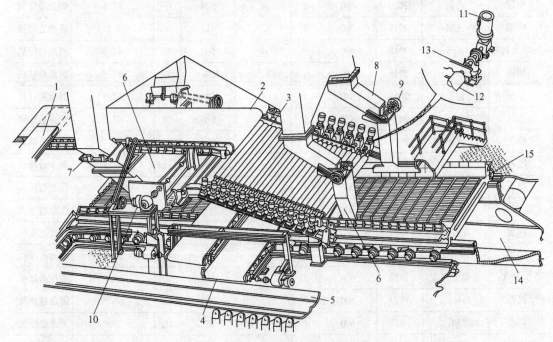

图 4-43　DL 型带式焙烧机布料系统图

1—梭式布料机；2—宽皮带机；3—辊式布料器；4—集料皮带；5—皮带机；6—铺底料溜槽；7—铺底料溜槽阀门；8—铺边料溜槽；9—铺边料溜槽阀门；10—马达减速机；11—马达；12—辊子；13—辊筛栏板；14—风箱；15—台车

4.4.2.2　焙烧机头部及传动装置

小型焙烧机的传动装置由调速马达、减速装置和大星轮等组成（见图 4-44）。台车通

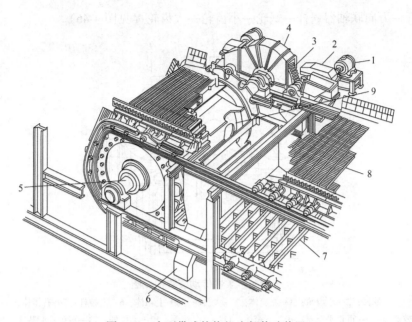

图 4-44 小型带式焙烧机头部传动装置

1—马达；2—减速机；3—齿轮；4—齿轮罩；5—轴；6—溜槽；7—返回台车；8—上部台车；9—扭矩调节筒

过星轮被推到工作面上，沿着台车轨道运行。头部设有散料漏斗和散料溜槽，收集回行台车带回的散料和布料过程中漏下的少量粉料。在散料漏斗和鼓风干燥风箱之间设有 2 个副风箱，以加强头部密封（见图 4-45）。

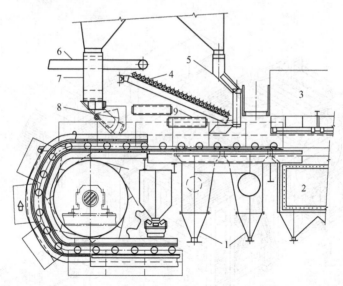

图 4-45 DL 型带式焙烧机头部副风箱及散料装置

1—副风箱；2—鼓风干燥风箱；3—鼓风干燥炉罩；4—辊式布料器；
5—铺边料；6—宽皮带；7—铺底料溜槽；8—铺底料溜槽阀门；9—集料皮带

对于大型带式焙烧机，一般采用柔性传动装置。其传动方式为：主机—辅助减速机—

左或右蜗杆—万向联轴器蜗杆—蜗轮—小齿轮—大齿轮（见图 4-46）。

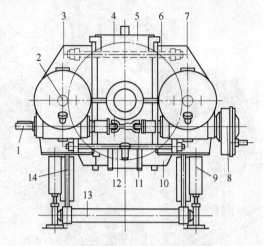

图 4-46　柔性传动装置构成图

1—蜗杆；2—小齿轮；3—左箱体；4—大齿轮；5—上箱体；6—上拉杆；7—右箱体；
8—输入减速器；9—重量平衡器；10—下箱体；11—万向接手；12—下拉杆；13—转矩平衡装置；14—连杆

　　带式焙烧机头部柔性传动装置的布置如图 4-47 所示。大齿轮直接悬挂在主传动星轮轴上，没有固定在基础上的旋转运动件。柔性传动装置优点如下：（1）结构紧凑，安装找正容易；（2）调节台车跑偏时齿轮的啮合不受影响（因为上下拉杆、拉压杆和扭转杆连接处均是球面铰接，台车跑偏时，各杆件的连接处会产生位移，但不会影响大小主传动齿轮的啮合）。

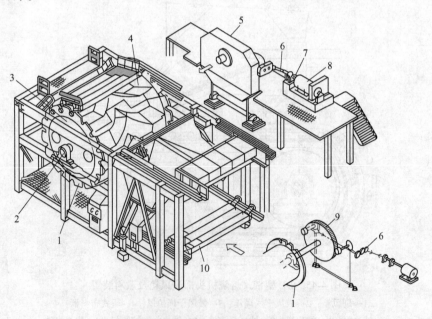

图 4-47　大型带式焙烧机头部传动装置

1—链轮齿板；2—链轮轴承；3—链轮滚筒；4—除尘滚筒；5—柔性传动装置；
6—万向接手；7—定转矩联轴器；8—电动机；9—大齿轮；10—台车

4.4.2.3　焙烧机尾部及星轮摆架

焙烧机尾部星轮摆架有两种形式：摆动式和滑动式。DL 型焙烧机为滑动式（见图 4-48）当台车被星轮啮合后，随着星轮转动，台车从上部轨道渐渐翻转到下部的回车轨道，在此过程中卸矿。当两台车的接触面平行时才脱离啮合，因此，台车在卸矿过程中互不碰撞和发生摩擦，接触面保持良好的密封性能，并延长台车寿命。

当台车受热膨胀时，尾部星轮中心随着摆架滑动后移，在停机冷却后，由重锤带动摆架滑向原来的位置。卸料时漏下的散料由散料漏斗收集，经散料溜槽排出（图 4-49 中箭头方向为散料排出时的流动方向）。

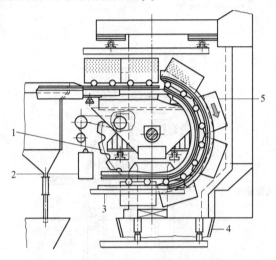 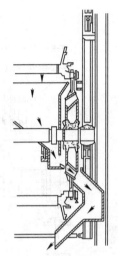

图 4-48　DL 型带式焙烧机尾部星轮摆架　　　　图 4-49　尾部散料溜槽

1—尾部星轮；2—平衡重锤；3—回车轨道；4—漏斗；5—台车

4.4.2.4　台车和算条

鲁奇公司制造的带式焙烧机台车由三部分组成：中部底架和两个边侧部。边侧部分是台车行轮、压轮和边板的组合件，用螺栓与中部底架连接成整体（见图 4-50）。中部底架可翻转 180°。如澳大利亚丹皮尔厂使用的台车宽度为 3.35m，新台车中段上拱 12mm，每生产 10 万吨球团矿时下垂 0.25mm，下垂极限为 12mm，然后取下校正使用，台车寿命可达 8 年，台车栏板上段寿命较短，一般为 9 个月到 1 年。加拿大一些球团厂使用 3m 宽台车，台车中部底架 7~8 个月翻转一次，3 年平均翻转 4 次。算条寿命一般为 2 年。澳大利亚罗布河厂 2 台 476m² 带式焙烧机台车宽 3.4m，台车寿命可达 15 年。台车和算条的材质为镍铬合金钢。

4.4.2.5　密封装置

带式焙烧机需要密封的部位有头、尾部风箱，台车滑道和炉罩与台车之间。头、尾部风箱与滑道之间采用弹簧滑板密封。台车与风箱和炉罩之间的密封结构如图 4-51 所示。

4.4.2.6　风箱

带式焙烧机各段风箱分配比例是由焙烧制度决定的。通过球层的风量、风速和各段的停留时间，根据不同原料通过试验确定。当机速和其他条件一定时，这些参数主要取决于各段风箱的面积和长度，焙烧机风箱总面积是根据产量规模确定的。

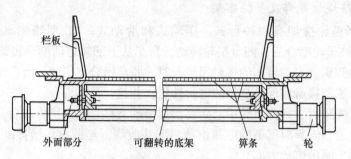

图 4-50　带式焙烧机可翻转的台车

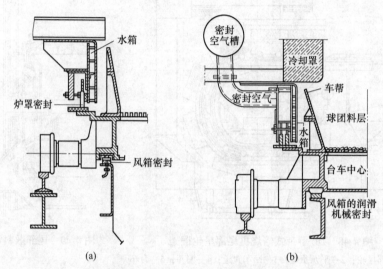

(a)　　　　　　　　　　　(b)

图 4-51　台车与风箱和炉罩之间的密封结构

(a) 台车与风箱炉罩之间的密封；(b) 鼓风冷却段炉罩的加气密封

4.4.2.7　风机

带式焙烧机主要工艺风机有 4 种：(1) 废气风机；(2) 气流回热风机；(3) 鼓风冷却风机；(4) 助燃风机。此外，还有调温风机和用于气封的风机。风机性能要满足各工作部位的风量、风温和压力等工艺要求。

带式焙烧机风流系统由 4 部分构成：助燃风流、冷却风流、回热风流和废气排放。各部分之间由炉罩、风箱、风管以及调节机构组成一个有机的风流系统。

4.4.3　带式焙烧机主要技术经济指标

4.4.3.1　生产能力

为了降低单位投资及生产成本，近年来，国内外带式焙烧机的单机生产能力不断增长。目前，国外最大单机生产能力是巴西 Samarco 第四球团厂，单机生产能力达到 825 万吨；国内最大的是包钢球团厂带式焙烧机，单机生产能力达到 500 万吨。多数球团厂投产后很快达到和超过生产能力。

4.4.3.2 利用系数

带式焙烧机单位面积单位时间的产量（利用系数）主要取决于原料性质、操作条件和设备性能。DL 型带式焙烧机处理不同原料时的利用系数见表4-9。国内外球团厂的带式焙烧机利用系数见表4-10。

表 4-9 DL 型带式焙烧机利用系数与矿石种类的关系

矿石种类	利用系数/t·(m²·h)⁻¹
天然磁铁矿	1.04~1.25
赤铁矿	0.83~1.01
褐铁矿-赤铁矿	0.66~0.83
褐铁矿及人造磁铁矿	0.42~0.66

表 4-10 国内外几个球团厂的带式焙烧机利用系数

厂名	带式焙烧机/m²×台	矿石种类	利用系数/t·(m²·h)⁻¹
（中国）河钢	624×2	磁铁矿	0.971（设计）
（中国）柳钢	504×1	赤铁矿+磁铁矿	1.002（设计）
（中国）三钢	315×1	磁铁矿	0.802（设计）
（中国）包钢	624×1	磁铁矿	0.801（设计）
（中国）首钢	504×2	磁铁矿	0.794（设计）
（阿尔及利亚）Tosyali	504×1	赤铁矿	1.002（设计）
（巴西）Samarco	816×1	赤铁矿	1.011（设计）
（印）TATA	768×1	赤铁矿	0.987
（美）里赛夫	94×6	磁铁矿	1.06
（伊朗）SISCO	388.5×1	磁铁矿	0.774
（美）鹰山	274×1	赤、磁铁矿	1.20
（美）布莱克里佛	98×1	磁铁矿	1.03
（美）希宾	304×3	磁铁矿	1.14
（美）米诺尔卡	304×1	磁铁矿	1.16
（秘）马尔康钠	135×1	磁铁矿	1.10
（荷）艾莫伊登	430×1	混合矿粉	0.75
（澳）哈默斯利	370×1	赤、褐铁矿	0.68
（澳）丹皮尔	402×1	赤铁矿	0.94
（澳）罗布河	476×2	褐铁矿	0.68
（加）锡伯克	464×2	镜铁矿	0.86
（墨）西卡查	278.25×1	磁铁矿	0.94
（苏）北方采选公司	108×8	磁铁矿	0.81

4.4.3.3 电热消耗

球团厂电耗和热耗主要与矿石性质有关（见表4-11）。如焙烧天然磁铁矿球团时，氧化过程放出一部分热量，每千克球团放热约 100 大卡。而焙烧含结晶水中碳酸盐的矿石时，不仅不产生氧化放热，反而在加热过程中吸收大量的热用于结晶水的脱除或碳酸盐的分解，并且需要较长的加热时间，因此，导致焙烧机利用系数下降、单位电耗、热耗相对增加。此外，还与焙烧机的回热系统合理与否和操作条件有关。不同球团厂电耗和热耗见表 4-12。

表 4-11 带式焙烧机球团焙烧电耗和热耗与矿石种类的关系

矿石种类	热耗（标煤）/kg·t^{-1}	电耗/kW·h·t^{-1}
天然磁铁矿	11.4~17.1	23~27
磁、赤混合矿	18.6~28.6	25~30
赤铁矿	32.9~37.1	28~33
褐铁矿	42.9~64.3	35~40

注：电耗包括混合、造球、焙烧及成品系统用电，但不包括精矿再磨用电。

表 4-12 几个带式焙烧机球团厂电耗与热耗

厂名	投产年份	原料种类	带式焙烧机/m²×台	热耗（标煤）/kg·t^{-1}	电耗/kW·h·t^{-1}
（荷）艾莫伊登	1970	混合矿	430×1	24.3	19~20
（美）希宾	1976	磁铁矿	304×3	10.8	21
（加）锡伯克	1978	镜铁矿	464×2	27.1	26.3

注：不包括矿粉干燥和磨矿。

4.4.3.4 膨润土用量

膨润土用量是球团生产费用中的主要项目之一。添加膨润土的目的主要是改善物料成球性，提高生球质量，从而改善成品球团质量。因此，膨润土用量与原料成球性有关，与加热过程中对球团抗热爆裂、抗磨、抗冲击强度的要求有关。由于带式焙烧机生产过程中球层处于相对静止状态，不发生摩擦和冲击，故要求球团强度相对回转窑法要低些，因而膨润土用量也相应地少些，一般在 6~8kg/t 球团左右。但实际球团生产中的膨润土用量主要取决于矿石种类及其成球性。

4.4.3.5 作业率与检修周期

目前，国内外大多数带式焙烧机球团厂的作业率一般都在 90% 以上。因原料种类、设备材质、操作制度等具体条件不同，各厂检修周期也有些差别。但一般分为大、中、小修。

4.4.3.6 劳动生产率

球团厂的劳动生产率主要取决于自动化水平和单机生产能力。

4.5 链箅机-回转窑

链箅机-回转窑也是两种主要球团焙烧设备之一，该装备实际上是一个机组，由链箅机、回转窑、冷却机及其附属设施所构成。该球团工艺的特点是干燥和预热、焙烧和冷却过程分别在 3 台不同的设备上进行。生球通过布料设备布到链箅机上，在链箅机上进行干燥、预热，然后预热球团进入回转窑焙烧，最后焙烧球团在冷却机上冷却，通常是鼓风环式冷却机。

4.5.1 链箅机-回转窑球团工艺过程及参数

4.5.1.1 布料

链箅机-回转窑焙烧工艺采用的布料设备有皮带布料器和辊式布料器两种。

（1）皮带布料器：20 世纪 60 年代和 70 年代初期，国外的链箅机-回转窑球团厂大都采用皮带布料器。为了使生球在链箅机宽度方向上均匀分布，在皮带布料器前面需要安装一个摆动皮带或梭式皮带机。日本加古川球团厂采用梭式皮带机—宽皮带机—皮带布料器的布料系统，将生球按链箅机宽度（4.7m）和规定厚度（180mm）均匀布料（见图 4-52）。图 4-53 所示为梭式皮带机工作原理。梭式皮带机后退时将生球沿斜向料线布到皮带上，由宽皮带机给到皮带布料器上，再由皮带布料器均匀布到链箅机上。也有的采用梭式皮带机，在前进和后退时都布料，但这样会在宽皮带上出现"Z"字形斜料线，生球在布料机上会出现中间少两边多的现象，因为这种给料方式不够理想。

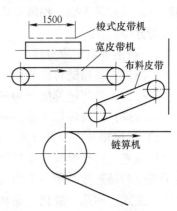

图 4-52 皮带布料系统图

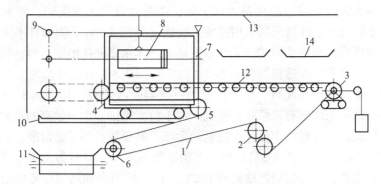

图 4-53 梭式布料机工作原理

1—梭式皮带；2—皮带传送轮；3—尾轮；4—头轮；5—换向轮（可移动）；6—换向轮（固定）；
7—往复行走小车；8—往复式油罐；9—无触点极限开关；10—小车轨道；
11—宽皮带机；12—移动托辊；13—罩；14—皮带布料器

皮带布料器布料横向均匀，但纵向会由于生球质量波动而不够均匀。

为了减轻生球的落下冲击，加拿大亚当斯球团厂采用在皮带布料器卸料端装磁辊的方法。据介绍此法可以减少生球的破损。

（2）辊式布料器：辊式布料器应用于美国明塔克球团厂，它是与振动给料机相匹配。用辊式布料器时，生球质量可在两个方面得到改善：一是调节布料辊之间的间隙，可以使得生球得到筛分，提高粒度均匀性，减少不合格的小球数量，提高料层透气性；二是生球经过进一步的滚动，改善生球表面的光洁度，提高生球强度，改善生球质量。目前，大多数球团厂均采用辊式布料器给链算机布料。

目前新建的大型球团厂都趋向于使用梭式布料器（或摆动皮带机）、宽皮带机与辊式布料器组成的布料系统。梭式皮带机比摆动皮带机的布料效果更好些，对于宽链算机更加适用。

4.5.1.2 干燥、脱水和预热

（1）链算机工艺类型及选择：生球在链算机上，利用从回转窑和环式冷却机出来的热废气进行鼓风干燥、抽风干燥和抽风预热。其干燥预热工艺按链算机炉罩分段和风箱分室进行分类。

1）按链算机炉罩分段来分类：

二段式：即将链算机分为二段，一段抽风干燥，一段抽风预热。

三段式：即将链算机分为三段，一段鼓风干燥，一段抽风干燥，一段抽风预热。

四段式：一段鼓风干燥，一段抽风干燥，一段抽风过渡预热，一段抽风预热。

2）按风箱分室为可分为：

二室式：即干燥段和预热段各有一个抽风室，或者第一干燥段有一个鼓风室，第二抽风干燥段和预热段共用一个抽风室。

三室式：即第一鼓风干燥和抽风干燥及预热段各有一个抽（鼓）风室。

生球的热敏感性是选择链算机工艺类型的主要依据。一般赤铁精矿和磁铁精矿热敏感性不高，常采用二室二段式（见图4-54）。但为了强化过程，也有采用一段鼓风干燥、一段抽风干燥和预热，即二室三段式（见图4-55）。当处理热稳定性差的含水土状赤铁矿生球时，为了提供大量热量以适应低温大风干燥，需要另设热风发生炉，将不足的空气加热，送进低温干燥段。这种情况均采用三室三段式（见图4-56）。例如日本加古川一号球团厂所使用的造球原料为磁铁精矿、天然赤铁精矿、含水赤铁矿的混合料，为了生产自熔剂性球团矿，在配料中加入适量石灰石和5%白云石及0.5%~0.8%膨润土。赤铁矿和石灰石、白云石混磨后，参与配料，磨矿粒度为-0.044m占65%，比表面积为2800cm^2/g。根据原料条件，该厂采用三室三段式链算机。对于粒度很细、水分较高的精矿和土状赤铁矿等热稳定性很差、允许初始干燥温度很低的生球，需要较长的干燥时间，其干燥预热工艺也有采用三室四段的（见图4-57）。例如美国皮奥尼尔厂，原料为土状赤铁矿、假象赤铁矿和含水氧化铁矿，生球爆裂温度只有140℃，该厂采用全抽风的三室四段式，即3个抽风干燥段和1个抽风预热段。美国蒂尔登厂原料为假象赤铁矿、土状赤铁矿、含水氧化铁矿以及少量的磁铁矿和镜铁矿混合矿，允许的初始干燥温度仅为104℃，采用的是一个鼓风干燥段、两个抽风干燥段和一个抽风预热段的三室四段式。第三个段既可以由预热段供热，也可由冷却机的第二冷却段的回热气流供热。由于经过第一、第二干燥段后，生球爆裂温度升高，允许的干燥温度可以提高些，所以第三干燥段用的气流可以通过热风炉再加热。

（2）链算机工艺过程及参数：生球布到链算机上后依次经过干燥段和预热段，脱除水分，磁铁矿氧化成赤铁矿及碳酸盐分解，使球团达到一定强度，满足回转窑要求后进入回转窑。关于预热球团强度目前尚无统一标准，主要依据回转窑规格而定，主要目的是保证预热球团进入回转窑后尽量少产生粉末，以避免回转窑结圈。预热球团强度包括抗压强度和耐磨强度。日本加古川球团厂要求预热球团抗压强度达到150N/个；美国Allice-

Chammers 公司球团厂最初要求预热球团抗压强度达到 90~120N/个。预热球团抗压强度高，耐磨性能好，回转窑不易结圈。目前，我国一般要求预热球团抗压强度大于 500N/个。对于大型回转窑，要求预热球团抗压强度大于 1000N/个。当然，预热球团耐磨强度也非常重要。一般生产中球团粒度偏大，测定的抗压强度偏高。在其抗压强度满足要求时，其耐磨强度并不能满足要求，导致回转窑结圈频繁。Allice-Chammers 公司提出了采用 AC 转鼓测定预热球团耐磨强度的方法评价预热球团强度。

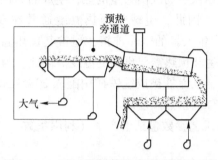

图 4-54　二室二段链算机-回转窑球团工艺

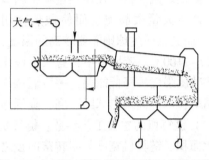

图 4-55　二室三段链算机-回转窑球团工艺

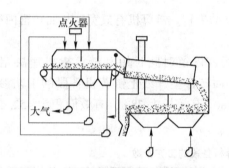

图 4-56　三室三段链算机-回转窑球团工艺

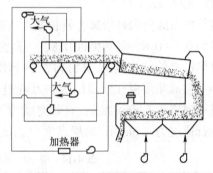

图 4-57　三室四段链算机-回转窑球团工艺

从回转窑窑尾出来的废气，其温度达到 1000~1100℃，通过预热抽风机抽过料层，对球团进行加热。如果温度低于规定值，可以采用辅助热源进行补充加热；如果温度过高或出事故时，可用预热段烟囱调节。由预热段抽出的风流经过除尘后，与环式冷却机低温段的风流混合（如果设置有回流换热体系的话），温度调节至 250~400℃，然后送往抽风或鼓风干燥段以干燥生球，废气经过干燥风机排入大气。

链算机的热工制度是根据所处理矿石的种类不同而不同的，表 4-13 为不同类型矿石生球的敏感性及其生球相应的适宜干燥温度。

表 4-13　不同矿石生球的热敏感性及其生球干燥温度

矿石种类	热敏感性	干燥温度/℃
非洲磁铁精矿	很高	150~250
土状赤铁矿	高	150~250

矿石种类	热敏感性	干燥温度/℃
镜铁矿	中等	250~350
赤铁精矿、磁铁精矿及原生矿粉	一般不太敏感	350~450

生球的预热温度范围一般为900~1100℃，但不同矿石种类，其具体的生球预热温度有较大差别。磁铁精矿在预热过程中因氧化生成赤铁矿而放出大量的热，生成的赤铁矿活性高、产生大量微晶连接而使预热球团强度高，因此，生球的预热温度通常在900~950℃。而赤铁矿生球则需要较高的温度，才能产生大量的微晶连接，通常其预热温度达到1000~1100℃。若原料中含有大量镜铁矿，则生球预热需要更高的温度。因此，为了提高预热球团强度、降低能耗，一般通过优化配料，在赤铁矿或镜铁矿中配入20%~30%的磁铁精矿，以提高预热球团强度，降低赤铁矿生球的预热温度。

（3）链算机的主要工艺参数：链算机的主要工艺参数包括生产率（利用系数）、链算机有效面积、链算机宽度与回转窑内径之比等。

链算机所处理的矿石不同，其利用系数也就不同。链算机利用系数是指其单位面积单位时间内预热球团的产量，其一般范围如下：赤铁矿、褐铁矿为25~30t/(m²·d)，磁铁矿为40~60t/(m²·d)。

链算机有效面积是指其有效长度和有效宽度的乘积。链算机有效宽度与回转窑内径之比通常为0.7~0.8，多数接近0.8，个别为0.9。

链算机有效长度是根据物料在链算机上所需停留时间长短和链算机机速决定的。表4-14为宝武集团湛江球团厂500万吨链算机-回转窑生产线上链算机各段的工艺参数。该链算机规格为5.8m×78m，有效宽度为5.664m，有效长为78m，有效面积为452.4m²。正常运行速度为4.6m/s，料层高度为210mm。

表 4-14　鄂州球团厂链算机各段的工艺参数

段别	长度 /m	物料停留时间 /min	温度 /℃	利用系数 /t·(m²·d)⁻¹
鼓风干燥段	12.2	2.31	208	
抽风干燥段	12.2	2.31	349	
过渡预热段	12.2	2.31	692	43.90
预热段	24.4	4.62	1199	
合计	61	11.55		

4.5.1.3　焙烧

链算机-回转窑球团工艺的球团焙烧是在回转窑内进行的。生球经过在链算机上进行干燥、预热后，由链算机尾部的铲料板铲下，通过溜槽进入回转窑，物料随着回转窑沿周边滚动，同时沿轴向移动。窑头设有燃烧器（烧嘴），燃烧燃料供热，以保持窑内焙烧所需温度。产生的烟气由窑尾排出导入链算机。球团在翻滚过程中，经过1250~1350℃的高温焙烧固结后，从窑头排料口卸入环式冷却机。

回转窑生产率的高低不仅与矿石种类、性质有关，而且与窑型及工艺参数有关。

目前生产铁矿氧化球团的回转窑均为直圆筒型，它与水泥生产和有色金属生产用的回转窑相比，属于短窑范畴。在铁矿球团生产中，只有当生产金属化球团时，需要窑内有很长的停留时间，窑体才需要相对长些。

回转窑的主要参数包括长度、直径、长径比、倾斜度、转速、物料停留时间、充填率、生产率等。

(1) 长径比：长径比 (L/D) 是指回转窑的有效长度与其有效直径的比值，是回转窑的一个很重要的结构参数。长径比的选择主要是考虑原料性质、产量、质量、热耗及整个工艺要求。应保证热耗低、供热能力大、能顺利完成一系列物理化学反应；此外，还应提供足够的窑尾废气流量并符合规定的温度要求。生产氧化球团时常用的长径比一般为 6.4~7.7。近年来，长径比减小到 6.4~6.9。长径比过大，窑尾温度过低，影响预热，热量容易直接辐射到窑内壁上，使回转窑内壁上局部温度过高，粉料及过熔球团易黏结于筒内壁上，产生结圈。长径比适当小些，可以增大气体辐射层厚度，改善传热，提高产量、质量和减少结圈现象。

(2) 倾斜度及转速：回转窑的倾斜度和转速主要是保证窑的生产能力和物料在窑内的翻滚程度。根据经验，倾斜度一般为 3%~5%，转速为 0.3~1.0r/min。转速高，可强化物料与气流间的热交换，但粉尘带出过多。物料在窑内的停留时间必须保证反应过程的完成和提高产量的要求。当窑的长度一定时，物料在其内的停留时间取决于物料的流动速度。转速快，则停留时间短。

(3) 物料停留时间：必须保证物料在窑内充分反应及提高产量的要求。当窑长一定时，物料的停留时间取决于料流的移动速度，而料流移动速度又跟物料粒度、自然堆积角及回转窑的倾斜度、转速有关。停留时间一般为 30~40min。

(4) 充填率和利用系数：窑的平均充填率等于窑内物料体积与窑的有效容积之比。国外回转窑充填率一般为 6%~8%。回转窑的利用系数是指单位体积单位时间内回转窑的产量 ($t/(m^3 \cdot d)$ 或 $t/(m^3 \cdot h)$)，与原料性质有关。磁铁矿热耗低，单位产量高。但是，由于大小回转窑内料层厚度相差不大，大窑充填率低些，因此其长度相应取大些，以便保持适当的焙烧时间。Allis-Charmers 公司认为回转窑的利用系数应为回转窑内径的 1.5 次方与窑长的乘积再除以回转窑的产量表示更具有代表性。氧化球团回转窑的利用系数一般可达到 $6.5~9.0t/(m^3 \cdot d)$。

回转窑的热工制度是根据矿石性质和产品种类确定的，在以赤铁矿为原料生产氧化球团时，窑内焙烧温度应控制在 1300~1350℃；以磁铁矿为原料生产氧化球团矿时，窑内焙烧温度为 1250℃左右。日本加古川以赤铁矿和磁铁矿混合精矿为原料，生产自熔性含镁球团时，窑内焙烧温度为 1250℃。

回转窑所用燃料：北美多用天然气，其他国家多用重油或气、油混合使用。燃料燃烧所需的二次空气，一般来自冷却机高温段，风温 1000℃左右。由于 20 世纪 70 年代后重油价格猛涨，国外进行了大量烧煤试验，并在许多球团厂安装了烧煤装置。我国很多球团厂采用燃烧煤提供热量，在钢铁联合企业附近或内部，采用焦炉煤气或混合煤气为燃料。

回转窑烧煤供热因带入大量灰分而可能引起结圈，但如果选择适宜的煤种，通过采用复合式烧嘴，控制煤粉粒度（-0.074mm 占 80%）及火焰形状，控制给煤量等措施，可以防止回转窑结圈。

美国 Allice-Chammers 公司提出的煤的质量要求：热值大于 19480kJ/kg，水分≤2.6%，灰分≤6%，灰分在氧化性气氛下初始变形温度≥1430℃，挥发分≥25%。如果生产自熔性球团矿，还应控制煤中含硫量。

结圈是回转窑的主要缺点。产生结圈的主要原因是生球强度差、预热球团强度低、入窑粉末量多及预热球团在窑内因不耐磨产生较多粉末、窑温偏高或出现还原性气氛及煤灰软熔温度偏低等。

处理结圈物的办法通常是急冷法、调长火焰烧圈法及机械打圈法。急冷法是目前常用的办法。另外，美国、加拿大等国的一些球团厂设有处理结圈物的炮，在采用降温方法使结圈物脱落下来后，再用炮将大块结圈物打碎。此外，当回转窑与环式冷却机之间的溜槽堵塞时，也要用炮进行处理。

4.5.1.4　冷却

从回转窑内排出的炽热焙烧球团温度高达 1200℃ 左右，需经过给料溜槽进入环式冷却机进行冷却，使球团矿最终温度降至 100℃ 左右，以便皮带运输机运输和回收热量。目前除比利时的克拉伯克厂采用带式冷却机（21.0m×3.48m）外，绝大多数球团厂配置环式鼓风冷却机。

环冷机通常分为两段冷却：第一段为高温冷却段，第二段为低温冷却段，中间用隔墙分开。冷却机主要参数为：料层厚度 500~762mm，冷却时间 26~30min，冷却风量 2000m³/t 以上。

高温冷却段出来的废气风温达到 1000~1100℃，可作为二次燃烧空气返回窑内利用。低温段废气温度一般为 200~300℃，采用回流换热系统回收供给链箅机干燥使用。

4.5.2　链箅机-回转窑工艺设备结构及特点

4.5.2.1　链箅机

链箅机是履带式传热设备。在球团生产工艺过程中，链箅机承担生球干燥和预热任务。链箅机的尺寸根据工艺设计有不同大小，较大的链箅机长度达到将近 100m。国内新建成的链箅机宽度多为 4m 和 4.5m，有效长度 60m，料层厚度为 200~220mm。

链箅机是一个复杂系统（见图 4-58），从整体结构上看，是由机架、灰箱、风箱、运行链及头尾传动、下回程封闭罩、上罩、铲料板、水冷系统、干油润滑系统等部分构成，另外还有辅助的热风管道、各类介质管道。

链箅机由封闭的铸铁链子（运行链）、箅板、主从动轮、传动装置等主要部件构成（见图 4-59）。

（1）传动装置：由于链箅机宽度大，主动转动轴长，加上处于高温环境下工作，受热后易产生膨胀而变形，故不适合采用齿轮传动而采用双边链轮传动（见图 4-60）。主轴用中空风冷。

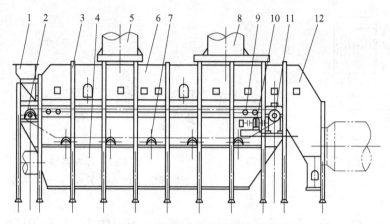

图 4-58 链箅机系统结构示意图

1—布料装置；2—从动轮；3—主动梁柱；4—集尘斗；5—冷空气烟囱；6—外壳部分；

7—下部支撑辊；8—辅助烟囱；9—上部支撑辊；10—传动装置；11—主动轮；12—排料流槽

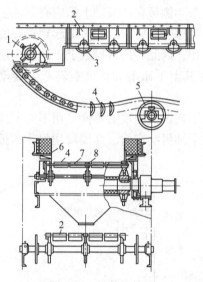

图 4-59 链箅机简图

1—传动链轮；2，6—侧挡板；3—上部托轮；

4—链板；5—下部托轮；

7—链板联轴销；8—连接板

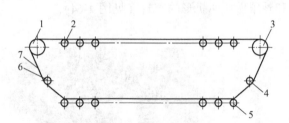

图 4-60 链轮传动示意图

1—主动轮；2—上托辊；3—从动轮；4—张紧轮；

5—下托辊；6—张紧轮；7—链轮

（2）箅板：箅板是链箅机的主要承载件（见图4-61），也是主要易损件。工作温度为从 $600 \sim 700℃$ 到 $150℃$ 交替变化，周期性的热胀冷缩是其损坏的主要原因。对箅板除了要求具有良好的强度和一定的耐热性能外，还要有良好透气性，因此，在其上开有6mm的长孔。为了便于装卸，采用小卡板螺栓连接。

箅板由头部、尾部构成，包括整体式箅板、组合式箅板及三体共头箅板三种类型（见图4-62）。箅板材质有耐热铸铁、不锈钢及头部为耐热铸铁尾部为不锈钢三种。整体不锈钢箅板最佳。

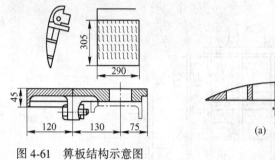

图 4-61　箅板结构示意图

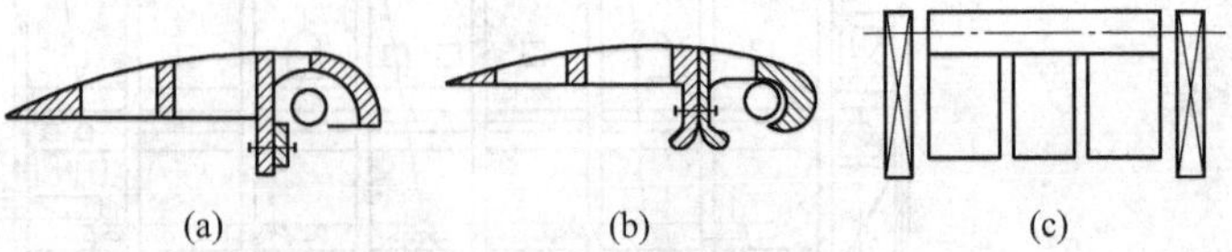

图 4-62　箅板类型

(a) 整体箅板；(b) 组合箅板；(c) 三体共头箅板

美国 Allice-Chammers 公司开发出三体共头箅板，可以防止三块箅板横向串动造成间隙过大，发生漏料。

(3) 链轮、链条和侧板：链条和链轮起牵引箅板的作用。它们与侧板均用链板轴串连连接，链板轴外套套管，链带间由套管支撑，套管头由两个垫片和箅子套管顶住，以防链带横向窜动。链板轴头用轴卡固定，以保证箅板、链条和侧板在链板轴上的应有空隙。

侧板起挡料作用，保证生球布到箅板上达到一定料层厚度和密封；同时能起到良好的密封作用。侧板随着链板一起运动，处于高温环境下工作，因此，通常做成上下两段，便于更换。此外，链板轴孔为长孔（见图 4-63），以适应其上下窜动和保证在转弯处转动灵活。

链箅机侧板与外罩间的密封有多种形式，一般根据不同区段温度的不同采用不同形式的密封。低温段上部用落棒密封，下部侧板与滑道间加干油滑润密封。高温段用耐热钢板和外罩做成曲折形的密封（见图 4-64）。

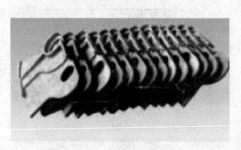

图 4-63　链箅机侧板外形

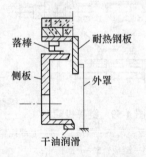

图 4-64　链箅机侧板密封形式

(4) 炉罩和风箱：链箅机上部的炉罩外壳为金属构件，内砌耐火砖或浇注耐火泥。为保证三段温差，中间用隔墙分开。鼓风干燥和抽风干燥段隔墙用钢板，抽风干燥段和预热段隔墙用空心钢板，梁外砌耐火砖再抹耐火泥，梁中通压缩空气冷却。炉罩上部设有测温装置、调节烟囱和辅助烧嘴。链箅机下部各室分别由若干风箱组成，各段风箱一般采用两侧抽风（或鼓风），以保证料面风速均匀稳定。风箱中散料经过双层灰阀卸入下部漏料斗排出。

(5) 链箅机与回转窑的衔接：预热球团从链箅机上卸下，通过铲料板和排矿溜槽进入回转窑尾部。在铲料板和溜槽间设置挡料墙，防止料球在链箅机宽度方向撒料，并在下部设料斗，收集散落的料球。

铲料板紧靠链箅机尾部，其头部曲线与箅板间需要吻合良好，目的是使铲料板与箅面保持很好的接触，保证既不漏料，又不至于把箅板顶起。

铲料板、溜槽、挡料墙均位于链箅机与窑尾间的密封烟罩内（见图 4-65）。烟罩提供窑尾高温烟气进入链箅机的通道，保证高温烟气顺利循环，向预热段提供热量。

链箅机构具有以下特点：

（1）传动采用变频调速或液压马达直接驱动。液压马达悬挂于链轮主轴上直接驱动，启动力距大、启动平稳、结构紧凑、占地面积小。液压马达同由其配套的控制柜控制，可实现无级调速。

（2）运行部分包括主轴、尾轴、侧密封、上托轮、下托轮、箅床等。

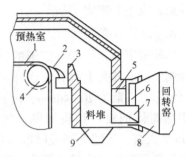

图 4-65　链箅机与回转窑的衔接示意图
1—箅床；2—铲料板；3—挡料墙；
4—链箅机头轮；5—链箅机喉部；6—窑尾圈；
7—窑尾溜槽；8—窑尾；9—漏斗

（3）铲料装置包括铲料板、重锤、调整装置、导向装置等。主要作用是将箅板上的物料铲入回转窑内。同时还可在铲料板上形成物料堆积，保护铲料板、头部链轮和箅板。

（4）风箱采用钢板焊接而成，内衬耐火材料，外部有保温层。

（5）骨架采用装配式，中部 3 个立柱及头部、尾部两个立柱为固定柱，其余为活动柱，以适应热胀冷缩的要求。

（6）炉罩为箱形结构。采用隔墙将各工艺段隔开，顶部有事故放散烟囱，放散阀的开闭为电动。

链箅机的工作原理：辊式布料机均匀地将生球布在链箅机尾部箅床上，依次经过鼓风干燥段、抽风干燥段、预热Ⅰ段、预热Ⅱ段四个工艺段。回转窑和环冷机排出的不同温度烟气垂直穿过链箅机的料层对生球加热，从而完成脱水、预热、氧化过程。预热后的球团在机头经铲料板铲下，进入回转窑焙烧。链箅机中的高温气流方向为从上至下，从鼓风干燥段-抽风干燥段-预热Ⅰ段-预热Ⅱ段依次升高，最高温度超过 1000℃。由于是高温传热设备，链箅机内部需砌筑耐火材料。氧化球必须在链箅机内停留足够的时间，以保证生球完全脱水，达到干燥和预热固结的目的，才能保证入窑时达到一定机械强度。箅床料厚需保证料面平整，故机速需灵活调控且不能波动太大，以免导致生球爆裂产生粉末，进而造成窑内结圈，长 50m 的箅床大约需要停留 30min 的时间。

4.5.2.2　回转窑

回转窑是一种连续式的冶金炉窑，窑体呈圆筒形倾斜放置并且绕轴心连续旋转，物料从窑尾（高端，给料端）进入，随着窑体的回转从窑头（低端，排料端）排出，烧嘴设在窑头或单独燃烧窑内，燃烧产物（高温热废气）逆向流经物料，将热量传给物料和窑壁后从窑尾排出。其外形如图 4-66 所示。

回转窑是对散状物料或浆状物料进行干燥、焙烧和煅烧的热工设备，广泛应用于水泥、耐火材料、化工、有色冶金、钢铁冶金等工业部门。按照加热方式划分，氧化球团回转窑属于火焰炉范畴，按长径比属于短窑。

回转窑结构基本组成如图 4-67 所示。它是由筒体与窑衬、支承装置（滚圈、托轮、挡轮）、传动装置、窑头罩与窑尾罩、燃烧器及给料设备等组成。

图 4-66　回转窑外形

A　回转窑窑体

回转窑窑体是一个直筒形的筒体，由钢板卷制而成。外壳上匝有滚圈和大齿轮。所用钢板厚度一般为 20~40mm，随着筒体直径的增加筒体钢板应相应加厚，例如直径为 5.5m 的大窑，滚圈下钢板厚度可达 100mm。在滚圈和齿圈处筒体截面承受力和径向变形都大，该处圆筒必须加厚。

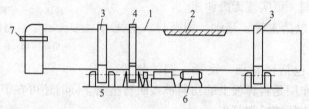

图 4-67　回转窑结构示意图
1—筒体；2—窑衬；3—滚圈；4—大齿轮；5—托轮；6—传动装置；7—燃烧器

筒体通常预先用钢板做成一段一段的圆筒，安装时再将各段铆接或焊接而成。铆接可以加强筒体强度，但加工复杂，加工成本高，目前普遍采用焊接。在筒体的长度方向，每隔一定距离装设有加固圈，以增加筒体的强度和刚度，减小窑体的变形。

通常筒体通过若干道滚圈（轮带）支承在相对应的相距较远的两组托轮上，因此，窑体承受较大的弯曲应力。为此，窑体钢板厚度和托轮间距要根据钢板承受弯曲应力的限度确定。随着窑体长度增加，托轮间距要加大，支承点数一般也相应增加。

窑体除承受弯曲应力外，还要承受切应力的作用。托轮通过滚圈传递给窑体的作用力，在窑体的金属内部引起对窑体表面的切应力。该切应力进而传递到毗邻的窑断面上。如果滚圈紧紧地箍在窑体上，没有缝隙，而窑内的衬料也紧贴窑体上时，则上述切应力不会引起窑体变形。只有当负荷不均衡时，切应力才有引起窑体变形的危险。例如，当上部窑体衬料间有空隙时，则衬料的重量势必由窑体的下部承受，从而有发生窑体变形的危险。

防止窑体变形的办法是加厚筒体钢板厚度，使窑体纵断面的惯性力矩增强。例如在其他条件相同时，如果采用 22cm 厚钢板替代 20cm 厚的钢板，变形率将降低 33%。增强惯性力矩最适当的办法是增设加固圈。

对于大型窑，为防止窑衬材料在窑内的轴向窜动，在筒体内侧每隔一段距离设置用角钢制作的卡砖圈。

B　回转窑支承装置

回转窑支承装置包括托轮、托轮轴承、轴承座、滚圈、挡轮和底座等，具体如图 4-68 所示。滚圈搁置在托轮之上。当回转窑由传动装置带动旋转时，滚圈和托轮同时作相对运动，从而使回转窑限制在一定的纵向位置内。由于工艺上的要求，托轮在基础上的安装要保证回转窑沿排料端有 3%~5% 的倾斜度。在安装滚圈的位置，窑体所经受的切应力最大，除此之外，还要承受高温作用，因此，窑体的接头不能位于滚圈和大齿轮的下面。同时，托轮和滚圈的位置也应尽量避开回转窑的高温区。

（1）滚圈：在回转窑头部和尾部各有一道滚圈，按截面可分为矩形（实心）和箱形（空心）两种。箱形滚圈刚度大，有利于增加筒体的刚度，可节约材料，减轻重量，但截面形状复杂，铸造过程中易产生裂纹。矩形滚圈形状简单，既可铸造，也可锻造。锻造的滚圈质量上要优于铸造，但要锻造断面较大的滚圈比较困难（直径应小于 200cm），因此，这种类型的滚圈惯性力矩不大，并且不易使整个窑体结构坚固。国外大型回转窑一般采用矩形铸钢滚圈。滚圈的宽度应根据施于托轮上的负荷确定。

滚圈的安装方法有多种，图 4-69 所示即是其中之一。该滚圈安装是将滚圈活动地安装在数十块铸铁板座板上。这些座板又用螺栓按一定间隔固定在筒体圆周上。由于筒体受热后会产生一定膨胀，故在滚圈与座板间留有 2cm 的间隙。该间隙的大小可以通过在窑体和座板间加垫板来调整。此外，靠近滚圈两侧需要加焊加固圈。

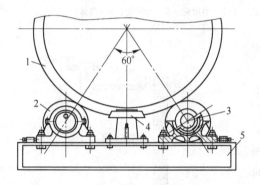

图 4-68　回转窑支承装置示意图
1—滚圈；2—托轮；3—托轮轴承；4—挡轮；5—底座

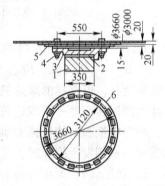

图 4-69　回转窑滚圈安装示意图
1—滚圈；2，5—垫板；3—座板；
4—螺帽；6—窑体

（2）托轮：回转窑窑体通常由两组托轮支撑。考虑滚圈热胀冷缩，托轮宽度应稍大于滚圈宽度。托轮材质为铸钢，但其硬度稍软于滚圈或与滚圈具有同样硬度。托轮置于盛满润滑油的油槽中。由于托轮的回转速度比滚圈快数倍，所以托轮表面的磨损比较快。

托轮一般是在加热后套在锻造的轴上，冷却后形成紧配合。也有将托轮和轴铸造在一起的。

托轮安装在焊接而成的机架上。当窑体中心和两个托轮中心的连线之间的夹角为 60°时，托轮所受的压力最小。每对托轮中心之间的距离可由活动螺栓调节。托轮轴承装有水冷装置和润滑装置。

托轮轴承：一般采用滑动轴承。每一个轴承外侧有一个油压器，保证窑体在正常运转时不产生轴向窜动；同时固定轴承座，防止托轮径向位移。在轴承座内设有轴向推力片。

挡轮：由于回转窑倾斜安装，在窑尾滚圈的两侧各设有一个防止窑体轴向位移的液压挡轮。

C　传动装置

传动装置是带动回转窑转动的动力传递机构，由减速机和大小齿轮构成。一般分为减速机传动、减速机与半敞式齿轮组合传动、减速机与三角皮带组合传动及液压传动四种。

由电动机、减速机、小齿轮及大齿轮所组成的减速机传动装置是目前最广泛的一种减速装置，基结构如图 4-70 所示。

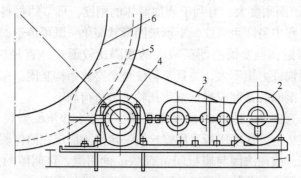

图 4-70　回转窑减速机传动装置示意图

1—底座；2—电动机；3—减速机；4—小齿轮；5—大齿轮；6—窑体

（1）减速机：由于回转窑的转速较低，一般为 0.3 ~ 1.0r/min，应选大功率、大速比的减速机，但这样的减速机制造困难，因此大型回转窑都采用双边传动。其优点是：减少电机和减速机选型难题；减轻齿轮重量；一侧发生故障时，可降低产量用另一侧继续运转；大小齿轮的啮合对数增加，传动更加平稳。一般在电机功率低于 150kW 时选用单边传动，250kW 以上时采用双边传动，在 150 ~ 250kW 范围时视具体情况而定。图 4-71 所示为日本加古川球团厂采用电机 260kW 电机双边传动方式的示意图。

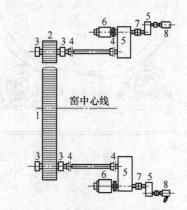

图 4-71　回转窑减速机双边传动示意图

1—大齿轮；2—小齿轮；3—轴承座；4—挠性联轴节；
5—减速机；6—直流电机；7—离合器；8—鼠笼电机

（2）大齿轮：为钢结构，采用铸钢材质，通常由两半组成，安装在回转窑筒体上。当大齿轮直径大于 4m 时，通常分成数块制造。在大齿轮旁设置挡轮。挡轮的作用是控制大齿轮和小齿轮的相对位置。大齿轮的下半部浸于油槽中，在大齿轮运转过程中，大小齿轮均得到润滑。

大齿轮和小齿轮的啮合部位是在大齿轮的 1/4 处，大小齿轮中心的连线与大齿轮垂直中心线成 40°~45°角。

D　回转窑窑头及头尾密封装置

回转窑窑头结构有两种形式：一种是将活动窑头装在 4 个轮子上，轮子可沿着轨道任意移动；另外一种是用一个滑车吊起并可以推开的盖板封着，由拉紧装置将它紧紧压靠在窑头上。

由于回转窑内为负压操作，所以不管采用哪种窑头形式，窑头和窑体间必须很好地进行密封，以免因漏风而影响热能的充分利用和对生产过程的控制。

为了减少冷空气渗入造成温度波动及增大热量消耗，在窑头和窑尾均设有密封装置，常用的有迷宫式密封和接触式密封。日本加古川一号球团厂回转窑头尾端密封采用迷宫式密封装置如图 4-72 所示。

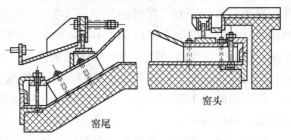

窑尾　　　　窑头

图 4-72　回转窑窑头和窑尾密封装置（日本）

迷宫式密封：结构简单，没有接触面，不存在磨损问题。迷宫圈的间隙一般为 20~40mm。间隙过大，密封效果差。

接触式密封：是靠固定环和转动环之间的端面接触而起密封作用，在回转窑的径向变形和轴向窜动不大时，密封效果较好。

E　窑体内衬

回转窑筒体是一个高温反应器，必须保温和隔热，减少热损失，保护设备，保证回转窑正常连续运行。因此，必须在回转窑筒体内敷设耐火材料形成内衬，一般由衬料和隔热层构成。

回转窑内衬要经受高温辐射、物料的磨损和化学侵蚀作用，所以要求内衬具有耐火度高、抗磨能力强及化学稳定性好等特点。此外，内衬的导热性能和热膨胀性能对于回转窑的正常生产非常重要。由于回转窑内不同区段温度和物理化学反应不同，所以，沿回转窑长度方向所用的内衬材质也不同。

对于某一种耐火材料而言，要完全满足上述要求是很困难的。例如含 Al_2O_3 65% ~ 70% 的耐火砖，它有很高的耐火度（1825~1850℃，荷重软化开始温度为 1400℃，终点温度为 1600℃），适当的导热性能、热膨胀系数和很高的机械强度（冷态下抗压强度为 3432~3932N/cm² ）。但这类耐火砖不能有效地抵抗物料和燃料灰分的化学侵蚀作用。另外几种含 Fe_2O_3 较高的高铝砖易在还原介质中损坏。相反地，含 MgO 85% 的镁砖却具有极大的抵抗化学侵蚀的能力，并在还原介质中不受影响；但是，这种耐火砖的热传导性能强、热膨胀系数大。因此，一般回转窑都是根据窑内各段的具体情况选择相应的耐火砖。

为了延长窑体的使用寿命，窑体的温度不宜超过 300℃，但是事实证明，镁砖衬料在无隔热层的情况下，即使有很好的窑皮，窑体表面的温度也可能达到 500℃。而在 500℃ 的温度下，钢的抗张强度仅为它在 20℃ 时强度的 50%。另外，窑体过热，有可能造成在两组托轮间的窑体下垂和衬料过早破坏。因此，在衬料和窑体内壁之间必须敷设隔热层。

隔热所用材料，可以是轻质砖及硅藻土和方硅藻土制成的多孔砖。低温区用含 Al_2O_3 40% 的黏土砖，高温区用 Al_2O_3 70% 的高铝砖。

为了使耐火砖、隔热层与筒体紧紧黏在一起，应根据耐火砖的热膨胀系数，正确选择砖与砖之间的弹性缝隙。因为在已选定材料的条件下，选择适当的弹性缝隙可以减少因膨胀引起的衬料应力。不然，缝隙过小，则耐火砖会发生脱层；缝隙过大，将会发生掉砖现象。只有当缝隙适宜时，适宜的缝隙刚好为耐火砖自身的热膨胀所吸收。

膨胀缝隙常填以镁粉及玻璃制成的特殊胶泥，这种胶泥在化学成分上很接近耐火砖的化学成分，并且具有孔隙，在一定温度下就软化，并可被压缩。

耐火砖厚度应根据回转窑的直径确定，为了防止耐火砖脱落，必须保证耐火砖的楔度，即 A 和 B 之间有一定差值（见图 4-73）。例如日本加古川一号球团厂在直径 6.6m 的回转窑上，采用厚度为 300mm，$A-B\approx20mm$ 并带有凹凸槽型的耐火砖。为了防止耐火砖脱落，在砌砖时要做到耐火砖与筒体紧密接触，同时在低温区（从窑尾起占窑长 2/3 左右）固定有防砖脱落的构件。但在高温区不能放金属构件，因为高温区耐火砖与筒体间由于热膨胀而产生较大位移。为了延长耐火砖使用寿命，在操作上应尽量避免急冷急热，并尽量减少结圈。

除内衬材质和形状都应有一定要求，还应尽量减少窑体的散热损失，使施工及拆卸方便，提高窑衬的综合寿命。

F　回转窑燃烧器及测温装置

回转窑的供热主要来自燃料在窑内的燃烧。常用的燃料有煤气、天然气或重油及煤粉。因此，国内外燃烧器（烧嘴）的形式较多，燃油烧嘴、燃气烧嘴、油气混合烧嘴以及气、煤和油的混合烧嘴通常安装在窑头，如图 4-74 所示。

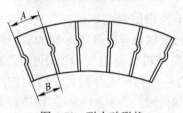

图 4-73　耐火砖形状　　　　　　　　图 4-74　回转窑燃烧器外形

a　回转窑燃烧器

油气混合烧嘴：日本加古川球团厂采用此类烧嘴（见图 4-75）。其特点是既能单用重油或煤气，也能同时使用。

燃油或煤气与煤粉的混合燃烧方式：美国爱里斯-恰默斯球团厂采用图 4-76 所示的烧嘴，也可直接烧煤。

燃煤烧嘴：目前国内大多采用此类烧嘴，由燃烧煤粉提供所需热量，可降低生产成本。属于单管式烧嘴。回转窑煤粉燃烧系统结构如图 4-77 所示，它是由风机和供风管道、粉煤下料管（料仓）、螺旋给煤机、喷煤枪及烧嘴等构成。

单管式燃煤烧嘴的结构及分类：喷煤嘴的形式及尺寸对煤粉燃烧过程有很大影响，常用的几种喷煤嘴形式包括直筒式、拔哨式、拔哨带导管式，它们的结构如图 4-78 所示。

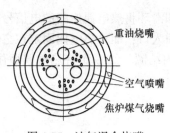

图 4-75 油气混合烧嘴

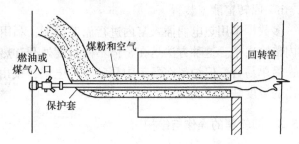

图 4-76 燃油或煤气与煤粉的混合烧嘴

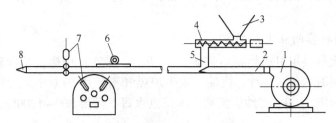

图 4-77 煤粉燃烧装置系统图

1—鼓风机；2—喷煤管；3—煤粉仓；4—螺旋喂煤机；5—下煤管；

6—喷管伸缩器；7—喷煤管调整装置；8—喷煤嘴

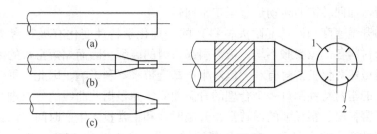

图 4-78 单管式燃煤烧嘴的结构

（a）直筒式；（b）拔哨带导管式；（c）拔哨式

1—喷煤管；2—风翅

　　单管式燃煤烧嘴具有以下特点：直筒式出口风速小，射程近，形成粗而短的火焰；拔哨式出口风速较大，煤粉射程远，一次风与煤粉混合较好，形成火焰细而长；拔哨带导管式除具有拔哨式的优点外，可使火焰适当加长。为增加煤粉与空气的混合，使煤粉喷出后能迅速燃烧，并使火焰集中，通常在管内焊有与筒壁成一定角度的铁板（风翅），促使空气与煤粉喷出后旋转，达到混合均匀的目的；风翅的角度根据煤的质量及要求的火焰长度而定，角度越大，形成的火焰越短。

　　回转窑最传统的煤粉燃烧设备为单管式烧嘴，其工作原理为：烧嘴由喷煤管和喷煤嘴两部分组成。烧嘴由窑头伸入窑内，用鼓风机将一次空气及其夹带的煤粉喷入窑内，并悬浮在窑内进行燃烧。二次空气由冷却装置经窑头进入窑内。为使窑内火焰根据要求前后移动，喷煤管设有前后伸缩的装置，同时喷煤管在横向位置也可借助调整螺丝在一定范围内进行调节。

　　b　回转窑测温装置

多数厂采用热电偶插入窑内进行温度检测，利用电刷和滑环将热电偶检测的电信号从窑内传输出来。这种方法是在窑体不同长度处开有热电偶插入口，而将热电偶固定在窑体上，简单易行，但炉料在翻滚中易破碎热电偶，或由于窑内结圈、结瘤而将热电偶埋住，测出的温度缺乏真实性。

4.5.3　回转窑的操作与维护

回转窑的操作与维护，是保证回转窑高产优质低耗的基本前提，是延长回转窑使用寿命的主要措施，主要包括回转窑的点火与烘窑，窑皮的形成与保护，结圈及处理，窑的调整、停窑等。

4.5.3.1　回转窑的点火与烘窑

回转窑的点火就是用引火物将焙烧燃料（柴油、煤气）引燃，使回转窑进入工作状态。点火用的物料有木柴、棉纱、废油、发生炉煤气等。其中以棉纱、废油点火最节省，操作简单，每次只需 2~3kg 棉纱、废油。木柴点火每次需要 300~1000kg，发生炉煤气则需要专门的设备。

点火后立即送入易燃烧燃料，并打开第一道烟囱，使窑内温度逐渐升高，当窑内温度达到 300℃ 左右时，打开加热风机，若回转窑烧煤粉，此时即则送入煤粉并关掉气体或液体燃料的供应，然后让窑温缓慢上升，并隔一段时间使回转窑作一定角度的转动。如此逐步升温，逐渐增加回转窑的转动量直至正常回转。

回转窑的升温速度和衬料（耐火材料）的物理化学特性变化有极其密切的关系，升温过快，由于衬料各部位膨胀不均，极易引起衬料的破裂，因而缩短窑衬的使用寿命；反之，升温过慢虽然对保护窑衬有利，但对生产却会带来不利影响。因此，每个回转窑都应根据自身所用的窑衬特性制订一个合理的升温曲线，并根据此曲线的要求进行缓慢而均匀的升温。对于窑衬厚、窑径大的回转窑，升温时间和正常投入生产时间应该长些。

另外，在开窑后的头三天，应轻负荷运转，第一天装生料 70%，第二天装 80%，第三天装 90%，第四天才能正常给料。

4.5.3.2　窑皮的生成和保护

窑皮是生产过程中由液相或半液相转变为固相熟料和粉料颗粒时在窑内衬表面形成的一种黏附层。窑皮形成以后窑衬就可受到窑皮的保护，从而免受温度的作用和回转窑每转一周所引起的温度变化的影响。此外，窑皮还能保护窑衬不受物料的摩擦和化学侵蚀。

必要的温度水平和一定量的低熔点物质，对于窑皮的生成是非常必要的。图 4-79 所示为不同温度水平下窑皮的生成状态。图 4-79（a）是低窑温情况，此时由于窑壁和物料的表面温度都较低，以至于不能产生必要数量的液相来形成窑皮。图 4-79（b）是窑温正常的情况，此时存在着形成窑皮的足够液相，当窑皮从料层中露出来与物料接触时，在它表面就会粘上一层生料，只要窑皮温度保持在熔化温度范围内，颗粒将不断黏附在其表面，从而使窑皮加厚。这一过程持续到窑壁达到固结温度时，窑皮才处于平稳状态。图 4-79（c）是窑温较高时窑皮的情况，在这种情况下，由于液相过多，窑皮又从固态转化为液态，因而发生窑皮脱落，这种情况对耐火材料特别有害。实践表明，为了生成适当的窑皮，液相量为 24% 左右比较合适。

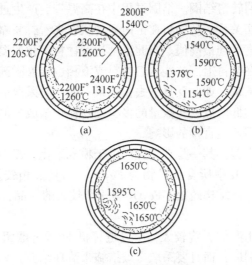

图 4-79　窑皮的几种情况

在生产实践中，有时为了形成窑皮，先在窑内形成还原性气氛，使 Fe_2O_3 转化为 FeO，进而生成低熔点共熔物质。这种操作方法，对于提早形成窑皮无疑是有利的。但是应当指出，由于 CO 对部分耐火材料有破坏作用，尤其是对高铝砖耐火材料损坏较大，所以控制还原性气氛必须适可而止。

稳定的焙烧制度，有规律地、平稳地来回移动燃烧带的位置和正确地控制火焰方向，使火焰不直接接触内衬，对于保护窑皮都是有利的；相反，窑皮过热，慢转窑，停窑、结圈以及结大块现象，对保护窑皮不利。

4.5.3.3　结圈处理

窑内结圈是回转窑生产中常见的事故。这是由于细粒物料在液相的黏结作用下，在窑内壁的圆周上形成了一圈厚厚的物料。结圈多出现在高温带。在高温带内结窑皮和结圈对回转窑生产均带来不利影响。窑皮能保护该带的衬料，使它不至于过早磨损，并能减少窑体的热量损失。但若在燃烧带结圈，就会缩小窑的断面和增加气体及物料的运动阻力；并且结圈还会像遮热板一样，使得燃烧带的热量不能辐射到窑的冷端，结果使燃烧带温度进一步升高，使该带衬料的工作条件更加恶化。

回转窑结圈的原因是多方面的，原料、燃料质量、回转窑的生产操作好坏对结圈都有影响。具体原因如下：（1）球团中粉末料太多；（2）气氛控制不好；（3）温度控制不当；（4）原料中 SiO_2 含量偏高；（5）在生产熔剂性球团时，加入氧化钙也易导致结圈；（6）煤灰分偏高，灰熔点偏低。

球团中粉末多是引起回转窑结圈的常见原因。而球团中粉末多的原因，一是生球质量差及生球筛分效率低，使得合格生球中夹带小母球或块状料过多；二是生球在链箅机上结构遭到破坏，产生热爆裂或开裂；三是预热球团质量差，预热固结不足，在回转窑内耐磨性差，因磨损产生大量粉末。粉末物料易结圈是由于大颗粒液体的蒸汽压大，小颗粒液体的蒸汽压低，因此，小颗粒在较低的温度下就可产生软熔，而大颗粒需在较高温度下才发生软熔。由于大小颗粒软熔特性的差异导致球团中的粉末易结圈。另外，燃料煤灰分高及灰分软熔点低也会造成回转窑结圈。结圈过程中在高温带会产生过多液相。因此，结圈与回转窑的热工制度有密切关系。从物料在窑内运动状态来看，紧靠着窑壁的颗粒，在它刚出现在物料表面时，温度达到最高值。当此温度达到物料熔化的温度时，物料就会产生软熔或出现液相，并黏附在窑衬上。这些软熔物料或液相也会黏附其他物料，当这些物料转到低温位置时就会凝固下来，如此反复下去，如果不能及时采取措施，就会出现结圈。

除此之外，物料中的低熔点物质数量的多少、物料化学成分的波动、气氛的变化、生产过程是否稳定都对结圈产生直接的影响。

结圈物可分为两种类型，其一是在高温区由于粉末熔化，逐渐黏附在窑壁上形成的一层圈，这种圈结构致密，其中所含铁矿物为 Fe_2O_3，而且液相较发达。另外一种类型的圈，与上述结圈物不同，其结构疏松，Fe_2O_3 呈棱角较大的结晶，结圈物粒度较粗，其强度较差。

由于结圈对回转窑生产的影响较大，所以链箅机-回转窑球团厂应严格控制原、燃料质量并建立严格的焙烧制度，而且要采取有效措施来清理结圈。

通常处理结圈的方法有以下几种：

（1）往复移动燃烧带位置将圈烧掉。

（2）用风或水对圈实行急冷，使其收缩不均而自行脱落。

（3）停窑使窑冷却后，采用人工打圈。这种方法停窑时间长、劳动强度大、对内衬耐火材料损伤大，不得已时才可采用此法。

（4）采用机械方法清理结圈物。一种机械是刮圈机，这种机械在头部设置有合金刮刀。机架固定在车轮上，使用时，开启马达将刮刀伸入窑内除圈，其优点是可不停窑时清圈；另外一种方法比较简单，即用专用猎枪射击窑内的结圈物，该方法也不用停窑。

4.5.3.4 窑的调整

回转窑在生产过程中会产生窜动现象，这是因为：（1）托轮磨损不均匀；（2）回转窑运转不平稳；（3）托轮螺栓松动等原因引起窑的中心线不在一条直线上。调整的方法是：当窑上窜时，在托轮上加点油，窑即往下复位；当窑下窜时，在托轮上加砂和木屑或在托轮上打进斜铁，可使窑上移复位。但主要还是多检查、勤调整，保证窑中心线不变，防止窑的窜动。

4.5.3.5 停窑

回转窑停窑和开窑时的要求大致相同，即要求缓慢地改变窑内温度，以免由于温度的急剧变化而影响内衬的使用寿命。事实证明，衬料损坏程度与窑温下降速度有直接关系，在迅速冷却时损坏很大。因此，在生产过程中应采取各种有效办法，尽量减少停窑。

停窑时要尽量确保窑内温度缓慢而均匀地下降。冷却时间最好保持在 8h 以上。在停窑时要用大闸门封闭窑的出气端（窑尾），以保存窑内热量和缓慢冷却。有些回转窑在停窑时保留小火来达到类似目的。为了保证冷却均匀，必须有计划地继续盘动回转窑。因为这时物料层及其下面的物料比显露在窑内气体中的衬料冷却慢得多。因此，停窑后有计划地继续盘动回转窑一段时间是很有必要的。至于盘窑时间的长短和转动次数应根据回转窑的大小、长短及物料特性等诸多因素来合理制订。以下为国外某厂盘窑的计算，可供参考。

转动窑体频率及时间分配如下：

（1）用辅助转动设备连续转窑 30min；

（2）第 10min 转 1/3 转，1h；

（3）第 15min 转 1/3 转，1h；

（4）第 30min 转 1/3 转，4h；

（5）第 1h 转 1/2 转，4h；

（6）第 2h 转 1/2 转，4h；

（7）不管停窑多长时间，每 24h 转 1/2 转。

思 考 题

4-1　简述圆盘造球机的结构和工作原理。

4-2　画草图，标明链箅机-回转窑-环式冷却机球团焙烧工艺流程中工艺气流的走向。

4-3　简述链箅机-回转窑-环式冷却机球团焙烧工艺的优缺点。

4-4　如何根据矿石性质不同，设计链箅机的结构？

4-5　画草图，标明带式球团焙烧流程中工艺气流的走向。

4-6　根据带式焙烧机和链箅机-回转窑-环式冷却机结构特点，比较两种工艺的优缺点。

5 高炉炼铁设备

5.1 概　述

高炉炼铁是现代钢铁生产的重要环节,是应用焦炭、含铁矿石(天然富块矿及烧结矿和球团矿)和熔剂(石灰石、白云石)在竖式反应器——高炉内连续生产液态生铁的方法。其本质是实现铁氧分离的传质过程和实现渣铁分离的传热过程。现代高炉炼铁是由古代竖炉炼铁法改造、发展起来的,尽管世界各国研究开发了很多炼铁方法,但由于工艺相对简单、产量大、劳动生产率高、能耗低,故高炉炼铁仍是现代炼铁的主要方法,其产量占世界生铁总产量的95%以上,也是中国主要使用的炼铁工艺,我国高炉炼铁产量每年达到10亿吨以上。现代高炉生产过程已经发展成一个庞大的生产体系,除高炉本体外,还有供料、送风、煤气净化除尘、喷吹燃料和渣铁处理等系统。

5.1.1　国内外高炉炼铁设备发展现状

国内外高炉不断向自动化、大型化、高效化发展,尤其大型高炉以占地少、单位投资低、生产率高、单位散热少和燃料消耗低而得以快速发展。因此,有条件的国家,全力建设大型高炉,以提高竞争力,截至2019年全球5000m³及以上的高炉已达32座,见表5-1。

表 5-1　全球 5000m³ 及以上高炉分布(截至 2019 年)

排名	公司/高炉	容积/m³	国家	点火投产时间
1	浦项制铁光阳厂1号	6000	韩国	1987.4
2	沙钢	5860	中国	2009.10.20
3	新日铁住金大分制铁所1号	5775	日本	1972.11
4	新日铁住金大分制铁所2号	5775	日本	1976.1
5	浦项制铁浦项厂4号	5600	韩国	2010.1
6	切列波维茨厂5号	5580	俄罗斯	1986.4
7	新日铁住金君津制铁所4号	5555	日本	1975.1
8	蒂森斯韦尔根厂2号	5513	德国	1993.10.28
9	首钢京唐1号高炉	5500	中国	2009.5.21
10	首钢京唐2号高炉	5500	中国	2010.6.26
11	首钢京唐二期高炉	5500	中国	在建
12	浦项制铁光阳厂5号	5500	韩国	2000.4.15
13	浦项制铁光阳厂4号	5500	韩国	1992.9

续表 5-1

排名	公司/高炉	容积/m³	国家	点火投产时间
14	JFE 福山厂 5 号	5500	日本	1973.11
15	新日铁住金名古屋制铁所 1 号	5443	日本	1979.3
16	神户制钢加吉川厂 2 号	5400	日本	2007.5
17	新日铁住金鹿岛厂 3 号	5370	日本	1976
18	新日铁住金鹿岛厂 1 号	5370	日本	1971
19	韩国现代唐津厂 1 号	5250	韩国	2010.1.5
20	韩国现代唐津厂 2 号	5250	韩国	2010.11
21	韩国现代唐津厂 3 号	5250	韩国	2013.9.13
22	JFE 千叶厂 6 号	5153	日本	1977
23	日照钢铁精品基地 1 号	5100	中国	2016.11 封顶
24	日照钢铁精品基地 2 号	5100	中国	2017.3.22 开工
25	湛江钢铁 1 号	5050	中国	2015.9.25
26	湛江钢铁 2 号	5050	中国	2016.7.15
27	湛江钢铁 3 号	5050	中国	2019.4 开工
28	乌克兰克里沃罗格厂 9 号	5026	乌克兰	1974
29	日本 JFE 仓敷厂 4 号	5005	日本	2002.1
30	日本 JFE 福山厂 4 号	5000	日本	1971.4
31	日本 JFE 京浜厂 2 号	5000	日本	1979
32	米纳斯吉拉斯 Ipantinga 厂	5000	巴西	2011

世界上第一座 5500m³ 大高炉出现在苏联，但高炉大型化走在前面的是日本，1971 年高炉的平均容积仅 1558m³，到 2008 年则达到了 4157m³，5000m³ 以上高炉达到 12 座。韩国后发优势明显，11 座高炉中有 7 座大于 5000m³，高炉平均容积 4525m³，全球最大高炉浦项制铁光阳厂 1 号高炉为 6000m³。西欧（欧洲高炉委员会，EU15）15 国 1990 年 45 家钢铁企业共有 92 座高炉，随着环保压力和钢铁行业的转型升级，到 2008 年只有 26 个钢铁公司，拥有高炉 58 座，2015 年则进一步关停到 45 座运营，但高炉平均容积从 1990 年的 1690m³ 提高到 2063m³，见表 5-2。

表 5-2 国内外高炉总体情况

地区	年份	运营高炉座数	平均容积/m³	最大容积/m³	炉缸直径/m
日本	1970	65（1971 年）	1558	—	—
	2008	28	4157	5775	主要>14
西欧（包括欧盟 15 国）	1990	92	1690	—	—
	2008	58	2063	5513	—
	2015	45	—	5513	主要 10~11.9
俄罗斯	2008	53	1811	5580	

地区	年份	运营高炉座数	平均容积/m³	最大容积/m³	炉缸直径/m
北美	2015	34（美国 19）	1850（美国 1919）	4163	主要 8~12
韩国	2015	11	4525	6000	主要>14
中国	2017	917	912	5860	—

而据不完全统计，截至 2017 年底，中国共有规范合格企业炼铁高炉 917 座，高炉炼铁总产能约 10.5 亿吨，平均高炉容积 912m³（见表 5-2）。随着淘汰落后产能的推进，及大高炉的经济效益明显，目前大中型高炉（≥500m³）占比约为 88%，其中，2000m³ 及以上高炉约有 120 座，产能占比 29%；1000~2000m³ 高炉约 340 座，产能占比 37.5%；400~1000m³ 高炉约有 530 座，产能占比 33%；其他高炉产能占比不足 0.5%，见表 5-3。

表 5-3　中国高炉容积分布情况（截至 2017 年）

容积/m³	≥3000	2000~3000	1200~2000	450~1200	≤450
高炉数量/座	41	76	135	452	213
产能/万吨·年⁻¹	12660	15172	17227	36433	11240

我国的行业标准规定大于 4000m³ 高炉为大型高炉，其平均炉容约为 4568.75m³，平均利用系数约为 2.085t/(m³·d)，平均焦比与煤比分别为 349.4kg/t、159.76kg/t，平均富氧率为 3.36%。大型高炉生产率是小型高炉的数倍，所以我国的大型高炉对高炉炼铁技术起到了带动作用。近几年中国高炉大型化趋势明显，已投产 23 座 4000m³ 以上高炉（见表 5-4），在 5000m³ 以上高炉中，中国包括沙钢、首钢京唐、山钢集团日照钢铁、宝武湛江钢铁四大钢厂有 9 座高炉上榜，最大的属沙钢，高炉容积达到 5860m³，排名全球第二。

表 5-4　中国 4000m³ 以上高炉分布（截至 2019 年）

序号	单位名称	炉号	有效容积/m³	备注
5000m³ 以上高炉统计				
1	首钢京唐	1 号高炉	5500	已投产
2	首钢京唐	2 号高炉	5500	已投产
3	首钢京唐	3 号高炉	5500	已投产
4	沙钢	1 号高炉	5860	已投产
5	宝钢湛江钢铁	1 号高炉	5050	已投产
6	宝钢湛江钢铁	2 号高炉	5050	已投产
7	宝钢湛江钢铁	3 号高炉	5050	2021 年
8	山钢日照	1 号高炉	5100	已投产
9	山钢日照	2 号高炉	5100	已投产
4000~5000m³ 的高炉统计				
1	宝钢	1 号高炉	4966	2009 年 2 月 15 日

序号	单位名称	炉号	有效容积/m³	投产日期
4000~5000m³ 的高炉统计				
2	宝钢	2 号高炉	4706	2006 年 12 月 7 日
3	宝钢	3 号高炉	4850	2013 年 10 月 16 日
4	宝钢	4 号高炉	4747	2014 年 11 月 2 日
5	太钢	5 号高炉	4350	2006 年 10 月 13 日
6	太钢	6 号高炉	4350	2013 年 11 月 7 日
7	包钢	7 号高炉	4150	2014 年 5 月 27 日
8	包钢	8 号高炉	4150	2015 年 10 月 12 日
9	鞍钢	鲅鱼圈 1 号高炉	4038	2008 年 9 月 6 日
10	鞍钢	鲅鱼圈 2 号高炉	4038	2009 年 4 月 26 日
11	马钢	A 号高炉	4000	2007 年 2 月 8 日
12	马钢	B 号高炉	4000	2007 年 5 月 24 日
13	安钢	5 号高炉	4836	2013 年 3 月 19 日
14	本钢	新 1 号高炉	4747	2018 年 10 月 9 日

首钢京唐 1 号高炉于 2009 年 5 月 21 日投产，2 号高炉于 2010 年 6 月 26 日投产。这两座 5500m³ 高炉的主要技术经济指标按照国际先进水平设计，利用系数为 2.3t/(m³·d)，焦比为 290kg/t，煤比为 200kg/t，燃料比为 490kg/t，风温为 1300℃，煤气含尘量为 5mg/m³，一代炉役寿命为 25 年。首钢京唐的两座高炉投产以来的生产实践表明，中国炼铁技术自主创新和集成创新取得了重大进展，注重高质量和绿色环保是这一阶段炼铁工业发展的特点。具有代表性的进展还有宝钢湛江钢铁的两座 5050m³ 高炉的投产，宝钢湛江钢铁 1 号高炉和 2 号高炉分别于 2015 年 9 月 25 日和 2016 年 7 月 15 日顺利投产，宝钢湛江钢铁高炉设计贯彻高效、优质、低耗、长寿、环保的技术方针，采用多项先进工艺技术及装备。此外，山钢日照的 2 座 5100m³ 高炉分别于 2017 年 12 月和 2019 年 1 月顺利投产。

近些年，中国的高炉炼铁技术快速发展，不断向自动化、大型化、高效化、长寿化前进，尤其是我国特大型高炉的设计，以"高效、低碳、优质、长寿、清洁"为协同发展目标，主要技术指标参照国际同级别先进高炉生产实践，注重资源能源节约、生产高效低耗、节能减排和低碳绿色，积极采用先进工艺技术和装备，以期实现多目标的协同优化和集成创新，5000m³ 高炉设计的主要技术经济指标见表 5-5。

表 5-5　我国 5000m³ 高炉设计的主要技术经济指标

项目	首钢京唐 1 号、2 号	沙钢 5860m³	宝钢湛江 1 号、2 号	山钢日照 1 号、2 号	首钢京唐 3 号
日产量/t·d⁻¹	12650	12876	11514	11571	12650
利用系数 /t·(m³·d)⁻¹	2.3	2.22	2.28	2.27	2.3
熟料率/%	90	85	85	90	90

续表 5-5

项目	首钢京唐 1号、2号	沙钢 5860m³	宝钢湛江 1号、2号	山钢日照 1号、2号	首钢京唐 3号
入炉品位/%	61.0	59.0	58.0	58.8	61.0
燃料比/kg·t⁻¹	490	490	498	490	490
焦比/kg·t⁻¹	290	290	278	310	290
煤比/kg·t⁻¹	200	200	220	180	180
风温/℃	1300	1250	1300	1260	1300
富氧率/%	5.5	4.0	3.5	5.0	7.5
入炉风量（标态） /m³·min⁻¹	9300	8300	8000	8000	9300
热风压力/MPa	0.55	0.52	0.66	0.5	0.55
炉顶压力/MPa	0.28	0.25	0.30	0.28	0.28
年产量/万吨·年⁻¹	450	450	411.5	405	450

5.1.2　高炉设备主要参数

高炉炼铁工艺过程就是在高温下用还原剂（焦炭、煤等）将铁矿石或含铁原料还原成液态生铁的过程。基本过程是燃料在炉缸风口前燃烧形成高温还原煤气，煤气不停地向上运动，与不断下降的炉料相互作用，其温度、数量和化学成分逐渐发生变化，最后从炉顶逸出炉外；炉料在不断下降的过程中，由于受到高温还原煤气的加热和化学作用，其物理形态和化学成分逐渐发生变化，最后在炉缸里形成液态渣铁，从渣铁口排出炉外。

高炉是炼铁生产的唯一反应器具，在炉内完成冶炼过程一系列复杂的物理化学变化。衡量高炉炼铁生产技术水平和经济效果的技术经济指标除了焦比、煤比、生铁合格率、生铁成本、休风率等外，与高炉设备直接相关的指标还有以下几个。

（1）高炉有效容积利用系数（η_p）。高炉有效容积利用系数是指每昼夜每立方米高炉有效容积的生铁产量，即高炉每昼夜的生铁产量 P 与高炉有效容积 V_u 之比。

η_p 是高炉冶炼的一个重要指标，越大表明高炉生产率愈高。目前，一般大型高炉超过 2.5t/(m³·d)，一些先进高炉可达到 3.5t/(m³·d)。

$$\eta_p = \frac{P}{V_u} \tag{5-1}$$

式中　P——高炉每昼夜的生铁产量，t/d；

　　　V_u——高炉有效容积，m³。

（2）冶炼强度（I）。冶炼强度是每昼夜每立方米高炉有效容积燃烧的焦炭量，即高炉一昼夜的焦炭消耗量 Q_k 与有效容积 V_u 的比值：

$$I = \frac{Q_k}{V_u} \tag{5-2}$$

冶炼强度表示高炉的作业强度，它与鼓入高炉的风量成正比，在焦比不变的情况下，冶炼强度越高，高炉产量越大，当前国内外大型高炉一般为 1.05 左右。

（3）高炉一代寿命。高炉一代寿命是指从点火开炉到停炉大修之间的冶炼时间，或是指高炉相邻两次大修之间的冶炼时间。大型高炉一代寿命常为 10~15 年。

表 5-6 为不同炉容高炉设计年平均利用系数、燃料比和焦比，上述技术经济指标也受到高炉操作制度的影响，高炉操作制度包括送风制度、装料制度、造渣制度和热制度，各操作制度之间既密切相关，又互有影响。合理的送风制度和装料制度，能够实现煤气流合理分布，炉缸工作良好，炉况稳定顺行。若造渣制度和热制度不合适，会影响气流分布和炉缸工作状态，从而引起炉况不顺。合理的操作制度必须依据原燃料的理化性能、各种冶炼技术特征、大气温度和湿度变化、冶炼生铁品种、炉顶装料设备结构形式，以及高炉内型特征等来选择。

表 5-6　高炉设计年平均利用系数、燃料比和焦比

炉容级别/m³	1000	2000	3000	4000	5000
有效容积利用系数 /t·(m³·d)⁻¹	2.2~2.5	2.1~2.4	2.0~2.3	2.0~2.3	2.0~2.25
炉缸面积利用系数 /t·(m³·d)⁻¹	55~61	55~64	55~65	56~66	60~68
炉腹煤气量指数 /m·min⁻¹	56~65	56~65	56~64	55~63	55~63
设计年平均燃料比 /kg·t⁻¹	≤520	≤515	≤510	≤500	≤500
设计年平均焦比/kg·t⁻¹	≤360	≤340	≤330	≤310	≤310

因此，高炉设备参数对技术经济指标、合适操作制度的选择也会带来明显影响，而高炉不同设备还具有各自的工艺和设备特点，其各部分主要参数汇总见表 5-7~表 5-9，设备具体参数见 5.2 节介绍。

表 5-7　高炉有效容积级别及几个主要参数

有效容积级别/m³	1000	2000	2500	3000	4000	5000
热风温度/℃	≥1150	≥1200	≥1200	≥1250	≥1250	≥1250
热风压力/MPa	~0.36	~0.37	~0.43	~0.47	~0.47	~0.47
炉顶煤气压力/MPa	≥0.2	≥0.2	≥0.25	≥0.25	≥0.25	≥0.25

注：表中所列炉顶煤气压力及与之相关的热风压力等数据为设计正常值，不是最大值。

表 5-8　泥炮、开铁口机主要参数

有效容积级别/m³	1000	2000	2500	3000	4000	5000
泥炮泥缸有效容积/m³	0.2~0.25	0.2~0.3	0.2~0.3	0.28~0.35	0.28~0.35	0.35~0.45
泥缸活塞单位压力/MPa	8~16	15~20	15~20	20~25	20~25	20~25
铁口深度（开孔）/m	2.0~3.0	2.5~3.5	2.5~3.5	3.0~4.0	3.0~4.0	3.5~4.5
铁口直径（开孔）/mm	40~70	40~70	40~70	40~70	40~70	40~70

注：表中所列炉顶煤气压力及与之相关的热风压力等数据为设计正常值，不是最大值。

表 5-9   高炉炉顶装料设备主要参数

有效容积级别/m³	1000	2000	2500	3000	4000	5000
装料设备形式	无钟					
炉顶压力/MPa	≥0.2	≥0.2	≥0.25	≥0.25	≥0.25	≥0.25
料罐有效容积/m³	24~30	40~50	45~55	60~70	75~85	80~120
中心喉管直径/mm	600	650	750	750	750~850	850
溜槽长度/m	2.5~3.0	2.5~3.5	2.5~3.5	3.5~4.5	4.0~5.0	4.5~5.5
大钟直径/mm	—	—	—	—	—	—
小钟直径/mm	—	—	—	—	—	—

注：表中所列 5000m³ 级高炉的料罐有效容积与炉顶装料设备形式有关，采用串罐或并罐时取较大值；若采用三罐
式无钟炉顶时，可取较小值。

5.2   高炉炼铁工艺设备结构及特点

高炉生产是一个相当庞大而复杂的系统，工艺流程包括备料、上料、冶炼和产品处理
几个主要环节，而其生产工艺过程是由 1 个高炉本体和 6 个附属系统来完成的，如图 5-1
和图 5-2 所示。

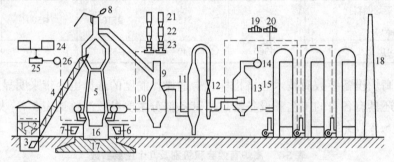

图 5-1   高炉炼铁工艺流程与整体布局

1—储矿槽；2—焦仓；3—料车；4—斜桥；5—高炉本体；6—铁水罐；
7—渣罐；8—放散阀；9—切断阀；10—除尘器；11—洗涤塔；12—文氏管；13—脱水器；
14—净煤气总管；15—热风炉（三座）；16—炉基基墩；17—炉基基座；18—烟囱；19—蒸汽透平；
20—鼓风机；21—煤粉收集罐；22—储煤罐；23—喷吹罐；24—储油罐；25—过滤器；26—加油泵

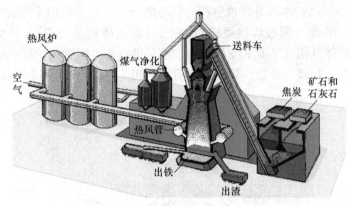

图 5-2 高炉主要组成部分三维示意图

（1）备料：天然富矿和熔剂一般由铁路车辆或船只运来，卸料机和皮带运输机系统把原料存放在储矿场，在那里进行分级、混匀并合理地堆积，然后由取料机和皮带机系统运送到高炉车间装入料仓。如果是人造富矿（烧结矿或球团），则分别由它们的生产厂用铁路车辆或皮带运到炼铁厂装入料仓。对于焦炭，则由焦化的储焦塔通过运焦车或皮带机系统运到炼铁厂装入焦炭仓。

（2）上料：通过料车或带式运输机上料系统，按一定比例将原料、燃料和熔剂一批批地、有序地装入高炉。送到炉顶的炉料，由炉顶装料设备按一定的工作制度装入炉喉。

（3）冶炼：高炉生产是连续进行的，从炉顶（一般炉顶是由料钟与料斗组成，现代化高炉是钟阀炉顶和无料钟炉顶）不断地装入铁矿石、焦炭、熔剂，而鼓风机连续不断地将冷风送到炼铁厂，经热风炉加热到 1000~1300℃（也有达到 1400℃），从高炉下部炉缸周围的风口送入高炉，同时可在风口喷入油、煤或天然气等燃料或者富氧。装入高炉中的铁矿石，主要是铁和氧的化合物，在高温下，焦炭中和喷吹物中的碳及碳燃烧产生大量煤气中所含的一氧化碳将铁矿石中的氧夺取出来，得到金属铁，这个过程叫作还原，同时燃烧产生的大量热量可使矿石源源不断地熔化和还原连续进行。铁矿石通过还原反应炼出生铁，铁矿石中的脉石、焦炭及喷吹物中的灰分与加入炉内的石灰石等熔剂结合生成炉渣，储存在高炉炉缸内，定期从出铁口和出渣口分别排出。煤气从炉顶导出，经除尘后作为工业用煤气。现代化高炉还可以利用炉顶的高压，将导出的部分煤气发电。

（4）产品处理：对于设有渣口的普通高炉来说，通常出铁前先从渣口放出熔渣，用渣罐车把炉渣运到粒化装置进行粒化处理，或者采用炉前冲水渣的方法进行处理，也有的高炉设有下渣坑，熔渣在那里浇铸成一块块干渣。出铁时，用开口机打开出铁口，让铁水流入铁水罐车，再运到炼钢厂或运到铸铁车间用铸铁机浇铸成铁块。和铁水一起出来的熔渣经撇渣器和渣沟流入渣罐车，它与从渣口出来的渣进行同样处理。每次出铁完毕后用泥炮把出铁口堵上。经高炉导出的煤气通过除尘器、洗涤塔、文氏管清洗除尘后，沿煤气管道输往各用户使用。从除尘器排出的炉尘经车辆运往烧结车间或资源回收利用车间作为含铁、含碳或含锌原料使用。从洗涤塔和文氏管系统排出的污水导入沉淀池，回收起来的污泥块也可以和炉尘一起再次利用。

主要设备构成分别为：

（1）高炉本体。高炉本体是炼铁生产的核心部分，是一个近似于竖直的圆筒形设备，包括高炉的基础、炉壳（钢板焊接而成）、炉衬（耐火砖砌筑而成）、炉型（内型）、冷却设备、立柱和炉体框架（负重和支撑）等。高炉的内部空间称为炉型，从上到下分为5段，即炉喉、炉身、炉腰、炉腹、炉缸，如图5-3和图5-4所示。整个冶炼过程是在高炉内完成的。

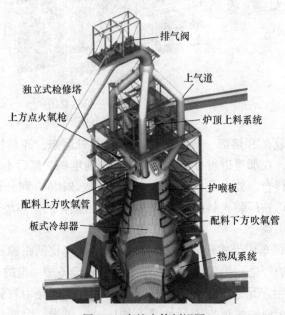

图 5-3　高炉本体剖视图

（2）上料设备系统。上料设备系统包括储矿场、储矿槽、槽下漏斗、槽下筛分、称量和运料设备、向炉顶供料设备（有皮带运输上料机和料车上料机之分）。其任务是将高炉所需原燃料按比例通过上料设备运送到炉顶的受料漏斗中。

（3）装料设备系统。装料设备系统一般分为钟式、钟阀式、无钟式三类，我国多数高炉采用钟式装料设备系统，技术先进的高炉多采用无钟式装料设备系统。钟式装料设备系统包括受料漏斗、料钟、料斗等。它的任务是将上料系统运来的炉料，均匀地装入炉内，并使其在炉内合理分布，同时又起到密封炉顶、回收煤气的作用。

（4）送风设备系统。送风设备系统包括鼓风机、热风炉、冷风管道、热风管道、热风围管等。其任务是将鼓风机送来的冷风经热风炉预热之后送入高炉。

（5）喷吹燃料设备系统。喷吹燃料系统包括喷吹物的制备、运输和喷入设备等。其任务是将按一定要求准备好的燃料喷入炉内。目前，我国高炉以喷煤为主。喷煤系统有磨煤机、收集罐、储存罐、喷吹罐、混合器和喷枪。该系统的任务是将煤进行磨制、收集和计量后，从风口均匀稳定地喷入高炉内。

（6）煤气净化处理设备系统。煤气净化设备系统包括煤气导出管、上升管、下降管、重力除尘器、洗涤塔、文氏管、脱水器及高压阀组等，有的高炉也用布袋除尘器进行干法除尘。其任务是对高炉冶炼产生的含尘量很高的荒煤气进行净化处理，以获得合格的气体燃料。

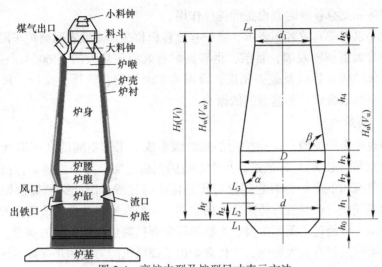

图 5-4 高炉内型及炉型尺寸表示方法

d—炉缸直径，mm；D—炉腰直径，mm；d_1—炉喉直径，mm；

h_f—铁口中心线至风口中心线距离，mm；h_z—铁口中心线至渣口中心线距离，mm；

V_1—高炉内容积，m³；V_w—高炉工作容积，m³；

V_u—高炉有效容积，m³；H_u—高炉有效高度，mm；h_1—炉缸高度，mm；

h_2—炉腹高度，mm；h_3—炉腰高度，mm；h_4—炉身高度，mm；h_5—炉喉高度，mm；

h_0—死铁层高度，mm；α—炉腹角，(°)；β—炉身角，(°)；L_1—铁口中心线；

L_2—渣口中心线；L_3—风口中心线；L_4（零料线）—大钟下降位置底面以下1000mm

（日标）或915mm（美标）的水平面

（7）渣铁处理设备系统。渣铁处理系统包括出铁场、泥炮、开口机、炉前吊车、铁水罐、铸铁机、堵渣机、水渣池及炉前水力冲渣设施。其任务是将炉内放出的渣、铁，按要求进行处理。

生产中，各个系统互相配合、互相制约，形成一个连续的、大规模的高温生产过程。高炉开炉之后，整个系统必须日以继夜地连续生产，除了计划检修和特殊事故暂时休风外，一般要到一代寿命终了时才停炉。通常，辅助系统的建设投资是高炉本体的4~5倍。

高炉使用的机械设备种类繁多，五花八门，并且处在繁重的条件下工作，不仅要承受巨大的载荷，还伴随着高温、高压和多粉尘等不利因素，设备零件容易磨损和侵蚀。为确保高炉生产顺利，故对机械设备提出了越来越高的要求：（1）满足生产工艺的要求；（2）要有高度的可靠性；（3）要提高寿命并易于维修；（4）要易于实现自动化；（5）设备的标准化。

5.2.1 高炉本体

密闭的高炉本体是冶炼生铁的主体设备，它是由耐火材料砌筑成竖式圆筒形，外有钢板炉壳加固密封，内嵌冷却设备保护。高炉本体包括高炉基础、钢结构、炉衬、冷却设备以及高炉炉型等，炉子自上而下依次分为炉喉、炉身、炉腰、炉腹和炉缸五部分，炉缸部分设有风口、铁口和渣口，炉喉以上为装料装置和煤气封盖及导出管（见图5-4）。炉衬耐火材料围成高炉炉型，炉衬靠冷却装置保护，使一代工作炉龄达10~15年，而钢结构则起到加固炉体和支撑各种附属设备的构件作用。

高炉的大小以高炉有效容积表示，高炉有效容积和高炉座数表明高炉车间的规模。近代高炉炉型向着大型横向发展，目前，世界高炉有效容积最大的是 6000m³，高径比 1.9 左右。高炉本体结构设计以及是否先进、合理是实现优质、低耗、高产、长寿的先决条件，也是高炉辅助系统设计和选型的依据。

5.2.1.1　高炉内型

高炉内型也叫高炉炉型，是高炉内部及炉墙形成的工作空间的几何形状（或简称为高炉内部工作空间的形状），即通过高炉中心线的剖面轮廓。高炉是竖炉，高炉冶炼的实质是上升的煤气流和下降的炉料之间进行传热传质的过程，因此必须提供燃料燃烧的空间，提供高温煤气流与炉料进行传热传质的空间。随着原燃料条件的改善以及鼓风能力的提高，高炉炉型大体经过了无型阶段、大腰阶段和近代高炉三个阶段的演变。高炉炉型合理与否对高炉冶炼过程有很大影响，近代高炉由于鼓风机能力进一步提高，原燃料处理更加精细，高炉炉型向着大型横向的"矮胖型"发展。

五段式高炉内型从下往上分为炉缸、炉腹、炉腰、炉身和炉喉 5 个部分，该容积总和为它的有效容积，反映高炉具备的生产能力。五段式的炉型既满足了炉料下降时受热膨胀和还原熔化以及造渣过程的需要，也可适应煤气上升过程中冷却收缩情况。高炉内型及炉型尺寸具体表示方法如图 5-4 所示。

高炉炉型各部分的作用及尺寸确定如下。

A　炉喉

炉喉呈圆柱形，主要起着保护炉衬、合理布料和限制煤气以免被气体大量带出的作用。在这里形成煤气流的 3 次分布，由炉喉煤气曲线可以从另一侧面看出高炉的冶炼行为。炉喉形状大小随高炉使用原料条件的改变而变化。炉喉直径（d_1）与炉腰直径（D）、炉身角（β）、炉身高度（h_4）相关，并决定了高炉炉型的上部结构特点。一般炉喉直径与炉腰直径之比（d_1/D）为 0.69~0.72（也有按 0.64~0.73 之间考虑），其高度在 3m 以内。正常生产时，炉喉温度为 200~500℃。由于炉料的撞击和摩擦比较剧烈，钢砖一般选用铸钢件。

B　炉身

炉身呈正截圆锥形，其主要起着炉料预热、加热、还原和造渣的作用，在这里发生一系列的物理化学变化。为了使炉料顺利下降和煤气不断上升，其形状可适应炉料受热后体积的膨胀和煤气流冷却后体积的收缩，炉身有一定的倾斜度（通常用炉身角 β 表示），以利于减小炉料下降的摩擦阻力，避免形成料拱，同时以利于边缘煤气有适当发展。炉身角对高炉煤气流的合理分布和炉料顺行影响较大。当炉身角太大时，边缘煤气不发展，不利于炉料下降，便会发生悬料事故，造成高炉不顺行；反之，炉身角太小，有利于炉料下降，但易发展边缘煤气流，大量的煤气会从边缘跑掉，煤气能量利用变差，矿石就得不到充分的加热和还原，以致焦比上升。因此，设计炉身角时要考虑原燃料条件，原燃料条件好，炉身角可取大值；相反，原料粉末多，燃料强度差，炉身角取小值；高炉冶炼强度高，喷煤量大，炉身角取小值。同时也要适应高炉容积，一般以 80°~85°之间为宜，中小高炉的料柱低，为了充分利用煤气的热能和化学能，炉身角可选择较大值；反之，高炉越大，径向尺寸大，所以径向膨胀量也大，炉身角应稍小。4000~5000m³高炉炉身角取值为81.5°左右，苏联5580m³高炉炉身角取值只有79°42'17"。

炉身高度（h_4）占高炉有效高度的50%~60%，以保证煤气与炉料之间传热和传质过程的进行，可按下式计算炉身高度：

$$h_4 = \frac{D - d_1}{2}\tan\beta \tag{5-3}$$

C 炉腰

炉腹上部的圆柱形空间为炉腰，是高炉炉型中直径最大的部位，起着缓冲上升煤气流的作用。炉腰处是冶炼的软熔带，炉料在这里已部分还原造渣，透气性较差，故炉腰直径有扩大之势。另外，炉腰部位的物料冲刷严重，所以炉腰是高炉的一个薄弱环节。炉腰直径（D）与炉缸直径（d）和炉腹角（α）、炉腹高度（h_2）相关，并决定了炉型的下部结构特点。一般炉腰直径（D）与炉缸直径（d）有一定比例关系，大型高炉 D/d 取值1.09~1.15，中型高炉1.15~1.25，小型高炉1.25~1.5。经验表明，炉腰高度（h_3）对高炉冶炼的影响不太显著，炉腰高度则不宜过高，一般取1~3m，大高炉一般为2m左右，设计时可通过调整炉腰高度来修定炉容。

D 炉腹

燃烧带产生的煤气量为鼓风量的1.4倍左右，理论燃烧温度1800~2000℃，气体体积剧烈膨胀，炉腹连着炉缸和炉腰，其上大下小，以适应气体体积增加和炉料变成渣铁后体积收缩的需要。炉腹的结构尺寸包括炉腹高度（h_2）和炉腹角（即炉腹的倾斜度，用 α 表示）。炉腹过高，有可能炉料尚未熔融就进入收缩段，易造成难行和悬料；炉腹过低则减弱炉腹的作用。炉腹高度 h_2 可由下式计算：

$$h_2 = \frac{D - d}{2}\tan\alpha \tag{5-4}$$

该部位既有液态的渣铁，又有固态的焦炭，为了改善此处炉料的透气性，炉腹角也有扩大的趋势，一般大中型高炉炉腹角在76°~82°之间。另外，炉腹部位温度很高，并有大量熔渣形成，所以渣蚀严重，亦是高炉炉体的一个薄弱环节。

E 炉底和炉缸

炉缸位于高炉下部，呈圆筒形，主要起燃烧焦炭和储存渣铁的作用。铁口、渣口和风口都布置在炉缸部位，现代大型高炉多不设渣口。炉缸上部（渣口以上）的风口带进行燃料燃烧，下部盛放高温渣、铁水。

炉缸直径在很大程度上影响高炉冶炼的强化程度，随着冶炼强度提高，炉缸直径也在扩大。炉缸直径决定了炉缸截面积（A），而炉缸截面积与燃烧焦炭量成正比，这个比例系数即燃烧强度，是指每小时每平方米炉缸截面积燃烧焦炭的数量，记为 $i_{燃}$，一般为1.0~1.6t/(m²·h)，大高炉选上限，在目前原料条件下最大不超过1.5~1.6t/(m²·h)；小高炉则用下限。燃烧强度与风机能力和原料、燃料条件有关，一般风机能力大，原料透气性好，燃料的可燃性好，燃烧强度就会大些，选择好燃烧强度是确定合理炉缸直径的关键。此外也要考虑合理的炉缸截面积，如果炉缸截面积过大，导致炉腹角过大，易造成边缘煤气过分发展和中心堆积不利于操作；而炉缸截面积过小，不利于炉料下降。炉缸直径的计算公式如下：

$$\frac{\pi}{4} d^2 i_{燃} 24 = IV_u \tag{5-5}$$

$$d = 0.23 \sqrt{\frac{I \cdot V_u}{i_{燃}}} \tag{5-6}$$

式中　$i_{燃}$——燃烧强度，$t/(m^2 \cdot h)$；

　　　　I——冶炼强度，$t/(m^3 \cdot d)$；

　　　　V_u——高炉有效容积，m^3。

炉缸直径确定的是否合适，可以用 V_u/A 比值来校核。根据炉容大小，合适的 V_u/A 比值为：大型高炉 22~28，中型高炉 15~22，小型高炉 11~15。

炉缸高度（h_1）的确定，包括渣口高度、风口高度以及风口安装尺寸的确定。铁口位于炉缸下水平面，铁口数目的多少应根据高炉炉容或高炉产量而定，一般 1000m³ 以下高炉设一个铁口，1500~3000m³ 高炉设 2~3 个铁口，3000m³ 以上高炉设 3~4 个铁口，或以每个铁口日出铁量 1500~3000t 来设铁口数目，原则上出铁口数目取上限，有利于强化高炉冶炼。渣口中心线与铁口中心线间距离称为渣口高度（h_z），它取决于原料条件，即渣量的大小。渣口过高，下渣量增加，对铁口的维护不利；渣口过低，易出现渣中带铁事故，从而损坏渣口；大中型高炉渣口高度多为 1.5~1.7m。渣口高度的确定，还可以参照下式计算：

$$h_z = \frac{4bP}{\pi N d^2 c \rho_{铁}} \tag{5-7}$$

式中　P——日产生铁量，t；

　　　　b——生铁产量波动系数，一般取 1.2；

　　　　N——昼夜出铁次数，一般 2h 左右出一次铁；

　　　$\rho_{铁}$——铁水密度，$7.1t/m^3$；

　　　　c——渣口以下炉缸容积利用系数，一般取 0.55~0.60，炉容大、渣量大时取低值；

　　　　d——炉缸直径，m。

小型高炉设 1 个渣口，大中型高炉一般设 2 个渣口，2 个渣口高度差为 100~200mm，也可在同一水平面上。渣口直径一般为 $\phi50~\phi60mm$。有效容积大于 2000m³ 的高炉一般设置多个铁口，而不设渣口，例如宝钢 4063m³ 高炉，设置 4 个铁口；唐钢 2560m³ 高炉有 3 个铁口，多个铁口交替连续出铁。

风口中心线与铁口中心线间距离称为风口高度（h_f），风口与渣口的高度差应能容纳渣量和提供一定的燃烧空间。风口高度可参照下式计算：

$$h_f = \frac{h_z}{k} \tag{5-8}$$

式中　k——渣口高度与风口高度之比，一般取 0.5~0.6，渣量大取低值。

炉缸部位工作环境最为恶劣，特别是风口区温度是高炉内温度最高的地方，内衬除受高温作用外，还受渣铁的化学侵蚀和冲刷。炉底主要受到渣铁，特别是铁水的侵蚀，侵蚀形成一般为蒜头状炉底。由于炉缸、炉底内衬的侵蚀不易修补，所以炉缸、炉底寿命的长短往往决定着一代高炉寿命的长短。

我国高炉料线零位（零料线）是指大钟开启位置下缘线的标高，或无料钟炉顶旋转溜槽垂直状态下端的标高。从料线零位到炉内料面的距离称作料线。料线零位至铁口中心线之间的高度称为高炉的有效高度，在有效高度内的空间容积称为高炉的有效容积，亦指炉缸、炉腹、炉腰、炉身和炉喉五部分容积之和。

高炉有效高度：

$$H_u = h_1 + h_2 + h_3 + h_4 + h_5 \qquad (5-9)$$

高炉有效容积：

$$V_u = V_1 + V_2 + V_3 + V_4 + V_5 \qquad (5-10)$$

高炉有效高度决定了煤气热能和化学能的利用，也影响着顺行。增加有效高度能延长煤气和炉料的接触时间，有利于充分传热和还原，使煤气能量得到充分利用，从而有利于降低焦比；但有效高度过高，煤气流通过料柱的阻力增大，不利于顺行。所以在确定高炉有效高度时，应考虑原料、燃料的质量。如使用强度好的焦炭、还原性好的经过筛分的小块矿石或熟料比高时，有效高度可适当高些；反之应矮些。

高炉的有效容积表示高炉的大小，在我国早期有 $13m^3$、$28m^3$、$55m^3$ 和 $100m^3$ 以下的小型高炉，有 $150m^3$、$300m^3$、$620m^3$ 和 $1000m^3$ 以下的中型高炉，还有 $1200m^3$、$1500m^3$、$2000m^3$、$3000m^3$ 以上的大中型高炉。生产实践证明，高炉有效高度与有效容积有一定关系，但不是直线关系，当有效容积增加到一定值后，有效高度的增加不显著。一般大中型高炉高度与炉容的关系为：

$$V_u = K \times H_u \times d^2 \qquad (5-11)$$

式中　V_u——高炉有效容积，m^3；

　　　H_u——高炉有效高度，m；

　　　d——炉缸直径，m；

　　　K——系数，依据高炉有效容积大小在 0.7～0.9 变化。

高炉炉型是炉体系统的基础，炉型的好坏不但关系到高炉是否高产稳产，也关系到高炉煤气利用的好坏和燃料比的大小，亦对高炉寿命的长短起重要作用。因此，高炉炉型应根据炉容大小、矿石品种、品位、熟料率、球团率、焦炭质量以及内衬和冷却壁的形式等多种因素共同确定。一般炉容越大、品位越高、熟料率越高、球团比越大、内衬越薄，炉型相对越矮胖；反之炉型越瘦长。

在我国，小型高炉过去曾发挥过很好的作用，现在根据资源配置、环保及综合效益等要求，不再建设小型高炉，已有的也已关停，而且重新对高炉大小级别进行了界定（见表 5-10）。有效高度与炉腰直径的比值（H_u/D）是表示高炉"矮胖"或"细长"的一个重要指标，从高炉有效高度与炉腰直径比值（H_u/D）的变化来看（见表 5-10、表 5-11），有效容积的增长率远比有效高度的增长率快得多，加之随着各钢铁企业大力提高矿石品位，提高熟料率及球团比和薄壁内衬的盛行，高炉大型化发展过程中内型逐步向矮胖型发展。

表 5-10　高炉大小级别界定

高炉大小级别	分级标准	
	有效容积 V_u/m^3	有效高度与炉腰直径比值（H_u/D）
小型高炉	<600	3.7~4.5
中型高炉	600~1000	2.9~3.5
大型高炉	1000~2500	2.5~3.1
超大型高炉	>3000	约2.0

表 5-11　5500m^3大型高炉内型尺寸比较

项目	单位	京唐1号、2号高炉	京唐3号高炉	沙钢	德国施韦尔根2号高炉	俄罗斯切列波维茨5号高炉	日本大分2号高炉	韩国光阳1号高炉
有效容积 V_u	m^3	5500	5500	5860	5513	5580	5775	6000
炉缸直径 d	mm	15500	15300	15300	14900	15100	15600	16100
炉腰直径 D	mm	17000	17500	17500	17165	16500	17200	18700
炉喉直径 d_1	mm	11200	11000	11500	11000	11400	11100	11200
死铁层高度 h_0	mm	3200	3200	3200	2980	—	4294	3382
炉缸高度 h_1	mm	5400	5600	6000	5300	5200	6050	6000
炉腹高度 h_2	mm	4000	4000	4000	3900	3700	4000	4400
炉腰高度 h_3	mm	2500	2500	2400	3000	1700	2500	1600
炉身高度 h_4	mm	18400	18400	18600	17700	21200	18400	17800
炉喉高度 h_5	mm	2500	2300	2200	2900	2500	2625	1200
有效高度 H_u	mm	32800	32800	33200	32800	34300	33575	31000
炉腹角 α		79°22′49″	74°37′25″	74°37′25″	73°48′27″	79°17′12″	78°41′24″	73°32′23″
炉身角 β		81°2′36″	79°58′59″	80°50′15″	80°07′15″	83°08′28″	80°35′17″	78°06′48″
风口数	个	42	40	40	42	40	42	42
铁口数	个	4	4	3	4	4	5	4
风口间距	mm	1159	1202	1202	1115	1186	1167	1204

项目	单位	京唐 1 号、2 号 高炉	京唐 3 号 高炉	沙钢	德国 施韦尔根 2 号高炉	俄罗斯 切列波 维茨 5 号 高炉	日本 大分 2 号高炉	韩国 光阳 1 号高炉
H_u/D		1.929	1.874	1.897	1.911	2.079	1.952	1.658
V_1/V_u	%	18.27	18.12	18.79	16.85	16.77	20.02	20.30

5.2.1.2 高炉炉衬

高炉内耐火材料砌筑的实体称为高炉炉衬。耐火材料直接承受高温作用、化学侵蚀、炉料和煤气运动的磨损等多种因素的破坏，因此，高炉炉衬的作用在于构成高炉的工作空间，减少热损失，并保护炉壳和其他金属结构免受热应力和化学侵蚀的作用。炉缸炉底部位炉衬和其他部位冷却器破损到一定程度就需要中修或大修，停炉大修便是高炉一代寿命的终止。

炉衬设计的合理可以延长高炉寿命，并获得良好的技术经济指标，因此炉衬选择和设计时要考虑以下 3 点：

(1) 高炉各部位的工作条件及其破损机理；

(2) 冷却设备形式及对砖衬所起的作用；

(3) 要预测侵蚀后的炉型是否合理。

在上述 3 点考虑的前提下，对高炉炉衬的基本要求如下：

(1) 各部位内衬与热流强度相适应，以保持在强热流冲击下内衬的稳定性；

(2) 炉衬的侵蚀和破坏与冶炼条件密切相关，不同位置的耐火材料受侵蚀破坏机理不同，因此要求各部位内衬与侵蚀破损机理相适应，以延缓内衬破损速度；

(3) 炉底基座要求有足够的强度和耐热性。

高炉炉衬通常由陶瓷质材料（包括黏土质和高铝质）和碳质材料（碳砖、碳捣体、石墨砖等）两大类组成。炉身中上部炉衬主要考虑耐磨，上部以碳化硅和优质硅酸盐耐火材料为主，中部以抗碱金属能力强的碳化硅砖或高导热的炭砖为主；炉身下部和炉腰主要考虑抗热震破坏和碱金属的侵蚀，高炉下部以高导热的石墨质炭砖为主；炉腹主要考虑高 FeO 的初渣侵蚀，多以高铝质和炭砖为主；炉缸、炉底主要考虑抗铁水机械冲刷和耐火砖的差热膨胀，主要考虑陶瓷砌体、高铝砖和石墨质炭砖等组合炉衬。不同部位炉衬类型选择如图 5-5 所示。

图 5-6 所示为高炉采用不同冷却设备时内衬出现破坏的实例，实践表明，炉衬寿命将随冶炼条件而变，但最薄弱的环节仍然在炉底（含炉缸）和炉身。因此，从炉底（含炉缸）和炉身的炉衬工作条件考虑，提高炉衬寿命的措施有以下几个：

(1) 均衡炉衬。均衡炉衬是根据高炉炉衬各部位的工作条件和破损情况不同，在同一座高炉上采用多种材质和不同尺寸的砖搭配砌筑，不使高炉因局部破损而休风停炉，达到延长炉衬寿命和降低成本的目的。

(2) 改进耐火砖质量，不断开发新型耐火材料。减小杂质含量，提高砖的密度，从而提高耐火砖理化性能。

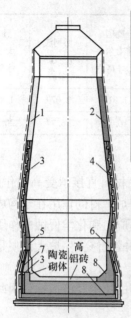

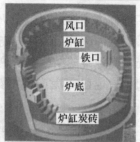

▲ 炉身上部：磷酸浸渍黏土砖(1)
　　　　　　　致密型黏土砖(2)
▲ 炉腹至炉身下部：半石墨炭—碳化硅砖(3)
　　　　　　　Al₂O₃—C—SiC砖(4)
▲ 风口区：半石墨炭—碳化硅风口组合砖(5)
　　　　　碳化硅风口组合砖(6)
▲ 渣、铁口区：半石墨炭—碳化硅组合砖
　　　　　　Al₂O₃—C—SiC组合砖(4)
▲ 陶瓷砌体：刚玉莫来石砖、复合棕刚玉砖
　　　　　　黄刚玉砖、铬钢玉砖
▲ 炉底炉缸：半石墨低气孔率自熔炭块(7)
　　　　　　半石墨炭—碳化硅熔烧块(8)

图 5-5　高炉不同部位炉衬类型

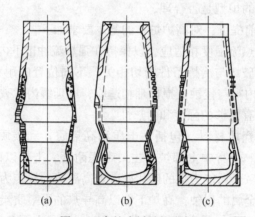

图 5-6　高炉内衬破坏实例
（a）采用冷却板的炉缸；（b）（c）采用冷却壁的炉缸

（3）控制炉衬热负荷，改进冷却器结构，强化冷却（见图 5-7）。改进冷却器结构，建立与炉衬热负荷相匹配的冷却制度，减小热应力。在炉衬侵蚀最严重的部位，应提高水压并采用软水或纯水循环冷却。

（4）稳定炉况、控制煤气流分布。

（5）改进砌砖结构，严格按砌筑炉衬的要求砌炉。

（6）完善监控系统。

根据高炉炉衬的工作条件和破损机理分析可知，高炉炉衬材料的质量和性质是影响高炉寿命的重要因素之一，对高炉用耐火材料提出如下要求：

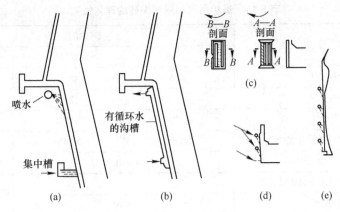

图 5-7 外部喷水冷却装置

（a）喷水；（b）沟槽；（c）炉缸侧墙冷却外套；（d）炉身喷水冷却；（e）炉缸喷水冷却

（1）对长期处在高温高压条件下工作的部位，要求耐火度高，高温下的结构强度大（荷重软化点高、高温机械强度大），高温下的体积稳定性好（包括残存收缩和膨胀、重烧线收缩和膨胀要小）。

（2）组织致密，体积密度大，气孔率小，特别是显气孔率要小，提高抗渣性和减小炭黑沉积的可能。

（3）Fe_2O_3 含量低，防止与 CO 在炉衬内作用，降低砖的耐火性能和在砖表面上形成黑点、熔洞、熔疤、鼓胀等外观和尺寸方面的缺陷。

（4）良好的化学稳定性，以提高抵抗炉渣的化学侵蚀的能力。

（5）机械强度高，具有良好的耐磨性和抗冲击能力。

（6）外形尺寸精确，控制在允许公差范围之内，以确保施工质量。

常用的耐火材料，如陶瓷质耐火材料（包括黏土砖、高铝砖、耐热混凝土以及近几年使用的硅线石砖、合成莫来石、烧成刚玉、不定形耐火材料等）及碳质耐火材料（包括碳砖、碳捣、石墨砖以及新型碳质材料，如自结合与氮结合的碳化硅砖、氮化硅砖、铝炭砖等）两大类的主要理化性能指标见表 5-12～表 5-18。

表 5-12 高炉用黏土质耐火砖的理化指标

指标	黏土砖		
	XGN-38	GN-41	GN-42
$w(Al_2O_3)/\%$	≥38	≥41	≥42
$w(Fe_2O_3)/\%$	≤2.0	≤1.8	≤1.8
耐火度/℃	≥1700	≥1730	≥1730
0.2MPa 荷重软化开始温度/℃	≥1370	≥1380	≥1400
残余线变化率（1400℃，3h）/%	≤0.3	≤0.3	≤0.2
显气孔率/%	20	18	18
常温耐压强度/MPa	≥30	≥55	≥40

表 5-13　高炉用高铝质耐火砖的理化性能

项　　目		指标		
		GL-65	GL-55	GL-48
$w(Al_2O_3)$/%		≥65	≥55	≥48
$w(Fe_2O_3)$/%		≤2.0		
耐火度/℃		≥1790	≥1770	≥1750
0.2MPa 荷重软化开始温度/℃		≥1500	≥1480	≥1450
重残线变化/%	1500℃，2h	0~-0.2		
	1450℃，2h			0~-0.2
显气孔率/℃		≤19		≤18
常温耐压强度/MPa		≥58.8		≥49
透气度		必须进行此项检验，将实测数据在质量证明书中注明		

表 5-14　超高氧化铝耐火砖主要特性

项目	莫来石结合的烧成高铝砖		Al_2O_3 结合烧成高铝砖	Cr_2O_3 结合的烧成高铝砖	熔铸高铝砖
$w(Al_2O_3)$/%	88	94	99	92	91.8
$w(Fe_2O_3)$/%	<0.5	<0.5	<0.5	<0.5	<0.5
$w(Cr_2O_3)$/%				7.5	
熔化物/%	<2.5	<1.5	<0.5	<0.5	
密度/g·cm⁻³	3.00	3.20	3.15~3.20	3.25	3.34
显气孔率/%	15	13.15	13~16	16~19	6.5
冷压强度/MPa	>100		>100	>100	>100
450℃时，抗 CO 分解度	完全不分解		完全不分解	完全不分解	完全不分解
重烧线收缩率（1600℃，2h）/%	稳定		稳定	稳定	稳定

表 5-15　各种耐热混凝土配料与物理性能

耐热混凝土名称	骨料/%				掺和料/%		胶结料/%				加水量/%
	一级矾土熟料	检选矾土熟料	混合矾土熟料	焦宝石黏土熟料	二级矾土熟料细粉	混合矾土熟料细粉	磷酸浓度，45%（外加）	低钙水泥	硅酸盐水泥	矾土水泥	
N_P硅酸盐耐热混凝土	70				28		12~13			2	
N_A矾土水泥混凝土		70~72	20	50	15~17			15	13		8.5~10
N_A硅酸盐水泥混凝土						15					9.5~10
N_L低钙铝酸盐水泥混凝土			70			15		15			8.0~9.0

耐火度/%	荷重软化开始变形	温度/℃	气孔率/%	体积密度/g·cm⁻³	烘干强度/MPa	残余线变形1300℃/%
>1730	1320	1425	—	2.5	34.7	−0.43
1690	1255~1270	1355~1370	19.5~20.0	2.31	32.8~37.3	−0.5
1560	1175	1220	19.5	2.19	32.6	—
≥1750	1265	1335	20.3	2.23	10.2	—

表 5-16　高炉用不定形耐火材料理化性能

材质	烧后线变化率/%	耐火度/℃	烧后体积密度/g·cm⁻³	弯曲强度/MPa		耐压强度(干燥后)/MPa	热导率/W·(m·K)⁻¹	化学成分/%		
				干燥后	热态			Al_2O_3	CaO	Fe_2O_3
FN-130 (中重质)	1300℃×3h ±1.0	≥1530	1300℃ 1.65	110℃ 3.92~7.84	1300℃ ≥0.98	>19.6	热面 (1300℃) 0.58~0.70	≥40	—	—
FH-140 (重质)	1400℃×3h ±1.0	≥1610	1400℃ >1.95	110℃ 5.88~9.80	1400℃ ≥0.98	>24.5	—	≥45	—	—
FL-130 (轻质)	1300℃×3h ±1.0	—	1300℃ ≥1.40	110℃ >2.94	≥0.49	>14.7	350℃ 0.29~0.40	≥35	—	—
MSH-1 (耐酸质)	1300℃×3h ±1.0	≥1530	1300℃ ≥2.10	110℃ >1.47	酸处理后 >0.98	—	—	≥50	≤0.5	—
磷酸盐泥浆 THA-1	—	≥1790	—	110℃ 1.94~1.96	1400℃ 5.88~7.84	—	—	≥75	—	—

表 5-17　炭砖的理化性能

国家	原料类别	固定碳/%	热导率/kJ·(m·h·℃)⁻¹	体积密度/t·m⁻³	真密度/t·m⁻³	全气孔率/%	耐压强度/MPa	灰分/%	挥发分/%
中国	无烟煤 焦炭	≥92		≥1.5		显气孔率 ≤23	≥30	<8	
美国	无烟煤	91.5	15.48	1.62 / 1.54	2.02 / 2.07	20.3 / 21.7	21.6 / 14	7.1 / 6.7	
德国	无烟煤		12.55	1.53	1.88	18.6	35	8	
德国	无烟煤		15.06	1.58	1.84	15.0	42.5	8	
德国	石墨		355.64	1.56	2.2	29.5	17.5	0.2	
苏联			25.10 / 25.10	1.6		显气孔率 17.5 / 17.5	22.7 / 27.5	2.7 / 2.7	
英国			418.4 / 355.64		2.2	19.5 / 29.5	27.5 / 17.5	0.5 / 0.2	
日本 (标准)	无烟煤 (G11)	≥90	400℃时 50.21	≥1.5	≥1.9	≤20	≥35	≤8	≤1.0
	无烟煤 (BC-5)			>1.5	≥1.92	<18	≥42	<4	

表 5-18　国内外高炉用碳化硅制品的理化指标

指标		Si_3N_4结合 SiC 砖	Sialon 结合 SiC 砖	自结合 SiC 砖	美国 Si_3N_4 结合 SiC 砖	美国 Sialon 结合 SiC 砖	日本自结合 SiC 砖
结合相		Si_3N_4	Sialon	β·SiC 为主	Si_3N_4	Sialon	β·SiC 为主
体积密度/g·cm^{-3}		2.73	2.70	2.70	2.65	2.70	2.67
显气孔率/%		13	15	15	14.3	14	16
耐压强度/MPa		228.6	220.2	162	161	213	166.1
抗折强度/MPa	常温	53.8	52.7	48.3	43	47	37.1
	1400℃	56.9	49.8	39.0	54（1350℃）	48（1350℃）	42
热导率 /W·(m·K)$^{-2}$	800℃	18.6	19.4		16.3 （1000℃）	20	
	1200℃	15.7 （1300℃）	16		16.9	17	
线膨胀系数（20~1000℃） /℃$^{-1}$		4.6×10^{-6}	5.1×10^{-6}	4.2×10^{-6}	4.7×10^{-6}	5.1×10^{-6}	4.4×10^{-6}
化学成分/%	SiC	>70	>70	87.76	75.6		85.38
	Si_3N_4	>20			20.6		
	Sialon		>20				
	Si		0.39				
	Fe_2O_3		0.31	0.42	0.5		1.79

　　黏土砖是高炉上应用最广的耐火砖，具有良好的物理力学性能，化学成分与炉渣相近，不易和炉渣起化学反应，不易被磨损腐蚀，成本也较低。耐火性高的主要用于高炉下部（如 GN-42 型），具有较好力学性能的则适用于高炉上部（如 GN-41 型）。高铝砖的Al_2O_3 质量分数在 48% 以上，相比黏土砖具有更高的耐火度和荷重软化点，耐磨性和抗渣性也较好。随着 Al_2O_3 含量升高，这些性质也随着提高。但高铝砖的热稳定性较差，加工费用也高于黏土砖。为延长炉衬寿命，新型耐火材料在高炉上得到广泛应用，在炉身下部到炉腹区使用超高氧化铝耐火材料，如莫来石、铬铝硅酸盐结合制成的耐火砖，高温下具有更好的稳定性，有利于改善炉衬抗渣和熔融铁水侵蚀的能力，提高抗热震能力，并几乎消除了 CO 的破坏作用。但高温和碱金属并存时，Al_2O_3 有从 α-Al_2O_3 向 β-Al_2O_3 转变的问题，此时伴有体积变化，从而导致砌体开裂。

　　耐热混凝土和不定形耐火材料目前也广泛应用于高炉，其性能见表 5-15 和表 5-16。耐热混凝土除在高炉炉基上使用外，近年来也用于炉底、下部支柱、炉顶、冷却壁内衬等部位，也可用于热风炉大墙和燃烧室隔墙上，其工艺简单，使用方便，具有可塑性和整体性，便于复杂制品的成形，并有利于筑炉施工机械化，成本低，使用寿命与耐火砖相近。但耐热混凝土使用时要严格烘烤，特别是在低温阶段费时长，中温强度低，高温下长期使用易剥落。不定形耐火材料在炉役后期高炉还能正常生产时，为了提高高炉寿命，可在炉壳内表面喷涂，但各部位所选用的喷涂材料应根据高温工作条件而定。

碳质耐火材料是高炉炉衬理想的耐火材料，主要有炭砖、石墨炭砖、石墨碳化硅砖、自结合或氮结合碳化硅砖和捣打材料等，可有效用于炉缸和炉底，也成功用于炉腹，甚至还有向高炉上部使用的趋势，常见理化性能指标见表5-17和表5-18。我国高炉用炭砖要求含碳量不低于92%，灰分不高于8%，耐压强度不低于25MPa，显气孔率不高于24%。国内外对提高炭砖的抗氧化性能、抗磁性能和导热性能等方面做了大量工作，而且为了延长炉身下部寿命，倾向使用碳化硅砖。相比一般碳质材料，其性质更不活泼，抗氧化性能好、导热性好、膨胀系数小、高温强度大和蠕变变形小，有很好的抗渣、抗铁水冲刷和抗腐蚀的能力。

此外，在砌筑高炉炉衬时还需要耐火泥浆，以便把耐火砖黏结成为致密的整体炉衬。常用的为磷酸盐泥浆和砌筑炭砖用的炭油（薄缝糊）和炭料（厚缝糊）。而在高炉炉衬砌体与炉壳之间，炉衬砌体与周围冷却壁之间，还应填充不同性质的填料，其一般要求具有可塑性和良好导热性，以缓冲砌体的径向膨胀和吸附密封煤气，并利于冷却和降低损坏速度，同时各项性能（抗渣性、导热性等）与炉体各部位耐火炉衬相近。

5.2.1.3 高炉冷却设备

在高炉生产过程中，由于炉内反应产生大量的热量，炉衬材料难以承受这样的高温作用，因而必须对其炉体进行合理的冷却，同时对冷却介质进行有效的控制，在达到有效冷却的同时不危及耐火材料寿命，又不会因为冷却元件的泄漏而影响高炉的操作。

A 冷却介质

高炉对冷却介质的一般要求是热容大、传热系数大、成本低、易获得、储量大、便于输送。通过冷却设备中冷却介质的作用，可以起到以下几个效果：

（1）降低炉衬温度，使炉衬保持一定的强度，维护合理操作炉形，延长高炉寿命和安全生产。

（2）形成保护性渣皮、铁壳和石墨层，保护炉衬并代替炉衬工作。

（3）保护炉壳、支柱等金属结构免受高温的影响，有些设备（如风口、渣口、热风阀等）用水冷却以延长其寿命。

（4）有些冷却设备可起支撑部分砖衬的作用。

常用的冷却介质有水、风、汽水混合物，即水冷、风冷、汽化冷却三种。最普遍的是用水，它的热容大、传热系数大、便于输送、成本低，是较理想的冷却介质；风比水的导热性差，热容是水的1/4，在热流强度大时冷却器易过热。使用风冷成本比水高，但安全可靠，在高炉炉底采用风冷比较多；用汽水混合物冷却的优点是，汽化潜热大，可以大量节约用水，又可回收低压蒸汽。冷却系统与冷却介质密切相关，同样的冷却系统采用不同的冷却介质可以得到不同的冷却效果。因此，合理地选定冷却介质是延长高炉寿命的因素之一。现代化大型高炉除使用普通工业净化水冷却或强制循环汽化冷却外，逐步向软水或纯水密闭循环冷却方向发展，而且对水质纯度的要求越来越严格，根据不同处理方法所得到的冷却用水可分为普通工业净化水、软水和纯水。

天然水经过沉淀及过滤处理后，去掉水中大部分悬浮物杂质，而溶解杂质并未发生变化的称为普通工业净化水。高炉用普通工业净化水的要求见表5-19。采用其做冷却介质时，冷却构件的通道壁上容易产生沉积物和水垢，导致传热效率降低，冷却器因过热而易破坏。因此软化水和纯水是更佳的水冷介质，如经过阴阳离子交换处理后获得的纯水，它在受热后无沉积物出现，水呈弱碱性，可防止产生苛性脆化的可能性，同时水中除掉了 CO_2，也可避免在冷却系统中对铜及铜合金零部件产生腐蚀。软化水及纯水的水质指标见表 5-20。

表 5-19 高炉用普通工业净化水的要求

指标	小型高炉	大中型高炉
进水温度/℃	<40 （外部喷水冷却 50）	<35
悬浮物/mg·L⁻¹	<200	<200
硬度/mmol·L⁻¹	<3.57	<3.57

表 5-20 软化水和纯水的水质指标

指标	单位	软化水	纯水
溶解固体	mg/L	5~10	2~3
硬度	mmol/L	<0.035	0
碱度	mmol/L	4~20	0.04~0.1
氯根	mg/L	<600	0.02~0.08
硅酸根	mg/L	<70	0.02~0.1
电导率	S/m	<0.05	$10^{-3} \sim 15^{-3}$
电阻率	Ω·m	<20	700~1000

B 冷却设备

冷却设备的作用是降低炉衬温度，提高炉衬材料抗机械、化学和热产生的侵蚀能力，使炉衬材料处于良好的服役状态。由于高炉各部位的工作条件不同，热负荷不同，通过冷却达到的目的也不尽相同，故所采取的冷却设备也不同。高炉冷却设备按结构不同可分为外部喷水冷却装置、内部冷却装置（冷却壁、冷却板和冷却水箱）等炉体冷却设备，还有风口、渣口、热风阀等专用设备的冷却以及炉底冷却。冷却壁紧贴着炉衬布置，冷却面积大；冷却板水平插入炉衬中，对炉衬的冷却深度大，并对炉衬有一定的支托作用；外部喷水冷却深度不大。

图 5-7 为外部喷水冷却装置，其利用环形喷水管或其他形式通过炉壳冷却炉衬。喷水管直径为 50~150mm，管上有直径 5~8mm 的喷水孔，喷射方向朝炉壳斜上方倾斜 45°~60°。为了避免水喷溅，炉壳上安装防溅板，防溅板下缘与炉壳间留 8~10mm 的缝隙，以便冷却水沿炉壳向下流入排水槽。喷水冷却装置除简单、检修方便、造价低廉外，对冷却水质的要求不高。喷水冷却装置适用于碳质炉衬和小型高炉冷却，对于采用陶瓷类炉衬的大中型高炉往往作为辅助的冷却手段。为提高喷水冷却效果，必须对炉壳定期清洗，如宝钢设有专用移动式高压泵车，冲洗水压 1.5~2.0MPa，半年左右冲洗一次。

实际应用中，大中型高炉在炉役末期冷却器被烧坏或严重脱落时，为维持生产采用喷水冷却；小型高炉常采用外部喷水冷却；国外有一些大高炉炉身、炉腹和炉缸采用碳质内衬配合喷水冷却，还有使用焊有沟槽外套结构冷却炉壳的。图 5-8 所示为宝钢 1 号高炉炉底喷水冷却示意图。

内部冷却装置是安装在炉壳与炉衬间或炉衬中的冷却元件，可增强砖衬的冷却效果。

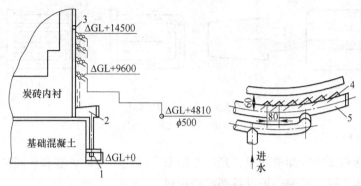

图 5-8　宝钢 1 号高炉炉底喷水冷却示意图
1—集水坑；2—水槽；3—炉壳；4—喷水嘴；5—喷水环管

该元件结构因使用部位和目的不同而异，分为插入式冷却器和冷却壁两大类型。插入式冷却器有支梁式水箱、冷却板和冷却棒等形式，均埋设在砖衬内，其优点是冷却深度大；缺点为点式冷却，炉役后期炉衬工作面凹凸不平，不利炉料下降，此外在炉壳上开孔多，降低炉壳强度并给密封带来不利影响。冷却壁设置于炉壳与炉衬之间，它是内部铸有无缝钢管的铸铁板。冷却壁的优点是炉壳开孔少而小，不损坏炉壳钢板强度，有良好的密封性，特别是在采用高压操作的高炉上，更显出它的特殊优越性，还有冷却均匀、炉衬内壁光滑等优点，适宜于薄炉衬结构采用。但不足之处是冷却壁损坏后不能更换，影响冷却面积较大，故需辅以喷水冷却。

而根据高炉炉腹及以上区域冷却元件使用方式的不同，内部冷却设备主要有三大类别：冷却壁形式、冷却板形式、板壁结合形式。其中冷却壁使用最广泛，冷却板次之，只有很少的高炉使用板壁结合形式，冷却箱目前基本已淘汰。冷却壁、冷却板的材质一般为铸铁、铸钢和铜。

冷却板又称扁水箱，安装时水平插入炉衬砖层中，对炉衬具有一定支托作用。冷却板的冷却原理是通过分散的冷却元件伸进炉内（一般长度为 700~800mm）来冷却周围的耐火材料，并通过耐火材料的热传导作用来冷却炉壳，从而起到延长耐火材料使用寿命和保护炉壳的作用。冷却板厚度 70~110mm，内部铸有 $\phi44.5mm \times 6mm$ 无缝钢管，常用在炉腰和炉身部位，呈棋盘式布置，一般上下层间距 500~900mm，同层间距 150~300mm。炉腰部位比炉身部位要密集一些。若有炉腰支圈，冷却板可在其上沿圆周分布，以保护托圈和炉腹（或炉腰）部位的冷却壁的上端不被烧坏。冷却板前端一般与炉衬设计工作表面的距离为 230mm 或 345mm，冷却水进出管与炉壳焊接，密封性好。有的高炉采用波纹管，效果较好。目前常用的冷却板的结构形式如图 5-9 所示，其内采用隔板将冷却水形成一定的回路。显然，A 型水速较快，有利于提高冷却强度。为增大冷却能力，日本钢管公司在炉身下部改用"双进 4 路"和"双进 6 路"形式的冷却板（图 5-9），并增加冷却水量，冷却板损坏数量几乎为零。

冷却壁是安装在炉衬与炉壳之间的壁形冷却器，其冷却原理是通过冷却壁形成一个密闭的围绕高炉壳内部的冷却结构，实现对耐火材料的冷却和对炉壳的直接冷却，从而起到延长耐火材料使用寿命和保护炉壳的作用。按材质可分为铸铁和铜质两种；按结构形式

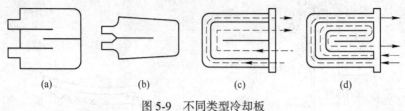

图 5-9　不同类型冷却板

(a) A 型；(b) B 型；(c) 双进 4 路；(d) 双进 6 路

分为光面冷却壁和镶砖冷却壁两类，光面冷却壁主要用于冷却炉缸和炉底炭砖；镶砖冷却壁主要用于冷却炉腹、炉腰、炉身各部位的炉衬。

（1）铸铁冷却壁。铸铁冷却壁内铸无缝钢管，构成冷却介质通道，铸铁板（冷却壁）用螺栓固定在炉壳上，结构有光面冷却壁和镶砖冷却壁两类形式。光面冷却壁基本结构如图 5-10 所示。铸入的无缝钢管为 $\phi34mm\times5mm$ 或 $\phi4.5mm\times6mm$，中心距为 $100\sim200mm$ 的蛇形管，管外壁距冷却壁外表面为 30mm 左右，即光面冷却壁厚 $80\sim120mm$，水管进出部分需设保护套焊在炉壳上，以防开炉后冷却壁上涨，将水管切断。风口区冷却壁和块数为风口数目的 2 倍，渣口周围上下段各 2 块，由 4 块冷却壁组成。该区域光面冷却壁尺寸大小要考虑制造和安装的方便，冷却壁宽度一般为 $700\sim1500mm$，圆周冷却壁块数最好取偶数，冷却壁高度视炉壳折点和炉衬情况而定，一般小于 3000mm，应方便吊运和容易送入炉壳内。冷却壁排列时同段冷却壁间竖直缝 20mm，上下段间水平缝 30mm，两段竖直缝相互错开，避免四个角集中成十字缝。

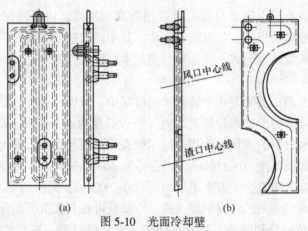

图 5-10　光面冷却壁

(a) 光面冷却壁；(b) 风渣口光面冷却壁

图 5-11 所示为镶砖冷却壁的几种结构，该类型冷却壁的内表面侧（高炉炉体内侧）的铸肋板内铸入或砌入耐火材料，耐火材料的材质一般为黏土质、高铝质、炭质或碳化硅质。一般是在制作砂型时就将耐火砖砌入铸型中，然后注入铁水；也有的是先浇铸成带肋槽的冷却壁，然后将耐火砖砌入肋槽内或者将不定形耐火材料填充在肋槽内。镶砖冷却壁与光面冷却壁相比，更耐磨、耐冲刷、易黏结炉渣生成渣皮保护层，代替炉衬工作。

（2）铜冷却壁。铸铁冷却壁主要存在着两个问题：一是冷却壁的材质问题，二是水冷管的铸入问题。为了解决这两个问题，近些年来研制开发出铜冷却壁，它与传统型的冷

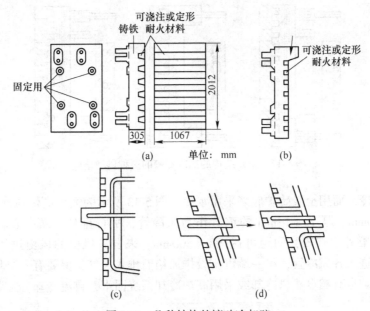

图 5-11 几种结构的镶砖冷却壁

(a) 曲形铸铁冷却壁；(b) τ形冷却壁；(c) 鼻形冷却壁；(d) 单管-双管 τ 形冷却壁

却壁相比主要区别是采用导热性高的纯铜作为母材和先进的制造工艺。国内外许多生产厂家相继开发出一系列铜冷却壁产品，应用于高炉生产中，收到了良好效果。

铜冷却壁具有如下特点：

1) 热阻小，工作温度低。由于铜冷却壁不铸入水管，没有气隙热阻，冷却水导热效果更好，容易降低冷却壁本体温度，因而可以使冷却壁处于较低的工作温度下，有利于形成保护冷却壁自身的渣皮，根据国外厂家实际检测结果，铜冷却壁平均壁面温度约为40℃，且温度波动较小。

2) 挂渣快，渣皮稳定。铜冷却壁的工作温度低且稳定，证明在铜冷却壁的热面上形成的渣皮是厚实、稳定的。如一旦出现渣皮脱落现象，由于铜冷却壁具有较强的冷却能力，能在热面上迅速形成新的渣皮。据国外一些高炉的实测记录显示，在铜冷却壁上建立渣皮只需 15min 左右的时间。

3) 热承载能力大。据计算，在高炉高温区域内，如果出现渣皮完全脱落的情况，其热流密度达到 $300kW/m^2$，最高温度也将小于 250℃，在此温度下，铜基体没有金相组织变化，抗拉强度 σ_b 仍大于 80MPa。

4) 制造工艺严格。所使用的材质纯铜纯度达 99.90% 以上，外型尺寸偏差约小于2mm，焊接、探伤均需要严格的检验。

铜冷却壁的结构与铸铁冷却壁基本相同，有光面和镶砖结构，在高炉的风口、渣口、铁口部位可以做成异型，其镶砖结构如图 5-12 所示。

C 高炉炉体冷却

a 炉底冷却

现代大型高炉炉缸直径较大，径向周围冷却壁的冷却，已不足以将炉底中心部分的热量散发出去，如不进行冷却则炉底向下侵蚀严重。因此，炉底要进行冷却。用综合炉底

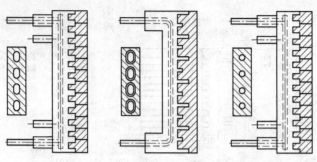

图 5-12　镶砖结构的铜冷却壁的三种典型结构

时，多采用风冷，而用全炭砖炉底多采用水冷。图 5-13 所示为大型高炉风冷炉底布置图。一般采用 $\phi146mm$、厚 $10\sim14$ 的钢管作为风冷管，平行排列，靠中心较密，间距为 $200\sim300mm$，靠外边较疏，间距可达 $350\sim500mm$。来自鼓风机的风由进风管导入进风箱，然后分别进入各风冷管，另一端可不设排风箱而排入大气，但要有一半环形防尘板覆盖。中小型高炉也有靠自然风冷却或采用高炉冷却系统回水，自流冷却。

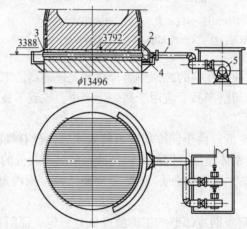

图 5-13　高炉风冷炉底布置
1—进风管；2—进风箱；3—防尘板；4—风冷管；5—鼓风机

图 5-14 所示为高炉水冷炉底结构示意图，这是常见的一种水冷炉底结构形式，在炉底砌砖与耐热混凝土之间排列水管冷却，靠中心密，边缘疏。水冷管中心线以下埋置在炉基耐火混凝土基墩上表面中，中心线以上为碳素捣固层，水冷管为 $\phi40mm\times10mm$，炉底中心部位水冷管间距 $200\sim300mm$，边缘水冷管间距为 $350\sim500mm$，水冷管两端伸出炉壳外 $50\sim100mm$，炉壳开孔后加垫板加固，开孔处应避开炉壳折点 $150mm$ 以上。水冷炉底结构应保证切断给水后可排出管内积水，工作时排水口要高于水冷管水平面，保证管内充满水。大型高炉采用高压操作时，有增加炉底密封底板的趋向，水冷管如排列

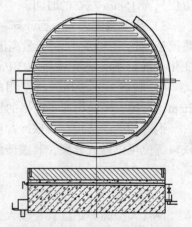

图 5-14　高炉水冷炉底结构图

在密封底板上方，炉壳开孔多，密封较难，但水冷管与炉底砖之间接触好些，冷却效果好些；水冷管如排列在密封底板下方，炉壳不开孔，密封性好，但水冷管与密封底板之间要进行压力灌浆，以改善接触提高冷却效果。

b 炉体冷却

随着炼铁工业的发展，国内外均对高炉炉体冷却结构及冷却系统进行了改进。对于不设炉身支柱、炉缸支柱的高炉，应特别加强对炉壳的保护，使用冷却壁或喷水冷却为宜。对采用导热性好的碳质炉衬，则以光面冷却壁为宜。对于厚壁炉衬则以插入式冷却板为宜。我国大中型高炉，在炉底炉缸部分多采用光面冷却壁，炉腹部分采用镶砖冷却壁，炉腰及炉身下部冷却形式较多，有镶砖冷却壁、卧式冷却水箱、支梁式冷却水箱等，既有单独采用一种冷却设备的，也有两种或多种形式混合使用的。对于全部使用冷却板设备冷却的高炉，冷却板设置在风口部位以上一直到炉身中上部，炉身中上部到炉喉钢砖和风口以下采用喷水冷却或光面冷却壁冷却；对于全部使用冷却壁设备冷却的高炉，一般在风口以上一直到炉喉钢砖采用镶砖冷却壁，风口以下采用光面冷却壁。

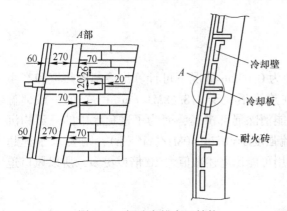

图 5-15 板壁交错布置结构

随着炼铁技术的发展和耐火材料质量的提高，高炉寿命薄弱环节由炉底部位的损坏转移到炉身下部的损坏，为了缓解炉身下部耐火材料的损坏和保护炉壳，可采用两种形式来强化：一是将冷却板和冷却壁分开制造，然后在高炉上安装时组合成复合式冷却器；二是在冷却壁上增加凸台，它既能保护炉皮，又能托住砖衬。近年来，新建的大型高炉上多使用板、壁结合的复合式冷却器，采用冷却板和冷却壁交错布置的结构形式（见图 5-15），它既实现了冷却壁对整个炉壳的覆盖冷却作用，又实现了冷却板对炉衬的深度方向的冷却，并对冷却壁上下层接缝冷却的薄弱部位起到了保护作用，具有更好的适应性。

D 冷却设备工作制度

冷却设备的工作制度，即制定和控制冷却水的流量、流速、水压和进出水的温度差等。合理的冷却制度应该是，高炉各部位的用水量与其热负荷相适应；冷却器内水速、水量和水质与冷却器结构相适应；水质合乎要求，进出水温差适当。若供水和排热之间有矛盾，会影响冷却设备和炉体的寿命。

高炉某部位需要由冷却水带走的热量称为热负荷，单位表面积冷却器的热负荷称为热流强度。热负荷可写为：

$$Q = cM(t - t_0) \times 10^3$$

$$q = \frac{Q}{F} \tag{5-12}$$

式中 Q——热负荷，kJ/h；

c——水的质量热容，J/(kg·K) 或 kJ/(m³·℃)；

M——冷却水消耗量，t/h；

t——冷却水出水温度，℃；

t_0——冷却水进水温度，℃；

q——热流强度，kJ/(m²·h)；

F——冷却器的冷却面积，m²。

冷却水消耗量与热负荷、进出水温度差有关。高炉冶炼过程中在某一段特定时间内（炉龄的初期、中期和晚期等）可以认为热负荷是常数，那么冷却水消耗量与进出水温度差成反比，提高冷却水温度差，可以降低冷却水消耗量。提高冷却水温度差的方法有两种：一是降低流速，二是增加冷却设备串联个数。因冷却设备内水的流速不宜过低，热量带不走会造成局部过热而烧坏冷却器。根据基本的传热速率方程，苏联学者安东涅夫提出防止产生局部沸腾的最低水速和冷却器热流强度、水流通道的当量直径的关系式：

$$V_{局} = \frac{d^{0.2} \times q \times 4.1868}{10^5} \tag{5-13}$$

式中 $V_{局}$——局部沸腾的最低水速，m/s；

d——水流通道的当量直径，m；

q——热流强度，kJ/(m²·h)。

依据式（5-13），在水流通道当量直径为 0.032m 情况下可计算出冷却器热流和产生局部沸腾水速的关系，如图 5-16 所示。在热流不大于 418.68MJ/(m²·h) 的一般部位（如炉身下部），水速超过 0.5~0.6m/s 即能消除局部沸腾，而为了避免水中的悬浮物沉淀，$V_{局}$应在 0.6m/s 以上。对风口，若热流强度 $q=1674.40$MJ/(m²·h)，则要求水速超过 3.6m/s。风口的局部沸腾由于铁水的作用可能比上述数值大 10 倍或更多，所以风口迫切需要高水速的一切措施。

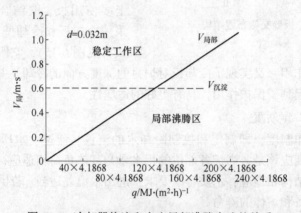

图 5-16 冷却器热流和产生局部沸腾水速的关系

冷却水的进水温度一般情况下应小于 33℃，它与大气温度和回水冷却状况有关，出水温度与水质有关，一般也不应超过 50~60℃，即反复加热时水中碳酸盐沉淀温度，不然钙镁盐类会沉淀出来形成水垢，导致冷却器烧坏。工作中考虑到热负荷的波动和侵蚀状况的不同，实际的进出水温差应该比允许的进出水温差适当低些，各部位要有一个合适的安全系数 ϕ，其关系式为：

$$\Delta t_{实际} = \phi \Delta t_{允许} \tag{5-14}$$

式中，ϕ 值见表 5-21。

表 5-21 高炉各部位安全系数及进出水温差参考数据

部位	ϕ 安全系数	$\Delta t_{实际}$	
		冬天 $\Delta t_{允许}$（25℃）	夏天 $\Delta t_{允许}$（15℃）
炉身、炉腹	0.4~0.6	15	8
风口带	0.15~0.3	8	5
风口小套	0.3~0.4	10	6
渣口以下炉缸、炉底	0.08~0.15	4	3

炉子下部比上部的 ϕ 要小些，因下部是高温熔体，特别是铁水的渗透和冲刷作用，可在某一局部造成过大的瞬时热流强度而烧坏冷却器，但在整个冷却设备上，却不能明显地反映出来，所以 ϕ 值要小些。实践证明，炉身部位 $\Delta t_{实际}$ 波动 5~10℃ 是常见的变化，而在渣口以下 $\Delta t_{实际}$ 波动 1℃ 就是个极危险的信号。显然出水温度仅代表出水的平均温度，也就是说，在冷却设备内，某局部地区水温完全可能大大超过出水温度，致使产生局部沸腾现象和硬水沉淀。实际生产中，要经常检测进出水温度，及时调整水量，必要时还要将双联改单联或提高水压。规定适宜的水温差对高炉来说是至关重要的，如果水温差规定得过低，将浪费大量冷却水，规定得过高易造成冷却器的烧损，甚至被迫提前大修，表 5-22 为我国部分高炉炉体各部位的水温差容许范围。

表 5-22 高炉各部分水温差允许范围　　　　（℃）

部位	炉容/m³			
	100	255	620	>1000
炉身上部	—	10~14	10~14	10~15
炉身下部	10~14	10~14	10~14	8~12
炉腰	10~14	8~12	8~12	7~12
炉腹	10~16	10~14	8~12	7~10
风口带	4~6	4~6	3~5	3~5
炉缸	<4	<4	<4	<4
风口、渣口大套	3~5	3~5	3~5	5~6
风口、渣口上套	3~5	3~5	3~5	7~8

E　高炉冷却系统

高炉冷却系统可分为开式工业水循环冷却系统、软（纯）水密闭循环冷却系统和汽化冷却。早期国内外的绝大多数高炉都是采用开式工业水循环冷却系统。但是从发展的情况看，国内外已有不少高炉采用软（纯）水密闭循环冷却系统，如图 5-17 所示。

该冷却系统具有冷却可靠、冷却效果好，延长冷却壁的使用寿命，冷却水量消耗减少20%左右，供水系统电耗节 30%左右，节省占地面积 50%左右的优点，从而取得了高炉长寿、低耗的显著效果。

F　冷却设备的检查与维护处理

高炉长寿技术是提高炼铁企业效益的关键。从高炉结构上看，炉缸炉底及炉腹到炉身下部是高炉长寿的两个重点区域，选择合适的耐火材料及冷却设备对延长高炉寿命至关重要。随着高炉的利用系数和冶炼强度提高，高炉炉腹、炉腰和炉身下部的热负荷上升、炉缸侧壁温度升高等现象频繁发生。同时，国内高炉原燃料质量稳定性较差，常引起炉况波动，进而造成软熔带位置频繁上下移动，加速炉腹到炉身下部区域耐材的侵

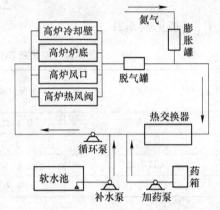

图 5-17　高炉软（纯）水密闭循环工艺流程

蚀和冷却壁的损坏。高炉冷却壁损害的主要原因总结如下：

（1）进水水管根部受剪切力断裂。剪切力产生的原因是新安装的冷却壁在开炉不久，由于炉壳和冷却壁热膨胀的量不同，产生上下方向的剪切力。

（2）近几年高炉不断强化后，因热量过大，现有材质、结构与冷却强度的冷却壁不能承受而发生冷却壁烧坏，特别是炉役中后期炉腹、炉身冷却壁烧坏较多。

（3）冷却水质差。水中含悬浮物太大时，在冷却壁中沉淀或水中含有较高的钙、镁碳酸盐，在冷却壁中形成水垢，不仅缩小了冷却壁内水管的内径，降低了冷却强度，而且水垢的导热性差，易烧坏冷却壁。

（4）高炉操作因素的影响。炉温波动大，对炉腹、炉腰冷却壁渣皮起破坏作用，长期发展边缘气流或发生管道行程会造成冷却壁热流量过大等。

（5）冷却壁铸造质量差，高炉发生急冷急热时造成冷却壁断裂。

高炉冷却设备漏水是高炉生产中常见的现象。一般漏水对高炉生产影响不大，但若对漏水发现不及时，或处理不当，就会发展成为事故；另外，漏水也是冷却设备损坏的一个征兆，特别是冷却壁漏水是炉体破损的重要标志。因此要强化冷却设备漏水的检查，生产中通常主要从以下几个方面开展检查。

（1）从风口各套接触面之间往外渗水，或固定螺栓与护管焊缝处炉皮渗水，则判定为漏水。

（2）用煤气测试法检查冷却壁漏水时，用煤气测试管从出水管口抽气，观察煤气测试管的颜色变化来判断冷却壁是否漏水。

1）若煤气成分中 H_2 含量比平时上升 0.5%，则为漏水征兆。

2）若出水发白，并带有白线，为漏水征兆。

3）出水头向外喷煤气、喷火则判定为漏水。

（3）用点燃法检查冷却壁漏水时，用明火试点，看是否能引燃出水头的煤气。如将煤气点燃，则判定为冷却壁漏水。

（4）用关水法检查冷却壁漏水时，通过逐步关小水量，使冷却壁出水管的压力小于炉内煤气的压力，如果水中有气泡或喘气现象则判定为冷却壁漏水。

当漏水严重，冷却壁出现损坏时，需要采取相应处理措施来应对。对漏水量不大的冷却壁，采取关小进水阀门的办法，使冷却壁内水的压力接近炉内煤气压力，使其得到动态

平衡，既保证冷却壁冷却，又能减少水的流入；漏水严重时要及时将出水头堵死，同时关闭进水阀门，并在外部喷水冷却。利用休风检修机会对损坏的冷却壁用铜冷却棒代替；对于损坏的冷却壁，外部喷水冷却工作要保证连续均匀，定期清理氧化铁皮，提高冷却效果。

5.2.1.4　风口、渣口及铁口

A　风口装置

风口装置如图 5-18 所示。风口装置是连接热风围管与炉内的热风通道，一般由风口、风口二套、风口大套、直吹管、带有窥视孔的弯管、鹅颈管、拉杆等构件组成。送风支管的直吹管端头与风口密合装配在一起，热风炉中的热风从直吹管中吹出通过风口吹入高炉炉缸，向高炉中喷吹的煤粉及其气体载体也通过风口进入高炉炉内，因此要求连接部位接触严密不漏风、耐高温、隔热且热损失小；结构简单、轻便、阻力损失小；耐用、拆卸方便，易于机械化。热风围管用钢板焊成，内砌 1~2 层 115mm 的黏土砖，在砖与钢板之间充填一层 10~20mm 厚的绝热材料（石棉板）。为了适应砖衬的膨胀，每隔 10m 留出一个宽约 40mm 的膨胀缝，内外两圈的膨胀缝错开。热风围管吊挂在炉缸支柱或大框架上。

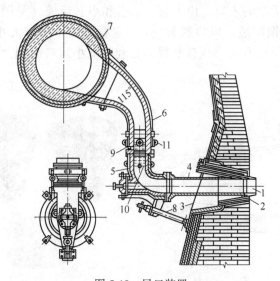

图 5-18　风口装置

1—风口；2—风口二套；3—风口大套；4—直吹管；5—弯管；6—鹅颈管；
7—热风围管；8—拉杆；9—吊环；10—销子；11—套环

鹅颈管是上大下小的异径弯管，其形状应保证局部阻力损失越小越好，如图 5-19 所示。大中型高炉的鹅颈管为铸钢件，内砌黏土砖，下端与短管球面接触，两套吊环销子，从两侧分别固定，而大型高炉则改为两头法兰连接。鹅颈管设有两个膨胀圈，以补偿围管对高炉的相对位移，解决了由于胀缩、错位引起的密封不严的问题。

直吹管是高炉送风支管的一部分（见图 5-19），尾部与弯管相连，端头与风口紧密相连。热风经热风围管、弯管传到直吹管，通过风口进入高炉炉缸。现代大型高炉的直吹管一般由端头、管体、喷吹管、尾部法兰和端头水冷管路五部分组成。早期的直吹管没有喷吹管和端头冷却管路。增加喷吹管的目的是用于向高炉炉缸内喷吹煤粉，增加端头水冷管

路是为了使直吹管能承受日益提高的热风风温。

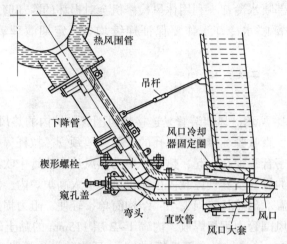

图 5-19   鹅颈管结构图

风口是鼓风进入炉缸的入口，由大套、二套和小套组成（见图 5-20），一般将风口小套简称风口，由纯铜制造。风口数目（n）主要取决于炉容大小，与炉缸直径成正比，还与预定的冶炼强度有关。风口数目多有利于减小风口间的"死料区"，改善煤气分布。

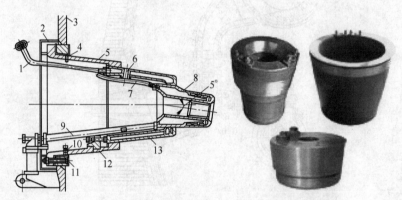

图 5-20   风口结构示意图和风口小套外形

1—风口中套冷水管；2—风口大套密封罩；3—炉壳；4—抽气孔；5—风口大套；6，10—灌泥浆孔；
7—风口小套冷水管；8—风口小套；9—风口小套压紧装置；11—风口法兰；
12—风口中套压紧装置；13—风口中套

确定风口数目按下式计算：

中小型高炉 $n = 2(d + 1)$

大型高炉 $n = 2(d + 2)$

4000m³ 及以上的巨型高炉 $n = 3d$

风口数目也可以根据风口中心线在炉缸圆周上的距离 s(m) 进行计算：

$$n = \frac{\pi d}{s}$$

(5-15)

风口间距 s 取值在 1.1~1.6m 之间，我国高炉设计曾经是小高炉取下限，大高炉取上限。不同炉容风口数量与风口距离见表 5-23。日本设计的 4000m³ 以上巨型高炉的 s 取1.1m，增加风口数目，有利于高炉冶炼的强化。确定风口数目时还应考虑风口直径与入炉风速，风口数目一般取偶数。

表 5-23 不同炉容风口数量与风口距离

炉容/m³	通用设计 255	本钢 334	鞍钢 1002	首钢 1200	包钢 1800	鞍钢 2025
炉缸直径/mm	4200	3900	7200	8080	9700	10000
风口数量/个	10	12	14	18	20	22
风口距离/m	1.32	1.02	1.62	1.41	1.52	1.43

炉容/m³	沙钢 5860	京唐 5500	日本福山 2004	日本福山 4197	日本水岛 3363	苏联标准设计 2700
炉缸直径/mm	15300	15500	9800	13800	12400	11000
风口数量/个	40	42	27	40	36	24
风口距离/m	1.20	1.16	1.14	1.08	1.08	1.44

风口直径由出口风速决定，一般出口风速为 100m/s 以上，当前设计的巨型高炉，出口风速可达 200m/s。风口直径亦可根据经验确定。风口结构尺寸（α）根据经验直接选定，一般为 0.35~0.50m。表 5-24 为不同容积高炉的风口结构尺寸和炉喉间隙大小。

表 5-24 不同容积高炉的风口结构尺寸和炉喉间隙大小

高炉有效容积/m³	55	100	250	600	1000	1500	2000
风口结构尺寸 a/m	0.35	0.35	0.35	0.35	0.40	0.40	0.50
炉喉间隙/mm	500	550	600	700	800	900	950~1000

风口区域是高炉温度最高的区域，鼓风温度本身高达 1100~1300℃；风口前端炉缸回旋区温度为 2000℃ 左右。风口的工作条件十分恶劣，不但要承受约 1500℃ 以上的高温，还要承受高温铁流的冲刷和炉料、炉渣的磨损，在使用一段时间后会损坏，从而迫使高炉休风，更换风口。风口是影响高炉生产效率的重要因素之一，而且风口的数目、形状和结构尺寸对高炉的冶炼过程有很大的影响。因此根据不同的高炉工况和不同的使用要求、经济要求，设计了多种结构和表面处理的高炉风口，有空腔水冷风口、双腔旋流风口、贯流式风口、双进双出风口、偏心式风口。高炉风口材质主要为高纯紫铜，从风口的强度、刚度、抗龟裂性能不同的考虑，材质状态有锻制、铜板卷制、铸造不同的状态。铜板卷制风口重量低、成本低，但若壁厚太薄，刚度不足易发生变形。因高炉风口是通过水冷却保持风口本体运行于低温状态，保持强度和刚度，所以铜的纯度至关重要。

风口损坏的原因较多，最突出的是铁水熔损、磨损、开裂 3 种。

a 铁水熔损

在热负荷较高时，如风口和液态铁水接触时，风口处热负荷超过正常情况的 1 倍甚至更高，如果风口冷却条件不好（如冷却水压力、流速、流量不足），再加上风口前端出现的 Fe-Cu 合金层恶化了导热性等，可使风口局部温度急剧升高，当高于铜开始强烈氧化的温度（900℃）时，甚至达到铜的熔点（1083℃）时，会使风口很快被冲蚀熔化而烧坏。

研究表明，如果有足够大的水速，能破坏汽膜，将产生的微小气泡带走，使冷却水连续不断地将热量带走，风口就不会被铁水熔损，这样的水速应达到 13~16m/s。在传统的空腔式风口上要达到这么高的水速是不可能的，因此改进结构是最有效的办法，因而出现了螺旋式、贯流式等结构。

　　b　开裂

风口外壁处于 1500~2200℃ 的高温环境，而内壁为常温的冷却水，存在巨大温差。另外，风口外壁承受鼓风的压力，内壁承受冷却水的压力，并且这些温度和压力是经常变化的，从而造成热疲劳与机械疲劳。风口在高温下会沿晶界及一些缺陷发生氧化腐蚀，降低强度，造成应力集中，最后引起开裂，风口中的焊缝处也容易开裂。因此，风口的开裂主要是风口本身结构与材质问题引起，如风口材质不纯、表面粗糙、晶粒粗大、组织疏松、存在气孔夹杂等铸造缺陷是提供热应力的内因；而风口前的高温气体、高温熔体、炉墙温度、冷却水温度四者温差悬殊是造成风口热应力的外因。

　　c　磨损

风口前端伸到炉缸内，高炉内风口前焦炭的回旋运动以及上方的炉料沿着风口上部向下滑落和移动，会造成对风口上部表面造成磨损。在高温下风口的强度下降很多，因此冷却不好会加剧磨损。同时，现在大型高炉普遍采用喷吹煤粉工艺，如果保护不好，内孔壁及端头处被煤粉磨漏的现象也时有发生。维护炉缸良好的工作状态是解决炉料磨损的重要途径，也有些厂家在风口的表面喷涂耐磨的陶瓷质材料来抵御磨损。

　　B　渣口装置

渣口冷却装置如图 5-21 所示，它由 4 个水套及其压紧固定件组成。渣口是用青铜或紫铜铸成的空腔式水套，直径为 50~60mm，高压操作的高炉则缩小为 40~45mm。渣口二套是用青铜铸成的中空水套，渣口三套和渣口大套是铸有螺旋形水管的铸铁水套。渣口大套圈定在炉壳的法兰盘上，并用铁屑填料与炉缸内的冷却壁相锈接，保证良好的气密性。渣口和各套的水管都用和炉壳相连的挡板压紧。高压操作的高炉，内部有巨大的压力，会将渣口各套抛出，故在各套上加了用楔子固定的挡杆。

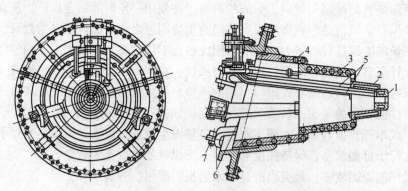

图 5-21　渣口及渣口冷却装置
1—小套；2—二套；3—三套；4—大套；5—冷却水管；6—压杆；7—楔子

　　C　铁口装置

铁口装置主要是指铁口套，其作用是保护铁口处的炉壳。铁口套一般用铸钢制成，并与炉壳铆接或焊接（见图 5-22）。考虑不使应力集中，铁口套的形状一般做成椭圆形，或四角大圆弧半径的方形。

5.2.1.5　高炉基础

高炉基础由露在地面的耐热混凝土基墩和埋在地下部分的钢筋混凝土基座两部分组成，承受着高炉炉体、支柱及其他有关附属设施传递的重力，将所承受的静负荷、动负荷和热负荷等均匀地传给地层，并与地层承载应力相适应，如图 5-23 所示。

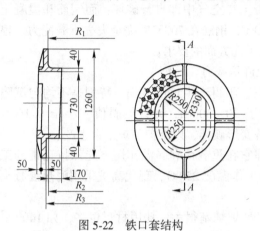

图 5-22　铁口套结构

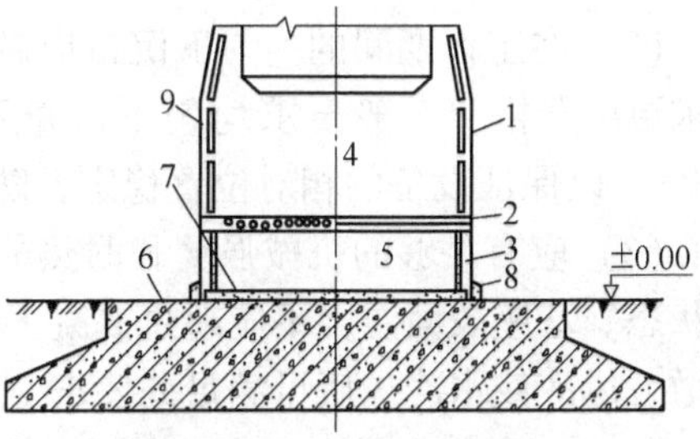

图 5-23　高炉基础
1—冷却壁；2—风冷管；3—耐火砖；4—炉底砖；
5—耐热混凝土基墩；6—钢筋混凝土基座；
7—石墨粉或石英砂层；8—密封钢环；9—炉壳

高炉基础是由基墩和基座组成的。基墩的作用是隔热和调节铁口标高。基墩用能抵抗 900~1000℃ 的耐热混凝土做成。其形状为圆柱形体，直径尺寸与炉底相适应，并要求能包于炉壳之内，高度应能满足铁口标高要求和一代炉役末期的基座表面温度最高不得超过 250℃。设计时，基墩高度一般不应小于直径尺寸的 1/4。目前，高炉基墩一般都浇注成整体结构，并在周围设置环形钢筋，以保证其强度。基墩下部的炉壳外面设置有密封钢环，它的上部与炉壳焊接，下部浇注在基座的混凝土内。钢环与炉壳之间留 100~150mm 空隙，内填碳素材料。基墩与基础之间留有 10mm 左右的水平温度缝，其间填满石英砂或石墨粉，以抵抗形变损坏。基墩上部在不同方向和半径上设置有 3~4 支监测炉底温度的炉底热电偶。基座的主要作用是将上面传递来的载荷传递给地层。基座的底面积较大，以减小单位面积的地基所承受的压力。基座用普通钢筋混凝土制成，为减少热应力作用，最好为圆形。但考虑施工方便，一般都为正多边形。基座底面积应与地层耐压力相适应，上表面积尺寸应能满足安装基墩和支柱的要求。基座表面为带坡度的水泥砂浆层，以利于排除积水。基座底面积用以下公式计算：

$$A = \frac{P}{100\sigma} \tag{5-16}$$

式中　A——基座底面积，m^2；

　　　P——基础底面积所承受的载荷力，MN；

　　　σ——地层允许的耐压力，MPa。

高炉基础所承受的静力载荷主要包括高炉本体、炉料、附属设施、基础自身等的重力。高炉基础承受的静力载荷常为高炉有效容积数字的13~15倍重力。这些静力载荷作用于高炉基础的方式取决于高炉和附属设施的结构形式。高炉基础还承受着由于生产过程中发生的坐料、煤气爆炸和其他事故等所产生的动载荷。动力载荷有时相当大，不容忽视，设计时应在安全系数中予以考虑。高炉基础还受到因炉底温度的影响而产生的热应力作用，它可能造成高炉基础开裂破坏。除此之外，炉基材料本身在受热时也会损坏。普通混凝土在250℃时即开始损坏，400℃以上混凝土在空气中即自行破坏；而钢筋和混凝土的黏结力，150℃时降低33%，250℃时降低50%，钢筋在700℃时完全失去承载能力。根据高炉基础的工作条件，高炉基础应当满足以下几方面的要求：

（1）传递给地层的压力不应超过地层的允许承载力。

（2）在工作期间的均匀下沉量应越小越好，不得产生过度沉陷，特别是不均匀沉陷要求更要严格，一般要求均匀下沉量不得大于20~30mm，允许倾斜值应小于0.1%~0.5%，以保证设备的相对位置稳定，防止设备变形破坏，以维护高炉正常生产。

（3）应有足够的机械强度和耐热能力，即它在重载荷和高温作用下能保持正常的工作状态。基座表面温度不应超过混凝土允许的工作温度250℃，现代高炉采用耐热混凝土基墩，风冷或水冷炉底可满足此要求。

（4）土方工程量少，施工方便，投资省。高炉炉基很大，耗用材料也多，如1400m³高炉需用3500t混凝土，施工的土方量也很大，故在设计形式、结构尺寸、材料选择等方面应在满足工艺要求的前提下适当节约，并做到经济上合理。

5.2.1.6　高炉金属结构

高炉金属结构（炉体钢结构）主要包括炉体支柱、炉顶框架、炉壳、炉腰支圈、安装大梁及平台结构等；此外，还有斜桥、热风炉炉壳、各种管道、除尘器等。要求钢结构简单耐用、安全可靠、操作便利，容易维修和节省材料。一般大中型高炉车间每立方米高炉有效容积的结构用钢材（包括建筑用钢筋）在2t左右。

A　炉体金属结构的基本类型

炉体支柱是支承炉体及炉顶设备重量的钢结构件。炉体支柱的结构形式取决于炉体内衬结构及炉顶设备的载荷传递到炉基的方式、炉体各部分的炉衬厚度、冷却方法等。随着高炉炉容扩大、冶炼强化、炉顶设备加重，高炉砌体的寿命大为缩短。为了延长高炉寿命，采用钢结构来加强耐火砌体，从钢箍发展到钢壳。由于安装冷却器在炉壳上开了许多孔洞，加之从上到下炉壳的转折和不连续性，使得高炉本体承受上部载荷的能力降低，随之增加了支柱。图5-24所示为目前高炉炉体钢结构的几种主要形式。

（1）大框架加炉缸支柱结构。这种结构形式，虽然工作可靠，但是由于支柱数目过多，高炉下部风口平台布置拥挤，拆换风口等操作很不方便，消耗钢材量大，只是在过去的钢箍厚墙高炉上曾经采用过这种结构，现在已被淘汰。

（2）炉缸支柱结构，也称半自立式结构（图5-24（a））。它与炉缸支柱加炉身支柱结构不同的是取消炉身支柱，炉顶所有的设备重量均通炉壳传递到炉腰托圈，然后由炉缸支柱传递到炉基。这种结构虽然可以节省一些钢材，但炉身部分炉壳由于强度不够，容易发生变形，给高炉中修更换部分炉壳带来不便。目前，除部分小型高炉仍采用这种钢结构形式外，大中型高炉已不再采用这种结构形式。过去，中型高炉有采用这种半自立式结构

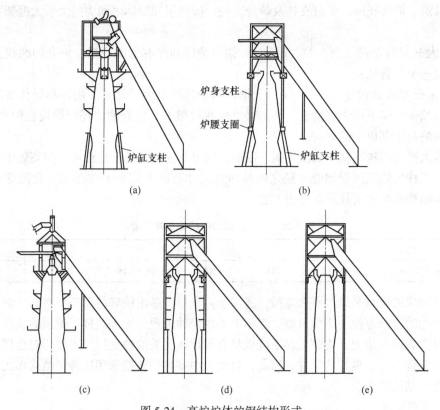

图 5-24 高炉炉体的钢结构形式
（a）炉缸支柱式；（b）炉缸炉身支柱式；（c）全自立式；（d）大框架自立式；（e）大框架环梁式

的，大修时都在炉身炉壳上加焊了加强筋板加固。

（3）炉缸支柱加炉身支柱结构（图 5-24（b））。随着高炉冶炼的不断强化，承重和受热的矛盾在高炉上部也突出了，所以在炉缸支柱基础上出现了炉身支柱，这种结构形式为 20 世纪 60 年代前建的大中型高炉普遍采用。为适应厚墙炉衬的支承，设置了炉腰托圈。炉腰托圈载荷通过炉缸支柱传递到炉基，炉顶框架载荷和炉顶法兰盘上的载荷分别通过炉身支柱和炉壳传递给炉腰托圈。这种结构形式的特点是工作可靠，但风口平台布置仍然显得拥挤，操作不方便，消耗钢材量较多。目前设计新建的大中型高炉，由于采用薄墙炉衬，取消了炉腰托圈，不再采用这种钢结构形式，而被大框架结构所代替。

（4）全自立式高炉（图 5-24（c））。高炉无任何支柱，所有炉顶设备重量均依靠炉壳承受，并由炉壳传递到炉基。其优点是结构简单，风口平台宽敞，节省钢材；但必须增加炉壳厚度，加强炉壳冷却。在炉役后期，炉壳容易发生形变，更换炉壳不方便。过去一些中、小型高炉曾采用过全自立式结构，目前新建的高炉已很少采用这种结构形式。

（5）大框架结构（图 5-24（d）、（e））。针对炉身部分（由于炉衬上涨）被抬起，炉缸支柱与炉腰支圈分离的现象，加之炉容大型化，炉顶载荷增加，出现了大框架支撑炉顶的钢结构。大框架是一个从炉基到炉顶的四方形（大跨距可用六方形）框架结构，这种结构的特点是炉顶框架上的全部载荷和斜桥的部分荷重由 4 根大支柱组成的大框架直接传递到炉基，炉顶法兰盘上的载荷（装料设施和炉顶煤气导出管道的载荷）由炉壳传递到炉基，取消了炉腰托圈、炉缸支柱及炉身支柱。按框架和炉体之间力的关系大框架可分为两种：

1）大框架自立式（图 5-24（d）），框架与炉体间没有力的联系，炉壳的曲线要求平滑，类似一个大管柱；

2）大框架环梁式（图 5-24（e）），框架与炉体间有力的联系，用环形梁代替原炉腰支圈，以减少炉体下部炉壳荷载。环形梁支撑在框架上，也有的将环形梁设在炉身部位，用以支撑炉身中部以上的载荷。

炉体大框架结构支柱一般由 4 根工字形或圆形断面结构的钢柱组成，与高炉中心呈对称布置。支柱与热风围管钢壳外径之间的净空尺寸一般不宜小于 250mm。我国部分高炉的大框架结构的炉体支柱跨度见表 5-25。

表 5-25   大框架结构的炉体支柱跨度

炉缸内直径/m	6	7	8	9	10	11
支柱跨度/m	11~12	13	14	14.5~15	16.5	18

大框架式的优点是风口平台宽敞，适用于多风口、多出铁场的需要，有利于炉前操作与炉缸炉底的检修方便，工作可靠。近年来采用无钟炉顶，大大减轻了炉顶的载荷，大部分设备可安装在框架上，皮带上料系统也具有与炉体无关的独立门形支架，对金属结构的简化和稳定都创造了良好的条件。因此，目前大中型高炉普遍采用这种钢结构形式，而且框架自立式结构较多。

B   炉顶框架

炉身支柱或大框架支柱的上部顶端一般都用横跨钢梁将支柱连接成整体，并在横跨钢梁（槽钢或工字型钢）上面满铺花纹钢板或普通钢板作为炉顶平台。炉顶平台是炉顶最宽敞的工作平台。

炉顶框架是设置在炉顶平台上面的钢结构支承架，它主要支承受料漏斗、大小料钟平衡杆机构及安装大梁等。炉顶框架必须具有足够高的强度和刚性，以避免歪斜和因过度摇摆而引起装料设备工作失常。

炉顶框架结构形式有 A 字型和门型两种。A 字型结构简单，节省钢材。我国高炉采用门型炉顶框架的较多。门型炉顶框架由两个门型钢架和杆件构成，如图 5-25 所示。门型钢架一般为 24~40mm 厚钢板焊成或槽钢制成。拉杆由各种型钢构成，并在靠除尘器侧做成拆卸的结构，以方便吊装设备时拆卸。

C   炉壳

高炉炉壳是用钢板焊接而成的，一般采用碳素钢板焊成。目前有的大型高炉也有采用合金钢板焊成的，并作防锈和防腐蚀处理。炉壳的主要作用是，承受重力、热应力及炉内压力，固定冷却设备，密封炉内煤气以及便于炉外喷水冷却等。炉壳的工作条件比较恶劣，不仅受到静力载荷、动力载

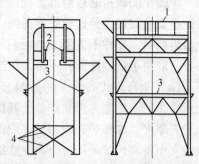

图 5-25   炉顶门型框架的构造
1—平衡杆梁；2—安装梁；
3—受料斗梁；4—可拆卸的拉杆

荷和热应力作用，而且这些作用力是不稳定的、变化的；加之为安装冷却设备的需要，在炉壳的不同部位还开有大小及形状不同的孔，容易产生应力集中，这些都是使炉壳容易发生变形和破损的主要因素。

炉壳各部位的工作条件不同。炉壳各部位的厚度要从理论上精确计算是非常困难的。因此，在设计炉壳、确定炉壳厚度时，一般都是根据炉壳工作条件、开孔情况，通过试验，得到应力集中系数，然后再结合生产实践综合考虑确定炉壳的厚度；也可以采用下面的经验公式粗略计算，然后加以调整确定出炉壳厚度。

$$\delta = KD \tag{5-17}$$

式中　δ ——计算部位炉壳厚度，mm；

　　　D ——计算部位炉壳外径（大端直径），m；

　　　K ——比例系数，mm/m，它表示每米炉壳外径所需具备的钢板厚度，K 值根据弦带部位按图 5-26 和表 5-26 选用。

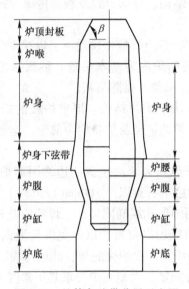

图 5-26　炉体各弦带分界示意图

表 5-26　系数 K 的经验值

部　　位	K 值
$50° < \beta \leqslant 55°$	4.0
$\beta \geqslant 57°$	3.6
高炉炉身（不包括下弦带）	2.0
高炉炉身下弦带	2.2
炉腹、炉缸、炉底	2.7
热风炉筒身下弦带	2.2
热风炉筒身	1.5

我国一些高炉的炉壳厚度见表 5-27。

表 5-27   我国一些高炉的炉壳厚度   （mm）

项目	高炉容积/m³										
	13	28	50	100	255	620	620	1000	1513	2025	4016
炉底	8	8	12	14	16	25	28	28/32	36	36	65
风口区	8	8	12	14	16	25	28	32	32	36	90
炉腹	8	8	12	14	16	22	28	28	30	32	60
炉腰	8	8	8	14	16	22	22	28	30	30	60
拖圈	8	8	10	16	—	30	自立式	—	36		
炉身下部	8	8	8	8	14	18	—	25	30	28	55
炉顶及炉喉	8	8	14	14	14	14		25	36	32	40
炉身其他部分	6	6	8	8	12	18		20	24	24	32

炉壳形状、结构应与炉衬结构、冷却方式及载荷传递方式等相适应。炉壳形状设计应注意考虑以下一些问题：

（1）尽量减少炉壳转折点，折点处应平缓过渡，以减少应力集中。

（2）炉腰以上折点一般与高炉内型基本一致。炉顶封板与炉喉外壳连接处的折角，其水平夹角一般不得小于 50°，以便于排除集灰。

（3）炉腹以上折点位置取决于炉衬结构。厚壁炉腰的折点在炉腰下部，薄壁炉腰的折点则在炉腰上部。目前，高炉的炉腰及炉身均为薄壁，这部分的炉壳外形也与高炉内型基本一致。

（4）炉缸以下折点，要求风口大套法兰盘的边缘距离炉缸上折点以外 100mm 以上，渣口套及铁口框架边缘距离炉缸下折点以外 100mm 以上。

（5）炉壳开孔应尽量采用圆形孔或椭圆形孔，焊缝应避开开孔位置。

（6）炉壳底部与基座之间应加以密封，以避免煤气泄漏。密封方法是，常压高炉在炉壳底部外面设密封钢环，高压高炉设炉壳底板，底板与周围炉壳下部焊接成密封壳体。

（7）炉壳安装精度应符合规定。大型高炉要求其正圆度为 ±25mm，平坦度为 ≤8mm，高度差为 ±20mm。

D   炉缸炉身支柱、炉腰支圈和支柱座圈

炉缸支柱是用来承担炉腹或炉腰以上经炉腰支圈传递下来的全部荷载。它的上端与炉腰支圈连接，下端则伸到高炉基座的座圈上。大中型高炉一般都是用 24~40mm 的钢板焊成工字形断面的支柱，为了增加支柱的刚度，常加焊水平筋板。支柱向外倾斜 6° 左右，以使炉缸周围宽敞。支柱的数目常为风口数目的 1/2 或 1/3，并且均匀地分布在炉缸周围，其位置不能影响风口、铁口、渣口的操作，其强度则应考虑到个别支柱损坏时，其他相邻支柱仍能承担全部荷载。为了防止发生炉缸烧穿时渣铁水烧坏炉缸支柱，应对高炉基座的座圈直到铁口以上 1m 处的支柱表面用耐火砖衬保护。

炉身支柱的作用是支撑炉顶框架及炉顶平台上的荷载、炉身部分的平台走梯、给排水管道等，一般为 6 根，下端应与炉缸支柱相对应。在确定炉身支柱与高炉中心的距离时，要考虑到炉顶框架的柱脚位置、炉身与炉腰部分冷却设备的布置和更换。

炉腰支圈（炉腰托圈）也是炉壳构件的组成部分，它是由几块 16~40mm 厚的扇形钢

板铆接或焊接而成的水平环圈。在它与上下部炉壳相接处，两侧部用角钢加固，在外侧边缘也用角钢或钢板来加强，以提高其刚性。

支柱座圈是为了使支柱作用于炉基上的力比较均匀。在每个支柱下面都有铸铁或型钢做成的单片垫板，并且彼此用拉杆或垫环连接起来，以防止支柱在推力作用下或基础损坏时发生位移。

5.2.2 炉顶装料设备

炉顶装料设备是高炉重要设备之一，用来接受上料系统运送到炉顶的炉料，将其按工艺要求装入炉喉，使炉料在炉内合理分布，同时起密封炉顶的作用。由于炉顶装料设备在工作中启动制动频繁，而且承受着炉料的冲击和磨损以及高温高压带尘煤气的冲刷和腐蚀，工作条件繁重，环境恶劣，所以炉顶装料设备应满足下列要求：

(1) 能按工艺要求合理地把炉料分布于炉内，并能按冶炼要求调节料面的分布形状。

(2) 保证炉顶可靠密封，使高压操作顺利进行，设备免受煤气流的冲刷。

(3) 耐磨耐冲击，能经受温度的经常变化，寿命长。

(4) 设备结构力求合理简单，制造、运输、安装和维修方便。

(5) 能实现操作自动化。

装料设备按炉顶煤气压力可分为常压炉顶、高压炉顶；按炉顶装料结构可分为双钟式、三钟式、四钟式、钟阀式和无料钟式。目前高炉炉顶装料设备主要为钟式炉顶和无钟炉顶两种。

5.2.2.1 钟式炉顶

钟式炉顶有双钟式、三钟式、四钟式和钟阀式。双钟式炉顶装料设备已有上百年历史，至今仍是中小型高炉的常用装料设备。它由受料漏斗、装料器（大钟料斗、大料钟、煤气封盖、大钟拉杆等）、布料器（小钟料斗、小料钟、旋转传动装置）三大部分及均压装置、探尺和料钟传动装置等组成。

图 5-27 所示是目前国内使用的典型的双钟式炉顶装料设备。炉料由料车（或带式运输机）按一定程序和数量倒入小钟漏斗，然后根据布料器工作制度旋转一定角度，打开小钟，把小钟漏斗内的炉料装入大钟料斗。

一般来说，小料钟工作 4 次以后，大钟料斗内装满一批料，待炉喉料面下降到预定位置时，提起探尺，同时发出装料指令，打开大料钟，把一批炉料装入炉喉料面（大钟打开时小钟应关闭）。由于现代高炉都实行高压操作，炉顶压力一般为 $0.7 \times 10^5 \sim 2.5 \times 10^5 \text{N/m}^2$（表压），在此情况下，大料钟受到很大的浮力。为了顺利打开大钟，需要在大小料钟之间的空间容积内通入均压

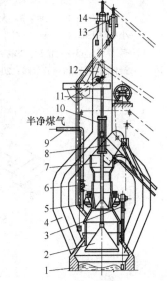

图 5-27 炉顶装料设备示意图（双钟式）

1—面料；2—大钟；3—探料尺；4—煤气上升管；
5—布料器；6—大钟均压阀；7—受料漏斗；
8—料车；9—均压煤气阀；10—料中吊架；
11—绳轮；12—平衡杆；13—放散阀；14—大气阀

煤气；同样，为了顺利打开小料钟，要把大小料钟之间的高压煤气放掉。大小钟的启闭必须交错进行，保证装料时煤气密封。大小钟之间有效容积必须大于一个最大料批的总容积。采用料车上料的高炉，其大小钟之间有效容积常为料车容积的 5 倍。

双钟式炉顶装料设备由装料器、布料器、装料设备的操纵装置等组成。目前高炉仍在使用 1906 年开发的马基式炉顶，即双钟带小料斗旋转布料器的炉顶装料设备，如图 5-28、图 5-29 所示。

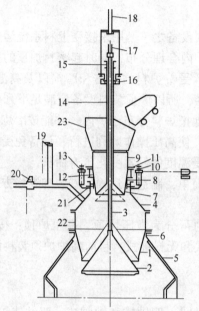

图 5-28 马基式双钟布料炉顶

1—大料斗；2—大钟；3—大钟杆；4—煤气封罩；5—炉顶封板；6—炉顶法兰；
7—小料斗下部内层；8—小料斗下部外层；9—小料斗上部；10—小齿轮；11—大齿轮；
12—支撑轮；13—定位轮；14—小钟杆；15—钟杆密封；16—轴承；17—大钟杆吊挂件；
18—小钟杆吊挂件；19—放散阀；20—均压阀；21—小钟密封；22—大料斗上节；23—受料漏斗

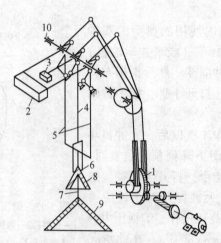

图 5-29 大小钟传动系统

1—卷扬机；2—大钟平衡锤；3—小钟平衡锤；4—小钟拉杆；5—大钟拉杆；
6—小钟杆；7—大钟杆；8—小钟；9—大钟；10—平衡杆的轴与轴承

A　装料器

装料器是双钟式炉顶装料设备的主要组成部分，包括大料钟、大钟料斗、煤气封盖、大钟拉杆等。它能满足常压高炉及炉顶压力不很高的（小于 0.15MPa）高炉的基本要求，其结构如图 5-30 所示。

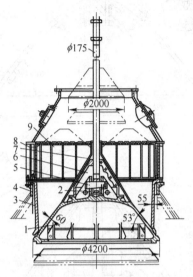

图 5-30　大料钟与大料斗安装图

1—大料钟；2—大料杆；3—大料斗；4—炉顶支圈；5—连接楔；
6—保护钟；7—钢板保护罩；8—筒形环圈；9—衬板

大料钟一般由碳素钢铸成。为了防止在堆焊硬质合金过程中出现局部的硬化区，所以选择 ZG35 或 ZG45，含碳量最好控制在 0.21% ~ 0.38% 范围内。大钟壁厚一般为 55 ~ 60mm，大型高炉达 60 ~ 80mm，钟壁与水平的倾角一般在 45° ~ 55°，我国定型设计规定为 53°，根据炉料流散性可适当减少或加大。在设计炉型时大钟直径与炉喉直径统一考虑，以获得合适的漏料间隙。

大钟杆一般由低碳钢的无缝钢管做成，大料钟与大钟拉杆有刚性连接与铰式连接两种形式（见图 5-31）。铰式连接的大钟可以自由活动，当大钟与大料斗中心不吻合时，大钟仍能将大料斗很好地关闭。缺点是当大料斗内装料不均匀时，大钟下降时会偏斜和摆动，使炉料分布更不均匀。刚性连接时大钟杆与大钟之间用楔子固定在一起，其优缺点与活动的铰式连接恰好相反，在大钟与大料斗中心不吻合时，有可能扭曲大钟杆，但从布料角度分析，大钟下降后不会产生摇摆，所以偏斜率比铰式连接小。

大料斗通常由 35 号钢铸成。对大高炉而言，由于尺寸很大，加工和运输都很困难，所以常将大料斗做成两节。这样当大料斗下部磨损时，可以只更换下部，上部继续使用。为了密封良好，与大钟接触的下部要整体铸成，料斗壁倾角应大于 70°，壁应做得薄些，厚度不超过 55mm，而且不需要加强肋，这样，高压操作时，在大钟向上的巨大压力下，可以发挥大料斗的弹性作用，使两者紧密接触。常压高炉大钟可以工作 3 ~ 5 年，大料斗 8 ~ 10 年，高压操作的高炉（炉顶压力大于 0.2MPa 时），大钟一般只能工作 1 年半左右，有的甚至只有几个月。大钟和大料斗损坏的主要原因是荒煤气通过大钟与大料斗接触面的

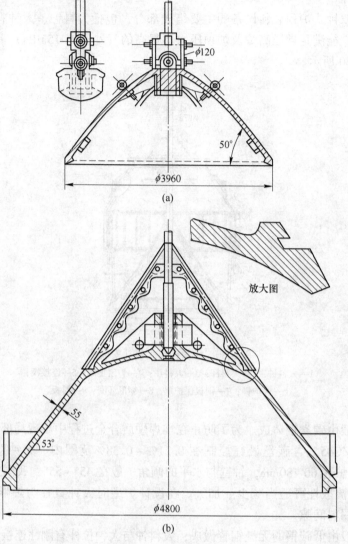

图 5-31　大钟连接图

(a) 铰链连接；(b) 楔连接

缝隙时产生磨损，以及炉料对其工作表面的冲击磨损，高压操作时装料器一旦漏气，就会加速损坏。

　　煤气封盖与大料斗相连接，是封闭大小料钟之间的外壳（见图 5-32）。过去炉顶煤气操作压力低的常压高炉，其结构一般采用垂直剖分的两半式锥体结构，由钢板焊接而成。为了能满足最大料批同装的要求和强化冶炼的需要，料钟间的有效容积应为料车有效容积的 6 倍以上，既满足操作要求，也符合铁路运输的最大尺寸限制。煤

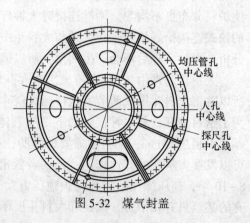

图 5-32　煤气封盖

气封罩的直径和高度主要由大钟料斗的直径及其有效容积决定，通常下部为圆筒形，上部为圆锥形。在保证有效容积的前提下，应尽量缩短圆筒形的高度，增高圆锥形的高度，增加圆锥体的倾角，以减少积灰及改善受力情况。在煤气封罩的锥面上，最少设大小两个人孔，大人孔用于更换小料钟，应与两半体或整体小料钟相适应。大高炉有 4 个人孔，高压操作时还装有均压系统用煤气管接头。

B 布料器

炉料从斜桥方向倒入受料漏斗，进入小料斗后，偏于一个方向，产生粒度偏析。料车倒料速度愈慢，偏析现象愈严重。为了消除布料偏析，增加了旋转布料器，此外还有快速旋转漏斗和空转定点漏斗。表 5-28 为我国高炉所用旋转布料器的设备特性。

马基式旋转布料器由小料斗（漏斗）、小料钟及旋转传动装置组成（见图 5-33（a））。小料斗（漏斗）分上下两部分，上部是单层。在小料斗下部外层的上缘固定着 2 个法兰，在法兰之间装有 3 个支撑辊和 3 个压辊（逆支辊）。两种辊子直径相同，只是支撑辊安装比压辊高 2~3mm，并在 3 个支撑辊的架子上安有定心辊，使小料斗旋转中心不会偏离。在法兰外固定着一个大齿圈，电动机的轴通过减速箱、联轴节、轴承架和伞形齿轮，将垂直的旋转运动改为水平的旋转运动，并通过小齿轮与大齿轮啮合，实现传动。因为小钟关闭时与小料斗互相压紧，小钟与小钟杆联结成一体，故小料斗旋转时，小钟、小钟杆也一起旋转。小料斗每装一车料后旋转不同角度，再打开小钟漏料。通常，后一车料比前一车料旋转递增 60°，即 0°、60°、120°、180°、240°、300°。有时为了操纵灵活，可做成 15°一个点，从而采取 2 点、3 点、4 点、6 点、8 点、12 点、24 点布料，为了传动迅速，当转角超过 180°时，采用反方向旋转的方法，如 240°就可变为反方向旋转 120°。

表 5-28 我国用部分旋转布料器设备特性

项目	高炉有效容积/m³					
	255	620	1053	1513	2025	2516
布料器有效容积/m³	2.0	4.5	7.5	10	13	15
小钟直径/mm	1300	1500	2000	2000	2000	2500
小钟行程/mm	650	900	900	900	850	900
小钟角度/(°)	51	51	51	51	51	51
布料器料斗上口内径/mm	1210	2000	2300	2300	2885	2800
布料器高度/mm	2300	2710	3180	3800	3920	3800
布料器旋转速度/r·min⁻¹	2.788	2.6	3.499	3.499	3.84	3.499
电动机型号	JZ31-6	JZR31-6	JZR40-6	JZR40-6	JZR52-8	
功率/kW	11	11	28	28	30	28
转速/r·min⁻¹	920	953	970	970	725	980
保护罩直径/mm	3400	3700	约4800	约4800	4800	4800
小钟拉杆直径/mm	168	245	241	241	200	273
布料器全高/mm	6220	7965	7905	9155	约8950	约9700
布料器质量/kg	1400	25900	55200	57200	69259	62726

小料钟一般用焊接性能好的 ZG35Mn2 钢铸成，为了增加抗磨性，也有用 ZG50Mn2 铸

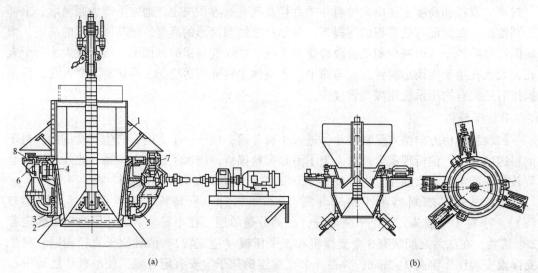

图 5-33　马基式旋转布料器

(a) 快速旋转布料器；(b) 总图

1—漏斗上部；2—漏斗下部内层；3—漏斗下部外层；4—压辊和支撑辊；
5—干式填料密封；6—大齿轮；7—小齿轮；8—定位辊

钢件的。倾角为 50°~55°，与小料斗接触处，甚至整个小料钟表面都堆焊有硬质合金（小钟寿命远低于小料斗、大料钟和拉杆等），为了在不拆卸炉顶装料设备的条件下更换小钟，一般小钟由两个半瓣组成，方便拆卸。两瓣通过垂直结合面用螺栓从内侧连接。小钟刚性联结在小钟拉杆上（小钟拉杆为空心拉杆，中心可自由通过大钟拉杆），其上部经过悬挂装置与小钟平衡杆相连，悬挂装置支撑在止推滚动轴承上。

小钟杆由厚壁铜管制成，为了防止炉料对小料钟的冲击磨损，外圈用两个半环组成的锤钢套环保护，每节保护套环高 150mm，外径为 350mm，在小钟杆的中间部分磨损最严重，故保护套环外径处加到 450mm。小钟与小钟杆是螺纹连接，为了防止高压煤气从小钟连接处逸出，造成割断小钟的事故，采用加焊密封盖焊死各漏煤气处。采用旋转布料器之后，要求在旋转的小钟杆和大钟杆之间加密封装置（特别在高压操作时，大小钟杆之间的缝隙可能漏煤气，大钟杆有可能被荒煤气磨损断裂，落入炉内）。常用的是油压干式填料密封或用胶圈密封。

上述六点布料法只能通过许多料批使炉喉圆周方向各种原料堆尖分布均匀，不能使每车料在小钟漏斗内或炉喉圆周方向均匀。为了达到均匀布料和解决小料斗日益严重的密封问题，近年来我国一些高炉采用了快速旋转布料器，图 5-33 (b) 所示为带中间快转漏斗的布料器结构示意图。快速旋转布料器又称快速旋转漏斗，其在小钟和小钟料斗的上方装有一个中间旋转漏斗，该中间漏斗做成双坡底形，漏斗下部开有 2 个漏料孔，漏斗本身支承在 3 个驱动辊上，它们利用摩擦力直接带动漏斗旋转，3 个驱动辊由 3 台电机分别直接驱动。在漏斗上缘圆周上还装有 3 个定心辊，以免中间漏斗发生径向偏移。当料车将到卸料轨道时，中间漏斗开始旋转，料车卸料时，漏斗转速一般不超过 19r/min，原料经受料漏斗快速旋转漏斗向小料斗均匀布料。为使设备磨损均匀，电动机可以正反交替进行工作。

这种布料器在我国中小型高炉上使用以来情况良好，由于边旋转边布料，故布料均匀；另外，中间旋转漏斗与小钟和小钟料斗分开，并处于等压气体（大气）的环境中工作，因此不存在布料器密封问题，布料器的维护和检修比马基式旋转布料简单。但是由于这种布料器的旋转速度过快，因此加速了传动机构的磨损；另外，由于采用双坡底的结构，故不便于定点布料。改用单漏孔的结构，能有效地下偏料。此外，由于采用摩擦辊传动，易产生打滑，因此应进行打滑计算。配有快速旋转布料器的综合式炉顶装料设备结构如图 5-34 所示。

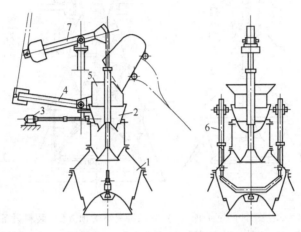

图 5-34　综合式炉顶装料设备

1—大小钟装料设备；2—快速旋转布料器；3—快速旋转布料器传动电机；4—大钟平衡杆；
5—受料漏斗；6—大钟平衡杆与吊挂用链子连接密封；7—小钟平衡杆

随着高炉高压操作的推广和高炉容积的扩大，双钟式炉顶装料设备已日益不能满足生产要求。它存在的主要问题有：

（1）随着炉顶压力的提高，双钟式炉顶装料设备各零件之间的密封和寿命存在问题。包括布料器旋转漏斗、小钟和小钟料斗之间的密封，大小钟拉杆、大钟和大料斗之间的密封等问题引起的零件寿命问题。如高压炉顶的大钟寿命只有 1 年多。

（2）随着炉容量的增大起密封作用的大钟和大料斗的尺寸越来越大，如 4000m³ 级高炉的大钟直径已超过 8m，大钟和大料斗的总重达 120t。由于周长的增大在与大料斗配合处堆焊硬质合金也较困难，其次运输和安装调整都带来一定的困难。

（3）对大型高炉来说，利用大钟开启已不能满足炉喉径向布料要求，大钟下面的很大一部分面积不能直接加料，使中心气流发展，煤气的热能和化学能不能得到充分利用，严重影响冶炼技术经济指标。

由于炉顶的原则是封气不封料，封料则不封气，布料和密封分开，大钟只起布料作用，所以出现了三钟两室炉顶和四钟三室炉顶（见图 5-35）。以后考虑到多钟式炉顶高度太大，存在设备重、结构复杂、安装及维修困难，密封性反不如阀门好，故而又出现了双钟双阀式和双钟四阀式炉顶（见图 5-36）。

双钟双阀式炉顶又称为 IHI 炉顶，它有 2 个受料漏斗对应于左右料车，2 个盘式密封阀，双坡口定点空转或单坡口旋转漏斗，还有小钟及大钟。在大小钟之间和小钟与密封阀

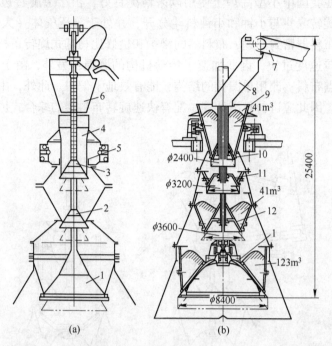

图 5-35 三钟两室炉顶（a）和四钟三室炉顶（b）装料设备

1—大钟；2—中间钟；3—上钟；4—布料器；5—密封设备；6—受料漏斗；7—皮带机；8—卸料溜槽；
9—旋转布料器；10—旋转钟；11—密封钟；12—中钟

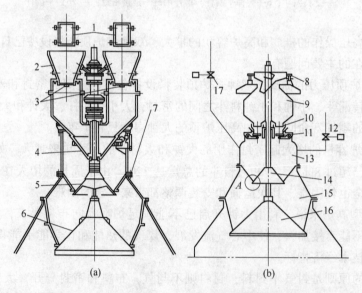

图 5-36 双钟双阀式（a）和双钟四阀式（b）炉顶

1—料车；2—受料漏斗；3—密封（盘式）阀；4—旋转漏斗；5—小钟；6—大钟；7—均压部分；
8—旋转布料器；9—储料斗；10—闸门；11—密封阀；12—均压阀；13—小料斗；
14—小料钟；15—大料斗；16—大料钟；17—放散阀

之间形成了2个上下的均压室。由左右料车来的炉料，各自倒入相应的储料漏斗，经下口的盘式密封阀和旋转漏斗落到上均压室，如用皮带上料时则通过分岔溜槽，将料自动分装在2个料斗中。为了克服IHI炉顶缺点，产生了新日铁式NSC炉顶（双钟四阀式炉顶）。旋转漏斗位于上均压室外，在受料漏斗和密封阀的上面。受料漏斗底部有4个卸料孔、4个封料闸门和密封阀门。工作时盘式密封阀在闸门之前先打开，在关闭时应先关闸门再关密封阀。

从布料方面来看，这种炉顶比双钟双阀式炉顶略差一点，固定点位置只有4点，圆周上的均匀性较差，但布料器的检查维护和钟杆密封较容易。双钟四阀式的另一个不足是炉顶高度不亚于多钟式，约占整个高炉的一半，而且投资也高。钟式炉顶和钟阀式炉顶虽然能基本满足高炉冶炼的需要，但仍由小钟、大钟布料。随着高炉的大型化和炉顶压力的提高，炉顶装料设备日趋庞大和复杂。首先是大型高炉大钟直径6000mm以上，大钟和大料斗重达百余吨，给加工、运输、安装、检修带来极为不便；其次是为了更换大钟，在炉顶上设有大吨位的吊装工具使炉顶钢结构庞大；最后是随着大钟直径的日益增大，在炉喉水平面上被大钟遮盖的面积越来越大，布往中心的炉料减少，因而在高炉大型化初期出现了不顺行、崩料多等现象。20世纪60年代末通过使用变径炉喉，上述现象得以好转。但炉顶装置却进一步复杂化，还不能满足大型化高炉进一步强化所需布料要求。

5.2.2.2 无料钟炉顶

为了进一步简化炉顶装料设备、改善密封状况、增加布料手段，卢森堡的PW公司于1972年在联邦德国蒂森1445m³高炉上首先推出了无料钟炉顶装置，采用旋转溜槽和2个密封料斗代替了原来庞大的大小钟等一整套系统，取消大钟，用阀门来密封，用溜槽来布料，彻底解决了布料和密封问题，是炉顶设备的一次革命。对于大型高炉无料钟炉顶已取代了钟式炉顶，"PW"无料钟炉顶可实现定点布料、环形布料、扇形布料、螺旋布料，在世界范围内应用广泛。无料钟炉顶有如下优点：

（1）旋转溜槽进行炉喉布料。由于溜槽可以作圆周方向的旋转运动，所以能够实现理想的布料，并且操作灵活，能满足炉顶调剂的要求。

（2）炉顶有两层密封阀，且不受原料的摩擦和磨损，寿命期较长。

（3）阀和阀座体小且轻便，可以整体更换或某个零件单独更换。

（4）取代了笨重而又要精密加工的零部件，解决了不便于制造、运输、安装和维护更换等问题。

（5）炉顶结构简化，炉顶的安装小车起重量由120t减少到40t，从而减轻了炉顶的钢结构，降低了炉顶的总高度。无料钟炉顶高度比钟阀式低1/3，设备质量减小到钟阀式高炉的1/3~1/2。

（6）由于炉顶结构的简化，整个炉顶设备的投资减少到双钟双阀或双钟四阀炉顶的50%~60%。

无料钟炉顶也有不足之处：（1）耐热硅橡胶圈的容许工作温度较低（250~300℃）；（2）布料器传动系统及溜槽自动控制系统较复杂。

目前，大型高炉采用的无料钟炉顶有并罐（图5-37，图5-38）和串罐形式（图5-39）。PW公司早期推出的无钟炉顶设备是并罐式结构，直到今天，仍然有着广泛的市场。串罐式无料钟炉顶设备出现得较晚，是1983年由PW公司首先推出的，并于1984年投入运行，

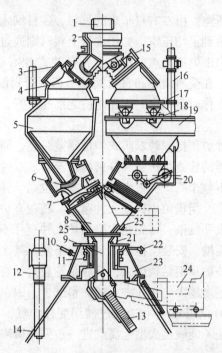

图 5-37　并罐式无钟炉顶

1—皮带运输机；2—受料漏斗；3—上闸门；4—上密封阀；5—料仓；6—下闸门；7—下密封阀；

8—叉形管；9—中心喉管；10—冷却气体充入管；11—传动齿轮机构；12—探尺；

13—旋转溜槽；14—炉喉煤气封盖；15—闸门传动液压缸；16—均压或放散管；

17—料仓支撑轮；18—电子秤压头；19—支撑架；20—下部闸门传动机构；

21—波纹管；22—测温热电偶；23—气密箱；24—更换溜槽小车；25—消声器

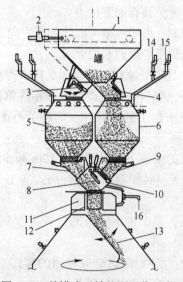

图 5-38　并罐式无钟炉顶工作示意图

1—受料罐；2—罐位置移动装置；3—上密封阀（关）；4—上密封阀（开）；

5—料仓1；6—料仓2；7—料流控制阀（开）；8—下密封阀（开）；9—料流控制阀（关）；

10—下密封阀（关）；11—齿轮箱；12—中心喉管；13—旋转溜槽；14—均压阀；15—放散阀；16—半净煤气

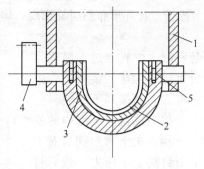

图 5-42 旋转溜槽及吊挂形式
1—旋转圆环；2—溜槽；3—吊挂；4—传动齿轮；5—键槽

步改进和发展而来。与并罐式无料钟炉顶相比，串罐式无料钟炉顶有一些重大的改进：

（1）密封阀由原先单独的旋转动作改为倾动和旋转两个动作，进料口和排料口高度比并罐式低，最大限度地降低了整个串罐式炉顶设备的高度，从而降低了炉顶高度，并使得密封动作更加合理。

（2）采用密封阀阀座加热技术，延长了密封圈的寿命。

（3）在称量料罐内设置中心导料器，使得料罐在排料时形成质量料流，改善了料罐排料时的料流偏析现象。

（4）1988 年 PW 公司进一步又提出了受料漏斗旋转的方案，以避免皮带上料系统向受料漏斗加料时由于落料点固定所造成的炉料偏析。

概括起来，串罐式无料钟炉顶与并罐式无料钟炉顶相比具有以下特点：

（1）旋转罐为常压罐，从而省去一套上下密封阀、料流调节阀和均压放散设施，投资较低，可节省投资 15%～20%。

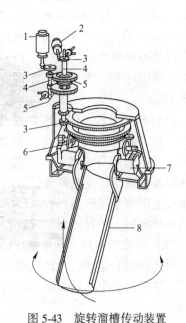

图 5-43 旋转溜槽传动装置
1—旋转电动机；2—倾动电动机；
3—蜗轮；4—蜗杆；5—齿轮；6—旋转装置；
7—倾动装置；8—旋转溜槽

（2）其上部结构中所需空间小，从而使得维修操作具有较大的空间。

（3）其设备高度与并罐式炉顶基本一致。

（4）料罐与下料口均在高炉中心线上，在下料过程中不出现"蛇形动"现象，进一步改善了布料效果，极大地保证了炉料在炉内分布的对称性；在胶带机头部装有挡料板，且在装料时上罐旋转，从而减小了炉料粒度偏析，这一点对于保证高炉的稳定顺行是极为重要的。

（5）绝对的中心排料，从而减小了料罐以及中心喉管的磨损。此外，旋转罐和称量罐内装有导料器，改善了下料条件，消灭了下料堵塞现象。但是，旋转溜槽所受炉料的冲击有所增大，从而对溜槽的使用寿命有一定的影响。

但串罐式无料钟炉顶也需要进一步改进和完善，如对料流调节阀缺乏调节手段，需要建立完整的料流调节模型；在环形布料时易出现首尾接不上现象；需建立必要的完整的布料模型。

串罐无钟炉顶装料时，炉料通过上料皮带机将铁矿石或焦炭分批装进上罐，装料过程中上罐旋转以消除集中堆尖。当接到下罐装料信号时，开上密封阀，开挡料闸阀，上罐内的铁矿石（或焦炭）卸入下罐。关上密封阀后对下罐充煤气均压，使下密封阀上下压力一致后打开下密封阀。当接到向高炉布料信号后，启动溜槽旋转，同时打开节流阀放料，铁矿石（或焦炭）通过中心喉管和旋转溜槽将铁矿石（或焦炭）布入炉内。而无料钟炉顶的旋转溜槽可以实现多种布料方式，根据生产对炉喉布料的要求，常用的有以下4种基本的布料方式（见图5-44）。

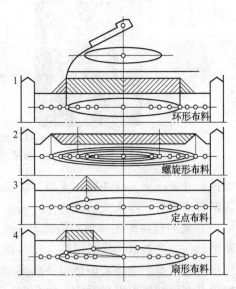

图 5-44　无料钟炉料布料方式

（1）环形布料，倾角固定的旋转布料称为环形布料。这种布料方式与料钟布料相似，改变旋转溜槽的倾角相当于改变料钟直径。由于旋转溜槽的倾角可任意调节，所以可在炉喉的任一半径做单环布料，将焦炭和矿石布在不同半径上以调整煤气分布。单环布料时径向粒度偏析严重，粉末和小块集中在堆尖；并罐式的单环布料，炉料圆周偏析较大，其偏析程度并不优于大钟布料。

（2）螺旋形布料，倾角变化的旋转布料称为螺旋形布料或称为多环布料。布料时溜槽作等速的旋转运动，每转几圈跳变一个倾角，这种布料方法能把炉料布到炉喉截面任一部位，能获得较平坦的料面，径向粒度偏析好于单环布料，矿/焦沿径向分布也较稳定和均匀。

（3）定点布料，方位角固定的布料形式称为定点布料。当炉内某部位发生"管道"或"过吹"时需要定点布料。

（4）扇形布料，方位角在规定范围内反复变化的布料形式称为扇形布料。当炉内产生偏析或局部崩料时，采用该布料方式。布料时旋转溜槽在指定的弧段内低速来回摆动。

一般溜槽倾角大，边缘布料多；溜槽倾角小，中心布料多。当 $\alpha_焦 > \alpha_矿$ 时，边缘焦炭增多，利于发展边缘气流；而 $\alpha_矿 > \alpha_焦$ 时，边缘矿石增多，利于抑制边缘。此外，外环矿石布料份数增加，会抑制边缘气流的发展；反之，发展边缘气流。

5.2.2.3　探料装置与均压系统

A　探料装置

料线应低于大料钟下降位置1.5~2.0m，对无料钟的旋转溜槽，料线过高也会使溜槽不能下落或溜槽旋转受阻，损坏有关传动部件，因此料线不能高出旋转溜槽前端倾斜最低位置以下的0.5~1m。探料设备必须能准确地测定料线高度，并通过检测仪表，反映炉料下料速度和炉况是否正常。

探料装置的种类主要有料面仪、放射性同位素探料、高炉料面红外线摄像技术、料层测定磁力仪、微波式料面计、激光探料等，目前应用较多的是机械探料装置、微波式料面计和激光式料面计。

中型和高压操作的高炉多采用自动化的链条式探尺，它是链条下端挂重锤的挠性探尺，如图5-45所示。探料尺的零点是大钟开启位置的下缘，探尺从大料斗外侧炉头内侧伸入炉内，重锤中心距炉墙不应小于300mm，探尺卷筒下面有旋塞阀，可以切断煤气，以便在阀上的水平孔中进行重锤和环链的更换。重锤的升降借助于密封箱内的卷筒传动。在箱外的链轴上，安设一钢绳卷筒，钢绳与探尺卷扬机卷筒相连。探尺卷扬机放在料车卷扬机室内，料线高低自动显示与记录。探尺的直流电机是经常通电的（向提升探尺方向），由于马达力矩小于重锤力矩，故重锤不能提升，只能拉紧钢丝绳，以保证重锤在料面上是垂直的，到了该提升的时候，只要切去电扭上的电阻，启动力矩随之增大，探尺才能提升，当提升到料线零点以上时，大钟才可以打开装料。

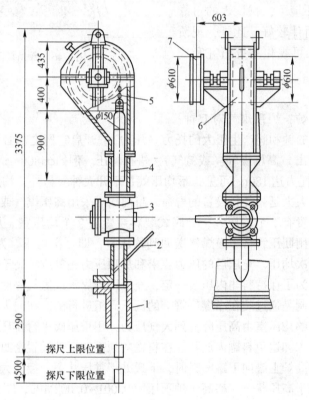

图 5-45　用于高压操作的探料尺（链条式）
1—炉喉的支持环；2—大钟料斗；3—煤气封罩；4—旋塞阀；
5—重锤（在上面的位置）；6—链条的卷筒；7—通到卷扬机上的钢绳的卷筒

这种探料尺存在以下不足：一是只能测两点，不能全面了解炉喉的下料情况；二是料尺端部与炉料直接接触，容易滑尺和陷尺而产生误差。

微波式料面计也称微波雷达，分调幅和调频两种。调幅式微波料面计是根据发射信号与接收信号的相位差来决定料面的位置，调频式微波料面计是根据发射信号与接收信号的频率差来测定料面的位置。微波式料面计由机械本体、微波雷达、驱动装置、电控单元和数据处理系统等组成。微波雷达的波导管、发射天线、接收天线均装在水冷探测枪内，并用氮气吹扫。

激光料面计是 20 世纪 80 年代开发出的高炉料面形状检削装置，它是利用光学三角法测量原理设计的，如图 5-46 所示。激光料面计已在日本许多高炉上使用，我国鞍钢也已应用。根据各厂使用的经验，激光料面计与微波料面计相比，各有其优缺点。激光料面计检测精度高，在煤气粉尘浓度相同和检测距离相等的条件下，其分辨率是微波料面计的 25 ~ 40 倍。但在恶劣环境下，就仪表的可靠性来说，微波料面计较好。此外，现阶段高炉上部的三维可视化系统研究和应用也在加快进行中。

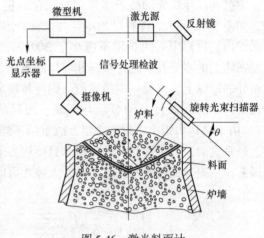

图 5-46 激光料面计

B 均压系统

高压操作的高炉，炉顶煤气对双钟、钟阀或无料钟炉顶的钟和阀产生很大的托力（压力）。开启它们之前必须在料钟和密封阀的上下充入（或放出）高压煤气（或氮气），进行均压。例如 φ4800mm 的大钟，在炉顶表压为 0.1MPa 时，托力达 180t。可见，不均压就打不开大钟，另外，均压还可以减少荒煤气对钟斗的磨损，大大延长装料设备的寿命。目前均压采用高压煤气或氮气。

双钟式装料装置有 1 个均压室，钟阀式装料装置有 2 个均压室。从炉顶出来的荒煤气，经过除尘系统用回压管将半净煤气送回到均压室，即一次均压。为了提高充气压力，多采用氮气进行二次均压，充压后的压力要求和炉顶压力相等或稍高于炉顶压力，以顶住炉内煤气的泄漏。为了保持料斗内压力一定，充压用的煤气或氮气一般都采用自动压力调节。炉顶压力的控制是通过装在净煤气管上的调压阀组进行的。在向大钟装料时要打开小钟，必须把充压后的均压室由高压降低到大气压力，用排压阀进行排压。无料钟炉顶为了适应高压操作的要求和避免料罐内崩料，在料罐的顶部和下部设置密封阀，料罐即为均压室。串罐式无料钟高炉上罐向下罐漏料时，下罐处于常压状态，接近大气压力；下罐向炉内卸料时，罐内处于高压状态，略高于炉顶压力 0.001~0.002MPa，图 5-47 所示为串罐式无料钟高炉炉顶均压、放散工艺示意图。为此无料钟高炉装料时必须进行两次均压。

5.2.3 附属系统

5.2.3.1 原料供应系统

在钢铁联合企业中，炼铁原料供应是指原料运入高炉车间并装入高炉的一系列过程，以高炉储矿槽为界分为两部分。从原料进厂到高炉储矿槽顶部为原料车间范围，它要完成原料的卸、堆、取、运等作业，根据技术要求还需要进行破碎、筛分、混匀和分级等作业，起处理、储存和供应原料的作用。从高炉储矿槽顶部到高炉炉顶属炼铁车间范围，其

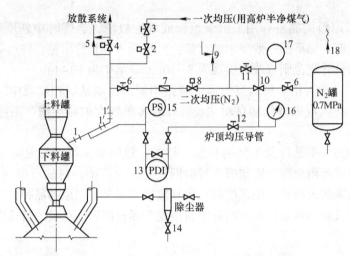

图 5-47 串罐式无料钟高炉炉顶均压、放散工艺

1—万向膨胀节；1'—单向膨胀节；2——次均压阀；3, 6—蝶阀；4—放散阀；5, 9, 18—安全阀；

7—单向阀；8—二次均压阀；10—差压调节阀；11—差压阀 N_2 入口阀；

12—差压阀高炉煤气入口阀；13—差压器；14—除尘器放水阀；15—压力继电器；

16—压力表（N_2 压力）；17—压力表（炉顶）

作用是保证连续、及时向高炉按规定的品种、数量分批分期地供应原料。炼铁厂的运输量无论在厂内厂外都占整个钢铁联合企业的 75% 左右，应该建立科学的、合理的原料供应系统。在高炉生产中，料仓上下所设置的设备是为高炉上料设备服务的，其所属的设备称为供料设备，其基本职能是根据冶炼要求将不同质量计量的原燃料组成一定的料批，按规定程序往高炉上料设备装料。现代高炉原料供应系统应满足下述要求：

（1）生产能力要大，保证连续均衡地供应高炉冶炼所需的原料，并留有进一步强化的余地。

（2）在储运原料过程中，应考虑建设高炉冶炼所必需的原料处理环节，如破碎、筛分、温匀、称量等设备，并力求在运输过程中减少碎矿的产生。

（3）由于原料数量巨大，应该实现机械化和自动化，力求设备操作与维修方便，减轻工人劳动强度。

供料设施的流程主要指卸车、堆存、取料、运出、破碎、筛分、混匀等工序，相应包括各类卸车设备、堆取料设备、车间之间的运输设备。本节主要介绍从高炉储矿槽顶部到高炉炉顶之间的供上料设备，主要包括储矿槽、闭锁器、振动筛、运输设备、称量漏斗、料车坑、料车上料机和皮带上料等。

A 储矿槽及设备

储矿槽位于卷扬机的一侧，与炉列线平行，与斜桥垂直，是高炉供料设备的核心。储矿槽的作用可分为三个部分：

（1）解决高炉连续上料与车间间断供料之间的矛盾。高炉操作要求各种原料按一定的数量、顺序分批分期地加入炉内，每批料的间隔时间比较短，正常操作仅间隔 6~8min。所以，直接由储料场按需要加入料车是不可能的。因此，储矿槽对高炉上料起到缓冲和调节的作用。

（2）起到了原料的储备作用。由于检修或发生故障，会暂时中断原料和燃料供应，为使高炉正常生产，储矿槽一般要求储存量：焦炭为 6~8h 的用量；烧结矿为 12~24h 的用量，新的炼铁设计规范则修改为焦炭为 8~10h，烧结矿为 10~14h。

（3）设置储矿槽可使原料供应的运输线路缩短，控制系统相对集中。漏斗、称量及装入料车等工作易实现机械化和自动化。另外对容积较大的储矿槽，还可起混匀炉料的作用。

储矿槽的结构有钢筋混凝土结构和混合结构，我国多采用钢筋混凝土结构，里衬衬板，如焦槽内衬以废耐火砖，废铁槽内衬以旧铁轨，生矿槽内衬铁屑混凝土或铸铁衬板，装熟料的矿槽衬废耐火砖等。储矿槽的容积和数目主要是根据原料品种、高炉容积、强化冶炼程度、运输设备的可靠性及车间的平面布置等因素而定，可设一排或两排，具体可参考表 5-29 选用。

表 5-29　储矿槽、焦槽的容积

高炉容积/m³	255	600	1000	1500	2000	2500
矿槽相当于高炉容积的倍数	>3.0	2.5	2.5	1.8	1.6	1.6
焦槽相当于高炉容积的倍数	1.1	0.8	0.7	0.5~0.7	0.5~0.7	0.5~0.7

储矿槽的数目一般不少于 10 个，最多可达 30 个，每个储矿槽的有效容积，对用火车运输的大型高炉可达到 75~100m³，中型高炉达 50m³。在大量使用烧结矿的条件下，品种大为减少，因而每个矿槽的容积可达 250~400m³，采用没有隔墙的大矿槽。焦槽的数目一般为 2 个，分别在斜桥左右，考虑到大型高炉焦炭要分级使用，为了提高系统的可靠性，也可以增设 2 个备用焦槽，每个焦槽的容积为 400m³，而且装有防雨的房盖装置。

储矿槽的长度要考虑到槽下的称量设备与闭锁器的配合，也要考虑到槽上火车卸车时不混料，即储矿槽上面尺寸为车皮长度或其一半长度，下面为称量两料斗中心距的 2 倍，一般为 4570mm，使用皮带机时改为整数 5m。矿槽的宽度，要考虑槽上皮带机或铁路车辆要求的净空宽度和必要的间隙，以及铁路和皮带条数来确定，一般槽宽为 5~6m，槽底板与水平线的夹角一般为 50°~55°，储焦槽不小于 45°，方便原料顺利漏出，并能充分利用容积和让槽下空间尽量大一些。

B　闭锁装置与给料机

每个储矿槽下设有 2 个漏嘴，漏嘴上应装有闭锁装置，即闭锁器。要求闭锁器能正确闭锁住料流，不卡不漏，而且还应该有足够的供料能力，大型高炉漏料能力达 15~25m³/min。常用的闭锁装置有两种：启闭器（常用形式有扇形板式、翻板式和溜嘴式）和给料机（履带式、电磁振动式给料器），图 5-48 所示为闭锁器和给料机的各种形式示意图。

C　槽下运输及称量设备

槽下运输系统应完成取料、称量、运输、筛分、卸料等作业。在储矿槽下将原料按品种和数量以及称量后运到料车或皮带运输机上。

槽下筛分包括焦炭筛及碎焦卷扬系统、烧结矿筛及粉矿运出系统。根据环境保护的要求，槽下必须装有除尘降温的设备，以改善劳动条件，筛分系统一般布置在地平面上，长

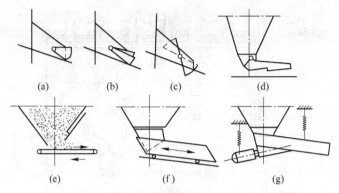

图 5-48 闭锁器和给料机
(a) 单扇形板式；(b) 双扇形板式；(c) S 形翻板式；(d) 溜嘴式；(e) 链板式给料机；
(f) 往复式给料机；(g) 振动给料机

度与储矿槽相同，在斜桥的底端设有料车坑。筛分设备主要有振动筛和辊筛两种。

根据称量传感原理不同，槽下称量设备可分为机械秤（即杠杆秤）和电子秤（即用电阻应变仪），从设备形式上分为称量漏斗和皮带秤。杠杆秤本身的误差不大于最大称量值的 5‰，由于刀口变钝，弹簧的疲劳或其他质量上的问题，而不能严格执行虎克定律，再有多尘高温环境影响等原因，使误差常达 10‰左右。因此要定期校正，调整零位，以保证其精度。杠杆式称量系统比较复杂，整个尺寸结构庞大。因此，电子称量装置目前在国内外广泛应用。如称量漏斗固定在焦炭筛和上料料车之间，漏斗用柱子支托在秤的平台上，4 个支点焦炭负荷传递到秤头的指针上来进行称量。电子秤质量小、体积小、结构简单、拆装方便，不存在刀口磨损和变钝的问题，计量精度较高，一般误差不超过 0.5%。

槽下运输设备主要是指胶带运输机，只有用热矿时才使用钢板做的链板式运输机。带式运输机自动化程度高、生产能力大、可靠性强、劳动条件较好。

D 料车坑

采用斜桥料车上料的高炉均在斜桥下端设有料车坑（见图 5-49）。在料车坑内通常安装有称焦漏斗、矿石用的称量漏斗或中间漏斗、料车、碎焦仓及其自动闭锁器、碎焦卷扬机，还有排除坑内积水的污水泵等。在布置时要特别注意各设备之间的相互关系，保证料车和碎焦料车运行时必要的净空尺寸。

E 上料机

将炉料直接送到高炉炉顶的设备称为上料机。对上料机的要求是，要有足够的上料能力，不仅能满足日常生产的需要，还能在低料线的情况下很快赶上料线。为满足这一要求，正常情况下上料机的作业率一般不应超过 70%，工作需稳定可靠，最大限度地机械化和自动化。

图 5-50 所示为上料机，主要有斜桥料车式上料和皮带机上料两种方式。我国中小高炉大都采用斜桥料车卷扬机上料。随着高炉容积不断增大，这种上料方式的问题越来越明显，例如随着料车容量和钢绳负荷增加，必须加大钢绳直径，增加斜桥总重，而且庞大的料车卷扬机和很深的料车坑，使设备和基建费用大大增加，对于 $2000 \sim 3000 m^3$ 及其以上的高炉，用斜桥料车上料已不能满足要求，故已改用皮带机上料。

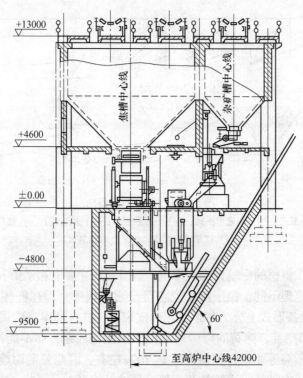

图 5-49　高炉料车坑侧面图

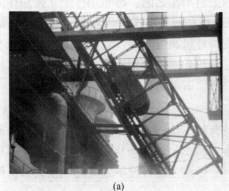 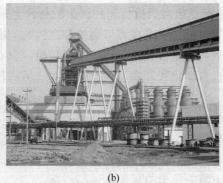

(a)　　　　　　　　　　　　(b)

图 5-50　上料机方式

(a) 斜桥料车上料；(b) 皮带机上料

　　斜桥料车式上料机一般由料车、斜桥和卷扬机三部分组成。斜桥大都采用桁架式和实腹梁式两种结构（图 5-51）。桁架式斜桥用角钢或型钢以一定的形式焊接成长方体框架，料车就在这个框架内移动，轨道设在桁架的下弦的钢梁上，而料车钢绳的导向轮则安装在桁架的顶端。这种桁架质量比较小，结构比较简单。实腹梁式斜桥用钢板代替型钢铆焊的桁架，有的仅在下弦部分铺满钢板，两侧仍用角钢桁架；有的两侧采用钢板围成槽形断面，料车行走轨道都铺设在槽的底板上，而料车钢绳和顶部绳轮都安装在炉顶金属框架上。实腹梁式斜桥结构比较简单，可以自动化焊接，对斜度小、跨度大的高炉消耗钢材相对要多一些。

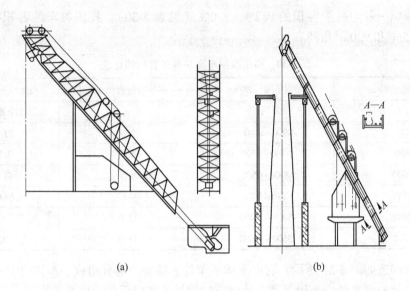

图 5-51 斜桥形式
(a) 桁架式；(b) 实腹梁式

斜桥的倾角主要取决于桥下铁路线数目和高炉的平面布置形式，一般倾角为 55°~65°（岛式布置的最小，只有 40°）。应该指出倾角不能过大，以免通过料车重心的垂线落在后轴上，前轮出现负轮压，使料车行走不稳定。料车坑内的一段铁轨倾角可适当加大点，以便于装满料，倾角可达到 60° 以上。斜桥的宽度取决于内部尺寸（料车尺寸）与外部尺寸（炉顶金属框架支柱间的距离）。一般料车与斜桥的间距：侧面不小于 150mm，上部为 250mm 左右。主桁架外缘与炉顶金属框架间距不小于 75mm，否则由于制造和修建的误差可能引起碰撞。

在斜桥的顶端料车行走轨道应做成曲轨，常用的卸料曲轨形式如图 5-52 所示。当料车的前轮沿主轨道前进时，后轮则靠外轮面沿分歧轨上升使料车自动倾翻卸料，料车的倾角达到 60° 时停车。在设计曲轨时，应考虑翻倒过程平滑，钢绳张力没有急剧变化，卸料偏析小，卸料后料车能在自重作用下，以较大的加速度返回。图 5-52 (c) 结构简单，制作方便，但工艺性能稍差，常用在小高炉上；图 5-52 (b) 和图 5-52 (a) 用于中型高炉，图 5-52 (a) 的工艺性能最好。

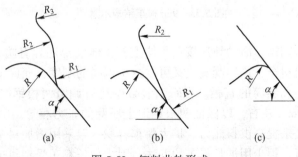

图 5-52 卸料曲轨形式

料车容积一般为高炉容积的 0.7% ~ 1.0%（见表 5-30），我国料车的容积有 2.0m³、4.5m³、6.5m³ 和 9.0m³ 几种。

表 5-30　料车容积与高炉有效容积的比值

高炉有效容积/m³	焦炭批重范围/kg	料车有效容积/m³	$V_{料车}/V_{高炉} \times 100\%$
100	350 ~ 1000	1.0 或 1.2	1.0 或 1.2
255	900 ~ 2500	2.0	约 0.8
620	1800 ~ 4500	4.5	0.725
1000	3000 ~ 6500	6.5	0.65
1500	4500 ~ 9000	9.0 ~ 10.0	0.6 ~ 0.667
2000	5000 ~ 11000	12.0	0.6
2500	5500 ~ 14000	15.0	0.6

料车的构造如图 5-53 所示，它由车体、车轮、辕架三部分组成。车体由 10 ~ 12mm 钢板焊成，底部和侧壁的内表面都镶有铸钢或锰钢衬板加以保护，以免磨损，后部做成圆角以防矿粉黏接，在尾部上方开有一个方孔，供散碎料装入料车坑内。前后两对车轮构造不同，因为前轮只能沿主轨滚动，而后轮不仅要沿主轨滚动，在炉顶曲轨段还要沿辅助轨道——分歧轨滚动，以便倾翻卸料，所以后轮做成具有不同轨距的两个轮面的形状。

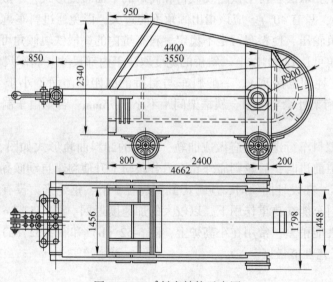

图 5-53　9m³ 料车结构示意图

辕架是一个门形钢框，活动地连接在车体上，车体前部还焊有防止料车仰翻的挡板。一般用两根钢绳牵引料车，这样既安全又可以减小钢绳的刚度，允许工作在较小的曲率半径下，可以减小绳轮和卷筒的直径。在牵引装置中还有调节两根钢绳伸长率的三角调节器，其调整量在 300mm 左右，以保证两根钢绳上所受的张力相等。随着高炉强化，常用增大料车容积的方法来提高供料能力。扩大料车容积一般采用增加料车高度和宽度，并扩大开口的办法来进行，很少用加长料车的办法。因为加长料车受到料车倾翻、曲轨长度以及运行时稳定性的限制。

料车卷扬机一般由电动机、减速箱、卷筒等组成，还应设置安全保护装置，它包括事故闸、钢绳防松开关、速度继电器及行程继电器等。一般采用调速性能比较好的直流电动机，它的电源采用可控硅-直流电动机，效果较好，可使卷扬机电动机在低电压、全磁场的条件下启动，在减弱磁场条件下运行，在降低外供电压条件下翻车和停车，保证得到比正常运转时大数倍的启动力矩，因而可选用较小容量的电动机。为了确保安全，一般采用2台主卷扬电动机，当一台电动机发生故障时，另一台电动机可维持70%的工作量。要求卷扬机调速性良好、停车准确、安全可靠，能自动控制。料车卷扬机的安装位置如图5-54所示。

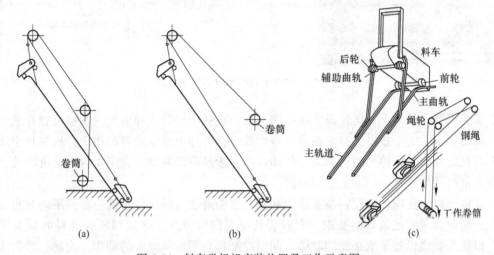

图 5-54 料车卷扬机安装位置及工作示意图
(a) 卷扬机装在斜桥下部；(b) 卷扬机装在斜桥上部；(c) 料车卷扬机工作示意图

一座 3000m³ 的高炉，料车坑深达 5 层楼以上，料车体积扩大使料车的容量和斜桥的质量加大，料车在斜桥上的振动力很大，使钢绳加粗到难以卷曲的程度，不论是扩大料车的容积，还是增加上料次数，只要是间断式上料，都是很不经济的，故大型高炉都采用皮带机上料系统，如图 5-55 所示。皮带上料机有如下优点：

（1）生产能力大、效率高、灵活性大，使间断上料为连续上料，炉料破损小，配料可实现自动控制。皮带的极限速度为 150m/min，能满足日产生铁 2 万吨的上料要求。

（2）采用皮带运输机可代替价格昂贵的卷扬机和发电机组，减小设备的质量，又简化了控制系统，节约钢材和动力，维修简单，投资可减少 40% 左右。

（3）皮带式上料机为高架结构，占地面积小，坡度在 10°～18°，皮带可长达 300m 左右，高炉周围的自由度加大，使原料称量系统远离高炉，可布置 2 个出铁场或环形出铁场，为炉前设备机械化及水冲渣提供了条件，适应高炉大型化的要求。

（4）控制技术简单，易实现全部自动化控制，皮带使用寿命可长达 6～7 年。

（5）带式上料机连续均匀投料，单位时间内料流小，改善炉顶装料设备的工作条件。

根据布置和称量装置的不同，使用皮带秤时，可以在烧结矿槽和焦炭槽下各安一个皮带秤集中称量，也可以把给料器与称量装置组成一个单元，安置在每一个料槽下，它既可调节给料量，又能发出料重信号，这样就可以集中调度。根据高炉上料总体布置要求，皮

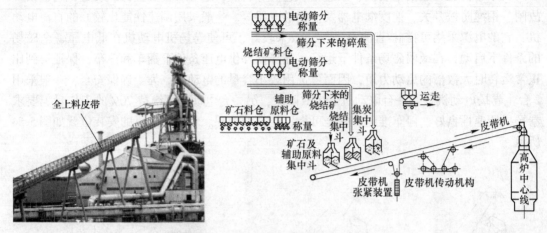

图 5-55　皮带上料机系统流程示意图

带机头轮设置在炉顶上，尾轮设置在矿槽下部，机械传动装置和电气控制室设置在偏于尾轮一侧的中部，由于皮带上有炉料及自身的荷重，再加上张紧装置的作用，皮带与中间摩擦驱动机之间产生摩擦力而被驱动，传动机构一般是串联驱动，它用 4 台电动机驱动，当工作正常时使用 3 台，驱动装置力求统一。

在皮带机上还应设有原料位置检测装置，要合理使用好皮带，就应将料平均分布在皮带上，同时为了满足装料的要求，有时要几批料同时输送，必须判断各批料的料头和料尾，以便和炉顶设备采取必要的联锁。同时控制料仓下给料设备的动作，为此，对带式上料机在集中斗卸料口附近和炉顶附近，装有检测原料位置的磁头装置，如图 5-56（a）所示。

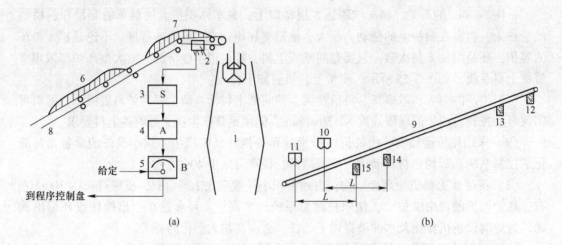

图 5-56　磁头装置（a）和原料位置检测点（b）

1—高炉；2—磁头元件；3—检测器盘；4—放大盘；5—继电盘；6—矿石；
7—焦炭；8，9—装料皮带机；10—矿石斗；11—焦炭斗；12—原料到达炉顶；
13—炉顶准备；14—矿石终点检测；15—焦炭终点检测

原料位置的检测点如图 5-56 （b） 所示，常用的是磁力放大器或质量测定器，它根据中间托架质量变化，测出原料是矿还是焦炭或是空料，这种装置能正确地发出原料到达和原料通过的信号。共设有 4 个检测点，4 个检测点的功能如下：

（1）焦炭终点检测点发出信号，是允许下批料中的焦炭开始排放到主皮带上的信号。

（2）矿石终点检测点发出信号，是允许下批料中的矿石开始排放到主皮带上的信号。

（3）炉顶准备点给出的信号，是为了检查在炉料从主皮带上卸下时，炉顶各有关设备是否处于受料的准备状态。

（4）原料到达炉顶的检测点，给出炉料确实已到达炉顶的信号。

图 5-56 中各漏斗和检测点的距离应大于在炉顶密封阀（或小钟）的开闭时间内主皮带走行的距离，L 的长度要使炉顶装料设备的准备动作完成，而在机尾用磁力元件测出原料的终点后，可立即给出下一批料向主皮带机上供料的信号。除了料位检测外，还应该有料位跟踪装置，以监视上料过程中原料的运动情况。

5.2.3.2 送风系统

高炉送风系统包括鼓风机、冷风管路、热风炉、热风管路（热风围管和热风支管）以及管路上的各种阀门等。

A 高炉鼓风机

高炉鼓风机是能将一部分大气汇集起来，并通过加压提高空气压力形成具有一定压力和流量的高炉鼓风，再根据高炉炉况的需要进行风压、风量调节后将其输送至高炉的一种动力机械。从能量的观点来看，高炉鼓风机是把原动机的能量转变为气体能量的一种机械。高炉鼓风机的作用是向高炉送风，以保证高炉中燃烧的焦炭和喷吹的燃料所需的氧气；另外，还要有一定的风压克服送风系统和料柱的阻损，并使高炉保持一定的炉顶压力。高炉冶炼所需风量的大小不仅与炉容成正比，而且与高炉强化程度有关，常用风量系数来表征，即每立方米炉容每分钟鼓入风的立方米数，一般按单位炉容 $2.1 \sim 2.5 \mathrm{m}^3/\mathrm{min}$ 的风量配备。但实际上不少的高炉考虑到生产的发展，配备的风机能力都大于这一比例，详见表 5-31。

表 5-31 高炉单位炉容所需风机出口风量

炉容	原料条件	风机出口风量/m³·(m³·min)⁻¹	
		平原地区	高原地区
大型	50%烧结矿	2.3~2.6	2.6~2.9
	100%烧结矿	2.6~2.9	2.9~3.2
中型	100%天然矿	2.8~3.2	3.2~3.5
	100%烧结矿	3.2~3.5	3.5~3.8
小型	100%烧结矿	4.0~4.5	5.0~6.6

现代大、中型高炉所用的鼓风机，大多用汽轮机驱动的离心式鼓风机（见图 5-57）和轴流式鼓风机（见图 5-58）。

轴流鼓风机压缩的气体流量较离心鼓风机大，效率较高（在同样的压比情况下，一般轴流鼓风机的效率比离心鼓风机的效率高 8%~10%），运行区域宽广，对灰尘的敏感性较强，重量轻、体积小、流量大，性能调节适应范围宽（尤其是全静叶可调式）等，

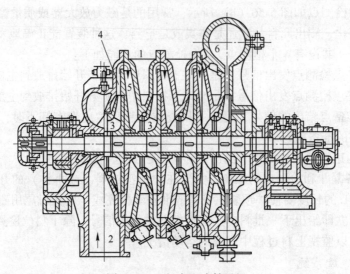

图 5-57　四级离心式鼓风机

1—机壳；2—进气口；3—工作叶轮；4—扩散器；5—固定导向叶片；6—排气口

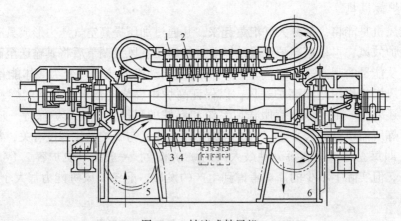

图 5-58　轴流式鼓风机

1—机壳；2—转子；3—工作叶片；4—导流叶片；5—吸气口；6—排气口

可适应于高炉炉况多变的操作要求。离心鼓风机压缩的气体流量大、效率低、特性曲线平坦、对灰尘的敏感性较弱，大型高炉鼓风机采用离心鼓风机存在体积庞大、制造维修均要大型厂房和设备等缺点。

目前，轴流式鼓风机的能力已达到风量 $10000 \mathrm{m}^3/\mathrm{min}$、风压 $0.7\mathrm{MPa}$、功率 $70000\mathrm{kW}$，离心式鼓风机风量已达 $5000\mathrm{m}^3/\mathrm{min}$、风压 $0.45\mathrm{MPa}$、功率 $22000\mathrm{kW}$。大型高炉多采用轴流式，近年来多使用大容量同步电动鼓风机。这种鼓风机耗电虽多，但启动方便、易于维修、投资较少。

鼓风机选型的正确与否、安装质量好坏将对风机安全、可靠、合理运行及经济效益都有较大的影响。有以下几点需要在选型时注意。

(1) 风量、风压。鼓风机的风量和风压是风机选型中两个重要的基本参数，要保证足够的送风能力和应能满足高炉炉顶压力的风机出口风压。鼓风机的压力取决于高炉炉顶压力，大型高炉将逐步改为高压炉顶，其压力为 0.1~0.25MPa；也取决于炉内阻力及管路损失；高炉风机的压力还要保证高炉情况恶化时也能安全操作。由于气候条件的变化以及工艺操作本身的波动，使得所需的风量和风压也需相应变动，因此使得鼓风机不能固定在一个工况点运行，而是在一个工况区运行。在选择鼓风机时，应尽量使鼓风机的运行工况包含在风机特性曲线的有效使用区范围内（图 5-59）。不同容积高炉所需的风压参考数据见表 5-32。

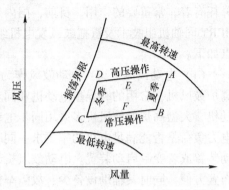

图 5-59　高压高炉鼓风机工况区示意图

表 5-32　不同容积高炉所需的风压参考数据

炉容/m³	料柱阻损/Pa	逆风系统阻损/Pa	炉顶压力/Pa	风机出口压力/Pa
4000	$1.5\times10^5 \sim 1.7\times10^5$	0.2×10^5	2.5×10^5	$5.1\times10^5 \sim 5.5\times10^5$
2500	$1.4\times10^5 \sim 1.6\times10^5$	0.2×10^5	$1.5\times10^5 \sim 2.5\times10^5$	$3.1\times10^5 \sim 4.3\times10^5$
2000	$1.4\times10^5 \sim 1.5\times10^5$	0.2×10^5	$1.5\times10^5 \sim 2.0\times10^5$	$3.1\times10^5 \sim 3.7\times10^5$
1500	$1.3\times10^5 \sim 1.4\times10^5$	0.2×10^5	$1.0\times10^5 \sim 1.5\times10^5$	$2.5\times10^5 \sim 3.1\times10^5$
1000	$1.1\times10^5 \sim 1.3\times10^5$	0.2×10^5	$1.0\times10^5 \sim 1.5\times10^5$	$2.3\times10^5 \sim 3.0\times10^5$
620	$1.0\times10^5 \sim 1.1\times10^5$	0.2×10^5	$0.6\times10^5 \sim 1.2\times10^5$	$1.8\times10^5 \sim 2.5\times10^5$
255	$0.65\times10^5 \sim 0.85\times10^5$	0.15×10^5	$0.25\times10^5 \sim 0.8\times10^5$	$1.05\times10^5 \sim 1.8\times10^5$

注：原料条件为自熔性烧结矿。

高炉鼓风机最大质量鼓风量应能满足夏季高炉最高冶炼强度的要求，冬季时风机应能在经济区域工作，不放风，不飞动。对于高压操作的高炉，应考虑常压冶炼的可行性和合理性。风机应在如图 5-59 所示的 ABCD 区域工作。A 点是夏季最高气温、高压操作的最高冶炼强度工作点；B 点是夏季最高气温、常压操作的最高冶炼强度工作点；C 点是冬季最低气温、常压操作的最低冶炼强度工作点；D 点是冬季最低气温、高压操作的最低冶炼强度工作点。

（2）风机的效率。在钢铁产品残酷的市场竞争中，所有钢铁企业都在寻求降低生产成本的措施，除采用高炉喷煤降低焦比，提高冶炼系数，增强生产能力外，提高高炉供风系统的效率也是重要措施之一。鼓风机的效率决定着鼓风机正常运行的经济性，因此应尽可能选择额定效率高、高效区较广的鼓风机，保证送风均匀稳定又有良好的调节性能和一定的调节范围，以使鼓风机全年有尽可能长时间的经济运行，充分发挥鼓风机的能力。

（3）在高炉设备条件已确定的情况下提高高炉产量。高炉生产要达到高产、优质、低耗的目的，在高炉设备条件已经确定的情况下，须从高炉操作和原料质量两方面入手。高炉操作要求高炉强化冶炼，而高压操作是强化冶炼中的一种措施，即提高炉顶压力，降低压差，促进高炉顺行，这是大型高炉在高强度冶炼条件下保证顺行的一项重要措施。高压操作就要求鼓风机要有满足高压操作的压力，保证在高压操作下能向高炉供应足够的风量。

高炉鼓风机是炼铁系统中大容量、高能耗设备，其驱动方式的选择对钢铁行业的节能降耗有着非常重要的作用。目前，国内外较成熟的高炉鼓风技术有电动鼓风、汽动鼓风、BPRT 同轴机组技术及汽拖鼓风发电机组 BCSG 技术。各种驱动方式的基本原理及主要特点如下。

（1）电动鼓风机组：电动鼓风作为常规高炉鼓风机驱动方案，是利用电动机来驱动高炉鼓风机，常用的有异步电动机和同步电动机。国内中小型高炉的鼓风机多采用异步电动机，大型高炉的鼓风机多采用同步电动机。电动鼓风机组电机容量较大，需要考虑全厂电力负荷是否能满足电机功率要求；同时电动鼓风机组启动电流较大，需要考虑设置软启动装置或者变频启动装置。电动鼓风机组的特点是系统简单、建设速度快、占地面积小、布置方便，同时其辅助设备少、故障率低、运行人员少、检修工作量少。

（2）汽动鼓风机组：汽动鼓风机组是利用中温中压或者高温高压蒸汽来驱动高炉鼓风机，钢企部分剩余高炉煤气、转炉煤气和焦炉煤气送入燃气锅炉产生中温中压或者高温高压蒸汽，蒸汽进入汽轮机来拖动鼓风机转动，近年来投产的拖动汽轮机大多采用高温高压机组。汽动鼓风机组运行费用较低，但初期投资较大，占地面积大、系统复杂、运行人员较多、检修工作量大。

（3）BPRT 同轴机组：BPRT 即煤气透平与电动机同轴驱动的高炉鼓风机组，将煤气透平和高炉鼓风机两套机组并联，作为同一系统来设计。BPRT 同轴机组的电能和高炉煤气压降能共同驱动鼓风机组。高炉透平回收能量不用来发电，直接同轴驱动鼓风机。当透平正常工作时，离合器处于啮合工作状态，把透平回收的功率传递给高炉鼓风机，同时不足功率由电动机出力驱动；当炉况不顺煤气量小或者高炉休风时，离合器自动将高炉煤气透平脱开，高炉鼓风机全部由电动机驱动。BPRT 机组主要特点是将高炉煤气余压透平发电装置（TRT）、电动机及高炉鼓风机合为一体，高炉煤气通过煤气透平膨胀做功回收的能量直接补充高炉鼓风机的能耗，避免能量转换的损失，同时合并了鼓风站和 TRT 厂房，使 TRT 原有的庞大系统简化合并，取消 TRT 发电机及发配电系统，合并自控系统、滑油系统和动力油系统等，BPRT 技术轴系较复杂，全厂煤气管网工程量大，大中型高炉业绩少，目前在小高炉上有部分应用。

（4）汽拖鼓风发电机组：BCSG 技术包括汽轮机、发电机、鼓风机、离合器、辅助设备及自电控系统等，系统组成如图 5-60 所示。

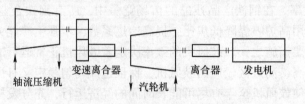

图 5-60　汽拖鼓风发电机组示意图

BCSG 机组主要特点是将汽轮机、发电机和高炉鼓风机合为一体，把富余的各种煤气通过燃气锅炉生产蒸汽，蒸汽驱动蒸汽轮机，把热能转化为机械能，直接驱动鼓风机，蒸汽产量一般大于驱动鼓风机所需的蒸汽量，富余蒸汽还可以驱动发电机发电，汽轮机进汽侧通过变速离合器与鼓风机连接，实现与鼓风机的啮合、脱开功能。汽轮机排汽侧通过离合器与发电机连接，实现与发电机的啮合、脱开功能，机组可实现汽轮机与鼓风机、发电机同时运行，先满足鼓风机运行，再实现最大发电；也可实现汽轮机和鼓风机单独运行，汽轮机和发电机单独运行，汽拖鼓风发电机组 BCSG 方案由于其复杂的轴系，目前在国内的应用相对较少。

对于已建成的高炉，由于生产条件改变，感到风机能力不足，或者新建高炉缺少配套风机，都要求采取措施满足高炉生产的要求。提高风机出力的措施主要有：（1）改造现有鼓风机本身的性能。如改变驱动力，增大其功率，使风量、风压增加；提高转子的转速使风量风压增加；还可以改变风机叶片尺寸，叶片加宽和改变其角度均可改变风量。（2）改变吸风参数，改变吸风口的温度和压力，如喷水降温，设置前置加压机，均可提高风机的出力。而通常的办法是同性能的风机串联或并联。

为了强化高炉冶炼，提高冶炼强度，同时降低焦比（燃料比），采用富氧鼓风是个有效方法。富氧鼓风是在风中加入了工业氧，使鼓风含氧量超过大气含氧量（21%）。高炉采用富氧鼓风，可增加鼓风中氧气的含量（浓度），也就相当于增加了鼓风量，当然也就提高了高炉的冶炼强度。而更主要的是富氧鼓风能够提高高炉风口前的燃烧温度，给高炉以大量热量补偿，从而给高炉进一步加大喷煤量创造了条件，一般富氧率提高 1% 即可使煤粉喷吹率增加 6%。富氧率提高 3%~4% 和提高高炉鼓风风温 200℃，二者对增加喷煤量的影响其效果基本上是相同的。常用的富氧方式是将从制氧机出来的氧气，用单独的管道送到高炉鼓风机的吸入侧加入，以便均匀混合，富氧流量的控制采用比率控制，根据比率设定器设定的比率，在氧气流量调节计中调节供氧量。随着制氧成本的降低，高炉富氧鼓风作为强化手段得到了普遍应用，富氧率可达到 4% 或更高。

B 热风炉

现代热风炉是一种蓄热式热交换器。热风炉供给高炉热风的热量约占炼铁生产耗热的 1/4。目前风温水平为 1000~1200℃，高的为 1250~1350℃，最高可达 1450~1550℃。高风温是高炉最廉价的、利用率最高的能源，风温每提高 100℃ 会降低焦比 4%~7%，产量可提高 2%。借助煤气燃烧将热风炉格子砖烧热，然后再将冷风通入格子砖，冷风被加热。由于燃烧（即加热格子砖）和送风（即冷却格子砖）是交替工作的，为保证向高炉连续供风，故每座高炉至少需配置 2 座热风炉，一般配置 3 座，大型高炉以 4 座为宜。自从使用蓄热式热风炉以来，其基本原理至今没有改变，而热风炉的结构、设备及操作方法却有了重大改进。

20 世纪 50 年代我国高炉主要采用传统的内燃式热风炉，这种热风炉存在着诸多技术缺陷，风温较低。20 世纪 60 年代外燃式热风炉开始应用，将燃烧室与蓄热室分开，显著地提高了风温，延长了热风炉寿命。20 世纪 70 年代荷兰霍戈文公司（现达涅利公司）开发了改造型内燃式热风炉，在欧美等地区得到应用并获得成功。与此同时，我国炼铁工作者自行研制了无燃烧室的顶燃式热风炉，并于 20 世纪 70 年代末在首钢 2 号高炉（1327m³）上成功应用。自 2002 年中国引进的第一座 KALUGIN 顶燃式热风炉投入运行，结构先进、风温提高、运行稳定的卡鲁金顶燃式热风炉迅速在中国推广开来，迄今为止已有超过 100 座原创的卡式热风炉在运行，近 5 年新建的大高炉和超大高炉（例如曹妃甸京唐公司 1 号、2 号 5500m³ 高炉）普遍使用了卡式热风炉。在日本、俄罗斯、乌克兰等国家也有 100 多座卡鲁金顶燃式热风炉投入使用，其中俄罗斯北方钢厂的 5500m³ 高炉、日本 JFE 公司的 5000m³ 高炉改造工程，都使用了卡式热风炉。

　　高炉热风炉按工作原理可分为间歇式工作的蓄热式热风炉和连续换热式热风炉两种。蓄热式格子砖热风炉是现代高炉，尤其是大高炉最常用的热风炉形式，具有换热温度高、热利用率高、工作风量大、适合于大高炉生产需要的优点；但也存在体积大、占地面积大、购置成本高的缺点。换热式热风炉使用耐高温换热器为核心部件，此部件不能使用金属材质换热器，只能使用耐高温陶瓷换热器。高炉煤气在燃烧室内充分燃烧，燃烧后的热空气，经过换热器把热量换给新鲜的冷空气，可使新鲜空气温度达到 1000℃ 以上，使用预热炉进行助燃空气预热的现代热风炉，具有换热温度高、热利用率高、体积小、购置成本低的优点。但其换热温度没有蓄热式高，使用规模较小。

　　按热风炉内部的蓄热体热风炉可分为球式热风炉（简称球炉）和采用格子砖的热风炉。球式热风炉以自然堆积的耐火球床代替格子砖，其加热面积大、热交换好、风温高、体积小、省材料、省投资、施工方便、建设周期短，属于顶燃式热风炉。顶燃式球式热风炉技术已在我国 300~600m³ 高炉上采用，风温为 1100~1200℃，而且热效率在 70% 以上。但球式热风炉要求耐火球质量好、煤气净化程度高、煤气压力大、助燃风机的风量风压要大，否则煤气含尘量多时，会造成耐火球孔隙堵塞，表面渣化黏结，甚至变形破损，使阻力损失增大，热交换变差，风温降低。煤气压力和助燃空气压力大，才能保证发挥球式热风炉的优越性。而且球式热风炉球床使用周期短，需定期换球卸球（卸球后 90% 以上耐火球可以继续使用），但卸球劳动条件差，休风时间长，这是限制推广使用的主要原因；加之阻力损失大、功率消耗大、当量厚度小，在大型高炉上不宜使用。蓄热式格子砖热风炉是现代高炉，尤其是大高炉最常用的热风炉形式。

　　而按燃烧方式分，热风炉结构有三种形式：内燃式热风炉、外燃式热风炉和顶燃式热风炉（见图 5-61）。

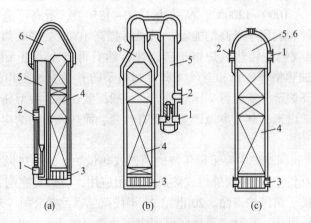

图 5-61　典型的三种热风炉结构形式
(a) 内燃式；(b) 外燃式；(c) 顶燃式
1—燃烧口；2—热风出口；3—冷风入口（或废气出口）；4—蓄热室；5—燃烧室；6—拱顶

　　其工作原理是先燃烧煤气，用产生的烟气加热蓄热室的格子砖，再将冷风通过炽热的格子砖进行加热，然后将热风炉轮流交替地进行燃烧和送风，使高炉连续获得高温热风。蓄热式热风炉有烧炉、送风两种主要操作模式：将高炉煤气燃烧对蓄热室的格子砖进行加热，即为"烧炉"操作模式，用蓄热室格子砖对冷风进行加热并送风到高炉，即为"送风"操作模式。具体过程为由燃烧期、换炉和送风期组成。其工作过程是：燃气燃烧（热量传递）→蓄热室格子砖（热量传递）→冷风（接受热量）→转化为热风→供给高炉，3~4座热风炉交替进行燃烧和送风作业，向高炉内连续不断地输送高温鼓风。

燃烧期：将煤气和助燃空气通过陶瓷燃烧器混合后在燃烧室内燃烧产生大量热量。高温烟气在通过蓄热室格子砖时将热量储存在格子砖中。当拱顶温度和烟道废气温度达到规定值（比如分别达到1450℃和250℃）时，燃烧期结束，转为送风期。

换炉：关闭各燃烧阀和烟道阀，打开冷风阀和热风阀，完成从燃烧期向送风期过渡。

送风期：冷风从蓄热室下部进入，并向上流动通过蓄热室格子砖，格子砖放出储存的热量将冷风加热，冷风变为热风从热风出口流出，通过热风总管送往高炉，当拱顶温度下降到规定值时，送风期结束。通过换炉操作转为燃烧期。送风期开始阶段的风温高于送风后期的风温，但高炉需要的风温在一段时间内希望是恒定的。因此，在实际操作中通常在送风初期往热风中兑入一部分冷风，随着送风时间的延长，兑入的冷风数量逐渐减少，直至关闭混风阀，这样可以保证在整个送风期内热风炉送出的风温不变。

对为高炉提供热风的蓄热式热风炉，必须有实现燃烧过程的燃烧室与燃烧器，以及堆放能完成传热过程的蓄热体的蓄热室；为了组织气流和实现气流过程的切换，实现气流分配的冷风室和各种进出口与阀门也是必不可少的。此外，由于高炉所需的热风具有一定的压力，为此一个能够承受压力的金属外壳也是必不可少的。因此，热风炉就是一个在金属外壳内砌筑耐火材料的承压容器。

内燃式热风炉是最早使用的一种形式，由考贝发明，故又称为考贝蓄热式热风炉。考贝式热风炉包括燃烧室、蓄热室两大部分，并由炉基、炉底、炉衬、炉箅子、支柱等构成，如图5-62所示。

a　燃烧器与燃烧室

高炉热风炉的燃烧器是适于气体燃料燃烧的装置。按照气体燃料燃烧的模式，可分为预混燃烧的无焰燃烧器，半预混燃烧的短焰燃烧器，以及扩散燃烧的长焰燃烧器等。按照其结构的形式可分为圆形燃烧器、矩形燃烧器、环形燃烧器，以及其他形状的燃烧器等。按照燃烧气流的组织形态可分为旋流燃烧器、直流燃烧器、对冲燃烧器、回流燃烧器，以及其他组合型流场的燃烧器等。套筒式燃烧器是边混合边燃烧，要求有较大的燃烧空间；而短焰或无焰型的燃烧器则可大大减少或无须专门的燃烧室。

为了完成燃烧过程和组织气流的形态在燃烧器后提供一个燃烧空间是必然的，煤气燃烧的空间即燃烧室。内燃式热风炉的燃烧室位于炉内一侧，其断面形状有圆形、眼睛形和复合形三种（见图5-63）。圆形的煤气燃烧较好，隔墙独立而较稳定，但占地面积大，蓄热室死角面积大，相对减少了蓄热面积。目前除外燃式外，新建的内燃式热风炉均不采用。眼睛形占地面积小，烟气流在蓄热室分布较均匀，但燃烧室当量直径小，烟气流阻力大，对燃烧不利，在隔墙与大墙的咬合处容易开裂，故一般多用于小高炉。复合型也叫苹果形，兼有上述二者的优点，但砌筑复杂，一般多用在大中型高炉。通常不同的燃烧器都配备有不同结构的燃烧室，设计中，套筒式燃烧器的燃烧室，按每平方米燃烧断面积每分钟烧100~140m³高炉煤气来计算。在外燃式热风炉上，使用混合良好的陶瓷燃烧器时，其数值可增大到180~200m³。现在的设计中常采用烟气在燃烧室内的流速来计算，其数据是：眼睛形小于或等于3.0m/s，圆形或复合形小于或等于3.5m/s。在现场作简易设计

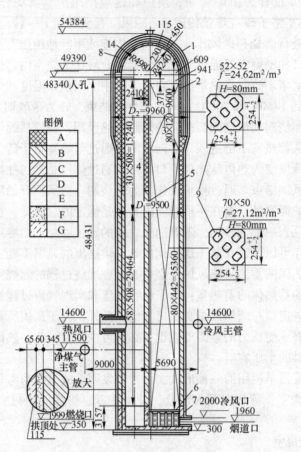

图 5-62 内燃式热风炉剖面图

1—炉壳；2—大墙；3—蓄热室；4—燃烧室；5—隔墙；

6—炉箅；7—支柱；8—炉顶；9—格子砖；

A—磷酸-焦宝石耐火砖；B—矾土-焦宝石耐火砖；C—高铝砖（$w(Al_2O_3) = 65\% \sim 70\%$）；

D—黏土砖（RN）-38；E—轻质黏土砖；F—水渣硅藻土；G—硅藻土砖

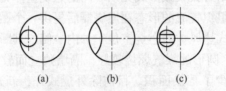

图 5-63 燃烧室断面形状

（a）圆形；（b）眼睛形；（c）苹果形

时可用燃烧横断面（包括隔墙面积）占热风炉总断面积的 25%～30% 来确定尺寸。

　　b 蓄热体与蓄热室

　　从燃烧室出来的烟气流向下进入堆放着蓄热体的蓄热室，蓄热室为竖向放置的筒状结构。蓄热体主要以多孔棱柱形的格子砖堆砌而成，或者由球状耐火球随机堆放而成。内燃式热风炉的蓄热室内多以充填格子砖作为储热体。砖的表面就是蓄热室的加热面，格子砖块就是储存热量的介质，所以蓄热室的工作既要传热快，又要储热多，而且要有尽可能高的温度。蓄热室断面积，一般是从选定的热风炉直径扣除燃烧室断面积得到的，它应该用填满格子砖后的通道面积中的气流速度来核算。为了保证传热速度，要求气流在紊流状态流动，即雷诺数大于2300。由于气体在高温下黏度增大，而且格孔小不易引起紊流，故近来高风温热风炉要求有较高的流速以满足传热的要求。在生产中常有这样的情况，蓄热面积不少，顶温很高，但风温上不去，烟道温度却上升很快，其原因主要是流速低。

蓄热室工作的好坏，风温和传热效率如何，与格孔大小、形状、砖量等有很大关系。我国大型高炉格孔多用50~60mm，中小型高炉多用80mm。格孔分段是比较合理的结构，它是在上下部格孔数相同的条件下，上部高温区采用较大格孔与当量厚度，孔道平滑以利于高温下的辐射传热和多储存些高温热量；而下部低温区在条件许可的情况下，尽可能采用小格孔和薄的当量厚度，用增加波纹等修饰的方法来增加涡流程度，以利于对流传热。但多段式砌筑麻烦，清灰困难。格子砖可分为板状砖和块状砖，板状砖砌筑的格孔砌体稳定性差，已被淘汰；块状砖有六角形和矩形两种，它是在整块砖上穿有圆形、方形、三角形、菱形和六角形孔，其中普遍采用的是五孔砖和七孔砖（见图5-64）。这类砖形建筑稳定性好、砌筑快、受热面积大（砖厚常降到30mm左右）。为了引起气流扰动和增加受热面，可做成带锥度的孔或做成长方孔，每次或几层转90°砌筑。

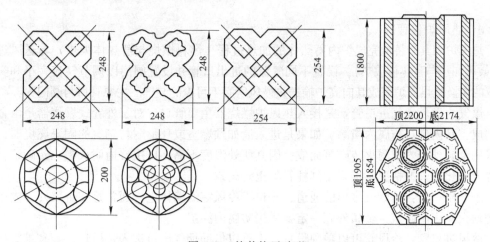

图5-64　块状格子砖形

c　炉箅子及其支撑与冷风室

蓄热室中的格子砖或耐火球是放置在蓄热室底部的炉箅子上，炉箅子本身是由炉箅子横梁与支柱来支撑的，而蓄热室全部格子砖都通过箅子支承在支柱上，当废气温度不超过350℃，短期不超过400℃时，用普通铸铁件能稳定地工作。当废气温度较高时，炉箅子及其支撑通常可用耐热铸铁（$w(Ni)=0.4\%~0.8\%$，$w(Cr)=0.6\%~1.0\%$）或高铬耐热铸铁铸造加工而成。为了避免堵住格孔，支柱和炉箅子的结构应和格孔相适应，故支柱做成空心的，如图5-65所示。炉箅子格孔与箅筋厚之和等于格孔与格子砖厚度之和，一般炉箅子筋厚比格子砖小5~10mm，以备砌砖时调整格孔尺寸。支柱高度要满足安装烟道和冷风管道的净空需要，同时保证气流畅通。炉箅子的块数与支柱数相同，而炉箅子的最大外形尺寸要能从烟道口进出。由于热风炉墙体砖是砌筑在热风炉的炉底的耐热混凝土基础上的，这样炉底到炉算子之间就有了一个相应的空间，常称为冷风室。通过此空间，高炉鼓风由此进入热风炉，再通过格子砖而被加热为热风后送入高炉，而从蓄热体流出的烟气也通过它流进热风炉的烟道。因此，冷风室是高炉冷鼓风进入和炉内热烟气流出的一个过渡空间。

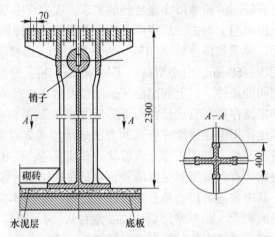

图 5-65　高炉热风炉蓄热室的支柱和炉算子

　　d　热风炉各管口

　　热风炉因其交替地完成炉内蓄热体的加热过程（燃料燃烧与蓄热体吸热）与送风过程（冷鼓风加热与蓄热体放热），设置不同气流的进出口管并设置阀门以调节气流大小和实现气流的切换是热风炉完成其向高炉输送热鼓风所必不可少的装置。主要管口与阀门为：

　　煤气、助燃空气进口管：是接入热风炉燃烧器主要管口，对于外置式燃烧器是由金属管制成，其内进行防腐内喷涂；如果是进入诸如预燃室或环形耐材砌筑的陶瓷燃烧器，则是采用金属外壳内由耐火砖砌筑而成，因其所处温度不高，可用普通耐火黏土砖砌筑，对于温度变化较大的情况，可采用红柱石黏土砖砌筑。

　　烟气出口管：是烟气排出的通道，开口于冷风室的墙体上，通常是在金属外壳内用普通的耐火黏土砖砌筑，金属外壳一定要采用防腐内涂层。

　　冷风进口管：冷风管可以单独设置，也可以借助烟气出口进入热风炉，其砌筑结构与用材与烟气出口管一样。

　　由于这些管口均采用圆管对接热风炉圆筒体的几何结构，也就是大小圆筒体对接的形状，结构较为复杂，故多采用组合砖结构（俗称花瓣砖），用其作为砖体结构的过渡带，以保证结构的完整性和分散结构应力的作用。

　　e　炉基和炉壳

　　热风炉主要由钢结构和大量的耐火材料砌体及附属设备组成，具有较大的荷重，对热风炉基础要求严格，地基的地耐力不小于 $2.96 \times 10^5 \sim 3.45 \times 10^5 \mathrm{Pa}$。为防止热风炉产生不均匀下沉，使管道变形或撕裂，应将几座热风炉基础做成一个整体，高出地面 $200 \sim 400\mathrm{mm}$，以防水浸。基础由 A_3F 或 16Mn 钢筋和 325 号水泥浇灌成钢筋混凝土结构。基础的外侧为烟道，采用地下式布置。两座相邻高炉的热风炉组可共用一个烟囱。

热风炉的炉壳由 8~14mm 厚的钢板焊成。对一般部位可取 $\delta = 1.4D$，开孔多的部位可取 $\delta = 1.7D$。δ 为钢板厚度（mm），D 为炉壳内径（m）。钢板厚度主要根据炉壳直径、内压、外壳强度、外部负荷而定。炉壳下部是圆柱体，顶部为半球体，为确保密封，炉壳连同底封板焊成一个不漏气的整体。

f 热风炉耐火材料砌体

风炉耐火材料砌体在高温、高压下工作，条件十分恶劣，为了使热风炉满足高风温的要求，延长其寿命，使炉衬起到隔热和承受高温荷载的作用，在设计各部位炉衬的材质和厚度时，要根据砌体所承受的温度、负荷和隔热的要求，以及烟气对砌体的物理、化学作用等条件确定。为了适应热风炉耐火材料砌体的工作条件，减少破损，在选择耐火材料时，应综合评价耐火材料的质量指标，如耐火度、荷重软化点、蠕变性、抗压强度、抗剥落性、热容量、气孔率等。根据砌体的工作温度、操作条件、热风炉的形式及使用部位选择不同材质的耐火材料。

热风炉砌体以耐火砖的最高表面温度作为工作温度，并以此作为选择耐火砖的标准。热风炉的高温部位包括拱顶、燃烧室上部、蓄热室上部格砖及炉墙，是以拱顶温度为标准，耐火材料的耐火度及蠕变性均应高于拱顶温度。在这些部位多选用硅砖或优质高铝砖。蓄热室中、下部温度较低，可以分别选用高铝砖和黏土砖。燃烧室下部温度波动相当大，应使用体积稳定和热膨胀小的高铝砖。热风炉各部位使用的耐火材料可参考表5-33。

早期采用的内燃式热风炉，当风温达到 1000℃ 以上时，拱顶容易裂缝，隔墙倒塌，掉砖，甚至短路，其寿命大大缩短。自 20 世纪 70 年代以来国内外均对传统的内燃式热风炉进行了改造，称为改造型内燃式热风炉。尽管对内燃式热风炉作了各种改进，但由于燃烧温度总是高于蓄热室温度，隔墙的两侧温度不同，炉墙四周仍然变形，拱顶仍有损坏，还存在隔墙"短路"窜风、寿命短等问题。外燃式热风炉是由内燃式热风炉演变而来的。它的燃烧室设于蓄热室之外，在两个室的顶部以一定的方式连接起来。外燃式热风炉克服了内燃式热风炉在结构上的严重缺陷，提高了热风温度并延长了热风炉的寿命，因而在大型高炉上很快推广，目前，在 3000m³ 以上的高炉几乎都采用外燃式热风炉，先进的高炉用外燃式热风炉已取得了 1300℃ 的高风温。

外燃式热风炉就连接的方式不同分为 4 种，如图 5-66 所示。地得式是将两个不等径的将近 1/4 炉顶直接相连，中间则为半截圆锥体，它是有倾斜通道的扩散形共用拱顶，如本钢 5 号高炉。考贝式是燃烧室和蓄热室均保持各自半径的半球形拱顶，两个球顶之间由配有膨胀补偿器的连接管连接。马琴式是蓄热室顶部有锥形缩口，拱顶由 2 个半径相同的 1/4 球顶和一个平底半圆柱体连接管组成，如鞍钢 6 号高炉。新日铁式综合了考贝式和马琴式的优点，其蓄热室顶部具有锥形缩口，拱顶由 2 个半径相同的 1/2 球顶和一个圆柱形连接管组成，连接管上设有膨胀补偿器，如宝钢的 1 号高炉。

从 4 种外燃式热风炉来看，地得式和考贝式的高度较低，地得式占地面积较小，但结构庞大，稳定性差。新日铁式占地面积最大，在气流分布均匀、结构稳定方面新日铁式与马琴式比较好，但使用的材料较多，散热面积较大。外燃式热风炉的优点是它取消了燃烧室和蓄热室的隔墙，从根本上解决了温差、压差造成的砌体破坏。由于圆柱形砖墙和蓄热室的断面得到了充分利用，在相同加热能力条件下，与内燃式相比，炉壳和砖墙直径都较小，故结构稳定。此外它受热均匀，结构上都有单独膨胀的可能，稳定可靠性大大提高。

表 5-33　热风炉各部位耐火材料质量

材质	使用部位	化学成分/%			耐火度/℃	抗蠕变温度 (1.96×10⁵Pa, 5h) /℃	显气孔率 /%	体积密度 /g·cm⁻³	重烧线收缩率 /%	抗压强度/Pa
		$w(SiO_2)$	$w(Al_2O_3)$	$w(Fe_2O_3)$						
硅砖	拱顶、燃烧室、蓄热室上部	95~97	0.4~0.6	1.2~2.2	1710~1750	1550	16~18	1.8~1.9		$(392{\sim}490){\times}10^5$
高铝砖	拱顶、燃烧室上部、蓄热室中部	20~24	72~77	0.3~0.7	1820~1850	1550	17~20	2.5~2.7	1500℃时 −0.3~0	$(588{\sim}981){\times}10^5$
		26~30	62~70	0.8~1.5	1810~1850	1350~1450	17~22	2.4~2.6	−0.5~0	$(539{\sim}981){\times}10^5$
		35~43	50~60	1.0~1.8	1780~1810	1270~1320	18~24	2.1~2.4	−0.5~0	$(392{\sim}883){\times}10^5$
黏土砖	蓄热室中部、蓄热室下部	约52	约42	约1.8	1750~1800	1250	16~20	2.1~2.2	1400℃时 0~0.5	$(294{\sim}490){\times}10^5$
		约58	约37	约1.8	1700~1750	1150	18~24	2.0~2.1	1300℃时 0~0.5	$(245{\sim}441){\times}10^5$
半硅砖	蓄热室、燃烧室	约75	约22	约1.0	1650~1700	—	25~27	1.9~2.0	1450℃时 0~1.0	$(196{\sim}392){\times}10^5$

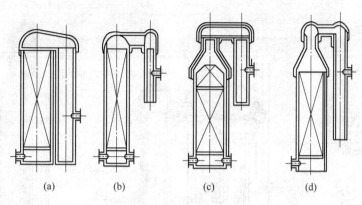

图 5-66 外燃式热风炉形式
（a）地得式；（b）考贝式；（c）马琴式；（d）新日铁式

由于两室都做成圆形断面，使炉内气流分布均匀，有利于燃烧和热交换。外燃式热风炉也存在一定的问题：就结构而言，主要是炉体在热态工作时，上涨幅度过大，必须妥善处理，外燃式的两室各自既独立又连接，这就要求上涨量一致才行。此外，生产中还发现外燃式热风炉在高应力部位的钢壳，因产生晶间应力腐蚀而出现裂纹和龟裂，大型高温高压外燃式热风炉出现高应力的部位有炉顶炉壳、热风下降管、进风弯管膨胀圈等处。对这些高温高压部位的钢壳，可喷涂耐酸涂料防腐。对一些大型构件，可以选用防腐钢板，对焊缝进行热处理以清除应力等。但外燃式热风炉结构复杂，占地面积大，钢材和耐火材料消耗多，且由于高温高应力的存在，将顶温限制在 1400~1450℃ 的水平，从而限制了风温的继续提高，基建投资比同等风温水平的内燃式热风炉高 15%~35%，一般只应用于新建的大型高炉。

高风温、低投资、长寿命是现代热风炉的基本特征。理论研究和生产实践表明，顶燃式热风炉是最先进的热风炉结构形式，能适应现代高炉向高温、高压和大型化发展的要求。采用顶燃式热风炉结构，可以提高热风炉热效率、降低设备投资、延长热风炉寿命。

顶燃式热风炉又称为无燃烧室热风炉，其结构如图 5-67 所示。

它是将煤气和空气直接引入拱顶空间内燃烧。为了在短暂的时间和有限的空间内，保证煤气和空气很好地混合并完全燃烧，就必须使用大功率的高效短焰烧嘴或无焰烧嘴。而且烧嘴的数量和分布形式应满足燃烧后的烟气在蓄热室内均匀分布的要求。顶燃式热风炉的耐火材料工作负荷均衡，上部温度高，重量载荷小；下部重量载荷大，温度较低。顶燃式热风炉结构对称、稳定性好。蓄热室内气流分布均匀、效率高，更加适应高炉大型化的要求。近几年，随着引进卡卢金顶燃式热风炉技术，国内钢铁企业高炉的热风温度逐年升高，特别是新建设的一批大高炉（大于 2000m³）热风温度均超过 1200℃，达到国际先进水平。如曹妃甸京唐公司 5500m³ 高炉采用卡卢金顶燃式热风炉，热风温度达到了 1300℃的世界水平。

顶燃式热风炉还具有节省钢材和耐火材料、占地面积较小等优点。顶燃式热风炉存在的问题是拱顶负荷较重，结构较为复杂，由于热风出口、煤气和助燃空气的入口、燃烧器集中于拱顶，给操作带来困难，冷却水压也要求高一些；并且高温区开孔多，也是薄弱环节。

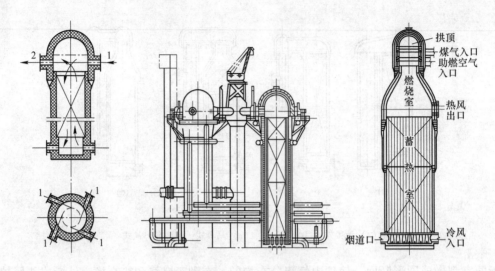

图 5-67 顶燃式热风炉示意图

1—燃烧口；2—热风出口

提高热风炉热风温度是高炉强化冶炼的关键技术。高风温是现代高炉的重要技术特征。提高风温是增加喷煤量、降低焦比、降低生产成本的主要技术措施。提高风温常用办法如下：

（1）混烧高热值煤气；

（2）增加热风炉格子砖的换热面积；

（3）改变格子砖的材质、密度；

（4）改变蓄热体的形状（如蓄热球）；

（5）将煤气和助燃空气预热。

热风炉一般采用高炉煤气加焦炉煤气作燃料。现代热风炉在仅使用高炉煤气的条件下，采用预热助燃空气和煤气的方法，也可提高风温至 1200~1300℃。

根据实践，现代大型高炉配置 3~4 座热风炉比较合理。大型高炉如果配置 4 座热风炉，可以实现交错并联送风，实践证明，在不提高热风炉拱顶温度前提下，能提高送风风温 20~50℃。在炉役的中后期，还可以在 1 座热风炉检修的情况下，采用另外 3 座热风炉工作，使高炉生产不会出现过大的波动。国内外许多大型高炉都配套建设了 4 座热风炉。采用 3 座热风炉可以大幅度降低建设投资，减少占地面积，也同样具有非常大的吸引力。3 座热风炉的操作模式为"两烧一送"，风温的调节控制依靠混风实现，也同样达到了高风温的效果，这已经是国内外中小型高炉热风炉配置的趋势。

  C 热风炉管道与阀门

热风炉是高温、高压装置，其燃料易燃、易爆且有毒，因此，热风炉的管道与阀门必须工作可靠，能够承受高温及高压，所有阀门必须具有良好的密封性；设备结构应尽量简单，便于检修，方便操作；阀门的启闭传动装置均应设有手动操作机构，启闭速度应能满足工艺操作的要求，热风炉管道、阀门等设备的配置情况如图 5-68 所示，热风炉的装备水平变化见表 5-34。

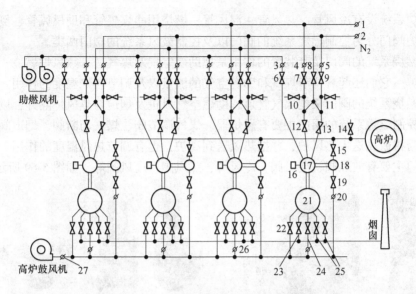

图 5-68　外燃式热风炉系统示意图

1—焦炉煤气压力调节阀；2—高炉煤气压力调节阀；3—空气流量调节阀；4—焦炉煤气流量调节阀；
5—高炉煤气流量调节阀；6—空气燃烧阀；7—焦炉煤气阀；8—吹扫阀；9—高炉煤气阀；
10—焦炉煤气放散阀；11—高炉煤气放散阀；12—焦炉煤气燃烧阀；13—高炉煤气燃烧阀；
14—热风放散阀；15—热风阀；16—点火装置；17—燃烧室；18—混合室；19—混风阀；
20—混风流量调节阀；21—蓄热室；22—充风阀；23—废风阀；24—冷风阀；25—烟道阀；
26—冷风流量调节阀；27—放风阀

表 5-34　热风炉的装备水平变化

高炉容积/m³	100	300	620	1200	2500	4000
热风炉座数	3	3	3	4	4	4
热风炉结构形式	内燃式	内燃式	内燃式	外燃式	外燃式	外燃式
燃烧器形式	金属燃烧器	金属燃烧器	陶瓷燃烧器	陶瓷燃烧器	陶瓷燃烧器	陶瓷燃烧器
助燃风机供风形式	一机一炉	一机一炉	一机一炉	一机一炉	一机二炉	一机二炉
送风制度	单炉送风	单炉送风	单炉送风或交错并联送风	双炉送风并联送风	双炉交错并联送风	双炉交错并联送风
阀门传动方式	手动	手动	电动或液压传动	电动、气动或液压传动	电动、气动或液压传动	电动、气动或液压传动
控制方式	1. 燃烧手动控制 2. 送风自动调节	1. 燃烧手动控制 2. 送风自动调节	1. 自动点火 2. 燃烧自动控制 3. 送风自动调节 4. 逻辑电路自动控制半自动化换炉	1. 自动点火 2. 燃烧自动控制 3. 送风自动调节 4. 逻辑电路自动控制半自动化换炉	1. 自动点火 2. 燃烧自动控制 3. 送风自动调节 4. 逻辑电路自动控制半自动化换炉	1. 自动点火 2. 燃烧自动控制 3. 送风自动调节 4. 逻辑电路自动控制半自动化换炉

　　热风炉系统设有冷风管、热风管、混风管、燃烧用净煤气管和助燃风管、倒流休风管等，热风炉阀门分为控制燃烧系统的阀门以及控制鼓风系统的阀门两类。

　　控制燃烧系统的阀门及其装置的作用是把助燃空气及煤气送入热风炉燃烧，并把废气排出热风炉。它们还起着调节煤气和助燃空气的流量以及调节燃烧温度的作用。当热风炉送风时，燃烧系统的阀门又把煤气管道、助燃空气风机及烟道与热风炉隔开，以保证设备的安全。控制燃烧系统的阀门主要有燃烧器、煤气调节阀、煤气切断阀、烟道阀等。送风系统的阀门将鼓风送入热风炉，并把热风送到高炉，也有调节热风温度的作用。控制鼓风系统的阀门主要有放风阀、混风阀、冷风阀、热风阀、废风阀等，如图 5-69 所示。

图 5-69　热风炉燃烧系统和送风系统的典型阀门

　　热风炉用的阀门应该坚固结实，能承受一定的温度，保证高压下密封性好，使漏气减少到最小程度，开关灵活使用方便，设备简单易于检修和操作。图 5-70 所示为按构造形式阀门的分类。

(a)　　　　　　　　　(b)　　　　　　　　　(c)

图 5-70　三种类型阀门
(a) 闸式阀；(b) 蝶式阀；(c) 盘式阀

　　(1) 蝶式阀。它是中间有轴可以自由旋转的翻板，利用转角的大小来调节流量。它调节灵活但密封性差，因翻板就在气流中，气流会产生漩涡，故阻力最大。

　　(2) 盘式阀。阀盘开闭的运动方向与气流方向平行，构造比较简单，多用于切断含尘气体，密封性差，气流经过阀门时方向转 90°，故阻力较大。

　　(3) 闸式阀。闸板开闭的运动方向和气体流动方向垂直，构造较复杂，但密封性好，由于气流经过闸式阀门时气流方向不变故阻力最小。

热风炉阀门直径的选择应考虑使用要求、维护制造条件及经济合理等因素。热风阀直径的选择十分重要，在允许条件下采用大直径的热风阀，对延长热风阀寿命有好处。热风在热风阀处的实际流速不应大于75m/s。其他阀门总面积与热风阀的面积之比的关系见表5-35。

表 5-35 不同阀门总面积与热风阀的面积之比的关系

热风阀	1.0	燃烧阀	0.7~1.0
冷风阀	0.8~1.0	烟道阀	2.0~2.8
放风阀	1.0~1.2	混风阀	0.3~0.4
煤气切断阀	0.7~1.0	废风阀	0.05~0.12

5.2.3.3 高炉喷吹系统

高炉喷吹燃料指将气体、液体或固体燃料通过专门的设备从风口喷入高炉，以取代高炉炉料中部分焦炭的一种高炉强化冶炼技术，自20世纪60年代出现以来，在国内外高炉上广泛应用。高炉是以冶金焦作为燃料和还原剂的，喷吹燃料在风口区的高温下转化为CO和H_2，可以代替风口燃烧的部分焦炭，一般可取代20%~30%，高的可达50%。喷吹燃料已成为当代高炉降低焦比的主要措施。喷吹燃料还可以促进高炉采用高风温和富氧鼓风，这几项技术相结合，已成为强化高炉冶炼的重要途径，它可改善高炉操作，提高生铁产量，降低生铁成本。

含碳和氢高的燃料从风口喷入高炉，在风口区2000℃左右的高温下迅速分解，并转化为以CO和H_2为主的气体产物，放出热量，参加还原过程，使高炉冶炼每吨生铁的焦炭消耗相应降低。由于喷吹燃料与风口区焦炭在化学成分和温度上的差异，每千克重油、煤粉，每立方米天然气所替代的焦炭数量（即置换比）也有所不同。影响置换比的因素，主要是燃料自身的碳、氢含量；其次，与高炉风口区的赤热焦炭（约1500℃）相比，喷吹燃料的温度只有50~80℃，两者相差1420~1450℃；另外，喷吹燃料主要为各种碳氢化合物，它们在高温下迅速分解并吸收大量热量。考虑与赤热焦炭相比存在的温差和高温下的分解吸热，喷吹燃料的折算热值：煤粉约为3010kJ/kg，重油为3890kJ/kg，天然气为6934kJ/m^3。喷吹各种燃料的置换比：重油为1.0~1.2kg/kg，煤粉（灰分14%~18%）为0.8~0.9kg/kg，天然气为0.5~0.7kg/m^3。高炉喷吹燃料时，因喷入燃料温度低和在高温下分解吸热，对高炉风口区和炉缸热平衡产生影响。为了维持高炉冶炼正常进行，在喷吹燃料时要相应提高风温或富氧喷吹。

喷吹天然气时，首先从天然气总管到调压站（过滤、减压至0.3~0.5MPa）调压，然后控制站（设有流量计、控制调节阀、逆止阀）流量调控，送入高炉环管后从风口喷吹入高炉。天然气的主要成分是CH_4，CH_4在高温下分解吸收大量热量，喷吹天然气最好能结合高炉富氧，一般喷吹量为50~80m^3/t。天然气作为一种优质民用燃料和重要的化工原料，一般不用于高炉喷吹。国外只有苏联因天然气资源丰富在高炉上大量喷吹天然气，80年代苏联80%以上的高炉在喷吹天然气。目前钢铁行业追求碳中和目标，在全球都开展高炉喷吹天然气的应用探索。

重油系炼制石油的副产品，黏度高、流动性差，输送过程中需采用蒸汽加热。喷吹重油时，油罐车运输到厂，通过油泵输送到厂内油罐（加热至90℃左右），然后再油泵（1.0~1.2MPa）加压输送，通过过滤和流量计流量控制进入高炉环管，最后通过风口送入高炉。因重油黏度高，为保持管道畅通，还设有回油管将重油返回油罐。为促使重油在高炉风口区迅速燃烧、气化，要使重油在喷枪出口处雾化成极细的油滴，一般小于50μm。目前已经研制出各种结构的雾化喷枪以及水油乳化喷吹设备等。如雾化不良，重油在高温下会形成大量烟炭，影响重油的利用，甚至影响高炉操作。

高炉喷吹煤粉在工业上应用较早，但所需设备较复杂，其主要流程是，煤粉干燥、粉碎并收集细磨煤粉，通过载气输送到高炉风口进行喷吹。粉碎设备有球磨机和中速磨煤机。粉碎与干燥同时进行，一般采用专门的燃烧炉燃烧煤气产生具有一定温度的烟气进行干燥，有的加入部分高炉热风炉废气，一起输入粉碎设备，边干燥，边粉碎。要求无烟煤粉粒度为小于0.074mm比例占80%以上，烟煤粒度为小于0.074mm比例占50%左右。煤粉收集主要由布袋除尘器完成。采用球磨机系统的设有粗粉分离器，将粒度较大的煤粒收集起来返回球磨机重新粉碎，布袋除尘器内为毛、化纤质滤袋，具有一定的过滤面积。干燥、粉碎、收集装置合起来称为制粉系统。有的工厂将制粉系统与喷吹系统建在一起。有的工厂由于高炉附近场地条件的限制，将制粉系统与喷吹系统分别设置，高炉较多的工厂多采用这种方式，集中制粉，分散喷吹，各高炉分别建喷吹站。采用这种方式，需从制粉系统到各高炉喷吹站间设输煤管道，一般用仓式泵进行气力输送，输送距离为500~1000m，也有超过1000m的，仓式泵输送压力为0.4MPa左右。

我国高炉以喷煤为主，其工艺流程一般包括煤粉的制备、煤粉的喷吹。根据喷吹系统和制粉系统的布置可分为间接和直接喷吹两种方式；根据喷吹系统的布置可分为串罐喷吹和并罐喷吹两大类；根据喷吹管路的条数分为单管路喷吹和多管路喷吹。煤粉制备工艺流程如图5-71所示。

原煤从厂外运来后卸入煤槽，由皮带机运输，经锤式破碎机破碎，运到煤粉车间原煤仓。再用圆盘给料机加入球磨机。由燃烧炉将风加热到200℃左右，并用引风机吹入球磨机，将煤粉干燥。球磨机出口温度为65~70℃，煤粉的水分小于2%。煤粉由风力带出球磨机后，经过直径为3mm的粗粉分离器，不合格的粗粉返回球磨机，细粉随风送入直径2500mm的一级旋风分离器和直径1600mm的二级旋风分离器，收集的细粉送入细粉仓。细粉管上安有锁气器，当煤粉下落时，靠煤粉的重力压开阀板，没有煤粉时自行关闭，不使气体流出，故配重应适当。从二级旋风分离器出来的风仍含有煤粉，经排煤机再次加压，进入布袋收尘器。排煤机到布袋收尘器之间有φ400mm的通风管与球磨机入口相连，用以调节布袋收尘器的风量。布袋收尘器下有圆筒形阀，细粉通过它落到细粉仓。从布袋收尘器排出的风由φ80mm的排气管放散到大气中。通常，球磨机用于可磨性系数大于1.0的煤，而硬的无烟煤可磨性系数为

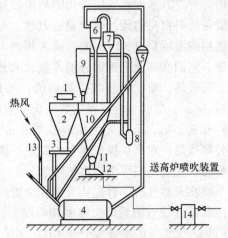

图5-71　煤粉制备工艺流程

1—原煤皮带；2—原煤仓；3—给料盘；
4—球磨机；5—粗粉分离器；6—一级旋风分离器；
7—二级旋风分离器；8—排煤机；9—布袋收尘器；
10—细粉仓；11—圆筒阀；12—螺旋泵；
13—热风阀门；14—压缩空气罐

0.5, 球磨机出力降低 20% ~ 25%。如果高炉喷吹要求 85% 以上煤粉粒度小于 180 网目 (0.088mm)，湿度小于 1%，则应当设立专门的磨煤房。

从煤粉仓到高炉附近的喷吹罐，从喷吹罐到风口，煤粉都用气动运输。有两种方式，一是用带有压力的喷吹罐（即仓式泵，见图 5-72）提供差压使煤粉运动，给煤量是粉煤料柱上下压力差的函数，煤粉进入混合器后用压缩空气向外输送。这种方法不设转动的机械设备，常用于向高炉喷吹。

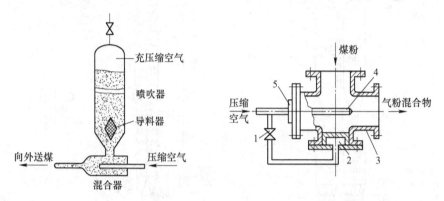

图 5-72　仓式泵和混合器
1—压缩空气阀门；2—气室；3—壳体；4—喷嘴；5—调节帽

另一种方式是用螺旋泵送煤，如图 5-73 所示。目前，在常压喷吹系统中螺旋泵是比较广泛采用的设备。当煤粉制备车间与喷吹装置距离较远时，它也是用管道输送煤粉的主要设备。

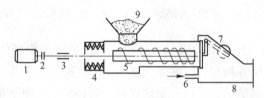

图 5-73　螺旋泵构造示意图
1—电动机；2—联轴节；3—轴承座；4—密封装置；5—螺旋杆；
6—压缩空气入口；7—单向阀；8—混合室；9—煤粉仓

喷吹装置包括集煤管、储煤罐、喷吹罐、输送系统及喷枪。按喷吹罐工作压力可分为高压喷吹装置和常压喷吹装置两种。常压喷吹装置喷吹用的煤粉管处于常压状态下，由罐下口的输煤泵向高炉喷吹，煤粉从喷吹管送到高炉，经分配瓶分给各风口喷枪。由于煤粉罐未充压，故输煤泵出口压力不允许过高，否则易向煤粉罐倒风。通常操作压力为 0.13 ~ 0.15MPa，煤粉浓度为 8 ~ 15kg/kg，它的设备简单，比较安全，故常用于中小型高炉。高压喷吹装置的喷吹罐一直在充压状态下（0.3 ~ 0.4MPa）工作，按仓式泵的原理向高炉喷吹煤粉，常用在大中型高压操作的高炉上。我国的高压喷吹设备大致有双罐重叠双系列（并联罐）和三罐重叠单系列（串联罐）两种形式，如图 5-74 所示。

（1）并联罐系统。特点是每个系统有 2 ~ 3 个喷吹罐并列布置，各罐轮流喷吹，共用一根输煤管将煤粉送至高炉，经设在高炉附近的煤粉分配器将煤粉均匀地输送到各风口。

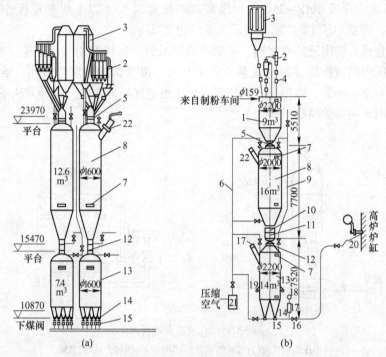

图 5-74　高压喷吹设备

（a）双罐重叠双系列；（b）三罐重叠单系列

1—收集罐；2—旋风分离器；3—布袋收尘器；4—锁气器；5—上钟阀；6—充气管；
7—同位素料面测定装置；8—储煤罐；9—均压放散管；10—蝶形阀；11—软连接；
12—下钟阀；13—喷吹罐；14—旋塞阀；15—混合器；16—自动切断阀；17—引压器；
18—电接点压力计；19—电子秤承重元件；20—喷枪；21—脱水器；22—爆破膜及重锤阀

对分配器分配煤粉的均匀性要求较高，一般要求各风口间煤粉量分配误差小于±5%。并联罐系统的优点是喷吹罐并列布置，使喷吹站结构高度降低，上部为常压煤粉仓，各喷吹罐分别设有电子秤，计量准确；只用一根输煤管，管路简单，便于布置。分配器支管数目可多可少，最多达 40 根支管，可用于具有 40 个风口的超大型高炉（见图 5-75）；只用一根输煤总管，管路简单，便于布置，且能方便地调节高炉喷煤量。

（2）串联罐系统。特点是由两罐或三罐串联布置。三罐式的上部为煤粉仓（或常压罐），中部为中间罐，下部为喷吹罐；两罐串联式则没有煤粉仓（或常压罐）。中间罐和喷吹罐各设一台电子秤。下部的喷吹罐连续向高炉喷吹，需补充煤粉时，将煤粉仓（或常压罐）中的煤粉放入中间罐，并对中间罐进行充压后，煤粉由中间罐放入喷吹罐。喷吹罐下设有多个锥形漏斗，漏斗下有专门的阀门和煤粉混合器，有多少个风口，就有多少个锥形漏斗及混合器，每个混合器分别通过各自的喷吹管路向高炉风口喷吹煤粉。一般每座高炉设一个喷吹系统，大型高炉风口多，设有 2 个喷吹系统。串联罐系统的优点是，占地面积小，有可能按各风口需要量控制喷煤量；缺点是这种系统需要的设备多（混合器、阀门等），管路布置复杂，设备维修工作量大，称量系统难于达到准确、连续计量。有的工厂吸取并联罐系统单管路-分配器喷吹方式的优点，将串联罐系统的喷吹罐下改为只设一个大漏斗，一根喷煤总管将煤粉输送到高炉后再经分配器将煤粉分配到各个风口，减少

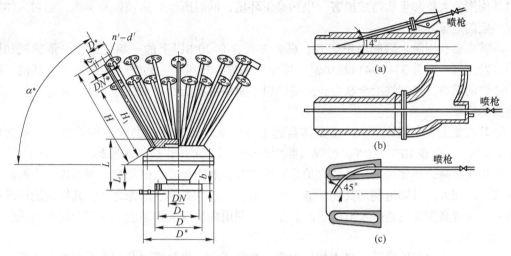

图 5-75　煤粉分配器和喷煤枪插入形式
(a) 斜插式；(b) 直插式；(c) 风口固定式

了阀门、混合器，简化了管道系统。

喷吹罐有效容积一般按向高炉持续喷吹半小时的喷吹量来设计，即换罐周期为半小时，必须大于储煤罐装一次煤的时间和放气等辅助时间之和。其有效容积是指在规定的最高和最低料面之间的容积，在最低料面以下需保留 2~3t 煤粉（煤粉密度为 0.65~0.70t/m³），最高料面离顶部球面转折处还需留 800~1000mm。储煤罐有效容积一般为喷吹罐有效容积的 1.1~1.2 倍，储煤罐的最低料面应在钟阀以上，储煤罐容积大于喷吹罐容积，对调剂缓冲有利，但容易产生带粉关闭现象，对关下钟阀不利。收集罐的有效容积应保证在上钟阀关闭时（即由储煤罐向喷吹罐加煤粉时）储存送来的煤粉。煤粉从喷吹罐下混合器进入喷煤支管，再用一段胶皮管与喷枪相连，这样既容易插枪，又可在热风倒出时只烧断胶皮管，不会倒入煤粉罐。

煤粉是粉状可燃物，又采用了高压容器，故易燃易爆，安全问题十分突出。挥发分高而粒度细的煤粉更易爆炸。氧来自充压用的压缩空气，如能改用氮气充压就安全多了，甚至可以用挥发分高的烟煤作喷吹燃料。一是要防止煤粉自燃，如取消煤粉仓的死角，使罐底锥体的角度大于 75°，长期不用时应该将料用净风吹空；另外还应在罐体四周安装温度计，当超过 70℃时，要及时停喷，排煤，并用氮气、蒸汽清扫，最好设有罐内煤粉温度指示及自动切换系统。二是要防止外来火源，喷吹系统中的外来火源，主要是高炉倒风、回火。为了防止炉缸的高温气体返回进入喷吹装置，在混合器与高炉之间应设自动低压切断阀，在储煤罐和喷吹罐上安防爆孔。防爆孔的大小按每 1m³ 容器 0.01m² 计算，在孔中盖以铜和铝板，其厚度根据防爆力确定，应当压力大于 0.8MPa 时即自行爆开（铝板的厚度为 1.2mm）。为了防止爆破膜破裂时突然卸压引起回火事故，应在爆破膜外加一重锤压着阀盘，正常时开启，爆破压力冲击时顶起阀盘，支杆即掉下，阀盘靠重锤压在爆破管口上。

5.2.3.4　高炉煤气净化系统

高炉是钢铁企业的主要污染源之一，在其生产过程中产生大量的粉尘、废气和废水，对其周围的人体和生物造成损害，也污染了环境，同时产生的热辐射和噪声，还对人体构成一定的危害。

首先要利用除尘后的高炉煤气，高炉煤气含有20%以上的一氧化碳、少量的氢和甲烷，发热值一般为$3345\sim4182kJ/m^3$，可作为炼焦、热风炉、锅炉、均热炉以及其他各种冶金炉的燃料，在钢铁冶金联合企业的燃料平衡中占有25%~30%的比例，其地位是极其重要的。

其次要回收高炉炉尘。炉尘是随高速上升的煤气带离高炉的细颗粒炉料。一般含铁30%~50%，含碳10%~20%，经煤气除尘器回收后，可用作烧结矿原料。

再次是高炉煤气透平发电。高炉是钢铁联合企业能耗最大的用户，而炼铁产生的高炉煤气，以前人们只知道利用其化学能，作为钢铁厂的主要热能来源之一，其物理能却没有利用。设置高炉煤气透平发电的目的就是大力利用高炉煤气物理能——压力能和热能，进行能源回收。

煤气中含尘量取决于炉料中的粉尘率、炉顶压力、煤气流速和用氧等参数。通常从高炉炉顶排出的荒煤气含有 $10\sim30g/m^3$ 的炉尘，温度为 $200\sim400℃$，压力为 $0.12\sim0.45MPa$。炉尘中含有大量的含铁物质与燃料，煤气必须经过除尘，炉尘可以综合回收利用。高炉煤气净化系统如图5-76所示。

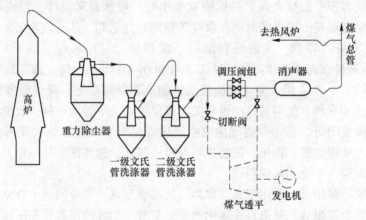

图 5-76　高炉煤气净化系统

高炉煤气净化系统包括炉顶煤气上升管、下降管、煤气遮断阀或水封、除尘器、脱水器、高压操作高炉还有高压阀组等。炉顶煤气管道系统如图5-77所示。

高炉煤气导出管的数目根据高炉容积而定，大中型高炉均用4根（沿炉顶封板四周对称布置）。出口处的总截面积不小于炉喉截面积的40%，为了增加导出口截面积和不受炉顶封板高度的限制，导出管与炉顶封板接触处常做成椭圆形断面，有利于煤气在炉喉四周均匀导出。此外，导出管与水平倾角应不小于50°，上升管总截面积常为炉喉截面积的25%~30%，在上部每两根上升管合在一起，下降总管的截面积约为上升管总截面积的80%，可按合适的流速公式验算。下降管应有不小于40°的倾角。日本、英国、法国等常将两个上升管用一根横管连起来，然后在横管中央用一个单管引至除尘器。这种方法可在除尘器位置受到限制时采用，或者在具有两个以上出铁场的大高炉使用此法有一定的优越性。

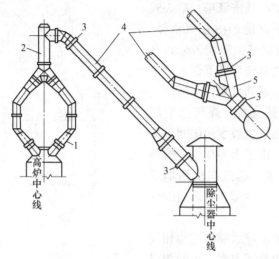

图 5-77 高炉炉顶煤气管道系统
1—导出管；2—煤气上升管；3—安装接头；4—煤气下降管；5—裤衩管

高炉煤气带出的炉尘粒度为 0 ~ 500μm，由于颗粒很小，其沉降速度并非以加速度 9.8m/s² 不断加大。它会遇到气体的阻力，当沉降速度加大到阻力和重力相等时，沉降就以等速度进行。显然，粒径与密度愈小的颗粒的沉降速度愈低，愈不容易沉积。10μm 以下的颗粒沉降速度只有 1 ~ 10mm/s。由于气体的黏度随气体温度升高而加大，故高温不利于尘粒沉降。高炉煤气除尘过程是循序渐进的，一般采用能量消耗低、费用少的三段式除尘，即粗除尘、半精细除尘和精细除尘。60 ~ 100μm 及其以上的颗粒除尘叫粗除尘，效率可达 70% ~ 80%，粗除尘常采用重力除尘器；20 ~ 60μm 的颗粒除尘叫半精细除尘，效率可达 85% ~ 90%，半精细除尘中湿法时采用洗涤塔和中、低能文氏管（能耗为 4 ~ 8kPa），干法则采用离心器；小于 20μm 的颗粒除尘为精除尘，精除尘湿法常用电除尘器和高能文氏管（能耗为 12 ~ 15kPa），干法采用板式电除尘器和布袋除尘器。

实用的除尘技术中，都是借助外力作用使尘粒和气体分离，可借用的外力有惯性力、加速度力、重力、离心力和静电引力以及束缚力（主要是过筛和过滤的办法）。高炉常用的除尘设备有重力除尘器、洗涤塔、文氏管、静电除尘器、布袋除尘器等。

A 粗除尘

重力除尘器为粗除尘的主要设备（见图 5-78），湿法或干法都用到。尺寸主要是直筒部分的直径和高度，直径必须保证气流在除尘器中流速不超过 0.6 ~ 1.0m/s，具有结构简单，除尘率达 80% ~ 85%，阻损较小（50 ~ 200Pa）的特点。

B 半精除尘

重力除尘器不能除掉的细颗粒灰尘，要靠清洗的办法进一步清除。目前应用得比较广的半精除尘设备是溢流文氏管，有的采用洗涤塔的半精细除尘设备（见图 5-79）。半精细除尘可使含尘量降低到 0.05 ~ 1g/m³。洗涤塔属湿法除尘，除尘效率达 80% ~ 85%。洗涤塔有两个作用，一是冷却，把煤气冷却到 40℃ 以下，另一个作用就是除尘。洗涤塔内部只设有几层喷嘴，即空心式洗涤塔。空心式塔内布满水雾，在塔下部设 2~3 层气格栅，每层相互错开 45°，使煤气主流均匀分布在整个塔内截面上。煤气自洗涤塔下部入口进入，自下而上运动时，遇到自上向下喷洒的水滴，煤气和水进行热交换，煤气温度降低，同时煤气中携带的灰尘被水滴湿润，灰尘彼此凝聚成大颗粒，由于重力作用，这些大颗粒离开煤气流随水一起流向洗涤塔下部，由塔底水封排走，经冷却和洗涤后的煤气由塔顶部管道导出。

生产实践表明，改进喷水嘴的结构和气流的均匀分布装置，提高塔内气、水的相对运动速度，强化空气洗涤塔内部传热传质的强度，可改善冷却和除尘效果。空心洗涤塔具有结构简单、投资少、建设速度快、维护简单、不易堵塞等特点。

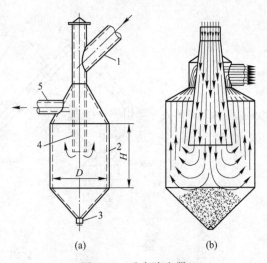

图 5-78　重力除尘器

(a) 直筒形中心导管；(b) 喇叭形中心导管

1—煤气下降管；2—除尘器；3—清灰口；

4—中心导入管；5—塔前管

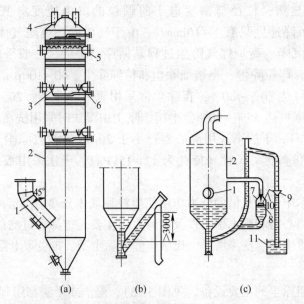

图 5-79　洗涤塔

(a) 空心洗涤塔构造；(b) 常压洗涤塔排水装置；(c) 高压煤气洗涤塔的排水装置

1—煤气导入管；2—洗涤塔外壳；3—喷嘴；4—煤气导出管喷嘴；5—人孔；6—给水管；

7—水位调节器；8—浮标；9—蝶式调节阀；10—连杆；11—排水沟

C　精细除尘

精细除尘设备高能文氏管，又称喷雾管，它由收缩管、喉口、扩张管三部分组成（图 5-80）。只要煤气有足够的压力，文氏管就可以将煤气中含尘量净化到 $10mg/m^3$ 以下。

因此，文氏管是我国高压操作高炉上唯一的湿法精细除尘设备，而在常压高炉上只起半精细除尘的作用。

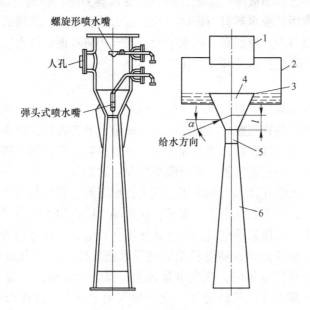

图 5-80　高能文氏管与溢流式文氏管
1—煤气入口管；2—溢流水箱；3—溢流口；4—收缩管；5—喉口；6—扩张管

高能文氏管与溢流文氏管的除尘原理相同，只是煤气通过喉口的流速更大，水和煤气的扰动也更为剧烈，因此，能使更细颗粒的灰尘被湿润而凝聚并与煤气分离。溢流式文氏管是由文氏管发展而来的，它在较低喉口流速（50~70m/s）和低压头损失（3500~4500Pa）的情况下不仅可以部分地去除煤气中的灰尘，使含尘量从 6~12g/m³ 降至 0.25~0.35g/m³，而且可以有效冷却（从 300℃ 降至 35℃）。因此，目前我国的一些高炉多采用溢流文氏管代替洗涤塔作半精除尘设备。溢流水箱是避免灰尘在干湿交换面集聚，防止喉口堵塞的必要措施。溢流水箱的水沿流口流入收缩段，以保证喉口经常有一层水膜，防止灰尘堵塞。为了在圆周上得到均匀的一层水膜，安装时应保证溢流水箱的水平度，使水膜处于旋流状态。溢流水箱给水可从切线方向引入，为了防止溢流水被溅起，煤气入口管下的收缩短管应高出喉口溢流面 100~200mm。喉口直径不宜大于 500mm。当需要大的断面时，可采用矩形或椭圆形。这是由于气流在高速运动下，喷水的水平距离有限的缘故。喉口给水为外喷式，在喉口上距离 L 处，按给水方向装两层喷水嘴。溢流文氏管主要的设计参数：收缩角 20°~25°，扩张角 6°~7°，喉口长度 300mm，喉口流速 40~50m/s，喷水单耗 3.5~4.6t/km³，溢流水量 0.4~0.5t/km³。

与洗涤塔比较，溢流文氏管具有以下特点：

（1）构造简单、高度低、体积小，其钢材消耗量是洗涤塔的 1/3~1/2。

（2）在除尘效率相同的情况下，要求的供水压力低，动力消耗少。

（3）水的消耗比洗涤塔少，一般为 4t/km³。

（4）煤气出口温度比洗涤塔高 3~5℃，煤气压力损失比洗涤塔大 3000~4000Pa。因此，溢流式文氏管适用于炉顶压力较高，能满足煤气净化系统要求，而且对煤气温度要求不苛刻的高炉。

湿法除尘时一部分水滴被煤气带走，必须用脱水器去除，否则会降低煤气的发热值，腐蚀或堵塞管道。常用的脱水器有挡板撞击式、重力式脱水器、旋风式脱水器、填料脱水器。湿法除尘所需设备多、投资高、耗水量大，在有些缺水地区供水问题也难以解决，这就促使高炉煤气干式除尘技术的开发与研究。

D　干式除尘

干式除尘是在高温条件下进行煤气净化的技术。因其既可以充分利用高炉煤气所具有的很高压力和很高温度的物理能，又能提高煤气质量，节省投资，减少污染，克服湿法除尘的缺点，现已成为当代炼铁新技术方面的一项重要内容。干式除尘用于工业生产的基本上有三种形式，即颗粒层过滤装置、布袋除尘器和电除尘器。

静电除尘是电晕放电在技术上的应用，其工作原理是，利用高压直流不均匀电场使烟气中的气体分子电离，产生大量电子和离子，在电场力的作用下向两极移动，在移动过程中碰到气流中的粉尘颗粒使其荷电，引起气体导电。荷电粉尘在电场力作用下与气流分离向极性相反的极板或极线运动，荷电粉尘到达极板或极线时由静电力吸附在极板或极线上。如高炉煤气通过导体电场时，产生电晕现象，煤气被电离，正离子在放电极失去电荷，负离子则附着于灰尘（或气体分子）上，使灰尘带负电，而被阳极捕集。沉积在阳极上的灰尘，失去电荷后，用振动或水冲的办法使灰尘流下排除。我国高炉煤气使用的静电除尘器有管式、板式、套筒式三种（见图 5-81）。

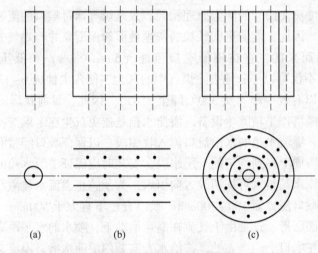

图 5-81　电除尘器结构形式
（a）管式；（b）板式；（c）套筒式

静电除尘器由煤气入口、煤气分配装置、电晕板及沉淀板、冲洗装置、高压瓷瓶绝缘箱等构成，另外还有供电和整流设备，具体结构如图 5-82 所示。管式静电除尘器的沉积板为一些直径 $200\sim300\mathrm{mm}$ 的无缝钢管，电晕极是穿过这些无缝钢管中心的钢丝，钢丝两端用绝缘器悬挂；板式电除尘器的沉积板由许多并列的钢板组成；套筒式电除尘器的沉积板则是由许多直径不同的同心套筒构成。后两种的电晕线是按一定间距均匀分布在两沉积极板（套筒）间的钢丝。为了加强放电，电晕线上固定着许多星形或正方形的电晕片。煤气在电除尘器内应均匀分布，在煤气入口处分别设置导向叶片及分配板。上述三种电除尘器相比，后两种设备质量小、投资少，特别是套筒式电除尘器，它不仅可节约大量无缝钢管，而且有良好的经济效果。

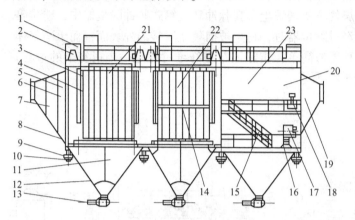

图 5-82　电除尘器的结构和外形

1—绝缘子室；2—阴极吊挂装置；3—阴极大框架；4—集尘极部件；5—气流分布板；
6—分布板振打装置；7—进口变径管；8—内部分走道；9—支座接头；10—支座；
11—灰斗阻流板；12—灰斗；13—星形卸灰阀或拉链输灰机；14—电晕极振打部件；
15—梯子平台；16—集尘极振打；17—检修门；18—电晕极振打；19—出口变径管；
20—壳体；21~23——一、二、三电场

静电除尘器的性能受三大因素的影响：

（1）粉尘性质，粉尘的比电阻是评价导电性的指标，它对除尘效率有直接的影响。比电阻过低，尘粒难以保持在集尘电极上，致使其重返气流；比电阻过高，到达集尘电极的尘粒电荷不易放出，在尘层之间形成电压梯度会产生局部击穿和放电现象。这些情况都会造成除尘效率下降。

（2）设备构造和电压高低，管式、板式、套筒式三种结构会产生影响，静电除尘器的电源由控制箱、升压变压器和整流器组成，而电源输出的电压高低对除尘效率也有很大影响。因此，静电除尘器运行电压需保持 40~75kV 乃至 100kV 以上。

（3）烟气流速，为了保证电除尘效率，煤气应有适宜的流速和一定的停留时间。煤气流速过大，会影响灰尘奔向沉积极或将已在沉积极沉积下来的灰尘掀起，重新带走，降低除尘效率；反之，煤气流流速过小、停留时间过长会造成浪费。煤气经电极间的流速为1~2m/s，电除尘器前不设文氏管时取低值，电除尘器前设文氏管时取高值。

静电除尘器与其他除尘设备相比，耗能少、除尘效率高，适用于除去烟气中 0.01~50μm 的粉尘，而且可用于烟气温度高、压力大的场合。实践表明，处理的烟气量越大，使用静电除尘器的投资和运行费用越经济。其优点体现在：（1）除尘效率能捕集 1μm 以下的细微粉尘，可控制一个合理的除尘效率；（2）具有高效低阻的特点，电除尘器压力损失仅 100~200Pa；（3）处理烟气量大，可用于高温（可高达 500℃）、高压和高湿的场合，能连续运转。但静电除尘器也存在缺点：（1）设备庞大，耗钢多，需高压变电和整流设备，通常高压供电设备的输出峰值电压为 70~100kV，故投资高；（2）制造、安装和

管理的技术水平要求较高；（3）对初始浓度大于 $30g/cm^3$ 的含尘气体需设置预处理装置；（4）除尘效率受粉尘比电阻影响大，一般对比电阻小于 $10^4 \sim 10^5 \Omega \cdot cm$ 或大于 $10^{12} \sim 10^{15} \Omega \cdot cm$ 的粉尘若不采取一定措施除尘效率将受到影响。

煤气布袋除尘的工作原理与喷吹煤粉的布袋收粉是一个机理。布袋收粉是要煤粉而将载体烟气放散，而布袋除尘是要煤气不要其炉尘。在脉冲和气箱式脉冲除尘器中，粉尘是附着在滤袋的外表面。含尘气体经过除尘器时，粉尘被捕集在滤袋的外表面，而干净气体通过滤料进入滤袋内部。这个过程看似简单，实际上布袋纤维过滤是一个很复杂的过程。布袋除尘的结构及工艺流程如图 5-83 所示。

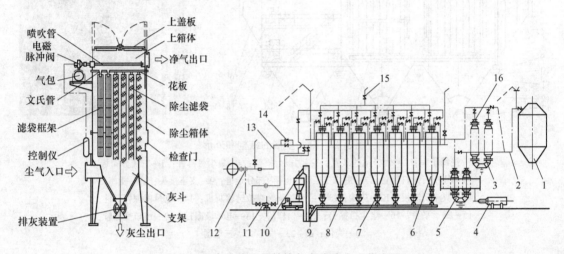

图 5-83　布袋除尘器结构与布袋除尘工艺流程

1—重力除尘器；2—脏煤气管；3—降温装置；4—燃烧炉；5—换热器；6—布袋箱体；
7—卸灰装置；8—螺旋输送机；9—斗式提升机；10—灰仓；11—煤气增压机；12—叶式插板阀；
13—净煤气管；14—调压阀组；15—蝶阀；16—翻板阀

含尘煤气通过滤袋时，借助于筛滤、惯性、拦截、扩散、重力沉降以及静电等诸多的作用使粉尘沉积下来。尘粒被布袋分离出来经历了两个步骤：一是煤气中的尘粒附着在织孔和袋壁上，并逐渐形成灰膜，即初层；二是初层对尘粒的捕集。在实际生产中后一种机制具有更重要的作用，因为在初层形成前，单纯靠布袋纤维捕集的除尘效率不高，而通过粉尘自身成层的作用，可以捕集 $1\mu m$ 左右的微粒。高炉煤气经布袋除尘后，含尘量达 $6mg/m^3$ 以下。随着过滤的不断进行，布袋的灰膜增厚，阻力增加，达到一定数值时要进行反吹，抖落大部分灰膜使阻力降低，恢复正常的过滤。反吹时不应破坏初层，常用反吹前后的压差来判断初层是否被破坏。反吹后保留初层除尘可使效率保持在很高水平，煤气的含尘量也保持稳定。反吹是利用自身的净煤气进行的。为保持煤气净化过程的连续性和工艺上的要求，一个除尘系统要设置多个（4~10 个）箱体，反吹时分箱体轮流进行。反吹后的灰尘落到箱体下部的灰斗中，经卸、输灰装置排出外运。

布袋除尘器结构主要由上部箱体、中部箱体、下部箱体（灰斗）、清灰系统和排灰机构等部分组成，其过滤和清灰状态如图 5-84 所示。除尘布袋一般按照清灰方式不同分为脉冲式除尘滤袋、振打式除尘布袋、反吹式除尘布袋。根据形状不同，还有圆袋型、扁袋型、信封型。

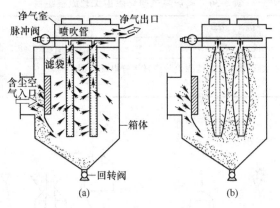

图 5-84 布袋过滤和清灰状态示意图
(a) 过滤状态；(b) 清灰状态

除尘布袋的面料和设计应尽量追求高效过滤、易于粉尘剥离及经久耐用。除尘布袋的选用至关重要，它直接影响除尘器的除尘效果，选取除尘布袋应从下列几个方面选取：气体的温度、潮湿度和化学性、颗粒大小、含尘浓度、过滤风速、清尘方式等因素。布袋材质有两种，一种是我国自行研制的无碱玻璃纤维滤袋；另一种是合成纤维滤袋（又称尼龙针刺毡，简称 BDC）。玻璃纤维滤袋可耐高温（280～300℃），使用寿命一般在 1.5 年以上，价格便宜，其缺点是抗折性较差；合成纤维滤袋的特点是过滤风速高，是玻璃纤维的 2 倍左右，抗折性好，但耐温低，一般为204℃，瞬间可达270℃。

布袋除尘器的使用维护一般问题及注意事项可分为粉尘排放超标、除尘器压力比正常高、以及滤袋的使用寿命过短等三个方面，这三者之间有明显的关联，简介如下。

造成粉尘排放超标的基本原因有三个方面：滤袋表面的初始层不够、滤袋破损、滤袋装配不良。除尘器压力比正常值高。阻力过大的原因可分为两种：除尘器阻力过大，在系统运行后立刻发生，与大多新装除尘器设计不当有关；除尘器在工作一段时间后发生，造成这种原因主要是操作问题和维修不当所致，包括滤袋的清洗不良，滤袋堵塞，进气分配不匀等。影响滤袋的使用寿命的因素如下：滤袋的品种使用不当、滤袋的品质、过滤气速、粉尘负载、粉尘成分、粉尘特性、清洗方法、清洗频率、系统开机、停机次数，以及相关的维护工作。在评定滤袋的使用寿命时，应考虑是否使用不当，认真检查、记录除尘器工作情况，除尘器是否经常在露点以下开机、关机，以及脉冲清洗的周期、清洗时间是否合理，加装差压计、温度计是保证记录的先决条件，也是保证除尘器正常运行的措施。

按照三段式组合并按干、湿法区分，高炉煤气除尘净化工艺流程见表5-36。湿法除尘效果稳定，清洗后的煤气质量好；其缺点是产生污水，既要消耗大量的水，又要进行污水处理。干法的最大优点是消除了污水，有利于环保；但是工作不稳定，净煤气含尘量有波动。近年来建成的大型高炉已采用串联双级文氏管系统（见图 5-85 (b)），来代替上塔后文氏管系统，（见图 5-85 (a)），第一级溢流文氏管作为半精除尘设备（代替了洗涤塔）。

表 5-36　高炉煤气净化除尘工艺流程组合

湿　　法	干　　法
重力除尘器+溢流文氏管+高能文氏管	重力除尘器+布袋除尘器
重力除尘器+洗涤塔+高能文氏管（过去精除尘阶段常用静电除尘器，现已被高能文氏管取代）	重力除尘器+板式电除尘器

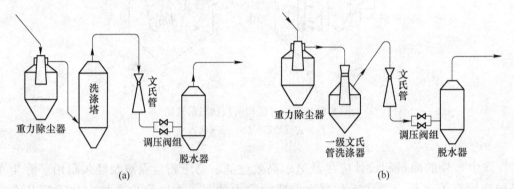

图 5-85　煤气清洗系统的变化

（a）塔后文氏管系统；（b）串联双级文氏管系统

E　高炉煤气余压透平发电

20 世纪 60 年代以来，国际上许多新建高炉的炉顶压力都超过了 0.3MPa。将煤气压力转化为电能，利用高炉煤气压力能量，可大大降低高炉产品生铁的单位能耗。一座 4000m³ 的高炉设置的煤气透平发电机组，可以产生相当 13MW 的能量，而高炉煤气可以照常使用。利用高炉煤气压力能发电，不必像火力发电那样建造锅炉和高的烟囱，不需要燃料储运的地方，因此，发电成本比火力发电远为低廉，而且属于没有公害的发电，可不到 2 年将收回投资。

高炉煤气余压透平发电装置（Blast Furnace Top Gas Recovery Turbine Unit，TRT）是利用高炉冶炼的副产品——高炉炉顶煤气具有的压力能及热能，使煤气通过透平膨胀机做功，将其转化为机械能，再将机械能转化为电能的设施。根据除尘工艺可分为湿式除尘和干式除尘，TRT 也分为两类：湿式 TRT 和干式 TRT（见图 5-86）。

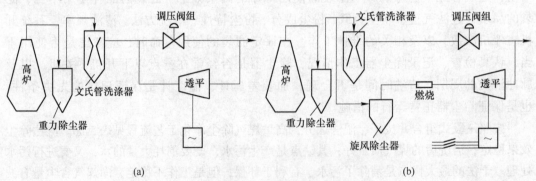

图 5-86　TRT 系统示意图

（a）湿式 TRT；（b）干式 TRT

　　透平机装在重力除尘器和旋风除尘器之后是干式系统，要求进入透平的煤气温度比较高（170℃左右），以免因煤气在绝热膨胀时温度下降而冷凝，使煤气中的粉尘在叶片上黏结，如果温度达不到170℃则应把部分煤气燃烧后混入，以使煤气的发热值降低。透平装置设于洗涤塔后面是湿式系统，煤气比较干净，但被水气所饱和，透平内部设有专门的喷水装置，可以用来清洗叶片，以防叶片积污和磨损。湿法系统很可靠，煤气系统简单，比干式好，故世界上投产的煤气透平设备大多采用湿法系统。由于煤气透平设备是并联在煤气除尘系统半精细除尘和精除尘之后，当要定期检修或其他原因必须要停止透平生产时，只要关闭透平设备入口和出口处的切断阀就可以了，对高炉的正常操作不会有任何妨碍。

5.2.3.5　渣铁处理系统

　　随着高炉大型化和高压化的发展，现代大型高炉生产能力逐渐增大，目前的大型高炉日产生铁可达到万吨以上，此外还有四五千吨炉渣。如何将如此大量的生铁和炉渣及时地从炉内放出、运输和处理，是稳定高炉操作、提高生产率的重要问题。现代高炉生产的各个环节基本上都实现了机械化，渣铁处理系统也要求操作机械化，进行远距离控制，减轻繁重的体力劳动，改变炉前工作环境。高炉渣铁处理系统包括炉前设备和辅助工具、铁水处理设备和炉渣处理设备，具体有炉前工作平台、出铁场、渣及铁沟、开口机、泥炮、堵渣机、铸铁机、炉渣处理设备、铁水罐等。

A　出铁场与风口工作平台

　　出铁场位于出铁口方向的下方。出铁场（包括风口平台）的布置是随着高炉的产量、铁口与渣口的数目及渣铁处理方式的不同而改变的。铁口数目是随着高炉炉缸直径、出铁量和出铁次数的增多而增加的，而渣口的数目却根据渣铁处理方法的改变有减少或取消的趋势。根据国内外的经验，日产铁水在 2500t 以下的高炉可设置 1 个铁口；日产生铁 3000~6000t 的高炉设置 2 个铁口；日产生铁 6000~10000t 的高炉设有 3 个或 4 个铁口。铁口数目增加后，出铁场的布置也变得复杂起来。几种出铁场布置如图 5-87 所示。

　　我国广泛采用出铁场与渣铁运输线平行的布置（图 5-87（a）、（b）、（c）），国外大型高炉采用出铁场与铁路线垂直或交叉的布置（图 5-87（d））。铁口数目为 2 个或 3 个时，需设置 2 个出铁场；当高炉设有 4 个铁口时，风口平台周围的出铁场已连成一片（图 5-87（e））。以下为 3 种具代表性的大型高炉出铁场：

　　（1）中国宝山钢铁（集团）公司（宝钢）1 号高炉（4063m³）。设有 2 个对称的出铁场，4 个铁口，每个出铁场上布置 2 个铁口。两个铁口间夹角 40°，每个出铁口都有两条专用鱼雷车停放线与出铁场垂直布置，这样可以缩短铁沟长度，减少出铁时铁水温度下降和铁沟的维护。但它是一侧出渣，两个铁口的护渣要引到另两个铁口的渣沟一侧，致使渣沟长达 350m 以上。渣沟修补工作量很大。宝钢 3 号高炉改变了 1 号高炉这种出铁场布置，改为两镶出清，扩大了两个铁口间的夹角，并使渣沟的长度比 1 号高炉的缩短了 50%。

　　（2）日本住友公司鹿岛厂 3 号高炉（5053m³）。设置了 4 个出铁场，4 个铁口相互垂直呈 90°布置，分布均匀，铁沟渣沟都较短，渣坑布置在对角两侧。

　　（3）俄罗斯的新利佩茨克厂 6 号高炉（3200m³）、克里沃罗格厂 9 号高炉（5026m³）

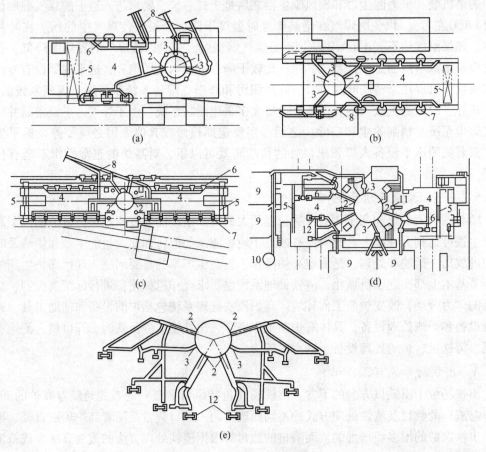

图 5-87 出铁场的布置形式

1—高炉；2—铁口；3—渣口；4—出铁场；5—炉前吊车；6—渣罐；7—铁水罐；
8—水力冲渣沟；9—干渣坑；10—水渣池；11—悬臂吊车；12—摆动渣、铁沟

和契列泊维茨克厂 5 号高炉（5500m³）都具有独特的圆形出铁场，炉渣全部冲为水渣，不设渣坑，4 个铁口均匀分布，渣沟铁沟都很短。

出铁场上各种设备、渣铁沟以及铁路等的布置也很复杂。目前大型高炉一般把矩形出铁场改为环形出铁场，以便吊车能进到危险的铁口、渣口、风口附近作繁重的操作以及调换炉缸周围的机械设备等。出铁场除安装开铁口机、泥炮等炉前机械设备外，还布置有主沟、铁沟、下渣沟和挡板、沟嘴、撇渣器、炉前吊车、储备辅助料和备件的储料仓及除尘降温设备。

出铁场的铁沟和渣沟与地面应保持一定的坡度，以利于渣铁水流淌和排水。一般以车间内铁轨轨面标高为零点，出铁场最远的一个流嘴标高要允许渣铁罐车及牵引车从流嘴下顺利通过。一般可以根据生产能力计算一次出铁量来确定流嘴数目，需要用多少铁水罐，再增加一个或两个沟嘴作为机动。有效容积为 1000~1500m³ 高炉的出铁场宽度大致在 20m 左右，出铁场柱子间距为 6m，长度是 6 的倍数。在出铁场平台上或平台下建有辅助料仓，储存炉前辅助料（如炮泥、垫沟料、砂、焦粉等），还有风口、渣口、冷却器等备件的堆放场地，在空架式出铁场端部应设吊物孔，以便吊运辅助料和备品备件上炉台。炉前

吊车的作业包括清理渣铁沟，清理渣铁罐停放线上的残渣残铁，搬运炉前的日用辅助料，更换泥炮、渣铁沟撇渣器、流嘴冷却设备等。有的出铁场还可以更换整体主沟。

出铁口（见图5-88）是一个在炉缸砖壁上的矩形道，通道1内用堵铁口泥2填塞。为防止因开口而削弱炉缸外壳，在开口处用铸铁框架3加固，铸铁框架用板式冷却器4进行冷却。框架内用泥套5保护，泥套用较密实的耐火泥捣实，并给泥炮的炮嘴做一个凹槽。堵铁口泥是由耐火黏土、熟料粉和碎焦等组成。近年来，成功使用了无水炮泥。使用无水炮泥缩短了烘烤出铁口的时间，减少了对碳质出铁口的侵蚀，延长了出铁口的使用寿命。出铁时用开铁口机在堵铁口泥中开出一条孔道，铁水从孔道中流出；出铁完成后，用堵铁口机（泥炮）打入堵铁口泥堵住出铁口。

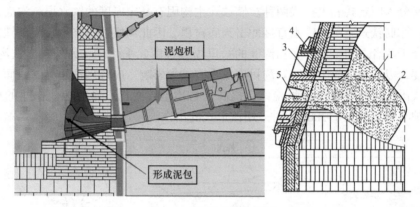

图5-88　高炉出铁口简图

风口工作平台与出铁场是紧密联系在一起的，在风口的下面，沿高炉炉缸四周设置的工作平台为风口平台，操作人员要通过风口观察炉况，更换风口，放渣，维护渣口、渣沟，检查冷却设备以及操作一些阀门等。为了操作方便，风口平台一般比风口中心线低1.5m左右。除上渣沟部位要用耐火材料砌筑一定的高度外，其他部位应保持平坦，只留排水坡度。周围的操作面积随炉容量和渣沟布置不同而异，一般由炉壳外径算起净空度为3~7m。新建的大高炉一般在铁口上方安装一个可移动的平台，便于与风口工作平台连成一片。风口平台和出铁场的结构有两种：一种是实心的，两侧用石块砌筑挡土墙，中间填充卵石和砂子以渗透表面积水，防止铁水倒流到潮湿地面，造成"放炮"，这种结构主要用于炉前铸铁的小高炉；另一种是架空的，它是支承在钢筋混凝土柱子上的预制板上，上层填砂，表面立砌一层砖，并成一定的坡度以利于排水。

从高炉出铁口到撇渣器之间的一段铁沟叫主铁沟，其构造是在80mm厚的铸铁槽内砌一层115mm厚的黏土砖，上面捣以碳素耐火泥。主铁沟的宽度是逐渐扩张的，这样可以减小渣和铁的流速，有助于渣铁分离，在铁口附近宽为1m，撇渣器处为1.4m左右。通常，大型高炉主沟坡度为9%~12%，中小型高炉为9%~10%。有时大型高压高炉在剧烈的喷射下渣铁难以分离，主沟可加长到15m，加深到1.2m，坡度变缓。图5-89所示为主沟与砂口（渣铁分离器）的构造。主沟沟衬损坏时的清除和修补工作十分困难，劳动条件差，有条件的地方可采用整体吊换的办法。

高炉主铁沟可分为储铁式、半储铁式和非储铁式三种形式（见图5-90）。另外，从使

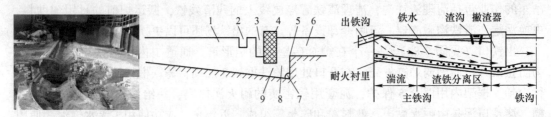

图 5-89 渣铁分离器构造

1—主铁沟；2—下渣沟砂坝；3—残铁沟砂坝；4—挡渣板；5—沟头；

6—支铁沟；7—残铁孔；8—小井；9—砂口眼

用方式上又分为固定式和更换式两种。储铁式主沟因有一定厚度的铁水层，沟底衬里几乎很少损毁；非储铁式主沟，铁水直接冲击沟底衬里，因此沟底损毁严重；半储铁式主沟衬里的损毁介于两者之间，即沟底和沟壁的衬里损毁程度几乎一样。另外，出铁沟的深度、宽度和长度，以及坡度等因素，对沟衬寿命也有较大影响，应合理选用。一般而言，可更换的储铁式出铁沟具有能按计划检修，提高沟衬质量，而且不影响炉前作业的优点，因此，当高炉有效容积大于 2000m³ 时采用该形式的出铁沟较好。

分类	形式	损毁断面及程度
储铁式	 坡度：0.5%~1.5%	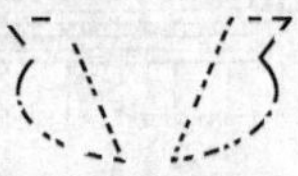 沟底<侧壁
半储铁式	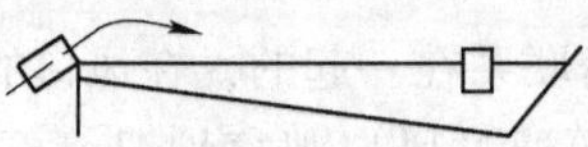 坡度：3%左右	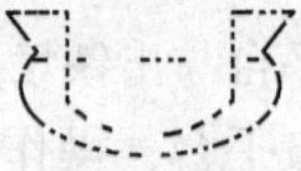 沟底<侧壁
非储铁式	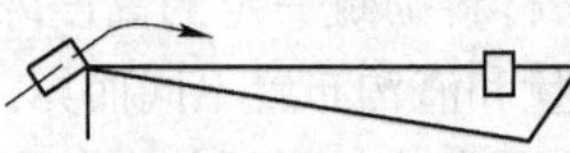 坡度：4%~6%	 沟底<侧壁

图 5-90 主铁沟的三种形式

撇渣器（渣铁分离器）又叫砂口或小坑，它是保证渣铁分离的装置。其利用渣铁密度的不同，用挡渣板把渣挡住，铁水从下面穿过，达到渣铁分离的目的。近年来由于不断改进撇渣器（如使用炭捣或炭砖砌筑的撇渣器），使其寿命可达几周至数月，大大减轻了工人的劳动强度，而且工作可靠性增加。为了使渣铁很好地分离，必须有一定的渣层厚度，通常是控制大闸开孔的上沿到铁水流入铁沟入口处（小井）的垂直高度与大闸开孔高度之比，一般为 2.5~3.0，有时还适当提高撇渣器内储存的铁水量（一般在 1t 左右），上面盖以焦末保温。每次出铁可以轮换残铁，数周后才放渣一次以提高撇渣器的寿命。现在有的高炉已做成活动的主沟和活动的砂口，它可以在炉前冷却的状态下修好，更换时吊起或按固定轨道拖入即可。撇渣器的设计应保证主沟有一定的长度和倾斜度（8%~10%），使铁与渣流到闸口处已基本分开。主沟过长增加铁损与清理工作量，太短则渣铁分离不好。

　　支铁沟是从撇渣器后至铁水摆动流槽或铁水流嘴的铁水沟。大型高炉支铁沟的结构与主铁沟相同，坡度一般为5%~6%，在流嘴处可达10%。渣沟的结构是在80mm厚的铸铁槽内捣一层垫沟料，铺上河砂即可，不必砌砖衬，这是因为渣液遇冷会自动结壳。渣沟的坡度在渣口附近较大，为20%~30%，流嘴处为10%，其他地方为6%。下渣沟的结构与渣沟结构相同。为了控制渣、铁流入指定流嘴，由渣、铁闸门控制。

　　流嘴是指铁水从出铁场平台的铁沟进入铁水罐的末端那一段，其构造与铁沟类同，只是悬空部分的位置不用炭捣，常用炭素泥砌筑。小高炉出铁量不多，可采用固定式流嘴。大高炉渣沟与铁沟及出铁场长度要增加，所以新建的高炉多采用摆动式流嘴。在采用摆动流嘴时，渣铁罐车双线停放，以便依次移动罐位，大大缩短渣铁沟的长度，也缩短了出铁场长度。

　　摆动铁沟流嘴如图5-91所示，它由曲柄连杆传动装置、沟体、摇枕、底架等组成。内部有耐火砖的铸铁沟体支撑在摇枕上，而摇枕套在轴上，轴通过滑动轴承支撑在底架上，在轴的一端固定着杠杆，通过连杆与曲柄相接，曲柄的轴颈联轴节与减速机的出轴相连，开动电动机，经减速机、曲柄带动连杆，促使杠杆摆动，从而带动沟体摆动。沟体摆动角度由主令控制器控制，并在底架和摇枕上设有限制开关。为了减轻工作中出现的冲击，在连杆中部设有缓冲弹簧。在采用摆动铁沟时，需要有2个铁水罐并列在铁轨上，可按主罐列和辅助罐列来分，辅助罐列至少需要由2个铁水罐组成。摆动铁沟流嘴一般摆动角度30°，摆动时间12s，驱动电动机8kW。一般有条件的钢铁厂都将炉渣冲成水渣，但有的是用渣罐来运输的，同样，也可以采用摆动渣沟流嘴（见图5-92）。它由传动装置、流槽本体及支座部分组成，电动机通过减速机转动链轮，链轮转动一个角度后，把两端引出链条，一端卷进一端放出，这样就使流槽本体以支座为支点摆动。在低位工作时，高位流嘴下的渣罐车由专用绞车或机车移动一个罐位的距离。

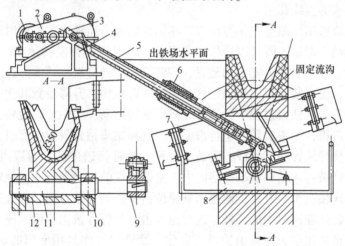

图 5-91　摆动铁沟流嘴

1—电动机；2—减速机；3—曲轴；4—支架；5—连杆；6—弹簧缓冲器；
7—摆动铁沟沟体；8—底架；9—杠杆；10—轴承；11—轴；12—摇枕

B　炉前设备

炉前设备主要有开铁口机、堵铁口泥炮、堵渣机、换风口机、炉前吊车等。

开铁口机就是高炉出铁时打开出铁口的设备，是炼铁高炉炉前关键设备之一，其作用是以一定角度打开铁口，使铁水顺利地从通道流出。开铁口机按其结构形式可分为6种：吊挂式、框架式、斜座式、高架立柱式、矮座式、折叠式；按其钻削原理可分为4种：单冲式、单钻式、冲钻联合式、正反冲钻联合式；按动力源可分为6种：电动式、气动式、液动式、电气结合式、气液结合式、电液结合式。中小高炉使用的是电动钻孔式开口机，大中型高炉采用全气动、全液压、气液复合传动冲钻式开口机。现今，国内外应用于高炉的开铁口机类型较多，可谓五花八门。从传动形式上可分为电动开铁口机、气动开铁口机、气液复合传动开铁口机等；从安装方式上可分为悬挂式开铁口机、落地式开铁

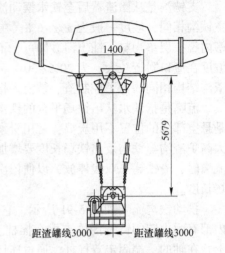

图 5-92　摆动渣沟流嘴

口机。落地式气动、液压复合传动的开铁口机在全国大、中、小高炉上应用最多，其次是悬挂式全气动型式和落地式全液压型式。这几种典型的开铁口机的共同结构特点是都具有导向轨梁和送进机构，钻机沿着一定角度的倾斜轨道行进，开出的铁口孔道是和这个角度相同的圆孔，钻机都具有冲打功能。此外，为了保证炉前操作人员的安全，现代高炉打开铁口的操作都是机械化、远距离进行的，而且开铁口机必须满足以下要求：开铁口时不得破坏泥套和覆盖在铁口区域炉缸内壁上的泥包；能远距离操作，工作安全可靠；外形尺寸应尽可能小，并当打开出铁口后能很快撤离出铁口；开出的出铁口应为具有一定倾斜角度、满足出铁要求的直线孔道。

冲钻式开铁口机用压缩空气作为动力，其钻头以冲击运动为主，同时通过旋转机构使钻头产生旋转运动，即钻头既可以进行冲击运动，又可以进行旋转运动。其由钻机机构、导轨和送进机构、升降装置、安全钩装置、旋转机构、转臂机构等6部分组成，如图5-93所示。开铁口时，先安装好带钻头的钻杆。通过转臂机构、升降装置和送进机构，使开口机构处于工作位置。开铁口过程中，钻杆先只做旋转运动，当钻杆以旋转方式钻到一定深度时，开动正打击机，钻头旋转，正打击前进，直到钻头钻到规定深度时才退出钻杆，并利用开口机上的换杆装置卸下钻杆，再装上钎杆，将钎杆送进铁口通道内，开动打击机，进行正打击，钎杆被打入铁口前端的堵泥中，直到钎杆的插入深度达到规定深度时停止打击，并松开钎杆连接机构，开口机便退回到原位，钎杆留在铁口内。到放铁时，开口机开到工作位置，钳住插在铁口中的钎杆，进行逆打击，将钎杆拔出，铁水便立即流出。

出铁后必须迅速用耐火泥将出铁口堵塞住，堵铁口操作是用专门的机器（泥炮）进行的。泥炮的工作一般分为转炮、压炮、锁炮、打泥四个步骤。所用的耐火泥料不仅应填满出铁口孔道，而且还应修补出铁口周围损坏了的炉缸内壁。泥炮需在高炉不停风的全风压情况下把堵铁口泥压进出铁口，其压力应大于炉缸内压力，并能顶开放渣铁后填满铁口内侧的焦炭。按照驱动方式的不同，泥炮可分为气动式、电动式和液压式。但气动泥炮由于活塞推力小以及打泥压力不稳已经被淘汰，目前在生产上多采用电动泥炮及液压泥炮，如图5-94、图5-95所示。相比电动泥炮，液压泥炮的优点是，打泥推力大，打泥致密，

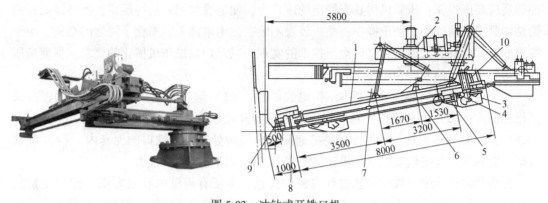

图 5-93 冲钻式开铁口机

1—导轨；2—升降装置；3—旋转正打击机；4—滑台；5—反打击机；6—钎杆；

7—钎杆吊挂装置；8—对中装置；9—挂钩；10—送进机构

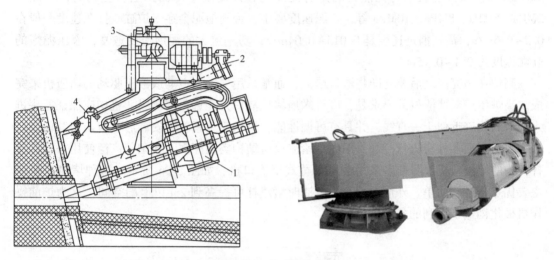

图 5-94 电动泥炮总图

1—打泥机构；2—压炮机构；3—转炮机构；4—锁跑机构

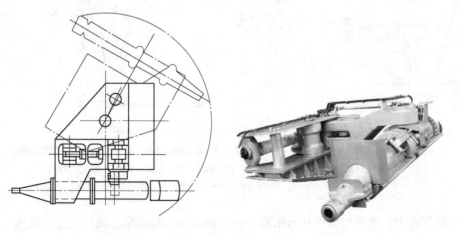

图 5-95 液压泥炮总图

能够适应高压操作；压紧机构具有稳定的压紧力，使炮嘴与泥套始终压紧，不易漏泥；泥炮结构紧凑，高度小，便于操作；油压装置不装在泥炮本体上，简化了泥炮的结构。由于能更好地适应高炉大型化和高压操作技术的实现，以及炉前操作机械化的要求，促使液压泥炮得到了迅速的发展和应用。

高炉泥炮种类虽多，但其基本结构组成都是：（1）炮身：包括填泥，吐泥的泥缸及其推泥机构；（2）回转机构：它的作用是把炮身从出铁沟一侧移至出铁沟上方，并对准出铁口；（3）送进机构：它的作用是把炮嘴从出铁沟处送入出铁口的泥套内；（4）锁紧机构：它的作用是把炮嘴压紧在出铁口泥套上，承受堵口时的反推力。

泥炮技术性能的参数与工艺过程有密切关系，主要有泥缸的有效容积（即打泥量）、泥缸的活塞压力和总推力及炮口吐泥速度等。泥缸活塞的总推力就是泥炮的公称能力，它往往以打泥电动机到 2 倍额定功率时打泥活塞上的总推力来表示，如 500kN、1000kN、1600kN 等。实际上表示打泥能力的是打泥压力，即泥缸单位面积上所受的力，一般用 2MPa、5MPa、8MPa、10MPa 等。打泥速度要小，否则炮泥会穿入炉缸。打泥速度一般在 0.2~0.6m/s，活塞前进速度是 0.015~0.04m/s，功率愈大的泥炮速度愈慢，液压泥炮的吐泥速度为 0.1~0.15m/s。

高炉在出完渣之后要立即将渣口堵上，通常采用气动、电动或液压驱动的堵渣机来完成。高炉生产对堵渣机的要求是，应可靠地堵住渣口并能远距离操纵；机构应保证塞头进入渣口的轨迹近似于一直线，并具有可调性能；机构简单紧凑，安装后不应妨碍其他设备操作；受高温零件应进行冷却。国内外堵渣口机结构类型颇多，我国曾广泛使用平行四连杆机构的堵渣口机，目前多采用液压折叠式堵渣口机，如图 5-96 所示。这种堵渣口机的主要优点是结构简单、外形尺寸小，放渣时堵渣杆可提高到 2m 以上的空间，这为炉前操作机械化创造了有利的条件。

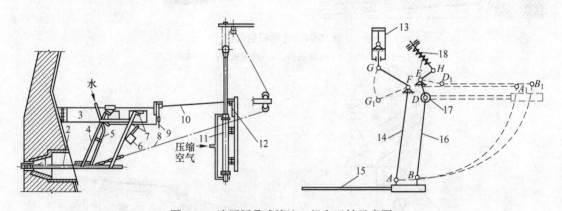

图 5-96　液压折叠式堵渣口机和运转示意图

1—塞头；2—塞杆；3—框架；4—平行四连杆；5—塞头冷却水管；6—平衡重；7—固定心轴；
8—操纵钢绳；9—钩子；10—操纵钩子的钢绳；11—气缸；12—钩子的操纵端；
13—摆动油缸；14，16—连杆；15—堵渣杆；17—滚轮；18—弹簧

炉前作业中，换风口操作相当困难。由于温度高、场地窄、风口装置质量大，导致换风口既不安全又影响生产。目前，使用换风口机的高炉日渐增多，种类也多，按其结构大

致可分为吊车式和地上行走式两类，如图5-97所示。

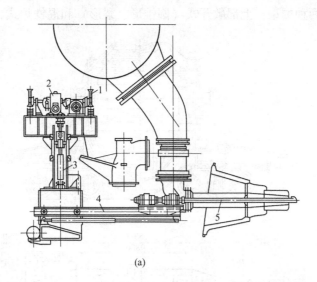

(a)

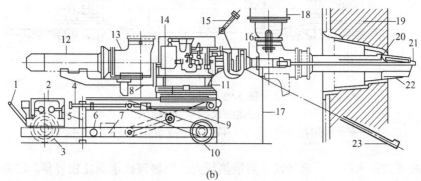

(b)

图5-97　两种类型的换风口机

（a）吊车式：1—吊挂梁；2—吊挂小车；3—立柱；4—伸缩小车；5—挑杆

（b）行走式：1—操纵柄；2—驱动机构；3—驱动轮；4—前后移动油缸；5—液压千斤顶；
6—液压泵（P_g=7MPa，电动机1.5kW）；7—油箱；8—换风口装置的连杆；
9—机构前后移动的行程；10—轮子（两个）；11—左右移动油缸（行程±100mm）；12—直吹管；
13—进风弯管；14—旋转台；15—钩子倾斜油缸；16—空气锤气缸；17—旋转台提升高度；
18—进风支管；19—高炉内衬；20—安装风口时钩子的位置；21—更换风口时钩子的位置；
22—风口；23—取新风口时钩子的位置

C　铁水处理设备

高炉生产的铁水绝大部分用于炼钢，所以就需要有将铁水从高炉运至炼钢车间的铁水罐车。此外由于生产节奏上的原因，有时一部分炼钢生铁要铸成生铁块。有的高炉还专门生产一部分铸造生铁，这种工艺需要用铸铁机来完成。生铁处理设备主要包括铁水罐车和铸铁机。

铁水罐车是用普通机车牵引的特殊的铁路车辆，由车架和铁水罐组成，铁水罐通过本身的两对枢轴支撑在车架上；另外还设有被吊车吊起的枢轴，供铸铁时翻罐用的双耳和小轴。铁水罐由钢板焊成，罐内砌有耐火砖衬，并在砖衬与罐壳之间填以石棉绝热板。铁水罐车可以分为两种类型：上部敞开式（圆锥形、梨形）和混铁炉式，如图5-98所示。

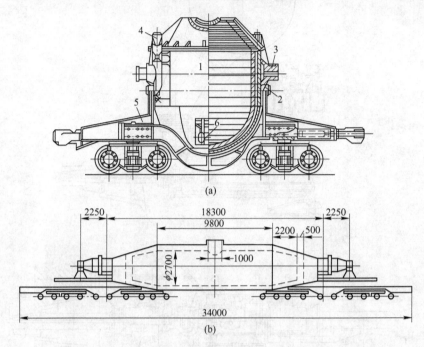

图 5-98　铁水罐车

（a）上部敞开式；（b）混铁炉式

1—锥形铁水罐；2—枢轴；3—耳轴；4—支承凸爪；5—底盘；6—小轴

上部敞开式铁水罐车，这种铁水罐散热最大，但修理铁水罐比较容易。混铁炉式铁水罐车，又称鱼雷罐车，它的上部开口小，散热量也小，有的上部可以加盖，但修理罐较困难。由于混铁炉式铁水罐车容量较大，可达到200～600t，因此大型高炉上多使用混铁炉式铁水罐车。表5-37所示为混铁炉式铁水罐车规格。

表 5-37　混铁炉式铁水罐车规格

型　　号		ZH-80-1	ZH-180-1	ZH-260-1	ZH-320-1	ZH-420-1
配用高炉/m³		300～620	620～1200	1800～2500	2500～4000	4000 以上
容量	新砖衬时/t	80	180	260	320	420
	旧砖衬时/t	95	206	306	373	488
质量/t		74	160	220	272	370
轨距/mm		1435	1435	1435	1435	1435
转向架台数/台		2	4	4	8	8
轴数/根		6	12	12	16	20
最大轴压/kN		300	30	400	400	400
走行速度/km·h⁻¹		30	30	30	30	30
通过轨道最小曲率半径/m		100	120	120	120	150

　　铸铁机是把铁水连续铸成铁块的机械化设备，一般年产生铁 10 万吨以上的独立炼铁厂或年产 25 万~30 万吨以上的钢铁联合企业，都应设置铸铁机。铸铁机类似一个特殊的运输带（见图 5-99），由一条向上倾斜的装有许多铁模和链板组成的循环链带及传动装置等机构组成。它环绕着高低两端两只星形大齿轮运转。位于高端的星形大齿轮为主动轮，由电动机和减速箱带动；下端为导向轮，它的轴可以移动，以便调节链带的松紧度。按滚轮固定的形式，铸铁机可分为两类：一类是滚轮安装在链带两侧，链带运行时滚轮沿着固定轨道前进，称为滚轮移动式铸铁机；另一类是把滚轮安装在链带下面的固定支座上，支承链带，称为固定滚轮式铸铁机。二者相比，滚轮固定式滚轮轴是固定的，每个环节上有两个铁模，故长度长些，接点大为减小，容易润滑，运行平稳，铁水喷溅少，备件消耗少；但制造维修复杂，需要滚珠轴承等配套件，链板为铸钢件，一次性投资大，运行中链带掉道后不易处理，所以，一般用于大型炼铁厂。滚轮移动式正好相反，容易制造，但运行状况不好，国内多用于中小型炼铁厂。铸铁块一般为 25~30kg，国外大都砸开成为 5kg 左右一块，这对化铁炉有利，可降低焦比 10%左右。

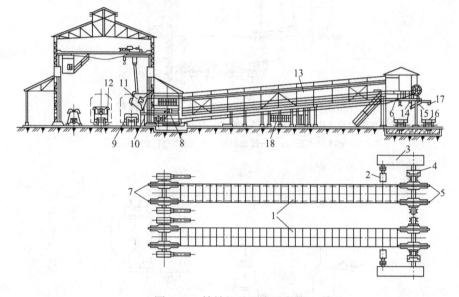

图 5-99　铸铁机及厂房设备图

1—链带；2—电动机；3—减速器；4—联轴器；5—传动轮；6—机架；7—导向轮；8—铸台；
9—铁水罐车；10—倾倒铁水罐用的支架；11—铁水罐；12—倾倒耳；13—长廊；14—铸铁槽；
15—将铸铁块装入车皮用的槽；16—车皮；17—喷水用的喷嘴；18—喷石灰浆的小室

D　炉渣处理设备

　　高炉炉渣可以作为水泥原料、隔热材料以及其他建筑材料等。高炉渣处理方法有炉渣水淬、干式粒化、放干渣及冲渣棉。传统的干渣处理，环境污染较为严重，且资源利用率低，现在已很少使用，一般只在事故处理时，设置干渣坑或渣罐出渣。目前，国内高炉普遍采用水冲渣处理方法，在炉前直接进行冲渣棉的高炉很少，干式粒化处理技术处于研发和应用阶段。

　　高炉热熔矿渣用水急速冷却后可变为疏松的粒状矿渣，即水淬矿渣。冲水渣水流的出口压力为 0.3MPa，冲水时的用水量不少于渣量的 8~10 倍，废水处理后返回使用。这种方法每 1t 水渣耗水 2.0~2.5t，耗电 1.1~1.3kW·h，不占用渣罐和铁路线，调度方便，有利于强化高炉冶炼。其水淬工艺主要有三种类型：渣池水淬、炉前水淬和搅拌槽泵送法（拉萨法）。按过滤方式的不同又可分为以下几种方式（见图 5-100~图 5-102）：

（1）过滤池过滤。有代表性的有 OCP 法和我国大部分高炉都采用的改进型 OCP 法，即沉渣池法或沉渣池加底过滤池法。

（2）脱水槽脱水。有代表性的是 RASA 法、永田法。

（3）机械脱水。有代表性的是螺旋法、INBA 法、图拉法。

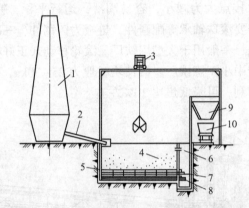

图 5-100　底滤法（OCP 法）处理高炉渣流程

1—高炉；2—熔渣沟和水冲渣槽；3—抓斗起重机；4—水渣堆；5—保护钢轨；6—溢流水口；
7—冲洗空气进口；8—排出水口；9—储渣仓；10—运渣车

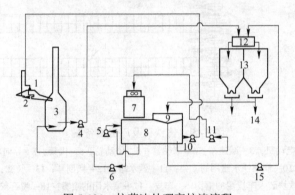

图 5-101　拉萨法处理高炉渣流程

1—水渣槽；2—喷水口；3—搅拌槽；4—输送泵；5—循环槽搅拌泵；6—搅拌槽搅拌泵；
7—冷却塔；8—循环水槽；9—沉降槽；10—冲渣给水泵；11—冷却泵；12—分配器；
13—脱水槽；14—汽车；15—排泥泵

图拉法水淬渣工艺的原理是用高速旋转的机械粒化轮配合低转速脱水转鼓处理熔渣，工艺设备简单，耗水量小，渣水比为 1∶1，运行费用低，可以处理铁含量小于 40% 的熔渣，不需要设干渣坑，占地面积小。

INBA 法（回转圆筒式）是由卢森堡 PW 公司开发的炉渣处理技术，其方法是对从渣沟流出的熔渣经冲渣箱进行粒化，粒渣和水经水渣沟流入渣槽，蒸汽由烟囱排出，水渣自然流入设在过滤滚筒下面的分配器内（见图5-103）。分配器沿整个滚筒长度方向布置，能均匀地把水渣分配到过滤滚筒内。水渣随滚筒旋转由搅动叶片带到上方时，脱水后的粒渣滑落在伸进滚筒上部的排料胶带机上，然后由输送胶带机运至粒渣槽或堆场。滤出的水，经集水斗、热水池、热水泵站送至冷却塔冷却后进入冷却水池，冷却后的冲渣水经粒化泵站送往水渣冲制箱循环使用。该方法的优点是可以连续滤水，环境好、占地少、工艺布置灵活、吨渣电耗低，循环水中悬浮物含量少，泵、阀门和管道的寿命长。

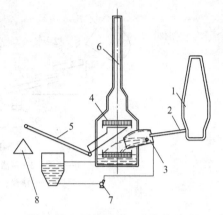

图 5-102　图拉法处理高炉渣流程

1—高炉；2—熔渣沟；3—粒化器；4—脱水器；
5—皮带机；6—烟囱；7—循环水泵；8—堆渣场

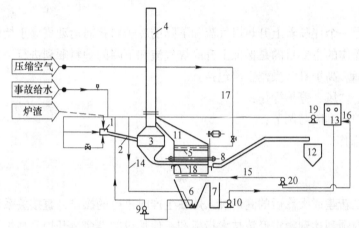

图 5-103　回转圆筒式冲渣工艺流程（INBA 法）

1—冲渣箱；2—水渣沟；3—水渣槽；4—烟囱；5—滚筒过滤；6—集水斗；
7—热水池；8—排料胶带机；9—底流泵；10—热水泵；11—盖；12—成品槽；
13—冷却塔；14—搅拌水；15—洗净水；16—补给水；17—洁净空气；
18—分配器；19—粒化泵；20—清洗泵

高炉渣进行渣棉生产时，是在渣流嘴处引出一股渣液，以高压蒸汽喷吹，将渣液吹成微小飞散的颗粒，每一个小颗粒都牵有一条渣丝，用网笼将其捕获后再将小颗粒筛掉，即成渣棉。渣棉容重小，热导率低，耐火度较高，800℃左右，可做隔热、隔音材料。

膨胀的高炉渣渣珠简称膨渣。它具有质轻、强度高、保温性能良好等特点，是理想的建筑材料，目前已用于高层建筑。膨渣生产工艺如图5-104所示。

高炉渣由渣罐倒入或直接流入接渣槽，由接渣槽流入膨胀槽，在接渣槽和膨胀槽之间设有高压水喷嘴，熔渣被高压水喷射、混合后立即膨胀，沿膨胀槽向下流到滚筒上，滚筒以一定速度旋转，使膨胀渣破碎并以一定角度抛出，在空中快速冷却然后落入集渣坑中，再用抓斗抓至堆料场堆放或装车运走。生产膨渣，要尽量减少渣棉生成量，而膨胀槽和滚筒的距离对渣棉的产生有重要影响，如果距离近则会排出一股风，容易将熔渣吹成渣棉，

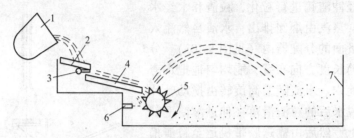

图 5-104　膨渣生产工艺

1—渣罐；2—接渣槽；3—高压喷水管；4—膨胀槽；

5—滚筒；6—冷却水管；7—集渣坑

所以距离要远些，以减小这股风力，减少渣棉量。

5.3　高炉炼铁操作

高炉冶炼是一个伴随着上升热煤气流和下降的冷炉料相向运动贯穿于始终的复杂工艺过程。而高炉操作的主要目的是保证上升的煤气流和下降的炉料顺利进行，力求获得更好的技术经济指标。高炉日常操作主要包括：

(1) 开炉、休风、停炉操作；

(2) 高炉炉况判断与调节；

(3) 炉前操作。

5.3.1　开炉

高炉开炉是新建或大修后的高炉投入炼铁生产时进行的操作，直接关系到高炉是否能在规定的时间内顺利达到额定经济技术指标和一代炉役的寿命，开炉是高炉一代炉龄的开始。开炉分四个步骤：(1) 烘炉；(2) 装料；(3) 点火；(4) 转入正常生产。从点火到正常生产需 10~20 天。

5.3.1.1　烘炉

烘炉指加热炉衬以去除其中的水分，增加其固结强度。在有气体燃料可以烧热风炉并加热鼓风时，采用热风烘炉；在无气体燃料烧热风炉时，则要砌筑专门的炉灶以形成的热烟气烘炉。方法是将热风或热烟气从风口送入高炉，经炉顶放散阀排出。为了加热炉缸，各风口要装一个向下的吹管。炉缸如采用碳质炉衬，还需砌保护层以防烘炉过程中炭砖被氧化。

为防止升温速度不当引起炉衬开裂，要根据炉衬耐火材料特性制订烘炉温度曲线，并严格控制。烘炉过程中的炉顶温度，钟式炉顶者不超过 400℃，无钟炉顶者不超过 250℃以防损坏炉顶设备，为此风温通常不超过 600℃。烘炉温度以风温为代表。炉顶温度通过增减风量和风温来调节。当炉顶废气中 H_2O 含量降到大气 H_2O 含量水平时，烘炉即告结束。凉炉时也要控制降温速度以免损坏炉衬。烘炉时间根据高炉容积和耐火材料种类不同，需 5~10 天。

5.3.1.2 装料

投产前用炼铁所需原料和焦炭把炉子装满。装料前要先做配料计算，计算的依据是全炉总焦比、炉渣碱度、生铁含［Si］量、含［Mn］量。这些数据是凭经验确定的。用块状铁矿石开炉时总焦比为 3.5~4.0，用烧结矿或球团矿开炉时总焦比为 2.5~3.0；总炉渣碱度为 1.0 左右；生铁含［Si］通常按 4.0% 计算；生铁含［Mn］按 0.8% 计算。开炉时焦比比正常生产时高很多，因为除满足正常生产所需热量外，还要为加热炉墙和预装在炉内的炉料、下部炉料中水分的蒸发和分解等提供热量。

装料有两种方法：（1）炉缸里先装木柴，然后装焦炭；（2）不装木柴，把焦炭直接装入炉缸。开炉时装料的显著特点是全炉上下矿焦比是不一样的。通常炉腹以下全装净焦，炉腰部分装"空料"（焦炭和石灰石），炉身以上用"空料"和"正常料"（点火后正常装入的料批，由焦炭、铁矿石、石灰石按一定配比构成）组合装入。原则是下部"空料"多、"正常料"少，愈往上"空料"逐渐减少，"正常料"逐渐增多。装到规定料线时预装料即告完成。

5.3.1.3 点火

多用热风点火。把 700~800℃ 的热风送入高炉即可把炉内的木柴或焦炭点着。在无热风时，风口前端要放置吸油至饱和的油棉，然后用烧红的铁钎点燃，并随之点燃木柴或焦炭。点火时的风量为正常生产风量的 50% 左右。因为开炉时风量小，点火前风口内要装一个砖圈使风口直径缩小以保持适当风速。点火初期高炉煤气全部放散，待下料正常、炉顶压力达到规定水平、煤气成分合格后方可往煤气管网送煤气。点火后 10~14h 或根据计算渣液面已升到渣口时放"上渣"（从渣口出渣）；但如果是中修后开炉，炉缸内的残余炉料又未清除，则先出铁，待炉缸正常后才可放"上渣"。点火后 15~20h 或根据计算铁水已升到铁口平面时出第一次铁。

5.3.1.4 转入正常生产

第一次出铁后，出渣、出铁工作即转为按正常时间表进行。在下料和炉温正常的基础上逐步增加风量，调整风温。开炉初期，因炉况和设备尚处在不稳定期，炉内需要有较多的热量储备，通常要先炼一段时间高温铁，即铸造生铁。此外，炼铸造铁容易析出石墨碳，有利于保护炉缸和炉底。当风量达到正常水平，生铁成分符合要求，焦比接近正常水平时，开炉工作即告结束。

高炉开炉的基本要求是安全、顺利、产品合格、不损害炉衬等，因此要做到如下几点：

（1）开炉前的准备检查：开炉前要做好一系列准备工作，包括培训操作人员使之熟悉设备和掌握操作要领，对高炉全部设备进行仔细检查和试运转，准备开炉用的原料、燃料、材料和备品，制订开炉方案和操作规程与安全规程。

（2）烘炉必须根据一定的烘炉制度对高炉和热风炉逐渐加热，彻底烘干炉衬以免影响一代寿命。

（3）装料应选用最好的炉料作为开炉引料，按照计算的配料表进行合理的开炉装料。

（4）点火可用 700~750℃ 的热风开炉点火。点火前均应关闭大小料钟，打开炉顶放散阀，并切断与煤气系统的联系。煤气成分接近正常、煤气压力达到要求压力时即可接通除尘系统。第一次铁水出完后就算开炉完毕。

5.3.2　停炉

由于高炉炉衬严重侵蚀，或需要长期检修及更换某些设备而停止生产的过程叫停炉，是高炉操作的一个组成部分，是高炉大修、中修前的停产操作。对要求处理炉缸缺陷，出净炉缸残铁的停炉，称为大修停炉；不要求出残铁的停炉，称为中修停炉。具体步骤为高炉停休时需把炉内残余物料全部清出；中修时则将料线降到检修的部位以下即可。停炉操作一是要求保证安全；二是要为大修或中修创造方便条件。停炉的重点是抓好停炉准备和安全措施，做到安全、顺利停炉。停炉前要做好如下准备：

(1) 提前停止喷吹燃料，改为全焦冶炼。停炉前如炉况顺行，炉型较完整，没有结厚现象，可提前2~3个班改全焦冶炼；若炉况不顺，炉墙有黏结物，应适当早一些改全焦冶炼。

(2) 停炉前可采取疏导边沿的装料制度，以清理炉墙；同时要降低炉渣碱度、减轻焦炭负荷，以改善渣铁流动性和出净炉缸中的渣铁。如果炉缸有堆积现象时，还应加入少量锰矿或萤石，清洗炉缸。

(3) 安装炉顶喷水设备和长探尺。停炉时为了保证炉顶设备及高炉炉壳的安全，必须将炉顶温度控制在400℃以下。可以安装2台高压水泵，把高压水引向炉顶平台，并插入炉喉喷水管；某些高炉还要求安装临时测料面的较长探尺，为停炉降料面作准备。

(4) 准备好清除炉内残留炉料、砖衬的工具，包括一定数量的钢钎、铁锤、耙子、钩子、铁锹、风镐、胶管及劳动安全防护用品等。

(5) 停炉前要用盲板将高炉炉顶与重力除尘器分开，也可以在关闭的煤气切断阀上加砂子来封严，防止煤气漏入煤气管道中去；同时，保证炉顶和大小料钟间蒸汽管道能安全使用。

(6) 安装和准备出残铁用的残铁沟、铁罐和连接沟槽，切断已坏的冷却设备水源，补焊开裂处的炉皮，更换破损的风口和渣口。

(7) 水量的计算。安装炉顶喷水管（安装在4支炉喉取煤气孔，原炉顶上升管4支不动，作备用）和2台水泵。大修时喷水量要大，以加速冷却，缩短时间；中修时喷水量要小，以防损坏炉缸砖衬。

停炉方法有填充法和空炉法（空料线喷水停炉法）两种。

(1) 充填法：是在决定高炉停炉时停止上矿石。当料线下降时用其他物质充填所空出的料线空间。用于填充的物质有石灰石、碎焦、硅石等，也有的用高炉炉渣填充。此法比较安全但停炉后要清除充填物，浪费人力物力。

(2) 空炉法：是在正常料面上装一层焦炭（其量约为炉缸容积的20%~30%），以保证停炉时矿石全部熔化完毕。当焦炭料面降到指定部位时（到达风口平面或其上1~2m时）即休风。降料线过程中从炉顶喷水并逐步减少风量以控制炉顶温度。喷水力求均匀、适量，使之能及时汽化，以防水在炉内积存产生爆炸。料面下降深度可直接测量或根据风量估算。此法可大大缩短修炉时间，但要注意安全（炉墙坍塌、煤气）。

充填法停炉比较安全，但停炉后要花费大量人力和时间来清除炉内残料；空炉法停炉清除工作量大为减少，但存在残砖塌落、水汽或煤气爆炸的危险。不过由于空炉停炉法优点突出，所以在高炉炉身部状况尚好时常被采用，特别是中修停炉一般都用空炉法。停炉方法的选择主要取决于具体条件，即炉容大小、炉体结构、设备损坏情况。如果高炉炉壳损坏严重，或想保留炉体砖衬，可采用填充法停炉；如果高炉炉壳完整，结构强度高，多采用空炉法停炉。不论采用哪种停炉方法，在停炉操作开始之前一般都要专休一次风，以安装炉顶喷水管、长探尺，更换损坏的风口、渣口等，停止装料前要把各矿槽、焦槽、漏斗及运输带等全部空出，以利检修。

5.3.3 休风

高炉休风是指暂时停止向高炉炉内送风。休风过程中容易发生煤气爆炸和煤气中毒事故。高炉休风往往是为了进行一些检修作业，如换风口、焊补煤气系统等。休风时应及时调节煤气供应，防止煤气系统产生负压；进行高压操作的高炉在休风前改为常压；炉顶及切断阀通蒸汽；严格按规定的休风程序操作。

按休风时间长短和休风后要进行的工作，休风分为短期休风、倒流休风、长期休风和紧急休风四种。

5.3.3.1 短期休风

临时检修设备或外部条件变化高炉需暂时停产时采用短期休风。基本操作程序是：（1）热风炉停止燃烧；（2）停止富氧、喷吹燃料和蒸汽鼓风，停止炉顶喷（打）水；（3）向炉顶及煤气系统通蒸汽或氮气；（4）高压操作转为常压操作并放风50%左右；（5）停止上料；（6）开炉顶放散阀并切断本高炉与煤气管网之间的煤气；（7）风温调节器改手动随后关闭混风调节阀和混风大闸；（8）逐步放风至放风阀达零位，然后关闭送风热风炉的热风阀和冷风阀并放掉废风。放风降压必须稳步进行，以防炉料猛然崩落造成风口灌渣事故。

5.3.3.2 倒流休风

倒流休风指休风后通过高炉各风口将炉内残余煤气抽走的短期休风。更换风口、渣口或其他某种需要时，为避免炉内残余煤气外喷妨碍工作时采用此种方法。操作程序同短期休风。但在关闭热风阀之前需打开风口视孔盖；在关闭热风阀和冷风阀之后将倒流阀打开。如果无专用倒流阀，可通过热风炉进行倒流，方法是依次打开该热风炉的烟道阀、燃烧阀和热风阀。

5.3.3.3 长期休风

检修设备需要较长时间或者检修炉顶及煤气清洗系统需要将该高炉煤气系统的煤气清除时采用长期休风。操作程序是：按短期休风程序完成第（7）项后将风放到使炉顶压力保持微正压；关闭炉顶蒸汽；用点火器、红焦或火把将炉顶煤气点燃；放风至"零位"；关闭送风热风炉的热风阀和冷风阀；在炉顶煤气着火正常情况下按专门规程驱除煤气系统的残余煤气，然后停止往该系统通蒸汽；卸下风管，各风口用泥堵严以防进入空气。休风前需根据休风时间长短在炉腰部位装若干批轻料或净焦；除尘器内的炉尘必须放净。休风后冷却水要适当关小，并检查有无往炉内漏水的情况。

5.3.3.4 紧急休风

高炉突然发生事故时为防事故扩大进行的休风为紧急休风。操作程序与短期休风相同，但放风降压的快慢需视具体情况而定，以损失最小为原则。当鼓风机发生故障，突然停风时，高炉便立即造成事实上的休风。这时为防止高炉煤气沿冷风管道倒流至鼓风机危及鼓风机的安全，须立即关闭冷风大闸，开放风阀，关冷风阀和热风阀，然后按短期休风程序补行休风操作。

高炉休风和复风操作中最重要的是防止煤气爆炸。无论长期休风还是短期休风都要将高炉本体与煤气管道完全切断；同时在休风期应向高炉炉顶及煤气管道内通入蒸汽，以保持炉顶及管道内的正压，防止空气渗入并可冲淡煤气中［O］和［H］，减少爆炸的可能性。高炉恢复送风时，也要注意煤气安全。

5.3.4 高炉基本操作制度

高炉操作的基本任务是选择好合理的操作制度，控制煤气流分布合理，充分利用热能和化学能。高炉基本操作制度包括炉缸热制度、送风制度、造渣制度和装料制度等。

5.3.4.1 炉缸热制度

炉缸热制度是高炉操作的四大制度之一，主要指炉缸应具有的热量水平。通过上部调剂（装料制度）、下部（喷吹、热风温度）调剂的相互结合，将炉缸温度稳定控制在合理范围内，保证炉缸充足的物理热和温度，达到高炉生产稳定、顺行的目的。通常应根据所炼生铁品种的需要，在争取最低焦比的前提下，选择并控制均匀稳定且热量充沛的炉温，其参数有两个方面：铁水温度，一般在 1450~1550℃，炉渣温度比铁水高 50~100℃，又称物理热；硅含量的多少可以作为炉温高低的标志，硅含量越高炉温越高，又称化学热，一般生铁含硅量应控制在 0.45%~1.25%。

5.3.4.2 送风制度

送风制度指在一定冶炼条件下，确定适宜的鼓风量、鼓风质量和进风状态。送风制度可通过风量、风温、鼓风湿度以及风口面积和长度、富氧率、喷吹燃料量等来调节。

合理的送风制度应达到：煤气流分布合理，热量充足，煤气利用好，炉况顺行，炉缸工作均匀，铁水合格；有利于炉型和设备的维护要求。高炉送风所具有的机械能叫鼓风动能。适宜鼓风动能应根据下列因素选择：

（1）原料条件。原燃料条件好，能改善炉料透气性，利于高炉强化冶炼，允许使用较高的鼓风动能；原燃料条件差，透气性不好，不利于高炉强化冶炼，只能维持较低的鼓风动能。

（2）燃料喷吹量。高炉喷吹煤粉，炉缸煤气体积增加，中心气流趋于发展，需适当扩大风口面积，降低鼓风动能，以维持合理的煤气分布。但随着冶炼条件的变化，喷吹煤粉量增加，边缘气流增加，这时不但不能扩大风口面积，反而应缩小风口面积。因此，煤比变动量大时，鼓风动能的变化方向应根据具体实际情况而定。

（3）风口面积和长度。在一定风量条件下，风口面积和长度对风口的进风状态起决定性作用。风口面积一定，增加风量，则冶强提高，鼓风动能加大，促使中心气流发展。为保持合理的气流分布，维持适宜的回旋区长度，必须相应扩大风口面积，降低鼓风动能。

（4）高炉有效容积。高炉适宜的鼓风动能随炉容的扩大而增加。炉容相近，矮胖多风口高炉鼓风动能相应增加。

送风制度调节可以从以下几方面进行：

（1）风量调节。增加风量，综合冶炼强度提高。在燃料比降低或燃料比维持不变的情况下，风量增加，下料速度加快，生铁产量增加。料速超过正常规定应及时减少风量。当高炉出现悬料、崩料或低料线时，要及时减风，并一次减到所需水平。渣铁未出净时，减风应密切注意风口状况，防止风口灌渣。当炉况转顺，需要加风时，不能一次到位，防止高炉顺行破坏。两次加风应有一定的时间间隔。

（2）风温调节。提高风温可大幅度降低焦比；提高风温能增加鼓风动能，提高炉缸温度活跃炉缸工作，促进煤气流初始分布合理，改善喷吹燃料的效果。

（3）风压调节。风压直接反映炉内煤气与料柱透气性的适应情况。

（4）鼓风湿分含量调节。鼓风中湿分增加 $1g/m^3$，相当于风温降低 $9℃$，但水分分解出的氢在炉内参加还原反应，又放出相当于 $3℃$ 风温的热量。加湿鼓风需要热补偿，对降低焦比不利。

（5）喷吹燃料调节。喷吹燃料在热能和化学能方面可以取代焦炭的作用。把单位燃料能替换焦炭的数量称为置换比。随着喷吹量增加，置换比逐渐降低，对高炉冶炼会带来不利影响。提高置换比的措施有提高风温给予热补偿，提高燃烧率，改善原料条件以及选用合适的操作制度等。

（6）富氧鼓风。富氧后能够提高冶炼强度，增加产量。富氧鼓风能提高风口前理论燃烧温度，有利于提高炉缸温度，补偿喷煤引起的理论燃烧温度的下降。

5.3.4.3　造渣制度

造渣制度是指根据原燃料条件和对生铁成分的要求，所确定的适宜的炉渣成分和碱度范围。可通过对熔剂添加量的调整，使炉渣碱度稳定在一定范围内，据此获得熔化性、流动性、稳定性均好，脱硫和排碱能力均强的高炉炉渣，满足生铁质量要求。

造渣制度要根据原燃料条件（主要是含硫量）和生铁成分的要求（主要是［Mn］、［Si］和［S］），选择合理的炉渣成分和碱度，炉渣碱度（CaO/SiO_2 或（$CaO+MgO$）/SiO_2）是造渣制度的一个重要参数。选定造渣制度应力求使炉渣具有良好的冶炼性能，即流动性良好，脱硫能力强，有利于稳定炉温和形成稳定渣皮以保护炉衬。

5.3.4.4　装料制度

炉料的装入方法主要是通过炉料装入顺序、装入方法、料线高度、批重、焦炭负荷、布料方式、布料溜槽倾动角度的变化等调整炉料在炉内的分布，以达到煤气流合理分布的目的。主要包括批重大小、料线高低、装料顺序和布料制度，对无钟炉顶还包括溜槽倾角等。

批重指装入高炉的每批料的重量，其中矿石和焦炭的重量比称为焦炭负荷，也即单位重量的焦炭所负担的矿石量。

料线是从大料钟打开位置的下沿到料面的距离。高料线即这段距离短，低料线则指这段距离长。

装料顺序指矿石和炉料的装入顺序。先矿石后焦炭的装入顺序称为正装，先焦炭后矿石的装入顺序称为倒装。

以上四种基本操作制度相互联系相互制约。上部调剂，即通过调节装料制度来调节煤气流的合理分布，充分利用煤气能量；而下部调剂通过调节送风制度来改变煤气流的原始分布，达到活跃炉缸、顺行的目的。生产中应执行以下部调剂为基础，上下部调剂相结合的操作方针。

思 考 题

5-1 高炉炉型由哪几个部分组成，各部分对高炉生产有何影响？

5-2 高炉用耐火材料有什么要求？

5-3 高炉冷却的意义是什么，常用的冷却设备有哪些，使用在高炉的哪些部位？

5-4 风口装置由哪些部件组成？试分析风口的工作条件、破损机理和改进措施。

5-5 现代高炉原料供应系统应满足哪些要求？

5-6 对炉顶装料设备应该有哪几方面的要求？

5-7 什么是探料装置，它有哪几种形式？比较其特点。

5-8 选择热风炉的原则是什么，热风炉有几种结构形式，它们各有何特点？

5-9 铁沟、渣沟、流嘴有何作用，对它们有何要求？

5-10 高炉车间平面布置有哪几种形式，各有什么特点？

5-11 现代高炉炉型有哪些特点？

5-12 高炉各部位炉衬受哪些危害，砌筑炉衬有哪些要求？

5-13 炉体金属结构有哪几种类型，各有什么特点？

5-14 高炉软水密闭循环冷却、汽化冷却各有何特点。

5-15 对高炉上料机有哪些要求？

5-16 什么是马基式布料器，它的作用是什么？

5-17 无钟炉顶的溜槽是如何旋转的，如何摆动的？

5-18 热风炉的主要热工特性指数有哪些，它们之间有何关系？

5-19 热风炉常用耐火材料有哪些，如何选择使用？

5-20 高炉煤粉喷吹系统包括哪几个部分，各自的主要作用是什么？

6 转炉炼钢设备

6.1 概　述

现代钢铁联合企业包括炼铁、炼钢、轧钢三大主要生产厂。其中，炼钢厂起着承上启下的作用，既是高炉所生产铁水的用户，又是供给轧钢厂坯料的基地。炼钢车间生产的正常与否，对整个钢铁联合企业有着重大影响。

炼钢的方法主要有转炉、电炉和平炉三种。转炉炼钢（converter steelmaking）是以铁水、废钢、铁合金为主要原料，不借助外加能源，靠铁液本身的物理热和铁液组分间化学反应产生热量在转炉中完成炼钢过程，主要适用于生产碳钢、合金钢及铜和镍的冶炼。

早在 1856 年英国人贝斯麦就发明了底吹酸性转炉炼钢法，这种方法是近代炼钢法的开端，它为人类生产了大量廉价钢，促进了欧洲的工业革命。但由于此法不能去除硫和磷，因而其发展受到了限制。1879 年出现了托马斯底吹碱性转炉炼钢法，它使用带有碱性炉衬的转炉来处理高磷生铁。虽然转炉法可以大量生产钢，但它对生铁成分有着较严格的要求，而且一般不能多用废钢。随着工业的进一步发展，废钢越来越多。酸性转炉炼钢法发明不到 10 年，法国人马丁就利用蓄热原理，在 1864 年创立了平炉炼钢法，1888 年出现了碱性平炉。平炉炼钢法对原料的要求不那么严格，容量大、生产的品种多，所以不到 20 年它就成为世界上主要的炼钢方法。20 世纪 50 年代，在世界钢产量中，约 85% 是平炉炼出来的。130 年以前贝斯麦发明底吹空气炼钢法时，就提出了用氧气炼钢的设想，但受当时条件的限制没能实现。直到 20 世纪 50 年代初奥地利的 Voest Alpine 公司才将氧气炼钢用于工业生产，从而诞生了氧气顶吹转炉，亦称 LD 转炉，它解决了钢中氮和其他有害杂质的含量问题，使质量接近平炉钢，同时减少了随废气（当用普通空气吹炼时，空气含 79% 无用的氮）损失的热量，可以吹炼温度较低的平炉生铁，因而节省了高炉的焦炭耗量，并能使用更多的废钢。由于转炉炼钢速度快（炼一炉钢约 10min，而平炉需 7h），负能炼钢，节约能源，故转炉炼钢成为当代炼钢的主流。到 1968 年出现氧气底吹法时，全世界顶吹法产钢能力已达 2.6 亿吨，占绝对垄断地位。1970 年之后，由于发明了用碳氢化合物保护的双层套管式底吹氧枪而出现了底吹法，各种类型的底吹法转炉（如 OBM、Q-BOP、LSW 等）在实际生产中显示出许多优于顶吹转炉之处，使一直居于首位的顶吹法受到挑战和冲击。

我国 1951 年碱性空气侧吹转炉炼钢法首先在唐山钢厂试验成功，并于 1952 年投入工业生产。1954 年开始开展小型氧气顶吹转炉炼钢的试验研究工作，1962 年将首钢试验厂的空气侧吹转炉改建成 3t 氧气顶吹转炉，开始了工业性试验。我国第一个氧气顶吹转炉炼钢车间（2×30t）在首钢建成，于 1964 年 12 月 26 日投入生产。以后，又在唐山、上海、杭州等地改建了一批 3.5~5t 的小型氧气顶吹转炉。1966 年上钢一厂将原有的一个空气侧吹转炉炼钢车间,改建成 3 座 30t 的氧气顶吹转炉炼钢车间,并首次采用了先进的烟气净化回收系统,于当年 8 月投入生产,还建设了弧形连铸机与之相配套,试验扩大了氧气顶吹转炉炼钢的品种。此后,我国原有的一些空气侧吹转炉车间逐渐改建成中小型氧气顶吹炼钢车间,并新建了一批中、大型氧气顶吹转炉车间。小型顶吹转炉有天津钢厂 20t 转炉、济南钢厂 13t 转炉、邯郸钢厂 15t 转炉、太原钢铁公司引进的 50t 转炉、包头钢铁公司 50t 转炉、武钢 50t 转炉、马鞍山钢厂 50t 转炉等;中型的有鞍钢 150t 和 180t 转炉、攀枝花钢铁公司 120t 转炉、本溪钢铁公司 120t 转炉等;20 世纪 80 年代宝钢从日本引进建成具 70 年代末技术水平的 300t 大型转炉 3 座,首钢购入二手设备建成 210t 转炉车间;90 年代宝钢又建成 250t 转炉车间,武钢引进 250t 转炉,唐钢建成 150t 转炉车间;许多平炉车间改建成氧气顶吹转炉车间等。1998 年我国氧气顶吹转炉共有 221 座,其中 100t 以下的转炉有 188 座(50~90t 的转炉有 25 座),100~200t 的转炉有 23 座,200t 以上的转炉有 10 座,最大公称吨位为 300t,顶吹转炉钢占年总钢产量的 82.67%;到 2006 年仅我国重点大中型钢铁企业转炉设备就达 376 座,100t 以上转炉达到 110 座。

转炉炼钢按其气体种类分为空气转炉和氧气转炉;按其气体吹入炉内的部位分类有顶吹、底吹和侧吹等;按其耐火材料可以分为酸性和碱性转炉。氧气转炉炼钢是近几十年发展起来的炼钢方法。根据氧气吹入转炉的方式,可分为顶吹、底吹、"顶、底"复合吹、斜吹和侧吹等几种方法。表 6-1 为这几种氧气转炉炼钢方法的特点及其发展概况。

表 6-1　几种典型氧气转炉的特点及其发展概况

氧气转炉类型	特　点	优　点	缺　点	发展概况
氧气顶吹(LD)	通过双层水冷吹氧管自炉顶口处向炉内金属熔池喷入氧气进行冶炼	(1) 冶炼时间短,生产率高,20~40min 左右一炉钢 (2) 投资少、成本低、建设速度快	(1) 冶炼高磷生铁有困难 (2) 氧气上部吹入对熔池搅拌力度不够,钢、渣不能充分混合 (3) 不能大量使用废钢 (4) 吹氧和除尘系统需要较高的厂房	取代平炉炼钢,当前主要的炼钢方法
氧气底吹转炉	炉体与支承系统结构与顶吹转炉相似,可卸炉底装有喷嘴,而且耳轴是空心的,氧气、冷却介质及粉状熔剂通过转炉的空心耳轴引至炉底环管,再分配给底部各喷嘴吹入炉内	(1) 吹炼过程平稳,喷溅少、烟尘少(顶吹的 1/2~1/3),金属收得率 91%~93%(顶吹法 90%) (2) 冶炼速度快(吹炼时间 12~14min),热效率高(比顶吹法可多使用 20%左右的废钢) (3) 厂房低,建设投资可节省 10%~20%	氧气底吹转炉的炉底和喷嘴在高温下容易被烧损和侵蚀,可用双层同心套管解决喷嘴寿命问题,采用焦油白云石整体振动成型活动炉底并结合喷嘴内外管之间的环形间隙所通冷介质共同解决炉底寿命问题	底吹法得到的钢材质量与顶吹法基本相当,得到各国重视

氧气转炉类型	特 点	优 点	缺 点	发展概况
顶、底复合吹炼	顶吹炼钢的同时，亦从炉底向炼钢熔池内吹入一定的气体（可为氧、氮或氩等气体）	(1) 显著降低了钢水中氧含量和熔渣中 TFe 含量，降低夹杂，延长炉龄 (2) 合金收得率高，提高吹炼终点钢水余锰含量 (3) 提高了脱磷、脱硫效率 (4) 吹炼平稳，减少了喷溅 (5) 提高钢质量，降低消耗和吨钢成本，更适宜吹炼低碳钢种和供给连铸优质钢水	(1) 工艺复杂，尤其底部吹氧 (2) 底吹氧时，冷却剂将使钢中 [H] 升高 (3) 底吹氮将使钢中氮升高，需切换 Ar 气吹炼 (4) 废钢比有所降低 (5) 底吹喷嘴寿命低，炉龄降低，需要溅渣护炉及底吹元件优化	具有顶吹和底吹的优点，20 世纪 70 年代中后期发展起来，80 年代开始大规模工业化，当前炼钢的主要方式之一
氧气侧吹转炉	采用燃料油作冷却保护的双层喷枪代替空气侧吹转炉的风眼，利用喷枪向熔池内吹氧炼钢	(1) 氧气侧吹转炉吹炼过程平稳、喷溅少 (2) 烟尘少、热效率高 (3) 对原料的适应性强 (4) 设备简单、投资少，比较适合我国现有的设备条件和资源特点	(1) 钢中含氢量较高。由于氧枪用燃料油做冷却剂，所以钢中含氢量高，由此造成的废品较多 (2) 吹炼过程中炉子不断倾动，烟气的净化比较困难，环境污染较严重	我国在侧吹空气转炉炼钢法的基础上研制成功的新的氧气炼钢方法

碱性氧气顶吹炼钢和顶底复吹转炉炼钢因其生产速度快（1 座 300t 的转炉吹炼时间不到 20min，包括辅助时间不超过 1h，而 300t 平炉炼 1 炉钢要 7h）、冶炼周期短、品种多、质量好，既可炼普通钢，也可炼合金钢，加之目前设备的大型化、生产的连续化和高速化，因而达到了很高的生产率。但是原料的供应、出钢、出渣吞吐量大，兑铁水、倒渣、出钢浇铸等操作频繁，这就需要足够的设备来完成这些工序，故这些设备的配置至关重要。而且随着用户对钢材性能和质量的要求越来越高，钢材的应用范围越来越广，同时钢铁生产企业也对提高产品产量和质量、扩大品种、节约能源和降低成本越来越重视，在这种情况下，转炉生产工艺流程发生了很大变化。

铁水预处理、复吹转炉、炉外精炼、连铸技术的发展，打破了传统的转炉炼钢模式。已由单纯用转炉冶炼发展为铁水预处理—复吹转炉吹炼—炉外精炼—连铸这一新的工艺流程。这一流程以设备大型化、现代化和连续化为特点。氧气转炉已由原来的主导地位变为新流程的一个环节，主要承担钢水脱碳和升温的任务。我国自主设计建设的京唐公司 300t 转炉采用了国际上最先进的脱磷炉与脱碳炉分工、联合生产的工艺，京唐公司是国际上最早采用这一先进工艺的 300t 转炉大型炼钢厂。经过近两年的技术攻关，脱磷炉生产周期 28min，脱碳炉 32min；单炉班炉数从 7~8 炉次提高至 16 炉次，转炉生产效率提高 1 倍，出钢温度平均降低 20℃。铁水"三脱"预处理比例达到 90%；月平均转炉终点 [P]

为 0.006%，[P+S] 为 150×10⁻⁶；和炉外精炼相匹配可稳定生产 [P+S] 为 50×10⁻⁶ 的高洁净钢。石灰总消耗量从传统流程的 50kg/t 下降到 24.3kg/t，炼钢总渣量由 110kg/t 下降到 47kg/t，钢铁料消耗降低 9.1kg/t，比传统转炉炼钢成本降低 37.39 元/t 钢，标志着我国大型转炉炼钢技术已接近国际领先水平。

　　按生产规模不同，炼钢车间可分为大型、中型、小型三类。目前，国内年产钢量在 100 万吨以下的为小型转炉炼钢车间（厂）；年产钢量在 100 万~200 万吨的为中型车间；年产钢量在 200 万吨以上为大型车间（厂）。炼钢系统一般由散状料供应系统、铁水废钢供应系统、转炉主体、供氧系统、烟气处理系统、钢渣处理系统、精炼系统、钢水浇注系统构成。一般大、中型转炉车间由主厂房、辅助跨间（脱模、钢锭精整等跨间）和附属车间（包括制氧、动力、供水、炉衬材料准备等）组成。主厂房是转炉车间的主体，炼钢的主要工艺操作在主厂房内进行，按主厂房的跨间数可以分为单跨式、双跨式和多跨式等。我国某厂 300t 转炉车间一种较为典型的布置形式如图 6-1 所示，它由炉子跨、装料跨和浇铸跨三跨组成。炉子跨布置在装料跨和浇铸跨中间，在炉子跨内安装转炉炉座和主体设备。转炉的左边和右边分别是铁水和废钢处理平台，正面是操作平台，平台下面敷设盛钢桶和渣罐车的运行轨道。转炉上方的各层平台布置有氧枪设备、散状原料供料设备和烟气处理设备。装料跨主要配置了向转炉供应铁水和废钢的设备，浇铸跨设有模铸和连铸的设备。

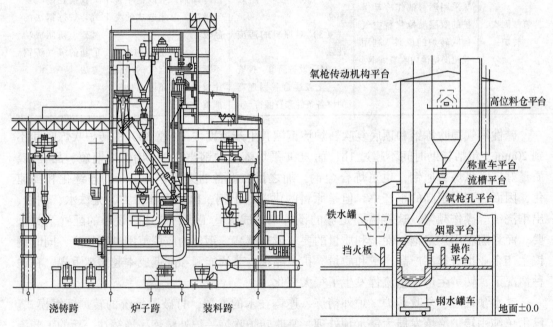

图 6-1　我国某厂 300t 转炉车间断面图和转炉跨主要平台示意图

6.2　铁水预处理

　　传统的炼钢方法常将炼钢的所有任务放在转炉内的炼钢工艺中去完成。但是随着钢铁原料、燃料的日趋贫化，造成了这些原料、燃料中的磷、硫含量高，使得炼钢用铁水中初始磷、硫含量增加；另外，随着科学技术进步的发展，用户对炼钢产品的质量、性能的要求越来越苛刻，这就要求钢中的杂质含量（如磷、硫含量）很低才能满足用户的要求。传统的转炉炼钢方法，由于炉内的高温和高氧化性，转炉的脱磷、脱硫能力受到限制。因此为了解决这些矛盾，现代的高炉炼铁和转炉炼钢之间采用了铁水预处理工艺，对进入转炉冶炼之前的铁水做去除杂质元素的处理，以扩大钢铁冶金原料的来源，提高钢的质量，增加转炉炼钢的品种和提高技术经济指标。

　　铁水预处理是指将铁水兑入炼钢炉之前脱除杂质元素或回收有价值元素的一种铁水处理工艺，包括铁水脱硅、脱硫、脱磷（俗称"三脱"），以及铁水提钒、提铌、提钨等。铁水预处理工艺实质上是把原来在转炉内完成的一些任务在空间和时间上分开，分别在不同的反应器中进行，这样可以使冶金反应过程在更适合的环境气氛条件下进行，提高冶金反应效果。采用铁水"三脱"处理能给转炉炼钢带来一系列优点，如减少转炉炼钢吹炼过程中除去硅、磷所需的石灰造渣料，减少渣量，可实现转炉少渣冶炼（渣量<30kg/t），减少熔渣外溢及喷溅等，熔渣对炉衬的侵蚀也因之减轻，炉龄显著提高。同时铁水脱硫有利于冶炼高碳钢、高锰钢、低磷钢、特殊钢（如轴承钢、不锈钢）等，还可以提高脱碳速度，有利于转炉高速冶炼，缩短转炉的吹炼时间，提高转炉的生产率，降低铁损，钢水质量也得到提高，转炉吹炼终点时钢水锰含量高，可用锰矿直接完成钢水合金化，这是转炉采用少渣量操作带来的优点。目前铁水预处理工艺已经发展到了很成熟的阶段，铁水预处理将S、P（脱P需先脱Si）脱到转炉冶炼钢种的终点要求含量，转炉就无需为脱S、P进行造渣，而只承担脱C和升温任务的工艺，先进国家的铁水预处理比例高达90%～100%。我国很多钢厂都采用了铁水预脱硫处理，甚至铁水三脱处理、提钒、提铌、提钨等，尤其是对于生产超低硫、超低磷钢种的转炉炼钢车间。

　　硫是影响钢的质量和性能的主要有害元素，直接决定着钢材的加工性能和适用性能。铁水脱硫可在高炉内、转炉内和高炉出铁后脱硫站进行。高炉内脱硫技术可行，经济性差；转炉内缺少还原性气氛，因此脱硫能力受限；而进入转炉前的铁水中脱硫的热力学条件优越（铁水中［C］、［P］和［Si］含量高使硫的活度系数增大，铁水中比钢液中高3～4倍），性价比高，因此成为脱硫的主要方式。

　　研究表明，铁水中硅含量为0.3%即可保证化渣和足够高的出钢温度，硅过多反而会恶化技术经济指标。因此，有必要开展铁水预脱硅处理。脱硅剂以能够提供氧源的氧化剂材料为主，以调整炉渣碱度和改善流动性的熔剂为辅。如日本福山厂脱硅剂组成为铁皮0～100%、石灰0～20%、萤石0～10%；日本川崎水岛的脱硅剂为烧结矿粉75%、石灰25%。脱硅生成的渣必须扒除，否则影响下一步脱磷反应的进行。铁水预脱硅方法按处理场所不同，可分为高炉出铁场铁水沟内连续脱硅法和铁水罐（或鱼雷罐车）内脱硅两种，其中高炉出铁场是主要炉外脱硅场所。

　　除易切削钢和炮弹钢外，磷是绝大多数钢种的有害元素，显著降低钢的低温冲击韧性，增加钢的强度和硬度，这种现象称为冷脆性。铁水预脱磷采用的脱磷剂主要由氧化剂、造渣剂和助熔剂组成，其作用在于供氧，将铁水中磷氧化，使之与造渣剂结合成磷酸盐留在脱磷渣中。工业上使用较广的脱磷剂以石灰系为主，配加氧化剂和助熔剂。铁水预脱磷按处理设备可分为炉外法和炉内法。炉外法设备为铁水包和鱼雷罐，炉内法设备为专用炉和底吹转炉。按加料方式和搅拌方式可分为喷吹法、顶加熔剂机械搅拌法（KB）和顶加熔剂吹氮搅拌法等，多采用喷吹法。炉外法预处理后铁水磷含量不应高于0.030%，转炉内预处理后的铁水磷含量不应高于0.01%。若生产超低磷钢种时，处理后铁水磷含量不应高于0.005%。采用炉外法预脱磷，必须先进行预脱硅处理，铁水中硅含量不应高于0.2%。

我国西南、华北、华东等地区的矿石中含有钒，冶炼出的铁水含钒较高，可达0.4%~0.6%，因此，可通过特殊的预处理方法提取铁水中的钒。我国主要采用氧化提钒工艺进行含钒铁水提钒，即先对含钒铁水吹氧气，使铁水中的钒氧化进入炉渣，然后对富含的炉渣进行富集分离来提钒。铁水提钒方法有摇包法、转炉法、雾化法和槽式炉法，德国、南非主要采用转炉法和摇包法，我国主要采用转炉法和雾化法。

因此，铁水"三脱"的预处理主要在出铁沟、鱼雷式混铁车、铁水包和混铁炉中进行。铁水预处理工艺方法有铁水沟连续处理法（铺撒法）、铁水罐喷吹法、机械搅拌法、专用炉法、摇包法、转鼓法、钟罩法以及喷雾法等。主要有以下四大类：

（1）铁水沟连续处理法（铁流搅拌法）：此法是一种最简易的铁水预处理方法，可分为上置法和喷吹法两种。前者只需将预处理剂铺撒在铁水沟适当的位置，预处理剂随铁水流下，靠铁流的搅动和冲击使预处理剂和铁水发生反应而脱出有关杂质元素；后者需在铁水沟上设置喷吹搅拌枪或喷粉枪，使预处理剂经喷吹搅拌强化与铁水的接触。铁流搅拌的作用不足以使铁水与脱硫剂充分混合，因而脱硫效率低，而且不稳定，现代化的钢铁企业都不采用此法。但在设备简陋、铁水含硫又高的小钢铁厂，还经常被采用。

（2）铁水罐喷吹法（惰性气体搅拌法）：将预处理剂用喷枪喷入铁水罐内的铁水中，使其与铁水充分反应，以达到净化铁水、脱除或提取有关元素的目的。把氮气、氩气、天然气或压缩空气吹入铁水，使铁水与脱硫剂搅拌混合，气体可以从铁水的上部或底部吹入（见图6-2）；脱硫剂可以直接加到铁水面上，也可以随气体喷入铁水。此法兼有操作灵活、易于控制、脱硫效率高和设备简单、几乎不受容量限制的优点，是很有前途的方法。铁水罐有鱼雷罐和敞口罐之分。

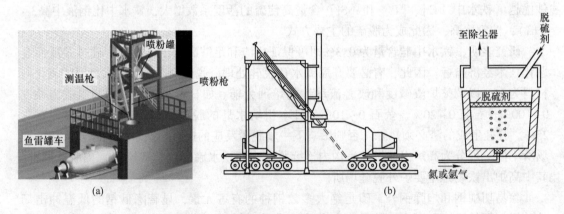

图6-2　铁水罐喷吹铁水预处理设备示意图
（a）上部喷吹；（b）底部喷吹

（3）机械搅拌法：是将置于铁水表面的预处理剂通过搅拌与铁水有效接触的一种高效方法，这种方法多用于深度脱硫，靠旋转沉入铁水中的搅拌器或转动盛铁水的容器使铁水与脱硫剂搅拌混合。采用搅拌器和采用转动容器机械搅拌法，均可控制铁水与脱硫剂的搅拌时间和搅拌强度，用 CaC_2 作脱硫剂能得到大于 90% 的脱硫效率（单向摇包法搅拌混合较差，脱硫率比双向摇包法约低 10%），可以把铁水中的硫稳定地降低到低于 0.010%。武钢旋转实心搅拌器的 KR 机械搅拌法（见图 6-3），铁水的含硫量可从 0.06% 降低到 0.005%。实践证明，此类脱硫设备可以用价廉的石灰进行有效的脱硫。设备最简单，脱硫效率高。转动容器的回转炉法和摇包法（见图 6-4）由于设备复杂、维修费用高和难于大型化，发展前途不大。

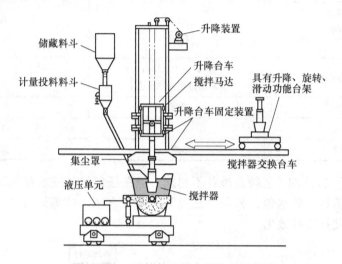

图 6-3　KR 法搅拌法铁水预处理示意图

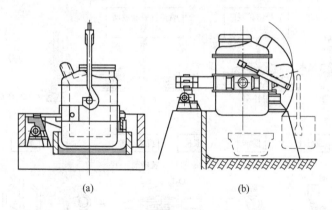

(a)　　　　　　　　(b)

图 6-4　摇包法铁水预处理示意图
（a）单向摇包法；（b）双向摇包法

（4）专用炉法：此法是用一种容量宽松易于控制的铁水预处理专用设备处理铁水，也有用转炉作为专用炉的，如转炉铁水脱磷工艺（LD-ORP、MURC 等）。

以铁水脱硫和脱磷预处理为例，喷粉脱硫和 KR 脱硫对比如表 6-2 所示，铁水"三脱"工艺流程如图 6-5 所示，常规"三脱"工艺与转炉脱磷工艺对比如图 6-6 所示。各种铁水预处理工艺各有特点，应根据实际情况来进行工艺和设备选择。

表 6-2 喷吹法与 KR 机械搅拌法铁水预处理对比

项　目	喷粉脱硫		KR 脱硫	
脱硫方式	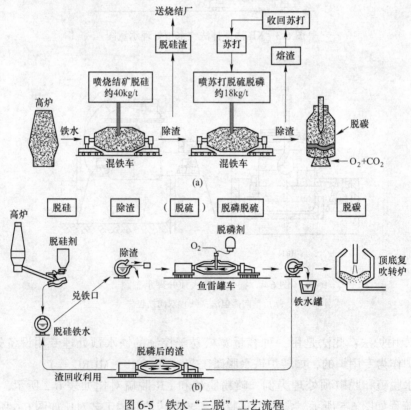	将脱硫剂喷入铁水内部		机械式搅拌
脱硫剂消耗 处理时间 （钢种：0.004%S）	8k/t 14min		4k/t 10min	
脱硫剂形状	粉粒（=0.15mm） （制粉过程损耗很大）		颗粒（≤7mm）	
铁水喷溅损失	严重		没有	
金属损失	24%		5%	
铁水温降	30℃		20℃	

　　各种"三脱"方法的工艺特点虽各不相同，但在任何炉外铁水预处理方法中都必须尽可能不让高炉渣进入铁水包，和在"三脱"后不让含硫、磷等炉渣进入转炉。为实现这项要求，应该使扒渣机械化。

图 6-5 铁水"三脱"工艺流程

(a) SARP 法流程；(b) ORP 法流程

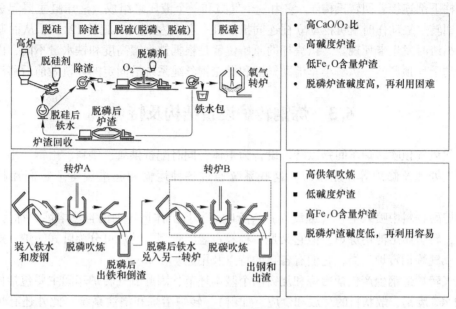

图 6-6 常规"三脱"与转炉脱磷工艺对比

扒渣机的动作原理是借助多个气缸同时动作,使扒渣杆做前后移动、上下摆动和左右旋转的协调动作,进而使扒渣杆前端的扒渣板进行曲线运动,把铁水罐表面的渣扒去。其结构和示意图如图 6-7 所示,扒渣机构通过旋转立柱 8 支承在扒渣小车的轴承座上,扒渣杆 1 铰接在旋转立柱的支点上,当摆动气缸 7 动作时,扒渣杆就能绕固定支点做上下摆

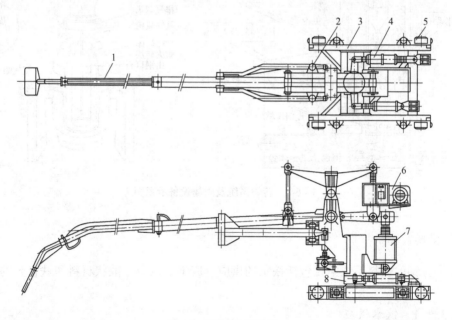

图 6-7 机械化扒渣机

1—扒渣杆;2—夹紧机构;3—扒渣小车车架;4—立柱旋转机构;5—扒渣小车车轮;
6—扒渣杆高度调整电动蜗轮千斤顶;7—扒渣杆上下摆动气缸;8—旋转立柱

动。立柱下部连接着回转机构4，它由一个气缸和一个液压缸组成，液压缸主要起缓冲作用，当回转气缸动作时就可推动立柱连同扒渣杆一起向左或向右旋转12.5°，从而避免扒渣板在扒渣时发生卡死现象。扒渣杆的原始位置是根据铁水罐高度和铁水量不同，由电动蜗轮传动千斤顶调整。扒渣小车借助气缸和滑轮钢丝绳系统沿固定的导轨做前后移动。

6.3　炼钢转炉设备结构及特点

现代氧气顶吹转炉车间是以转炉设备为主体，同时配备供氧、供料、出钢、出渣、铸锭、烟气处理及修炉等作业系统，这些系统通过各种运输和起重设备把它们互相联系起来。

向熔融物料中喷入空气（或氧气）进行吹炼，且炉体可转动的自热熔炼炉称为转炉。事实上，转炉属熔池熔炼炉，但它又是一种较古老的炉型。转炉可分为卧式转炉、虹吸式转炉及氧气炼钢转炉三类，它们有各自的特点及用途。

氧气转炉炼钢生产包括冶炼和浇铸两个基本环节，因此氧气转炉车间主要包括供料系统（铁水、废钢、散状料的存放和供应、加料）、转炉冶炼和浇注系统，此外还有炉渣处理、烟气的净化与回收系统、供气系统（氧气、压缩空气）、动力（水、电等的供应）、拆修炉等一系列辅助设施。其系统如图6-8所示。

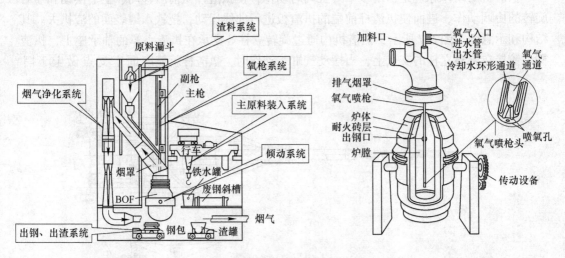

图6-8　转炉系统及附属设备示意图

6.3.1　供料系统

转炉炼钢的供料系统主要包括铁水的供应、废钢的供应、散状材料和铁合金的供应等设备。

6.3.1.1　铁水供应

铁水是氧气转炉炼钢的主要原料，一般占转炉装入量70%~100%，即炼1t钢就需要1t左右的铁水。为了确保转炉正常生产，必须做到铁水供应充足、及时，铁水成分均匀、温度稳定、称量准确。铁水供应设备由铁水储存、铁水预处理、运输及称量等设备组成。

目前转炉炼钢普遍用高炉铁水热装，铁水储存设备主要有混铁炉和混铁车（或铁水罐车）两种方式。采用混铁炉的优点是，其容量大，能满足转炉生产对铁水批量大、供应及时的要求；铁水成分和温度稳定，并能在炉内进行除铁水中部分杂质元素的工作。其缺点是，设备重量大、投资高，要设置兑铁水起重机、铁水罐和运输车等设备。过去转炉车间多采用混铁炉储存铁水，但随着高炉和转炉容量的大型化，势必要同时加大混铁炉和为它服务的一系列设备的容量。而铁水罐和铁水罐车尺寸的增加受到运输轨距及车辆反寸界限等限制。因此，新设计的转炉车间为了节省投资、简化流程倾向采用混铁车来储存和运输铁水。这样可取消混铁炉车间和高炉至混铁炉之间的铁水罐车，以及为混铁炉服务的附属设备。如我国新设计的300t大型转炉车间就是采用混铁车来储存和运输铁水的供应方式。在无高炉铁水的小型转炉车间，则采用化铁炉供应铁水。目前多采用混铁炉、鱼雷罐车供应。

（1）混铁炉供应流程：高炉→铁水罐车→混铁炉→铁水包→称量→转炉。混铁炉的作用主要是储存并混匀铁水的成分和温度，可协调高炉与转炉生产周期不一的问题，有利于实现转炉自动控制和稳定转炉冶炼操作；但需占用一定的作业面积，投资费用高，比混铁车多倒一次铁水，因而铁水热量损失较大。

混铁炉一般分为300t、600t、900t和1300t，最大容量可达2800t，中国采用300t、600t、1300t三级容量的混铁炉。主要由底座、炉体、传动机构、回转机构、开盖机构、鼓风装置、煤气空气管道、气动送闸装置、干油润滑装置、混铁炉平台、电气系统等11部分组成（见图6-9）。炉体是由可拆的侧面凸起的端盖和开有兑铁水口、出铁水口的圆筒组成筒体。炉体内砌有耐火材料，耐火材料与炉壳之间填有硅藻土料填料层，借以隔热和缓冲炉衬受热膨胀对炉壳产生的压力，填料层向里砌有硅藻土砖用来隔热，硅藻土砖里面是黏土砖，黏土砖里面是直接与铁水接触的工作层，工作层是用镁砖砌筑的。对于600t混铁炉而言，炉衬的总厚度为650mm，其中填料层10mm，硅藻土砖层65mm。黏土砖层115mm，镁碳砖层460mm。整个炉体的重量都通过接近筒体两端的偏心箍圈、圆辊组成的弧形辊道传递到直接固定在基础上的支撑底座上。混铁炉目前普遍采用的倾动机构为齿条传动倾动机构，齿条与炉壳凸耳铰接，由小齿轮传动。混铁炉有两种类型，一种为短身圆柱形，兑铁口和出铁口位于同一垂直平面；一种为长身圆柱形，兑铁口和出铁口相互错开布置。确定所需要的混铁炉容量，除要考虑铁水需要量外，还要考虑铁水在炉内的贮存时间以及炉子的充满度等。一般按下式计算：

$$Q = 1.01PKT/(24y) \tag{6-1}$$

式中　　P——一昼夜产钢量，t/d；

　　　　K——铁水消耗，t/t；

　　1.01——铁水损失系数；

　　　　y——充满度，一般取0.65~0.77；

　　　　T——平均铁水储存时间，一般取8h。

（2）混铁车供应流程：高炉→混铁车→铁水包→称量→转炉。鱼雷罐车又名鱼雷型混铁车，是一种大型铁水运输设备，它可以储存铁水，以协调炼铁与炼钢临时出现的不平衡状态，同时，可替代炼钢的混铁炉和普通的铁水罐车，也可在铁水运输过程中完成脱硫、脱磷等操作工序，设备如图6-10所示。鱼雷罐车在铁水运输过程中热量

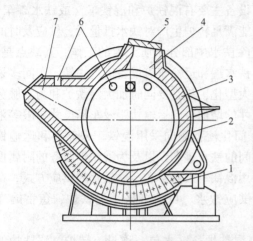

图 6-9   混铁炉结构和铁水包示意图

1—胎环-托辊传动系统；2—炉壳；3—炉体；4—装铁水口；5—炉盖；6—烧嘴；7—出铁水口

损失少、保温时间长，且能满足转炉生产周期短、铁水需用量大、兑铁频繁及时的需求，特点突出。适用于大型、高速、高效、现代化钢铁企业的生产。鱼雷罐车除了罐体外还有倾翻机构，一般由液压机构驱动，或者由电机减速机驱动。还有车体作为运输载体，车辆设有行走机构，有外部火车头带动。另外还有加盖机构，如果运输距离大，则另设辅助加热系统。

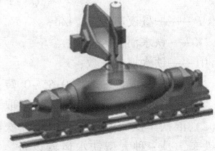

图 6-10   鱼雷罐车设备示意图

6.3.1.2 散料供应

转炉散装料主要指炼钢过程中使用的造渣料、调渣剂和部分冷却剂，通常有石灰、萤石、矿石、石灰石、氧化铁皮和烘炉用的焦炭等，其供应特点为种类多、批量小、批数多，且要求供料迅速、及时、准确、连续、设备可靠。散状料供应系统包括将散状料由地下料仓运至高位料仓的上料机械设备和将散状料自高位料仓加入转炉内的加料设备，如图 6-11 所示，包括散状料场、地下料仓、运料设施、转炉上方高位料仓、称量和加料设备、铁合金料仓及称量和输送设备、向钢包加料设备组成。

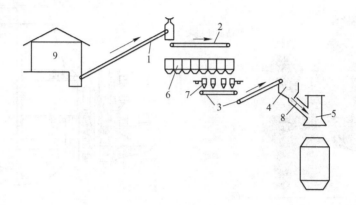

图 6-11　散装物料供料系统示意图

1—皮带运输机；2—管式振动运输机；3—汇集皮带运输机；4—汇总漏斗；5—转炉烟罩；
6—高位料仓；7—称量漏斗；8—圆筒式溜槽；9—低位料仓

大、中型转炉车间散状料一般是由 2 个以上倾斜配置的大中心距皮带运输机运至高位料仓以上的高度，然后卸入水平布置的管式振动运输机（或可逆皮带卸料小车），按不同种类的散状料分别卸入相应的高位料仓。当转炉需要散状料时，通过高位料仓给料口的电磁振动给料机输入带电子秤的称量漏斗内，称量后经漏斗下口的闸板阀输入汇总漏斗，经过氮封管和叉形管分别由转炉左右两侧加入。整个系统占地面积大，投资费用较高。

废钢由卡车运入废钢装料跨，再由磁盘吊车吊入废钢槽，装好后吊到转炉跨，经称量后由炉前起重机运往转炉，在炉前把废钢装入转炉内（见图 6-12）。

图 6-12　转炉添加废钢示意图

6.3.2 转炉系统

转炉系统主要设备包括炉体、炉体支撑装置、炉体倾动机构、氧枪和副枪等。

6.3.2.1 转炉炉体

转炉炉体由炉壳及其支撑系统（托圈、耳轴、连接装置和耳轴轴承座等）组成。转炉结构如图 6-13 所示。

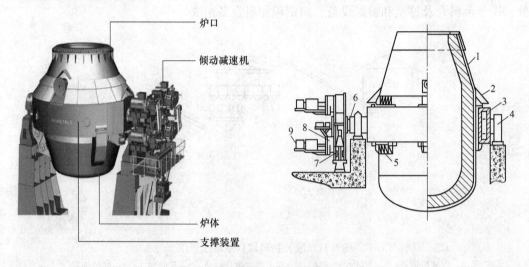

图 6-13 转炉结构示意图

1—炉壳；2—挡渣板；3—托圈；4—轴承及轴承座；5—支撑系统；
6—耳轴；7—制动装置；8—减速机；9—电机及制动器

炉体外面是炉壳，用钢板焊接而成，里面是炉衬，即砌筑的耐火砖。炉壳用低合金钢板制作成型，不同部位钢板厚度不同。如 120t 转炉，炉帽 55mm，炉身 70mm，炉底 60mm。炉壳的作用是保证转炉具有固定的形状和足够的强度，能承受相当大的倾动力矩、耐火材料及炉料的重量，以及炉壳钢板各向温度梯度所产生的热应力、炉衬的膨胀应力等。炉壳本身由炉帽、炉身和炉底组成，炉帽、炉身、炉底三部分之间采用不同曲率的圆滑曲线连接，以减少应力集中，如图 6-14 所示。

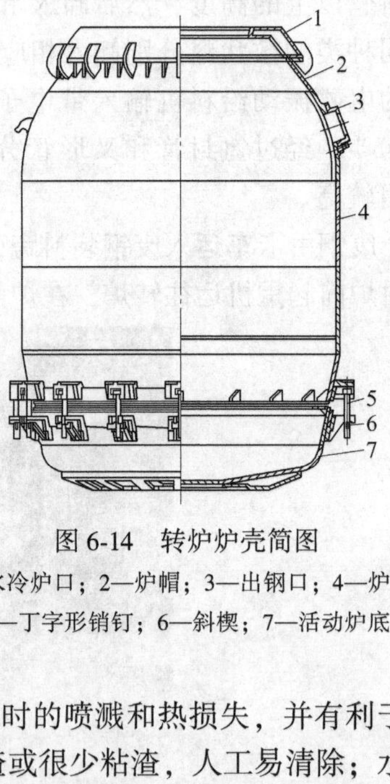

（1）炉底分截锥型和球冠型，其下部焊有底座以提高强度。截锥形炉底制造和砌砖都较为简便，但其强度不如球形好，故大型转炉均采用球形炉底。

（2）炉帽有截锥形或半球形两种，半球形的刚度好，但制造时需要做胎模，加工困难；截锥形制造简单，一般用于 30t 以下转炉。炉帽的目的是减少吹炼时的喷溅和热损失，并有利于炉气的收集。炉口采用通水冷却，其优点为：使炉口不粘渣或很少粘渣，人工易清除；水从

图 6-14 转炉炉壳简图

1—水冷炉口；2—炉帽；3—出钢口；4—炉身；
5—丁字形销钉；6—斜楔；7—活动炉底

耳轴经过，可对耳轴进行冷却；提高炉帽寿命，防止炉口钢板在高温下产生变形。在锥形炉帽的下半段有截头为圆锥形的护板或焊有环形伞状的挡渣板（裙板）来防止托圈上堆积炽热的炉渣以及喷溅物烧损炉体及其支撑装置。在炉帽和炉身耐火炉衬交接处设有出钢口，出钢口最易损坏，一般设计成可拆卸式的。

（3）炉身采用圆柱形，它是整个炉壳受力最大的部分，转炉的整体重量通过炉身钢板支撑在托圈上，并承受倾炉力矩。

炉帽、炉身和炉底三部分的连接方式因修炉方式不同而异。有所谓"死炉帽-活炉底""活炉帽-死炉底"和整体护壳等结构形式。小型转炉的炉帽和炉身为可拆卸式，用楔形销钉连接，这种结构适用上修法。大中型转炉炉帽和炉身是焊死的，而炉底和炉身是可拆卸式的，这种结构适用于下修法，炉底和炉身多采用吊架、T形销钉和斜楔连接。有的大型转炉是整体焊接炉壳。

转炉炉型指转炉炉衬砌筑完之后形成的炉内腔轮廓特征，是内部自由空间的几何形状。包括高宽比、有效容积、炉口直径、出钢口直径和斜度、炉底弧度等。按金属熔池的形状常分为筒球型、锥球型、截锥型（见图6-15）。

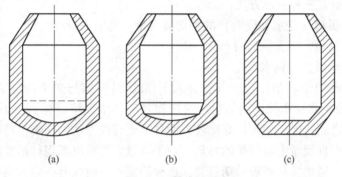

图6-15　转炉炉型

（a）筒球型；（b）锥球型；（c）截锥型

（1）筒球型。熔池由圆柱体与球缺体组合而成。它的特点是炉型简单，炉壳加工容易，内衬砌筑方便，与相同吨位的其他两种炉型的转炉相比，有较大的直径，有利于炉内反应的进行。一般中型转炉可选用这种炉型，如攀钢120t转炉、太钢50t转炉等，都是筒球型的炉型。

（2）锥球型。熔池由截头圆锥体与球缺体组合而成。与相同吨位的筒球型比较，锥球型熔池加深了，有利于保护炉底，而且锥球型熔池更适合于钢液的运动，利于物理化学反应的进行，在熔池深度相同的情况下，若底部尺寸适当，熔池直径比筒球型相应大些，因而增加了反应面积，有利于脱除P、S。我国大型转炉均采用这种炉型，如宝钢300t转炉、首钢210t转炉就是这种炉型。

（3）截锥型熔池为截头圆锥体，其特点是结构简单，熔池为平底，易于砌筑；在一定的反应面积下可保证熔池深度，适应于小型转炉，我国过去已建成的30t以下的小转炉应用较多。

炉型的选择和各部位尺寸确定的是否合理，直接影响着工艺操作、炉衬寿命、钢的产量与质量以及转炉的生产率。一般要根据生产规模确定的转炉吨位、原材料条件，并对已投产的各类型转炉进行调查，为炉型选择提供实际数据。转炉公称容量的大小，是进行车间和炉子设计的基本参数之一，也是对全国相同炉子吨位的作业技术经济指标进行对比分析的基础。新转炉砌砖完成后的容积称为转炉的工作容积，也称有效容积，以"$V_总$"表示，公称吨位用"T"表示，两者之比值"$V_总/T$"称之为炉容比，单位为 m^3/t。一定公称吨位的转炉，都有一个合适的炉容比，即保证炉内有足够的冶炼空间，从而能获得较好的技术经济指标和劳动条件。炉容比过大，会增加设备重量、厂房高度和耐火材料消耗量，使整个车间的费用增加，成本提高，对钢的质量也有不良影响；炉容比过小，炉内没有足够的反应空间，势必引起喷溅，对炉衬的冲刷加剧，操作恶化，导致金属消耗增高，炉衬寿命降低，不利于提高生产率。因此在生产过程中应保持设计时确定的炉容比。我国新砌转炉炉容比推荐值见表 6-3。

表 6-3   我国推荐的炉容比

转炉容量/t	<20	20≤T<80	≥80
炉容比/$m^3 \cdot t^{-1}$	0.90~0.85	0.85~0.90	0.75~0.85

转炉公称容量有三种表示方法：

（1）每炉金属料（铁水和废钢）的平均装入量，吨装入量/炉；

（2）炉产良锭量，吨良锭/炉；

（3）炉产钢水量，吨钢水/炉。

用装入量表示炉子容量，便于作炉体设计和物料平衡与热平衡计算；用炉产良锭（坯）量表示，便于直接衡量车间的生产规模和各项技术经济指标；用炉产钢水量表示，则介于两种方法之间，便于相互换算比较，而且不受铸锭方法的影响。目前广泛采用平均炉产钢水量和炉产良锭量表示转炉的容量。炉子容量应与机电部现行标准铸锭吊车系列的起重能力相适应。考虑转炉炉役后期超装，选择铸锭吊车时应有一定富裕能力，表 6-4 为炉容量系列与铸锭吊车配合表。

表 6-4   炉容量系列与铸锭吊车配合表   （t）

转炉公称容量	15	30	50	100 (120)	150	200	250	300
最大出钢量	24	36	60	120 (144)	180	220	270	320
桶中渣重	1.2	2.1	2.2	2.53	3.18	3.5	6.25	10
桶重（衬砖）	9.314	14.885	16.70	28 (41)	58	62	68.785	90
盛钢桶容量	30	40	70	130 (150)	200	230	280	330
铸锭吊车能力	50/10	63/16	100/32	225/63/20	280/80/20	360/100/20	400/100/20	450/100/20

转炉熔池尺寸的确定非常关键，熔池主要尺寸有熔池直径和熔池深度。设计时，应根据装入量、供氧强度、喷嘴类型、冶炼动力学条件以及对炉衬蚀损的影响综合考虑。

熔池直径通常指熔池处于平静状态时金属液面的直径，它主要取决于金属装入量和吹氧时间。我国冶金设计部门推荐的熔池直径 D 计算式如下：

$$D = \kappa \times \sqrt{\frac{G}{t}} \times 10^3 \, mm \qquad (6-2)$$

式中 G——新炉金属装入量，可近似取其公称容量，t；

　　　　t——平均每炉钢吹氧时间，min，参照表 6-5 取值；

　　　　κ——比例系数，可参照表 6-6 取值。

表 6-5　平均每炉钢冶炼时间的推荐值

转炉容量/t	<20	20~80	>80
冶炼时间/min	28~32	32~38	38~45
吹氧时间/min	12~16	14~18	16~20

注：结合供氧强度，铁水成分和所炼钢种具体条件确定

表 6-6　比例系数 κ 的推荐值

转炉容量/t	<20	20~80	>80
κ	1.85~2.10	1.75~1.85	1.50~1.75

注：大容量取下限，小容量取上限

　　熔池深度是指熔池处于平静状态时，从金属液面到炉底最低处的距离。对一定容量的转炉，炉型和熔池直径确定之后，便可利用几何公式计算熔池深度 h，不同炉型熔池深度计算方法见表 6-7。

表 6-7　不同转炉炉型熔池深度计算方法

筒球型	锥球型	截锥型
$h = \dfrac{V_C + 0.046D^3}{0.79D^2}$	$h = \dfrac{V_C + 0.035D^3}{0.709D^2}$	$h = \dfrac{V_C}{0.574D^2}$
通常球缺底半径 $R = (0.9 \sim 1.2)D$，若取 $R = 1.1D$，熔池体积 $V_C = 0.79hD^2 - 0.046D^3$；$V_C$—筒球型转炉熔池体积；$D$—熔池直径	球缺底半径 $R = 1.1D$，球缺体高度 $h_0 = 0.09D$，熔池体积 $V_C = 709hD^2 - 0.035D^3$；V_C—锥球型转炉熔池体积；D—熔池直径	倒锥体的底面直径 $b = 0.7D$，熔池体积 $V_C = 0.574hD^2$；V_C—截锥型转炉熔池体积；D—熔池直径

　　炉身为熔池面以上炉帽以下的圆柱体部分，一般炉身直径就是熔池直径，故只需确定炉身高度 $h_身$：

$$h_身 = \frac{4(V_总 - V_帽 - V_C)}{\pi D^2} \tag{6-3}$$

式中　$V_总$——转炉有效容积，$V_总 = V_帽 + V_身 + V_C$，取决于容量和炉容比；

　　　　$V_帽$——炉帽体积；

　　　　V_C——熔池体积。

　　LD 转炉一般都用正口炉帽，其主要尺寸有炉帽倾角、炉口直径和炉帽高度，如图6-16 所示。

　　目前炉帽倾角 q 多为 $60° \pm 3°$，小炉子取上限，大炉子取下限；炉口直径 d，对筒球型取 $d = 0.52D$，锥球型取 $d = 0.48D$，截锥型取 $d = 0.42D$；炉帽高度 $h_帽$，一般炉口上部设有

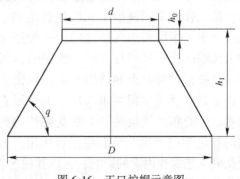

图 6-16　正口炉帽示意图

高度 $h_0 = 300 \sim 400\text{mm}$ 的直线段，则炉帽高度计算公式为：

$$h_{帽} = \frac{1}{2}(D - d)\tan q + h_0 \tag{6-4}$$

炉帽体积 $\qquad V_{帽} = V_{斜} + V_{口} = \frac{\pi}{24}(D^3 - d^3)\tan q + \frac{\pi}{4}d^2 h_0 \tag{6-5}$

出钢口的主要尺寸是其中心线的水平倾角和直径。出钢口中心线水平倾角 q_1，对筒球型取 $q_1 = 0°$，锥球型取 $q_1 = 15°$，截锥型取 $q_1 = 30°$；出钢口直径 $d_{出}$ 通常可按下面经验式确定：

$$d_{出} = 10 \times \sqrt{63 + 1.75T} \tag{6-6}$$

式中 $\quad T$——转炉公称容量，t。

6.3.2.2 转炉内衬

转炉内衬基本上是由耐火材料筑成的，炼钢用耐火材料成本约占炼钢工序成本的 $9\% \sim 13\%$。由于各国的铁水成分及耐火原料资源不同，炉衬耐火材料的选择也各有侧重，欧美、俄罗斯等工业发达国家先后从白云石质、镁质制品发展到现在的镁碳砖，日本是最早使用镁碳砖的国家。我国转炉内衬从焦油白云石质、焦油镁质、镁白云石质、镁白云石碳砖到现在普遍使用镁碳砖。由于镁碳砖耐侵蚀、抗热震、耐磨损、导热性好、抗剥落、高温下性能稳定，因而为各国转炉内衬普遍采用。耐火材料的性能及质量直接影响转炉的炼钢方法及使用寿命，对提高产品质量和经济效益有非常重要的意义。转炉用耐火材料问题引起了人们的重视，涌现出一些耐火材料的新技术，如喷补技术、溅渣护炉技术、滑动水口挡渣技术等，使转炉内衬寿命从过去的几百炉次提高到成千上万炉次，原武钢二炼钢厂曾经创造 30368 炉次的高寿命纪录。

转炉炉衬结构可分成炉底、熔池、炉壁、炉帽、渣线、耳轴、炉口、出钢口、底吹供气砖等部分，其内衬由永久层、填充层（绝热层）和工作层组成（见图 6-17）。

永久层紧贴着炉壳钢板，通常是用一层镁砖或高铝砖侧砌而成，其作用是保护炉壳，修炉时一般不拆除炉衬永久层。通常在炉壳与永久层之间存在绝热层，绝热层一般用石棉板或多晶耐火纤维砌筑，炉帽绝热层用树脂镁砂制成，现在有的采用镁砂填充层代替绝热层。填充层介于工作层和永久层之间，一般用焦油镁砂或焦油白云石料捣打而成，该层的作用是减轻炉衬膨胀时对炉壳的挤压，而且也便于拆除工作层残砖，避免损坏永久层。工作层直接与钢水、炉渣和炉气接触，不断受到物理的、机械的和化学的冲刷、撞击和侵蚀作用，另外还

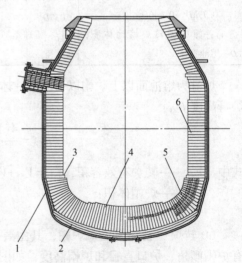

图 6-17 转炉炉衬结构示意图
1—炉壳；2—永久层；3—工作层；
4—炉底砖；5—圆角砖；6—炉壁砖

要受到工艺操作因素的影响，所以其质量直接关系到炉龄的高低。国内中小型转炉普遍采用焦油白云石质或焦油镁砂质大砖砌筑炉衬，为提高炉衬寿命，目前已广泛使用镁质白云

石为原料的烧成油浸砖。我国大中型转炉多采用镁炭砖。

转炉炉壳与内衬结构之间的关系见表6-8。

表6-8 转炉炉壳及内衬厚度参考值 （mm）

转炉各部分名称		转炉容量 T/t		
		$T \geqslant 80$	$20 \leqslant T < 80$	$T < 20$
炉帽、炉身	永久层	115~200	115~150	30~115
	填充层	80	80	30
	工作层	600~850	500~700	400~600
	炉壳	70	50	30
炉底	永久层	350~450	300~450	115~345
	填充层	100	90	40
	工作层	600~750	500~600	300~500
	炉壳	50	40	20

6.3.2.3 转炉支承系统

转炉炉体及其附件的全部重量皆通过支承系统传递到基础上，同时支承系统还担负着传递从倾动机械给炉体使其倾动的力矩。因此支承系统是转炉机械重要组成部分。炉体支承系统包括支承炉体的托圈、将炉体与托圈联结起来的联结装置，以及支承托圈的耳轴轴承及底座等，如图6-18所示。

现代转炉炉体的支承均通过托圈部件，只有早期容量较小的转炉曾采用过无托圈结构，如日本钢管公司60t转炉、联邦德国莱茵豪森钢厂的180t转炉均不带托圈，这种炉子的炉体是通过焊接在炉体上的耳轴板或加强圈来支承的。耳轴板结构虽然简单，但炉壳承载不均，炉壳的强度和刚度较差，容易变形，甚至使两耳轴轴线严重偏斜，耳轴轴承在工作中容易被卡住，造成传动件等损坏事故，其寿命较短，故现已不再采用。以后采用的加强圈结构，虽然加强了炉壳刚度，并使炉壳受力进一步均匀，但由于炉壳和加强圈的温度不一致，受热后这种死托圈结构限制了炉壳的热膨胀，故使炉壳产生很大的压应力。若其压应力值超过屈服极限就会增加炉壳的变形，甚至引起裂纹。

目前转炉基本采用炉体与托圈分开的支承结构。这样即使在炉体发生变形的情况下，也不会影响整个倾动机构的正常工作；而且托圈两侧耳轴的同心度和平行度在制造中也容易得到保证。托圈是转炉重要承载部件，托圈在工作中除承受炉体和钢液的静负荷和传递倾动力矩外，还承受着频繁起动、制动以及碰撞产生的动负荷，此外还承受着由炉体、盛钢桶、渣罐以及喷溅物的热辐射，因此托圈应具有足够强度和刚度。

托圈基本结构分为剖分式托圈（二瓣或四瓣）、整体式托圈和开口式托圈三类。整体式托圈是钢板焊接的箱形结构，高宽比为3.16，两侧分别与驱动侧耳轴座和从动侧耳轴座焊接成一个整体托圈，用于300t转炉上，如图6-19所示。为了降低托圈的热应力，该托圈采用了水冷却，从水冷炉口、炉顶钢板和渣裙排出的冷却水，经排水集水箱汇集后从驱动侧耳轴座上部进入托圈，再由从动侧耳轴内孔引出。开口式托圈做成半圆形开口式，炉体通过三点支承在托圈上，当3个轴承上盖拆开后，整个炉体可从炉座中退出，如图6-20所示。这种结构可以快速更换整个炉体，提高炉座利用率。

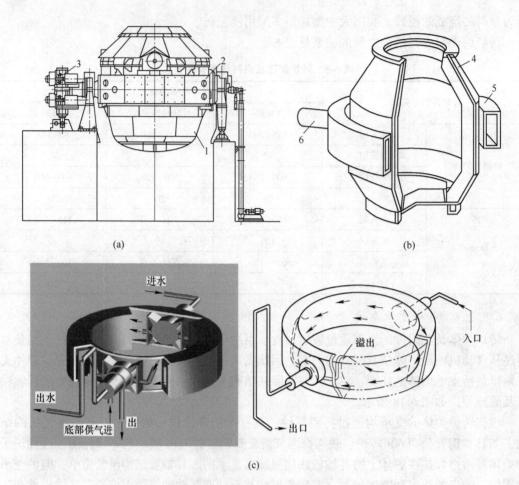

图 6-18   转炉支撑系统示意图
（a）转炉总体结构；（b）托圈耳轴机构；（c）水冷托圈示意图
1—炉体；2—支撑装置；3—倾动机构；4—炉壳；5—托圈；6—耳轴

托圈结构存在几个问题，在设计时需要考虑：

（1）托圈断面形状有两种：封闭式和开口式。封闭式断面均为箱形焊接结构，开口式断面有"["形和"]"形，即开口方向有向着炉子和背着炉子之分，开口式托圈皆为铸造结构。目前，托圈断面一般采用钢板焊接的箱形结构，这种封闭的箱形断面受力好，托圈中切应力均匀，其抗扭刚度比开口断面大；同时这种封闭断面还可直接通入冷却水冷却托圈。只有容量较小的转炉，如 20~30t 以下的转炉，才考虑采用开口铸造托圈。

（2）托圈与耳轴联接，并通过耳轴落在轴承座上，转炉落在托圈上。托圈、耳轴是用以支撑炉体和传递倾动力矩的机构，转炉和托圈的全部载荷都通过耳轴经轴承座（bearing bed）传递给地基。托圈是由优质钢板焊成，断面呈矩形的中空圆环，内部通水冷却，以降低热应力。其两侧各固定 2 个耳轴，为使炉壳在热膨胀后不受限制和通风冷却，在托圈和炉壳之间留有 100mm 间隙。耳轴是给转炉和托圈传递低速、重载荷、大力矩的传动件，是重要承载件，在材料选择上应选择具有高强度和良好韧性的合金钢来制造，例如驱动侧常选择 35CrMo 或 40Cr，从动侧也可用 45 锻钢制造。我国 300t 转炉的耳

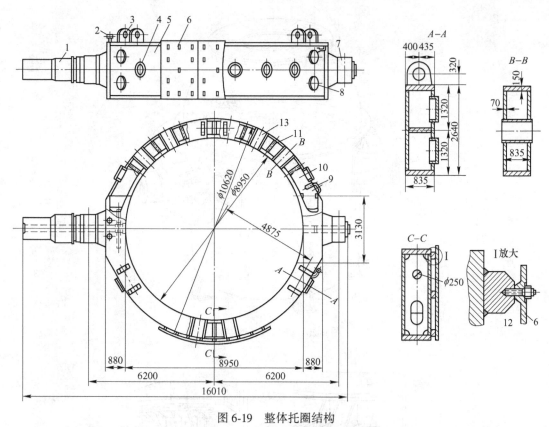

图 6-19 整体托圈结构

1—驱动侧耳轴；2—进水管；3—吊耳；4—空气流通孔；5—托圈；6—保护板；7—从动侧耳轴；
8—入孔；9—出水管；10—横隔板；11—立筋板；12—连接保护板用凸块；13—圆管

轴材质是 SCW49。耳轴在炉体的两侧，一侧为固定端，另一侧为浮动端。固定端将转动力矩从倾动机构传递给托圈和炉体。耳轴多做成空心轴，里面通水冷却，冷却水经耳轴、托圈直到炉口水箱。

目前已在转炉上应用的炉体与托圈连接装置形式很多，从其结构来看可大致归纳为两类：一类属于支承托架夹持器；另一类属于吊挂式的连接装置。而常见的耳轴与托圈的连接一般有三种方式：法兰螺栓连接、静配合连接和耳轴与托圈直接焊接。转炉上耳轴与托圈通过法兰盘螺栓连接，炉体与托圈连接中自调螺栓连接是吊挂式连接装置中比较理想的一种结构（见图 6-21），该连接装置由销轴、活接螺栓及两组球面垫片组成，活接螺栓用水平销轴连接在托圈上部支撑座上，可在销轴上任意摆动，其上部通过两组球面垫片连接在炉壳法兰的销孔中，并用螺母锁紧，它的最大特点是能够在两组球面垫片中产生相对位移，从而适应炉体自由膨胀和炉壳及托圈的不等量变形，载荷分布均匀，结构简单，制造方便及维修量少。

耳轴轴承座是支撑炉壳、炉衬、铁水全部重量的部件。其工作条件具有负荷大（要承受炉体、液体金属和托圈部件的全部重量，有时还要承受倾动机构部分或全部重量）、转速慢（每分钟最高转速约为 1 转左右）、温度高和工作条件十分恶劣的特点。因此对耳轴轴承的要求是：有足够的强度，能经受静力和动力载荷；充裕的抗疲劳耐久性；对中性

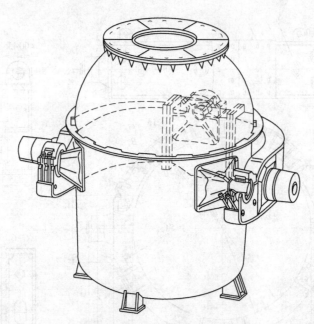

图 6-20　开口式托圈结构

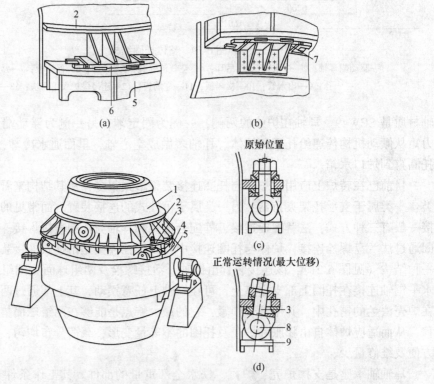

图 6-21　300t 转炉自调螺栓连接装置

（a）上托架；（b）下托架；（c）原始位置；（d）最大位移位置

1—炉壳；2—加强圈；3—自调螺栓装置；4—托架装置；5—托圈；

6—上托架；7—下托架；8—销轴；9—支座

好，并要求轴承外壳和支座有合理的结构；安装、更换、维修容易、经济性好。目前我国转炉耳轴轴承在大、中、小型转炉上普遍采用复合式滚动轴承（见图 6-22），其优点是，能补偿耳轴由于托圈翘曲和制造安装不准确而引起的不同心度和不平行度，既能使耳轴轴承做滚动摩擦的轴向移动，且其 V 形槽结构又能抵抗轴承所承受的横向载荷。从动侧采用铰接式轴承支座，靠支座的偏斜摆动补偿耳轴轴线方向上的胀缩位移。

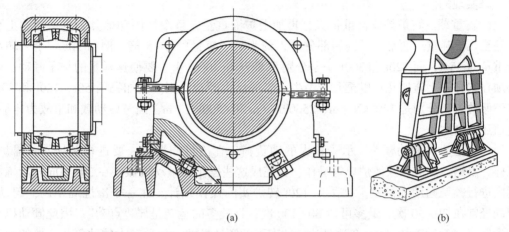

(a) (b)

图 6-22　复合式滚动轴承装置(a)和铰接式轴承支座(b)结构示意图

（3）托圈的变形与减少变形的措施。托圈是一个承载件，既受弯曲又受扭转的封闭薄壁圆环，并承受着很大热负荷。托圈各部温度实测数值如图 6-23 所示。在托圈的耳轴两侧温度较低，而与其成 90°处的出钢-加料侧温度较高，在同一断面上上盖板温度高，下盖板温度低；内腹板温度高而外腹板温度低。由于这些温差的存在，所以使托圈产生相当大的热应力，加之它又是一个承载件，承受着弯曲和扭转机械负荷，因此其应力状态相当复杂，这些应力值若超过材料屈服限，就会使托圈产

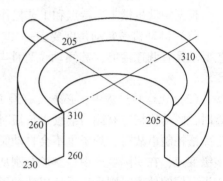

图 6-23　托圈温度分布

生变形甚至裂纹。从实践得知，裂纹往往发生在托圈的加强部分，故设计托圈时，应使结构断面变化趋于均匀，避免急剧变化，并设法消除结构对热膨胀的限制，从而使托圈应力减少到最低程度。为改善托圈受载状态，可对结构进行改进，如改进耳轴座结构、采用水冷托圈等。

6.3.2.4　转炉倾动机构

倾动机械作用是转动炉体，以满足兑铁水、加生铁块和废钢、测温取样、出钢、出渣、修炉等一系列工艺操作，因此倾动机械是实现转炉炼钢生产的关键设备之一。转炉倾动机构能使转炉炉体正反旋转 360°，在启动、旋转和制动时，能保持平稳，并能准确停在要求的位置上，安全可靠。其主要由电机、减速器（一级、二级）、联轴器、制动装置等组成。主要工作特点如下：

（1）低转速大减速比。转炉工作对象是高温液态金属，在冶炼过程中还要进行上述

的各项工艺操作，故要求炉体能平稳倾动准确定位，因此炉子皆采取低变速的倾动速度，通常倾动转速为 0.1~1.5r/min。为获得如此低的倾动速度，需要很大的速比，一般约为 600~1000，甚至更高。例如我国 120t 转炉速比为 753.35，300t 转炉为 638.245。一般慢速为 0.1~0.3r/min，快速为 0.7~1.5r/min。30t 以下的转炉可只采用一种速度，通常为 0.7~1.5r/min。其慢速是靠多次"点动"（即电动机启动后还未达到稳定速度就进行制动）来实现的。

（2）重载。转炉炉体自重很大，再加上炉液重量，整个被倾动部分的重量要达到上百吨甚至几千吨重。通常炉子回转部分总重约为炉子容量的 6~8 倍。例如 50t 炉子回转部分重量为 354t，而 120t 和 300t 炉子分别为 887t 和 2000t 重。要使这样重的炉子倾动，就必须在它耳轴上施加几百以至几千千牛·米的巨大倾动力矩。例如我国 50t、120t 和 300t 转炉倾动力矩分别是 1400kN·m、2560kN·m 和 6500kN·m，当考虑动载和事故力矩后，其值还要增大。

（3）起动、制动频繁，承受较大的动负荷。在冶炼周期内，要进行兑铁水、摇炉、取样、出钢、倒渣以及清炉口等操作，为完成这些操作，倾动机械要在 30~40min 冶炼周期内进行频繁起动和制动。据某厂 120t 转炉实际操作统计，在一个冶炼周期内，起动、制动经常在 30~50 次，最多可达 80~100 次，且较多的运转是属"点动"。因此倾动机械的运转属"起动工作制"，在这种运转状态下的倾动机械，承受较大的动负荷。再如倾动机械处于高温多尘工作环境中，这些都表明倾动机械工作繁重，条件恶劣。

根据倾动机械工作特点和工艺操作要求，倾动机械应具有以下性能：

（1）倾动机械转动角度要求 ±360° 旋转，并可准确停在任意倾动位置上，还应根据工艺要求具有调速性能，其倾动位置能与氧枪、盛钢桶车及烟罩等相关设备有一定的连锁要求。

（2）在运转过程中，必须具有最大的安全可靠性，在电气或机械中某一部分发生故障时，倾动机械应有能力继续进行短时间运转，维持到一炉钢冶炼结束，即使倾动机械发生无法控制事故时，炉子也不会自动倾翻发生倒钢事故。大中型转炉的转动速度大都采用多级变速，在实际生产中，空炉及刚从垂直位置摇下时采用高速，以减少非作业时间，在接近要停的位置时则采用低速以使炉子能停在准确的位置上，使炉内液面平稳。

（3）倾动机械应具有良好的柔性性能，以缓冲由冲击产生的动荷和由起动制动所产生的扭振。此外，倾动机械还应对事故等超载状态具有保护能力。

（4）结构应紧凑，重量轻，机械效率高，安装维修方便。

转炉倾动机构的总体配置要紧凑，应避免使高大的转炉跨间柱距加大，增加土建困难；同时也要把传动装置配置得低于操作平台，使转炉操作具有良好的环境。为了能适应耳轴的偏斜，倾动机构可有一些不同的布置形式，可归纳为落地式、半悬挂式和全悬挂式 3 类。

（1）落地式倾动机构：如图 6-24 所示，除装套在耳轴上的次级减速器大齿轮外，电机、制动器和所有的传动部件均安装在高台或地面的地基上（在另外的基础上）。

（2）半悬挂式倾动机构：如图 6-25 所示，半悬挂式是在落地式基础上发展起来的，其次级大小齿轮通过减速箱悬挂在耳轴上，其余部分安装在地基上，悬挂减速器的小齿轮通过万向联轴器或齿式联轴器与主减速器连接。由于不需要末级笨重的联轴器，因此其设

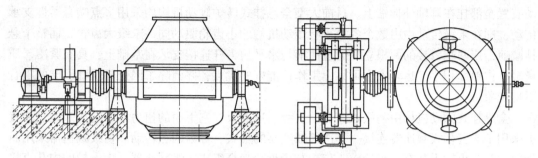

图 6-24 落地式转炉倾动机构示意图
（圆柱齿轮传动、双驱动、低速级带齿式联轴器）

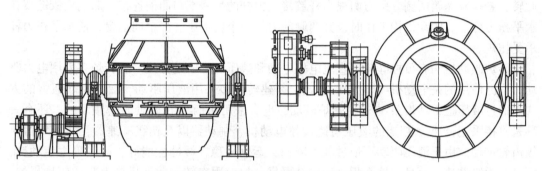

图 6-25 半悬挂式转炉倾动机构示意图
（交流-行星差动减速器调速，浮点铰链防扭装置）

备重量和占地面积均比落地式有所减少。但一般的半悬挂装置仍需在悬挂减速器和主减速器之间用万向接轴或齿式联轴器连接，占地面积仍然比较大。

悬挂减速器箱体一般为钢板焊接结构，这样可以降低设备重量，减轻耳轴负荷，但仍需注意加强箱体的刚性。一般可在箱体轴承座所在中间部分采用双腹板的箱形结构来增强刚性。

（3）全悬挂式倾动机构：如图 6-26 所示，全悬挂式的特点是，除扭力杆外，整套传

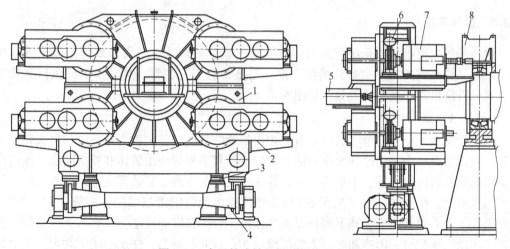

图 6-26 全悬挂式转炉倾动机构示意图
1—悬挂减速器；2—初级减速器；3—紧急制动器装置；4—扭力杆装置；
5—极限开关；6—电磁制动器；7—直流电动机；8—耳轴轴承

动装置全部挂在耳轴外伸端上。目前大型全悬挂式转炉倾动机构均采用多点啮合柔性支承传动，即在末级传动中由数个各自带有传动机构的小齿轮驱动同一末级大齿轮，而整个悬挂减速器用两端铰接的两根立杆通过曲柄与水平扭力杆连接支承在基础上，具有紧凑、质量轻、占地面积小、运转安全可靠、工作性能好的优点，并消除了因齿轮位移引起的啮合不良现象。

全悬挂式倾动机构由初级减速器、次级减速器及在它下面的扭力杆等组成。倾动装置上采用了 4 套初级减速器连接一套次级减速器的形式，称为四点转动。初级减速器采用斜齿轮，其输出轴上装有小齿轮，小齿轮与大齿轮啮合组成次级减速器，大齿轮的内孔直接套在耳轴上，利用切向键将其固定。扭力杆的作用是防止悬挂在耳轴上的传动装置绕耳轴旋转，悬挂减速箱两侧分别与两根力杆铰接，力杆的另一端与曲柄连接，曲柄用铰链装在水平扭力杆上。倾动机构工作时，其两侧的力杆一个向下压、一个向上提，使水平扭力杆承受扭矩。

转炉倾动机构有可控硅调速直流电机电动和液压两种驱动方式。老转炉多采用电力驱动，广泛使用的是电动机-齿轮传动方式；新建转炉多采用液压驱动。液压驱动通常的方式是通过液压缸带动齿条-齿轮使转炉倾动，也有采用曲柄-液压缸使转炉倾动的，还有一种是直接采用低速-大扭矩的液压马达代替电动机、制动器以及初级减速器，而只保留末级齿轮传动。由于液压驱动不怕过载、阻塞，运动平稳，缓冲性能好，能实现大传动比，可进行无级调速，而且占地面积小、安全可靠，故应用在转炉倾动机构上是比较理想的。采用液压驱动的突出优点正好可满足转炉冶炼工艺对倾动机构的要求，如：

(1) 适于低速、重载的场合，不怕过载和阻塞；

(2) 运动平稳、缓冲性能好、安全可靠；

(3) 能实现大传动比，可无级调速；

(4) 结构简单、重量轻、体积小、占地面积小，但其加工精度要求高，否则会漏油；

(5) 炉体可在 0.1~1.5r/min 范围内正反 360°倾动。

但液压元件制造精度要求高、维护工作量大、辅助设备投资、保养费用高。

6.3.3 供气系统

供气系统主要指供氧系统和底部供气。氧气顶吹转炉吹炼所需的氧气由氧枪输入炉内，通过氧枪头部的喷头喷射到熔池上面，是重要的工艺装置。其设备组成包括氧枪本体、氧枪升降机械、换枪装置等，如图 6-27 所示。

6.3.3.1 氧枪枪身

吹氧管又名氧枪或喷枪，它担负着向炉内熔池吹氧的任务。因为是在炉内高温条件下工作，故该管是一个采用循环水冷却的套管构件，其主要部分由管体和喷头组成。国内广泛采用的吹氧管由中心管、中层管、外层管 3 根无缝钢管同心套装而成，三层管从内向外依次输送氧气、供水和排水（见图 6-27）。管体系由无缝钢管制成的中心管 2、中层管 3 及外层管 5 同心套装而成，其下端与喷头 7 连接。管体各管通过法兰分别与 3 根橡胶软管相连，用以供氧和进、出冷却水。为保证枪身 3 个管同心装套，使水缝间隙均匀，在中层管和中心管的外管壁上可焊若干组定位短筋，每组 3 个短筋均布于管壁圆周上。尾部结构是指氧气及冷却水的连接管头（法兰、高压软管等）以及把持氧枪的装置、吊环等。枪

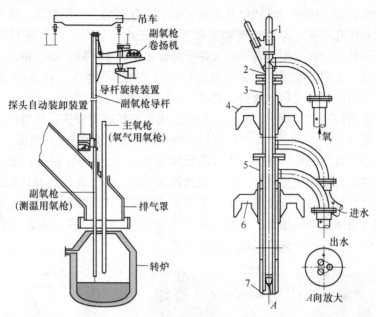

图 6-27 氧枪结构示意图

1—吊环；2—中心管；3—中层管；4—上托座；5—外层管；6—下托座；7—喷头

身上端与尾部结构连接，下端与喷头连接。图 6-27 箭头方向显示氧气从中心管 2 经喷头 7 喷入熔池，冷却水自中心管 2 与中层管 3 间的间隙进入，经由中层管 3 与外层管 5 间之间隙上升而排出。为保证管体 3 个管同心套装，使进出水隙均匀，在中层管 3 和中心管 2 的外管壁上，沿长度方向焊有若干组定位短筋，每组以 3 个短筋均布于管壁圆周上。另外，在中层管 3 下端借其圆周上均布的 3 个凸爪与喷头 7 的内底面相靠，以保证合理的底水隙，管体上的吊环 1 用来吊运管，上托座 4 及下托座 6 供升降小车装卡管用。吹氧管内氧气流速为 45~50m/s，水速为 6~7m/s。

有些大型转炉所用吹氧管进行了部分改进，如氧枪为锥形枪，在喷头以上 6~8m 处的一段外层管与中层管都带有一定的锥度，以此减小锥形段管体中水隙，使冷却水在该段区域流速加快而强化冷却。再者，该进氧及进出水软管不是直接连在吹氧管上，而是安装在升降小车上，这样，软管与吹氧管间的连接就在快速接头处进行，该接头能快速装卸。这与软管直接连于吹氧管相比，其优点是，软管装卸迅速、方便；吹氧管在工作过程中不承受由软管及其进出冷却水重量引起的附加载荷。显然，这些优点对于大型转炉来说是重要的。挠性接管是一种可在径向和轴向都允许有一定变形量的接头，因此，在制造和安装上有误差的条件下仍能顺利进行安装。挠性接管则用来吸收中心管在工作过程中的热胀冷缩。

6.3.3.2 喷头

喷头是极为重要的工艺零件，为延长其寿命，通常采用导热性良好的紫铜经锻造和切削加工制成，也有用压力浇铸成型的。喷头与枪身外层管焊接，与中心管用螺纹或焊接方式连接，喷头内通高压水强制冷却。为使喷头在远离熔池面工作时也能获得应有的搅拌作用，提高枪龄和炉龄，所用喷头均为超音速喷头。

　　喷头的类型很多，按结构形状可分为拉瓦尔型、直筒型、螺旋型等，按喷孔数目可分为单孔、三孔和多孔喷头。单孔拉瓦尔型喷头多用于小型转炉，其氧流与熔池接触面积小，供氧强度亦低，如将它用于容量较大炉子将带来生产率下降，渣、钢液强烈喷溅以及炉衬寿命降低等一系列严重问题。大中型转炉一般采用多孔喷头，由 3~8 个拉瓦尔喷孔组成；按喷入的物质可分为氧气喷头、氧-燃气喷头和喷粉料的喷头。

　　转炉氧枪多用拉瓦尔型喷头。拉瓦尔型喷头属收缩扩展型喷头，可将压力能转换成动能的能量转换器（见图 6-28），其由收缩段、喉口段、扩张段构成，截面最小处为喉口，该处直径称为临界直径或喉口直径。当高压低速氧气流（1.5MPa 左右）通过收缩段时流速增加，气流的压力能转化为动能，使气流获得加速度；当气流到达喉口截面时，气流速度达到音速；在扩张段内，气流的压力能除部分消耗在气体的膨胀上外，其余部分继续转化为动能，使气流速度继续增加，在喷头出口处可获得 $Ma = 2.0$ 左右的超音速气流，它能较好地搅拌熔池，有利于提高氧枪寿命和炉龄。

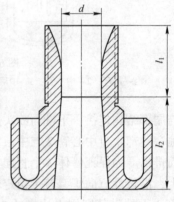

图 6-28　多孔及拉瓦尔型喷头示意图
d—喉口直径；l_1—收缩段长度；l_2—扩张段长度

6.3.3.3　氧枪提升机构及更换装置

　　吹炼中用于调整枪位，由升降卷扬机、氧枪升降小车、横移小车等组成，如图 6-29 所示。卷扬机装在横移小车上部，通过电机、减速机、卷筒、钢绳驱动氧枪升降小车升降。小车有 8 个导向轮，可在导向轮上做升降运动。当卷扬机提升平衡锤时，氧枪及升降小车因自重下降；当卷扬机放下平衡锤时，氧枪和升降小车因质量小于平衡锤而被提升。

　　单卷扬型吹氧装置的主要优点是造价及运转费较低。原因有二：一是减少了一套升降卷扬机；二是由于设有平衡重，省掉了断电事故用的动力设备，并使升降卷扬机负荷减轻。缺点是：（1）升降小车在吊具中定位须人工进行，不能实现换管远距离操作；（2）为避免松绳现象，增加了吹炼辅助时间；（3）安全可靠性较差，只有一套升降卷扬机，该卷扬机出事故时，就不能继续升降吹氧管。

　　为保证连续生产，每座转炉均配备 2 套氧枪及其升降装置，如图 6-30 所示。当一根氧枪故障时，能在最短时间内将其迅速移出，将备用氧枪送入工作位投入使用，这就需要换枪装置。换枪由横移小车完成，每座转炉设有 2 台横移小车，左右配置，工作枪和备用枪分别装在带有升降驱动装置的横移小车上。整个更换时间约 1.5min。

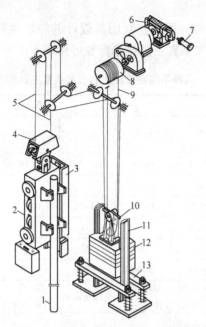

图 6-29 单卷扬吹氧装置升降示意图

1—吹氧管；2—升降小车；3—固定导轨；4—吊具；5—平衡钢绳；6—制动器；7—气缸；8—卷筒；
9—升降钢绳；10—平衡杆；11—平衡重导轨；12—平衡重；13—弹簧缓冲器

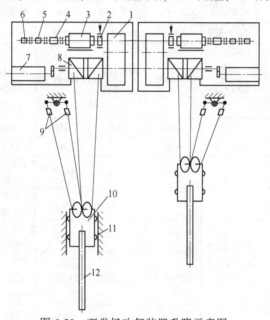

图 6-30 双卷扬吹氧装置升降示意图

1—圆柱齿轮减速器；2—制动器；3—直流电动机；4—测速发电机；5—过速度保护装置；6—脉冲发生器；
7—行程开关；8—卷筒；9—测力传感器；10—升降小车；11—固定导轨；12—吹氧管

双卷扬型横移小车的移动一般采用横移方式，也有个别用旋转方式的。两个升降卷扬机大多放在同一台横移小车上，也有分别放在两个小车上的，采用双横移小车机动性好、安全性好。特别是对于大型转炉来说，由于成倍减小了横移小车尺寸，故其制造、安装更为方便。随着转炉的大型化，吹氧管等被提升重量高达几十吨，所用庞大的平衡重将导致

6 转炉炼钢设备

在总体布置及构造方面的困难。因此，我国新设计的转炉系列全部采用双卷扬型吹氧装置。若干不同容量转炉的吹氧装置主要技术参数可见表6-9。

表 6-9　几种不同容量转炉的吹氧装置主要技术参数

名　　称			转炉容量/t						
			20	50①	50②	120	国外某厂 150	300③	国外某厂 380
吹氧管总长/m			12.1	16.56	15.96	17.34	18.76	24.4	24.5
吹氧管升降机构	升降卷扬机数量/个		单	单	双	单	双	双	双
	吹氧管升降最大行程/m		10.53	13.86	11.95	15.1	15.25	18.2	
	升降速度/m·min⁻¹	快速	44.6	50	20	50	25.9	40	32
		慢速	10	10	5	6	4.8	3.5	5
	卷筒直径/mm		φ418	φ730	φ550	φ800	φ600	φ900	
	电动机	形式	JZR-41-8/ JZ-11-6	ZZJ-52 (直流并激)	交流电动机	ZZJ-62 (直流并激)	交流电动机	D.C.814	直流电动机
		功率/kW	11/2.2	16	25/7.5	43	50/13 (JC40%)	187	158
		转速/r·min⁻¹	715/883	700	1440/1400	630	648/930 (JC40%)	850	
	减速器	形式	行星差动	ZL65-8-I	行星差动	ZHL650-7ⅡJ	行星差动	圆柱齿轮	
		速比	21/115.9	16	122.9/478.5	15.3	23.6/182	30	
	制动器		YDWZ-300 /50J YDWZ-200 /25J	ZWZ-400	液压推杆 制动器	ZCZ-400/100	液压推杆 制动器	直流电磁铁 双瓦块 制动器	
换管机构	横移行程/mm		850	1200	1200	1200	3000	4300	
	移动速度/m·min⁻¹		0.01~4④	3.62	1.5	4	6.12/5.85	4	
	电动机	形式	车辆用油缸 DC-J80-70-E1	JO₃-90S-6	特制	JHO₂-31-6	双速交流 电动机	HM₂-593	
		功率/kW		1.1	5.5	1.5	5.2/4 (JC40%)	1.5	
		转速/r·min⁻¹		930	1200	840	910/870 (JC40%)	1500	
	减速装置	形式		ZL25-2-I	行星齿轮	ZD-20-I	圆柱齿轮 减速器+ 单极开式齿轮	摆线针轮 +单级开式 齿轮	
		速比		8	7.1	6.6	232.6	884.5	
	制动器			TJ₂-200/100	特制	JWZ-200/100	液压推杆 制动器	无	
设备总重/t			15.2	41.4	-30	52.6	48.2	64	

①指某厂50t转炉单卷扬型吹氧装置；

②指某厂50t转炉双卷扬型吹氧装置；

③该转炉设计参数；

④指油缸移速范围。

转炉炼钢对氧枪升降机构和更换装置的要求：

（1）具有合适的升降速度，并可变速。

（2）保证氧枪升降平稳，控制灵活，操作安全，结构简单，便于维护。

（3）能快速更换氧枪。

（4）应有相应的联锁装置。

（5）应配备气动马达或蓄电池，以在突然停电时可保证氧枪提出炉口，确保安全。

氧枪走行控制点可分为如下 7 个点位，如图 6-31 所示。

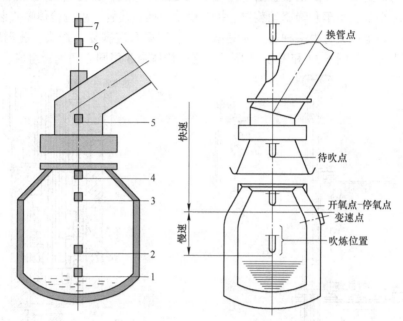

图 6-31　氧枪控制点位示意图

（1）1——最低点。是氧枪的最低极限位置，取决于转炉公称吨位。喷头端面距炉液面高度 300~500mm，大型转炉取上限。

（2）2——吹炼点。是转炉进入正常吹炼时氧枪的最低位置，也称吹氧点。主要与转炉公称吨位、喷头类型、氧压等有关。攀钢选择为 1.4~2.0m。

（3）3——氧气关闭点。此点低于开氧点位置，氧枪提升至此点氧气自动关闭，过迟关氧会对炉帽造成损失，倘若氧气进入烟罩，会引起不良后果，过早关氧会造成喷头灌渣。攀钢选择为 3m。

（4）4——变速点。氧枪提升会下降至此点，自动改变运动速度，此点的确定是在保证生产安全的情况下缩短氧枪提升或下降的非作业时间。另外此点也设置为氧气开氧点。攀钢选择为 3m。

（5）5——等候点。此点在炉口以上，此点以不影响转炉的倾动为准，过高会增加氧枪升降辅助时间。攀钢选择为 9m。

（6）6——最高点。指生产时氧枪的最高极限位置，应高于烟罩氧枪插入孔的上缘，以便烟罩检修和处理氧枪粘钢。攀钢选择为 14m。

（7）7——换枪点。更换氧枪的位置，它高于氧枪最高点。

"吹炼位置"的准确性是很重要的，操作中常因管位不准而影响炼钢速度、质量以及消耗等，故国内在升降机构上都附有反映管位的指示装置。早期大多采用标尺指示，这是一种简陋而落后的测量装置，该装置观察不便，测量不准，更不能用电子计算机来控制。目前国内外已成功应用副枪、工业电视及雷达等先进技术来检测枪位。

6.3.3.4　副枪

副枪是指氧气顶吹转炉除供氧的氧枪之外，另外装备的一支类似于氧枪可以升降并直接插入熔池内的金属枪。副枪装置由下列几个主要部件组成：旋转框架及其驱动装置、副枪枪体及升降小车、小车升降驱动装置、探头供给及插装装置、副枪枪体矫直装置、探头回收溜槽等。副枪探头有很多种类，如测温探头、测温和定碳复合探头、测温取样探头、液面测量探头等，如图6-32和图6-33所示。副枪枪体由3层同心圆钢管组成，内管中心

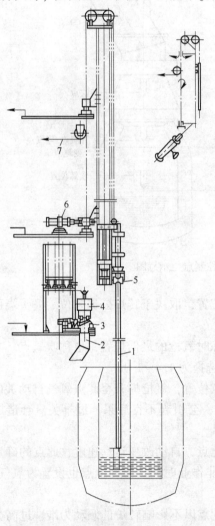

图 6-32　副枪结构示意图

1—副枪；2—溜槽；3—拔头机构；4—装头系统；
5—清渣器；6—副枪旋转机构；7—副枪升级机构

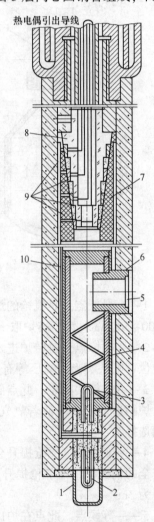

图 6-33　探头结构示意图

1—保护罩；2—测温热电偶；3—定碳热电偶；
4—样杯；5—挡板；6—样杯嘴；7—插座；
8—副枪插杆；9—导电杯；10—导线

装有信号传输导线，并通氮气保护，中层管与外层管为进出水通道，在枪体的下部底端装有导电环（用于探头信号电气连接）和探头的固定装置，端部可插装各种功能不同的探头，用以测定冶炼过程中炉内温度、成分等信息，再通过计算机将获得的各种信息传送至转炉主控室。

副枪有测试副枪与操作副枪之分。测试副枪用于在吹炼过程和终点测量温度、取样、测定钢水碳含量和氧含量及液面高度等，以提高控制准确性，获得冶炼过程中间数据，是转炉炼钢计算机动态控制的一种过程测量装置。它是由枪体与探头组成的水冷枪。操作副枪用于喷吹石灰粉、燃料油、气体等，以改进冶炼工艺。目前副枪广泛采用的是具有测温、取样、定碳的复合功能探头和定氧探头。

副枪的升降、探头的装卸、数据的传送以及探头仓的装料皆可通过计算机管理做到机械化、自动化。为了提高转炉炼钢终点控制的命中率，最重要的是在吹炼过程中连续获得钢液温度、成分等信息，通过较高级的动态控制模型进一步调整，使之准确命中终点目标。但由于转炉处于半封闭状态，在不间断吹炼过程中获取金属熔池的信息有相当大的难度。随着转炉炼钢自动化程度的日益提高，采用副枪来探测熔池，已成为获得炼钢过程中熔池内信息变化的最主要手段。铁水、钢液和渣样通过风动送样装置迅速送入分析室，通常用发光光谱分析仪分析铁和钢的样品，用 X 光荧光光谱仪分析渣样。烟气中 CO 和 CO_2 的浓度分析用红外气体分析仪，氧的分析采用磁力氧分析仪分析。

吹炼时，吹氧管氧流冲击熔池表面会造成局部过热和激烈搅拌，该反应范围称为火点区。若在此区探测不仅得不到有代表性的测量值，而且将引起探头振动甚至毁掉。因此，欲不停氧操作须使探头置于火点区以外，即要求副枪与吹氧管间保持一定距离。在结构允许的前提下取值应大些，见表 6-10。

表 6-10　副枪与吹氧管中心距

容量/t	某厂 20	某厂 30	某厂 50	日本京滨 100	某厂 150	日本名古屋 250	美国伯利恒 270	某厂 300
中心距/mm	450	450	700	670	800	1200	900	1300

6.3.3.5　底部供气元件

转炉复合吹炼工艺通过底吹气体搅拌熔池使钢渣反应接近平衡，避免钢水过氧化并提高金属收得率和钢水质量，并影响搅拌效果、炉子寿命、钢种质量及经济效益等。转炉底部供气元件分喷嘴型和砖型两大类。其中砖型供气元件因性能稳定成为发展的主流方向。砖型供气元件主要有弥散型、环缝型和直通孔型三种类型，砖型供气元件的发展路线是弥散型砖缝组合型向直通多孔型供气元件变化。弥散型透气砖存在气体绕行阻力大与寿命低等缺点；环缝型透气砖相对比较致密，寿命比弥散型砖的长，应用较广泛并得到好评。由于弥散型存在耐冲刷性和抗侵蚀性均差、寿命低、不耐用、砖缝组合型易开裂的缺点，目前转炉透气元件以直通孔型为主。直通孔型透气砖是未来供气元件发展与应用的新主流（见图 6-34）。优化布置其在熔池底部的位置对底吹获得良好的冶金效果至关重要。目前应用较多的直通孔型供气元件（mutiple hole plug，MHP），最早由日本钢管公司研制成功，其优点是供气阻力小，气体流量调节范围大，气密性好，不易漏气；金属管对耐火砖的增强使砖不易剥落、开裂。直通孔型砖内设置 10~150 支细不锈钢管或耐热钢管，单管直径为 0.5~3mm。不锈钢管管头组合在一起,插在砖下方的高压箱内,设有一个集中供气装置,气体通过不锈钢管通道进入钢水中。耐火砖由高纯度镁砂+石墨并配加一定量的防氧化剂制成。

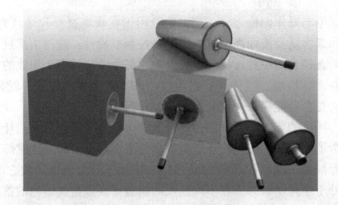

图 6-34　直通孔型供气元件示意图

这种直通孔定向多微管型透气元件的设计思想是选择合适的不锈钢管径和管数,在气源所提供的压力范围内,满足工艺要求的最大和最小搅拌强度,同时不发生钢水倒灌现象。目前转炉底吹透气元件使用最为典型的代表有细金属管直通孔型透气塞供气元件和两层金属中间密封的双环缝供气元件。

6.3.4　烟气净化系统

6.3.4.1　转炉烟气烟尘性质

转炉在吹炼过程中要吹入纯度达 99.5% 以上的氧气,炉内反应剧烈,在转炉吹炼过程中因碳的氧化会产生大量 CO 和少量 CO_2 及微量其他成分的高温气体,气体中夹带着大量氧化铁、金属铁和其他细小颗粒的固体烟尘,在炉口可观察到棕红色的浓烟,烟尘大部分是铁的氧化物,这些烟尘排入大气不仅造成空气污染,危害农作物生长、居民健康,而且也是资源的巨大浪费,这股高温含尘气流冲出炉口后进入烟罩和净化系统。气流出炉口进入烟罩的同时,吸入空气使 CO 燃烧,经燃烧后的气体成分和烟尘的性质均与炉内未燃气体不同。为区别这两类气体,对炉内原生气体叫炉气,炉气冲出炉口以后叫烟气。转炉烟气的特点是温度高、气体多、含尘量大,气体具有毒性和爆炸性,任其放散会污染环境。对转炉烟气净化处理,可回收大量的物理热、化学热以及氧化铁粉尘。

烟气处理方式有燃烧法和未燃烧法(氮幕法)两种。未燃烧法是炉气冲出炉口进入烟罩,通过控制使烟气中可燃成分尽量不燃烧,再经冷却、净化后,由风机抽引送入回收系统储存加以利用。燃烧法是炉气冲出炉口进入烟罩后,令其与足够的空气混合,使烟气中可燃成分完全燃烧,形成大量的高温废气,再经冷却、净化后,通过风机抽引排放于大气中。其废气量是未燃烧法的 4~6 倍。燃烧法与未燃法烟气成分、烟尘成分和除尘特性分别见表 6-11~表 6-13。转炉烟气的化学成分随烟气处理方法不同而异,燃烧法与未燃法两种烟气成分差别大，未燃法平均烟气量（标态）为 $60 \sim 80 m^3/t$，燃烧法的废气量为未燃法的 $4 \sim 6$ 倍，而在未燃法中烟气含 $60\% \sim 80\%\ CO$ 时，其发热量（标态）波动在 $7745.95 \sim 10048.8 kJ/m^3$，燃烧法的废气仅含有物理热。未燃法烟气温度一般为 $1400 \sim 1600℃$，燃烧法废气温度一般为 $1800 \sim 2400℃$，因此在转炉烟气净化系统中必须设置冷却设备。

表 6-11 燃烧法与未燃烧法烟气成分含量和温度比较

处理方式	成分/%						烟气温度/℃
	CO	CO_2	N_2	O_2	H_2	CH_4	
未燃烧法	$60 \sim 80$	$14 \sim 19$	$5 \sim 10$	$0.4 \sim 0.6$	—	—	$1400 \sim 1600$
燃烧法	$0 \sim 0.3$	$7 \sim 14$	$74 \sim 80$	$11 \sim 20$	$0 \sim 0.4$	$0 \sim 0.2$	$1800 \sim 2400$

表 6-12 燃烧法与未燃烧法烟尘的成分比较

处理方式	成分/%								
	金属铁	FeO	Fe_2O_3	SO_2	MnO	P_2O_5	CaO	MgO	C
未燃烧法	0.58	67.16	11.2	3.64	0.74	0.57	9.04	0.39	1.68
燃烧法	$0 \sim 0.3$	2.3	92	0.80	1.60	—	1.60	—	其他 1.30

表 6-13 燃烧法与未燃法除尘特性比较

项目	燃烧法	未燃法
空气燃烧系数	$\alpha>1$（$\alpha=1.2$ 或 $3 \sim 4$）	$\alpha<1$（$\alpha=0.08$）
烟气成分	以 CO_2、N_2 为主	以 CO（转炉煤气）为主
烟尘成分	以 Fe_2O_3 为主，颗粒细小	以 FeO 为主，颗粒较大
冷却方式	废热锅炉法（$\alpha=1.2$） 空气冷却法（$\alpha=3 \sim 4$）	汽化冷却
控制 α 的方法	活动烟罩	活动烟罩和炉口压力调节法或氮幕法（OG 法）
优缺点	操作简单，运行安全。处理烟气量大（是未燃法的 $4 \sim 6$ 倍），系统设备庞大，基建投资高，颗粒细小，除尘效率低	烟气量（α 很小），设备体积小，投资省（仅为燃烧法的 $50\% \sim 60\%$）；且可回收煤气；颗粒较大，除尘效率高；烟气成分以 CO 为主，系统运行安全性差，易发生爆炸事故，故要求系统的密封性要好
趋势		采用该法除尘且回收煤气

　　氧气顶吹转炉炉气中夹带的烟尘量，约为金属料装入量的 $0.8\% \sim 1.3\%$，炉气含尘量（标态）$80 \sim 120 g/m^3$。烟气中的含尘量一般小于炉气含尘量，且随净化过程逐渐降低。顶底复吹转炉的烟尘量一般低于氧气顶吹转炉。国家规定工业企业废气含尘量排放浓度（标态）应控制在 $50 \sim 100 mg/m^3$，部分地区已经严格要求控制在 $30 \sim 10 mg/m^3$（标态）内，因此必须对转炉烟气作净化处理。未燃法烟尘主要成分是氧化亚铁，即 60% 以上为 FeO，其颜色呈黑色；燃烧法的主要成分是三氧化二铁，即 90% 以上为 Fe_2O_3，其颜色为红棕色。可见转炉烟尘是含铁量很高的精矿粉，可作为高炉原料或转炉自身的冷却剂和造渣剂。

　　通常把粒度在 $5 \sim 10 \mu m$ 之间的尘粒叫做灰尘，把由蒸气凝聚成的直径 $0.3 \sim 3 \mu m$ 之间的微粒，呈固体的称为烟，呈液体的叫做雾。燃烧法尘粒小于 $1 \mu m$ 的约占 90% 以上，接近烟雾，较难清除；未燃法尘粒大于 $10\mu m$ 的达 70%，接近于灰尘，其除尘效果比燃烧法相对容易一些。

6.3.4.2　转炉烟气净化方法

无论转炉烟气从烟囱放散或进入煤气柜回收，都必须经过降温、除尘、抽引等净化设备。根据从烟气中分离出来的烟尘的干湿状态，将烟气净化设备分为干湿结合净化系统、全湿法净化系统、全干法净化系统。目前大中型转炉烟尘净化方式主要是湿式净化法（OG 系统）和干式净化法（LT 系统）两种，如图 6-35 和图 6-36 所示，两种工艺对比见表 6-14。

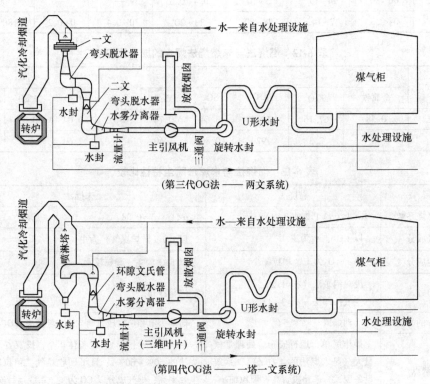

图 6-35　转炉烟气系统净化示意图（OG 系统）

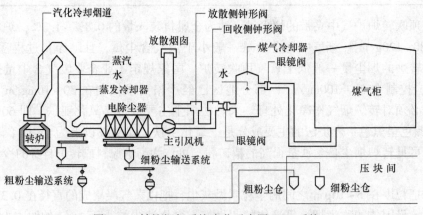

图 6-36　转炉烟气系统净化示意图（LT 系统）

表 6-14 韩国浦项光阳分厂两种系统的比较

项目	LT 干法系统	OG 湿法系统
1. 一般事项		
转炉规格	250/275t/炉，3 吹 2	250/275t/炉，3 吹 2
净化效率（标态）	$120g/m^3 \rightarrow 30mmg/m^3$	$120g/m^3 \rightarrow 80mmg/m^3$
2. 系统设置		
（1）一级除尘		
设备配置	蒸发冷却器	喷淋塔
除尘效率	35%~40%	80%~90%
压力损失	100Pa	270Pa
喷水比（标态）	$0.01 \sim 0.04L/m^3$	$3.1 \sim 3.5L/m^3$
（2）二级除尘		
设备配置	电除尘器	RSW（环隙）文氏管
压力损失	500Pa	12700Pa
喷水比	干式	$2.1 \sim 2.5L/m^3$（标态）
（3）粉尘处理	热压成块，替代转炉冶炼用废钢或铁矿石	废弃或一部分用作烧结原料
3. 副产品		
（1）粉尘		
水分	1%以下	30%~40%
成分	铁：74%	铁：72%
发生量	13kg/t（106t/day）	13.3kg/t（109t/day）
（2）烟气热量（标态）	$2278kcal/m^3$	$2140kcal/m^3$
4. 经济性		
（1）能源		
耗电	1.54kW·h/t（IDF：1100kW）	3.26kW·h/t（IDF：2750kW）
回收煤气（标态）	$100m^3/t$	$100m^3/t$
（2）操作人员	5×4 人	7×4 人
（3）费用		
投资费	100	90
转运费	100	120

日本 "OG" 法净化装置，是目前世界上湿法系统净化效果较好的一种。该净化装置是采用炉口微压差控制烟气量，采用闭环式活动烟罩和密排管式密闭热水循环冷却方式。湿式净化系统是通过水冲洗烟气中的尘埃，冲洗后的烟气得到净化，烟尘形成泥浆，除去水分后可加以利用。宝钢 20 世纪 80 年代从日本成套引进的 "OG" 法系统属第三代，即 "两文" 系统，喉口为 R-D 型喉口，现已发展到第四代，即 "一塔一文" 系统，文氏管采用 RSW（Ring Slit Washer）型喉口，风机采用三维叶片。

"LT" 法是德国鲁奇（LURGI）与蒂森（THYSSEN）公司协作研制开发的转炉烟气干式净化回收新技术，以回收废热和降低工艺过程自身能耗为主要目标。自 1969 年开始实验，到 1987 年全套系统成熟和完善，针对性地将"湿法"的先天性不足作为研究攻克的重要目标，使转炉烟气净化回收技术发生了实质性突破。1998 年宝钢三期二炼钢 250t 转炉国内首套引进的大型转炉 LT 系统运行，开启了国内转炉烟气干式净化改造之路。干式净化系统通过尘埃的重力沉降、离心、过滤和静电等原理使气与尘分离，净化后的尘埃是干粉颗粒，也可回收利用。除尘设备包括洗涤除尘器（文氏管）、静电除尘器、布袋除尘器等。

6.3.4.3 转炉"OG"烟气净化系统

转炉 OG 烟气净化除尘系统采用未燃烧法、湿式净化回收，系统具有如下特点：

(1) 设备紧凑，系统设备实现了管道化；

(2) 装备水平高，烟气回收与放散可自动切换；

(3) 降低水耗，采用汽化冷却；

(4) 净化效率高；

(5) 系统安全装置完善，设有 CO 和煤气中氧的测定装置。

在吹炼后期，转炉烟气中 CO 气体浓度低，在烟囱顶部设有气体点燃装置，把未燃烧的气体燃烧放散。

OG 烟气净化主要设备如图 6-37 所示，包括烟罩、汽化冷却烟道、一次除尘器（文氏管）、二次除尘器、90°弯头脱水器、丝网脱水器、风机、放散烟囱、水封逆止阀、V 形水封、煤气罐。

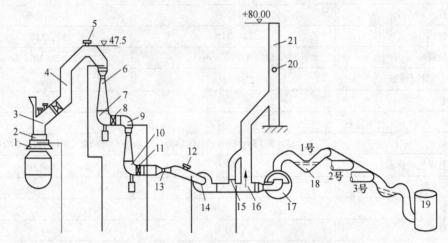

图 6-37 转炉烟气净化 OG 系统设备联系图

1—裙罩；2—下烟罩；3—上烟罩；4—气化冷却器；5—上部安全阀；6——一文；
7——一文脱水器；8，11—水雾分离器；9——二文；10——二文脱水器；12—下部安全阀；
13—流量计；14—风机；15—旁通阀；16—三通阀；17—水封逆止阀；18—V 形水封；
19—煤气罐；20—测定孔；21—放散烟囱

A 活动烟罩

为了收集烟气，在转炉上面装有烟罩。烟罩一般由固定段与活动段两部分组成，二者用水封连接，如图 6-38 所示。

为使烟罩在高温下不变形和烧坏，应通水冷却或汽化冷却。吹炼时活动段下降，缝隙

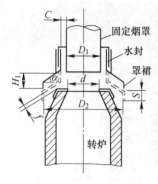

图 6-38　转炉活动烟罩示意图

用 N_2 幕密封或采用微压差法以防止烟气外溢。转炉倾动时活动烟罩升起。固定烟罩（道）内的直径（D_1）要大于炉口烟气射流进入烟罩时的直径。烟气从炉口喷出自由射流的扩张角在 18°～26°之间，由此即可求出烟气射流直径。对小于 100t 级转炉，烟气在烟道内的流速取 15～25m/s，大于 100t 转炉取 30～40m/s。烟道垂直段高度一般为 3～4m，斜烟道的倾斜角为 55°～60°。活动烟罩的下沿直径应大于炉口直径（$D_2 = (2.5 \sim 3)d$），活动烟罩的高度 H_1 约等于 1/2 炉口直径，可使罩口下沿能降到炉口以下 200～300mm 处。活动烟罩的升降行程（S）为 300～500mm。这种结构的烟罩容量较大，容纳烟气瞬间波动量也较大，缓冲效果好，烟气外溢量也较少。

　　B　汽化冷却烟道

　　汽化冷却烟道是采用软化水以汽化的方式（充分利用了水汽化潜热大的优点）冷却钢铁冶金设备并吸收大量的热量从而产生蒸汽的装置。其工作过程是，高温烟气通过汽化器（汽化烟道壁面）时，烟气与汽化器存在着较大的温差而发生热传递，高温烟气将自身的热量传递给受热面，同时自身温度降低。受热面另一侧蒸发管中的水吸收烟气热量部分被蒸发，并在蒸发管内形成汽水混合物。由于水蒸气的密度相对于水较小，在压强的作用下蒸气在蒸发管内上升，通过上升管最终进入汽包，经过汽水分离，水蒸气从汽包引出进入蓄热器存储，最后送入蒸汽管网供生产生活使用。同时水下降到蒸发管底部重新进入到汽化器的下联箱内，补充的水供给蒸发管内继续蒸发使用。如此反复循环，不断冷却高温烟气，产生蒸气。

　　汽化冷却烟道是转炉炼钢的重要设备（见图 6-39），具有收集、冷却、输送烟气的作用，另外烟道也是生产蒸汽的余热锅炉，其作用是将 1400～1500℃ 的烟气冷却至 800～1000℃。汽化冷却烟道的结构为密排式无缝钢管排列围成筒状，在外套管上连接喷嘴组件，喷嘴组件中的喷嘴面向外套管与管道间的空腔，喷嘴组件利用接管与供水管连接，冷却水从烟道下部通入，流经无缝钢管时，由于吸收高温烟气的热量而汽化，从而将高温烟气冷却。

　　C　弯头脱水器

　　利用烟气做旋转 90°或 180°的运动时，含尘水滴在离心力的作用下被甩至脱水器叶片及器壁，通过排水槽排走，达到烟气净化的目的（见图 6-40）。脱水器与文氏管相连，并在文氏管之后，含尘水滴进入脱水器后，受惯性力及离心力作用，水滴被甩至器壁及叶片

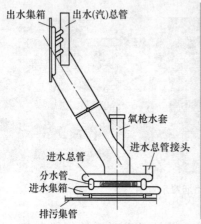
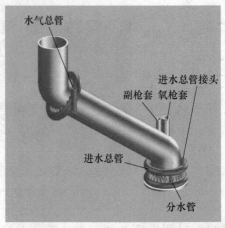

图 6-39　汽化冷却烟道

上，沿器壁及叶片下流并完成气与污水分离。污水从弯头脱水器的排污孔排出。分离粒径大于 30μm 的水滴，其脱水率可达 95%~98%。

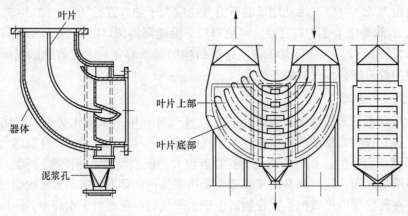

图 6-40　90°和 180°弯头脱水器示意图

弯头脱水器入口流速为 10~12m/s，出口气流速度为 7~9m/s，脱水器内的截面流速为 5~10m/s。90°弯头一般为单叶片，180°弯头一般为 3~5 个叶片。弯头脱水器的缺点是易造成堵塞，改进分流挡水板和增设反冲喷嘴，有利于消除堵塞现象。

D　文氏管除尘器

转炉常用的除尘元件有旋风除尘器、平旋除尘器、文氏管除尘器和静电除尘器等。"OG"法使用文氏管除尘器来喷水冷却降温和除尘，属于烟气湿式除尘设备，除尘率 90% 以上。文氏管除尘器由雾化器（碗形喷嘴）、文氏管本体及脱水器等三部分组成（见图 6-41），可将煤气由 800~1000℃ 在 1/150~1/50s 内冷却到 70~80℃。文氏管本体由收缩段、喉口段、扩张段三部分组成（见图 6-41），定径溢流文氏管（见图 6-42）（一文）属于两级全湿法除尘的第一级，起降温和粗除尘的作用，烟气被收缩段加速并冲击水幕，迅速吸收热量汽化，使烟气温度由 1000℃ 下降至 70~80℃，细小水滴捕集烟尘并去除，一文的效率为 90%~95%。

可调喉口文氏管（二文）工作原理与一文相似（见图 6-43），不同在于喉口可调，可以随炉气量变化而变化，以维持喉口流速，主要用于精除尘，效率可达 98%。调径文氏管的收缩角为 23°~30°，扩张角为 7°~12°；调径文氏管收缩段的进口气速为 15~20m/s，喉口气流速度为 100~120m/s；二文阻损一般为 10000~12000Pa。

圆弧形-滑板调节文氏管（R-D 文氏管），如图 6-44 所示。在文氏管喉口段内安设米粒形阀板用以控制喉口开度，可显著降低二文阻损（9000~12000Pa）。喉口阀板调节性能好，喉口开度与气体流量在相同的阻损下，基本上呈直线函数关系，这样能准确地调节喉口的气流速度，提高喉口的调节精度。另外，阀板是用液压传动控制的，可与炉口微压差同步，也使调节精度得到提高。

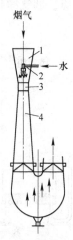

图 6-41　文氏管除尘器的组成

1—文氏管收缩段；2—碗形喷嘴；
3—喉口；4—扩张段

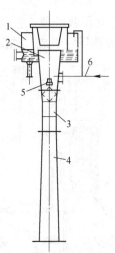

图 6-42　定径溢流文氏管

1—溢流水封；2—收缩管；3—腰鼓形喉口（铸件）；
4—扩散管；5—碗形喷嘴（内喷）；6—溢流供水管

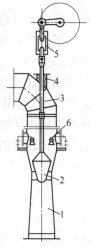

图 6-43　可调喉口文氏管

1—文氏管；2—重铊；3—拉杆；4—压盖；
5—联结件；6—碗形喷嘴（内喷 2 个）

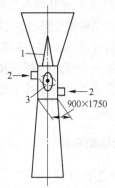

图 6-44　圆弧形-滑板调节（R-D）文氏管

1—导流板；2—供水；3—可调阀板

E　丝网脱水器

丝网脱水器用于脱除雾状水滴。丝网脱水器装在风机之前，它用不锈钢或紫铜丝或含 P 钢丝编织而成（见图 6-45）。烟气中夹带的细小雾滴与丝网碰撞，含尘水滴沿丝与丝交叉结扣处聚集，形成大水滴脱离丝网而沉降，实现气、水雾的分离。其可除去粒径小于 $2 \sim 5 \mu m$ 的雾滴，脱水效率高。但丝网易堵，最好每炼一炉钢用水冲洗一次，每次 3min。

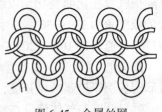

图 6-45　金属丝网

6.3.4.4　转炉"LT"烟气净化系统

"LT"法烟气净化回收处理工艺设施主要由烟气冷却系统、烟气净化系统、烟气回收系统、水处理系统和热压块组成，如图 6-46 所示。

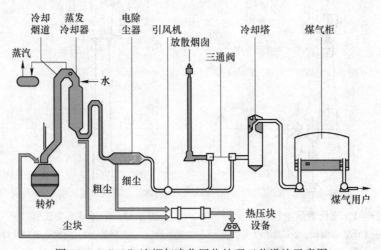

图 6-46　"LT"法烟气净化回收处理工艺设施示意图

烟气冷却系统由活动烟罩、罩裙和汽化冷却烟道等组成。其主要功能是捕集、冷却烟气，回收烟气显热。烟气净化系统由蒸发冷却器、电除尘器、粗粉尘输送系统、细粉尘输送系统、ID 主引风机和放散烟囱等组成，其主要功能是对烟气进行再冷却，对烟气进行净化和将收下的粉尘输送至热压块设施。烟气回收系统由切换站和煤气冷却器等组成，其主要功能是回收烟气潜热，将合格煤气降温后送入煤气柜。水处理系统由水泵和冷却塔等组成，其主要功能是为蒸发冷却器和煤气冷却器供水。热压块设施由回转窑、压块机及粉尘和成品块输送设备等组成，其主要功能是将粉尘热压成块，替代转炉冶炼所需的废钢或铁矿石。

6.3.5　转炉炼钢辅助系统

6.3.5.1　修筑炉机械

转炉炉衬的修砌方法分为上修和下修。下修时转炉炉底是可拆卸的，筑炉机械和炉衬材料由转炉下方进入炉内，下修法的主要机械是炉底车和修炉车。炉底车活动主要靠钢包车牵引，也可根据具体生产情况制作成电动式（见图 6-47）。它由车体、工作平台、液压起重机、平台升降液压系统、平台支撑液压系统以及运砖卷扬系统等组成。炉底车工作平台下面是顶升油缸，油缸的顶力通过滚动支撑传给炉底，以保证炉底砖与炉体砖的接触面上达到规定的压强值。

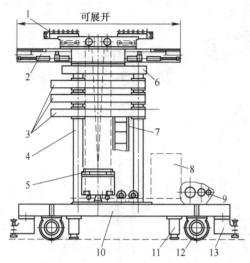

图 6-47　炉底车示意图

1—上平台；2—伸展平台；3—横梁；4—升降油缸；5—装料转盘；6—顶端横梁；7—伸缩扶梯；
8—液压站；9—卷扬提升系统；10—车体；11—支撑油缸；12—车轮；13—支撑装置

上修法就是筑炉机械和炉衬材料都是从转炉上方的炉口进入炉内，由炉底向上砌砖。这种砌砖方式整体性好，没有炉底和炉身接缝处的薄弱环节，因而不易出现漏钢事故；其炉壳也是整体，使用中不易变形。缺点是拆、砌炉衬时炉内通风不好，工作条件恶劣，必须采用强制通风冷却；同时上修方式对炉子跨上方布置影响较大，散状料仓和下料系统都要让开炉子上方，下部烟罩也必须做成可移动的，增加了结构的复杂性。

上修法所使用的主要机械是修炉塔，如图 6-48 所示。其塔体 3 通过塔体支架 1 支承在烟罩的工作平台上。下面修砌的操作平台 4 是由伞形罩组成，可在炉内打开，利用卷扬机 2 连续升降以满足所需要的砌砖高度。耐火砖由叉车送至塔体支架辊道上，通过辊道运至塔体的罐笼 6 内。然后再用卷扬机 5 把罐笼运到下面操作平台高度位置上。耐火砖从塔门洞通过辊道运至操作人员旁边。这种修炉塔工作可靠，适用于大型转炉修炉。

6.3.5.2 挡渣装置

挡渣出钢指的是转炉吹炼结束或电弧炉氧化熔炼完成后向盛钢桶（钢包）内放出钢水而把氧化渣留在炉内的操作。挡渣出钢有挡渣球、挡渣塞、高压气挡渣、挡渣阀门等各种方法。

挡渣球（见图 6-49）由耐火材料包裹在铁芯外面制成，其密度大于炉渣而小于钢水，因而能浮在渣钢界面处。出钢时，当钢水已倾出 3/4～4/5 时，用特定工具伸入炉内将挡渣球放置于出钢口上方；钢水临近出完时，旋涡将其推向出钢口，将出钢口堵住而阻挡渣子流出。为了提高挡渣球的抗急冷急热性能，提高挡渣效率，又研制了石灰质挡渣球。先在铁芯外包一层耐火纤维，用于起缓冲作用；球的外壳以白云石、石灰等作原料，用合成树脂或沥青等作黏接剂制造。挡渣球法成功的关键：一是球的密度恰当，即 4.3～

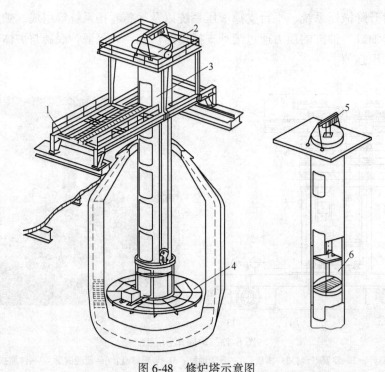

图 6-48　修炉塔示意图

1—塔体支架；2—操作平台提升卷扬；3—塔体；4—操作平台；5—罐笼提升卷扬；6—罐笼

4.4g/cm；二是出钢口维护好，保持圆形；三是放置球的位置对准出钢口。但由于挡渣球的体形，使其极易随钢流飘浮而离开出钢口，从而失去挡渣作用。

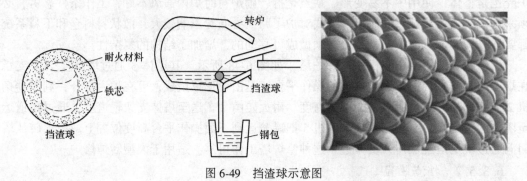

图 6-49　挡渣球示意图

　　挡渣塞是将挡渣物制成上为倒锥体下为棒状的塞，如图 6-50 所示。由于其形状接近于漏斗形，可配合出钢时的钢水流，故比挡渣球效率高。有的在挡渣塞上部锥体增加小圆槽而下部改为六角锥形，以增加抑制旋涡的能力。出钢时用专用机械将挡渣塞吊置在出钢口上方，缓缓加到钢水面上。挡渣塞能堵住出钢口而阻挡炉渣流出。

　　高压气挡渣是奥钢联开发的技术，如图 6-51 所示。当有出渣信号时即将一铸铁喷嘴插入出钢口，向出钢口喷射高压（1~1.6MPa）氮或氩，喷嘴与出钢口耐火材料间的缝隙可将空气抽引进入，喷射的气流和吸入的空气共同将渣堵住。下渣信号检测则是由于汇流旋涡的作用，在钢水没有出完时，部分渣子已在钢流内流出，因此靠肉眼观察不能准确判

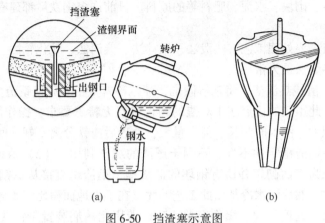

图 6-50　挡渣塞示意图
（a）挡渣位置；（b）改进型挡渣塞

断开始下渣时间，应用电磁式渣信号检测器能早判断渣子流出信号，及时启动各种挡渣设施。检测器原理为将线圈埋在出钢口外，在出钢口形成电磁场，由于金属和渣的透磁性不同，因而会影响线圈内感应电流。信号放大后可判断是否有渣出现。

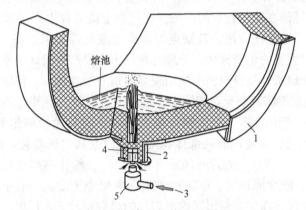

图 6-51　高压气挡渣示意图
1—转炉；2—出钢口；3—高压气体；4—炉渣信号检测器；5—气动挡渣器

国内外厂家的使用结果表明，挡渣出钢后，钢包内的渣层厚度由原来的 100~150mm 减少到 40~60mm，钢液的回磷量因此由 0.004%~0.006% 下降到 0.002%~0.003%；锰的回收率由 80%~85% 提高到 85%~90%，硅的回收率由 70%~80% 提高到 80%~90%；夹杂物的废品率由 2.3% 降低到 0.059%；同时，钢包的使用寿命也大幅提高。

挡渣出钢后应向钢包加覆盖渣对钢液进行保温。目前，生产上广泛使用的是炭化稻壳，其密度小、保温性能好，而且浇注完毕不挂包。

6.3.5.3　钢渣处理系统

钢渣是冶金工业生产中的第二大废渣，一般每炼 1t 钢会产生 100~170kg 的钢渣，每年全国排放量超 1 亿吨。目前各钢铁厂渣场占地都很大，所以炉渣处理非常重要。钢渣中含游离氧化钙，渣场在大气环境中经雨水长期冲刷，氧化钙溶解于水中，会造成附近土壤碱化，污染环境。钢渣中含有丰富的资源，废钢含量为 10%，所含 FeO、CaO、SiO_2 等化合物可作为生产砖、砌块、水泥、肥料等的原料。目前许多钢铁厂都建有炉渣处理车间和综合利用厂。

目前国内钢渣主要处理工艺有热泼法、风淬法、滚筒法、粒化轮法、热焖法。其中热泼法、滚筒法、热焖法最为常用。

热泼法:(1)渣线热泼法,将钢渣倾翻,喷水冷却3~4d后使钢渣大部分自解破碎,运至磁选线处理。此工艺的优点在于对渣的物理状态无特殊要求,操作简单、处理量大;其缺点为占地面积大、浇水时间长、耗水量大,处理后渣铁分离不好,回收的渣钢含铁品位低、污染环境、钢渣稳定性不好、不利于尾渣的综合利用。(2)渣跨内箱式热泼法,该工艺的翻渣场地为三面砌筑并镶有钢坯的储渣槽,钢渣罐直接从炼钢车间吊运至渣跨内,翻入槽式箱中,然后浇水冷却。此工艺的优点在于占地面积比渣线热泼小,对渣的物理状态无特殊要求,处理量大、操作简单,建设费用比热焖装置少;其缺点为浇水时间24h以上,耗水量大,污染渣跨和炼钢作业区,厂房内蒸汽大,影响作业安全,钢渣稳定性不好,不利于尾渣综合利用。

滚筒法:为俄罗斯专利技术。高温液态钢渣从溜槽流淌下降时,被高压空气击碎,喷至周围的钢挡板后落入下面水池中。此工艺的优点在于流程短、设备体积小、占地少、投资少、环保、钢渣稳定性好、渣呈颗粒状、渣铁分离好、渣中f-CaO含量小于4%(质量分数,下同)、便于尾渣在建材行业的应用,它代表了渣处理生产技术的发展方向,宝钢于1998年首次进行了工业化应用。其缺点为对渣的流动性要求较高,必须是液态稀渣,渣处理率较低,仍有大量的干渣排放,处理时操作不当易产生爆炸现象。

转炉钢渣焖罐处理法:是目前国内使用较好的钢渣处理技术。待熔渣温度自然冷却至300~800℃时,将热态钢渣倾翻至热焖罐中,盖上罐盖密封,待其均热半小时后对钢渣进行间歇式喷水。急冷产生的热应力使钢渣龟裂破碎,同时大量的饱和蒸汽渗入渣中与f-CaO、f-MgO发生水化反应使钢渣局部体积增大从而令其自解粉化。此工艺的优点在于渣平均温度大于300℃均适用,处理时间短(10~12h),粉化率高(粒径20mm以下者达85%),渣铁分离好,渣性能稳定,f-CaO、f-MgO含量小于2%,可用于建材和道路基层材料。其缺点为需要修建固定的封闭式内嵌钢坯的热焖箱及天车厂房,建设投入大,操作程序要求较严格,冬季厂房内会产生少量蒸汽。宝钢于1995年使用该技术,解决了车间粉尘污染大的问题。

6.4 转炉炼钢过程

转炉炼钢过程分为准备期、吹炼初期、吹炼中期、吹炼末期和出钢,如图6-53所示。开吹时氧枪枪位采用高枪位,目的是为了早化渣,多去磷,保护炉衬。

(1)在吹炼过程中适当降低枪位,保证炉渣不"返干"、不喷溅、快速脱碳与脱硫,以熔池均匀升温为原则。

(2)在吹炼末期要降枪,主要目的是使熔池钢水成分和温度均匀,加强熔池搅拌,稳定火焰,便于判断终点,同时降低渣中Fe含量,减少铁损,达到溅渣的要求。

当吹炼到所炼钢种要求的终点碳范围时,即停吹,倒炉取样,测定钢水温度,取样快速分析[C]、[S]、[P]的含量,当温度和成分符合要求时,就出钢。

（3）当钢水流出总量的 1/4 时，向钢包中加入脱氧合金化剂，进行脱氧、合金化，由此一炉钢冶炼完毕。

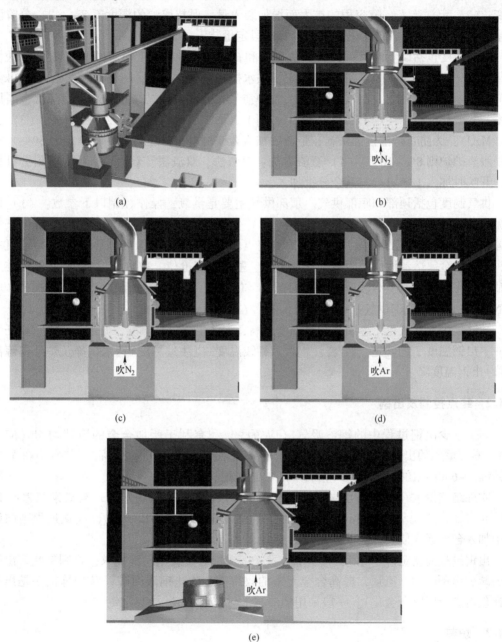

图 6-53　炼钢过程示意图

（a）准备期；（b）吹炼初期；（c）吹炼中期；（d）吹炼末期；（e）出钢

6.4.1　转炉操作

转炉操作涉及多个阶段、多个制度的调节，包括装料制度、造渣制度、供气制度、温度制度等。

装料制度包含装入量和装入形式。装入量是指每炉装入的铁水和废钢的总量，一般废钢占 15%~30%，装入量有三种形式：（1）定量装入：整个炉役期保持每炉的金属装入量不变；（2）定深装入：随容积的扩大而增加装入量，保持熔池的深度不变；（3）分阶段定量装入：将整个炉役分为若干阶段，每阶段定量装入。

造渣制度包括以下内容：（1）炉渣碱度和石灰加入量：碱度指渣中碱性氧化物/酸性氧化物，一般为 2.5~4.0，高［S］、［P］铁水控制在 3.5~4.0，吨钢石灰消耗 70~80kg。（2）炉渣氧化性：用 $\sum(\%FeO)$ 表示，若炉渣氧化性高利于成渣、脱 P，但降低金属回收率。一般初期高，终点 15% 左右，［C］、［P］要求高时，控制在 20%~25%。（3）渣中（MgO）：为防止炉渣侵蚀炉衬，造渣时加入含镁材料，一般终渣（MgO）为 6%~8%，采用溅渣护炉则 8%~10%。（4）造渣方法：单渣法、双渣法、双渣留渣法。渣料分批加入，开吹时加入 1/3~1/2，其余分批加入。

供气制度包括顶部和底部供气。顶部供气主要是供氧，操作控制以下参数：（1）氧气流量：单位时间向熔池吹入氧气体积；（2）供氧强度：单位时间向熔池吨钢提供氧气的体积；（3）氧气工作压力：设定压力测定点的氧气压力（0.8~1.2MPa）；（4）枪位：喷头至静止金属熔池液面的距离（化渣枪位、基本吹炼枪位、拉碳枪位）。底吹气体类型包括非氧化性气体 Ar、N_2 和氧化性气体 O_2、CO_2、空气，底吹过程吹炼前期 N_2 搅拌，后期 N_2、Ar 切换，底部供气强度不大于 0.3m^3/（t·min）（标态）。

随铁水中元素氧化，金属液相线温度升高，浇注也要求过热度，升温是炼钢重要任务之一。出钢温度 T 的确定：T=浇注钢种液相线温度+浇注过热度+钢水镇静及炉外精炼温度降+出钢温度降。

6.4.2　终点控制及出钢

为了减少出钢过程中的钢液吸气（应短些）和有利于所加合金的搅拌均匀（应长些），需要适当的出钢持续时间。50t 以下转炉出钢持续时间应为 1~4min；50~100t 转炉应持续 3~6min；100t 以上转炉应持续 4~8min。

吹炼终点钢水［O］=0.02%~0.08%，向钢中加入一种（或几种）与氧亲和力比 Fe 大的元素，常用脱氧剂有 Fe-Si、Fe-Mn、Al、Si-Al-Ca、Si-Al-Ba 等；合金化过程则向钢水中加入合金元素使其达到成品钢成分要求。

出钢过程先测定［C］、［P］、［S］及 T，判断是否满足出钢要求，否则补吹。出钢时要减少出钢时的下渣量，提高合金元素的收得率，防止钢液回磷（转炉炼钢多是出钢时在包内进行脱氧合金化）。一般采用挡渣技术与红包出钢。

6.4.3　炉前操作

转炉炼钢炉前操作涉及下述内容：

（1）操作步骤：上炉出钢—倒完炉渣（或加添加剂）—补炉或溅渣—堵出钢口—兑铁水—装废钢—下氧枪—加渣料（石灰、铁皮）—点火—熔池升温—脱 P、Si、Mn—降氧枪脱碳。

（2）炉况判断：看炉口的火，听声音。看火亮度来判断是否加第二批（渣料），然后提枪化渣，控制"返干"。降枪控制终点（FeO），倒炉取样测温，出钢。

钢液碳的判断方法：取样分析、磨样、看火花、结晶定碳等。如通过看火花来判断，当转炉开吹后，熔池中碳不断地被氧化，金属液中的碳含量不断降低。碳氧化时产生大量的 CO 气体，高温的 CO 气体从炉口排出时与周围的空气相遇，立即氧化燃烧，形成了火焰。炉口火焰的颜色、亮度、形状、长度是熔池温度及单位时间内 CO 排出量的反映，也是熔池中脱碳速度的表征。在吹炼前期，碳氧化得少，熔池温度较低，所以炉口火焰短，颜色呈暗红色；吹炼中期碳开始激烈氧化，生成 CO 量大，火焰白亮，长度增加，也显得有力。这时对含碳量进行准确的估计是困难的；当碳含量进一步降低到 0.20% 左右时，由于脱碳速度明显减慢，CO 气体显著减少，这时火焰要收缩、发软、打晃，看起来有些稀薄，炼钢工要根据自己的体会来掌握拉碳时机。

钢液磷的判断方法：取样分析、渣的颜色及气孔等判断。

钢液温度判断方法：热电偶测温、看炉口火焰、看钢液颜色、氧枪冷却水温度差判断等。钢液颜色显示为白亮、青色、浅蓝、深蓝、红色等，其对应温度也不同，温度高时火焰白亮而浓厚有力；温度低时火焰透明淡薄，略带蓝色，白烟少，火焰形状有刺无力，喷出的炉渣发红，常伴有未融化的石灰粒；温度更低时，火焰发暗，呈灰色。

最终根据分析取样结果来决定出钢（或补吹）及合金化。技术水平高的炉长，不要补吹的，一次命中率高。

6.4.4 加料制度

装料工艺对转炉炼钢的技术经济指标有明显的影响。对使用废钢的转炉，如先装废钢后兑铁水，为了保护炉衬不被废钢击伤，应先加洁净的轻废钢，再加中型和重型废钢。过重的废钢，最好在兑铁水后加入。为了防止炉衬过分急冷，装完废钢后应立即兑入铁水。炉役末期，以及废钢装入量很大的转炉，均应先兑铁水后加废钢。

不同的转炉，以及同一转炉在不同的生产条件下，都有其不同的合理的金属装入量。装入量过大，喷溅增加，熔池搅拌不好，造渣困难，炉衬特别是炉帽寿命缩短，供氧强度也因喷溅大而被迫降低；装入量过小，炉产量减少，因熔池过浅，炉底容易受来自氧气射流区的高温和高氧化铁的循环流冲击，甚至损坏炉底。

转炉兑铁水的具体步骤为：

（1）准备工作。转炉具备兑铁水条件或等待兑铁水时，将铁水包吊至转炉正前方，吊车放下副钩，炉前指挥人员将 2 只铁水包底环分别挂好钩。

（2）兑铁水操作：

1）炉前指挥人员站在转炉和转炉操作室中间近转炉的侧旁。指挥人员的站位必须能同时被摇炉工和吊车驾驶员看到，且不会被烫伤。

2）指挥吊车驾驶员开动大车和主、副钩将铁水包运至炉口正中和高度恰当的位置。

3）指挥吊车驾驶员开小车将铁水包移近炉口位置，必要时指挥吊车对铁水包位置进行微调。

4）指挥吊车上升副钩，开始兑铁水。

5）随着铁水不断兑入炉内，要同时指挥炉口不断下降和吊车副钩不断上升，使铁水流逐步加大，并使铁水流全部进入炉内，且铁水包和炉口互不相碰，铁水不溅在炉外。

6）兑完铁水指挥吊车离开，至此兑铁水完。

转炉兑废钢的具体步骤如下：

（1）准备工作。废钢在废钢跨装入废钢斗，由吊车吊起，送至炉前平台，由炉前进料工将废钢斗尾部钢丝绳从吊车主钩上松下，换钩在吊车副钩上待用。如逢雨天废钢斗中有积水，可在炉前平台起吊废钢斗时将废钢斗后部稍稍抬高或在兑铁水前进废钢。

（2）加废钢操作。炉前指挥人员站立在转炉和转炉操作室中间近转炉的侧旁（同兑铁水位置）。待兑铁水吊车开走后即指挥进废钢。

1）指挥摇炉工将炉子倾动向前（正方向）至进废钢位置。

2）指挥吊废钢的吊车工开吊车至炉口正中位置。

3）指挥吊车移动大小车将废钢斗口伸进转炉炉口。

4）指挥吊车提升副钩，将废钢倒入炉内。如有废钢搭桥、轧死等，可指挥吊车将副钩稍稍下降，再提起，让废钢松动一下再倒入炉内。

5）加完废钢后即指挥吊车离开，指挥转炉摇正，至此加废钢毕。

6.5　转炉生产率及车间作业指标

6.5.1　转炉生产率

炉子生产率是反映一个炼钢车间工艺操作水平、机械化自动化水平、生产管理水平的一项重要的技术经济指标。

转炉生产率的表示与计算方法如下：

（1）小时产钢量：

$$小时产钢量 = \frac{平均炉产钢水量(t) \times 良锭收得率(\%)}{炉役期平均冶炼周期(h)} \tag{6-7}$$

（2）年产良锭量：

按一座连续生产的转炉计算：

$$年产良锭量 = \frac{1440 \times 365 \times n_1 \times t \times n_2}{\tau} \tag{6-8}$$

式中　τ——冶炼周期，min；

　　n_1——车间有效作业率，%；

　　t——炉子容量，t/炉；

　　n_2——良锭收得率，%；

　　365——年日历天数；

　1440——昼夜分钟数，24×60＝1440。

（3）每公称吨容量的年产良锭量。按一座连续生产的转炉考虑：

$$每公称吨容量年产良锭量 = \frac{炉子年产良锭量}{炉子公称容量} = \frac{1440 \times 365 \times n_1 \times t \times n_2}{\tau \times t}$$

$$= \frac{1440 \times 365 \times n_1 \times n_2}{\tau} \tag{6-9}$$

6.5.2 转炉车间作业指标

转炉炼钢车间的作业指标，是计算炉子生产率和选择炼钢设备的主要依据，也是衡量炼钢车间生产技术水平和管理水平的重要标志。这些指标应该在已有生产车间平均先进水平的基础上选取。

（1）转炉冶炼周期。转炉冶炼周期是指每炼一炉钢所需要的总的时间，即两次出钢之间的时间。包括吹炼时间、辅助时间及耽误时间三部分。国内不同容量的转炉平均冶炼周期可参考表 6-15 所列数据。

表 6-15　国内不同容量的转炉平均冶炼周期

炉子容量/t	15	30	50	100~120	150	200	250	300
冶炼周期/min	25~28	28~30	30~33	33~36	36~38	38~40	约40	约40

（2）车间年日历有效作业率。是指车间一年的有效工作天数与日历天数之比。

$$车间年日历有效作业率 \ n_1 = \frac{车间一年有效工作天数}{365} \times 100\% \qquad (6\text{-}10)$$

车间非作业天数包括车间计划检修和非计划检修。当转炉与单台连铸机配合全连铸时，年有效作业天数为 275~290 天；当转炉与部分连铸配合时，年有效作业天数为 300~320 天，即车间年日历有效作业率为 75%~88%。

（3）良锭收得率。炉产合格钢锭（坯）与炉产钢水量之比值，称为良锭收得率。

$$良锭收得率 \ n_2 = \frac{炉产合格钢锭（坯）}{炉产钢水量} \times 100\%$$

$$= \frac{炉产钢水量 - 浇注损失}{炉产钢水量} \times 100\% \qquad (6\text{-}11)$$

一般情况下，对连铸良坯收得率可取 98%，对模铸上注法良锭收得率可取 98%，对模铸下注法可取 95%。

（4）转炉寿命及炉子冷修时间。转炉寿命是转炉车间一项重要的综合指标，对车间生产率有重大影响。提高转炉寿命的主要因素：高 MgO 含量的镁砂（MgO 占 98% 以上）、高成型密度（3.3 以上）、高碳素骨架（油浸砖、镁碳砖）、经常性维护与修补（喷补或大面定期垫砖）。我国首钢 1978 年突破 4000 炉，济南钢铁厂 1979 年突破 5070 炉。目前，我国转炉平均炉龄在 7000 炉以上，部分企业最高炉龄超过 30000 炉。日本转炉最高炉龄在万炉以上，平均炉龄在 2000 炉左右。钢铁工业进入转型发展期后，低开工率、低负荷生产逐步成为常态，高产量不再等于高收益（甚至相反），经营环境的重大改变促使钢铁企业对以往复吹转炉工艺进行反思。日、欧、韩等国高水平钢厂均高度重视转炉底吹搅拌效果，为此甚至不采用溅渣护炉工艺，炉龄大多低于 5000 炉，德国蒂森-克虏伯等钢厂转炉炉龄甚至低于 2000 炉。

转炉的冷修过程包括冷却、折炉、检修烟罩、砌炉、烘炉等几个步骤。每个环节所需的时间参考表 6-16。

表 6-16　转炉冷修计划　　　　　　　　　　　　　（h）

冷却	拆炉	检修烟罩	砌炉	烘炉	合计
6~12	8~12	4~9	24~50	0.5~1	40~90

（5）转炉主要原材料消耗指标。主要原材料消耗指标见表 6-17。

表 6-17　转炉主要原材料消耗指标

项目	单位	转炉容量		
		≤30t	30~100t	≥100t
1. 每炉座年产钢炉数	炉/a	6200~7400	5600~6800	5000~6000
2. 钢铁料消耗	kg/t	1130	1120	1100
3. 石灰消耗	kg/t	70~80	60	50
4. 炉衬消耗	kg/t	10	6	4
5. 氧气消耗（炉座×1）（标态）	m³/t	80	70	60
6. 电耗（炉座×2）	kW·h/t	25	20	15

6.5.3　车间炉子容量及座数的确定

在确定转炉容量和炉子座数时，应考虑以下方面：

（1）考虑原材料来源、水、电、煤及交通条件，产品在市场有无竞争能力。

（2）考虑国家和地区对主要设备的制造和备件能力。

（3）考虑转炉生产特点，炉座数不宜过多，一般不超出 3 座；考虑钢的品种，转炉生产软线钢材和板材有明显优势，因此转炉应以生产低碳镇静钢和沸腾钢为主。转炉生产合金钢和特殊钢较难一些。

转炉容量可按下式计算确定：

$$转炉公称容量(t) = \frac{年产良锭量(t/a) \times 冶炼周期(min)}{良锭收得率(\%) \times 炉子年作业天数 \times 1440(min)} \quad (6-12)$$

在计算转炉容量时，应正确选取有关技术经济指标，一是参考设计部门推荐数据；二是对同类型生产车间进行考查；三是根据新建车间的具体情况，综合分析比较加以确定。转炉车间炉子座数一般采用"一吹一""二吹一""三吹二"三种方案。"一吹一"适合于用吊车起吊更换炉子的小转炉生产；在新建转炉车间分期建设的前期工程采用"二吹一"方案；"三吹二"车间生产比较稳定，通常在主体和辅助设施完善后的转炉车间采用这一方案。

近年来，有的转炉车间改进了转炉托圈结构，使托圈能迅速启闭，给炉子移动更换带来方便，或由于炉子寿命的显著提高，车间布置合理和运输能力扩大，也可采用"二吹二"或"三吹三"的转炉工作制方案。

思　考　题

6-1　简述转炉炉型定义及熔池形状的分类。

6-2 简述铁水预处理及相应方法和设备。

6-3 转炉装入制度有哪些，大型转炉采用何种装入制度更合理？

6-4 简述氧枪和副枪的作用及特点。

6-5 简述转炉炉型及不同转炉炉型熔池深度计算方法。

6-6 如何从转炉内衬优化角度来提高转炉炉龄？

6-7 如何根据转炉烟气烟尘性质选择适宜的烟气净化系统？

6-8 转炉炼钢辅助系统包括哪些部分，各有哪些主要装备？

6-9 氧枪走位点有哪些，各位置分别起什么作用？

6-10 转炉生产率如何表述？

6-11 如何确定转炉车间炉子容量和数量？

7 电弧炉炼钢设备

7.1 概　述

7.1.1 电弧炉炼钢发展史

电炉是采用电能作为热源进行炼钢的炉子的统称。按电能转换热能方式的差异，炼钢的电炉包括：电渣重熔炉——利用熔渣的电阻热；感应熔炼炉——利用电磁感应；电子束炉——依靠电子碰撞；等离子炉——利用等离子弧；电弧炉——利用高温电弧等，不包括加热炉、热处理炉等。

目前，世界上电炉钢产量的 95% 以上都是由电弧炉生产的，因此电炉炼钢主要指电弧炉炼钢。电炉炼钢的工作原理是以废钢为主要原料，以三相交流电为电源，利用电流通过石墨电极与金属料之间产生电弧的高温加热、熔化炉料。它是用来生产特殊钢和高合金钢的主要方法。

电炉是继转炉、平炉之后出现的又一种炼钢方法，是在电发明之后，由法国的海劳尔特（Heroult）在 La Praz 发明的。这座电炉建于阿尔卑斯山（Alps）的峡谷中，原因是在距它不远处有一个火力发电厂。电炉炼钢法的出现，开发了煤的替代能源，使得废钢开始了经济回收，这最终使得钢铁成为世界上易于回收的材料，也为循环经济及可持续发展做出了巨大贡献。

7.1.1.1 电炉炼钢技术的发展历程及现状

自 1879 年世界上第一台实验电弧炉诞生以来，电弧炉炼钢已经历了 100 多年的发展。1890 年，电弧炉炼钢首次在工业上实现应用；1909 年，第一座 15t 三相电弧炉在美国建成运营，其是世界上第一座圆形炉壳电弧炉；1936 年，德国成功研制出世界上第一座炉盖旋转式电弧炉。迄今为止，电弧炉炼钢发展大致可分为传统电弧炉炼钢时期和现代电弧炉炼钢时期。

20 世纪 50 年代，传统电弧炉炼钢技术以"熔氧合并，薄渣吹氧，缩短还原期"为特征的工艺发展，标志着传统电弧炉炼钢进入成熟阶段。1982 年，LF（Ladle Furnace）钢包精炼技术以及 EBT（Eccentric Bottom Tapping）技术诞生，形成了"超高功率电弧炉冶炼+炉外精炼+连铸"工艺流程，电弧炉炼钢技术进入现代电弧炉炼钢技术发展期。1989 年，美国纽柯钢厂建成第一条 EAF+CSP（Compact Strip Production）生产线，薄板坯连铸连轧技术率先发展，标志着现代电弧炉炼钢技术进入成熟阶段。同年，具有电网冲击小、石墨电极消耗低等特点的超高功率直流电弧炉问世，并且高配碳技术、强化用氧技术（包括超声速氧枪、碳氧枪、氧燃烧嘴、二次燃烧）等趋于成熟，电弧炉炼钢技术和装备水平大幅度提高。20 世纪 90 年代中期，由于连铸单流产量提高，一机多流、多炉连浇技术的发展以及薄板坯厚度的增加，冶炼周期进一步缩短，交流电弧炉和直流电弧炉形成竞争发展态势。此时，电弧炉炼钢废钢预热，即二次燃烧和烟气显热利用技术得到重视，随之出现许多不同类型的废钢预热电弧炉。

21 世纪后，电弧炉炼钢 Ecoarc 技术出现，其不仅能有效预热废钢，还能使二恶英和呋喃等有害气体的排放量降低至 $0.1ngTEQ/m^3$ 以下，成为环境友好型电弧炉技术。2003—2016 年期间，国外电弧炉炼钢技术和装备继续向前推进，相继出现了像达涅利的 EAF ECS、西马克公司的 SHARC、德国普瑞特公司的 Quantum EAF 等高效、节能及环保型电弧炉。2016 年之后，国外电弧炉朝着高效化、洁净化、绿色化和智能化方向不断前进。

我国电弧炉起步较晚，改革开放前，电炉一般都是 30t 以下的普通功率电炉。炼钢工艺为传统的电炉一步炼钢法，工艺流程主要是传统的电炉炼钢—模铸的生产。改革开放后，我国电炉炼钢的发展发生翻天覆地的变化，主要分为稳步增长期（1979—1989 年）、高速发展期（1989—1999 年）、发展调整期（1999—2009 年）和政策转折期（2009—2022 年）等四个时期。

在稳步增长阶段，我国电炉炼钢在工艺上采用"熔化—氧化—还原"三段操作，高功率或普通功率供电，开始引入化学能和物理能，冶炼周期一般为 $180\sim240min$，电耗为 $500\sim600kW \cdot h/t$ 左右，电极消耗为 $7.0\sim8.5kg/t$，生产率较低，以生产特殊钢为主。在高速发展期，我国的工艺技术特点是：第一，除传统的电能外，还有化学能和物理能，化学能和物理能所占的比例可能超过 50%；第二，现代电炉的冶炼过程主要为熔化氧化过程，取消了传统电炉炼钢的还原期，传统电炉炼钢还原期的任务由在线的炉外精炼完成；第三，电炉炼钢的主要原料除废钢外，还有 $30\%\sim40\%$ 的生铁或 DRI/HBI 等；第四，超高功率供电；第五，产品由钢锭转变为连铸坯。在发展调整期，我国基本实现了炉容大型化，形成了电炉冶炼→炉外精炼→连铸→连轧的现代化工艺流程，技术经济指标大幅提高，在冶炼周期、电耗、利用系数、生产率、电极消耗等方面已经进入国际先进甚至国际领先行列。在政策转折期，随着我国钢铁工业进入结构调整和转型升级为主，电炉发展向高效低耗的节能低成本生产技术、绿色化关键工艺技术、智能化制造技术、高附加值特种钢冶金技术等方向迈进。

7.1.1.2 电炉炼钢产量的发展现状

随着科技的进步，世界电炉钢产量及其比例始终在稳步增长。尤其 20 世纪 70 年代以来，电力工业的进步、科技对钢的质量和数量的要求提高、大型超高功率电炉技术的发展以及炉外精炼技术的采用，使电炉炼钢技术有了长足进步，电炉钢产量也大幅度增加。20 世纪以来世界粗钢产量、电炉钢产量及电炉钢所占比例如图 7-1 所示。20 世纪 60 年代以前，电炉钢产量较低，占比也很低，是一类特殊的炼钢方式；20 世纪 60 年代以后，电炉钢得到迅速发展，1960—2000 年间，世界电炉钢产量增长近 7.8 倍，电炉钢比例由 10.9% 提高至 33.7%。近 20 年来，中国钢铁行业的蓬勃发展，带动了全球粗钢产量的快速提高，但是中国炼钢工艺主要以长流程为主，世界电炉钢产量比例有所回落，但也一直在 25% 以上。2021 年世界粗钢产量为 19.52 亿吨，电炉钢产量达到了 5.64 亿吨，占世界粗钢产量的 28.9%。

由图 7-2 可以看出，近 20 多年中国电炉钢产量呈现增加趋势，但电炉钢比例总的趋

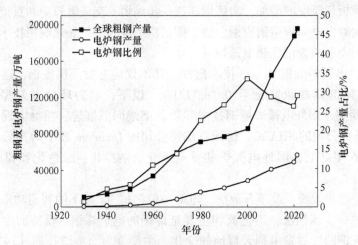

图 7-1　世界粗钢和电炉钢产量及电炉钢占比

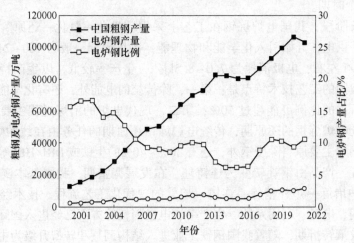

图 7-2　中国粗钢和电炉钢产量及电炉钢占比

势是降低的，尤其是 2003 年以后，因房地产业的高速发展，建筑钢材需求大幅度增加，粗钢产量的猛增（这也是世界电炉钢比例回落的原因之一），以及废钢短缺、质量差、价格高，电力供应紧张、电价高，吨钢生产成本高，使得电炉钢产量增长的幅度减小，电炉钢比例降低，但电炉钢产量一直在增加。到 2008 年，中国电炉钢产量达到 4800 万吨，超过美国，成为世界上电炉钢产量最高的国家；2020 年，中国电炉钢产量为 9796 万吨，占粗钢总产量的 9.2%；2021 年，中国电炉钢产量为 1.1 亿吨，占粗钢总产量的 10.56%。随着我国"碳达峰、碳中和"战略目标的实施，发展电炉短流程炼钢是未来钢铁行业发展的趋势，可以预见我国电炉炼钢产量及其占比必将迅速提升。

7.1.1.3　电炉炼钢发展前景分析

电炉炼钢作为一种绿色、清洁和节能的炼钢方法，未来的发展趋势仍主要围绕提高生产率和降低能耗及排放两方面，其具体的发展方向主要体现在以下几个方面：

（1）电力来源多元化及节约电能技术。采用超高功率电弧炉技术，使熔池能量输入密度提高，加快炉料熔化，缩短冶炼时间，有效提高电弧炉炼钢的生产效率，降低其冶炼成本。同时，实现电炉电力来源的多元化也是电炉节电的重要措施之一。太阳能转化为电能是全世界备受关注的电炉炼钢电源来源的转化方式，风能、核能等同样也可作为电炉炼钢电力的重要来源。

（2）发展强化冶炼技术。现代电弧炉炼钢过程中，为了加快炉料熔化、促进脱碳反应以及提高炉内氧含量，水冷超声速氧枪被广泛使用。另外，泡沫渣技术发展，使用长电弧操作，在冶炼时向熔池中同时吹氧喷碳，在渣层内形成剧烈的碳氧反应产生 CO 气体，从而削弱电弧辐射所带来的影响，热效率也大大提高，并延长电弧炉的寿命。电弧炉氧燃烧嘴技术、电弧炉偏心炉底出钢技术及电弧炉底吹搅拌技术都是利用强化冶炼的手段来提高电炉炼钢的生产率。

（3）电炉炼钢余热利用技术。炉气能量耗散主要包括物理热和化学能。其中物理余热主要用来加热废钢，并且竖炉型和 Consted 型的预热效果最好；化学能是指储存在炉气中可燃性气体中的能量，常常利用二次燃烧技术来实现对其的利用，进而达到节能降耗的效果。

（4）优化炉型结构技术。目前世界上已投产或正在建设的电炉炉型主要有三种，分别是传统式顶装料电炉、连续加料式电炉和竖炉式电炉。在传统式顶装料电炉中，废钢主要从炉顶加入，其带来的主要问题是多次加料会使炼钢过程中的烟气量增多，外溢严重，噪声大，同时对电网冲击过大，这就对变压器的要求很高。而连续加料式电炉可以实现不开炉盖、不停电，这极大地改善了电炉噪声过大、烟尘过多且能耗严重的问题。竖炉式电炉的特点是可以实现废钢的 100% 预热，这样不仅可以节约能耗，而且还能提高生产效率。然而目前该炉型存在指型托架易漏水，维修难度大、费用高等问题。

（5）智慧电弧炉炼钢。智能制造将是流程制造业技术创新的主要抓手和转型升级的主要路径，智能化、无人化作业也将成为钢铁行业未来发展的方向。主要技术包括废钢配料间及废钢天车智能化管理系统、一键炼钢（含自动出钢）、一键精炼、冶炼信息跟踪及调度系统、岗位无人化技术等。

7.1.2　电弧炉炼钢装备发展现状及前景

电弧炉炼钢技术的发展主要围绕缩短冶炼周期和降低能耗，由此相应促进了电弧炉装备的发展。

20 世纪 60~70 年代，主要是发展超高功率供电及其相关技术，包括高压长弧操作、水冷炉壁、水冷炉盖、泡沫渣技术等，并开始采用钢包精炼及强化用氧技术。但这一阶段，电弧炉容量较小，采用炉体倾动还原渣出钢方式，仅是部分还原期移至炉外进行。

20 世纪 80 年代初，钢包精炼（LF）技术及偏心炉底出钢（EBT）技术的应用，将全部还原期移至炉外进行；应用超高功率供电，充分利用变压器功率，提高熔化速度，缩短冶炼周期。

20 世纪 80 年代末，大型超高功率直流电弧炉问世，由于其对电网冲击小、石墨电极消耗低，因而占据了绝对的优势。与此同时，高配碳、强化用氧技术（包括超声速氧枪、碳氧枪、氧燃烧嘴、底风口、二次燃烧技术）趋于成熟，奥钢联将其称为 K-ES 技术，达涅利公司将其称为 Danarc 技术，德马克公司将其称为 Korfarc 技术。这一阶段废钢预热开始，大量化学能和物理热的输入增加了新能源，使得冶炼周期大大缩短，电极消耗进一步降低。

20 世纪 90 年代，为了缩短冶炼周期，有效利用二次燃烧和烟气显热预热废钢，产生了多种具备废钢预热功能的电弧炉。根据预热废钢方式不同，这些电弧炉可分为 Consteel 电弧炉、烟道竖炉电弧炉、Comelt 中心废钢预热竖炉电弧炉、带手指烟道竖炉电弧炉、MSP 多级废钢预热电弧炉、Danarc Plus 电弧炉、Contiarc 电弧炉。废钢预热必须考虑排放的废气中有害气体 CO、二恶英（Dioxin）和呋喃（Furan）等的含量，料篮废钢预热因二恶英及呋喃等有害气体含量超标被淘汰。

进入 2000 年，出现了 Ecoarc 技术，它不仅具有废钢预热的优势，还可使二恶英和呋喃排放量降低到 $0.1ngTEQ/m^3$ 以下，可满足日本和欧洲有关环保要求，成为对环境友好的电弧炉技术。

2003—2016 年间，由于国内废钢短缺及电力价格高，严重阻碍了电弧炉炼钢技术及装备在中国的发展。2017 年国家大力淘汰中频炉"地条钢"及落后产能，对钢铁行业节能减排及环保更加重视，促进了电弧炉炼钢的发展。为顺应中国电弧炉发展的需求，国外纷纷推出高效节能、环保型电弧炉。除 Consteel 电弧炉和 ECOARC 电弧炉外，还有达涅利公司开发的 EAF ECS、西马克公司开发的 ShArc、普锐特公司开发的 Quantum EAF 以及中冶赛迪公司开发的 CISDI Green EAF。这些炉型在上料方式方面，出现了类似高炉上料的料车加料形式；在炉内加料方面，有以 Consteel 电弧炉为代表的水平加料方式、不开盖加料的顶装料方式（Quantum、ShArc）和侧顶斜槽全密闭加料方式（CISDI Green EAF）；出钢方式方面，有采用 FAST-虹吸无渣出钢方式。更加注重强调"环境友好型"废钢预热系统，在保证对废钢进行连续高温预热、抑制预热中的氧化反应的同时，建设了减少包括二恶英和呋喃在内的有机物排放废气处理装置。

另外，部分电弧炉采用了智能操作控制系统。智能电弧炉是一项综合技术，其集成了各种超高功率电弧炉及其配套技术，是电弧炉的主要发展方向。

电炉喷枪技术已经成为高效节能电炉的必备装备，对于加速熔化、提高电炉效率、节能降耗具有重要作用。我国国产电炉的喷枪技术还远远落后于国际先进水平，应加快更高效、更节能、多功能喷枪技术的应用，包括顶吹氧枪、炉壁氧枪、底吹、复合喷吹等。

电弧炉底吹技术于 20 世纪 90 年代初就已开始应用，在冶炼过程中表现出了明显的优势。Tenova 公司应用 Consteel 电弧炉底吹电磁搅拌技术，加强炼钢熔池搅拌，提高了电弧炉冷区的热量传送，促进了熔池温度和成分的均匀化，加速了炉内反应速度，缩短了冶炼周期，提高了金属收得率，减少了石墨电极的消耗。石墨电极是电弧炉以电弧形式释放电能，对炉料进行加热和熔化的导体材料，对电弧炉炼钢的稳定运行起着支撑性作用。电极消耗是考核电弧炉运行成本的一个重要指标。降低电极消耗，已成为电弧炉炼钢降低成本、节约能源的重要措施。在保证高效、节能、优质的电极质量的基础上，电弧炉炼钢过程中，尽量减少电极氧化的消耗，减少电极升华的消耗，减少溶解和剥落的发生，减少折断。采取水喷淋电极、浸渍电极及表面涂层电极等措施，可以进一步降低电极消耗。同时，新工艺、新技术的应用也可以间接降低电极消耗。

此外，电炉大型化和超高功率化是当代电炉发展的两大特征。电炉大型化具有节约能源、提高效率、减轻污染、便于连铸等一系列优点，是电炉炼钢发展的重要方向之一。同时，随着电力工业的发展、工艺设备的不断改进以及冶炼技术的提高，电弧炉应用日趋广泛，生产能力与规模越来越大。20 世纪 30 年代电弧炉的最大容量为 100t，50 年代为 200t，70 年代初已有 400t 的电弧炉投入生产。单台大容量电弧炉是近些年炼钢业发展的趋势，可以满足钢厂对更高生产率的需求。近些年，随着大功率晶闸管技术的发展和应用，直流电弧炉以其优点又重新引起人们的重视。意大利已成功制造出世界上最大的 420t 直流电弧炉、420t 钢包精炼炉和双真空脱气系统。该电炉用于生产低碳钢、超低碳钢和高级脱氧镇静钢，年产量为 260 万吨（技术参数见表 7-1）。该大型直流电弧炉的整体特点为：超高功率供给，没有对电网干扰，整个工艺过程采用稳定的高功率；通过提供化学能结构的最佳化设计和新型、全集成化自动化系统的实施，提高工艺效率；新型机电一体化程序软件包缩短了辅助作业时间，提高了操作的安全性和效率。与传统的交流电弧炉相比，此大型直流电弧炉具有以下优点：石墨电极消耗量减少 1/2~2/3；熔炼单位电能消耗可下降 3%~10%；直流电弧燃烧稳定，对前级电网造成的电压闪烁只是相同功率交流电弧炉的 30%~50%，不需要用动态补偿装置；噪声水平可降低 10~15 分贝；对钢液的搅拌力增强。这种炉型代表着最新的市场趋势，即炼钢者越来越关注提高钢厂的生产率和保证钢的高品质。

表 7-1　420t 直流电弧炉技术经济指标

总容量 /t	出钢量 /t	留钢量 /t	炉壳直径 /m	出钢时间 /min	生产率 /t·h⁻¹	炉料比	装料量 /t·min⁻¹
420	300	120	9.7	50	360	全废钢	>9

电耗 /kW·h·t⁻¹	氧耗 /m³·t⁻¹	电极消耗 /kg·t⁻¹	侧电压 /kV	电压器容量 /MV·A	变换器电流 /kA	运行电流 /kA	阴极直径 /mm	运行电压 /V
387	33	1.2	33	4×2×32	8×35	4×70	763	600

我国将钢铁冶炼生产过程中不低于 100t 的电炉称作大型电炉，相比于中小型电炉，大型电炉的生产率以及利用能源效率均较高。我国电炉大型化发展于 20 世纪 90 年代，通过成套设备引进，建设了许多大型超高功率电炉，其中多为直流电炉。1992 年天津无缝钢管厂 150t 电炉炼钢、炉外精炼及连铸工程是我国最早的"电炉炼钢—精炼—连铸—轧钢"一体化紧凑式钢管生产线；1999 年，安阳钢铁公司和江阴兴澄钢铁公司分别建成了我国最早的 100t 交流竖式电弧炉和 100t 大型直流电弧炉；1998 年，宝山钢铁（集团）公司从法国引进一套双炉壳（一个电源）的 150t 直流电弧炉设备；2008 年，石钢京诚（营口）装备技术有限公司建成了国产最大超高功率电炉——120t 电炉；2011 年，中冶东方江苏重工建设了全国最大的 220t 电炉。根据相关统计，截至 2021 年 6 月，国内炼钢电炉数量达到 351 座，100t 以上的电炉数量为 74 座，60t 以上的电炉数量为 179 座。60t 及以上电炉已成为中国电炉炼钢的主力炉型，其产能占我国电炉钢产能的 80% 以上。近些年，我国电炉大型化取得一定成绩，但与发达工业国特别是欧洲和日本等主流电炉容量为 80~120t 相比，还存在一定差距。目前国内容量最大，也是迄今为止亚洲第一大的废钢熔炼特大型电弧炉是江苏飞达集团分公司中冶东方江苏重工有限公司的总容量 220t 的电弧炉。

该电炉从意大利 Tenova（特诺恩）公司引进，单台电炉可实现年产 240 万吨合格大型板坯，也是我国第一套全套引进意大利技术废钢熔炼的生产线。该电炉变压器容量 140MV·A，为国产首台最大容量电弧炉变压器。

聚集"高效节能"和"环境保护"两大核心主题，现代电弧炉装备研发将围绕以下方向进行：研发超大容量的电弧炉变压器，进一步提升电弧炉容量、超高功率水平和高阻抗技术；继续加强清洁环保型电弧炉烟气余热回收装备技术的研发；进一步完善和提高电弧炉自动控制系统，实现智能化。

7.1.3 电弧炉炼钢设备主要参数及生产技术经济指标

电弧炉炼钢设备的主要技术参数包括额定容量、最大容量、炉壳直径、电极直径、变压器容量和冷却水耗量等。表 7-2 为不同容量电弧炉的主要技术参数；表 7-3 为 150t 电炉的技术参数，包括其辅助设备参数。

表 7-2　不同容量电弧炉主要技术参数

型号规格	额定容量 /t	最大容量 /t	炉壳直径 /mm	电极直径 /mm	变压器容量 /kV·A	冷却水耗量 /t·h^{-1}
EAF-5t	5	7	3200	300	4000	30
EAF-10t	10	14	3600	350	5500	40
EAF-15t	15	18	3800	350	8000	70
EAF-20t	20	25	4200	350	8000	90
EAF-30t	30	35	4400	400	12500	180
EAF-40t	40	48	4600	400	16000	240
EAF-45t	45	55	4800	450	16000	300
EAF-60t	60	70	5500	450	25000	600
EAF-80t	80	92	6100	500	30000	680
EAF-100t	100	125	6800	550	85000	1250
EAF-125	125	160	7400	630	11500	1680
EAF-150t	150	160	8000	710	155000	1950
EAF-200t	200	220	8500	730	385000	2750
EAF-420t	420	—	9700	760	640000	4200

表 7-3 150t 电炉的技术参数

序号	名称	单位	技术参数
1	电炉公称容量	座数	150×1
2	电炉形式		AC 出钢槽式
3	额定容量	t	150
4	最大容量	t	160
5	电炉炉壳直径	mm	8000
6	炉门至操作平台高度	mm	700
7	电炉容积	m^3	170
8	熔池容积	m^3	24
9	熔池深度	mm	950
10	电炉倾动方式		单缸倾动，双缸锁紧
11	电炉倾动角度	(°)	+40（出钢），-10（出渣）
12	电炉倾动速度	(°)/s	0.5~3.5
13	炉盖提升旋转型式		液压顶缸式，连身式炉盖，与电极可分开旋转
14	炉盖提升行程	mm	500
15	炉盖提升、下降速度	mm/s	30
16	电极直径	mm	$\phi710$
17	电极极心圆直径	mm	1350~1500
18	电极提升行程	mm	5300
19	电极提升速度		
	自动	mm/min	120~250
	手动	mm/min	120~300
	应急快速提升	mm/min	400
20	炉盖旋转速度	(°)/s	4
21	炉盖旋转角度	(°)	72
22	炉盖提升时间	s	12
23	炉盖旋转时间	s	18
24	电炉变压器额定容量	MV·A	155
25	变压器一次电压	kV	35
26	变压器二次电压	V	735~1327

序号	名称	单位	技术参数
27	最大电极电流	kA	78
28	冷却水系统		
	冷却水总流量	m³/h	1953
	冷却水进水压力	MPa	0.6
	冷却水进水温度	℃	45
	冷却水回水温升	℃	15~32
29	液压系统		
	电极调节方式		电液调节
	循环泵台数	台	2用1备
	循环泵额定流量	L/min	220
	电极夹持器额定压力	MPa	30
	油箱容积	L	5000
30	主要辅助设备配置		炉门氧枪及喷粉系统

电炉炼钢技术经济指标包括按计划钢种出钢率、金属料（废钢、热铁水、生铁块、DRI 等）和电极消耗量、冶炼电耗、劳动生产率、利用系数、作业率、冶炼时间、冶炼周期和氧耗等。

（1）电炉钢锭合格率。按计划钢种出钢率是指电炉按计划钢种出钢的炉数占电炉出钢总炉数的百分比。它反映电炉炼钢目标命中的程度，同时也反映冶炼工人技术和操作水平的高低。其计算公式为：

$$R = \frac{N_1}{N_2} \times 100\% \tag{7-1}$$

式中　　R——按计划钢种出钢率，100%；

　　　　N_1——按计划钢种出钢炉数；

　　　　N_2——出钢总炉数。

（2）金属料（废钢、热铁水、生铁块、DRI 等）和电极消耗量。金属料（废钢、热铁水、生铁块、DRI 等）和电极消耗量是指每冶炼 1t 电炉钢所消耗的金属/钢铁料/热铁水/生铁块/电极材料量。其计算公式为：

$$k = m_1/m_2 \tag{7-2}$$

式中　　k——金属料/钢铁料/热铁水/生铁块/电极消耗量，kg/t；

　　　　m_1——入炉金属料/钢铁料/热铁水/生铁块量/电极耗量，kg；

　　　　m_2——合格钢生产量，t。

（3）冶炼电耗量。冶炼电耗量是指每冶炼 1t 电炉钢在实际冶炼过程中所消耗的电量。其计算公式为：

$$e = E/m \qquad (7\text{-}3)$$

式中 e ——冶炼电耗量，$kW \cdot h/t$；

     E ——冶炼耗电量，$kW \cdot h$；

     m ——合格钢生产量，t。

（4）劳动生产率。劳动生产率是指每个电炉炼钢工人及学徒在报告期内实际产钢量。其计算公式为：

$$l = m/p \qquad (7\text{-}4)$$

式中 l ——劳动生产率，$t/$人；

     m ——合格钢生产量，t；

     p ——电炉炼钢厂（车间）工人及学徒平均人数，人。

（5）日历利用系数。日历利用系数是指电炉在日历工作时间内每兆伏安变压器容量每日生产的合格钢产量，是反应电炉产量的重要技术经济指标。其计算公式为：

$$u = m/(C \cdot d) \qquad (7\text{-}5)$$

式中 u ——利用系数，$t/(MV \cdot A \cdot d)$；

     m ——合格钢生产量，t；

     C ——变压器容量，$MV \cdot A$；

     d ——实际生产天数，d。

（6）日历作业率。日历作业率是指电炉炼钢作业时间占日历工作时间的百分比。它反映电炉设备利用的状况。其计算公式为：

$$O = \frac{t_1}{t_2} \times 100\% \qquad (7\text{-}6)$$

式中 O ——日历作业率，%；

     t_1 ——炼钢作业时间，h；

     t_2 ——日历工作时间，h。

（7）冶炼时间。冶炼时间是指电炉平均每炼 1 炉钢所需要的全部时间。其计算公式为：

$$T = T'/N \qquad (7\text{-}7)$$

式中 T ——冶炼时间，h；

     T' ——实际炼钢作业时间，h；

     N ——出钢炉数。

（8）冶炼周期。冶炼周期是指电炉炼钢过程中炉料在电炉内的停留时间。其计算公式为：

$$T = \frac{24V_1}{PV_2(1 - C)} \qquad (7\text{-}8)$$

式中 T——冶炼周期，h；

   V_1——电炉工作容积，m^3；

   V_2——1t 钢的炉料体积，m^3/t；

   P——电炉日产量，t/d；

   C——炉料在炉内的压缩系数。

（9）氧耗。电炉炼钢过程中，氧气的应用无处不在：加氧油、氧燃喷嘴，二次燃烧、兑加铁水等。氧气的应用可以提高产量，缩短加热周期，维持较高的耐火温度，减少燃料消耗，氧气在电炉生产中起着重要的作用。氧耗是指每冶炼 1t 电炉钢所消耗的氧气含量。其计算公式为：

$$\varepsilon = V/m \tag{7-9}$$

式中 ε——氧耗，m^3/t；

   V——冶炼耗氧量，m^3；

   m——合格钢生产量，t。

7.2 炉 体 结 构

7.2.1 炉壳

炉壳即炉体的外壳，包括圆筒形炉身、上部加固圈和炉壳底三部分。炉壳要求具有足够的强度和刚度，以承受炉衬、钢、渣的重量和自重，以及高温和炉衬膨胀的作用。

炉壳要求能承担炉衬和炉料的质量，抗击部分衬砖在受热膨胀时产生的膨胀力，承担装料时的撞击力。通常炉壳钢板厚度为炉壳外径的 1/200 左右，一般用厚度为 12~30mm 的钢板焊接而成。

$$\delta_Z = \frac{D_{\text{壳}}}{200} \tag{7-10}$$

炉壳厚度 δ_Z 与炉壳直径 $D_{\text{壳}}$ 的关系见表 7-4。

表 7-4   炉壳厚度 δ_Z 与炉壳直径 $D_{\text{壳}}$ 的关系

$D_{\text{壳}}/m$	<3	3~4	4~6	>6
δ_Z/mm	12~15	15~20	25	28~30

炉壳受高温作用易发生变形，特别是炉役后期，为此一般在炉壳上设有加固圈，大型炉子还采用加强筋。炉壳上沿的加固圈通常用钢板或型钢焊成并通水冷却。在加固圈的上部留有一个砂封槽，便于炉盖圈插入沙槽内密封。

炉壳底部形状有平底形、截锥形和球形三种，如图 7-3 所示。平底炉壳制造简单，但坚固性最差，炉衬体积最大，故多用于大型电炉上；截锥形底壳比球形底壳容易制造，但炉壳的坚固性较球形底差，所需的炉衬材料稍多，常被采用。球形底坚固性最高，死角小，炉衬体积最小，但直径大的球形底成型比较困难，故球形底多用于中、小型炉子。

7.2.2 炉门

炉门装配由炉门框、炉门、炉门槛及炉门升降机构几部分组成，如图 7-4 所示。

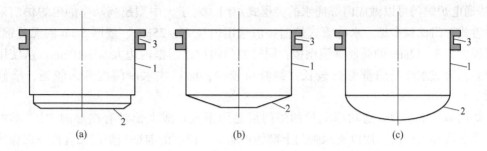

图 7-3　炉壳的形状

（a）平底形；（b）截锥形；（c）球形

1—圆筒炉形；2—炉壳形；3—加固形

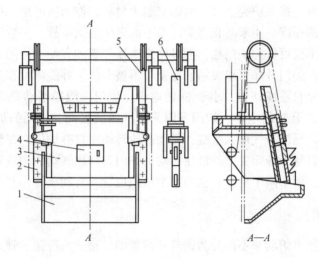

图 7-4　炉门装配结构

1—炉门槛；2—焊接水冷门框；3—炉门；4—窥视孔；5—链条；6—炉门升降机构

炉门：炉门供观察炉内情况及扒渣、吹氧、测温、取样、加料等操作用。通常只设一个炉门，与出钢口相对。大容量电弧炉为了操作方便设第 2 个炉门，与第 1 个门成 90°设置。炉门高度一般为熔池直径的 0.25~0.3 倍，炉门的宽度为炉门高度的 0.8 倍。

一般电炉设一个加料炉门和一个出钢口，其位置相隔 180°。确定炉门尺寸要考虑下列因素：应便于顺利观看炉况，能良好地修补炉底和整个炉坡，采用加料机加料的炉子，料斗应能自由进入，能顺利取出折断的电极。

炉门尺寸 L：

$$L = (0.25 \sim 0.3) D_{熔} \tag{7-11}$$

式中　L——炉门宽度；

　　　$D_{熔}$——熔炼室直径。

$$H = 0.8 \times L \tag{7-12}$$

式中　L——炉门宽度；

　　　H——炉门高度。

对于 3t 以下的电炉，炉门用钢板焊成，在炉内面可以做成砌筑耐火材料的炉门。3~

30t普通电炉炉门可以做成内部通水的夹层式炉门。对于大中型超高功率的电炉炉门采用水冷管式炉门比较多见。水冷管式炉门一般选用内径20~25mm、壁厚5mm的无缝钢管，内衬厚度为8~12mm的普通碳钢钢板；同时使门内衬比门框内边大50~10mm。从使用效果上看，管式水冷门门框寿命较长，维修量较少；而箱式水冷门门框寿命较短，维修量较大。

炉门框：中小型普通功率电炉的炉门框是用钢板焊成上面带有拱形的"I"形水冷箱。其上部伸入炉内，用以支承炉门上部的炉墙。炉门框的前壁与炉门贴合面一般做成倾斜的，与垂直线成5°~12°夹角，以保证炉门与炉门框贴紧，防止高温炉气、火焰大量喷出，减少热量损失和保持炉内气氛。为防止炉门在升降时摆动，在炉门门框上应设有导向装置。

炉门槛：炉门槛连接在炉壳上，上面砌有耐火材料，作为出渣用。一般把炉门槛做成斜底，以增加炉衬的厚度，用来防止在炉门槛下面发生漏钢事故。多数厂家在炉门槛端部横放短电极，这样不仅可保护炉门槛，而且使扒渣操作更加方便，使用寿命较长。

炉门提升装置：炉门升降要求灵活、稳重、不被卡住，并能停留在任何位置上。炉门上升靠外力，下降靠自重或外力。小于3t的电炉，炉门一般用手动升降，它是利用杠杆原理进行工作的；大于3t的电炉，炉门升降采用液压或气动。气动的炉门升降机构，其炉门悬挂在链轮上，压缩空气通入气缸，带动链轮转动而打开炉门，在要关闭时将压缩空气放出，炉门依靠自重下降而关闭。液压传动的炉门升降比气动的构造复杂，但能使炉门停在任一中间位置，而不限于全开、全闭两个极限位置，有利于操作并可减少热损失。

7.2.3　炉盖（炉顶）

目前，炉盖根据电炉功率不同分为砌砖式炉盖圈、箱式水冷盖、管式水冷盖及雾化水冷盖。炉盖的种类和使用环境见表7-5。

表7-5　炉盖的种类及使用环境

种类	使用环境	特　点
砌砖式炉盖圈	普通功率电炉	制造简单，易变形，使用寿命短，挨着炉盖衬的下部盖圈容易开裂，热量损失小；需要用耐火材料砌筑成整体炉盖，电极孔处需安放水冷环式水冷
箱式水冷盖	高功率电炉	制造复杂，易变形，容易出现冷却死点，造成冷却不均，易开裂，使用寿命较长，热量损失较小；3个电极孔处需要耐火材料及内附耐火材料
管式水冷盖	超高功率电炉	制造复杂，冷却效果好，使用寿命长，热量损失大，需要在电极孔处预制整体中心小炉盖及内附耐火材料
雾化水冷盖	所有功率	它是在炉盖外表面采用雾化冷却通水部位，采用未加压的水，即便产生裂纹，由于水的泄漏量小而危险性也小

7.2.3.1　炉盖圈

炉盖圈要承受全部炉盖砖的重量，要有足够的强度，为防止变形，采用箱式通水冷却。箱体内圈和耐火砖接触面要做成斜形炉盖圈（见图7-5），其倾斜与底边夹角理论上

为 $\alpha = 22.5°$，这样在砌筑炉盖时可不用拱脚砖（也称托砖），但实际上倾斜与底边夹角 α 通常大于 $22.5°$。

炉盖圈的外径尺寸应比炉壳外径稍大些，以使炉盖全部重量支承在炉壳上部的加固圈上，而不是压在炉墙上。炉盖圈与炉壳之间必须有良好的密封，否则高温炉气会逸出，不仅增加炉子的热损失，使冶炼时造渣困难，而且容易烧坏炉壳上部和炉盖圈。在炉盖圈外沿下部设有刀口，使炉盖圈能很好地插入加固圈的砂封槽内。这就要求炉盖环的外径要大于炉体外径，两者间隙要在 $30 \sim 50\text{mm}$，这样不仅能保证炉体与炉盖密封，而且使炉盖打开与关闭容

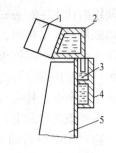

图 7-5 斜形炉盖圈
1—砌砖炉盖；2—炉盖圈；3—炉体
砂槽；4—炉体水冷加固圈；5—炉墙

易。经验认为，炉盖圈在挨着炉盖衬的内环下部一圈因其受冷热变化频繁，在此处产生的应力变化较大，容易开裂。为此，此处是设计者应当引起重视的部位。将此处改为环管与上下板焊在一起使用，寿命较长。

7.2.3.2 箱式水冷炉盖

箱式水冷炉盖有全水冷炉盖和半水冷炉盖两种。但是，半水冷炉盖很少采用。箱式全水冷炉盖如图 7-6 所示。

水冷炉盖由上盖板和下盖板两部分用锅炉钢板焊接而成。箱式水冷炉盖是在水冷环炉盖的基础上，增加两层拱形钢板焊接而成的全水冷炉盖。根据受热程度不同，上盖钢板可以薄一些，一般钢板的厚度在 $8 \sim 10\text{mm}$；下表面工作条件恶劣，钢板厚一些，一般钢板的厚度在 $12 \sim 16\text{mm}$。炉盖拱高在炉壳内径的 $1/8 \sim 1/6$ 之间（或熔池上口直径的 $1/10 \sim 1/9$），水冷炉盖的厚度在 $220 \sim 250\text{mm}$，但其顶部中心较平，也有的采用球缺体状冷压成形，然后对焊在一起，有的在上下层钢板之间采用撑筋增强措施。所有的焊缝尽量采用双面焊，焊好后应进行热处理消除内应力及水压试验，水压为 0.6MPa，并要求保持 30min 不渗漏，以压力不降、无渗漏为合格。通水试验过程中，进出水应畅通无阻，连续通水时间不应少于 24h，无渗漏。使用时，随时注意水压和水流情况。

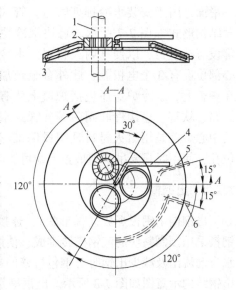

图 7-6 电炉全水冷炉盖
1—石墨电极；2—耐火砖；3—炉盖体；
4—出水管；5—进水管；6—回水管

进水管设在炉盖圈下部，冷却水由炉盖圈里侧钢板处的均匀分布的进水孔进入电弧炉机械设备，而由中央部位最高点的出水口流出。

水冷炉盖下层钢板上焊有挂渣钉，并不砌筑耐火材料，而是靠炉渣飞溅结壳保护。如果能在冶炼之前用 10mm 厚的石棉泥或水玻璃做成保护层，再在上面用卤水镁砂或其他耐火材料打结成厚度 60mm 来保护炉盖，效果更好。

在炉盖使用前，先在受热面均匀焊接直径 50mm、壁厚 5mm、高 50mm 左右的钢管，

并使管间距离在 10~20mm 左右，这种管群就是所谓的衬骨。然后用镁砂和耐火泥以及卤水混合组成衬料打结捣固，自然干燥 48h 以上再使用，这样炉盖的使用寿命会更长。

为防止电极与炉盖钢板碰撞将炉盖击穿，在电极孔处应预制耐火材料套管。使用效果证明这种炉盖使用寿命可达到 2000~3000 炉。若进出水温差控制得当，这种炉盖对冶炼指标并无明显影响，耗电量增加也不多。制作时应焊接牢固，使用时经常检查。这种炉盖一般在中高等级功率的电弧炉上使用。

由于箱式水冷炉盖的出水是从炉盖上端溢出，因而如果炉盖内部水流不畅，就会造成整个炉盖冷热不均，使炉盖局部应力过大造成焊缝经常开裂，增加维修量，缩短炉盖使用寿命。

7.2.3.3 管式水冷炉盖

管式水冷炉盖是用无缝钢管制造成上下两个环形支架，作为框架，同时兼做水分配器和集水器，悬挂一块或几块扇形排管式水冷块构成水冷炉盖。其中心部分由一排中间镶嵌耐火材料的倒锥管式水冷环组成。中心部件外侧有一平面，用于安装水冷排烟管道。管式水冷炉盖结构形式如图 7-7 所示。每块水冷块内表面都设有挂渣钉，以便挂耐火材料。水冷炉盖中心部位设有 3 个电极孔，此外合金料加入孔也在炉盖上。水冷炉盖还包括炉盖上所有必要的管路、软管、连接件和阀门等。管式水冷炉盖的中心炉盖是用耐火材料预制成倒锥形并有定

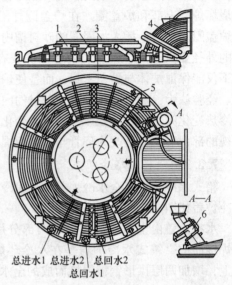

图 7-7 管式水冷炉盖结构示意图
1—水冷框架；2—进、回水蝶阀；3—耐火材料中心炉盖；4—排烟管道；5—水冷块；6—加料斗

位孔，使用时只要吊装到炉盖上即可。管式炉盖的使用寿命可达到 5000 炉以上。

7.2.4 出钢槽

出钢槽由钢板焊成（梯形状），连接在炉壳上，槽内砌有大块耐火砖。目前大多数出钢槽采用预制整块的流钢槽砖砌成，使用寿命长，拆装也方便。为了防止出钢口打开后钢水自动流出及减少出钢时对钢包衬壁的冲刷作用，出钢槽与水平面成 5°~12°的倾角，槽出钢结构示意图如图 7-8 所示。出钢槽是一个易损件，特别是头部经常与钢水接触，很容易损坏，为此，常把出钢槽设计成体部和头部两段。当头部损坏时，只要更换出钢槽头部即可，这样既省时又经济。

7.2.5 电极密封圈

对于采用炉盖圈的耐火材料砌筑的炉盖，必须在 3 根电极孔处砌筑电极圈砖。同时必须在电极和电极圈砖之间加电极水冷圈进行密封，否则会使大量的炉气从电极孔处冒出。由于电极和电极圈之间氧化反应激烈，不仅会使炉盖砖损坏严重，而且使电极在此处变细。电极水冷圈一般用 5~10mm 厚度钢板焊接成凸台箱（也有用细无缝钢管缠绕而成，但使用效果不好），内径比电极直径大 40~60mm，高度为电极直径的 0.5~1 倍。大电极

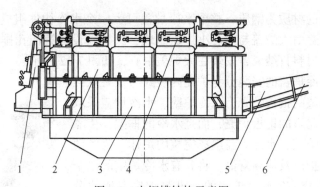

图 7-8 出钢槽结构示意图

1—炉门装配；2—上炉体；3—下炉体；4—水冷炉壁；5—出钢槽；6—出钢槽槽头

取小值，小电极取大值。为了减少电能的损失，电极水冷圈不宜做成一个整环（整环会产生涡流），而是在圆环上留 20~40mm 的间隙，以避免造成回绕电极的闭合磁路。大型电弧炉的电极水冷圈是用无磁性钢制成的。电极密封圈结构如图 7-9 所示。

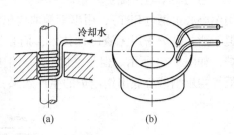

图 7-9 电极密封圈
（a）蛇形管式；（b）环形水箱式

通常电极水冷圈嵌入炉盖砖内，仅留一个凸台在炉盖砖上面，凸台高度在 80~100mm，这样可以提高炉盖衬使用寿命。电极水冷圈及其进出水管应与炉盖环绝缘，以免导电起弧使密封圈击穿。如果炉盖砖在高温下电阻不够（尤其是在中心部位），或者水冷圈对地绝缘性不好，则在水冷圈与电极之间有可能产生电弧，击穿水冷圈。密封圈的设计应综合考虑电耗和冷却效果。为了得到更好的密封性常在电极与水冷圈之间通惰性气体强制密封，其结构形式如图 7-10 所示。

7.2.6 水冷炉壁与水冷炉盖

超高功率大型电炉要采用水冷炉壁与水冷炉盖，其形式有板式、管式及喷淋式等，但比较普遍的是管式的。管式水冷炉壁的材质主要为钢质，整个水冷炉壁由 6~12 个水冷构件组成，如图 7-11 所示。有的在钢质水冷炉壁最下面靠近渣线附近设置铜质水冷炉壁块，目的是增加水冷炉壁使用面积，提高其传热效果。

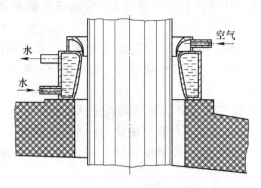

图 7-10 气封式电极密封圈

图 7-11 炉壳及水冷壁

　　管式水冷炉盖的材质为钢质，整个水冷炉盖可由一个水冷构件组成或由 5~6 个水冷构件组成。水冷炉盖由大炉盖与中心小炉盖组成，大炉盖设有第四孔排烟，第五孔加料；中心小炉盖用耐火材料打结成，安装在大炉盖中心，如图 7-12 所示。

　　水冷炉壁、水冷炉盖的安装分为炉壳内装式与框架悬挂式两种。前者有完整的钢板炉壳，水冷炉壁、水冷炉盖采取内装式；后者没有完整的钢板炉壳，而是水冷的框架，依靠悬挂在上面的水冷炉壁、水冷炉盖组成完整的炉体。为了便于运输、安装、维护以及提高寿命，将装有水冷炉壁的整个炉体制成上下两部分，在水冷炉壁的下沿与炉底及渣线分开，采用法兰连接。

图 7-12　水冷炉盖部件

　　超高功率电炉配炉外精炼要求电炉实现无渣出钢，常采用偏心底出钢（EBT），用出钢箱取代出钢槽，以改善炉外精炼的冶金效果。近年来，不但新建的电炉采用无渣出钢技术，而且许多槽式出钢的电炉也纷纷改造成偏心底出钢电炉，如图 7-13 所示。但是，偏心底出钢电炉偏心度的大小、出钢口的粗细及出钢箱的高低等均影响偏心底出钢电炉的生产效果，故应予以重视。

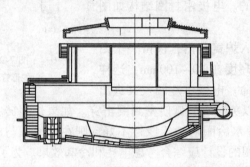

图 7-13　偏心底出钢炉内结构示意图

7.3　电弧炉的机械设备

7.3.1　电极升降机构

　　电极升降机构由电极夹持器、横臂、电极立柱及传动机构等组成。它的任务是夹紧、放松、升降电极和输入电流。

　　(1) 电极夹持器（卡头、夹头）。电极夹持器多用铜或内衬铜质的钢夹头，铬青铜的强度高，导电性好。夹持器的夹紧常用弹簧（蝶簧），而放松则采用气动或液压。蝶簧可位于电极横臂内，或在电极横臂的上方或侧部。

　　(2) 横臂。横臂是用来支持电极夹头和布置二次导体。横臂要有足够的强度，大电炉常设计成水冷的。近年来，在超高功率电炉上出现了一种新型横臂，称为导电横臂。导电横臂有铜-钢复合水冷导电横臂（覆铜臂）和铝合金水冷导电横臂（铝合金臂）两种，断面形状为矩形，内部通水冷却。

　　使用导电横臂的优点是：改善阻抗和电抗指标，电极心圆直径小，电弧对称性和稳定性好，确保高功率输入电能，提高生产率，也降低了耐材消耗；电极臂刚性大，电极可快速调节而不会造成系统振动；将电极横臂的导电和支撑电极两种功能合为一体，电极夹紧放松机构安放在横臂内部，取消水冷导电铜管、电极夹头和横臂之间众多绝缘环节，使横臂结构大为简化，减少维修工作量。

由于直流供电没有集肤效应，因而在直流电炉中使用覆铜钢板导电横臂是不适合的。使用铝合金臂，由于装置轻，进一步提高了电极的升降速度和控制性能；由于震动衰减可改善电弧的稳定性，使电弧功率增大，因此铝合金臂近年来也得到了广泛应用。

(3) 电极立柱。电极立柱采用钢质结构，它与横臂连接成一个 Γ 形结构，通过传动机构使矩形立柱沿着固定在倾动平台上的导向轮升降，故常称为活动立柱。

(4) 电极升降驱动机构。电极升降驱动机构的传动方式有电机与液压传动两种。液压传动系统的启动、制动快，控制灵敏，速度高达 6～10m/min。大型先进电炉均采用液压传动，而且用大活塞油缸。

7.3.2 炉体倾动机构

电炉与平炉不同，电炉炼钢时要求炉体能够向出钢方向倾动 40°～42° 出净钢水，偏心底出钢电炉要求向出钢方向倾动 15°～20° 出净钢水，向炉门方向倾动 10°～15° 以利出渣，这要靠倾动机构来完成。

目前广泛采用摇架底倾结构（见图 7-14），它由 2 个摇架支持在相应的导轨上，导轨与摇架之间有齿条或销轴防滑、导向。摇架与倾动平台连成一体，炉体坐落在倾动平台上，并加以固定。倾动机构驱动方式多采用液压倾动，通过 1 个或 2 个柱塞油缸推动摇架，使炉体倾动，回倾一般靠炉体自重。

偏心底出钢电炉为了防止炉渣进入钢包中，采取提高电炉的回倾速度，由正常的 1°/s 提高至 4°～5°/s，故要求用活塞油缸推拉摇架，使炉体前后倾动。

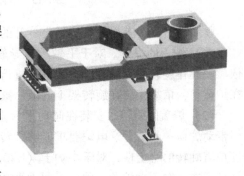

图 7-14 摇架底倾结构示意图

7.3.3 炉盖提升及旋转机构

炉盖旋转式电炉早在 1925 年就出现了，我国 20 世纪 70 年代后才大量采用，并制定标准。炉盖旋转式与炉体开出式相比较，它的优点是：装料迅速、占地面积小、金属结构质量轻以及容易实现优化配置。炉盖提升旋转机构分为整体平台式与基础分开式。

7.3.3.1 整体平台式（共平台式）

炉盖提升旋转机构大多为整体平台式，这种结构它的炉体、倾动、电极升降及炉盖的提升旋转机构全都设置在一个大而坚固的平台（倾动平台）上，即四归一的共平台式。因炉子基础为一整体（整体式），整个提升旋转机构随炉体一起倾动。

整体平台式按有无 Γ 形旋转架又分为以下三种。

(1) 整体平台平轴承式。炉盖提升旋转机构由炉盖 Γ 形旋转架、大平轴承、旋转液压缸、旋转主轴、炉盖提升液压缸、链轮、链条、贯穿轴、旋转锁定机构和立柱吊架等组成，此种适合于40t及以下的小电炉。

（2）整体平台导轨式，炉盖提升旋转机构由炉盖Γ形旋转架、旋转轨道、旋转液压缸、旋转主轴、炉盖提升液压缸、链轮、链条、贯穿轴、旋转锁定机构和立柱吊架等组成，此种适合于40t及以上的中大型电炉。

（3）整体平台回转轴承式（见图7-15）。炉盖提升旋转机构主要由回转支承轴承、旋转架、炉盖顶起缸、旋转油缸及旋转锁定装置等组成，此种适合于80t及以上的大型电炉。

图 7-15　整体平台回转轴承式电炉

整体平台式炉盖提升与旋转是分开的两套机构，其操作如下：

（1）炉盖的提升。对于平轴承与导轨式，炉盖用铁链或铰链吊挂在Γ形旋转架下，依靠安装在旋转架上的液压缸或气缸进行炉盖的升降，如回转轴承式，工作时，炉盖是坐在炉体上，依靠安装在旋转架上的液压缸进行炉盖的升降。

（2）炉盖的旋转。安装在倾动平台下部的旋转油缸，通过连杆推动立柱从而使旋转架带动炉盖一起旋开。电炉要求能够旋转60°~70°，即让炉膛全部裸露以便装料。为了保证炉盖旋转的稳定性，对于小炉子（<40t），在倾动平台旋转架处设置一个大平轴承，如平轴承式；对于大炉子，此处采用大直径回车轴承，如回转轴承式，或者在旋转架下增设导轨，如导轨式。

7.3.3.2　基础分开式

炉盖提升旋转机构实践中也有采用基础分开式的。基础分开式炉盖提升旋转机构炉盖的提升和旋转动作均由一套机构来完成。提升旋转机构自有的基础，且与炉子基础分开布置（故又叫分列式），整个机构不随炉子倾动。常用的基础分开式炉盖提升、旋转式电弧炉炉盖的提升都是采用柱塞缸柱塞顶起炉盖方式，旋转时用另外一个液压缸，分别完成炉盖提升、旋转工作，并且由单独基础支撑，与电炉的摇架没有直接关系。

图7-16所示为基础分开式炉盖提升、旋转式电弧炉的一种结构简图。

此系统由两部分组成：旋转框架、炉盖升降旋转机构，如图7-16所示。Γ形旋转框架8经由吊梁9上的吊杆10吊着炉盖。旋转框架的下方刚性连接着电极立柱支架12，3套电极装置的立柱就放置在此支架中。此框架通过3个不同水平面、垂直面的支承座11放置在摇架的塔形立柱上。

炉盖升降旋转机构有2个液压缸：升降液压缸1和旋转液压缸15。升降液压缸固定

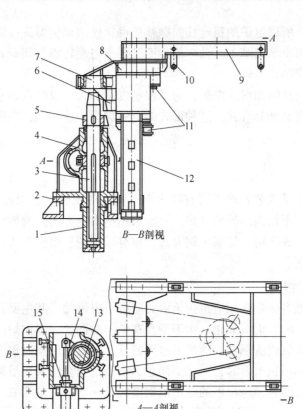

图 7-16　基础分开式电炉炉盖升降旋转机构

1—升降液压缸；2—底座；3—立轴；4—壳体；5—凹形托块；6—凸形托块；7—锥形钢套；8—Γ 形旋转框架；
9—吊梁；10—炉盖吊具；11—支承座；12—电极立柱支架；13—滑键；14—推杆；15—旋转液压缸

在壳体 4 的下部，其柱塞即为立轴 3 的下段，立轴的上段为顶头，并装有凹形托块 5，顶头与凹形托块分别与旋转框架上的锥形钢套 7 及凸形托块 6 相配。立轴的中段上开有长键槽。壳体 4 通过底座固定在基础上，其上有 2 个轴承，立轴在此二轴承内既能升降，又能旋转。旋转液压缸水平地铰接在壳体中部，其活塞杆与推杆 14 铰接，推杆上固定着滑键 13。

炉盖提升时柱塞在液压驱动下升起进入固定导槽后将炉盖顶起，一般当炉盖提升高度为 400~500mm 时开始旋转打开炉盖。

需旋开炉盖时，首先升降液压缸动作，立轴上升，立轴通过顶头、凹形托块将旋转框架顶起，从而带着炉盖、电极装置一起上升，上升至一定高度（20~75t 电炉的上升高度为 420~450mm）后，炉盖、整个电极装置与炉体脱离，旋转框架也脱离摇架上的塔形立柱。然后旋转液压缸动作，活塞杆通过推杆，滑键使立轴带着旋转框架转动。当旋转角度达 75°~78°时，炉膛全部露出。旋回时，旋转液压缸首先复位，然后升降液压缸回复原位。即旋转框架支撑在摇架的 3 个塔形立柱上，并与立轴脱离，炉盖盖在炉体上。当倾动液压缸动作时，支撑在摇架上的炉体、炉盖、旋转框架及整个电极装置随摇架一起倾动。

这种结构的特点是，炉盖旋开后，炉盖、电极装置与炉体无任何机械联系，所以装料时的冲击震动不会波及炉盖和电极，因而它们的使用寿命较长；炉盖旋开后，整个旋开部分有其自身的基础，所以电炉的稳定性问题就显得比较简单，即旋开后所产生的较大偏心载荷与摇架无关。但由于此基础是独立的，而又要求与旋转框架间有较准的距离，因此对电炉的设计、施工安装要求较高。

近年出现的炉料连续加料式电炉，为了控制废钢加入量及炉内钢水量而增加了炉体称量装置，一般是采用基础分开式。这种形式的电弧炉为全液压式，应用较广，在国外其容量已达 200t。

7.3.4　出钢机构

出钢方式根据炉子工艺要求不同有槽出钢、偏心底出钢、虹吸出钢和底出钢等。10t以下小型电炉和冶炼不锈钢品种的电炉，一般采用槽出钢方式。冶炼时，要求不带渣出钢的电炉一般采用偏心底出钢、虹吸出钢方式，也有采用炉底出钢方式，但是应用最广的是槽出钢和偏心底出钢。

7.3.4.1　槽出钢

传统的槽式出钢方法是在用渣覆盖钢液的状态下出钢的。其主要目的是防止钢液温度降低、提高脱硫率、防止钢液氧化。出钢槽开在炉门对面，一般比炉门口高 100~150mm。出钢槽的长度以在保证倒清钢水的前提下越短越好，以减少出钢时钢液的二次氧化和吸收气体。但当采用天车吊包出钢时，一定要注意出钢槽过短会使天车吊钩钢丝绳与电极及炉体相干涉。对于横向布置异跨出钢的电炉出钢槽应长一些，一般都在 2m 以上。出钢口直径在 120~200mm 之间，冶炼时用镁砂或碎石堵塞，出钢时用钢钎打开。

7.3.4.2　偏心底（EBT）出钢

偏心炉底出钢系统结构不同于槽出钢电炉。在出钢一侧有一凸腔部分，断面为鼻状椭圆形。在凸腔部分的底部布置出钢口，用以完成电炉的出钢工作，如图 7-17 所示。冶炼时，出钢孔用耐火材料充填后埋在钢液下面，出钢时打开出钢口后在钢水自重的作用下，冲开出钢孔使钢液自动流出。

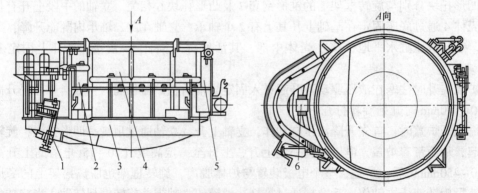

图 7-17　偏心底出钢电炉炉体装配图

1—出钢口开闭机构；2—上炉体；3—下炉体；4—水冷炉壁；5—炉门装配；6—填料口炉板

偏心底出钢口的开闭机构有翻板式、旋开式和插板式三种。翻板式偏心底出钢的开闭机构结构如图 7-18 所示。翻板式偏心底出钢开闭机构虽然结构较为简单、可靠，但在出钢口打开时，翻板下垂距离钢水较近，受高温烘烤程度相对较强，寿命较短。翻板式出钢口开闭机构会增加钢包上口与出钢口距离，延长出钢时间，降低钢水温度，影响钢水质量，因此，该种结构方式很少被采用。旋开式偏心底出钢的开闭机构结构如图7-19所示。旋开式偏心底出钢的开闭机构由于结构简单、可靠，距离钢包上口相对较远，受高温烘烤程度相对较弱，因而使用较多。

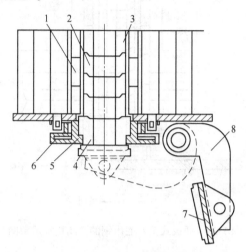

图 7-18　翻板式偏心底出钢的开闭机构示意图

1—出钢口砖；2—损耗砖；3—可浇注耐火材料；4—尾砖；5—防松法兰；6—水冷底环；7—石墨板；8—翻板式盖板

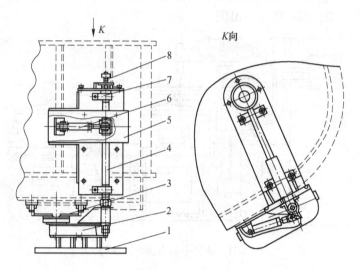

图 7-19　旋转式出钢口开闭机构示意图

1—挡火板；2—旋臂；3—石墨盘；4—旋转轴；5—液压缸罩；6—液压缸；7—轴承座；8—弹簧

该种结构方式的设计注意点如下：

（1）由于水平旋转臂处于高温环境下工作，最好通水冷却以防止受热变形，如果不能通水冷却也要做好防热保护；

（2）要有足够的机械强度；

（3）托盘的上下位置应能调整且方便可靠，以保证托盘的托砖、出钢口托砖、出钢口托砖接触良好；

（4）旋转灵活、可靠，既可自动又可手动；

（5）自动打开控制要有连锁装置，用以防止误操作。

插板式偏心底出钢的开闭机构结构如图7-20所示。

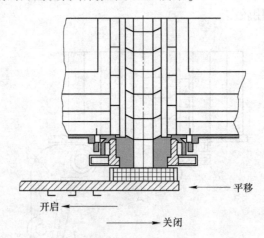

图7-20　插板式偏心底出钢的开闭机构示意图

7.3.4.3　炉底中心（CBT）出钢

炉底中心出钢（CBT）电炉结构简单，如图7-21所示，扩大了炉壁的水冷面积，能最大限度地输入电能；但不能无渣出钢。

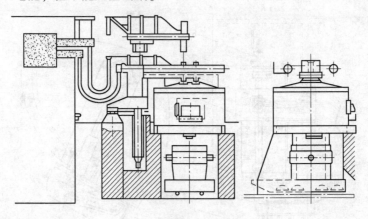

图7-21　炉底中心出钢电炉结构

7.3.4.4　偏位炉底（OBT）出钢

OBT椭圆炉壳类似于EBT炉，但无偏心区，又类似于CBT炉。该法出钢孔的角度大，离炉底中心距离也大。该结构电炉结构简单、维修方便、经济、生产率高。炉底的出钢系统偏置于长轴一侧，出钢用滑动水口控制。

7.3.4.5　圆形底出钢（RBT）方式

RBT圆形底出钢方式的出钢口位置在炉底周围附近，既无低温区又可减少出钢时的卷渣量。出钢过程中有出钢量的连续称量和炉子倾动角度的连续测定，可全自动出钢操作。RBT出钢方式可使等高度水冷炉壁备件量减少，炉壁水冷面积增大，炉壁和渣线耐火材料砌筑方便。出钢孔填料的操作可完全由遥控控制。出钢孔采用滑板系统，用水冷夹套外加喷涂料的防热设计。

7.3.4.6 水平无渣出钢（HT）及水平旋转（HOT）出钢

水平无渣出钢（HT）及水平旋转（HOT）出钢的优点是：关闭出钢口的横板横向移动，总高度低，使出钢口至钢包顶端距离缩短到最短程度，这样出钢使钢水流程更短，且便于给钢包加盖出钢。

7.3.4.7 滑动水口式出钢

滑动水口式出钢装置类似于钢包的滑动水口，如图 7-22 所示。滑动水口出钢口在电炉和转炉上均可使用。其结构和钢包滑动水口相似，只是比较大，操作也基本相同。与滑动水口机构配合的出钢口系统，由 MgO-C 质内管和座砖组装而成，与滑动水口同心并紧密配合，优点是改善了工作环境，免去了频繁的出钢槽修补工作，使出钢控制容易，且使炉内钢液残留量减少到最小，而滑板的使用寿命可达 30 次以上；同时，由于固定的钢液面减少了渣线的修补，耐火材料用量也明显降低。

7.3.4.8 低位出钢

图 7-23 所示为低位出钢结构示意图。出钢口在钢水底部，这种电弧炉可以做到无渣出钢，操作简单，易于维护。

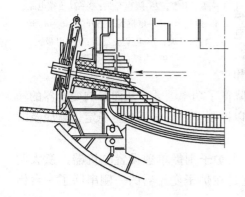

图 7-22 滑动水口出钢装置示意图

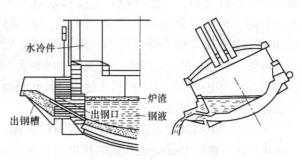

图 7-23 低位出钢结构示意图

7.4 电炉的电气设备

7.4.1 电炉的主电路

电弧炉的主电路如图 7-24 所示。主电路主要由隔离开关、高压断路器、电抗器、电炉变压器及低压短网等几部分组成。

7.4.1.1 隔离开关

隔离开关（也称进户开关、空气断路开关）主要用于检修设备时断开高压电源。常用的隔离开关是三相刀闸开关，这种开关没有灭弧装置，必须在无负载时才可接通或切断电路，因此隔离开关必须在高压断路器断开后才能操作。电弧炉停电或送电时，开关操作顺序是：送电时先合上隔离开关，后合上高压断路器；停电时先断开高压断路器，后断开隔离开关。否则刀闸和触头之间会产生电弧，烧坏设备和引起短路事故等。为了防止误操作，常在隔离开关与高压断路器之间设有联锁装置，使高压断路器闭合时隔离开关无法操作。

隔离开关的操作机构有手动、电动和气动三种。当进行手动操作时，应戴好绝缘手套并站在橡皮垫上，以保证安全。

7.4.1.2　高压断路器

高压断路器用于使高压电路在负载下接通或断开，并作为保护开关在电气设备发生故障时自动切断高压电路。电弧炉使用的高压断路器有油开关（最普通）、电磁式空气断路器（又称磁吹开关，适于频繁操作）和真空断路器（适于比较频繁的操作，可以较好地满足功率不断增大的要求，寿命比油开关高40倍）。

7.4.1.3　电抗器

电抗器通常串联在变压器的高压侧，其作用是使电路中感抗增加，以达到稳定电弧和限制短路电流的目的。电抗器具有很小的电阻和很大的感抗，能在有功功率损失很小的情况下，限制短路电流和稳定电弧；但是它的电感量大，使无功功率增大，降低了功率因数，从而影响变压器的输出功率。因而电抗器的接入时机和使用时间必须加以控制，一旦电弧燃烧稳定，就应及时从主回路上切除，以减少无功功率消耗。

小炉子的电抗器可装在电炉变压器箱体内部，大炉子则需单独设置电抗器。意大利Danilil公司研制的Danarc交流高阻抗电炉技术，就是在炉子变压器的一侧串联了一台饱和电抗器，以减少电网闪烁。

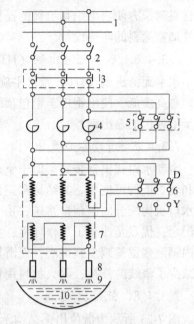

图 7-24　电弧炉主电路图

1—高压电缆；2—隔离开关；3—高压端电路；
4—电抗器；5—电抗器短路开关；6—电压
转换开关；7—电炉变压器；8—电极；
9—电弧；10—金属

7.4.1.4　电炉变压器

A　电炉变压器特点

电炉变压器是一种特制的专用变压器，属于降压变压器。它把高达6000~10000V（甚至更高）的高电压低电流变为100~400V低电压大电流供给电弧炉使用。变压器的心脏是铁心与原边和副边绕组。三相变压器是由3个原边绕组和3个副边绕组构成，这些绕组都绕在一个公共的铁心上。当交变电流流过原边绕组的线圈时，产生交变磁通，此交变磁通在副边绕组中产生感应电动势。

原边绕组的匝数（n_1）和副边绕组的匝数（n_2）之比，或变压器在空载下的原边电压（U_1）和副边电压（U_2）之比，称为变压器的变压比（K）。

变压器中的能量损失是很小的，如果忽略变压器的损耗，可得：

$$K = \frac{n_2}{n_1} = \frac{U_1}{U_2} = \frac{I_2}{I_1} \tag{7-13}$$

变压器的副边电流（I_2）为原边电流（I_1）的 K 倍，即 $I_2 = KI_1$；而副边电压（U_2）为原边电压（U_1）的 $1/K$ 倍，即 $U_2 = U_1/K$。

三相变压器的额定视在功率（$kV \cdot A$）为：

$$S_H = \sqrt{3}\,U_1 I_1 \cos\varphi \tag{7-14}$$

三相变压器输出的有功功率（kW）可以用如下公式计算（Δ/Y 皆可）

$$P = \sqrt{3}\,U_1 I_1 \cos\varphi \tag{7-15}$$

式中　U_1——线电压，V；

　　　I_1——线电流，kA；

　cosφ——负载的功率因数。

一般电炉变压器副边绕组都是采用三角形接法，而原边绕组的接法可以改变。电炉变压器负载是随冶炼时间变化的，特别在熔化期电炉变压器经常处于冲击电流较大的尖蜂负载。电炉变压器与一般电力变压器比较，具有如下特点：（1）变压比大，副边电压低而电流很大，可达几千至几万安培；（2）有较大的过载容量（20%～30%），不会因一般的升温而影响变压器寿命；（3）根据熔炼过程的需要，副边电压可以调节，以调整功率；（4）有较高的机械强度，经得住冲击电流和短路电流所引起的机械应力。

B　电炉变压器的电压调节

电炉炼钢不同阶段所需的电能不同，电炉变压器的调压是通过改变线圈的抽头和接线方法来实现的。变压器的原边绕组既可以接成三角形，也可以接成星形。当原边绕组由三角形改接成星形时，副边侧的电压是未改变接法以前的 $1/\sqrt{3}$ 倍。为了获得更多的电压级数，可使用变压器原边绕组的抽头，再配合变换三角形和星形接法来调整电压。利用这些抽头可以改变原边线圈的匝数，从而获得更多的电压比。从理论上讲，改变副边线圈也可达到调压目的。但是副边线圈的截面很大，在低压侧装置分接开关极为不便，因此在变压器的高压侧配置电压抽头调节装置（见图7-25），国内目前使用的大多是无载调压装置，这种机构比较简单，在转换电压时，必须先断开断路器使变压器停电。调压装置有手动、电动和气动三种。

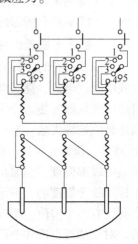

图 7-25　带有抽头引出线
的变压器绕组
1~5—抽头

用电子计算机程序控制的电弧炉，需在熔化、精炼等阶段自动调节输入功率，希望能不停电转换电压，变压器抽头就要在有载情况下更换，这就需要用有载调压开关。

有载调压工作原理如图 7-26 所示，它由选择开关 m 和 n、T 形转换开关 K 和限流电阻 R 组成。转换开关 K 和电阻 R 装于绝缘筒做的小箱内，小箱内装有灭弧用的油，灭弧油必须和变压器的油隔开，不能相混。

在改变电压时，T 形开关 K 可转动 360°，在转动过程中，选择开关 m 和 n 与 K 相联系，有步骤地从一个分接头转接到相邻的另一个分接头。在转换电压的过程中高压绕组中的工作电流从未切断，选择开关 m 和 n 也从不切断电源。在 m 和 n 分别和相邻两分接头相接时，两个电阻 R 用来限制此段分接线圈中的电流。

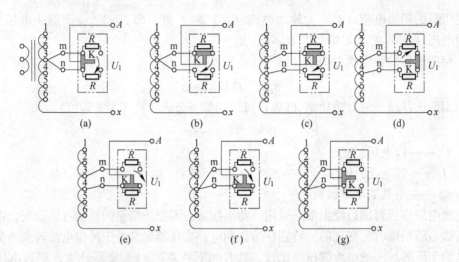

图 7-26　有载调压的工作原理图（一相，以第 3 级转到第 4 级为例）

由于有载调压操作调压时不需要变压器停电，因此可减少炉子热停工时间，提高生产率；对于电网来说，可避免断电和送电造成的电压波动；并且比无载调压能更多地更换电压级数，能更适合所需的温度制度。但是有载调压开关如损坏，就要停炉修理或更换。

C　电炉变压器的冷却

变压器运行时，铁心由于电磁感应作用会产生涡流损失和磁滞损失，即"铁损"；同时线圈流过电流，克服电阻而产生"铜损"。铁损和铜损会使变压器的输出功率降低，同时造成变压器发热。变压器发热会使绝缘材料变质老化，降低变压器的使用寿命。温度过高还易使绝缘失效，造成线圈短路，烧坏变压器。变压器工作时，要求线圈的最高温度小于 95℃。新型变压器的温度计就埋在线圈之中，直接监测线圈温度。但通常的变压器是用油面温度计来标示线圈温度的，由于油面温度与线圈实际温度之间还有一个差值，所以允许的最大油面温度还要低。对于油浸自冷式变压器，最大油面温度应更低些。变压器往往还规定了最大温升（变压器的工作温度减去它周围的大气温度）。周围大气温度一般以夏季最高温度 35℃ 计算。在自然通风条件下，油浸自冷式变压器线圈的最大温升为 60℃，油面的最大温升为 50℃。

电炉变压器的冷却主要有两种方式，即油浸自冷式和强迫油循环水冷式，如图 7-27 所示。油浸自冷式的铁心和线圈浸在油箱中，油受热上浮进入油管被空气冷却，然后再从下部进入油箱。强迫油循

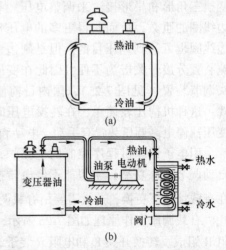

图 7-27　电炉变压器的冷却方式示意图
（a）油浸自冷式；（b）强迫油循环水冷式

环水冷式变压器的铁心和线圈也浸在油箱中，用油泵将变压器油抽至水冷却器的蛇形管内强制冷却，然后再将油打入变压器油箱内。为了保证冷却水不致因油管破裂而渗入管内，油压必须大于水压。

7.4.1.5 短网

A 短网结构

短网是指从变压器副边（低压侧）引出线至电极这一段线路。短网的结构如图 7-28 所示。它包括硬钢母线（铜排）、软电缆、炉顶水冷铜管（或导电横臂）和石墨电极。这段线路长 10～20m，但导体截面很粗，通过的电流很大，又称大电流导体（或大电流线路）。短网中的电阻和感抗对电炉装置和工艺操作影响很大，在很大程度上决定了电炉的电效率、功率因数以及三相电功率的平衡。

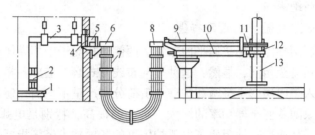

图 7-28　中小容量电弧炉短网结构

1—炉子变压器；2—补偿器；3—矩形母线束；4—电流互感器；5—分裂母线；6—固定集电环；7—可绕软电缆；
8—移动集电环；9—导电铜管；10—电极把持器悬臂；11—供给电极夹板的软编线束；12—电极把持器；13—电极

从变压器副边绕组出线端到变压器室外面的软电缆接头处是硬铜母线。根据"周长与横截面积之比越大，自感系数越小"这一规律来选择导体最有利的截面积形状。硬铜母线通常采用矩形铜板，其高宽比 10～20，允许的电流密度为 1.5～2.0A/mm^2。有的电炉采用空心铜管代替铜板制作铜排，由于铜管内部可以通水冷却，故既提高了电流密度，又减少了接头处的维修。

在变压器副边绕组出线端与硬铜排之间采用一段软线电缆连接（长约 400mm，线径与硬钢排之后的软电缆相同），其优点是可减小由变压器连接处的振动而造成的连接螺丝松脱，减小电阻、提高输出功率，减少变压器因振动而漏油。

软电缆又称软母线，首尾与铜排及水冷导电铜管相连。软电缆的长度以能满足电极升降和炉体倾动为限。软电缆由细铜线绕成，力求有较大的表面积，根据变压器额定电流的大小，采用多根软电缆并联连接。软电缆一般为裸铜电缆，允许的电流密度为 1.0～1.5A/mm^2，如在裸铜电缆外套水冷胶管，允许的电流密度可以提高 2～3 倍，同时可起到节约电缆根数、提高使用寿命的效果。

目前电炉短网应用的大截面柔性水冷电缆，是将一相的各股水冷电缆组成圆形，内外由胶管固定并通水冷却。这种大截面集束电缆的优点是：能阻抑电磁振动，防止磨损，使用寿命成倍提高；阻抗减小，运行稳定，允许电流密度为 4.5A/mm^2，使变压器出力提高 10%～15%，节电 3%～5%，并可降低炉衬材料烧损。

水冷导电铜管装在电极横臂的上方，首尾与软电缆及电极夹头相连。每相电极有 2 根水冷导电铜管，管臂厚度一般 10～15mm，管内通水冷却，允许的电流密度为 3.5～6.0A/mm^2。

在短网中通过巨大电流（可达几万安培），减小短网中的电阻和感抗，对减小电能损失具有重大意义。一般从隔离开关至电极这段主回路上的电能损失为 7%～14%，短网上电能损失为2%~5%，为了减少短网的电阻和感抗，要尽量缩短短网的长度，连接螺丝及二次穿墙铜排的防护板宜采用非磁性材料。各接头处尤其是电极与夹头、电极与电极之间应该紧密连接，以减小接触电阻。一般采用管状或板状导体以减少电流的集肤效应，短网的全部或局部应尽可能采用水冷电缆。短网各相导体之间的位置应尽可能互相靠近，但导体与粗大的钢结构应离得远一些。

短网电缆平行导线上的电流，产生的电磁力相互作用，使导体时推时吸，会造成软电缆左右摇摆，为防止短路，可在每相导体上架设方木框或采用水冷胶皮电缆使之分隔。短网与炉壳之间应严格绝缘。

B　超高功率交流电弧炉的短网布线

如果电弧炉的短网导体采用普通平面布置，两侧边相对于中相导体对称布置，各相导体的数量及布置形式完全相同，显然，这种短网布线方式必然造成各相的阻抗和电抗不平衡，并由此造成输入炉内功率不平衡和炉壁热负荷分布严重不均衡，还对前级电网造成较大的冲击。这些现象随着变压器功率的增大、电流的提高，特别是电弧炉超高功率化后，其危害越来越突出，从而严重地阻碍了电弧炉炼钢的各项技术经济指标的改善。因此，必须改进电弧炉的短网结构与布线，以减少电弧炉的无功损耗，克服因二次导体阻抗和电抗的差异引起的功率不平衡给冶金过程与设备带来的不良影响，为进一步改善电弧炉的各项指标，特别是为降低电耗创造有利的条件，根据电弧炉短网阻抗的计算，可对不同容量的电弧炉按照不同的目的（减少电抗和平衡电抗）采取不同的布线方案。

由于流有同相位电流的平行导体靠得越近，每个导体上的电抗值越大；流有反方向（或有相位差）电流的平行导体靠得越近，每个导体上的电抗值都减少（与同相位相比）。因此，产生了交错布线（30t以上的电弧炉减少电抗）及修正平面布线方案（平衡电抗），如图7-29、图7-30所示。

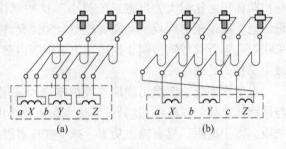

图7-29　交错布线短网示意图
（a）部分交错；（b）全部交错

修正平面布线的特征是：边相导体相对于中相导体为对称布置，各相导体的惯性中心在空间上位于同一水平面。中相导体的数量及间距减小，边相导体的数量及间距增大。这种布线结构简单，并实现了三相电抗平衡，可用于30t以上的大、中型电弧炉。

如将电弧炉各相二次导体分别置于等边三角形的3个顶点的位置，则因各相导体彼此之间相对距离相等，使电磁耦合对称。在各相导体自身几何尺寸一致的情况下，各相导体大致相等这种布线称为三角形布线方案。它能实现三相电抗平衡，但提高中相会受厂房高度的限制。而且为便于安装挠性电缆，需加大变压器到电弧炉间的距离，当车间作业面积受到限制时不易实现，此外，也会给安装工艺带来一些麻烦，因此，本方案常用于小电弧炉。

吸取以上两种布置的优点，可组成更理想的修正三角形布线等方案，如图7-31所示。修正三角形布线时，三相导体的惯性中心在空间位于一个有2个锐角的等腰三角形的3个

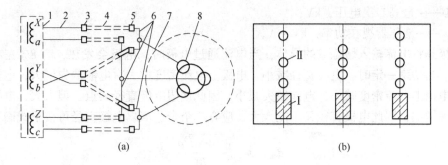

图 7-30 综合短网布线示意图（导电铜管部分属修正平面布线）

(a) 短网布线；(b) 横臂

Ⅰ—及铜管；Ⅱ—剖面图；

1—电炉变压器；2—硬铜母线；3—挠性电缆固定连接端；4—挠性电缆；

5—挠性电缆运动连接端；6—水冷铜管；7—电极横臂；8—电极

顶点上，三相导体的数量相同，中间导体的间距减小，边相导体的间距加大。这种布线结构紧凑，可用于 30t 以上的电弧炉。

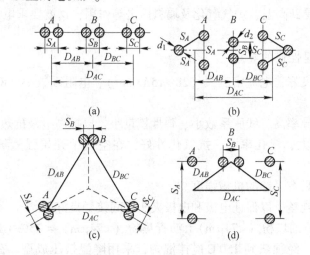

图 7-31 流过线电流的短网导体布置示意图

(a) 普通平面布置；(b) 修正平面布置；(c) 正三角形布置；(d) 修正三角形布置

7.4.1.6 电极

电极是短网中最重要的组成部分。电极的作用是把电流导入炉内，并与炉料之间产生电弧，将电能转化成热能。电极要传导很大的电流，电极上的电能损失占整个短网上的电能损失的 40%左右。

为了满足冶炼工艺的要求，在各冶炼期采用不同的功率供电，如熔化期采用最高功率及最高二次电压供电，在精炼期使用较小功率及低电压供电。在功率一定时，工作电压提高，能够减小电流，因而可提高功率因数 $\cos\varphi$ 和电效率 $\eta_{电}$，为此变压器要设置若干级二次电压。最高一级的二次电压，其公式为：

$$U = 15\sqrt[3]{P_{视}}$$

$$(7\text{-}16)$$

式中　U——最高二次电压，kV；

　　　$P_视$——变压器视在功率，kV·A。

电极是将电流输入熔炼室的导体，当电流通过电极时，电极会发热，有 8% 左右的电能缺失。当功率一定时，电极直径减小，电极上电流密度增大，电能缺失增大，电极直径增大，电极上电流密度减小，电能缺失减小。因此期望电极直径大点，但太大，电极表面热量缺失增加，因此电极直径又不能太大，应有一个合适值。电极直径可按下式确定。

$$d_{电极} = \sqrt[3]{\frac{0.406I^2\rho}{K}} \tag{7-17}$$

式中　ρ——石墨电极 500℃时电阻系数，$\rho_{石墨} = 10\Omega \cdot mm^2/m$；

　　　K——系数，对石墨电极 $K = 2.1W/cm^2$；

　　　I——电极上的电流强度，A。

$$I = \frac{1000P_视}{\sqrt{3}U} \tag{7-18}$$

式中　U——最高二次电压，kV；

　　　$P_视$——变压器视在功率，kV·A。

电极工作时要受到高温、炉气氧化及塌料撞击等作用，这就要求电极能在恶劣冶炼条件下正常工作。

A　对电极物理性能的要求

(1) 导电性能良好，电流密度大（28~15A/cm²）、电阻系数小（8~10Ω·mm²/m），以减少电能损失。

(2) 电极的热导率高、线胀系数小、弹性模量小，以提高电极抗热震性能。

(3) 体积密度大、气孔率小、抗氧化性好，在空气中开始强烈氧化的温度就有所提高。

(4) 在高温下具有足够的机械强度。

(5) 几何形状规整，以保证电极和电极夹头之间接触良好。

电极原料采用石油焦粉（<74μm）：沥青焦粉（<74μm）= 75%：25%，以及黏结剂约 20% 的沥青组成。经预热到 150℃ 搅拌混匀，采用降温挤压成型。在焙烧炉中加热至 1250℃（约两周时间）使黏结剂碳化，电极结构成为硬性的颗粒粗大的无定形碳，就是碳素电极。然后将碳素电极放入 2300~2500℃ 的电阻炉内进行石墨化处理，以电极本身作为电阻元件，使碳素电极由无定形片状石墨转变为六角形结晶体。在石墨晶体长大过程中，碳素电极中的杂质灰分被大量去除，从而减小了比电阻，增大了电极强度。石墨化过程中吨电极电耗为 5000~7000kV·A，故石墨电极的价格比碳素电极高出 1.3~2.6 倍。目前电炉普遍采用石墨电极。石墨电极通常又分为普通功率和高功率（超高功率）电极。

B　电极消耗原因分析

电极消耗由 4 个部分组成：端部消耗、侧面氧化、残端损失和电极折断。其中前两个为连续性消耗，后两个为间歇性消耗，因此，常把残端损失与电极折断合并为电极折断损失。端部消耗和侧面氧化可分别占电极消耗的 30%~70%，残端损失占 5%~20%，电极折断损失占 3%~10%，可见，端部消耗和侧面氧化最重要，采用电极喷淋冷却，可使侧面氧化大幅度降低。

C　降低电极消耗的措施

电极消耗在电炉钢生产成本中占 8%~10%，电极吨钢消耗的水平为 4~9kg，电极消耗的主要原因是折断、氧化、炉渣和炉气的侵蚀，以及在电弧作用下的剥落和升华。为了降低电极消耗，主要应提高电极本身质量与加工质量，缩短冶炼时间，防止因设备和操作不当所造成的各种事故。降低电极消耗的具体措施有：

（1）减少由机械外力和电磁力引起的电极折断和破损。避免因搬运、炉内塌料和操作不当引起的直接碰撞而损伤电极。避免电磁力引起电极与电极夹头之间的松动产生微电弧造成电极损坏或脱落折断。

（2）电极应存放在干燥处，严防受潮，受潮电极在高温下易掉块和剥落。

（3）减少电极接头的电损失。接电极时擦除上下电极端面、丝孔以及连接螺丝的灰尘，并用力拧紧。有的厂在电极连接端头打入电极销子加以固定；有的电极销子采用表面镀销，具有导电好、电阻小、销子周围不起弧的优点；有的厂在电极接头丝扣内的上下端面放置接头膏，接头膏做成圆形薄片，材质为石墨基料加黏结剂，接头膏在高温熔化后充填丝扣缝踪，也可防止退丝松动。

（4）减少电极周界的氧化消耗。电极周界（侧面）的氧化消耗占总消耗的 55%~70%，石墨电极从 550℃ 开始氧化，在 750℃ 以上急剧氧化。减少周界氧化消耗的措施有：加强炉子的密封性，减少空气侵入炉内，如紧闭炉门，减少炉门开启时间，减少电极孔缝隙；缩短高温精炼时间，出钢后严禁赤热电极长期暴露在炉外冷空气中；在电极周界表面采用涂层保护。要求电极涂层在高温下不易氧化，并且能与电极黏附良好。电极涂层有导电涂层和非导电涂层两种类型。

导电涂层是在电极周界表面上喷涂两种或两种以上的金属，如铁和铝或镍和铝作保护层。有的还喷涂含 $w(Al)=70\%$，$w(Si)=20\%$，$w(Cr)=10\%$ 的涂料，这种涂层还可以增加电极的导电率。

非导电涂层是在电极周界表面上喷涂或刷涂一层陶瓷涂料，这种涂料是以碳化硅为基料，用水玻璃作黏结剂，有少部分焦油和铝粉；也有的非导电涂层是由一些耐火度较高的氧化物组成。由于涂层不导电，应留出与电极夹头接触的地方。

采用电极涂层可以明显降低电极消耗，采用铝基涂料，电耗降低 20%~25%；采用硅胶基涂料，电极消耗降低 17%~25%；采用碳化物基涂料，电极消耗降低 10%~25%；采用铁基涂料，电极消耗降低 20%~30%。

将电极浸入硼酸液、磷酸镁液、四硼酸盐氯化物中，在真空下浸渍加热到 125~130℃，然后将电极在 140~150℃ 下干燥后，用于炼钢效果很好。如直径为 350mm 的电极浸渍后，电极密度提高 2.9%，氧化度下降 51.8%，总消耗下降 30%~50%。

采用喷淋电极也可减少电极周界氧化消耗。最近几年，电炉炼钢为了降低电极消耗，一些钢厂实行了电极侧壁喷淋冷却技术。该冷却系统的结构是由固定在电极卡头下面的水环和固定在电极水冷密封圈上内侧的风环以及计控仪表等组成，如图 7-32 所示。由图 7-32 可看出，当冷却水直接与石墨电极接触后，在电极表面形成了均匀的水膜，在降低电极温度的同时，又能减少侧壁的氧化，从而降低电极消耗。生产实践已经证明，电极喷淋冷却技术，结构简单、投资少、操作方便、易于维修，可节约电极 20%，且使炉盖中心部位耐火材料的寿命提高 3 倍。

（5）降低电极端部的消耗。电极端部消耗占总电极消耗的 15%~25%，当电弧连续燃烧时，电极端部的温度可高达 3600~4000℃以上，这个温度对电极端部不仅氧化十分剧烈，大约在 2300℃以上显著升华，电极端部的消耗与电弧电流、电弧长度、炉渣成分及厚度有关，一般规律是采用长电弧、高碱度、低 FeO、薄渣层有利降低电极端部消耗。

（6）提高电极调整器自动升降的灵敏度（4~7m/min），也有利于降低电极消耗。

（7）强化管理，严格执行配电、配料、装料等关键操作制度，以减少非正常消耗。

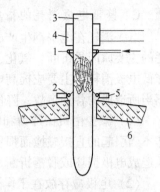

图 7-32　水淋式电极

1—水环；2—风环；3—石墨电极；
4—电极卡头；5—电极水冷
密封圈；6—炉盖

目前国内外提高电极质量的方向，一是研制高密度（>1630kg/m³）的石墨电极，这种电极的导电能力大；另一种是研制纤维石墨电极（针状沥青为原料），电极的结晶组织具有方向性。其导电性（28~30A/cm²）、热传导性、抗氧化性、强度等性能都优于同等断面的普通功率电极，这种电极对发展大型电炉和超高功率电炉有很大意义。

实验结果表明，电弧的稳定性主要受几何形状的影响。短而粗的电弧的输入功率比较均匀稳定。研究发现中空电极的电弧比实心电极的电弧更为稳定，因此中空石墨电极正在研制之中。

水冷复合电极由上部的金属电极柄和下部的石墨电极组成，如图 7-33 所示。水冷电极柄是非消耗品，由同心的 3 根套管组成，冷却水从中心管进入，通过水冷接头丝两根外套管之间的环形间隙流出，内壳和中心管之间的空间与大气相通。为了避免氧化以及保证良好的导电性，水冷部分的表面需加工得很光滑，与电极夹持器之间有良好的配合，水冷复合电极通过水冷的金属螺纹接头与石墨电极连接。这种水冷螺纹接头能经受较大的扭矩，在使用过程中能减少断裂。水冷复合电极均带有安全监控装置，当水量超过最低要求或水温超过允许的最高水温时，电极能自动地提升到炉外，水冷复合电极不仅可以消除电极的高位断裂，大幅度地降低电极消耗，而且还能提高炉盖的使用寿命。

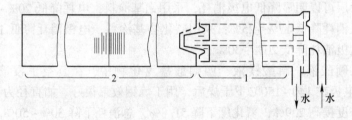

图 7-33　水冷复合电极
1—水冷电极柄；2—石墨电极

7.4.1.7　电弧

电弧是气体放电（导电）现象的一种形态。气体放电的形式，按气体放电时产生的光辉亮度不同可分为三种：无声放电（弱）、辉光放电（明亮）、电弧放电（炫目）。

电弧炉就是利用电弧产生的高温熔炼金属的，从电炉操作的表观现象看，合闸后，首先使电极与钢铁料做瞬间接触，而后拉开一定距离，电弧便开始燃烧起弧。实质上，当两极（电极与钢铁料）接触时，会产生非常大的短路电流（$I_d = 2I_n \sim 4I_n$，I_n 为额定电流），在接触处由于焦耳热而产生赤热点，于是在阴极将有电子逸出，当两极拉开一定距离后（形成气隙），极间就是一个电场（存在一个电位差），在电场作用下，电子向阳极加速运动，在运动过程中与气体分子、原子碰撞，使气体发生电离，这些电子与新产生的离子、电子在电场中做定向加速运动的过程，又使另外的气体电离。这样电极间隙中的带电质点数目会突然增加，并快速向两极移动，气体导电形成电弧，电流方向由正极流向负极。

在气体电离和电弧燃烧的同时，两极间还存在着消去电离的过程，即正离子和自由电子碰撞复合形成中性的气体分子或原子和带电质点，在温度、压力梯度作用下向四周空间的扩散过程中使电弧趋于熄灭。为了保持电弧稳定而持续地燃烧，单位时间内进入电弧的电子数目和形成的离子数目必须大于由于复合和扩散所丧失的电荷数目。

由此可见，电弧产生过程大致分四步：（1）短路热电子放出；（2）两极分开形成气隙；（3）电子加速运动气体电离；（4）带电质点定向运动，气体导电，形成电弧。这一过程是在瞬间完成的，电极与钢铁料交换极性，电流方向以 50 次/s 改变方向。

电弧是气体导电。当电弧燃烧时，电弧电流便在弧体周围的空间建立起磁场，弧体则处于磁场的包围之中，受到磁场力的作用沿轴向方向产生一个径向压力，并由外向内逐渐增大。这种现象称为电弧的压缩效应。径向压力将推开渣液使电弧下的金属液呈现弯月面状，从而加速钢液搅动和传热过程。

在三相电弧炉中，3 个电弧轴线各自不同程度地向着炉衬这一侧偏斜，这个现象称为电弧外偏或电弧外吹，其原因是一相的电弧受到其他两相电弧所建立的磁场的作用，另外，电弧一侧存在着铁磁物质。例如靠二相的一侧是电极升降机构等钢结构，则第二相的电弧向炉壁偏高幅度较大。

电弧的压缩效应和外偏现象，改变了电极下的金属液面形状，加强了钢液和炉渣的搅动，弯月形钢液面直接从电弧吸热的比例因而增大，加速了熔池的传热过程。电弧的压缩效应和外偏现象称为电弧的电动效应。电弧电流越大，电弧的电动效应就越显著。

正确应用交流电弧特性有利于冶炼过程的进行，通电起弧初期，在电极下的金属炉料上放上几块碳质材料有利于起弧燃烧；碱性炉渣的电子发射能力优于钢液，所以提前造好初期渣对稳定电弧也十分必要，通电初期串接电抗器（电抗线圈）有利于电弧稳定和限制短路电流。当电弧基本稳定取消电抗器有利于提高输入炉内功率。电弧电动效应既有利于冶炼过程的一面，也有不利的一面，例如电弧外偏会加剧炉衬的侵蚀损坏，尤以对二相电极的炉壁侵蚀最为严重。电弧的压缩效应和外偏现象使电极下的液面呈弯月形，钢液对挥发的电极材料吸收也越容易，如炼超低碳不锈钢，电极易于使钢液增碳。

7.4.2 电炉电控设备

电弧炉电控设备包括高低压控制系统及其相应的台柜以及电极自动调节器等。

7.4.2.1 高压控制系统

高压控制系统的基本功能是接通或断开主回路及对主回路进行必要的保护和计量。

一般电炉的高压控制系统由高压进线柜（高压隔离开关、熔断器及电压互感器）、真空开关柜（真空断路器及电流互感器）、过电压保护柜（氧化锌避雷器组及阻容吸收器）、三面高压柜，以及置于变压器室墙上的高压隔离开关（带接地开关）组成。

高压控制柜上装有隔离开关手柄、真空断路器、电抗器及变压器的开关、高压仪表和信号装置等。高压控制系统所计量的主要技术参数有：高压侧电压、高压侧电流、功率因数、有功功率、有功电度及无功电度。

7.4.2.2　低压控制系统及其台柜

电炉的低压控制系统由低压开关柜、基础自动化控制系统（含电极自动调节系统）、人机接口相应网络组成。低压开关柜系统主要由低压电源柜、PLC 相及电炉操作台柜等组成，电炉操作台上安装有控制电极升降的手动、自动开关，炉盖提升旋转、电炉倾动及炉门、出钢口等炉体操作开关，低压仪表和信号装置等。

7.4.2.3　电极自动调节器

电极自动调节系统包括电极升降机构与电极自动调节器，重点是后者。电弧炉对调节器的要求：（1）要有高灵敏度，不灵敏区不大于 6%；（2）惯性要小，速度由零升至最大的 90% 时需要时间超过 0.3s，反之不超过 0.2s；（3）调整精度要高，误差不大于 5%。

电极升降自动调节系统由测量、放大、操作等基本元件组成。测量元件测出电流和电流大小并与规定值进行比较，然后将结果传给放大元件，在该放大元件中将信号放大，动作元件接到放大的信号后自动升降机构，以自动调节电极。

按电极升降机构驱动方式的不同，电极升降调节器可以分为机电式调节器和液压式调节器两种，通常前者用于容量 20t 以下的电弧炉，后者用于 30t 以上的电弧炉。机电式电极升降调节器类型有：电机放大机直流电动机式、晶闸管直流电动机式、晶闸管转差离合器式、晶闸管交流力矩电机式和交流变频调速式等。目前应用的主要是后两种及微机控制的产品。液压式调节器按控制部分的不同分为模拟调节器、微机调节器和 PLC 调节器三种形式，前两种已经逐渐被 PLC 调节器取代。目前电炉基本上都是采用 PLC 控制。

A　电液随动网-液压传动式调节器

电液随动控制系统的工作原理如图 7-34 所示。电弧电流偏差时，电气控制系统将测量比较环节传来的偏差信号放大后，输给驱动磁铁，鉴动磁铁根据偏差信号使随动阀的阀芯向上或向下移动，阀芯的移动控制着阀体的进液量和回液量，从而使液压缸高压液体增加或减少。增加时，立柱向上提升电极；减少时，依靠电极和立柱的自重使电极下降。当电弧正常工作时，测量环节无信号输出，随动阀的阀芯处于中间位置，电极不动。这种调节系统同时具有电气系统和液压系统的优点，比其他的电极自动调节系统具有更高灵敏度，其升降速度更快，输出功率也大。

B　微机控制系统

随着计算机技术的不断开发和应用，电弧炉电极自动调节技术也取得了新成果。图7-35 所示为电弧炉微机控制变频调速电极自动控制系统，包括 3 个单元：

（1）拖动电极升降的执行元件，标准系列鼠笼型交流电动机；

（2）给交流电动机供电的微机控制变频装置；

（3）自动调节器，由微机调节器和电子调节器构成，两台机器具有相同的控制功能，互为备用。

自动控制调节器采集三相电弧电流和短网电压作为反馈控制信号，按照冶炼工艺要求

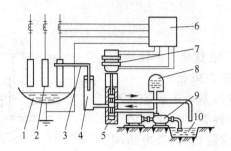

图 7-34　电液随动系统工作原理示意图

1—熔池；2—电极；3—电极升降装置；4—液压缸；5—随动阀；
6—电气控制系统；7—驱动磁铁；8—压力罐；9—液压泵；10—储液池

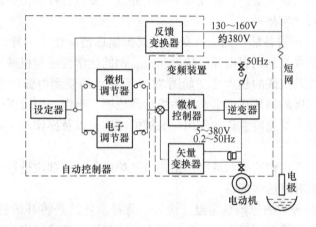

图 7-35　电弧炉微机控制交流电动机变频无极调速自动控制系统单相简化原理框图

设计控制程序，根据各冶炼期的不同设定值进行程序运算，输出频率给定信号和电动机运转指令信号，独立地分相自动控制 3 台电动机，拖动 3 根电极调节其与炉料之间的距离，实现系统恒流控制。

　　该无极调速自动控制系统是一个直接数字控制、数字设定、数字显示、数字保护的交流电动机变频调速系统，具有故障少、控制精度高、结构紧凑、性能优越等优点。随着人工智能技术的应用和发展，出现了智能电弧炉，实现了将人工智能技术应用于改善电极电流工作点的设定和控制。近年来，也有用可编程序控制器 PLC 作为电极调节器控制单元的，使用效果也很好。

7.5　电炉炼钢过程及操作

7.5.1　概述

　　传统的氧化法冶炼工艺操作过程包括补炉、装料、熔化、氧化、还原与出钢六个阶段，主要由三期组成，俗称老三期。传统电炉老三期工艺，因其设备利用率低，生产率低，能耗高等缺点，满足不了现代冶金工业的发展，必须进行改革，但它是电炉炼钢的基础。

7.5.2 补炉

炉衬寿命的高低是高产、优质、低耗的关键。传统电炉炉衬结构如图 7-36 所示。

（1）影响炉衬寿命的因素。影响炉衬寿命的主要因素有：炉衬的种类、性质和质量（包括制作、打结、砌筑质量）；高温电弧辐射和熔渣的化学侵蚀；吹氧操作，钢液、炉渣等的机械冲刷，以及装料的冲击。为了提高炉衬寿命，除选择高质量的耐火材料与先进的筑炉工艺外，还要加强维护，即在每炉钢出完后，要进行补炉，如遇特殊情况，还须采用特殊的方式进行修砌垫补。

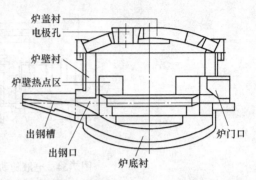

图 7-36 传统电炉炉衬结构示意图

（2）补炉部位。炉衬各部位的工作条件不同，损坏情况也不一样。炉衬损坏的主要部位是炉壁渣线，渣线受到高温电弧的辐射，渣、钢的化学侵蚀与机械冲刷，以及冶炼操作等会严重损坏，尤其渣线的热点区（如图 7-36 所示）还受到电弧功率大、偏弧等影响侵蚀严重，渣线热点区的损坏程度常常成为换炉的依据。出钢口附近因受渣、钢的冲刷也极易减薄，炉门两侧常受急冷急热的作用、流渣的冲刷，以及操作与工具的碰撞等损坏也比较严重。

因此，一般电炉在出钢后要对渣线、出钢口及炉门附近等部位进行修补，无论进行喷补或投补，均应重点补好这些部位。

（3）补炉原则。补炉的原则是高温、快补、薄补。补炉是将补炉材料喷投到炉衬损坏处，并借助炉内的余热在高温下使新补的耐火材料和原有的炉衬烧结成为一个整体，而这种烧结需要很高的温度才能完成。一般认为较纯镁砂的烧结温度约为 1600℃，白云石的烧结温度约为 1540℃。电炉出钢后，炉衬表面温度下降很快，因此有经验的操作者都是抓紧时间趁热快补。薄补的目的是保证耐火材料良好的烧结。经验告诉我们，新补的厚度一次不应大于 30mm，需要补得更厚时，应分层多次进行。

（4）补炉方法。补炉方法可分为人工投补和机械喷补。根据选用材料的混合方式不同，又分为干补和湿补两种。人工投补，补炉质量差、劳动强度大、作业时间长、耐火材料消耗也大，故仅适合小炉子。目前，在大型电炉上均采用机械喷补，大多数采用炉门喷补机，也有采用炉内旋转补炉机的，后者效果好但操作较麻烦。机械喷补补炉速度快、效果好。

（5）补炉材料。碱性电炉人工投补的补炉材料是镁砂、白云石或部分回收的镁砂。所用黏结剂为：湿补时选用卤水或水玻璃，干补时一般均掺入沥青粉。机械喷补材料主要用镁砂、白云石或两者的混合物，还可掺入磷酸盐或硅酸盐等黏结剂。

近年来，电炉采用专用的捣打料用于炉底及炉坡的修补，不但维护操作方便，而且大大地提高了炉衬寿命。

7.5.3 装料

目前，广泛采用炉顶料篮或料罐装料，每炉钢的炉料分 1~3 次加入。装料的好坏影响炉衬寿命、冶炼时间、电耗、电极消耗以及合金元素的烧损等。因此要求装料合理，而装料合理主要取决于炉料在料篮中的布料合理与否。装料的时间直接影响冶炼周期及吨钢电耗，采用改善炉料结构、加强炉料管理、合理装料次数等措施，一定要实现"零压料"。

由现场实践得知，合理的装料时间，即由停电—电极、炉盖升起旋出—装料—电极、炉盖旋回下降，送电间隔时间 2min 左右。但当炉料在料篮中布料不合理或料装得过多，料装入炉内后料高出炉口，而采取压料时间则需要 5~20min，甚至更长时间，这将大大延长非通电时间，增加冶炼周期。从电炉设备合理使用、保护设备的角度，料装入炉内后料高不应超过炉口，当超过炉口时必须进行处理，超过 100mm 时现场有的用料篮压一下，但当超出过多时，就要用专用的压料铁砧压实，但因废钢料的结构（有长条形钢铁料）及废钢铁固有的弹性，使得压料困难，有时还要炉前工人到电炉炉上进行处理，这就大大延长了装料时间，也易造成炉体的破坏，甚至引发安全事故。也有的电炉出现料装入炉内后料高出炉口过高时，不进行处理而强行关闭炉盖、送电起弧，这种情况是造成炉盖水冷管泄漏的主要原因。"零压料"的实质是，设法保证料装入到炉内后料高不超过炉口（不超过 100mm），当废钢炉料的状况一定时，关键在于料篮的有效容积与电炉的有效容积要接近，即料篮的容积设计要根据电炉的容积设计，而不必考虑废钢的堆密度，当料源不好（堆密度小）时，宁可多装一次料，也不要进行压料。

合理布料的顺序如下：先将部分小块料装在料篮底部，借以保护料篮的链板或合页板，减缓重料对炉底的冲击，以保护炉底、及早形成熔池；在小块料的上面，料篮的中心部位装大块或难熔料，并填充小块料，做到平整、致密、无大空隙，使之既有利于导电，又可消除料桥及防止塌料时折断电极，即保护电极；其余的中、小块料装在大料或难熔料的上边及四周；最后在料篮的上部装入小块轻薄料，以利于起弧、稳定电流和减轻弧光对炉盖的辐射损伤，即保护炉顶。

另外，渣钢、汤道钢等不易导电的炉料应装在远离电极的地方，以免影响导电；生铁不要装在炉门附近或炉坡上，而要装在大料或难熔料的周围，以利用它的渗碳作用，降低大料或难熔料的熔点，从而加速熔化。凡随炉料装入的铁合金，为了保证元素的收得率，应根据它们不同的理化性能装在不同的位置，如钨铁、钼铁熔点高，不易氧化，可装在高温区，但不要装在电极下边；铬铁、镍板、锰铁等应装在远离高温区的位置，以减少它们的挥发损失。

现场布料（装料）经验：下致密、上疏松、中间高、四周低、炉门口无大料，穿井快、不搭桥，熔化快、效率高。

7.5.4 熔化期

传统工艺熔化期占整个冶炼时间的 50%~70%，电耗占 60%~80%。因此熔化期的长短影响生产率和电耗，熔化期的操作影响氧化期、还原期的顺利与否。

7.5.4.1 熔化期的主要任务

快速熔化：将块状的固体炉料快速熔化，并加热到氧化温度。

提前造渣：熔化期通过提前造渣，有利于早期去磷，减少钢液吸气与挥发。

7.5.4.2 熔化期的操作

熔化期的操作主要是合理供电，及时吹氧，提前造渣。其中合理供电制度是使熔化期顺利进行的重要保障。

A 炉料熔化过程及供电

装料完毕即可通电熔化，在供电前，应调整好电极，保证整个冶炼过程中不接换电极，并对炉子冷却系统及绝缘情况进行必要的检查。

炉料熔化过程基本可分为四个阶段（期），即点弧、穿井、主熔化及熔末升温，如图7-37所示。

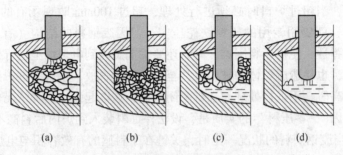

图 7-37　炉料熔化过程示意图
(a) 点弧；(b) 穿井；(c) 主熔化；(d) 熔末升温

第一阶段：点（起）弧期。通电开始，在电弧的作用下，少部分元素挥发，并被炉气氧化，生成红棕色的烟雾，从炉中逸出。从送电起弧至电极端部下降1.5倍电极端部直径深度（一般电极端部直径为正常电极直径的0.7，所以1.5倍电极端部直径深度近似等于正常电极直径）为点弧期。此期电流不稳定，电弧在炉顶附近燃烧辐射，二次电压越高、电弧越长，对炉顶辐射越厉害，并且热量损失也越多。为了保护炉顶，在炉上部布一些轻薄小料，以便让电极快速插入料中，以减少电弧对炉顶的辐射；点弧期供电上采用较低电压、较小电流。

第二阶段：穿井期。点弧结束至电极端部下降到炉底为穿井期。此期虽然电弧被炉料所遮蔽，但因不断出现塌料现象，电弧燃烧不稳定，供电上采取较大电压、较大电流或采用高电压带电抗操作，以增加穿井的直径与穿井的速度。但应注意保护炉底，办法是：加料前采取外加石灰垫底，炉中部布置大、重废钢以及合理的炉型。

当炉上部布一些轻薄料时，点弧、穿井可一气呵成。

第三阶段：主熔化期。电极下降至炉底、开始上升时主熔化期开始。随着炉料不断的熔化，电极渐渐上升，至炉料基本熔化（约80%），仅炉坡、渣线附近存在少量炉料，从电弧开始暴露给炉壁时主熔化期结束。主熔化期间由于电弧埋入炉料中，电弧稳定、热效率高（>85%）、传热条件好，故应以最大功率供电，即采用最高电压、大电流供电。主熔化期时间占整个熔化期的70%~80%。

第四阶段：熔末升温期。从电弧开始暴露给炉壁至炉料全部熔化为熔末升温期。此阶段炉壁处及熔池下部还有约20%的废钢没有熔化，还需要大功率供电，但因炉壁暴露，尤其是炉壁热点区暴露，受到电弧的强烈辐射，故应注意保护炉壁。此时供电上可采取低电压、大电流，当实现泡沫渣埋弧操作时，可提高电压、大功率供电。

各阶段熔化与供电情况见表 7-6。

表 7-6 炉料熔化过程与操作

熔化过程	电极位置	必要条件	方 法	
点弧期	送电→电极下降至电极底部	保护炉顶	较低电压	顶布轻废钢
穿井期	电极底部→炉底	保护炉底	较大电压	石灰垫底
主熔化期	炉底→电弧暴露	快速熔化	最大电压	
熔末升温期	电弧暴露→全熔	保护炉壁	低电压、大电流	水冷加泡沫渣

B 及时吹氧与元素氧化

吹氧是利用元素氧化热加热、熔化炉料。当废钢固体料发红（约 900℃）开始吹氧最为合适，吹氧过早浪费氧气，过迟增加熔化时间。熔化期吹氧助熔，初期以切割为主，当炉料基本熔化形成熔池时，则以向钢液中吹氧为主。

一般情况下，熔化期钢中的硅、铝、钛、钒等几乎全部氧化，锰、磷氧化 40% ~ 50%，这与渣的碱度和氧化性等有关；而在吹氧助熔时碳氧化 10% ~ 30%，铁氧化 2% ~ 3%。

C 提前造渣

为提前造渣，通常在加料前用 2% ~ 3% 石灰垫炉底（对于留钢操作或导电炉底的情况除外），这样在熔池形成的同时就有炉渣覆盖，可使电弧稳定，有利于炉料的熔化与升温，并可减少热损失，防止吸气和金属的挥发。由于初期渣具有一定的氧化性和较高的碱度，可脱除一部分磷；当磷高时，可采取自动流渣、换新渣操作，脱磷效果更好，可为氧化期创造条件。

脱磷任务主要在熔化期完成，脱磷反应与脱磷条件：

$$2[P] + 5(FeO) + 4(CaO) = (4CaO \cdot P_2O_5) + 5[Fe], \quad \Delta H < 0$$

由脱磷反应式分析脱磷条件：高碱度、高氧化性、低温、适当大的渣量、流渣换新渣。实际电炉炼钢脱磷操作正是通过提前造高碱度、高氧化性炉渣，并采用流渣、造新渣的操作等，抓紧在低温的熔化期基本完成脱磷任务。

7.5.4.3 缩短熔化期的措施

通过分析电炉炼钢熔化期的特点，给出缩短熔化期的措施如下：

（1）减少非通电时间，如提高机械化、自动化程度，减少装料次数与时间，减少出钢、补炉及接电极等热停工时间；

（2）强化用氧，如吹氧助熔、氧-燃助熔，实现废钢同步熔化，提高废钢熔化速度；

（3）提高变压器输入功率，加快废钢熔化速度；

（4）废钢预热，利用电炉冶炼过程产生的高温废气进行废钢预热等。

7.5.5 氧化期

要去除废钢铁料中的磷、气体和夹杂物，必须采用氧化法冶炼。氧化期是氧化法冶炼的主要过程，能去除钢中的碳、磷、气体和夹杂物。传统冶炼工艺当废钢铁炉料完全熔化，并达到氧化温度，磷脱除 70% 以上即进入氧化期。为保证冶金反应的进行，氧化开始温度应高于钢液熔点 50~80℃（1480~1500℃）。

7.5.5.1 氧化期的主要任务

（1）脱磷。当钢液中的磷较高、脱磷任务比较重时，需要继续脱磷到要求的含量（<0.02%）。

（2）脱碳。将钢液中的碳脱至规格下限。

（3）二去。去除气体及去夹杂（利用 C-O 反应）。

（4）升温。提高钢液温度。

氧化期的操作包括造渣与脱磷、氧化与脱碳、去气及去夹杂，以及钢水的温度控制等。

7.5.5.2 造渣与脱磷

传统冶炼方法中氧化期还要继续脱磷，由上述脱磷反应式可以看出，在氧化前期（温度较低），造好高氧化性、高碱度和流动性良好的炉渣，并及时流渣、换新渣，实现快速脱磷是可行的。

7.5.5.3 氧化与脱碳

按照熔池中氧的来源不同，氧化期操作分为矿石氧化，吹氧氧化及矿、氧综合氧化法三种。近些年的强化用氧实践表明，除非钢中磷含量特别高需要采用氧化铁皮（或碎铁矿）造高氧化性炉渣外，均采用吹氧氧化，尤其当脱磷任务不重时，可通过强化吹氧氧化钢液降低钢中碳含量。

实际上，电炉是通过高配碳，利用吹氧脱碳这一手段，来达到加速反应，均匀成分、温度，去除气体和夹杂的目的。

脱碳反应与脱碳条件如下：

$$[C] + [O] === CO\uparrow, \quad \Delta H_{CO} = -22.2kJ/mol$$

由脱碳反应式分析脱碳条件：高氧化性、高温、低一氧化碳分压。

7.5.5.4 气体与夹杂物的去除

电炉炼钢钢液去气、去夹杂是在氧化期进行的。它是借助碳-氧反应、一氧化碳气泡的上浮，使熔池产生激烈沸腾，促进气体和夹杂的去除，均匀成分与温度。

去气、去夹杂的机理：CO 生成使熔池沸腾，氮、氢易并到 CO 气泡中长大排除，CO 易黏附氧化物夹杂上浮排除，易使氧化物夹杂聚合长大排除。为此，一定要控制好脱碳反应速度，保证熔池有一定的激烈沸腾时间。

7.5.5.5 氧化期冶炼中的操作制度

A　造渣制度

对氧化期炉渣的主要要求是：具有足够的氧化性能、合适的碱度与渣量、良好的物理性能，以保证能顺利完成氧化期的任务。

氧化过程的造渣应兼顾脱磷和脱碳的特点，两者共同的要求是，炉渣的流动性良好，有较高的氧化能力；不同的是，脱磷要求渣量大，不断流渣和造新渣，碱度以 2.5~3 为宜，而脱碳要求渣层薄，便于 CO 气泡穿过渣层逸出，炉渣碱度为 2 左右。

氧化期的渣量是根据脱磷任务确定的。在完成脱磷任务时渣量以能稳定电弧燃烧为宜。

一般氧化期渣量应控制在 3% ~ 5%。调整好炉渣的流动性也极为重要。氧化渣过稠，会使钢渣间反应减慢，流渣困难，对脱磷与脱碳反应均不利；氧化渣过稀，不仅对脱磷不利，而且钢液难于升温，炉衬侵蚀加剧。影响炉渣流动性的主要因素是温度和炉渣成分。对于碱性渣提高渣中 (CaF_2)、(Al_2O_3)、(SiO_2)、(FeO)、(MnO) 等含量时，可以改善炉渣流动性；而增加渣中 (CaO)、(M_2O)、(Cr_2O_3) 等含量时，使炉渣的流动性变坏，所以炉渣碱度愈高，其流动性愈差。调整炉渣的流动性常用的材料是萤石、火砖块和硅石，它们有稀释炉渣的作用，但会侵蚀炉衬，火砖块和硅石还会降低炉渣碱度，在使用时都应合理控制用量。

好的氧化渣在熔池面上沸腾溅起时有声响，有波峰，波峰呈圆弧形，表明沸腾合适；如波峰过尖，甚至脱离渣面，表明沸腾过于强烈。好的氧化渣还应是泡沫状，流出炉门时呈鱼鳞状，冷却后的断面有蜂窝状的小孔，这样的炉渣碱度合适，氧化性强，流动性好，夹杂物易被炉渣吸附，气体易排出，且有利于加热熔池和保护炉衬。

在实际操作中，可根据炉渣的埋弧情况、熔池活跃程度及流渣的情况等，对渣况作出判断。也常用铁棒蘸渣，待其冷却后观察，符合要求的氧化渣一般为黑色，有金属光泽，断口致密，在空气中不会自行破裂。前期渣有光泽，断面疏松，厚度 3 ~ 5mm；后期渣断面色黄，厚度要薄些。

不好的氧化渣取出渣样观察，炉渣表面粗糙呈浅棕色，表明渣中 $w(FeO)$ 太低，高碳钢易出现这种情况，在操作上应重补加矿石和铁皮。当炉渣表面呈黑亮色，且黏附在样杆上的渣很薄，表明渣中 $w(FeO)$ 很高。一般低碳钢易出现这种情况，操作上应补加石灰。如果炉渣断面光滑甚至呈玻璃状，说明碱度低，也应补加石灰。一般氧化末期的炉渣成分见表 7-7。

表 7-7　氧化末期炉渣成分

成分	CaO	SiO$_2$	FeO	MgO	MnO	Al$_2$O$_3$	P$_2$O$_5$
含量/%	40 ~ 50	10 ~ 20	12 ~ 25	4 ~ 10	5 ~ 10	2 ~ 4	0.5 ~ 2.0

B　温度制度

温度控制对于冶金反应的热力学和动力学都是十分重要的。从培化后期就应该为氧化期创造温度条件，以保证高温氧化并为还原期打好基础。

由于脱碳反应须在一定的温度条件下才能顺利进行，在现场中无论矿石氧化法，或采用综合解化法及收复氧化法，都规定了开始氧化的温度。氧化终了的温度（出渣温度）比开始氧化的温度一般应高出 40 ~ 60℃，原因是钢中许多元素已经氧化，使钢的熔点有所升高；另外，扒除氧化渣有很大的热量损失，而熔化还原渣料也需要热量，所以氧化结束时的温度一般控制在钢的熔点（1470 ~ 1520℃）以上 110 ~ 130℃，电炉出钢温度应高出钢种熔点 90 ~ 110℃，即氧化末期出渣温度一般应高于该钢种的出钢温度 10 ~ 20℃，模柱的浇注温度应高于该钢种熔点的 30 ~ 50℃。

电炉冶炼各期钢液温度制度的控制见表 7-8。氧化期总的来说是一个升温阶段，升温速度的快慢应根据脱碳、去磷两个反应的特点作恰当控制。氧化前期主要任务是去磷，温度应稍低些，氧化后期主要任务是脱碳，温度应偏高些，因此在升温速度的控制上要前期慢后期快，使熔池温度逐渐升高。

表 7-8　冶炼各期的钢液温度制度

钢种	熔毕碳 $w[C]/\%$	氧化温度/℃	出渣温度/℃	出钢温度/℃
低碳钢	0.6~0.9	1590~1620	1630~1650	1620~1640
中碳钢	0.9~1.3	1580~1610	1620~1640	1610~1630
高碳钢	>1.30	1570~1600	1610~1630	1590~1620

氧化期钢液的升温条件比还原期有利得多。如果在还原期进行升温，不仅升温速度缓慢，还会给钢的质量与电炉炉衬造成不良影响，所以还原期理想的温度制度应该是一个保温过程，一般是出钢温度应低于氧化期的渣温度。

氧化期的升温速度主要靠供电制度来保证，一般情况下采用二级电压调整电流大小的供电操作制度。如果氧化期脱碳量较大，可采用吹氧降碳，以减少输入炉内的电功率；如果电炉超装量过大或变压器本身功率不足，则整个氧化期可始终使用最高级电压供电，以保证向炉内输入足够的功率。

　C　氧化制度

氧化期的工艺操作方法分为矿石氧化法、吹氧氧化法和综合氧化法。

　a　矿石氧化法操作

矿石氧化法是一种间接氧化法，它是利用铁矿石中的高价氧化铁（Fe_2O_3 或 FeO），加入到熔池中后，转变成低价氧化铁（FeO），FeO 一部分留在钢液中，大部分用于钢液中碳和磷的氧化。此法可应用于缺乏氧气的地方小厂。矿石氧化法炉内冶炼温度较低，致使熔化时间延长，但脱磷和脱碳反应容易相互配合。

工艺流程：熔化→提温→流渣造渣→加矿（分 2~3 批加入，加矿数量占金属料重的 3%~4%）→扒去 1/3~1/2 的氧化渣→$w[C]<0.2\%$，加 $w[Mn]=0.2\%$ 左右→纯沸腾 10min→扒除氧化渣。

　b　吹氧氧化法操作

吹氧氧化法是一种直接氧化法，即直接向熔池吹入氧气，氧化钢中碳等元素。单独采用氧气进行氧化操作时，在含碳量相同的情况下，渣中 FeO 含量远远低于用矿石氧化时的含量。因停止吹氧后熔池较用矿石氧化时容易趋向稳定，熔池温度比较高，钢中 [W]、[Cr]、[Mn] 等元素的氧化损失也较少，但不利于脱磷，所以在熔清后含磷量高时不宜采用。

在原料含磷量不高的情况下，应在装料中加入适量石灰及少量矿石，提前在熔化期脱磷。对冶炼高碳钢，由于炉料易于熔化，要抓紧在金属炉料大半熔化时（钢液占整个料重的 70%~80%）开始积极调渣，达到早期去磷的效果，否则进入氧化期后去磷就困难了。熔炼低碳钢炉料化得慢，但化好后，钢液温度也迅速升高，所以也要注意早期调渣，同样可达到早期去磷的效果。

当钢中磷含量基本符合要求后，要迅速加入石灰、萤石调渣，使钢液迅速加热，同时起到防止回磷的作用。

采用吹氧脱碳（与综合氧化法后期吹氧操作工艺相同）可在较低的温度下进行，使熔池中气体的原始含量较低，而脱碳速度却比加矿脱碳速度高，因此可在脱碳量（>0.2%）不大的情况下，仍能保证金属的去气和去除夹杂物，而且不用矿石脱碳相对减少了钢中气体和非金属夹杂物的带入量，从而提高了钢液的纯洁度。

c 综合氧化法操作

综合氧化法是指氧化前期加矿石后期吹氧的氧化工艺，共同完成氧化期的任务。这是生产中常用的一种方法。

在处理去磷和脱碳的关系时应遵守以下工艺操作制度：在氧化顺序上，先磷后碳；在温度控制上，先低温后高温；在造渣上，先大渣去磷后薄流层脱碳；在供氧上，应先矿后氧。

前期加矿，可使熔池保持均匀沸腾，自动流渣使钢中的 $w[P]$ 含量顺利去除到0.015%以下；后期吹裂，可提高脱碳速度，缩短氧化时间（特别是炼低碳钢），降低电耗，使熔池温度迅速提高到规定的氧化末期温度，也有利于钢中气体和夹杂物的排除，减少钢中残余过剩氧含量。

当炉料熔清以后，充分搅拌烧熔池，取样分析钢中 [C]、[Mn]、[P]、[S] 及 [Ni]、[Cr]、[Cu] 等元素，在 $w[P]$ 高于0.03%时可向炉渣加入 FeO 皮或小块矿石，并进行换渣操作。

当钢中 $w[P]<0.03\%$，脱碳量不小于0.3%，温度高于规定温度就可以加入矿石进行氧化操作。综合氧化法的加矿和吹氧的比例视钢中磷含量的高低而定，钢中磷含量高时，可提高矿石氧化比例。综合氧化法的一般矿石加入量占金属料重的1%~3%。当矿石加入量为1%时，可一批加入；当矿石加入量为2%~3%时，应分为两批加入。每批矿石间隔时间为5~7min，在加入每批矿石的同时，应补加占矿石量50%~70%的石灰及少量萤石调渣。在加完矿石5min之后，经搅拌取样分析钢中 [C]、[P] 及有关元素。炉前工根据炉渣、炉温、加矿的数量及时间，以及流渣和换渣等情况，加上对碳火花的识别，凭经验判断出当时炉中钢液的碳、磷含量范围，在 $w[P]\leqslant0.015\%$ 时即可进入吹氧操作；如果 $w[P]>0.015\%$，可换渣再进入吹氧操作。吹氧压力一般控制在0.5~0.8MPa（不锈钢可达0.8~1.2MPa），吹氧管直径选用19~25mm（外涂约5mm厚的耐火泥），过细的吹氧管烧蚀过快，吹氧去碳的速度一般控制在 (0.02~0.04)%/min，连续吹氧时间应不少于5min。

在吹氧操作时控制吹氧管与水平角度成20°~30°，先小后大，吹氧管插入钢液面以下100~200mm 深度。为了均匀脱碳，防止钢液和炉衬局部过热，吹氧管应在炉内来回移动，但应注意吹氧管头不能触及炉坡炉底及炉门两侧。为改善吹氧操作的劳动条件，可采用炉顶水冷升降枪及炉门水冷卧式氧枪。炉顶水冷升降氧枪机械化控制水平较高，适用于大中型电弧炉；炉门水冷卧式氧枪喷头（喷头与水冷导管成一定角度，喷头为直管或拉瓦尔管）可安放在电炉熔池中心，脱碳速度（氧压为0.8~1.2MPa）及热效率（停电升高电极进行吹氧操作）较高，氧枪操作及管理较为方便。

吹氧操作氧化终点碳量的控制最为关键。在吹氧后期炉前工应取样估碳，当确认钢中碳含量已合乎氧化终点碳量的规定时（含量低于钢种规格中限0.03%~0.08%），应立即停止吹氧以防止终点碳量脱得过低，造成后期增碳；或脱碳量不足而造成二次氧化。在氧化结束时，$w[P]\leqslant0.015\%$，钢液温度高于出钢温度10~20℃，炉渣流动性合适；如果操作中规定需要加入锰铁时，应在扒渣前 5min 加入，保持 5min 的清洁沸腾时间，立即扒除氧化渣。

净沸腾：当温度、化学成分合适，就应停止加矿或吹氧，继续流渣并调整好炉渣，使成为流动性良好的薄渣层，让熔池进入微弱的自然沸腾，称为净沸腾。净沸腾时间为 5~10min，其目的是使钢液中的残余含氧量降低并使气体及夹杂物充分上浮，以利于还原期的顺利进行。在冶炼低碳结构钢时，由于钢中过剩氧量多应按 0.2% 计算加锰预脱氧，并可使碳不再继续被氧化，称为锰沸腾。有人认为，这时用高碳锰铁可以出现二次沸腾，较为有利；也有人认为加入硅锰合金可使预脱氧的效果更好。这两种观点各有理由，尚无定论。在沸腾结束前 3min 充分搅拌熔池，然后进行测温及取样分析，准备扒除氧化渣。

在熔清后钢液中磷含量不高的条件下，加矿与吹氧可以同时进行（或交替进行），并提高吹氧氧化脱碳的比例，以获得较好的技术经济指标。

D　增碳制度

如果氧化期结束时，钢液中含碳量低于规格中限 0.088% 以上（还原期增碳及加入合金增碳不能进入钢种规格时），则应在扒除氧化渣后对钢液进行增碳。

增碳剂一般采用经过干燥的碳粉或电极粉。电极粉所含水分、挥发物和硫含量都较低，是一种理想的增碳剂。为了稳定增碳剂的回收率，必须扒净氧化渣，同时搅拌钢液，加快已经溶解的碳由钢液表面向内部扩散。生铁也可作增碳剂，但因其含碳量低、用量大，一般仅在增碳量小于 0.05% 时才使用。

增碳剂的回收率与增碳剂用量、密度、钢液中碳含量及温度等条件有关。在正常情况下，热碳粉的回收率为 40%~60%，电极粉为 60%~80%，喷粉增碳为 70%~80%，生铁增碳时则为 100%。增碳剂的用量（g）可用以下公式计算：

$$增碳剂用量 = \frac{钢水量 \times 增碳量}{增碳剂含碳量 \times 收得率} \tag{7-19}$$

增碳不是正常操作，会造成钢液降温和吸气，并使冶炼时间延长 5~10min，因此规定对碳素结构钢增碳量不超过 0.10%，对工具钢则不超过 0.15%。

7.5.6　还原期

传统电炉炼钢工艺中，还原期的存在是电炉炼钢的显著特点，而现代电炉冶炼工艺的主要差别是将还原期移至炉外进行。

7.5.6.1　还原期的主要任务

(1) 脱氧：将钢液中的氧脱至要求（一般脱至 $(30 \sim 80) \times 10^{-6}$）；
(2) 脱硫：将钢液中的硫脱至一定值；
(3) 合金化：调整钢液成分，进行合金化；
(4) 调温：调整钢液温度。

其中，脱氧是核心，温度是条件，造渣是保证。

7.5.6.2　脱氧方法

电炉炼钢采用沉淀脱氧法与扩散脱氧法交替进行的综合脱氧法，即氧化末期、还原前用沉淀脱氧进行预脱氧，还原过程用扩散脱氧，出钢前用沉淀脱氧进行终脱氧。

沉淀脱氧法及其反应式：

$$x[M]_块 + y[O] === (M_xO_y) \tag{7-20}$$

扩散脱氧法及其反应式：

$$x(M)_粉 + y(FeO) === (M_xO_y) + y[Fe] \tag{7-21}$$

$$[FeO] \longrightarrow (FeO)（炉渣脱氧良好即说明钢液脱氧好） \tag{7-22}$$

7.5.6.3 脱硫反应及脱硫条件

由脱硫反应式分析脱硫条件：高碱度、强还原气氛（或低氧化性）、高温、适当大的渣量、充分搅拌。

$$[FeO] + (FeO) === (FeO) + (FeO)，\Delta H > 0 \tag{7-23}$$

实际电炉炼钢脱硫操作：通过造高碱度、低氧化性炉渣 $w(FeO) < 0.5\%$，强化脱氧操作（脱出渣中氧），并加强搅拌，包括出钢过程渣钢混出的操作等对脱硫特别有利。

7.5.6.4 还原操作

电炉常用综合脱氧法，其还原操作以脱氧为核心，脱氧操作如下：

（1）钢液的温度、磷、碳等符合要求，扒渣 >95%。

（2）加 Fe-Mn、Fe-Si 块等沉淀脱氧进行预脱氧。

（3）加石灰、萤石、火砖块，造稀薄渣。

（4）稀薄渣形成后进入还原，加 C 粉、Fe-Si 粉及 Al 粉等进行扩散脱氧，并封闭炉门等开口处，保持炉内正压 10~15min；然后每隔 7~10min 加入 Fe-Si 与 Al 粉脱氧，分 3~5 批，并加强搅拌；同时，适当补加石灰及萤石粉造"白渣"。

（5）搅拌，取样、测温。

（6）调整成分进行合金化。

（7）加 Al 或 Ca-Si 块等沉淀脱氧进行终脱氧。

（8）出钢。

电炉炼钢还原期操作中，采用 C 粉、Fe-Si 粉进行扩散脱氧时所形成的渣，因渣在空气中冷却风化后呈白色粉末而得名"白渣"。扩散脱氧要求经常搅拌炉渣和钢液，使反应更加充分，渣子逐渐由灰色变白色过程也即渣中氧化铁含量趋近 0.5% 以下的过程。白渣保持时间，FeO、CaC_2 含量及渣子的流动性，是衡量渣好坏的 3 个重要标准。

7.5.6.5 温度的控制

还原期的温度控制尤为重要，因为还原精炼操作要求在一个很窄温度范围下进行，如温度过高使炉液变稀，还原渣不易保持稳定，钢液脱氧不良且容易吸气；温度太低时，炉渣流动性差，脱氧、脱碳及钢中夹杂物上浮等都受到影响。温度还影响钢液成分控制，影响浇注操作与钢锭（坯）质量。

氧化末期钢液合理的温度，是控制好还原期温度的基础。在正确估算氧化末期降温，造还原渣降温，合金化降温的基础上，合理供电，能保证进入还原期后在 10~15min 内形成还原渣，并保持这个温度直到出钢。

在供电制度上，加入稀薄渣料后，一般用中级电压（2~3 级）与大电流化渣，还原渣一旦形成，应立即实施减小电压（3~5 级电压），输入中、小电流的供电操作。如系变压器功率不够或超装严重，在整个还原期宜采用 2 级电压，只作调整电流的操作。在温度控制上，应严格避免在还原期进行"后升温"。

出钢温度取决于钢的熔点及出钢到浇注过程的热损失。一般取高出钢种熔点 100~140℃，对于连续铸钢可选取上限，大炉子可取下限。即：

$$T_{出钢} = t_{熔点} + （100 \sim 140℃）\tag{7-24}$$

7.5.6.6　炉渣控制

在我国电炉钢生产中广泛采用白渣还原精炼，也有采用弱电石渣还原的，当熔炼高硫、磷的易切削钢时，则采用氧化镁-二氧化硅中性渣的还原精炼方法。

电炉炼钢还原期造渣在炉渣碱度不高时可能使还原期的炉渣碱度控制在 2.0~2.5 的范围内，还原渣系以碳硅粉白渣为主，而且越是倾向于向碳-硅粉混合白渣的方向发展。不仅可以快速成渣，缩短还原期，出钢过程中渣、钢易于分离上浮，也有利于提高钢的内在质量。

A　白渣精炼

白渣精炼分碳-硅粉白渣和碳硅粉混合白渣两种，一般认为，冶炼对夹杂和裂纹有严格要求的钢种时，采用碳硅粉白渣；冶炼对夹灰、发纹没有要求的或对夹灰要求不高的钢种时采用碳-硅粉混合白渣。

目前，已很少采用单独的碳粉造白渣（碳粉在炉内保持时间大于 20min），灰粉脱氧速度慢，精炼时间长，一些渣中未烧尽的碳粒使出钢过程中钢液增碳。另外，长时间和较大量地使用碳粉脱氧容易形成电石渣（强电石渣 $w(CaC_2) = 2\% \sim 4\%$，弱电石渣 $w(CaC) = 1\% \sim 2\%$）。如果以电石渣出钢，由于这种渣难于与钢液分离，会造成钢中夹杂，危害钢的质量。因此，电石渣在出钢前必须加以破坏，但如此操作又降低了炉渣的还原性，影响钢液的脱氧。故在稀薄渣形成后，可先用碳粉进行短时间扩散脱氧，再用硅铁粉脱氧；或在稀薄渣形成后，一开始便用混合后的碳粉和硅铁粉脱氧，以显著提高钢液的脱氧能力，缩短还原时间，改善钢的质量。

B　中性渣精炼

目前，冶炼高硫高磷的易切削钢时广泛采用氧化镁-二氧化硅中性渣精炼。中性渣也称火砖渣。这种渣表面张力大，即使渣层较薄电弧也不致冲开渣面与钢液直接接触，所以电弧十分稳定。这种渣的另一特点是电阻大，有利于钢液的加热和提温。一般认为，钢液在这种渣下精炼，由于渣的表面张力大、透气性差，故非金属夹杂物和气体含量均较低。但因这种炉渣的脱硫能力小，且易损坏炉衬，所以除了冶炼易切屑钢外很少采用。

7.5.6.7　钢液的合金化

炼钢过程中调整钢液合金成分的过程称为合金化。传统电炉炼钢的合金化可以在装料、氧化还原过程中进行，也可在出钢时将合金加到钢包里。一般是在氧化末期、还原初期进行预合金化，在还原末期出钢前或出钢过程进行合金成分微调。合金化操作主要指合金加入时间与加入的数量。

钢液的合金化要求合金元素加入后能迅速熔化、分布均匀，收得率高而且稳定，生成的夹杂物少并能快速上浮，不得使熔池温度波动过大。

7.5.7　出钢

当钢液满足下述生产条件时即可出钢：符合该钢种的出钢温度，钢液［C］、［P］成分控制合格。

出钢温度通常用下式描述：

$$T_{出钢} = T_1 + \Delta T_{过程} - \Delta T_{加热} + \Delta T_{浇注} \tag{7-25}$$

式中　T_1——液相线温度，℃；

　　$\Delta T_{过程}$——过程温降（包括出钢温降、运输温降、由钢包到中间包的温降），℃；

　　$\Delta T_{加热}$——钢包加热补偿温度，℃；

　　$\Delta T_{浇注}$——浇注过程温降（一般为（30±10）℃），℃。

出钢温度应根据不同钢种，充分考虑以上各因素来确定。出钢温度过低，钢水流动性差，不利于出钢过程的钢、渣反应和化渣，同时增加后续精炼的钢液升温任务；出钢温度过高，使钢清洁度变坏，钢中氧、气体含量增高，造成合金消耗量增大。总之，出钢温度应在能顺利完成后续精炼任务的前提下尽量控制低些。钢液从出钢过程到开始精炼的时间很短，发生激烈的化学反应，钢液和炉渣成分变化，钢液中的夹杂物、气体温度也产生变化。除钢、渣界面化学反应脱除溶解的氧外，渣粒还吸收了钢液中的氧化物夹杂，使钢液的总含氧量降低。

7.5.8　烟气处理

电炉冶炼一般分为熔化期、氧化期和还原期，对于具备炉外精炼装置的高功率和超高功率电炉则无还原期。熔化期主要是炉料中的油脂类可燃物质的燃烧、吹氧助熔和金属物质在电极通电达高温时的熔化过程，此时有黑褐色烟气产生；氧化期强化脱碳，由于吹氧或加矿石而产生大量赤褐色浓烟；还原期主要是去除钢中的氧和硫，调整化学成分而投入碳粉等造渣材料，产生白色和黑色烟气。其中，氧化期产生的烟气量最大，含尘浓度和烟气温度最高。

电炉炼钢车间产生的烟气等有害物具有以下特点：

（1）烟尘排放量大：车间各生产工段均会产生较大的烟尘，特别是电炉炼钢时的废钢加料和电炉的氧化期阶段，烟尘排放量很大，从电炉炉口（交流电炉第4孔、直流电炉第2孔）排出的烟气含尘浓度高达30g/m³（标态）。

（2）粉尘细而黏：电炉炉口排出的粉尘粒径相当小，粒径小于10μm的粉尘占80%以上。废钢中含有油脂类以及炼钢时所采用的含油烧嘴等，都将使炼钢产生的粉尘黏性较大而不易除去。

（3）极高的烟气温度：从电炉炉口排出的含尘烟气，温度达1200～1600℃，需要对高温烟气进行强制冷却或采用混风冷却方法。

（4）烟气中含有煤气：从电炉第4孔（或第2孔）排出的烟气中含有少量的煤气，为保证除尘系统的安全可靠运行，一般设置燃烧室等装置，保证燃烧室出口烟气中的煤气含量低于2%。

（5）强噪声和辐射：电炉炼钢特别是超高功率的电炉冶炼，产生的强噪声高达115dB(A)以上，并伴有强烈的弧光和辐射。采用电炉密闭罩，不但可以降低罩外工作平台的噪声和电弧光辐射，而且可以提高烟气的捕集效率。

（6）白烟和二恶英等：电炉炼钢中含有聚氯乙烯（PVC）塑料和氯化油、溶剂的废钢（包括含有盐类的废钢）等都是导致白烟和二恶英（Dioxin）等产生的根源。尽管产生的二恶英只是微量，但二恶英的剧毒目前已被高度重视。白烟和二恶英等很难被一般的除尘装置净化，必须通过一个更高的温度环境以便烧除或采用蒸发冷却塔通过水浴急冷来阻止二恶英等的形成。

7.5.8.1 电炉烟气与粉尘的主要性质

（1）烟气成分。电炉冶炼过程中，炉内金属成分与吹入的氧气反应生成的气体称为炉气。从电炉第4孔（或第2孔，对直流电弧炉而言）排出的炉气量，按电炉超高功率的大小和吹氧强度，一般在（标态）$250 \sim 550 \mathrm{m}^3/\mathrm{t}$ 钢。通常把冶炼或燃烧过程形成的气体通称烟气。烟气成分与所冶炼钢种、工艺操作条件、熔化时间及排烟方式有关，且变化幅度较宽。

电炉烟气主要成分（与空气燃烧系数 φ 有关）大致为：$\varphi(CO_2)$ 12%~20%，$\varphi(CO)$ 1%~34%，$\varphi(O_2)$ 5%~13%，$\varphi(N_2)$ 46%~74%；烟气中还存在着极少量的 NO_x 和 SO_x 等，其中 NO_x 的产生是因为空气中的 N_2 和 O_2 在炉内由于高温电弧的加热作用化合而成。另外有些电炉采用重油助燃也会产生少量的 NO_x 和 SO_x，SO_x 产生量的多少取决于重油的使用量和硫的含量。所以，为了降低烟气中的 NO_x 和 SO_x，就必须改变燃料或采用含硫少的重油。

（2）烟气含尘量。烟气中含尘量的大小与炉料的品种、清洁度及所含杂质有关，也与冶炼工艺和操作有关，一般中小型电炉每熔炼1t钢约产生 8~12kg 的粉尘，而大电炉每熔炼1t钢产生的粉尘量可高达20kg；在不吹氧情况下，炉气含尘量 $2.3 \sim 10 \mathrm{g/m}^3$，在吹氧时，烟气含尘浓度（标态）可达 $20 \sim 30 \mathrm{g/m}^3$。虽然烟气含尘量比氧气顶吹转炉的低得多，但仍然大大超出排放标准。而精炼炉一般每熔炼1t钢产生 1~3kg 粉尘。铁水倒罐时的烟气含尘浓度（标态）约为 $3 \mathrm{g/m}^3$。

（3）烟气含油量。烟气含油量的大小同样与炉料的品种、清洁度及所含杂质有关，也与冶炼工艺和操作有关，特别是工艺采用带重油烧嘴的电炉。尽管除尘器设计采用防油型滤料，但防油滤料只是相对较小的烟气含油量有效果，所以电炉工艺设计应尽量不使用带油燃料，特别是带重油燃料的电炉。

（4）烟气含水量。采用水冷设备如水冷密排管或蒸发冷却塔时，由于设备漏水或蒸发冷却塔操作不当，以及工艺车间进行热捕渣而又没有通风等情况，都将造成烟气中带水，使设备和管道结垢，引起系统运行阻力增大，除尘效果降低。除加强管理外，除尘器一般应采用防水型滤料。

烟气湿度表示了烟气中所含水蒸气的多少，即含湿程度，工程应用一般多用相对湿度（指单位体积气体中所含水蒸气的密度与在同温同压下的饱和状态时水蒸气的密度之比值，用百分数表示）表示气体的含湿程度。相对湿度在30%~80%之间，适宜采用干法除尘系统；当相对湿度超过80%，即在高湿度情况下，尘粒表面有可能形成水膜而黏性增大，此时虽有利于除尘系统对粉尘的捕集，但布袋除尘器将出现清灰困难和除尘效果降低的局面；当相对湿度低于30%，即在高干燥状态时，容易产生静电，同样存在着布袋除尘器清灰困难和除尘效果降低的局面。

（5）烟气温度。公称容量在30t左右的电炉，其炉顶第4孔（或第2孔）排出的烟气温度为1200~1400℃，超高功率电炉其烟气温度为1400~1600℃。

进入电炉炉内排烟管道处的烟气温度一般在800~1100℃；必须采用冷却措施。出水冷烟道的烟气温度设计为450~600℃；出强制吹风冷却器（或采用自然空气冷却器）的烟气温度控制在250~400℃；或采用蒸发冷却塔急冷装置时的出口温度必须控制在200~280℃，密闭罩和屋顶罩的排烟温度取决于排烟量的大小，一般在120℃以下。进入布袋除尘器的烟气温度通常设计低于130℃。

（6）粉尘成分。电炉炼钢产生的粉尘含铁成分（主要是铁的氧化物）最高，具有回收利用价值。

电炉第4孔（或第2孔）出口处的粉尘成分与电炉所炼钢种有关。冶炼普通钢时，粉尘中的ZnO和TFe的含量一般较高。冶炼不锈钢时粉尘中含有Cr_2O_3和NiO，这些粉尘更应回收利用，一般可采用粉尘冷压块装置，所用黏结剂可以是废纸粉，也可以是石灰等副原料（目前还不成熟）。粉尘热压块装置因回转窑能耗大，压块成品率低而影响其推广使用。表7-9为典型不锈钢电炉的粉尘成分，表7-10为典型碳钢电炉的粉尘成分。

表7-9　典型不锈钢电炉的粉尘成分

成分	SiO_2	TFe	CrO_3	Ni	PbO	Zn	Al_2O_3	CaO	MgO	K_2O	S	Na_2O
$w/\%$	8	43	19.9	4.8	0.1	1.1	1.0	18.1	3.5	0.1	0.05	0.5

表7-10　典型碳钢电炉的粉尘成分

成分	ZnO	PbO	Fe_2O_3	FeO	MnO	NiO	CaO	SiO_2	MgO	Al_2O_3	K_2O	F	Na_2O
范围 $w/\%$	14~45	<5	20~50	4~10	<12	<1	2~30	2~9	<15	<13	<2	<2	<7
典型 $w/\%$	17.5	3.0	40	5.8	3.0	0.2	13.2	6.5	4.0	1.0	1.0	0.5	2.0

（7）粉尘颗粒度。粉尘的颗粒度是指粉尘中各种粒径的颗粒所占的比例，也称为粉尘的粒径分布，即分散度。颗粒度越小，越难捕集。

粉尘颗粒度根据电炉工艺操作条件变化而变化，颗粒度分布于$0.1~100\mu m$之间，且随着熔化期向氧化期转移，其粉尘颗粒度逐步变细。采用屋顶罩排烟时，粉尘颗粒度集中于$0.1~5\mu m$之间。表7-11为电炉粉尘的平均粒度，可见粉尘粒度很细，小于$1\mu m$的达50%左右。

表7-11　电炉出口粉尘的平均粒度

粒径/μm	<0.1	0.1~0.5	0.5~1.0	1.0~5.0	5.0~10	10~20	>20
熔化期/%	1.4	4.9	17.6	55.8	7.1	5.6	6.6
氧化期/%	17.7	13.5	18.0	35.3	7.9	5.3	2.3
屋顶罩/%	4.1	22.0	18.9	42.0	5.6	3.0	9.3

7.5.8.2　电炉冶钢的排烟与除尘方式

A　电炉炉内排烟方式

电炉炉内排烟主要捕集电炉冶炼时从电炉第4孔（或第2孔）排出的高温含尘烟气，

常用的炉内排烟主要有水平脱开式炉内排烟和弯管脱开式炉内排烟等形式。

（1）水平脱开式炉内排烟（见图7-38）。在炉盖顶上的水冷弯管与排烟系统的管道之间脱开一段距离，其间距可以用移动形式的活动套管通过气缸或专门小车来调节，以控制不同冶炼阶段的炉内排烟量。在电炉冶炼的各个阶段，排烟系统的水冷活动套管按需要可以在水平段来回活动，活动套管与电炉在脱开处可引入成倍空气量，使烟气中的一氧化碳燃烧，避免在系统内发生煤气爆炸。也可在炉内排烟系统进口处增设安全风机和烧嘴，安全风机通过自控，保证烟气中氧的体积分数大于10%，而烧嘴自控可以将烟气温度保持在650℃或更高的温度以上，将烟气中的CO和有机废气完全燃烧。

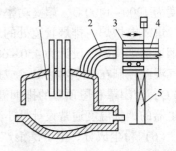

图7-38　水平脱开式炉内排烟
1—电炉；2—第4孔排烟管；3—移动式
活动套管；4—水冷排烟管；5—固定支架

这种排烟方式在我国应用得相当普及，但使用效果尚不够理想，其原因是活动套管的运行结果多为不活动。

（2）弯管脱开式炉内排烟。该排烟装置与水平脱开式炉内排烟的区别在于，排烟系统没有活动套管，通过液压缸或气缸直接将水冷弯管做弧度移动（见图7-39），当电炉工作在各个阶段时，排烟系统的水冷弯管按需要以张度形式做上下运动。其优点是动作灵活，不像活动套管容易被粉尘堵死，由于水冷弯管是以弧度形式做上下运动，所以水冷弯管内部不易聚积从电炉第4孔（或第2孔）排出的大量颗粒粉尘，从而保证了排烟系统的抽气畅通。这种弯管脱开式炉内排烟装置目前在我国已投入使用。

B　电炉炉外排烟方式

（1）屋顶烟罩排烟。车间屋顶大罩位于车间屋顶主烟气排放源顶端的最高处，它的主要作用是使电炉在加料和出钢等过程中瞬间产生的大量含尘热气流烟尘，即二次烟气，在一个恰当的时间内有组织地被抽走。被抽走的粉尘粒径细小，多在 $0.1 \sim 5 \mu m$ 之间。为了提高屋顶烟罩的捕集效率，最好将电炉平台以上的车间建筑物侧3个方向加设挡风墙，同时电炉车间的厂房四周必须做到密闭，不让烟气从厂房四周外逸。另外烟罩结构形式的设计应与建筑密切配合，做成方棱锥体或长棱锥体，锥体壁板倾角以 $45° \sim 60°$ 为佳。屋顶烟罩同时兼有厂房的通风换气作用。其特点是不影响炉内冶

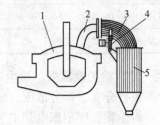

图7-39　弯管脱开式炉内排烟
1—电炉；2—第2孔排烟管；
3—移动式弯管；4—电-液压
或气动装置；5—燃烧室

金过程和电炉的操作，较好地解决了车间多处烟气的排放以及二次烟尘的排放。但车间内部环境改善得不彻底，且有野风的大量带入，要求系统有很大的吸排能力。第4孔与车间屋顶大罩结合起来比较完美（见图7-40），使车间内外环境均有所改善。

（2）密闭罩排烟。因密闭罩将电炉与车间隔离开来，电炉冶炼时产生的二次烟气被控制在罩内，而且又不受车间横向气流的干扰，所以密闭罩不仅对电炉二次烟气的捕集效果好，而且排烟量也较屋顶烟罩少35%左右。更为重要的是密闭罩对超高功率电炉产生的弧光、强噪声和强辐射等的吸收和遮挡都有很好的效果，它可以使在电炉密闭罩外周围的噪声由原115dB（A）下降到85dB（A），减少了电炉冶炼中对车间的辐射热。

密闭罩主要由金属框架及内外钢板（内衬硅酸铝等隔热吸音材料）和多个电动移门等组成，密闭罩的结构设计应与电炉工艺和土建密切配合，根据电炉工艺的布置情况和操作维修要求进行设计。

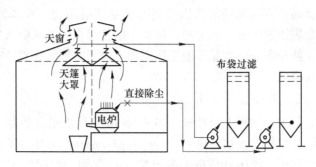

图 7-40　屋顶烟罩排烟示意图

人们通常将密闭罩称为"狗窝"（Dog House）或"象宫"。图 7-41 所示的密闭罩在天车之下，电炉加料时，密闭罩顶部门打开，由天车将料篮放入密闭罩内，因这种密闭罩体积相对较小，常被称为"狗窝"，也可将专用加料天车放入大的密闭罩内，加料通过活动墙板的开启进行，因这种密闭罩较高大，常被称为"象宫"，甚至有的"象宫"是将电炉周围包括电炉上方的屋顶厂房全部封闭起来，其最大的特点是电炉加料、出钢等烟尘包括熔炼时逸出的烟尘均通过"象宫"被排走。密闭罩一般不宜太小，以免罩内温度过高，影响电极导电性能。

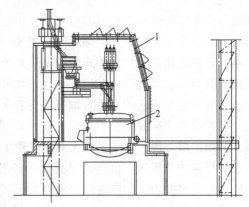

图 7-41　密闭罩排烟示意图
1—密闭罩；2—电炉

此法常与第 4 孔排烟法结合，并进行废钢预热，除具有上述优点外，解决了烟尘的二次排放问题，减少了对炉内冶金过程的影响，并节约了能源。

宝钢 150t 双壳电炉采取三级排烟，即炉顶第 2 孔排烟（为单电极直流电炉）+电炉密闭罩+车间屋顶大罩，使之成为"无烟"车间，并采用炉顶第 2 孔排出的高温废气对废钢进行预热。

C　除尘方法

除尘设备的种类很多，有重力、湿法、静电以及布袋除尘器等。大多数电炉除尘系统采用布袋除尘器。

布袋除尘装置主要由除尘器、风机、吸尘罩及管道等部分组成。布袋的材质采用合成纤维（如涤纶）、玻璃纤维等。玻璃纤维的工作温度为 260℃，寿命为 1~2 年；目前多用聚酯纤维，即涤纶，工作温度低（135℃），但耐化学腐蚀性能好、耐磨，寿命为 3~5 年。布袋除尘器的类型及结构形式各种各样，其中比较典型的是脉冲喷吹布袋除尘器。整个除尘器由很多单体布袋组成，每条布袋的直径为 150~300mm，最长可达 10m。含尘气体通过风机被吸进除尘器内，当由袋外进入袋内时，粉尘被阻留在袋外表面，过滤后的净化气体由排气管导出。在每排滤袋上部还装有喷吹管，在喷吹管上相对应于每条滤袋均开有喷射孔，由控制仪不断发出短促的脉冲信号，通过控制阀有程序地控制各脉冲阀的开启（约为 $0.1 \sim 0.12 s$），高压空气从喷射孔以极高的速度喷射出去，在瞬间形成由袋内向袋外的逆向气流，使布袋快速膨胀，引起冲击振动，使黏附在袋外和吸入袋内的粉尘被吹扫下来，落入灰斗。这就是布袋除尘装置的工作原理。由于定期地吹扫，布袋始终保持了良好的透气性，除尘效率高，工作稳定。

7.5.8.3　电炉烟气与粉尘的利用

对于电炉烟气的利用，国际上很重视。20 世纪 90 年代以来，相继开发出了双炉壳电炉、手指式竖炉电炉、炉料连续预热电炉（Consteel Furnace）等多种炉型，对电炉烟气的物理热和化学热进行利用。我国新建的一些电炉（如宝钢、安阳钢铁公司、沙钢、珠钢和贵阳钢厂等单位）具有电炉烟气预热废钢的功能。目前的当务之急是将国内已生产多年的电炉的烟气利用起来。据国外文献报道，对超高功率电炉，废钢在密闭容器内预热，预热后的温度可达到 $300 \sim 500 \, ℃$，烟气中含有很高氧化铁的粉尘将大部分被废钢过滤，进入电炉内当作原料使用，冶炼时间缩短 8min，耐火材料消耗下降 17%，节电 $50 kW \cdot h/t$。日本新日铁开发的新型竖炉式废钢预热系统，可使废钢平均温度达到 $400 \sim 600 \, ℃$，预热效率达到约 50%，节能 $70 \sim 80 kW \cdot h/t$。因此，电炉烟气预热废钢的方法对环境保护、节能降耗、提高电炉工艺的竞争力均有重要意义。

电炉粉尘含有锌铅，不能配入烧结矿进高炉炼铁，如露天堆放会对环境造成严重污染，必须加以处理，目前世界上对电炉粉尘利用的研究很重视。除废钢预热技术可明显降低电炉粉尘的排放外，德国德马克公司还开发了转底炉-埋弧电炉，瑞典 Mefos 开发了空心电极直流电弧炉，德国鲁奇公司开发了回转窑及循环流化床处理含锌粉尘技术。

将含锌较低的粉尘喷入电炉进行循环富集是一种低成本的粉尘处理方法。德国 VELCO 和丹麦 DDS 公司在 110t 电炉炼钢时将电炉粉尘和碳粉喷入电炉内，其中碳粉作还原剂。含锌粉尘喷入渣钢之间，氧化锌被碳还原成金属锌，并立即气化。锌蒸气与氧反应形成锌的氧化物，作为粉尘的一部分进入烟气。粉尘的其余部分，除了少量的挥发物外，溶解于渣中。在电炉中粉尘中的 97% 以上的锌进入二次粉尘富集，粉尘可作为炼锌原料。我国含锌废钢较少，炼钢粉尘中的锌含量比较低，因此如何合理利用我国电炉粉尘，应做深入研究。此外电炉粉尘制作高附加值氧化铁红等的技术也值得探讨。

7.6　新型电弧炉炼钢设备

7.6.1　双壳电弧炉

双壳电弧炉是 20 世纪 70 年代出现的炉体形式，今天仍受到重视，并且被赋予了新的内容。双壳电弧炉具有 1 套供电系统、2 个炉体，即"一电双炉"。一套电极升降装置交替对 2 个炉体进行供热，熔化废钢，如图 7-42 所示。

双壳电弧炉的工作原理是，当熔化炉（1 号）进行熔化时，所产生的高温废气由炉顶排烟孔经燃烧室后进入预热炉（2 号）中预热废钢，预热（热交换）后的废气由出钢箱顶部排出，冷却与除尘。每炉钢的第一篮（相当于60%）废钢可以得到预热。双壳炉的主要特点是：（1）提高变压器的时间利用率，由70%提高到80%以上，或降低功率水平；（2）缩短冶炼时间，提高生产率15%～20%；（3）节电40～50kW·h/t。新式双壳炉自1992年日本首先开发，到1997年已有20多座投产，其中大部分为直流双壳炉。为了增加预热废钢的比例，日本公司（现并入JFE）采取增加电弧炉熔化室高度，并采用氧-燃烧嘴预热助熔的方法，以进一步降低能耗、提高生产率。

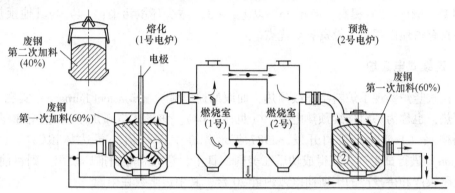

图 7-42　双壳电弧炉工作原理图

7.6.2　竖式电弧炉

进入20世纪90年代，德国的Fuchs公司研制出新一代电弧炉——竖窑式电弧炉（简称竖炉），从1992年首座竖炉在英国的希尔内斯钢厂（Sheemess）投产，到目前为止，Fuchs公司投产和待投产的竖炉有30多座。竖炉的结构、工作原理（见图7-43）及预热效果为：竖炉炉体为椭圆形，在炉体相当于炉顶第4孔（直流炉为第2孔）的位置配置竖窑烟道，并与熔化室连通。装料时，先将大约60%的废钢直接加入炉中，余下的（约40%）由竖窑加入，并堆在炉内废钢上面。送电熔化时，炉中产生的高温废气（1400～1600℃）直接对竖窑中废钢料进行预热。随着炉膛中的废钢熔化、塌料，竖窑中的废钢下落，进入炉膛中废钢的温度高达600～700℃。出钢时，炉盖与竖窑一起提升800mm左右，炉体倾动，由偏心炉底出钢口出钢。

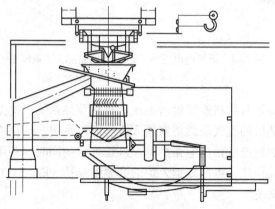

图 7-43　竖炉的工作原理

为了实现 100% 废钢预热，Fuchs 公司又发展成了第二代竖炉（手指式竖炉），是在竖炉的下部与熔化室之间增加一水冷活动托架（也称为指形阀），将竖炉与熔化室隔开，废钢分批加入竖窑中。废钢进行预热后，打开托架加入炉中，实现 100% 废钢预热。手指式竖炉不但实现了 100% 废钢预热，而且可以在不停电的情况下由炉盖上部直接连续加入高达 55% 的直接还原（DRI）或多达 35% 的铁水，实现不停电加料，进一步减少热停工时间。竖炉的主要优点是：（1）节能效果明显，可回收废气带走热量 60%~70% 以上，节电 60~80kW·h/t；（2）提高生产率 15% 以上；（3）减少环境污染；（4）与其他预热法相比，还具有占地面积小、投资省等优点。

7.6.3 连续式电弧炉

手指式竖炉实现了炉料半连续预热，而康斯迪电弧炉（Consteel Furnace）实现了炉料连续预热，也称为炉料连续预热电弧炉（见图 7-44）。该形式电弧炉于 20 世纪 80 年代由意大利德兴（Techint）公司开发，1987 年最先在美国纽柯公司达林顿钢厂（Nucor-Darlington）进行试生产，获得成功后在美国、日本、意大利等国推广使用。到目前为止，世界上已投产和待投产的康斯迪电弧炉近 20 台，其中近半数在中国。

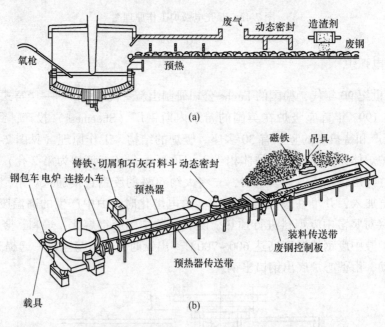

图 7-44   康斯迪电弧炉（Consteel Furnace）系统图
（a）连续投料示意图；（b）废钢处理系统

炉料连续预热电弧炉有炉料连续输送系统、废钢预热系统、电弧炉熔炼系统、燃烧室及余热回收系统，预热后的废气经燃烧室进入余热回收系统。炉料连续预热电弧炉的工作原理与预热效果为，炉料连续预热电弧炉是在连续加料的同时，利用炉子产生的高温废气对行进的炉料进行连续预热，可使废钢入炉前的温度高达 500~600℃，而预热后的废气经燃烧室进入预热回收系统。

炉料连续预热电弧炉由于实现了废钢连续预热、连续加料、连续熔化，因而具有如下优点：（1）提高生产率，降低电耗 $80\sim100kW\cdot h/t$，降低电极消耗；（2）减少了渣中的氧化铁含量，提高了钢水的收得率等；（3）由于废钢炉料在预热过程中碳氢化合物全部烧掉，冶炼过程中熔池始终保持沸腾，降低了钢中气体含量，提高了钢的质量；（4）变压器利用率高，高达 90% 以上，因而可以降低功率水平；（5）容易与连铸相配合，实现多炉连浇；（6）由于电弧加热钢水，钢水加热废钢，故电弧特别稳定，电网干扰大大减少，不需要用"SVC"装置等。康斯迪电弧炉技术经济指标见表 7-12。

表 7-12 康斯迪电弧炉技术经济指标

节约电能	节约电极	增加收得率	增加碳粉	增加吹氧量
$100kW\cdot h/t$	$0.75kg/t$	1%	$11kg/t$	$8.5m^3/t$

7.6.4 直流电弧炉

20 世纪 60 年代以后，由于大功率的电源可控硅整流技术的发展，引起了人们研究以直流电弧作为冶炼热源的研究兴趣。德国的 MAN-GHH-BEC 公司于 1982 年 6 月开发和建造了世界上第一台用于工业生产的 12t 直流电弧炉，并在施罗曼-西马克公司的克劳茨塔尔·布什钢厂正式投产，用于铸钢生产。随后这两家公司又为美国的大林顿钢厂将 30t 交流电弧炉改造成直流电弧炉，这是第一座用来炼钢的直流电弧炉，获得了良好的结果。同时，瑞典、法国、苏联、日本等国也积极开发，如 1985 年底，当时世界上最大的直流电弧炉（75t/48MV·A）在法国埃斯科钢厂投产，1989 年日本钢管公司制造了当时世界上容量最大的 130t 直流电弧炉，在东京制铁公司九州工厂投产。

我国直流电弧炉的发展也很快。台湾东和钢公司于 1992 年引进了 CLECIM/DAVY 的 1 台容量为 100t 的直流电弧炉，成都无缝钢管厂于 1993 年投产了 1 台 30t 的直流电弧炉，江浙地区也建有一批容量为 100~150t 的直流电弧炉。此外，国内还新建或改建了一批变压器容量小于 7000kV·A 的单顶电极和双顶电极直流电弧炉。迄今为止，全世界已经投产的 50t 以上的直流电弧炉有 100 多台，在今后较长段时间内将与交流炉共存。

7.6.4.1 直流电弧炉设备特点

直流电弧炉通常是高功率或超高功率直流电弧炉。在世界各地新投产的直流电弧炉的比功率（单位炉容量占有变压器功率）大多在 700~1000kW/t 范围内，最高达 1100kW/t。此外，变压器超载是直流电弧炉的优势之一。通常，变压器的工作容量比额定容量高 20%。

从设备方面看，直流电弧炉与超高功率交流电弧炉具有许多相同之处。例如废钢预热设备、氧-燃烧嘴、水冷氧枪、水冷炉壁及炉盖、加料设备、电极升降机构、底吹氩装置、除尘设备、偏心炉底出钢装置等两者是相同的。直流电弧炉设备布置如图 7-45 所示。

7.6.4.2 直流电弧炉炼钢工艺特点

大型的直流电弧炉一般均采用超高功率供电，所以超高功率交流电弧炉的炼钢工艺原则上适用于直流电弧炉。

A 原料及装料制度

直流电弧炉炼钢原料也是废钢，与超高功率交流电弧炉一样，直流电弧炉的任务主要

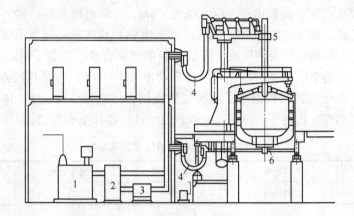

图 7-45   直流电弧炉设备布置

1—整流变压器；2—整流器；3—直流电抗器；4—水冷电缆；5—石墨电极；6—炉底电极

是金属料的熔化，为此必须充分发挥电源的能力，实现快速熔化、缩短冶炼时间。对废钢及其装料制度有如下要求：采用一定的废钢加工技术，改善入炉条件；限制重废钢装入量，合理布料；确定合理的装料次数；原料中有害元素（如硫等）的含量应尽量低。

直流电弧炉多采用单根电极结构，因此输入电能集中于炉子的中心部位，加之输入功率较高，所以穿井很快，炉料呈轴对称熔化，极少塌料，废钢熔化特征如图 7-46 所示。

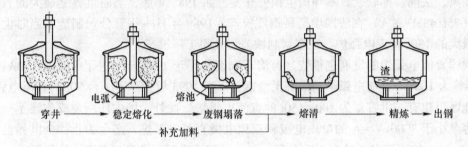

图 7-46   直流电弧炉废钢熔化特征

B   造渣制度

现代直流电弧炉也采用偏心炉底出钢技术，留钢留渣操作。在考虑造渣制度时，必须考虑留渣的量和成分。

造泡沫渣是超高功率电弧炉和直流电弧炉炼钢的一项重要配套技术，它能够实现高压长弧操作，提高功率因数，减小炉衬热负荷，提高热效率，缩短冶炼时间，降低电能消耗，减少电极表面直接氧化、降低电极消耗，改善脱磷的动力学条件，从而加速脱磷过程。

为保证泡沫渣覆盖住电弧，渣层厚度 Z 应满足：

$$Z \geqslant 2L \tag{7-26}$$

式中 L——弧长。

弧长是电弧电压的函数，电压高则弧长。相同输入功率下，直流电弧炉电弧电压比交流电弧炉的高（见图 7-47）。因此，为使泡沫渣能埋住电弧，直流电弧炉泡沫渣厚度应比交流电弧炉的高。

C 供电制度

合理的供电制度对于提高生产率、降低电能消耗、降低炉衬耐火材料及石墨电极消耗、保证合适的冶炼温度以及提高钢水质量和降低合金元素烧损具有重要作用。

直流电弧炉与交流超高功率电弧炉一样，一般均具有多组供电曲线和阻抗曲线，它们与不同的电压、电流、功率因数及阻抗对应。应根据不同的钢种，原料配比及冶炼阶段，通过自动转换装置，选用不同的供电曲线和阻抗曲线。例如，在采用100%废钢操作时，料位较高，在熔化阶段可选用较高电压供电，实现长弧操作，达到快速熔化的目的；在采用直接还原铁操作时，料位较低，就不能选择电弧较长的供电曲线，否则，炉衬寿命及热效率会降低。

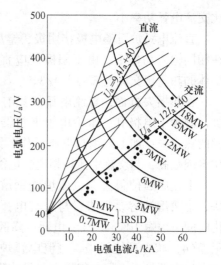

图 7-47 直流电弧炉电弧电压与交流电弧炉的对比

熔炼过程的熔池温度控制与冶炼操作（包括海绵铁的加入、出钢等）密切相关。熔池温度可以通过数学模型来估算，并通过过程计算机控制供电制度。

7.6.4.3 直流电弧炉的优越性

（1）对电网冲击小，无须动态补偿装置，可在短路容量较小的电网中使用。交流电弧炉工时电流波动大，对电网干扰大，产生大的闪烁，需增设功率动态补偿装置，增加相当于炼钢厂投资 10%~20% 的设备费用。

采用直流电弧炉，虽然也会有闪烁，但闪烁值仅是二相交流电弧炉的 1/3~1/2，直流电弧炉熔化期积累闪烁值为交流电弧炉的 1/10，与交流电弧炉电弧稳定燃烧时相近，直流电弧炉对减小闪烁的效果与交流电弧炉采用动态补偿装置的效果相近，所以无须动态补偿装置。当交流电弧炉必须采用动态补偿装置时，直流电弧炉的投资仅为交流电弧炉的 70%。此外，直流电弧炉所需电网短路容量仅为交流电弧炉的 $1/\sqrt{10}$。

（2）石墨电极消耗低。直流电弧炉能够大大降低石墨电极的消耗。生产统计表明，交流电弧炉电极消耗中端部消耗占 43.0%，侧面氧化占 44.5%，断电极占 7.5%，电极残头占 5.0%；直流电弧炉的电极消耗中端部消耗及电极残头占 85%，侧面氧化占 10%，断电极占 5%。从绝对消耗量看，当交流电弧炉的 3 根石墨电极被直流电弧炉的 1 根石墨电极代替时，侧面消耗将减少近 2/3；直流操作时，作为阴极的石墨顶电极端部平均温度比交流的低，而且作用于端部的电动力小，可使由于氧化及开裂剥落造成的端部消耗降低。在相同条件（废钢、钢种、单位变压器功率、炉子容量等）下，直流电弧炉的电极消耗可比交流电弧炉的降低 50% 以上，一般为 1.1~2.0kg/t。当交流电弧炉的石墨电极消耗大时，直流电弧炉在降低石墨电极消耗方面的优点将更为突出。

（3）缩短冶炼时间，降低电耗。直流电弧炉用电极，由于无集肤效应，电极截面上的电流负压均匀，电极所承受的电流可比交流时增大20%~30%（见图7-48），直流电弧比交流电弧功率小。

　　直流电弧炉石墨电极接阴极，金属料接阳极，在相同输入功率下，由于阳极效应直流电弧传给熔体的热量比交流电弧的大 1/3。

　　在热损失方面，直流电弧炉只有 1 支石墨电极，减少了电极孔、水冷电极夹持器及水冷电极圈的热损失；加上采用高电压操作，无感抗损失，功率因数高，与交流中弧炉相比，电能利用率高。

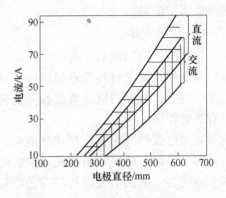

图 7-48　直流与交流电弧炉用石墨电极载流容量的对比

　　上述原因使得直流电弧炉废钢熔化快、穿井快、金属熔池容易形成，与交流电弧炉相比，熔化时间可缩短 10%~20%，电耗可降低 5%左右。

　　（4）减少环境污染。直流电弧炉发射的噪声比交流电弧炉小。据文献报道，平均噪声可减小 10dBA。对噪声频谱分析表明，直流电弧炉没有交流电弧炉所特有的 100Hz 噪声，且 1000Hz 以下噪声能量要少得多。此外，直流电弧炉与交流电弧炉相比，烟尘污染也小得多。

　　（5）降低耐火材料消耗。直流电弧炉与交流电弧炉相比，无电弧偏吹，无热点，且电弧距炉壁远，因此炉壁特别是渣线处热负荷小且分布均匀，从而降低了耐火材料的消耗。

　　直流电弧炉采用高电压长弧操作，对提高炉衬寿命不利，但配以合适的泡沫渣操作，可以有效降低炉衬热负荷。阳极寿命一般均很高，不致引起耐火材料消耗的增加。

　　（6）降低金属消耗。直流电弧炉由于只有 1 根电极、1 个高温电弧区和 1 个与大气相通的电极孔，从而降低了合金元素的挥发与氧化损失，也使合金料及废钢的消耗降低。

　　（7）投资回收周期短。对于容量较小的炉子，直流电弧炉和交流电弧炉的投资费用相差不大，对于大容量的炉子，则直流电弧炉投资要比交流电弧炉高 30%~50%。

　　直流电弧炉的不足之处有：需要底电极，大电流需要大电极，长弧操作需要更多的泡沫渣，易引起偏弧现象，留钢操作限制了钢种的更换。

思　考　题

7-1　电弧炉的主要炉体结构有哪些？

7-2　试述现代电弧炉炼钢的冶炼过程。

7-3　偏心底出钢电炉的结构特点是什么，其优点有哪些？

7-4　简述炉盖旋转式电弧炉的优点，以及炉盖提升旋转机构的分类和特点。

7-5　电弧炉冶炼过程熔化期的任务是什么，如何缩短熔化期？

7-6　简述电弧炉冶炼过程氧化期和还原期的主要任务。

7-7　试述电弧炉炼钢烟尘的主要特点及除尘设备和方法。

7-8　电弧炉主电路的组成及各部分的作用有哪些？

7-9　简述废钢预热的主要作用有哪些？

7-10　试述直流电弧炉的工艺特点以及其优越性。

8 钢水炉外精炼设备

8.1 概　述

8.1.1 炉外精炼的定义及任务

钢水炉外精炼是在炼钢炉和连铸之间，把常规炼钢炉（转炉、电炉）初炼的钢液倒入钢包或专用容器内，在真空、惰性气体或还原性气氛下进行脱氧、脱硫、脱碳、去气、去除非金属夹杂物并调整钢液成分和温度，以达到钢水洁净、成分和温度均匀与稳定目的的炼钢工序。就是将在常规炼钢炉中完成的精炼任务，如去除杂质（包括不需要的元素、气体和夹杂）、调整成分和温度的任务，部分或全部移到钢包或其他容器中进行，把传统炼钢过程分为初炼和精炼两步进行，因而也称为二次精炼（secondary refining）、二次炼钢（secondary steelmaking）、二次冶金（secondary metallurgy）或钢包精炼（ladle refining）。此外，也有人将在中间包、结晶器内进行的除杂、成分和温度调整与均匀化等处理和操作一并归入炉外精炼的范畴中。

在现代化钢铁生产流程中，炉外精炼主要承担着以下任务：

（1）降低钢中氧、硫、氢、氮和非金属夹杂物含量，改变夹杂物形态，从而提高钢的纯净度，改善钢的力学性能；

（2）深度脱碳，以满足低碳或超低碳钢的要求；

（3）微调合金成分，将合金成分控制在很窄的范围内，并使其分布均匀，尽量降低合金消耗，以提高合金收得率；

（4）调整钢液温度到浇铸所要求的温度范围内，最大限度地减小包内钢液的温度梯度；

（5）作为炼钢与连铸间的缓冲，提高炼钢车间整体效率。

但是，迄今为止还没有任何一种炉外精炼方法能独立完成上述所有任务，而是只能完成其中一项或几项任务。由于各钢厂条件和冶炼钢种不同，通常要根据不同需要配备一至两种炉外精炼设备。

8.1.2 炉外精炼的技术特点和优越性

当前，钢材质量的要求日益苛刻，主要表现在纯净度高、各向异性小、合金成分范围窄等方面。其中，对钢的纯净度，即钢中碳、硫、磷、全氧、氮、氢等杂质含量要求达到 100×10^{-6}，甚至更低，而转炉、电炉炼钢等传统炼钢方法根本无法实现如此高的纯净度。而且，传统炼钢方法对合金的收得率波动很大，因而钢产品的成分范围较宽、性能差别较大，不利于钢材加工工艺的自动化；对钢中杂质的存在形式也无法控制，导致钢材机械性能在不同方向上存在较大的差异。传统炼钢方法中，例如电炉炼钢法，因工艺本身限制，存在还原期钢液吸气严重、出钢和浇铸过程钢液二次氧化严重等问题,导致钢中的氢、氧等气体夹杂明显增加;另外,如电炉冶炼的还原期电能利用率低,冶炼某些钢种时合金元素收得率低、炉体寿命短等问题,使得炼钢成本大大提高。

正因为以上诸多原因,使得传统的炼钢方法受到挑战,促使炼钢炉功能分化。特别是,超高功率电炉很"自然地"与炉外精炼相配合,使得炉外精炼技术得以迅速发展。炉外精炼之所以适于冶炼各类纯净钢、超纯净钢,能有效提升冶炼精度和效率,主要得益于其以下几个技术特点:

(1) 改变冶金化学反应条件。炼钢过程中脱氧、脱碳等反应的产物为气体,精炼可以在真空条件下进行,通常工作真空度(指处于真空状态下气体的稀薄程度,通常用气体的压强值来表示)≥50Pa,有利于反应的正向进行,促使钢液脱气。

(2) 加快熔池的传质速度。炼钢过程冶金反应速度的快慢取决于液相传质速度。而精炼过程采用多种搅拌形式(气体搅拌、电磁搅拌、机械搅拌)使系统内的熔体发生流动,加速熔体内传热、传质过程,达到混合均匀的目的。

(3) 增大渣钢反应的面积。各种精炼设备均带有搅拌装置,通过搅拌可以使钢渣乳化,合金、钢渣随气泡上浮过程中发生熔化、溶解、聚合反应。通常 1t 钢液的渣钢反应面积为 $0.8 \sim 1.3\,mm^2$,当渣量为原渣量的 6% 时,钢渣乳化后形成半径为 0.3mm 的渣滴,反应界面将增大 1000 倍。微合金化、变性处理就是利用这个原理提高精炼效果的。

(4) 在电炉(转炉)与连铸之间起到缓冲作用。精炼炉具有灵活性,对作业时间、温度控制能进行有效协调,从而与连铸配合形成更为通畅的生产流程。

相比于传统炼钢方法,钢水炉外精炼的优越性主要体现在以下几个方面:

(1) 缩短冶炼时间,提高转炉及电炉炼钢的生产率。譬如说,当普通电炉作为初炼炉时,配合炉外精炼一般可提高电炉生产率 25% 左右;若与超高功率电炉相配合,则可提高生产率 50%~100%(单渣法冶炼普钢时取上限)。

(2) 改善钢质量、扩大品种。电炉(转炉)与炉外精炼配合能生产出气体、杂质夹杂物含量低的纯净钢,扩大了钢材的品种。譬如,无论转炉还是电炉内都很难将钢水中的氢脱至 3.0×10^{-4}%,而通过真空处理却能很容易地实现脱氢;另外,在传统炼钢炉内很难将钢水的碳脱到 0.040%,而采用 RH-OB 或 VOD 却能通过真空吹氧和加强钢液搅拌等手段较经济地达到。

(3) 调节电炉或转炉与连铸的节奏,实现多炉连浇。连铸机要求电炉或转炉能定时、定量地提供一定温度的优质钢液,使用传统炼钢工艺则很难满足这些要求,车间连铸比难以提高。若在电炉或转炉和连铸机之间设置一种具备保持保温和调温的缓冲设备——炉外精炼炉,则可显著改善炼钢炉和连铸机的配合,实现多炉连浇,提高生产效率。

(4) 降低生产成本。上述优点均可使产品的生产成本降低。此外,由于采用炉外精炼方法,允许在电炉或转炉炼钢过程中使用一些质量较差、价格便宜的原材料,则可显著降低产品成本。这种情况的典型例子是,转炉本身很难经济地生产不锈钢、轴承钢等特殊钢,但将转炉与 RH 和 LF 双联后,就能经济地生产出优质特殊钢;或采用 VOD 或 AOD 生产低碳不锈钢时,允许电炉炉料中配加高比例的同类钢种的返回钢或碳素铬铁,从而达到降低原材料成本的目的。

正因为炉外精炼技术具有上述独特的技术特点和无可比拟的优越性,使得其不再局限于特殊钢、优质钢的冶炼，而是扩大到普通钢的生产上。现在已基本上成为钢铁生产工艺流程中独立的、不可替代的生产工序。目前，经炉外精炼的普通钢已超过钢材总产量的80%，特殊钢的炉外精炼比已达到95%以上，大多数钢厂达到了100%。

8.1.3 炉外精炼的手段、方法及冶金功能

为了创造最佳的冶金反应条件，完成上述冶金任务，相应地要求处理装置具有不同的精炼技术手段。炉外精炼手段主要有搅拌、真空、加热、渣洗、喷吹和喂丝等几种。

（1）搅拌：通过搅拌可扩大反应界面，加速反应物质的传递过程，提高反应速度，是炉外精炼最基本、最重要的手段。搅拌的方法主要有气体搅拌（搅拌气体主要为氩气，分为底吹氩气和顶吹氩气两种形式）、电磁搅拌。图 8-1 所示为目前常用的钢包搅拌工艺示意图。

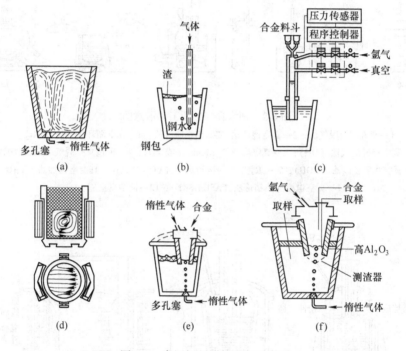

图 8-1　常用钢包搅拌工艺示意图
(a) 包底吹气搅拌；(b) 埋入式喷枪 (SL)；(c) 脉动混合 (PM)；
(d) 电磁感应搅拌；(e) 封顶吹氩 (CAB)；(f) 密封吹氩 (CAS)

（2）真空：将钢液置于真空室内，由于真空作用使反应向生成气相方向移动，达到脱气、脱氧、脱碳等目的。真空是炉外精炼中广泛应用的一种手段。钢水真空处理工艺的示意图如图 8-2 所示。

（3）加热：是调节钢水温度的一种重要手段，使炼钢与连铸更好地衔接。加热方法主要有电加热和化学热法，前者主要有电弧加热和感应加热，后者常用的方法有硅热法、铝热法和一氧化碳二次燃烧法。常用的钢包加热系统工艺示意图如图 8-3 所示。

（4）渣洗：将事先配好（在专门炼渣炉中熔炼）的合成渣倒入钢包内，借出钢时钢流的冲击作用，使钢液与合成渣充分混合，从而完成脱氧、脱硫和去除夹杂等精炼任务。

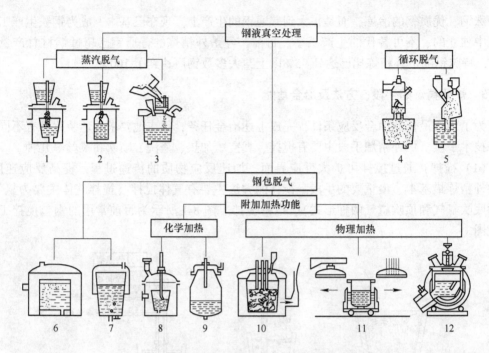

图 8-2 钢水真空处理工艺示意图

1—滴流钢包脱气法；2—真空浇注法；3—出钢脱气法；4—真空循环脱气法（RH）；

5—真空提升脱气法（DH）；6—真空罐脱气（Finkl 法或 VD）；7—钢包真空脱气（Gazid 法）；

8—真空吹氧脱碳法（VOD）；9—真空吹氧脱碳转炉法（VODC）；10—真空电弧加热（VAD）；

11—真空电弧加热精炼法（ASEA-SKF）；12—槽型真空感应炉

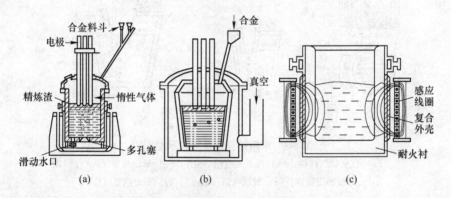

图 8-3 常用钢包加热系统工艺示意图

(a) 钢包炉；(b) 真空电弧脱气（VAD）；(c) 钢包感应加热

常见的渣洗方法有合成渣洗、同炉渣洗等。

（5）喷吹和喂丝：喷吹法是用气体（如氩气）作载体将精炼分级流态化，形成气固两相流，通过喷枪直接将精炼剂送入钢液内部的一种手段。由于喷吹法中的精炼粉剂粒度小，进入钢液后，与钢液的接触面积大大增加，因而可显著提高精炼效果。喂丝法是将易氧化、比重轻的合金元素置于低碳钢包芯线中，通过喂丝机送入钢液内部。喂丝法的优点：可防止易氧化的元素被空气和钢液面上的顶渣氧化，准确控制合金元素添加量，提高和稳定合金元素的收得率；避免喷溅和钢液再氧化；精炼过程温降小；设备投资少，处理成本低。上述两种手段的冶金功能均取决于精炼剂的种类，它能完成脱碳、脱硫、脱氧、合金化和控制夹杂物形态等精炼任务。常用的喷吹和喂丝工艺示意图如图8-4所示。

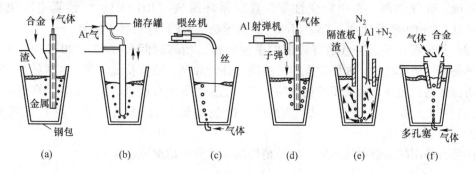

图 8-4　喷吹和喂丝工艺示意图
(a) 普通工艺；(b) 喷粉；(c) 喂丝；(d) 射弹；(e) 喷 Al 粉；(f) CAS (SAB)

通过上述几种精炼手段的不同组合，便可组成不同的炉外精炼方法。图8-5所示为各种炉外精炼方法及其采用的精炼手段。自20世纪50年代以来，炉外精炼发展迅速，具体的方法已达30多种，但在方法的分类上尚未有统一的标准。

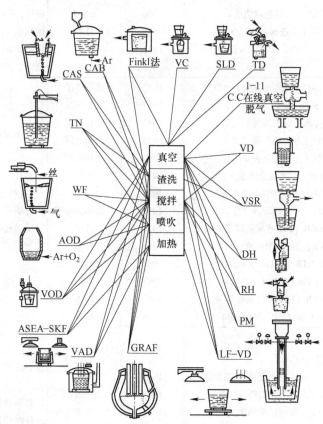

图 8-5　各种炉外精炼示方法示意图及所采用的精炼手段

根据功能复杂程度，炉外精炼大致可分为两大类：

（1）钢包处理型。特点就是单元操作内容少，不设补偿加热装置，设备投资少，精炼任务单一，处理时间短（3~30min），用于生产节奏快的情况。这类方法可进行钢液脱气、脱硫、成分微调、夹杂物变性等，真空循环脱气（RH 法）、钢包真空吹氩精炼（Gazid 法）、钢包喷粉处理（TN、SL 等）、喂丝法（WF）等均属于此类。

（2）钢包精炼型。特点是有较多的单元操作，精炼时间长（40~120min），成本较高，具备多种精炼功能，如底吹搅拌、渣洗、补偿加热、喷粉及脱气等。这些精炼方法适于优质合金钢、超级合金及超纯钢种的生产。主要的方法有钢包炉法（LF）、真空吹氩脱碳法（VOD）、真空电弧脱气法（VAD）、钢包精炼炉（ASEA-SKF）及氩氧脱碳法（AOD）等均属此类。

按照所采用的冶金手段不同，炉外精炼的大致分类情况见表 8-1。

表 8-1　主要炉外精炼方法的分类、名称、开发与适用情况

分类	名　　称	开发年限	国别	适用情况
合成渣精炼	液态合成渣洗	1933	法国	脱硫、脱氧、去除夹杂物
	固态合成渣洗	—	—	
	预熔渣渣洗	—	—	
钢包吹氩精炼	CAZAL（钢包吹氩法）	1950	加拿大	去气、去夹杂、均匀成分与温度。CAB、CAS 还可脱氧与微调成分；CAB 适合 30~50t 容量的转炉钢厂；CAS 法适用于低合金钢种精炼
	CAB（带盖钢包吹氩法）	1965	日本	
	CAS 法（封闭式吹氩成分微调法）	1975	日本	
真空脱气	VC（真空浇注法）	1952	联邦德国	脱气、脱氧、脱氮。RH 精炼速度快、效果好，适于各钢种的精炼，尤其适于大容量钢液的脱气处理
	SLD（倒包脱气法）	1952	联邦德国	
	VD（真空罐内钢包脱气法）	1952	联邦德国	
	DH（真空提升脱气法）	1956	联邦德国	
	TD（出钢真空脱气法）	1962	联邦德国	
	CVD（连续真空处理法）	1971	苏联	
	VSR（真空渣洗精炼法）	1974	苏联	
	RH（真空循环脱气法）	1957	联邦德国	
	RH-OB（RH-吹氧脱碳法）	1972	日本	
	RH-Injection（RH-喷吹法）	1985	日本	
	RH-KTB（RH-顶吹氧法）	1986	日本	
	RH-PB（RH-浸渍吹法）	1987	日本	
	RH-MFB（RH-多功能喷嘴法）	1992	日本	
	RH-PTB（RH-顶喷粉法）	1994	日本	
带有加热装置的钢包精炼	ASEA-SKF（真空电磁搅拌-电弧加热法）	1965	瑞典	多种精炼功能，包括钢水升温、脱氧、脱硫等。尤其适于生产工具钢、轴承钢、高强度钢和不锈钢等各类特殊钢。LF 是目前钢厂应用最广泛的具有加热功能的精炼设备
	VAD（真空电弧加热去气法）	1967	美国	
	LF（钢包炉精炼法）	1971	日本	

续表 8-1

分类	名　称	开发年限	国别	适用情况
低碳钢液精炼	VOD（真空吹氧脱碳法）	1965	联邦德国	脱碳保铬，适于超低碳不锈钢及低碳钢液的精炼
	AOD（氩氧混吹脱碳法）	1968	美国	
	CLU（汽氧混吹脱碳法）	1973	法国	
	VODC（转炉真空吹氧脱碳法）	1976	联邦德国	
喷粉及特殊材料添加精炼	IRSID（钢包喷粉法）	1963	法国	脱硫、脱氧、去除夹杂物、控制夹杂物形态、控制成分。应用广泛，尤其适于以转炉为主的大型钢铁企业
	ABS（弹射法）	1973	日本	
	TN（蒂森法）	1974	联邦德国	
	SL（氏兰法）	1976	瑞典	
	WF（喂丝法）	1976	日本	

　　各种精炼方法通过对不同的技术手段进行适当的组合，使精炼设备具备相应的精炼功能（冶金功能）。同时，不同的精炼设备又能根据所冶炼的品种、产量及初炼炉的不同，相互组合，形成生产某一钢种的最佳生产流程，最终达到"优质、高效、低耗"的目的。表8-2为主要精炼方法采用的精炼手段和相应具备的冶金功能。表8-3为不同精炼方法可达到的精炼效果。表8-4为几种常见炉外精炼设备的技术参数、投资成本和维护费用情况对比。

表 8-2　主要精炼方法所采用的精炼手段和相应具备的冶金功能

精炼方法	精炼手段								冶金功能											特　点
	搅拌	减压或真空	添加合金	喷粉	吹氧精炼	气氛调整	加热	造渣	脱氢	脱氮	脱碳	脱磷	脱硫	脱氧	去夹杂	夹杂物控制	合金化	调温	氧化物还原	
LF	○		●			●	●	●					●	●	○	○	●	●		适应性强
VD	○	●							●		○			○						常与LF双联
LF/VD	○	○	●			●	●	●	●					●	●	●	●	●		较方便地进行真空精炼、脱氧、去夹杂，控制成分、温度。适应性强
ASEA-SKF	●	○	●			●	●	●	●		○		●	●	●	●	●	●		
VAD	●	●	●		●	●	●	●	●	○	○		●	●	●	●	●	●	●	
DH	●	●	○						●		●					●				迅速高效去气，大钢水量处理，温降小，合金化准确
RH	●	●				○			●		●				○	○				
RH-OB/PB	●	●	○		●	○			○		●			○		○			○	除具有 RH 特点"迅速高效去气，大钢水量处理，合金化准确"外，还附加吹氧脱碳、各种加热升温功能，温降更低
RH-KTB/KPB	●	●	○		●	○			●		●			○		○			○	
RH-MFB	●	●			●				●		●					○			○	
RH-MESID	●	●			●				●		●			○		○			○	

续表 8-2

精炼方法	精炼手段								冶金功能											特　点
	搅拌	减压或真空	添加合金	喷粉	吹氧精炼	气氛调整	加热	造渣	脱氢	脱氮	脱碳	脱磷	脱硫	脱氧	去夹杂	夹杂物控制	合金化	调温	氧化物还原	
VOD	○	●	●		●	●		○	○	○	●			○	●		●		●	主要用于冶炼超低碳不锈钢,铬收得率高,电弧炉生产率高
AOD	●	○	●		●			●	○	●	●		●	●	●		●		●	
钢包吹氩	●	○															●			简易的钢包钢水精炼法
CAB	●																●			
TN				●									●	●						使用方便,有脱硫、脱氧、去夹杂,夹杂物形态控制功能。应用广泛。主要用于转炉流程
SL				●									●	●			●	●		
喂丝			●										●	●			●	●		

注:"○"表示"稍带有"或"有作用";"●"表示"功能良好"或"有强烈作用"。

表 8-3　不同精炼方法可达到的精炼效果

项　目	喷粉 (SL、TN 等)	VD	DH	RH	VOD	AOD	LF	CAS-OB 或 IR-UT
$w[H]/\times10^{-4}\%$	≤20	1~3	1~3	1~3	1~3	略降	1~3	略降
$w[O]/\times10^{-4}\%$	≤15	20~40	10~40	10~40	40~80	40~80	≤10	≤20
$w[N]/\times10^{-4}\%$	略增	大流量 Ar 可脱 [N]	略降,约40	略降,约40	大流量 Ar 可脱 [N]	150~200	大流量 Ar 可脱 [N]	略增
$w[S]/\%$	平均 0.006 ≤0.002	加渣时可脱硫	加渣时可脱硫	加渣时可脱硫	≤0.005	≤0.005	≤0.005	—
$w[C]/\%$	可增 [C]	≤0.002	≤0.003	≤0.002	≤0.002	≤0.002	≤0.01	—
去夹杂/%	去除 80	去除 40~50	去除 50~70	去除 50~70	去除 40~50	略降	去除约 50	去除 40~50
合金收率/%	喷合金粉时可达 100	90~95	95~100	95~100	Cr:90~99	Cr:≥98	90~95	Ti:50~80
成分微调	可精确微调	可微调	可精确微调	可精确微调	可微调	不能微调	可微调	可微调
均匀成分、温度	有效	有效	有效	有效	有效	有效	有效	有效
钢水温度升降 /℃·min⁻¹	约降 3~4	约降 2~3	带电加热约降 1~2	带电加热约降 1~2	升温	升温	升温 2~4	降 5~10

表 8-4　几种常用精炼设备的技术参数、投资成本和维护费用对比

精炼工艺	RH-OB	传统 RH	VOD	VD	AOD	LF
终点 [C]/×10⁻⁶	≤15	≤20	≤50	≤50	≤50	30~40
脱碳速率	最高	可满足低碳钢冶炼	高	比 RH、VOD 等低 20%~30%	高	比 RH、VOD 等低 20%~30%

精炼工艺	RH-OB	传统 RH	VOD	VD	AOD	LF
脱碳至 [C]=50×10⁻⁶% 时间/min	10~15	12~15	15~18	15~20	—	15~20
脱 [H]、[N] 能力	一般均可满足冶炼要求					
化学加热	有	无	有	无	有	有
相对投资成本（以 RH-OB 为基准）	1.0	0.7~0.8	0.4~0.6	0.4~0.5	0.3~0.4	0.3~0.4
操作成本	+++	++++	++++	++	+++++	
维护费用	+++++	++++	+++	++	++	+

尽管炉外精炼方法多达几十种，但比较普遍的、常用的只有那么几种。针对不同钢种、不同流程，应采用不同的炉外精炼方法，典型的电炉钢生产流程如下：

普通钢、低合金钢：电炉（EBT 偏心底出钢法）—LF 炉—连铸 CC

合金结构钢、碳素结构钢：电炉（EBT）—LF 炉—VD—连铸

电炉（EBT）—LF 炉—RH—连铸

不锈钢：电炉（槽/EBT）—VOD—（LF 炉）—连铸

电炉（槽/EBT）—AOD—（LF 炉）—连铸

电炉（槽/EBT）—AOD—VOD—（LF 炉）—连铸

8.1.4　常用炉外精炼设备的发展概况

（1）RH 真空循环脱气炉：1957 年，由德国蒂森公司所属鲁尔（Ruhrstahl）钢铁公司和海拉斯（Heraeus）公司共同开发了钢液真空循环脱气法，并于 1959 年在德国蒂森公司恒尼西钢厂建成投产世界上第一台工业生产用 RH 真空循环脱气装置；同年，由德国冶金协会正式以两公司名首字母将这种精炼方法命名为 RH 真空循环脱气法（RH vacuum degassing process），简称 RH 法。世界首台 RH 装置一直运行到 1976 年 8 月，直到被新一代 RH 真空精炼设备替代。自 20 世纪 50 年代末期开始，经过 60 余年的发展，RH 技术已得到高度发展和广泛应用，相继开发了 RH-OB、RH-Injection、RH-PB、RH-KTB、RH-MFB、RH-WPB 等多种 RH 真空精炼技术和装备。到 2000 年，全世界已投产的 RH 法工业装置有 160 余台，最大钢包容量达 400t。

RH 真空精炼法于 1965 年正式进入中国，由大冶钢厂从联邦德国 MESSO 公司引进 1 台 100t RH 装置；20 世纪 70~80 年代，武钢二炼钢从联邦德国分别引进了 2 套 80t RH 装置，用于硅钢生产；后来宝钢、攀钢、鞍钢、本钢、太钢、马钢和首钢京唐等也相继建成投产 RH 装置（主要采用 RH-OB 法），单台处理能力由 80t 逐渐增至 300t，功能和精炼的钢种范围也不断扩大。到 2007 年底，我国 RH 装置达 61 台，年处理能力便超过了 9000 万吨。2002 年以后，RH 装置加快了自主研发进程，到 2006 年后，已实现设备的全部国产化。2020 年 5 月，由中国十七冶集团承建的宝钢湛江钢铁基地 3 号 RH 装置的单工位处理能力达到了 350t，年可处理钢水 281 万吨，单位产品能耗 8.78kg 标准煤/t。表 8-5 为近年来国内外部分 RH 装置的主要技术参数和性能指标。

表 8-5 近年来国内外部分 RH 装置的主要技术参数和性能指标

RH 设备 参数	新日本钢铁公司			川崎钢铁 公司	日本钢管 公司	住友金属 工业公司	宝 钢	
	名古屋 钢铁厂 2 号 RH	君津 钢铁厂 RH	大分 钢铁厂 1 号 RH	水岛 钢铁厂 4 号 RH	福山 钢铁厂 3 号 RH	鹿岛钢 铁厂 2 号 RH	一炼钢、二 炼钢：1 号~ 6 号 RH	湛江钢铁
吹 O_2 方式	OB	OB	OB	KTB	OB	OB	OB	OB
钢水容量/t	270	305	340	250	250	250	300	350
循环管内径/mm	730	650	600	750	580	750	750	—
循环气体量 /L·min^{-1}	3000	2500	4000	5000	5000	5000	3500~4500	—
抽气量 67Pa 下 /kg·h^{-1}	1350	1007	952	1000	1500	1500	1100~1500	1400
抽气量 26.7Pa 下 /kg·h^{-1}	16600	11682	8770	13500				
目标 [C]/×10^{-6}	10	17	18	15	15	12	≤20	≤20
处理时间/min	15	22	18	15	15	15	20~25	15~25

（2）LF 钢包精炼炉：LF（ladle furnace）钢包精炼法是日本大同特殊钢公司于 1971 年开发的，它综合了 SKF 和 VAD 各自的优点，采用碱性合成渣、埋弧加热、吹氩搅拌、在还原气氛下精炼等工艺，是各功能很好配合的一种精炼技术。因其设备简单、投资少（仅为 RH 装置的 30%~50%），操作灵活和精炼效果好，能显著提高电炉钢的产量，已成为电炉与连铸间匹配的主要设备，在世界炉外精炼设备中占据主导地位。

我国于 1979 年由西安电炉研究院自行设计了第一台 40t LF/V 型钢包炉，至 1999 年重庆钢铁设计研究院（现中冶赛迪工程技术股份有限公司）自行设计并成套向宝钢一炼钢提供单台 300t LF，LF 工艺和装备的国产化取得了长足的进步。2008 年和 2015 年，马钢和日钢分别由中冶南方承担工程设计和总包的 300t LF 精炼炉相继投产；2020 年 5 月，中国十七冶集团承建的宝钢湛江钢铁基地 2 号 LF 精炼炉项目顺利投产，该 LF 精炼炉为一套电极回转台式、350t 双工位 LF 炉，设计年处理能力 172.9 万吨。

（3）VOD 真空吹氧脱碳炉：VOD 法是 vacuum oxygen decarburization（真空吹氧脱碳）的缩写，由德国威登特殊钢厂（Edel-stahlwerk Witten）和标准梅索公司（Standard Messo）于 1967 年共同研制成功，故有时又称为 Witten 法。VOD 法是为了冶炼不锈钢所研制的一种炉外精炼方法。

自 1967 年第一台容量为 50t 的 VOD 炉投入使用起，VOD 精炼技术取得了长足的发展。1976 年，日本川崎公司在 VOD 钢包底部安装 2 个透气塞，增大吹氩搅拌强度，称为 SS-VOD，专门用于生产超低碳、超低氮铁素体不锈钢，$w[C]$ 0.0003%~0.0010%，$w[N]$ 0.0010%~0.0040%，而 VOD 一般是 $w[C] \leq 0.005\%$，$w[N] \leq 0.005\%$；美国芬克尔公司开发了 KVOD/VAD 双联精炼炉。1990 年，日本住友金属公司鹿岛厂以不锈钢高纯化为目的，开发出了由顶吹喷枪吹入粉体石灰或铁矿石的工艺，称为 VOD-PB 法。近年来，不锈钢的主要生产炉型已扩展为顶底复吹转炉、AOD 法和 VOD 法。VOD 法的生产工艺路线也由电炉（或转炉）—VOD 演变为电炉—顶底复吹转炉—VOD 法。与顶底复吹转炉—AOD 法相比，VOD 法设备复杂，冶炼费用高，脱碳速度慢，初炼炉需要进行粗脱碳，生产效率低。优点是在真空条件下冶炼，钢的纯净度高，碳、氮含量低（[C]+[N] 小于 0.02%），因此主要用于超纯、超低碳不锈钢和合金的二次精炼。

我国最早于 1978 年由大连钢厂用旧设备改造为一台 13t 的 VOD 设备；1979 年，抚顺钢厂从德国海拉斯（Heraeus）公司引进了一台 30~60t VOD/VHD 精炼炉；2001 年，太钢从 DANIELI 引进了 75t VOD 炉，年处理能力 35 万吨；2012 年，国内中冶赛迪集团有限公司自主设计、西门子奥钢联参与设计的太钢二炼钢北区 180t 双工位 VOD 炉投产，该设备采用欧洲安全标准，是目前全球最大的 VOD 精炼炉，主要用于生产超低碳、氮不锈钢产品，具有结构紧凑、自动化程度高等特点。目前，国内的 VOD 炉主要分布在电炉特殊钢厂，一般用于生产不锈钢。

（4）AOD 氩氧脱碳炉：AOD（argon oxygen decarburization，氩氧脱碳）炉，是一种主要用于冶炼不锈钢的炉外精炼设备。1968 年，乔斯林（Joslyn，现名史莱特）钢公司建成投产了世界上第一台 15t AOD 炉，此后，很快在世界范围推广应用。AOD 与 VOD 几乎同时出现，1972 年前发展速度相当，1973 年后 AOD 发展迅速，无论装备数量和产量都大大地超过了 VOD 炉。究其原因是，AOD 无论在原料选择、生产成本和生产率方面都比 VOD 优越；而且，可快速处理高碳钢液，铬的收得率高。AOD 几乎可以生产所有牌号的不锈钢，但是冶炼 [C]+[N]≤0.025% 的超纯铁素体不锈钢极为困难。

目前，全世界不锈钢产量的 70% 以上是由 AOD 法生产的，VOD 法约占总产量的 15%，其余由 ASEA-SKF、RH-OB、LFV 等精炼方法生产。从不锈钢生产工艺来看，电弧炉+AOD 法的产量占比达 61%，电弧炉+顶底复吹转炉+AOD 法的产量占比为 23%。AOD 法在国外的应用十分广泛，就生产的不锈钢比例而言，美国为 95%，芬兰为 100%，英国为 88%，意大利为 95%，日本为 65%。AOD 炉最小的为 4t，多数为 50~100t。最大的是在美国 Armco 公司，为 175t，英国最大的为 135t。

作为后起之秀，目前中国不锈钢产量已占世界总产量的一半以上，不锈钢精炼工艺和装备水平取得了长足进步。1983 年 9 月，太原钢铁公司建成了我国第一台 18t 国产 AOD 炉，后于 1999 年进行了升级改造，先后建成 40t AOD 炉 3 座，年生产能力由 16 万吨提高至 30 万吨~35 万吨；2004 年，太钢进一步对 40t AOD 炉进行升级，引入了奥钢联专家自动化控制系统，提高了冶炼控制精度，另外还包括顶侧吹工艺、吹氩喂 Ti 线工艺、铁水直接兑入 AOD 炼钢技术等。2004 年，上钢一厂（宝钢不锈钢分公司）的 120t AOD 炉投产，该装置引进的是西马克德马格技术，配备了顶部氧枪，并配有副枪进行测温，炉底设置了 7 个侧吹风口，采用智能精炼系统，使中国 AOD 炉装备水平有了明显的提高。2006 年，太钢第二炼钢厂北区建成全球最大的 180t AOD 炉。2009 年，由中国冶金科工集团所属中冶华天工程技术有限公司承担设计，在东方特钢建成了目前国内自主设计的最大容量 90t AOD 炉；其后，中冶华天还承担了江苏德龙镍业有限公司 4×100t AOD 炉、厦门象盛镍业有限公司在印度尼西亚的 6×100t AOD 炉等多个海内外工程。不过，由于多种因素制约，上述 AOD 炉的核心设备技术均引进自德国、日本等发达国家，研发具有自主知识产权的 AOD 精炼技术和装备具有重要意义。

8.1.5　炉外精炼设备的发展趋势

目前炉外精炼技术已发展为门类齐全、功能丰富、配套完善、效益显著的钢铁生产主流工艺，为钢铁冶炼的"高质量、经济性、简便性"发挥着重要的作用。与此同时，炉外精炼技术和设备仍处于不断完善与发展中，表现出以下几个主要趋势：

（1）钢水 100%炉外精炼。全世界范围内，除个别钢厂外，特殊钢的炉外精炼比接近 100%；大中型钢厂转炉钢的炉外精炼比也已达到 80%，大多数钢厂达到了 100%。

（2）精炼设备多功能化。指的是由单一功能的炉外精炼设备发展成为具备多种冶金功能的设备，以及将各种不同功能的装置组合在一起建立的综合处理站，这既是为了适应不同钢种生产的需要、提高炉外精炼设备的适应性，也是为了提高设备的利用率和作业率、缩短工艺流程，从而发挥更加灵活、全面的作用。已形成的一些较常用多功能处理模式有：

1）以钢包吹氩为核心，加上与喂丝、喷粉、化学加热、合金成分微调等一种或多种技术相结合的精炼站，用于转炉、连铸生产流程。

2）以真空处理装置为核心，并与上述技术中一种或几种技术复合的精炼站，主要用于转炉、连铸生产流程。

3）以钢包炉（LF）为核心，与上述技术及真空处理等一种或几种技术相复合的精炼，主要用于初炼炉（电炉及转炉）、连铸生产流程。

4）以 AOD 为主体，包括 VOD、转炉顶底复吹在内的不锈钢精炼技术。

（3）设备大型化。随着世界钢铁工业的发展，粗钢产量大幅增加，不同精炼设备尺寸及处理能力也不断提高。譬如说，RH 炉的钢包容量由最初的 70t 增加至目前的 400t；国内 LF 炉的钢包容量由最初的 40t 增加到现在的 350t；VOD 炉的钢包容量由最早的 50t 增加到现在的 180t；AOD 炉的处理能力由最初的 15t 提高到目前的 180t。

（4）精炼设备生产效率不断提高。表 8-6 给出了常用炉外精炼设备生产效率的比较。

表 8-6　常用二次精炼设备的生产效率

精炼设备	钢包净空高度/mm	吹氩流量/L·(min·t)$^{-1}$	混匀时间/s	升温速/℃·min^{-1}	容积传质系/cm^3·s^{-1}	精炼周期/min	钢包寿命/次
CAS-OB	150~250	6~15	60~90	5~12	—	15~25	60~100
LF	500~600	1~3	200~350	3~4	—	45~80	35~70
VD	600~800	0.25~0.50	300~500	—	—	25~35	17~35
VOD	1000~1200	2.4~4.0	160~400	0.7~1.0	—	60~90	40~60
RH	150~300	5~7	120~180		0.05~0.50	15~25	底部槽 420~740 升降管 75~120 钢包 80~140

相比而言，RH 和 CAS 是生产效率较高的精炼设备，一般与生产周期短的转炉匹配使用。为了提高二次精炼的生产效率，近年来国内外取得了以下技术进步：

1）提高反应速度、缩短精炼时间。如 RH 通过提高吹氩强度，增大下降管直径、顶吹供氧等技术，使容积传质系数从 $0.15cm^3/s$ 提高到 $0.3cm^3/s$，可缩短脱碳时间 3min；AOD 采用顶吹供氧技术后，升温速度由 7℃/min 提高到 17.5℃/min，脱碳速度从 0.055%/min 上升到 0.087%/min，电炉吨钢电耗平均降低 78kW·h。

2）采用在线快速分析钢水成分技术。将元素含量分析周期从 5min 减少到 2.5min，一般可节约辅助时间 5~8min。

3）延长钢包寿命、加速钢包周转。美国 WPSC 钢厂使用 290t 转炉配 CAS-OB 生产 LCAK 钢板，采用了以下技术提高钢包寿命：① 包衬综合砌筑，根据熔损机理对易熔损部位选择合适的耐火材料；② 关键部分采用高级耐火材料，如包底钢流冲击区采用高铝砖（$w(Al_2O_3) \geqslant 96.3\%$），寿命可提高 20~30 炉；③ 每个包役对侵蚀严重部位（如渣线和钢水冲击区）进行一次修补。采用上述技术后，平均包龄从 60 炉提高到 120 炉，最高包龄达到 192 炉，降低耐火材料总成本的 20%。由此也可以看出，如何提高耐火材料寿命是重要的课题方向之一。

4）采用计算机控制技术，提高精炼终点命中率。钢水炉外精炼的自动化控制系统，通常包含以下功能：① 精炼过程设备监控与自动控制；② 精炼过程温度与成分在线预报；③ 数据管理与数据通信；④ 车间生产调度管理。

5）扩大精炼能力。北美新建的短流程钢厂，生产能力一般为 120 万~200 万吨/年，多数采用一座双炉壳电炉或竖炉电炉，平均冶炼周期为 45~55min。为了提高车间整体生产能力，采用 1 台电炉配 2 台 LF（或 1 台 LF、1 台 CAS），平均精炼周期为 20min。

（5）精炼过程控制智能化。随着计算机网络技术的发展，采用通信技术、多媒体技术、实时监控技术、远程操控技术、人工智能等一系列技术，实现计算机对精炼过程中的搅拌作业、加料作业、钢水加热、温度调节与合金调整等环节的精确控制智能化，从而促进钢铁生产流程优质、低耗、高效化的变革。比如，2021 年 2 月，中国宝钢率先宣布掌握了第六代智能一键 RH 精炼关键技术，可实现从真空排气开始到排气结束的 RH 真空、环流、顶枪及合金四大设备系统操作完全由模型进行程序控制，合金计算、合金称量、合金搬送与合金投入一键完成，一键 RH 精炼率近 90%，在此基础上平均脱碳时间缩短了 6min，提高了生产效率。

下面将着重针对真空循环脱气炉（RH）、钢包精炼炉（LF）、真空吹氧脱碳炉（VOD）和氩氧脱碳炉（AOD）四种最常用的炉外精炼设备的工作原理、结构特点和技术参数进行论述。

8.2　真空循环脱气炉（RH）

RH 法具有处理周期短、生产能力大、精炼效果好的优点，是提高产品质量、降低成本、扩大生产品种、提高炼钢生产能力、保证连铸顺行、实现全连铸和优化炼钢生产工艺的重要手段，非常适合于现代氧气转炉炼钢厂或超高功率电弧炉炼钢厂。从钢铁工业发展来看，铁水预处理—转炉复合吹炼—RH 真空精炼—连铸已成为现代炼钢厂的主流工艺流程之一。

8.2.1　工作原理

传统 RH 法的工作原理及设备实物如图 8-6 所示。钢液脱气是在砌有耐火材料内衬的真空室内进行的。在真空室下部有两根循环管（上升管、下降管），脱气处理时将环流管插入钢液内并抽真空，由于真空室被抽成真空，钢液从两根管内上升到压差高度。与此同时，在上升管下部约 1/3 处吹入驱动气体（氩气），使上升管的钢液内瞬间产生大量气泡核，钢液中的气体则向氩气泡中扩散，同时气泡在高温、低压作用下体积迅速膨胀，使钢液密度减小，带动钢液以约 5m/s 的速度呈微细雨滴状喷入真空室，使脱气表面积大大增加，另外钢液中的气体逐渐向氩气泡内扩散，从而加速脱气进程。脱气后的钢液密度相对较大，以 1~2m/s 速度沿下降管流回钢包中，从而实现"钢包→上升管→真空室→下降管→钢包"的循环处理过程。如此连续循环 2~4 次后，脱气过程便告结束。

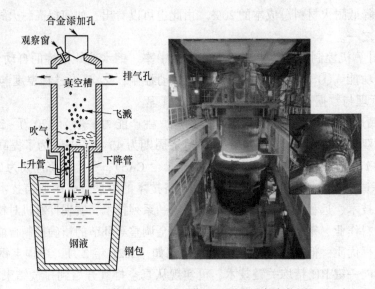

图 8-6　传统 RH 法的工作原理图和设备实物图

图 8-7 所示为世界首台工业生产用的 RH 装置结构及工作情况。自 20 世纪 70 年代以来，传统 RH 法和设备不断得到开发和完善，其功能也逐渐得到扩展，目前已用于钢液的真空脱碳、真空脱氧、温度补偿、改善钢水纯净度及合金化。图 8-8 所示为 RH 法的几种主要改进形式。

（1）RH-OB（RH-Oxygen Blowing）法：1972 年由日本新日铁室兰厂根据 VOD 冶炼不锈钢的原理而开发的真空吹氧技术，如图 8-8（a）所示。它主要通过在 RH 真空室的侧壁上安装一支氧枪，向真空室内的钢水表面吹氧，从而加速钢液脱碳，可使 $w[C]<0.002\%$，生产超低碳钢；另外，还可以向 RH 真空室加入铝、硅等发热剂对钢液进行升温，使用铝热法可使钢液升温速度达到 4℃/min。

（2）RH-KTB（RH-Kawasaki Top Oxygen Blowing）法：1986 年由日本川崎钢铁公司开发的一种真空顶吹氧技术，如图 8-8（b）所示。其特点在于，通过 RH 真空室上部插入水冷氧枪，向真空室内钢液表面吹氧，加速钢液脱碳；同时，脱碳产生的 CO 在真空室内燃烧成 CO_2 并放热，使钢液具有较高的温度而无须加发热剂。

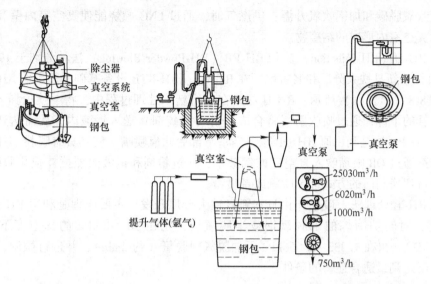

图 8-7 世界上第一台工业生产用 RH 真空精炼炉结构和工作状态示意图

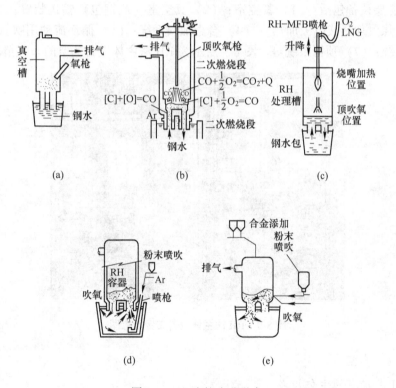

图 8-8 RH 法的改进形式

（a）RH-OB 法；（b）RH-KTB 法；（c）RH-MFB 法；（d）RH-IJ 法；（e）RH-PB 法

（3）RH-MFB（RH-Multiple Function Burner）法：1992 年由新日铁广畑制铁所开发的具有"多功能喷嘴"的真空顶吹氧技术，如图 8-8（c）所示。它在 RH 真空室上方设置了上下升降自由、可以按需要使用纯氧或者"纯氧+LNG"的多功能烧嘴。不使用燃气时，进行吹氧脱碳和加铝吹氧升温；供燃气时，通过 LNG 燃烧能使真空室内壁和钢液升温，清除真空室内形成的结瘤物。

（4）RH-IJ（RH-Injection）法和 RH-PB（RH-Powder Blowing）法：分别于 1985 年和 1987 年由日本新日铁大分厂和名古屋厂在 RH-OB、RH-KTB 设备基础上开发的 RH 喷粉技术，如图 8-8（d）、（e）所示。RH-IJ 法是在进行精炼处理过程中，将一喷枪插入 RH 真空室上升管的下部，通过喷吹氩气将合成渣粉（脱硫剂）送入钢液内，从而达到深脱硫的目的。RH-PB 法是利用原 RH-OB 法真空室下部底吹氧喷嘴，使其具有喷粉功能，依靠载气将粉剂通过 OB 喷嘴吹入真空室的钢液中，通过粉剂和钢液激烈搅拌强化脱硫反应；喷嘴可通过切换阀门的方式选择吹氧或者喷粉。

（5）RH-轻处理法：1977 年由日本新日铁大分厂开发。主要原理是利用 RH 的搅拌、脱碳功能，对转炉冶炼的未脱氧钢或半脱氧钢，先在 20 ~ 40kPa 的真空度下碳脱氧（10min 左右），再在 1.333~6.666kPa 下加脱氧剂脱氧（约 2min），并进行微调，使钢液成分和温度达到最适合连铸的条件。

8.2.2 设备结构特点

RH 法主要设备包括：（1）真空室；（2）真空室（或钢包）输送装置；（3）真空室预热装置（煤气加热或电极加热）；（4）合金加料系统；（5）循环流动用吹氩装置；（6）真空排气系统；（7）顶枪系统等。图 8-9 所示为 RH 法主体设备的空间布置情况。

图 8-9 RH 法主体设备布置示意图

8.2.2.1 真空室

A RH 真空室的主体设备

RH 真空室是真空精炼冶金反应的熔池，反应器的表面积决定了精炼反应的速度。几十年来，RH 法快速发展重要的标志之一是设备大型化，具体表现在钢包的吨位、RH 真空室的直径与高度逐渐增大增高。表 8-7 和图 8-10 给出了德国蒂森钢铁公司不同年代建立的 RH 真空室的形状变化。武钢在不同时期建成的 RH 真空室形状变化如图 8-11 所示；新日铁广畑制铁所和宝钢的 RH 真空室形状分别如图 8-12、图 8-13 所示。

表 8-7　德国蒂森钢铁公司 RH 装置设计的改进

工厂	投产时间	主要目的钢种	钢水质量/t	氩气喷嘴数	循环速度 /t·min⁻¹ ÷ 驱送气体流量/L·min⁻¹	真空泵能力(67Pa)/kg·h⁻¹	高度/m	真空室内径/m	循环管直径/mm	真空室容积/m³	加热方式提升方式
哈廷根厂	1959年	脱氢 锻钢，厚板，不锈钢（RHO）	70	1	$\frac{13.5}{200}$	200	5.6	0.96	200	2.2	煤气 平衡量
鲁尔特厂	1967年	脱氢，脱碳和合金化 结构钢，硅钢，轴承钢，棒材	110	5	$\frac{35}{400}$	300	7.55	1.74	354 258	11.4	石墨棒 钢丝绳
哈廷根厂	1976年	脱氢，合金化 锻钢，厚板	150	4	$\frac{50}{550}$	400	7.7	1.72	385	13.5	石墨棒 液压
贝克维尔特厂	1987年	脱碳，脱氢和合金化 薄板，硅钢，厚板，涂层钢板	250	10	$\frac{85}{1003}$	500	10.8	2.03	500	29.0	石墨棒 钢丝绳
布鲁克豪森厂	1992年	脱碳，脱氢和合金化 薄板，硅钢等	400	6	$\frac{130}{2000}$		11.5	2.55	650	46.0	石墨棒 钢丝绳

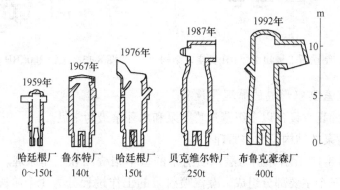

哈廷根厂 0~150t　鲁尔特厂 140t　哈廷根厂 150t　贝克维尔特厂 250t　布鲁克豪森厂 400t

图 8-10　德国蒂森钢铁公司 RH 真空室形状的变化

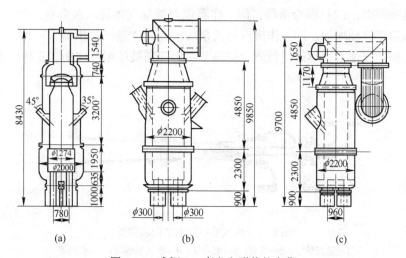

图 8-11　武钢 RH 真空室形状的变化

（a）1974年建成的1号RH真空室；（b）1985年建设的2号RH真空室；（c）1993年改建的新1号RH真空室

　　以宝钢 300t RH 装置的真空室为例，RH 真空室的结构包括上下部槽、浸渍管，并通过热弯管与气体冷却器（真空系统）相联，通过合金翻板阀与加料系统相联。真空槽工作衬砖采用镁铬质耐火材料砌筑，真空槽所有连接部位都采用密封件，不得泄漏。浸渍管，即环流管或循环管，共有两根，分别为上升管和下降管；在上升管配置两层共 12 根提升气体管。

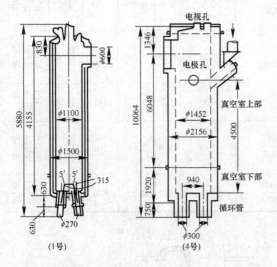 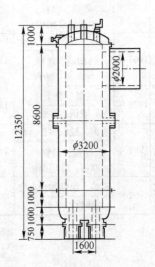

图 8-12　新日铁广畑制铁所 1 号和 4 号 RH 真空室结构　　　图 8-13　宝钢 300t RH 装置的真空室结构

　　B　RH 真空室真空形成的原理及设备

　　目前采用的抽真空设备以多级蒸汽喷射泵和水环泵最为常见。

　　a　蒸汽喷射泵的结构及工作原理

　　图 8-14 和图 8-15 所示分别为蒸汽喷射泵的基本结构图和工作原理。喷射泵由喷嘴、扩压器和混合室三个主要部分组成。蒸汽喷射泵的工作过程分为 3 个阶段：（1）绝热膨胀阶段，即工作蒸汽通过喷嘴绝热膨胀的过程，工作蒸汽将其压力能转化为速度能，并以很高的音速喷射出；（2）混合阶段，即工作蒸汽与被抽气体进入混合室并发生能量交换，被抽气流的速度得到增加，而工作蒸汽将携带着被抽气体进到扩压器中；（3）压缩阶段，工作蒸汽与被抽气体一边继续进行能量交换，一边逐渐被压缩，使动能又转化为位能，当

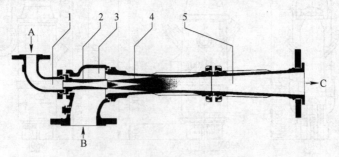

图 8-14　蒸汽喷射泵的结构示意图

1—蒸汽管腔；2—喷嘴；3—混合室；4—扩压器喉口；5—扩压器

A—工作蒸汽；B—被抽气体；C—排出蒸汽

到达扩压器的喉部完成混合并使两种气流达到同一速度，此后再经过扩散，使速度降低和压力进一步扩大，然后将被抽气体排出喷射器，从而完成蒸汽喷射泵的工作过程。工作蒸汽压强和泵的出口压强之间的压力差，促使工作蒸汽在管道中流动。

概括地说，具有一定压力的工作蒸汽，经过拉瓦尔喷嘴在其喉口达到音速，在喷嘴的渐扩口进行膨胀，压力持续降低，速度增高，以超音速喷出断面，并进入混合室的渐缩部分；此时工作蒸汽与被抽气体相遇，在发生动量交换的同时进行混合，混合气流在混合室的喉部达到临界速度，继而因扩压器渐扩部分的截面积逐渐增加速度降低、压力升高，即被压缩到设计的出口压力。

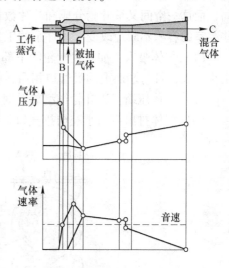

图 8-15　蒸汽喷射泵的工作原理

由于气体的压缩比❶与被吸入气体量成反比，考虑到经济性，一般单级蒸汽喷射器的压缩比不超过 12，工作压强范围为 1.33 ~ 0.1MPa，而由于 RH 真空精炼时的工作真空度为 67Pa 以下，需要的压缩比约为 1520，单级的蒸汽喷射泵无法满足要求，因此，RH、VD、VOD 设备均采用多级蒸汽喷射泵串联而成的真空泵系统；另外，在多级蒸汽喷射泵构成的真空泵系统中，一般都设置有冷凝器，其作用是将混合气体中的可凝性蒸汽部分凝结排除，以减少下级蒸汽喷射器的负荷。表 8-8 为在给定工作压强或极限压强下所需要的蒸汽喷射泵级数。

表 8-8　给定工作压强或极限压强下所需要的蒸汽喷射泵级数

蒸汽喷射泵级数	工作压强/Pa	极限压力/Pa
6	0.67 ~ 13	0.26
5	6.7 ~ 133	2.6
4	67 ~ 670	26
3	400 ~ 4000	200
2	2670 ~ 26700	1330
1	13300 ~ 10000	1330

b　水环泵的结构及工作原理

图 8-16 所示为水环泵的结构图。水环泵主要由叶轮 1、侧盖 2、泵体 3、吸入口 4 组成。在泵体 3 中，偏心地安装着一个带有若干个前弯叶片的开式叶轮 1（小型泵采用径向叶片），叶轮两侧紧贴着侧盖 2；与泵体连成一体的侧盖上靠近叶轮轮毂处开有较大的吸入口 4 和稍小的排气口 5，分别与吸入管和排出管相通。

启动前，先在泵体中装入适量的水作为工作液，当叶轮顺时针方向旋转时，水被叶轮

❶　压缩比：蒸汽泵的排出压力和吸入压力的比值。

抛向四周，由于离心力的作用，水将形成一个取决于泵腔形状的近似于等厚度的封闭圆环。水环的下部内表面恰好与叶轮轮毂相切，水环的上部内表面刚好与叶片顶端接触（实际上叶片在水环内有一定的插入深度）。此时叶轮轮毂与水环之间形成一个月牙形空间，而这一空间又被叶轮分成和叶片数目相等的若干个小腔。随着叶轮的回转，叶片间这些腔室的容积不断地改变。水环泵的工作过程可分为三个连续的阶段：

（1）气体吸入：如果以叶轮的下部 0° 为起点，那么叶轮在旋转前 180° 时小腔的容积由小变大，且与端面上的吸气口相通，此时气体被吸入。

（2）气体压缩：当叶轮继续旋转时，小腔由大变小，使气体被压缩。

（3）气体排出：当小腔与排气口相通时，气体便被排出泵外。

图 8-16　水环泵的结构图
1—叶轮；2—侧盖；3—泵体；4—吸入口；5—排气口

c　特点及应用

蒸汽喷射泵具有抽气能力大、抽气速度快、对被抽气体介质适用能力强、结构简单无传动部件、操作简单、运行可靠等优点，因而应用广泛，大多数 RH 设备采用了全蒸汽喷射泵真空系统。但是，这种真空泵系统需消耗大量蒸汽，能耗和运行成本均较高。而水环泵中气体压缩是等温的，故可抽除易燃、易爆的气体，此外还可抽除含尘、含水的气体，但其极限真空度较低（2~4kPa）。因此，为了降低能耗，越来越多的 RH 真空精炼设备采用水环泵替代末级的蒸汽喷射泵，如宝钢 4 号和 5 号 300t RH 系统、鞍钢炼钢总厂二分厂 100t RH 系统等。图 8-17 所示为某 RH 炉的水环泵+蒸汽喷射泵真空系统设备布置示意图。表 8-9 为宝钢 5 号 300t RH 对真空泵系统改造前后的技术参数对比。表 8-10 对比了全蒸汽喷射泵真空系统与水环泵-蒸汽喷射泵真空系统的指标。

C　RH 真空室的支撑设备

a　RH 真空室的支撑方式

RH 真空室的支撑方式对设备的作业率、合金添加能力、工艺设备的布置、设备占地面积等有直接影响。RH 真空室的支撑方式主要有以下三种，如图 8-18 所示。

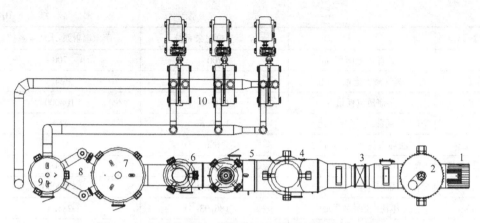

图 8-17　水环泵+蒸汽喷射泵真空系统的设备布置示意图

1—水冷抽气管道；2—气体冷却除尘器；3—真空主切断阀；4—第一级喷射泵；5—第二级喷射泵；
6—第三级喷射泵；7—第一级冷凝器；8—第四级喷射泵；9—第二级冷凝器；10—水环泵

表 8-9　宝钢 5 号 300t RH 对真空泵系统改造前后的技术参数对比

内　　容	改造前真空泵性能	改造后真空泵性能	备　　注
真空泵抽气能力/kg·h⁻¹	1200	1500	67Pa 时
真空泵级数	4 级蒸汽喷射泵	3+1+水环泵	
抽气时间	≤3.5min（有预抽）	≤3.5min（有预抽）	大气压降至 67Pa 时
	≤4min（无预抽）	≤4min（无预抽）	
蒸汽压力（表压）/MPa	1.3	1.3	喷嘴处
蒸汽温度/℃	195~205	195~205	
蒸汽消耗/t·h⁻¹	≤42	≤28	
冷却水供水温度/℃	≤35	≤35	
冷却水耗量/t·h⁻¹	≤2000	≤2000（含水环泵水量）	
冷却水压力/MPa	≤0.35	≤0.35	
漏气量/kg·h⁻¹	≤30	≤30	
水环泵数量		2	
水环泵单台额定功率/kW	无	280	同时使用
水环泵运行额定功率/kW		245	

表 8-10　全蒸汽喷射泵真空系统与水环泵-蒸汽喷射泵真空系统的指标对比

序号	项　　目	全蒸汽喷射泵系统	蒸汽喷射泵-水环泵系统
1	工作真空度/Pa	67	67
2	抽气能力/kg·h⁻¹	800	800
3	年处理钢水量/万吨	162	162
4	厂房内占地面积/m²	200	220
5	设备占用高度/m	27	26

续表 8-10

序号	项　　目	全蒸汽喷射泵系统	蒸汽喷射泵-水环泵系统
6	水处理占地面积/m²	700	700
7	水蒸气最大流量/t·h⁻¹	30	24
8	年需蒸汽耗量/t	151200	108000
9	年耗蒸汽成本/万元	1209.6	864
10	浊环水耗量/m³·h⁻¹	1600	1200
11	装机容量/kW	620	980
12	年需耗电量/kW·h	2790000	4200000
13	年耗电成本/万元	186.93	281.4
14	一次性投资/万元	1100	1230
15	年运行成本/万元	1396.53	1145.4
16	吨钢生产成本/元	8.6	7.1

（1）真空室旋转升降方式：真空室可上下运动和左右旋转，钢包可固定精炼工位或运输。

（2）真空室上下升降方式：真空室可上下运动，钢包通过钢包车运输。

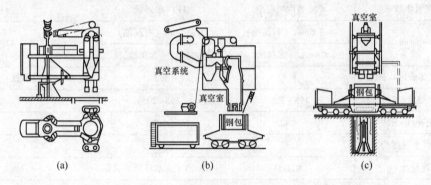

图 8-18　真空室的三种支撑方式

（a）真空室旋转升降方式；（b）真空室上下升降方式；（c）真空室固定钢包升降方式

（3）真空室固定钢包升降方式：真空室固定，钢包用钢包车运输到工位后再用液压缸升降，或其他方式使钢包升降。

b　RH 真空室的交替方式

为了提高 RH 真空精炼炉的生产效率，目前广泛采用双真空室，甚至采用三真空室。双真空室的交替方式主要有两种：平移式和转盘旋转式，如图 8-19 所示。

8.2.2.2　真空室预热装置

为保证 RH 真空精炼顺利进行，不仅要对新砌筑的真空室预热干燥，在投入工作前将真空室加热到一定温度，也要在精炼的间隙时间及精炼过程中对真空室进行加热保温，防止真空室内结瘤，减少钢液温降，使钢水成分稳定。

真空室的加热方式目前主要有两种方式：煤气烧嘴加热和石墨电极加热，或者两者配合使用。图 8-20 所示为 RH 真空室的两种加热方式示意图。

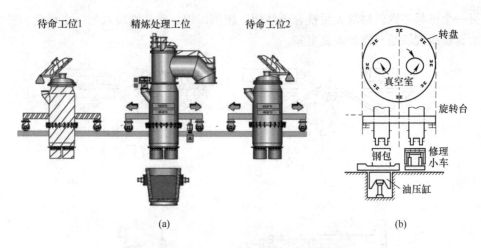

图 8-19　RH 双真空室的交替方式
（a）双真空室平移；（b）双真空室旋转交替式

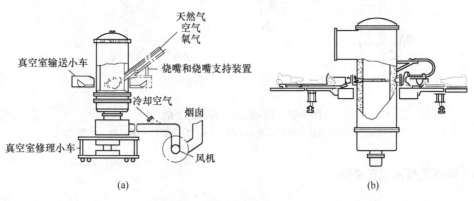

图 8-20　RH 真空室的加热方式
（a）煤气烧嘴加热；（b）石墨电极加热

（1）煤气烧嘴加热方式具有结构简单、节省电能等优点，但处理过程中及间隙时间不能加热，加热过程中真空室处于氧化气氛，影响钢水质量。

（2）石墨电极加热方式在处理过程中及间隙时间均可加热，加热温度高且稳定，加热过程中真空室处于中性气氛，其缺点在于费用较高以及电极掉入真空室带来的钢液增碳问题。

8.2.2.3　合金加料系统

现代 RH 真空精炼设备均设置有一套适合于生产工艺需要的合金加料系统，以实现钢液的脱氧合金化和成分微调。合金加料一般采用高架料仓布料的方式，其特点是料流短，能在短时间内按一定顺序进行加料。

图 8-21（a）~（c）和（d）所示分别为目前几种典型的合金加料系统示意图和装置三维立体图，主要设备有旋转给料器、真空料斗及真空电磁振动给料器等。合金料由自卸汽车运到供料站，经斗式提升机及皮带运输机装满所预选定的高位料仓。料仓分为 3 组，其中 2 组料仓下设称量斗、均装有电子秤，一个称量斗供称量少量的铁合金（微调用）使

用，另一个称量斗则供称量大量铁合金使用；废钢、铝、碳分别装入另一组料仓，经电磁振动给料器或旋转给料器加入真空室。

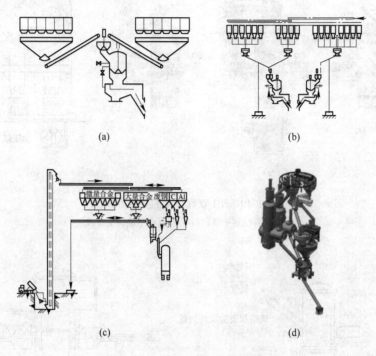

图 8-21　RH 法的合金加料系统

(a)~(c) 三种典型合金加料系统示意图；(d) 合金加料装置三维立体图

8.2.3　操作流程及工艺参数

8.2.3.1　RH 法的基本操作工艺

RH 操作的基本过程如图 8-22 所示。某厂处理容量为 100t 的旋转升降式 RH 装置的蒸汽喷射泵的排气能力为 300kg/h 并带有两级启动泵设备，其操作实例如下。

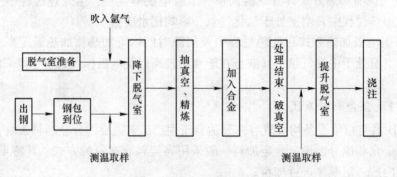

图 8-22　RH 操作过程简图

A　脱气前的准备工作

电、压缩空气、蒸汽、冷却水的供应；驱动气体和反应气体的准备；脱气室切断油烧嘴，关闭空气及煤气阀门；提起脱气室并使脱气室从煤气预热装置处离开；在环流管底部套上挡渣帽；将按要求装好料的合金料斗，用吊车安放在脱气室顶盖上。

B 脱气操作

将氩气量调到100L/min，将脱气室转到钢包上方，然后将环流管插到钢液内，环流管浸入钢液的深度至少达到150~200mm；在脱气室转到钢包上方的过程中，进行测温、取样。

环流管插入钢液后启动四级喷射泵和二级启动泵，同时接通所有的测量仪表，并进行记录；当真空度约为26.67kPa时，一接到信号，即可启动三级泵，并注意蒸汽压力，如果压力允许，可启动一级启动泵；达到6.67kPa时，关闭一、二级启动泵；将氩气量调到150L/min，并注意观察电视装置和废气测定仪，如果废气量小于200kg/h，可把氩气量逐渐减小，然后打开二级启动泵（在此前必须关闭废气测定仪），并把氩气量降至80~100L/min，在启动二级泵同时，应注意电视中情况，当达到0.67kPa时，再把废气测定仪打开，如果废气量超过250kg/h，必须重新停止二级泵；在266~400Pa时打开一级泵，并注意蒸汽压力；当废气量继续下降时，可将氩气量升到150L/min、200L/min、250L/min，在启动一级喷射泵后，对脱气装置充分抽气，在远距离控制板上的指示读数应显示出合适的各种压力、气体流量和温度读数。

C 钢液脱气过程控制

通过电视装置观察钢液的循环状态。当达到3333~6000Pa时，随着插入深度的不同，钢液逐渐到达脱气室底部，进入上升管的时间比进入下降管的时间稍微早一些。在1333~2666Pa时，钢液的循环流动方向十分明显。

通过电视装置，观察钢液的脱氧程度及喷溅高度。

分析废气以了解钢液的脱氧程度和脱气程度（也有些厂家靠分析废气来确定钢中碳含量，以决定加入合金和RH处理终了时间）。

调节氩气流量以控制钢液循环量、喷射高度及脱气强度。

D 合金的加入

加料时间的选择，一般要求在处理结束前6min加完。

E 取样、测温

取样、测温除在脱气开始之前进行一次外，此后每隔10min进行一次；接近终了时，间隔5min取样一次，处理完毕时，再进行测温、取样。

F 脱气结束操作

打开通气阀，停止计时器，关闭1~4级喷射泵，停止供氩并关闭氩气瓶；关闭冷却水；关闭供电视装置用的风机，断开电视装置及记录仪表；如果1h内不再进行脱气时，即将合金漏斗移走，继续进行预热。

G 浇注

将钢包吊至连铸车间进行浇注。

8.2.3.2 RH真空精炼的工艺参数

RH的主要工艺参数包括处理容量、（纯）处理时间、循环流量（循环速率）、循环次数（循环因数）、真空度等。

A　处理容量

处理容量指的是被处理钢液的数量。对于 RH 法，其处理容量的上限在理论上说是没有限制的；而处理容量的下限，取决于处理过程的温降情况。为减小温降，获得较好的热稳定性，RH 钢包内的处理容量一般较大（大于 30t）。图 8-23 所示为 RH 法在不同处理容量条件下的温降情况。由图可知，当钢包内钢液重量小于 30t 时，处理过程温降很大，为保证一定的浇注温度，就得提高出钢温度或缩短脱气处理时间，这两种办法均会使处理效果下降。

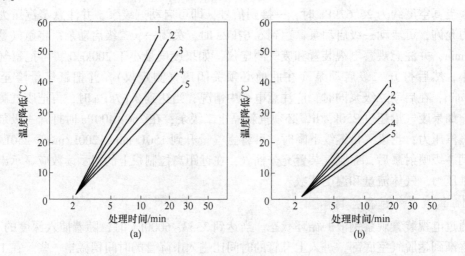

图 8-23　RH 法在不同处理容量条件下的温度损失
（a）真空室预热温度 800℃；（b）真空室预热温度 1200℃
真空室容量：1—30t；2—40t；3—80t；4—100t；5—150t

在国外，由于转炉或电炉容量较大，RH 设备的处理容量一般在 70t 以上。若使用同一套 RH 装置来适应不同的处理容量，主要有以下两种方法。

（1）改变环流管的直径。例如，美国阿姆科钢铁公司的巴特楼厂用一套循环脱气设备，通过更换真空室底部的环流管，分别处理 70t 和 150t 两种不同容量的钢液。当底部上升管直径为 245mm，下降管直径为 210mm 时，循环流量为 15t/min，可处理 70t 钢液；当上升管直径为 330mm，下降管直径为 273mm 时，循环流量为 30t/min，用于处理 150t 钢液。

（2）改变处理时间。例如，德国莱茵钢铁公司的亨利希厂处理容量分别为 30t 和 100t 两种情况时，只改变处理时间，而不改变环流管直径。从操作角度而言，这种方法更为可取。

B　处理时间

钢包在 RH 工位停留的时间称为处理时间。为了使钢液充分脱气，就需要保证有足够的脱气时间，也就是应有足够长的处理时间。但是，在不具备加热手段的条件下，处理时间将取决于允许的钢液降温和处理时钢液的平均降温速率，其值由下式确定：

$$t = \frac{T_e}{v_t} \tag{8-1}$$

式中　t——处理时间，min；

　　　T_c——处理时允许的温度损失，℃；

　　　$\overline{v_t}$——处理过程中平均温降速度，℃/min。

对于需进行脱气处理的炉次，出钢温度应比不处理时高 20~30℃。一般来说，允许的温度损失不会有太大的波动，所以，处理时间就取决于脱气时的平均降温速率。而降温速率主要与处理容量、钢包和真空室的预热温度、处理时加入添加剂的种类和数量、渣层厚度、包壁材料的导热系数等因素有关。表 8-11 为不同 RH 处理容量在相应真空室预热温度条件下的温降速度情况。

表 8-11　处理容量、真空室预热温度与温降速度情况

处理容量/t	真空室预热温度/℃	脱气时间/min	总温降/℃	温降速度/℃·min⁻¹
35	700~800	10~15		4.5~5.8
70	700~800	18~25		2.5~3.5
100	700~800	24~28		1.8~2.4
100	约800	20~30		1.8~2.5
100	1000~1100		35	1.5~2.0
100	1500	20~30	30~40	1.5
170	1300			1.0~1.5
300（宝钢1号）	800	24（轻处理） 36~42（IF 钢）		1.8
300（宝钢2号）	1450	14~16（轻处理） 25~28（IF 钢）		1.25

C　循环流量

单位时间内通过真空室的钢液量称为循环流量，也称为循环速率。它是 RH 最关键的工艺参数，其值大小直接影响 RH 的处理时间。循环流量大小主要决定于上升管的内径和驱动气体流程，也与吹氩管在上升管上的位置、钢液自身放气量和真空室的真空度有关。不同文献给出的关系式见式（8-2）~式（8-4）。

$$Q = 0.020 D_u^{1.5} G^{0.33} \tag{8-2}$$

$$Q = k(HG^{0.83}D_u^2)^{0.5} \tag{8-3}$$

$$Q = 3.8 \times 10^{-3} D_u^{0.3} D_d^{1.1} G^{0.31} H^{0.5} \tag{8-4}$$

式中　Q——循环流量，t/min；

　　　D_u——上升管直径，cm；

　　　D_d——下降管直径，min；

　　　k——常数，由实验确定；

　　　G——上升管内氩气流量，L/min；

　　　H——吹入气体深度（指气孔至上升管上口的高度），cm。

D　循环因数

循环因数是指处理过程中通过真空室的总钢液量与处理容量之比，可用下式表示：

$$u = \frac{Qt}{v} \qquad (8-5)$$

式中　u——循环因数，次；

　　　t——循环时间，min；

　　　Q——循环流量，℃；

　　　$\bar{v}$——处理过程中平均温降速度，℃/min。

在循环流量、驱动气体流量和真空度一定时，返回钢包的钢液气体含量也就一定。钢液的脱气效果与循环因数 u 有关，而 u 值大小的选择要考虑真空处理后返回钢包的钢液与原包内钢液的混合程度。钢液的混合情况是控制钢液脱气速度的重要环节之一。

返回钢包的钢液与原包内钢液的混合状态用混合系数 m 来描述。当脱气后钢液几乎不与未脱气钢液混合，钢液的脱气速度几乎不变，此时钢液经一次循环可以达到脱气要求时，$m=0$；脱气后钢液立即与未脱气钢液完全混合，钢包内钢液是均匀的，钢液中气体浓度缓慢下降，脱气速度仅取决于循环流量时，$m=1$；脱气后钢液与未脱气钢液缓慢混合时，$0<m<1$。

E　真空度

真空度是在处理过程中，真空室内可以达到并且能保持的最低压力。根据真空脱气的热力学和动力学分析可知，一般钢种对气体含量的要求，并不需要太高的真空度，通常都控制在 13~134Pa 范围内。

近年来，宝武集团、首钢京唐等企业新建或改建 RH 装置均采用了强化真空抽气系统、增大环流管内径和提升气体流量等方法（见表 8-12），获得了良好的精炼效果。

表 8-12　国内几台典型 RH 装置的设备工艺参数

装置	钢包容量 /t	真空泵抽气能力 (67Pa)/kg·h^{-1}	上升、下降管 直径/mm	提升气体流量 /L·min^{-1}	钢水循环速率 /t·min^{-1}
宝钢 2 号 RH	300	1100	750	约 4000	239.5
宝钢 4 号 RH	300	1500	750	约 4000	239.5
武钢三炼钢 2 号 RH	250	1200	750	约 5800	271.5
马钢四钢轧厂 RH	300	1250	750	约 4000	239.5
首钢京唐公司 RH	300	1250	750	约 4000	239.5

8.2.4　RH 真空精炼的冶金效果

现代 RH 的冶金功能已由早期的脱氢发展到现在的深脱碳、脱氧、去除夹杂物等 10 余项冶金功能。RH 法能取得的冶金效果如下：

（1）脱氢：一般可使钢中的氢降低到 0.00015% 以下。通过提高钢水的循环速度，可使钢水的［H］降至 0.0001% 以下。经过 RH 真空精炼后，脱氧钢的脱氢率约为 65%，未脱氧钢的脱氢率约 70%。

（2）脱碳：RH 具备很强的脱碳能力，在 25min 处理周期内可生产出［C］≤0.002% 的超低碳钢水。

（3）脱氧：RH 真空精炼后（有渣精炼）的 $w(T[O]) \leqslant 0.002\%$，如和 LF 法配合，可使钢水 $w(T[O]) \leqslant 0.001\%$。

（4）脱氮：RH 真空精炼脱氮一般效果不明显，在强脱氧、大氩气流量、确保真空度的条件下，能使钢水中的氮降低 20% 左右。

（5）脱硫：向真空室内添加脱硫剂，能使钢水的含硫量降到 $0.0012\% \sim 0.0015\%$；如采用 RH-IJ 法和 RH-PB 法，能保证稳定地冶炼 $[S] \leqslant 0.001\%$ 的超低硫钢水，某些钢种甚至可以降到 0.0005% 以下。

（6）脱磷：通过 RH-PB 法，可生产出 $[P] \leqslant 0.002\%$ 的超低磷钢。

（7）添加钙：向 RH 真空室内添加钙合金，其收得率能达到 16%，钢水的 $w[Ca]$ 可达到 0.001% 左右。

（8）成分控制：向真空室内多次加入合金，可将 $[C]$、$[Mn]$、$[Si]$ 的成分精度控制在 ±0.015% 水平。

（9）升温：使用 RH-OB 法，由于铝的放热，能使钢水获得 4℃/min 的升温速度；采用 RH-KTB 技术，可降低转炉出钢温度 26℃。

根据武钢二炼钢的经验，1 号 RH 脱氢效果达到 60% 以上，一般成品氢含量不高于 0.0002%；氮含量可达到 0.004%，脱氮率为 $0 \sim 25\%$；成品钢中氧含量不高于 0.006%；经 RH 自然脱碳可以将钢中碳降到 0.002% 以下，最低含碳量可达到 0.0009%；温度可满足要求，控制在 ±5℃ 的范围；成分控制：$w[C] \pm 0.005\%$，$w[Al] \pm 0.005\%$，钢中含硫量不高于 0.003%，脱硫率达 80%，钢中夹杂物可以降到 5.6mg/10kg 以下。

8.3　钢包精炼炉 (LF)

LF 钢包精炼法因其设备简单、投资费用低、操作灵活和精炼效果好成为钢包精炼的后起之秀，在我国炉外精炼设备中占据主导地位。将 LF 钢包精炼炉设置在电炉钢厂，可以取消还原期，能显著缩短冶炼时间，提高电炉生产率；而且，LF 法特别适于连续铸钢，能在确定的时间内，为铸机提供高洁净度且温度合适的钢水。因此，EAF-LF-CC 发展成为高生产率的普通钢电炉冶炼短流程；而 LF 与转炉双联，确立了 LD-LF-RH-CC 组成的转炉生产特殊钢工艺流程。

8.3.1　工作原理

常规 LF 法的工作原理如图 8-24 所示，即在非氧化性气氛下，通过电弧加热、造高碱度还原渣（"白渣"），进行钢液的脱氧、脱硫、合金化等冶金反应，实现钢液的精炼；同时，为了使钢液与精炼渣充分接触，强化精炼反应，去除夹杂，促进钢液温度和合金成分的均匀化，通常从钢包底部吹氩搅拌。

8.3.1.1　LF 法的精炼特点（功能）

A　炉内还原性气氛

LF 炉本身一般不具有真空系统，通常在大气压下精炼，主要靠钢包上的水冷法兰盘、水冷炉盖及密封圈起到隔离空气的作用。烟气中大部分是惰性气体，主要来自搅拌钢液的氩气。在造高碱度还原性渣过程中，渣料中的碳以及石墨电极在加热时与渣中的 FeO、

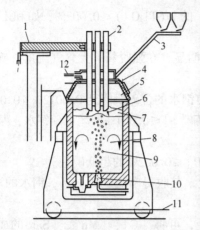

图 8-24 常规 LF 法的工作原理图和设备实物图
1—电极横臂；2—电极；3—加料溜槽；4—水冷炉盖；5—炉内惰性气氛；6—电弧；
7—炉渣；8—气体搅拌；9—钢液；10—透气砖；11—钢包车；12—水冷烟罩

MnO、Cr_2O_3 等氧化物反应生成 CO 气体，其浓度在 LF 精炼初期可达 50% 以上；除此之外，石墨电极还与钢包中的氧气反应，使炉内的氧含量降至 0.5%，从而保证了炉内的强还原气氛。钢液在强还原气氛条件下可以进一步脱氧、脱硫及去除非金属夹杂。

B 吹氩搅拌

吹氩搅拌是 LF 炉最大的贡献，是强化精炼（还原）的重要举措。吹氩搅拌不仅加速钢-渣之间的化学反应和物质传递，有利于钢液脱氧、脱硫反应，也能加速夹杂物的上浮及均匀钢液成分与温度。

C 埋弧加热

LF 电弧加热类似于电弧炉冶炼过程。加热时，LF 炉 3 根电极插入渣层中进行埋弧加热，电极与钢液之间产生的电弧被白渣埋住。这种方法辐射热小，对炉衬有保护作用，热效率高，电极消耗少，还可防止钢液渗碳。另外，浸入渣中的石墨与渣中氧化物反应，不仅提高了渣的还原性，而且还可提高合金回收率，生成 CO，使 LF 炉内还原性气氛更强。

D 高碱度还原渣（白渣）精炼

LF 炉利用白渣精炼，这是有别于主要靠真空脱气的其他精炼方法的特点之一。精炼渣主要为 $CaO\text{-}SiO_2\text{-}Al_2O_3$ 系，主要成分范围见表 8-13，一般渣量为钢液的 3%~7%。通过白渣的精炼作用，可以降低钢中的氧、硫及夹杂物含量。LF 炉冶炼时，可以不用加脱氧剂，而是依靠白渣对钢液中氧化物的吸附和溶解，达到脱氧目的。当精炼渣系需要进行调渣操作时，除采用脱氧剂和石灰外，采用铝矾土或预熔合成渣（典型成分见表 8-13）也是一种快速成渣或补渣量的手段。

表 8-13 LF 精炼渣和典型合成渣的主要成分范围   （%）

类 型	CaO	MgO	Al_2O_3	SiO_2	FeO+MnO
铝脱氧钢精炼渣	55~65	4~5	20~30	5~10	<0.5
硅脱氧钢精炼渣	50~60	6~8	15~25	10~20	≤1.0
合成渣	40~60	<15	25~45	<10	<5

LF 炉由于有温度补偿，吹氩强烈搅拌，随着渣中碱度的提高，硫的分配系数增大，可炼出含［S］仅为 5×10^{-6} 的低硫钢。钢液在强还原气氛、高碱性炉渣条件下可以进一步脱氧、脱硫及去除非金属夹杂。

8.3.1.2 LF 法的改进形式

经过几十年的发展，LF 法也趋于多功能化，以下是几种改进形式：

（1）LFV（Ladle Furnance Vacuum Degassing）法：由于常规 LF 法没有真空处理手段，如需进行脱气处理，可在其后配备 RH 或 VD 等真空处理设备。或者，在 LF 原设备基础上增加能进行真空处理的真空炉盖或真空室。具有真空处理工位的 LF 法即为 LFV 法。

（2）多功能 LF 法：1987 年，装有喷吹设备和真空设备的 LF 法（与 VAD 法类似，见图 8-25）投入生产，用于生产高级钢。多功能 LF 法可以看作是在常规 LF 法的渣精炼、加热熔化等功能基础上再附加更多功能的方法，相当于将真空脱气（VD）、真空吹氧脱碳装置（VOD）及非真空的钢包炉（LF）进行有机组合，可根据工艺要求完成真空脱气、吹氧脱碳、吹氩搅拌、电弧加热、脱氧、脱硫、合金化等精炼任务。

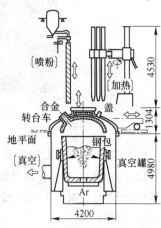

图 8-25　多功能 LF 法示意图

（3）NK-AP（NKK Arc-refining Process）法（见图 8-26）：于 1981 年在日本钢管福山厂实现工业应用。该法采用插入式喷枪代替透气砖进行气体搅拌，也可以在喷吹气体搅拌钢液的同时进行喷粉处理。

（4）PLF 法：新日铁广畑制铁所使用的三相交流等离子钢包炉，即 RLF 法（见图 8-27）。这种方法由于没有石墨电极造成的增碳，适用于生产超低碳钢。

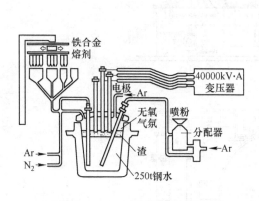

图 8-26　NK-AP 法设备示意图

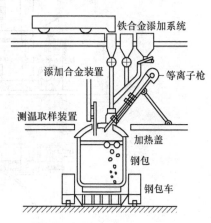

图 8-27　PLF 法设备示意图

8.3.2　设备结构特点

LF 的主要设备包括：（1）钢包及钢包车系统；（2）电弧加热装置；（3）底吹氩系统；（4）测温取样系统；（5）合金和渣料添加系统；（6）适用于一些低硫及超低硫钢种

冶炼需要的喷粉或喂线装置；（7）适用于脱气需要的真空装置；（8）炉盖及冷却水系统等。图 8-28 所示为 LF 法主体设备的空间布置情况。

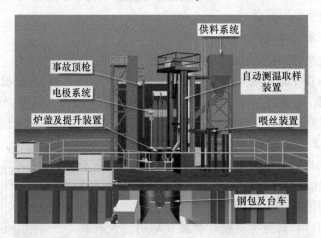

图 8-28　LF 法主体设备布置示意图

8.3.2.1　钢包及钢包车系统

LF 的炉体本身就是浇注用钢包，但与普通钢包有所不同。图 8-29 所示为钢包及钢包车系统的结构。钢包上口外缘装有水冷圈（法兰），防止包口变形和保证炉盖与之密封接

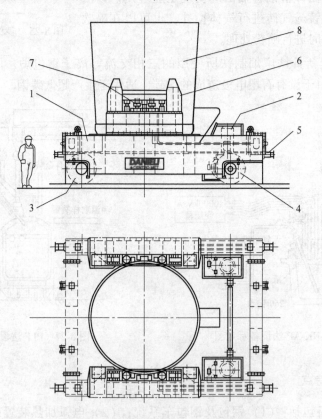

图 8-29　钢包及钢包车系统结构图

1—支架；2—齿轮马达；3—从动轮；4—主动轮；5—缓冲器；6—钢包轴承座；7—称重系统；8—钢包

触；底部装有滑动水口及距炉壁 $r/3 \sim r/2$（r 为炉底半径）处设有吹氩透气砖（见图 8-30）。LF 钢包内的熔池深度与熔池直径是设计钢包时必须考虑到重要因素，钢包的 H/D 数值影响着钢液搅拌效果、钢渣接触面积、包壁渣线部位热负荷、包衬寿命及热损失等。LF 的熔池一般较深，且要在钢液面以上到钢包口留有一定的自由空间。对于非真空处理的钢包，自由空间一般为 $500 \sim 600mm$，真空处理的钢包一般为 $800 \sim 1200mm$，有的甚至达到 1500mm 或更高。

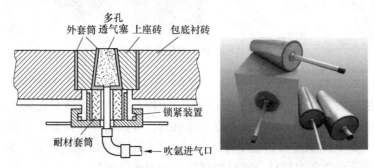

图 8-30　包底吹氩透气砖示意图和实物图

钢包车是用来运送钢包的，主要由电机经减速器、联轴器带动车轮传递扭矩。其中 2 个是主动轮，另 2 个为从动轮，可实现大范围的速度调节；高速轴处设有制动器，并设有行程开关。钢包车控制系统主要包括运行、停止、限位控制及称量等。

8.3.2.2　电弧加热装置

LF 电弧加热系统与三相电弧加热装置相似，电机支撑和传动结构也相似，主要由炉用变压器、短网、电极升降机构、电极横臂、石墨电极所组成，如图 8-31 所示。由于 LF 钢包精炼无熔化过程，采用埋弧加热方式，加热所需的电功率远低于电弧炉熔化期，且二次电压也较低，因而钢液升温速率可达 $4℃/min$。为防止石墨电极向钢液渗碳，要求电极调节系统的反应性良好、灵敏度高，LF 的电极升降速度一般为 $2 \sim 3m/min$；同时为避免电弧对钢包衬的热辐射，三根石墨电极采用紧凑式布置，如图 8-32 所示。

图 8-31　LF 的电弧加热装置结构图

8.3.2.3　炉盖系统

LF 炉盖用于钢包口密封，以及保持炉内强还原性气氛，防止钢包散热及提高加热效

图 8-32 LF 的电弧布置形式及实物图

率。LF 炉盖为水冷结构,如图 8-33 所示,炉盖内层衬有耐火材料。为了防止钢液喷溅引起的炉盖与钢包的粘连,在炉盖下还吊挂一个防溅挡板。整个水冷炉盖在 4 个点上,用可调节的链钩悬挂在门形吊架上,吊架上有升降机构,可根据需要调整炉盖的位置。有真空脱气系统的 LFV 炉,除上述加热盖以外,还有一个与真空系统相连的真空炉盖。在 LF 炉的 2 种炉盖上都设有合金加料口、渣料加料口及测温或取样口。

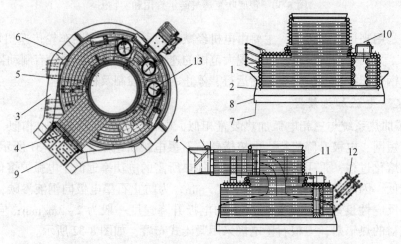

图 8-33 烟气侧吸型炉盖水冷回路结构示意图

1—环形集管;2—吸气空隙;3—滑动集管;4—闸门;5—静压传感器;
6—热电偶;7—底部吸气空隙;8—外环;9—间隔层烟气单吸;
10—添加剂上料斗的管道;11—冷却栅格断面;12—检查口;13—观察孔

8.3.2.4 测温取样系统

LF 一般都配有自动测温取样设施,用于钢包内熔池的测温和取样。自动测温可实现定点测温,这样更具有代表性,可避免人为因素对钢液温度测量产生的波动;同时,使用自动取样系统,可减轻工人的劳动负荷。LF 钢包的斜上方平台固定有测温取样装置。这个固定机构支承有 2 个独立的氧枪,其中一个氧枪用于取样操作,而另一个用于测量温度及氧气活度。氧枪通过炉盖的一个孔引入,其运动通过 2 个独立的马达变速器装置执行。图 8-34 所示为 LF 的自动测温及取样系统示意图。目前,国内部分钢厂已引入智能化机器人测温取样系统,可以实现测温取样及探头剔除自动更换,保证测温及取样数据的准确性、实时性,提升现场作业效率。

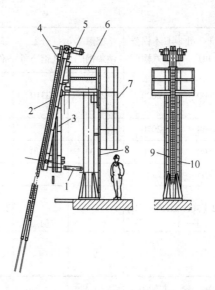

图 8-34 LF 自动测温及取样系统示意图

1—横梁倾翻用气缸；2—氧枪；3—移动横梁；4—氧枪紧固推车；5—齿轮电动机；
6—防护栏；7—防护罩；8—阶梯；9—温度/氧气活度测定氧枪；10—取样氧枪

8.3.2.5 合金和渣料添加系统

LF 炉盖上一般设有合金与渣料孔，合金和渣料可通过储料仓、称量漏斗、运输皮带、导向溜槽、炉盖上的合金及渣料孔，实现加料的定量、自动控制。炉盖上的加料孔最好正对钢包底部的透气砖，以保证精炼时加入的料整好落在由于吹氩搅拌造成钢液面裸露的位置，提高合金等的收得率。对于有真空系统的 LFV 炉，一般在真空盖上设置合金与渣料的加料装置，其结构与加热包盖上的基本相同，只是在各接头处需加上真空密封阀。

典型 LF 炉精炼设备配备情况见表 8-14。

表 8-14 典型 LF 炉精炼设备配置情况

项目		珠钢公司炼钢厂	大同公司涩川厂	日本钢公司八幡厂	德国纳尔钢厂	丹麦轧钢公司	日本铸锻件广畑厂	三菱公司东京厂	宝钢一炼钢
容量	额定值/t	150	30	60	45	110	150	50	300
	实际/t	110~150	18~33	60			100~150	45~50	250~300
电气设备	变压器/MV·A	20	5	6.5	8(18)[1]	15(40)[1]	6	7.5	45
	二次电压/V	240/380	235/85	225/75	143/208	175/289	275/110	250/102	335~535
	额定二次电流/A	38000	14400	28860	23000	30000	17000	17320	13500~59700
	电极直径/mm	406	254	356	300	400	356	305	500
	电极心圆直径/mm	700	600	810	600	700	940	900	1100

项 目		珠钢公司炼钢厂	大同公司涩川厂	日本钢公司八幡厂	德国纳尔钢厂	丹麦轧钢公司	日本铸锻件广畑厂	三菱公司东京厂	宝钢一炼钢
钢包参数	炉壳直径/mm	3756	2400	2600	2550	3310	3900	2924	
	内径/mm		1948	2070			3164	2430	4100
	总高度/mm	5210	2500	3150	2300	3470	4330	3040	
	内高/mm		2195	2740			4000	2770	4249
	熔池深度/mm		1402 (30t)	2340 (60t)			2754(150t)	1348 (45t)	
升温速率/℃·min⁻¹		5			6	4			5

①配用变压器容量分别为 18.40MV·A，实际为 8.15MV·A。

8.3.3 操作流程及工艺参数

LF 的工艺制度与操作因各钢厂及钢种的不同而多种多样。LF 一般工艺流程为：初炼炉（转炉、电弧炉）挡渣（或无渣）出钢→同时预吹氩、加脱氧剂、增碳剂、造渣材料、合金料→钢包进准备位→测温→进加热位→测温、定氧、取样→加热、造渣→加合金调成分→取样、测温、定氧→进等待位→喂线、软吹氩→加保温剂→连铸，冶炼周期约为 45～80min。

8.3.3.1 LF 非真空精炼

LF 非真空精炼过程的主要操作有全程吹氩操作、造渣操作、供电加热操作、脱氧及成分调整（合金化）操作等。工艺操作要点如下。

A 钢包准备

（1）检查透气砖的透气性，清理钢包，保证钢包的安全。

（2）钢包烘烤至 1200℃。

（3）将钢包移至出钢工位，向钢包加入合成渣料。

（4）根据转炉或电弧炉最后一个钢样的结果，确定钢包内加入合金及脱氧剂，以便进行初步合金化并使钢水初步脱氧。

（5）准备挡渣或无渣出钢。

B 钢包准备

（1）根据不同钢种、加入渣料和合金，以及后续处理工艺温降情况，确定出钢温度。需要深脱硫的钢种在出钢过程中可以向出钢钢流中加入合成渣料。

（2）要挡渣出钢，控制下渣量不大于 5kg/t。

（3）当钢水出至 1/3 时，开始吹氩搅拌。一般 50t 以上的钢包的氩气流量可以控制在 200L/min 左右（钢水面裸露 1m 左右），使钢水、合成渣、合金充分混合；当钢水出至 3/4 时，将氩气流量降至 100L/min 左右（钢水面裸露 0.5m 左右），以防过度降温。

C 造渣

在炉外精炼工艺中要特别重视造渣。造精炼渣的目的主要包含以下几个方面：脱硫、脱氧甚至脱氮；吸收钢中的夹杂物，控制夹杂物的形态；形成泡沫渣（或者称为埋弧渣）淹没电弧，提高热效率，减少耐火材料侵蚀。影响熔渣发泡效果的主要因素有熔渣碱度、基础渣成分（CaF_2、MgO、Al_2O_3 等）、发泡剂种类和粒度等。

LF 典型的渣系有以下几个：

(1) 埋弧渣：要达到埋弧的目的，就要有较大厚度的渣层。但是精炼过程中又不允许过大的渣量，因此就要使炉渣发泡，以增加渣层厚度。泡沫渣是气-渣乳化液，当熔渣温度、表面张力及黏度等物性条件适宜，同时在熔渣中存在弥散分布的气泡时，气泡弥散滞留于炉渣中，便形成了泡沫渣。泡沫渣形成取决于以下两个因素：一是具有一定储泡能力的基础渣，二是有弥散的气泡产生。因此，在气泡存在时，合适的熔渣组成、适宜的物性是气-渣能充分乳化熔渣能储泡的关键。

(2) 脱硫渣：脱硫的问题已经解决，日本某厂通过炉外精炼的有关操作已可以将钢中的硫降到 0.0002% 的水平。从热力学角度讲，温度高有利于钢液脱硫反应的进行，且较高的温度可创造更好的动力学条件而加快脱硫。同时，要保证脱硫渣的高碱度，即渣中自由 CaO 含量要高；强还原性，即渣中 $w(FeO+MnO)$ 要充分低，一般小于 0.5% 是十分必要的。另外，要使钢水脱硫，首先必须使钢水充分脱氧 $a_{[O]}$ 不高于 0.0002% ~ 0.0004%（在此条件下，$f_O=1$，$a_{[O]}=w[O]$）。

(3) 脱氧渣：LF 精炼过程一方面要用脱氧剂（铝、钙等）最大限度地降低钢液中的溶解氧，同时进一步减少渣中不稳定氧化物（FeO+MnO）的含量；另一方面，要采取措施使脱氧产物上浮去除。譬如说，用强脱氧元素铝脱氧，当钢中的酸溶铝达到 0.03% ~ 0.05% 时，钢液脱氧完全，此时钢中的溶解氧几乎都转变为 Al_2O_3，此时钢液脱氧的实质就是钢中氧化物去除问题。生产低氧钢的主要工艺措施有：尽可能脱除渣中（FeO）、（MnO），使顶渣保持良好的还原性；使渣碱度控制在较高程度，防止渣中 SiO_2 还原；采用 CaO-Al_2O_3 合成渣系，并将炉渣成分调整到易于去除 Al_2O_3 夹杂物的范围；合适的搅拌制度。

D LF 的成分和温度微调

LF 在加热工位和真空工位（具备真空处理工位的 LFV）都具备合金化的功能，使得钢水中的 C、Mn、Si、S、Cr、Al、Ti、N 等元素的含量都能得到控制和微调，且易氧化元素的收得率也较高。LF 控制钢中元素的含量范围见表 8-15。

表 8-15 LF 控制钢中元素含量范围（质量分数） （%）

C	Mn	Si	S	Cr	Al	Ti	N
±0.01	±0.02	±0.02	±0.004	±0.01	±0.02	±0.025	±0.0050

LF 的加热工位可使钢水温度得到有效控制，温度范围可控制在 ±2.5℃ 内。LF 加热期间应注意的问题是采用低电压、大电流操作。由于造渣已经为埋弧操作做好了准备，此时就可以进行埋弧加热。在加热的初期，炉渣并未熔化好，加热速度应该慢一些，可采取低功率供电；熔化后，电极逐渐插入渣中，由于泡沫渣的形成，可以用较大的功率供电，加

热速度可以达到 $3\sim4℃/min$。对于系统的炉外精炼操作来说，LF 的加热结束温度要根据后续工艺的喷粉、搅拌、合金化、真空处理、喂线等冶炼操作来确定。

E　搅拌

LF 精炼期间搅拌的目的是，均匀钢水成分和温度，加快传热和传质；强化钢渣反应；加快夹杂物的去除。均匀成分和温度不需要很大的搅拌功能和吹氩流量，但是对脱硫反应，应使用较大的搅拌功率，将炉渣卷入钢水中以形成瞬间反应，加大钢渣接触界面，加快脱硫反应速度。对于脱氧反应，多采用弱搅拌——将搅拌功率控制在 $30\sim50W/t$ 之间。

在 LF 的加热阶段不能使用大的搅拌功率，因为功率过大会引起电弧的不稳定，一般将搅拌功率控制在 $30\sim50W/t$。加热结束后，从脱硫角度出发应当使用大的搅拌功率。对深脱硫工艺，搅拌功率应当控制在 $300\sim500W/t$。脱硫过程完成之后，应当采用弱搅拌，使夹杂物逐渐去除。

加热后的搅拌过程会引起钢液温降。不同容量的炉子、加入的合金料量不同、炉子的烘烤程度不同，温降会不同。总之，炉子越大，温度降低的速度越慢，60t 以上的炉子在 30min 以上精炼中，温降速度不会超过 $0.6℃/min$。

F　LF 精炼结束及喂线处理

当脱硫、脱氧操作完成之后，精炼结束之前要进行合金成分微调，尽量争取将成分控制在狭窄的范围内。通过 LF 精炼能够得到 $w[S]<0.002\%$，$w(T[O])<0.0015\%$ 的效果。成分微调结束之后搅拌约 $3\sim5min$，加入终铝，有一些钢种接着要进行喂线处理。喂线可能包括喂入合金线以调整成分，喂入铝线以调整终铝量，喂入硅钙包芯线对夹杂物进行变性处理。对于需要进行真空处理的钢种，合金成分微调应该在真空状态下进行，喂线应该在真空处理后进行。

8.3.3.2　LFV 工艺操作

初炼钢水进入钢包除渣后，可根据脱硫的要求造新渣，如果钢种无脱硫要求，可以造中性渣，如果需要脱硫则造碱性渣。当钢水温度符合要求时，进行抽气真空处理，在真空下按规格下限加入合金，并使 [Si] 保持在 $0.10\%\sim0.15\%$，以保持适当的沸腾强度，真空处理约 1min。然后根据分析，按钢种规格中限加入少量合金调整成分，并向熔池加铝沉淀脱氧。如果初炼钢液温度低，则需先进行电弧加热，达到规定温度后才可进入真空工位，进行真空精炼。真空处理时将发生碳脱氧，炉内出现激烈的沸腾，虽然有利于去气、脱氧，但将使温度降低 $30\sim40℃$。所以要在非真空下电弧加热、埋弧精炼。把温度加热到浇注温度，对高要求的钢可再次真空处理，并对成分进行微调。在整个加热和真空精炼过程中都应进行包底吹氩搅拌。

LFV 几种典型工艺流程如图 8-35 所示。

(1) 基本工艺：一般合金钢都可以用这种工艺生产。该工艺是将转炉或电炉氧化末期的钢水倒入 LF 钢包炉中，并扒除大部分氧化渣（偏心炉底电炉钢无渣出钢），加还原渣料及脱氧剂，在真空脱气的同时进行还原精炼，精炼时间约 40min。

(2) 低硫钢生产工艺：该工艺通过多次加渣料精炼，多次除渣而达到降低硫含量的目的，可使钢中硫含量降至 0.005% 以下。

(3) 高合金工具钢（包括高速钢）生产工艺：为了提高合金元素的回收率，电弧炉

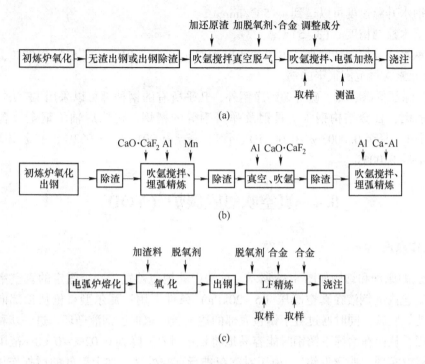

图 8-35 LFV 的几种典型生产工艺

（a）基本工艺；（b）低硫钢生产工艺；（c）高合金工具钢（高速钢）工艺；（d）真空吹氧脱碳工艺

出钢时的氧化渣一般不扒掉，而在 LF 炉内脱氧转变为还原渣，即采用单渣法冶炼。

（4）真空吹氧脱碳工艺：此法通常用于低碳高合金钢冶炼，为了回收合金元素，电炉内氧化脱磷后应对炉渣预脱氧后再出钢；转炉钢水出钢后，在 LF 炉内预脱氧后再除渣，以减少元素的烧损。通常在真空度为 3330Pa 开始吹氧脱碳到终点要求，然后再继续抽气进行真空碳脱氧，并加入脱氧剂、合金及渣料，如成分和温度符合要求，即可进行浇注；如温度低，可进行加热后浇注，或加热脱气后再浇注。

8.3.4　LF 钢包精炼的冶金效果

经过 LF 处理生产的钢可以达到很高的质量水平：

（1）脱硫率达 50%～70%，可生产出硫含量不大于 0.01% 的钢。如果处理时间充分，硫含量甚至可达到不高于 0.005% 的水平。

（2）可以生产高纯度钢，钢中夹杂物总量可降低 50%，大颗粒夹杂物几乎全部能去除；钢中含氧量控制可达到 0.002%～0.005% 的水平。

（3）钢水升温速度可以达到 4~5℃/min。

（4）钢水控制精度±（3~5）℃。

（5）钢水成分控制精度高，可以生产出诸如 $w[C]\pm0.01\%$、$w[Si]\pm0.02\%$、$w[Mn]$ $\pm0.02\%$ 等元素含量范围很窄的钢。

因而，除超低碳、氮、硫等超纯净钢外，几乎所有的钢种都可以采用 LF 法精炼，特别适合轴承钢、合金结构钢、工具钢及弹簧钢等的精炼。精炼后轴承钢全氧含量降至 0.001%，[H] 降至 0.0003%~0.0005%，[N] 降至 0.0015%~0.002%，非金属夹杂物总量在 0.004%~0.005%。

8.4 真空吹氧脱碳炉（VOD）

8.4.1 工作原理

VOD 法的原理和结构如图 8-36 所示。该法中的钢包被置于一个固定的真空室（真空罐）内，钢包内的钢液在真空减压（5~20kPa）条件下用拉瓦尔型氧枪从顶部向钢包熔池内吹入纯氧脱碳，同时通过置于钢包底部的透气砖吹氩促进钢液循环，进一步稀释 CO，降低其分压，从而在冶炼不锈钢时能容易地将钢中 [C] 降到 0.02%~0.08% 范围内而几乎不氧化铬，实现"脱碳保铬"。由于对钢液进行真空处理，加上氩气的搅拌作用，反应的热力学和动力学条件十分有利，能获得良好的去气、去夹杂物效果。

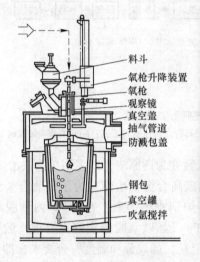

料斗
氧枪升降装置
氧枪
观察镜
真空盖
抽气管道
防溅包盖

钢包
真空罐
吹氩搅拌

图 8-36 VOD 法原理和结构示意图

8.4.2 设备结构特点

VOD 法的主要设备由钢包、真空罐、抽真空系统、吹氧系统、吹氩系统、自动加料系统、测温取样装置和过程检测仪表等部分组成。

8.4.2.1 钢包

VOD 法钢包承担着真空吹氧、脱碳精炼和浇注等功能。与其他炉外精炼方法相比，

VOD 法钢包具有如下特点：

（1）工作温度高，约为 1700℃左右。

（2）精炼过程钢液搅动激烈，包衬砖受化学侵蚀和机械冲刷严重。即使使用高温烧成的耐火材料，其寿命一般也只有 10~30 次。为了适应高温长时间真空精炼的需要，包衬采用高级耐火材料，水口用铬镁质材料，渣线用铬质或高铝砖砌筑，包底设有吹氩用的透气砖，采用滑动水口浇注。

（3）为防止吹氧脱碳过程中钢液产生喷溅从包沿溢出，VOD 钢包的高度与直径比要大一些，一般为 1:1。钢液面以上自由空间较大，为 900~1200mm。

30t VOD 的钢包结构尺寸如图 8-37 所示。

A　吹氩透气塞

通常 VOD 在钢水包包底中心或半径 1/3~1/2 处安装吹氩透气塞，如图 8-38（a）所示。为保证良好的透气性，透气塞由上下两块透气砖组成。透气砖一般采用刚玉质或镁质耐火材料烧制而成，透气方式有弥散式、狭缝式、管式三种。通常采用弥散式，透气能力约为 500L/min（标态）。透气砖寿命为 5~10 次。

B　钢包盖

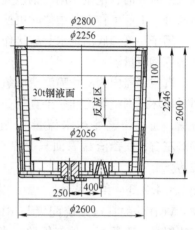

图 8-37　VOD 钢包结构示意图

为减少喷溅和热量损失，VOD 钢包上扣有钢包盖。该盖可以悬挂在真空罐盖上，也可以不挂，炼钢时用吊车吊扣在钢包上。包盖圈坐在钢包沿上不通水冷却，包盖圈由 15mm 厚钢板焊成，圈内拱形砌筑高铝砖，如图 8-38（b）所示。

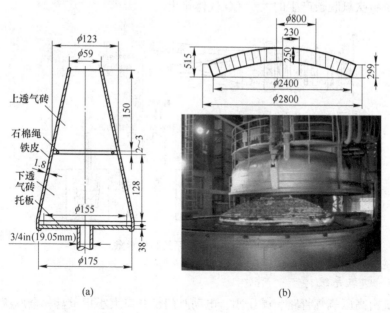

(a)　　　　　　　　　　(b)

图 8-38　透气塞与 30t VOD 钢包盖结构尺寸示意图
（a）透气塞；（b）钢包盖

8.4.2.2 真空罐

真空罐是盛放钢包、获得真空条件的熔炼室。它由罐体、罐盖、水冷密封法兰和罐盖开启机构组成，如图 8-39 所示。真空罐罐体可以坐在地下阱坑内，罐盖做升降旋转运动；罐体也可以坐在台车上做往复运动，罐盖定位做升降运动。

真空罐内设有钢包支架，钢包支架起支撑钢包和钢包入罐时导向、定位作用。钢包支架是易损件，分上下两部分，上部可在设备中修时更换。钢包下方放置防漏盘，用于一旦包底漏钢水起盛接作用，有效容积应能盛下熔炼钢液量。

真空罐盖内为防止喷溅造成氧枪通道阻塞和顶部捣固料损坏，围绕氧枪挂一个直径 3000mm 左右的水冷挡渣盘，通过调整冷却水流量控制吹氧期出水温度在 60℃左右，使挡渣盘表面只凝结薄薄的钢渣，并自动脱落。

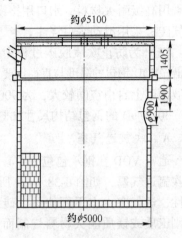

图 8-39   30~60t VOD 真空罐
结构示意图

8.4.2.3 真空系统

VOD 法的真空系统配置与 RH 法相似，主要由蒸汽喷射泵、冷凝器、抽气管路、真空阀门、动力蒸汽、冷却水系统、检测仪表等部分组成，如图 8-40 所示。用于 VOD 的真空泵有末级水环泵+前级蒸汽喷射泵组或多级蒸汽喷射泵组两种。水环泵和蒸汽喷射泵的前级泵（6~4 级）为预抽真空泵，抽粗真空；蒸汽喷射泵的后级泵（3~1 级）为增压泵，抽高真空，极限真空度不超过 20Pa。VOD 法真空泵的特点是排气能力大，主要为了将吹氧脱碳产生的大量 CO 气体排出。

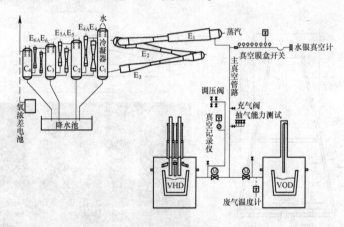

图 8-40   VOD 法真空系统结构示意图

8.4.2.4 吹氧系统

吹氧系统由高压氧气管路、减压阀、电动阀门及开口大小指示盘、金属流量计及流量显示记录仪表、氧枪及氧枪链条升降装置、氧枪冷却水和枪位标尺等组成。氧枪与转炉氧枪类似，有水冷拉瓦尔型氧枪和消耗型氧枪两种。目前，大多数应用水冷拉瓦尔型氧枪，其优点在于可以有效地控制气体成分，增加氧气射流压力；而且在低真空度时（100Pa），拉瓦尔型氧枪可以产生大马赫数的射流，强烈冲击钢水，加速脱碳反应而不会在钢液表面形成氧化膜。水冷拉瓦尔型氧枪下部外套耐火砖，枪头结构尺寸如图 8-41 所示。

氧枪升降由马达链条传动，如 30t VOD 水冷拉瓦尔型氧枪最大行程为 3m，升降速度为 3.4m/min；氧气工作压力为 0.1MPa，最大流量为 25m³/min；冷却水流量为 16m³/h，压力为 0.8MPa；吹氧时枪位 1000~1200mm。开吹时如果碳高则取上限，碳低和吹氧后期取下限。

8.4.2.5 吹氩系统

VOD 法氩气用量少，也可以用瓶氩，经汇流排 3~5 瓶一组减压至 1MPa 送到炉前，工作压力为 0.3MPa，氩气纯度为 99.99%。钢包入罐首先用 1MPa 的压力吹开透气塞，然后改用工作压力经流量计调整流量。

8.4.2.6 加料系统

VOD 设备配置有自动加料系统，由料仓、称量料斗、皮带运输机、回转溜管、上下料钟和 PLC 计算自动控制等部件组成，如图 8-42 所示。

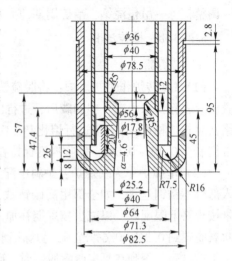

图 8-41 30t VOD 水冷拉瓦尔型
氧枪喷头结构尺寸示意图

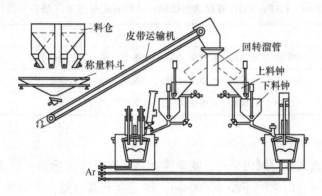

图 8-42 VOD 的自动加料系统流程

8.4.2.7 冶金过程控制仪表

VOD 精炼过程，尤其是吹氧期操作，完全靠各种计量检测仪表的显示数据做指导，吹氧终点靠对各项仪表数值的综合分析确定。主要仪表包括氧气金属浮子流量计、废气温度记录仪、真空计和真空记录仪、微氧分析仪、CO/CO₂ 气体分析仪、质谱仪等。

8.4.3 操作流程及工艺参数

VOD 能为不锈钢的冶炼过程提供十分优越的热力学和动力学条件，是生产低碳不锈钢，特别是超低碳不锈钢的主要方法之一。工艺流程上，常组成"EAF（或转炉）—VOD

（早期工艺）"＂EAF—AOD—VOD"＂电炉-顶底复吹转炉—VOD"等来生产超低碳、氮钢种。下面以"EAF（或转炉）—VOD"为例介绍其生产工艺特点，其他工艺大同小异。其精炼工艺要点：电弧炉初炼出钢→钢包中除渣→真空吹氧降碳→高真空下碳脱氧→还原→调整精炼→吊包浇钢，冶炼周期约为60~80min。

8.4.3.1　操作流程

A　初炼钢水

（1）LD转炉作为初炼炉：将脱硫铁水、废钢和镍（按规格配入）倒入转炉进行一次脱碳，去除铁水中硅、碳和磷后，进行出钢除渣，以防回磷；然后倒回转炉内，加入高碳铬铁（按规格配入），再进行熔化和二次脱碳，终点碳不宜过低，否则铬的烧损严重，通常控制在0.4%~0.6%，停吹温度保持在1770℃以上，将初炼钢水倒入钢包炉内。

（2）电弧炉作为初炼炉：炉料中配入廉价的高碳铬铁，配碳量在1.5%~2.0%（应配入部分不锈钢返料，如全部用高碳铬铁，则钢水熔清后含碳量将高达2.0%以上），含铬量按规格上限配入，以减少精炼期补加低碳铬铁的量，镍也按规格要求配入。在电弧炉内吹氧脱碳到0.3%~0.6%范围，初炼钢水含碳量不能过低，否则将增加铬的氧化损失；但也不能过高，否则在真空吹氧脱碳时，碳氧反应过于剧烈，会引起严重飞溅，使金属收得率低，还会影响作业率。为了减少初炼钢水铬的烧损，在吹氧结束时，对初炼渣进行还原脱氧，回收一部分铬。初炼炉钢水倒入钢包炉后，应将炉渣全部扒掉，因而最好用偏心炉底出钢电弧炉。表8-16为EAF—VOD双联冶炼不锈钢出炼钢水的控制成分范围。

表8-16　EAF—VOD双联法出炼钢水的控制成分范围（质量分数）　（%）

钢种	C	Si	S	P	Cr	Ni	Mo	Cu
CrNiTi型	0.3~0.6	≤0.30	≤规格	≤规格-0.02	规格中限+0.2	规格中限	规格中限	规格中限
CrN型	0.3~0.6	≤0.30	≤规格	≤规格-0.02	规格中限	规格中限	规格中限	规格中限
超低C、N型	0.6~0.8	≤0.25	≤规格	≤规格-0.02	规格中限+0.2			

B　真空吹氧脱碳

钢包接通氩气放入真空罐内坐好，吹氩搅拌，调整流量（标态）到20~30L/min。测温1570~1610℃，测自由空间不小于800mm，然后合上真空盖，开动抽气泵。当炉内压力减小到20kPa，开始下降氧枪进行吹氧脱碳。各真空度阶段对应采用的吹炼参数（氧枪吹氧流量、枪位和底吹氩气流量等）见表8-17。

表8-17　VOD过程中达到不同真空度时相应的吹炼参数

阶段	钢水量/t	枪位/m	真空度		氧压力/MPa	氧流量/m³·min⁻¹	氩流量/L·min⁻¹	时间/min
			开泵/级	压力/kPa				
顶吹	28	1.1~1.2	6~5	≤20	>0.7	6~7	20~30	至E↑
	6	0.9~0.95		15~10	0.6	3.3	5~10	
主吹	28	1.2	6~4	10~4	>0.7	9~10	30	至p≤4
	6	0.9~0.95		10~5	0.6	3.3	5~10	

| 阶段 | 钢水量/t | 枪位/m | 真空度 | | 氧压力 /MPa | 氧流量 /m³·min⁻¹ | 氩流量 /L·min⁻¹ | 时间/min |
			开泵/级	压力/kPa				
缓次	28	1.0~1.1	6~4（3）	≤4	>0.7	7	50~60	至 $E\downarrow$
	6	0.9~0.95		≤5	0.5	2.5	15~20	

随着碳氧反应进行，真空泵逐级开动，可根据炉内碳氧反应情况（观察由 CO 气泡造成的沸腾程度），将真空度调节在 13.33~1.33kPa 范围内。钢中碳含量的变化可根据真空度、抽气量、抽出气体组成的变化等判断，在减压条件下很容易将终点碳降至 0.03% 以下。吹炼终点碳的判断通常是用固体氧浓差电池进行测定。图 8-43 所示为 VOD 过程中氧浓差电极、真空度和废气温度随时间变化曲线。当氧浓差电势降到临界值（电势从高峰值突然跌落）时，说明钢中碳含量已降到临界值，此时钢中碳、氧反应骤然减弱，熔池中有极高的超平衡氧，此时停止吹氧。

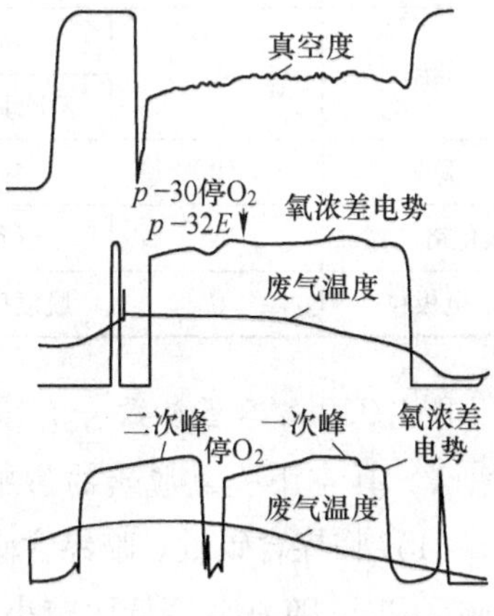

C 真空下碳氧反应（碳脱氧）

图 8-43 VOD 过程中氧浓差电势、真空度和废气温度随时间变化曲线

按照操作程序开真空泵，提高真空度，并将氩气流量调到 50~60L/min，在高真空度下保持 5~10min，进行真空去气。然后加入 Mn-Si 6~10kg/t，Fe-Si 2~3kg/t，Al 约 2kg/t，并加石灰 20kg/t、萤石 5kg/t。如果温度过高，可加入本钢种返回料降温，并加入脱氧剂和石灰等造渣材料，以及添加合金调整成分，然后继续进行真空脱气。各种合金料的加入时间、加入方法和收得率见表 8-18。当钢的化学成分和温度符合要求（1620~1650℃）时，停止吹氩，破真空，提升真空罐，测温，取样，吊包浇铸。通常精炼时间约需 1h 左右。

表 8-18 各种合金料的加入时间、加入方法和收得率

合金料	调整元素	加入时间	加入方法	收得率/%	钢种举例
高碳铬铁	C	脱氧后 5~10min	真空自动加料	97	1Cr18Ni9Ti
	Cr	分析结果报回后	真空自动加料	98~99	1Cr18Ni9Ti
高碳锰铁 中碳锰铁 金属锰	C	脱氧后 5~10min	真空自动加料	97	1Cr18Ni9Ti
	Mn	脱氧后 3~5min	真空自动加料	85~95	1Cr18Ni9Ti
镍板	Ni	停氧后大气下	手工加料	100	1Cr18Ni9Ti
铜板	Cu	停氧后大气下	手工加料	100	17-4PH
钼铁	Mo	停氧后	自动或手工加料	100	00Cr13Ni6MoN
钒铁	V	解除真空前 5min	真空自动加料	90~100	A286Ti
铌铁	Nb	解除真空前 5min	真空自动加料	85~100	00Cr13Ni6MoN

合金料	调整元素	加入时间	加入方法	收得率/%	钢种举例
钛铁	Ti	解除真空前 5min	真空自动加料	55	1Cr18Ni9Ti
		出罐扒部分渣	手工加料	85	1Cr18Ni9Ti
硅铁	Si	脱氧剂	真空自动加料	80~90	1Cr18Ni9Ti
		出罐前	手工加料	95~98	00Cr14Ni14Si4
铝	Al	脱氧剂	真空自动加料	约 13	GH132
		解除真空前 3min	真空自动加料	100	GH132
硼铁	B	出罐前	钢包插入	75~100	17-4PH
氧化铬（锰）	N	解除真空前	自动加料	约 100	—
电极粒	C	脱氧后 5~10min	真空自动加料	95	1Cr18Ni9Ti

8.4.3.2　工艺参数

A　真空下吹氧脱碳的影响因素

(1) 临界含碳量。临界含碳量是指在一定温度下，脱碳速度 v_C 与钢中碳含量无关的高碳区和 v_C 随 $w_{[C]}$ 降低而减小的低碳区之间的交界含碳量。临界含碳量越低，则脱碳越容易进行。临界含碳量的值与钢液中含铬量、冶炼真空度和温度，以及是否吹氩等因素有关。通常冶炼真空度及温度越高，临界含碳量就越低。

(2) 真空度。真空度是影响钢中碳含量的重要因素。真空度越高，钢中碳含量越低。提高开吹真空度，可以改变钢中碳硅氧化次序，使碳优先氧化，从而缩短吹氧脱碳时间；而停吹氧真空度越高，临界碳量越低，因此，真空脱碳时应当把提高真空度放在优先地位。

(3) 其他因素。真空脱碳还与供氧量有关，耗氧量越大，钢中碳含量将降得越低，但要考虑可能会增加铬的烧损；提高钢液温度和限制初炼钢液中的含硅量，同样能降低钢中碳含量；此外，在精炼后期进行造渣脱氧、调整成分等操作，都会使碳含量增加，所以这些操作都应在真空下进行，以防增碳。

B　"脱碳保铬"及铬的控制

VOD 精炼过程中，"脱碳保铬"能力的高低，直接影响到铬的回收率。VOD 法精炼高铬钢液时，铬的回收率波动在 97.5%~100% 之间。如果将初炼炉内铬的损失计算在内，则铬的总回收率在 93%~96% 之间。提高铬回收率的措施主要有以下几方面：

(1) 提高真空度：这是从工艺角度提高铬回收率最有力的手段。

(2) 提高开吹温度：开始吹氧时的钢水温度越高，去碳保铬的效果越好，铬的氧化损失就越少，铬的回收率就越高。

(3) 控制合理的吹氧量和终点碳，减少和防止过吹：当初炼钢液含碳量为 0.3%~0.6% 时，供氧量（标态）控制在 $10m^3/t$ 较为宜。供氧量增加必然会增大铬的烧损；吹氧结束时的终点碳的控制一般不宜低于临界含碳量值过多，否则由于脱碳速度减慢会增加铬的氧化。

(4) 造好精炼还原渣：这是提高铬回收率的另一重要工艺措施。真空脱氧结束后，应及时加入石灰等造渣材料，造碱度大于 2 的精炼炉渣，此时渣中（Cr_2O_3）约为 5%，所以在真空下加粉状强脱氧剂对提高铬的回收率十分必要。

（5）提高初炼炉内铬的回收率：初炼炉内吹氧脱碳后铬的烧损约 2%～4%，如果初炼渣渣量为 3%，则在初炼渣中（Cr_2O_3）含量可达 11%～22%。因此，需在吹氧结束后对初炼渣进行还原，同时碱度控制在 2 以上。另外，应避免初炼炉内吹氧终点碳控制过低，以免增加铬的烧损量。

（6）提高氩气搅拌强度：搅拌越剧烈，渣钢混合越好，传质越快，碳还原渣中铬氧化物的速率就越快，因此铬的回收率就越高。

（7）加入足够的脱氧剂，保证充分的还原时间：以便于碳有足够的时间还原铬氧化物，让更多的铬氧化物被还原，使铬的回收率增高。

综上所述，VOD 法冶炼不锈钢时的关键环节在于：保持高的真空度；精炼开始吹氧温度为 1550～1580℃，精炼后温度控制在 1700～1750℃；有条件时应加大包底供氩量；控制合理的供氧量；初炼钢液的含硅量应限制在较低的水平；减少铬的烧损和精炼后渣中（Cr_2O_3）的含量；在耐火材料允许的条件下，提高初炼钢水的含碳量；精选脱氧剂、造渣材料和铁合金，防止混进碳，并在真空下进行后期造渣、脱氧和调整成分等操作。

8.4.4 VOD 精炼的冶金效果

经 VOD 处理后，钢液中的 [C] 可降低到 0.03% 以下，最低可降到 0.002% 以下；钢液中 T[O] 去除 30%～40%，降到（40～80）×10^{-4}%，成品钢材中约为（30～50）×10^{-4}%；[H] 可去除 65%～75%，可降到 0.0002% 以下；[S] 可脱除 40% 左右，钢中硫含量最低可达 0.001%；[N] 可去除 20%～30%，可降到 0.03% 以下，可以生产超低碳、氮不锈钢。

与电弧炉法相比，成品钢中的锡、铅等微量有害元素的含量大大减少，从而使钢的耐腐蚀性、加工性都有相当程度的提高。由于发挥了真空脱氧作用，减少了脱氧的用铝量，因而可获得抛光性能优良的不锈钢。

8.5 氩氧脱碳炉（AOD）

8.5.1 工作原理

AOD 法的工作原理与 VOD 基本相同，所不同的是，降低 p_{CO} 方法不是通过真空脱气法，而是采用稀释气体的方法。图 8-44 所示为 AOD 法示意图。该方法将氩氧混合气体根据冶炼不同时期对氧的不同需求，以及不同氧氩比的混合气体吹入钢液中，混合气体气泡中的氧在气泡表面与钢中碳反应生产 CO，由于气泡中存在氩气，使得熔池上部的 CO 被稀释而分压降低。根据式（8-6）可知，CO 气体分压降低，有利于脱碳反应正向进行，无需真空条件便可实现"脱碳保铬"。如果氩气充分且分布良好，只要熔池中有足够的氧，脱碳反应就不会停止，使铬的回收率大大提高。

$$Cr_2O_3 + 3[C] \longrightarrow 2[Cr] + 3CO(g) \tag{8-6}$$

几种改进型 AOD 的工作原理和技术特点：

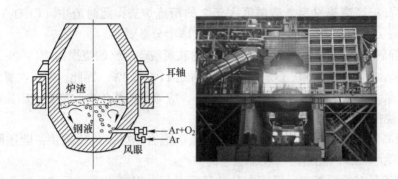

图 8-44　AOD 法和设备示意图

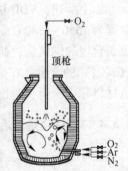

图 8-45　顶底复吹 AOD 法示意图

（1）顶底复吹 AOD 法：为了强化脱碳，缩短冶炼周期，降低氩气消耗，便于 AOD 采用高碳钢水，甚至经脱磷的高炉铁水以及由矿热炉生产的液态铬铁进行精炼，出现了带顶吹氧枪的 AOD 炉，称顶底复吹 AOD 法，如图 8-45 所示。其原理和特点是，在[C]≥0.5%的脱碳初期底部风枪送入一定比例的氧氩混合气体，从顶部氧枪吹入一定速度的氧气，进行软吹和硬吹，使熔池中的 CO 发生二次燃烧，约 75%~90% 释放的热量被传输到熔池，使钢液的升温速度由通常的 12.7℃/min 提高到 19℃/min，显著提高熔池的脱碳速率（由 0.055%/min 增加到 0.087%/min），缩短吹炼时间，从而降低初炼钢水的出钢温度，同时允许炉料中配入更多的碳及提高废钢和高碳铬铁合金的使用量，降低不锈钢生产成本。

（2）AOD-VCR（AOD-Vacuum Converter Refiner）法：该法是把稀释气体脱碳法和真空脱碳法组合起来的方法，于 1993 年由日本大同特殊钢研发，其原理如图 8-46 所示。精炼过程分为两个阶段：第一阶段为 AOD 精炼阶段，此时钢液中［C］较高，供氧为限制性环节，在大气压下通过底部风口向熔池吹 O_2-Ar（或 N_2）混合气体进行钢液脱碳；第二阶段为 VCR 阶段，当钢中［C］≤0.1%时，碳传质为限制性环节，顶部停止吹氧，盖上真空罩，从 AOD 炉底部风口往熔池中大量吹入惰性气体 Ar（或 N_2），在真空作用下依靠溶解氧和渣中化合氧进一步脱碳。此方法适于生产超低碳、超低氮钢，铬的氧化损失少，氩气使用量也减少。

（3）CLU（Creusot-Loire Uddeholms）法：1972 年由法国克鲁斯奥特-罗伊勒（Creusot-Loire）公司与瑞典乌迪赫尔姆（Uddeholms）公司合作开发（见图 8-47）。CLU 法原理基本与 AOD 法类似，不同的是，为了减少 CO 气体分压未采用昂贵的氩气而代之以廉价的水蒸气。精炼过程中，水蒸气在接触钢水后分解成氢和氧，稀释气泡中 CO 浓度，并降低 p_{CO}，促进钢中碳氧反应；而且，因水蒸气分解时吸收大量的热，在吹炼时无需再采取其他制冷措施，就可以使钢水温度保持在 1700℃ 以下，这对提高炉衬寿命十分有利。最后，在精炼末期吹氩去氢，氩消耗量仅为传统 AOD 法的 1/10。

8.5.2　设备结构特点

　　AOD 炉的设备主要由炉体、托圈及倾动机构、供配气系统、合金加料系统、除尘系统等组成。此外，由于吹氧吹炼时间短，且没有辅助加热，因此必须配备快速的光谱成分分析和连续测温系统（转炉副枪系统）等。

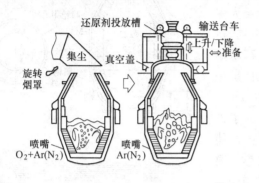

图 8-46 AOD-VCR 法示意图

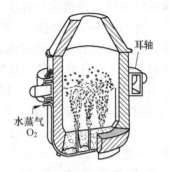

图 8-47 CLU 法示意图

8.5.2.1 AOD 炉体

AOD 炉的外形与转炉相似，如图 8-48 所示。炉体结构由炉身和炉帽三部分组成。炉体尺寸是按照熔池深度：熔池直径：炉身高度＝1：2：3 设计。

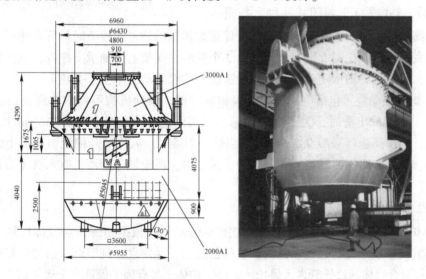

图 8-48 太钢 180t AOD 炉的结构尺寸

AOD 炉炉身为圆柱体，炉体下部设计成具有 20°～25°倾角的圆锥体，目的是使喷入的气体能离开炉壁上升，避免侵蚀风口上部的炉壁。炉底的侧部有侧吹风口（也称风眼或风嘴），18t AOD 侧吹风口喷枪的安装位置如图 8-49（a）所示。喷枪采用双层套管形式，如图 8-49（b）所示，内管为紫铜管，通氧气或氧气与氩气、氮气的混合气体；外层套管为不锈钢管，通入冷却气体氮气或氩气；停吹时，混气包与配气包连通，氩、氮、氧气全部停供，压缩空气由内外枪同时吹入炉内，以防枪口堵塞。当装料或出钢时，炉体前倾以保证风口露在钢液面上，而当正常吹炼时，风口却能埋入熔池深部。AOD 法的喷枪数量一般为 2 支或 3～5 支，随炉容递增，如太钢 180t AOD 炉使用了 9 支喷枪，分布在120°范围内。炉帽一般呈对称圆锥形，除了防止喷溅以外，还可作为装料和出钢的漏斗。

AOD 的炉衬内层用镁砖或镁铬砖砌成，厚度为 300~400mm，炉帽部位用耐火混凝土浇灌成，且用螺栓连接在炉体上。外层为保温层，一般用 115mm 厚的耐火黏土砖砌筑；近年来，在欧洲与日本，采用镁白云石质耐火材料的工厂正在日益增多。因为 AOD 炉炉衬寿命不高（一般 40~60 炉，较好的 150~200 炉，耐材单耗达 10~20kg/t 钢），为了连续生产，一般采用活炉座，三个炉体更换使用，其中一座生产，另一座干燥和预热，第三座拆除和砌筑炉衬。换炉时间约 45min 到 1h。

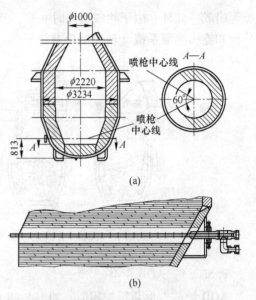

图 8-49　喷枪安装位置及气体喷枪结构
（a）喷枪安装位置；（b）气体喷枪

8.5.2.2　托圈及倾动机构

托圈及倾动机构与转炉基本相同，炉体安放在可旋转的托圈内。托圈的结构形式主要有 U 形开口式或 O 形封闭式两种。托圈的水平面应高于炉体内的钢液液面，这样可保证炉体倾动装置出故障时仍可自转返回直立位置，以免发生事故。托圈上带有耳轴，由 2 个安装在支架上的轴承支撑着，驱动侧的轴承为固定式，另一侧的轴承则可随着托圈的膨胀和收缩滑动，不至于受热卡死。

AOD 炉的倾动装置包括电机、减速机和联轴器。倾动机构可使炉体变速向前或往后旋转 108°。出钢或出渣时，为了摇炉平稳，采用低速（大约 0.25~0.32r/min）；空炉摇动或复位，采用高速（一般 0.5r/min）。当炉子前倾时，风枪离开钢液面处于上方，可以进行取样、扒渣、出钢测温等操作；当炉子垂直时，风枪埋入钢液，吹入气体进行脱碳和精炼操作。

8.5.2.3　供配气系统

AOD 炉配有气体控制系统，其结构如图 8-50 所示。根据精炼所需气体比例，通过流量计、调节阀等系统控制氩气、氮气和氧气的流量，并使之得到混合。通过计算机动态控制系统，将混合气体通过导管送入风枪。此外，炉体还备有为了保证安全运转的连锁装置和为了节省氩气的气体转换装置，使得在非吹炼的空隙时间内自动转换为压缩空气或氮气。

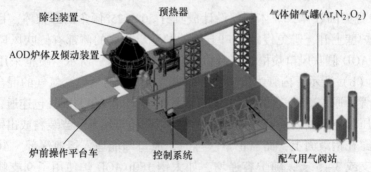

图 8-50　AOD 的供配气系统

8.5.2.4　合金加料系统

为了准确控制合金元素含量和造渣，AOD 需设置一套加料系统，根据冶炼钢种一般设置 16~22 个高位料仓。主要储存造渣料（石灰、白云石、CaF_2）、冷却废钢、铁合金（FeSi、FeCr-HC、Ni、FeNi、FeMn-HC、FeMn-LC、FeMo 等）。为了准确配料，每个料仓下部均安装电磁式振动给料机，通过皮带机将物料送至炉旁料斗；同时，系统还配置了卸错料系统。

8.5.2.5　除尘系统

烟气净化系统包括汽化冷却系统和除尘系统。

（1）汽化冷却系统：AOD 在吹炼过程中产生大量的高温烟气，但由于不锈钢冶炼的特殊性，其入炉熔体含碳量较低，一般为 1.7%~2.0%，产生的煤气量少，回收价值不高，因而一般均是采用燃烧法。即烟气中所含的 CO 要求在汽化冷却烟道内完全燃烧，对煤气不进行回收。所以，AOD 汽化冷却装置的主要作用是降低烟气温度，回收高温烟气中的余热，为 AOD 烟气除尘创造条件。

（2）除尘系统：AOD 一次除尘系统多采用燃烧法、干式布袋除尘，避免了湿法除尘水中带有 Cr（Ⅵ）污染环境的缺点。为了有效地控制 AOD 作业过程中产生的大量烟尘，采用一次除尘、门形罩、屋顶罩加料系统除尘相结合的排烟方式，实现 AOD 冶炼全过程的烟尘控制。其中，一次除尘捕集 AOD 冶炼过程中从炉内排出的烟尘；门形罩捕集加料、冶炼和出钢过程中从 AOD 炉口外逸的二次烟尘；屋顶罩捕集在兑铁初期和结束时瞬间产生的大量烟气。AOD 内排烟的高温含尘烟气经强力风冷器降温后，与门形罩、屋顶罩和加料除尘系统排出的烟气混合，并经混风冷却至 120℃ 以下进入布袋除尘器过滤、收尘，通过风机、消声器、烟囱排入大气。净化后气体中粉尘的排放浓度≤35mg/m³。

8.5.3　操作流程及工艺参数

常见的不锈钢生产工艺流程主要两种：两步法多采用"电弧炉+AOD"双联工艺，三步法主要为"电弧炉+AOD+VOD"工艺，后者还可以使用脱磷铁水、铬铁水。目前国外新建不锈钢冶炼车间多采用两步法，而我国新建不锈钢厂多采用三步法，即电弧炉→AOD→VOD。

8.5.3.1　AOD 法的工艺操作

AOD 法的工艺操作过程为：装料→吹炼→测温取样→再吹炼→测温、取样→还原→取样→脱硫→终点调整→出钢。根据精炼的主要任务不同，AOD 精炼可分为脱碳氧化期、还原期、脱硫期、成分和温度调整期四个阶段。

A　脱碳氧化期

初炼钢水倒入氩氧精炼炉后，根据初炼钢水的成分和温度，可补加部分合金，并加一些冷却废钢，加石灰造渣，然后吹入氩氧混合气体开始精炼。18t AOD 入炉钢水条件：$w[C]=0.5\%\sim2.0\%$，$w[Si]<0.5\%\sim0.3\%$。

整个脱碳氧化期内都必须吹入含氧气的混合气体，吹氧精炼期也称为吹炼期。根据钢液中碳、硅、锰等元素的含量及钢液量，计算氧化这些元素所需的氧量和各阶段的吹氧时间；根据不同阶段钢液中的碳、铬含量和温度，用不同比例的氧氩混合气体吹入 AOD 炉内进行脱碳精炼。大致可分为 3~4 个脱碳阶段，根据钢液中含碳量的变化，不断改变氧氩比。

第 I 阶段：按 $O_2 : Ar = 3 : 1$ 的比例供气，吹炼时间一般为 24~30min，测温取样分析。采用较高的氧氩比有利于迅速升温，搅拌钢液，增加脱碳速度，使钢水中 [C] 达到 0.2%~0.3%，此时钢液温度达到 1680~1700℃。

第 II 阶段：按 $O_2 : Ar = 2 : 1$ 或 $1 : 1$ 供气，吹炼时间约为 10min，测温取样分析。进入第 II 阶段前，如有必要，可以加入合金或冷却废钢以降低钢水温度，减轻对炉衬的侵蚀。此阶段可将钢水中 [C] 脱至 0.04%~0.06% 或 0.06%~0.08%，此时约为 1740℃左右。

第 III 阶段：按 $O_2 : Ar = 1 : 2$ 或 $1 : 3$ 比例供气，吹炼时间约为 15min，测温取样分析。可将钢水中 [C] 脱至 0.03% 以下，直到降到目标含量。随着氧氩比的降低，钢液中 p_{CO} 降低，从而有利于"脱碳保铬"反应的进行。

最后，用纯氩吹炼几分钟，使溶解在钢液中的氧继续脱碳。

B   还原精炼、脱硫和调整期

在脱碳氧化期吹炼完毕后，约 2% 的铬被氧化进入炉渣中，为了还原这部分铬和稀释吹炼后十分黏稠的富铬渣，需要对钢水进行还原精炼。此时要求钢水温度在 1700℃ 左右，并加入 Fe-Si、Ca-Si 作还原剂，加入石灰及少量萤石以确保炉渣具有一定碱度（$R>1.3$）和较好的流动性，并用纯氩气进行强烈搅拌，以充分还原渣中的铬氧化物，从而使铬的回收率大于 98%，锰的回收率为 90%；并利用钢水中溶解的氧进一步脱碳。根据钢水量不同，还原精炼期约 3~8min。

$$(Cr_3O_4) + 2[Si] \longrightarrow 3[Cr] + 2(SiO_2) \tag{8-7}$$

根据钢种对硫的要求及钢水具体含硫情况，决定是否需要一个独立的脱硫期。如果需要，则扒除 85% 以上的炉渣。加入 CaO 和少量 CaF_2 造新渣，加入 Fe-Si 和 Al 粉，吹氩搅拌。由于有碱性还原渣（$R>2$）、高温和强搅拌的条件，极易把硫脱到 0.01% 的水平。脱硫要求一般且钢中硫不高时，可采用单渣法；当要求 $w[S] < 0.005\%$ 或钢中硫较高时，可采用双渣法。

脱硫后，测温取样，并添加 Fe-Ti 等，温度控制在 1580~1620℃。如果需要进行调整成分，则可补加少量的合金料。当钢水成分、温度达到要求时，即可摇炉出钢。出钢时要采用钢渣混出的方法，目的是进一步还原渣中的铬及脱硫，可提高铬的回收率及去除一部分的硫。

AOD 法工艺操作简要流程及说明见表 8-19。一般的电弧炉+AOD 炉基本冶炼工艺过程的成分和温度的变化如图 8-51 所示。整个 AOD 正常冶炼周期在 60~90min。气体消耗视原料情况及终点碳水平而不同。一般氩气（标态）消耗为 12~23m³/t，氧气（标态）消耗为 15~25m³/t。Fe-Si 合金用量为 8~20kg/t，石灰 40~80kg/t，冷却料为钢液的 3%~10%。

8.5.3.2   工艺参数

A   钢液温度

开吹温度：AOD 精炼的主要目的是"脱碳保铬"，而脱碳保铬的效果主要取决于开吹

表 8-19　AOD 法工艺操作流程及说明

电炉内熔化 并初还原	装入 AOD 炉内	吹炼 第Ⅰ期	吹炼 第Ⅱ期	吹炼 第Ⅲ期	还原、 脱硫期	调整成分 出钢
配料： C：1.0%~1.5% Si：0.5% Cr、Ni 进入规格中限 P：≤规格允许值-0.005% 温度控制： ≥1550~1630℃ 粉状脱氧剂： 硅铬粉、硅钙粉、硅铁粉及少量铝粉	(1) 取样全分析； (2) 除渣； (3) 加石灰造渣； (4) 测温	通入氩氧混合气体； O_2：Ar = 3：1 脱碳到 0.2%~0.3%； 温度； 1680℃左右	通入氩氧混合气体； O_2：Ar = 2：1 或 1：1 继续脱碳； 加渣料； 测温	通入氩氧混合气体； Ar：O_2 = 2：1 Ar：O_2 = 3：1 脱碳到规格要求	(1) 吹入氩气清洗钢液； (2) 加脱氧剂 Fe-Si 和 Al 粉； (3) 加渣料 CaO、CaF_2 等脱硫，必要时另造新渣； (4) 测温	(1) 吹入氩气； (2) 加 Fe-Ti； (3) 调整成分、温度； (4) 成分、温度达到要求，摇炉出钢

温度和 p_{CO} 分压。因此，控制氩氧混合气体吹入时的起始温度是十分重要的。开吹温度应根据钢液中的 [Cr]/[C] 比值确定。当熔清碳在 1% 时，通常开吹温度要大于 1550℃，否则铬的回收率就低。如果初炼钢液温度达不到要求，可在吹氩氧前向钢液中加硅或铝，燃烧升温后再进行吹炼，当钢液中含铬高、含碳低时，开吹温度就要适当提高。

冶炼过程温度控制：熔池温度是脱碳保铬的关键。AOD 吹炼前期（第Ⅰ阶段），温度应适当控制高些，因为 AOD 炉没有外来热源。如果温度较低，将给还原操作造成很大的困难，尤其是如果采用扒渣加钛铁的操作容易出低温钢；但温度也不宜过高，否则对耐火材料的侵蚀严重，降低设备寿命。同样，必须设法控制吹炼中后期（第Ⅱ、Ⅲ阶段）及终点温度，避免钢液最高温度超过 1730℃。目前国内大多数钢厂已将最高温度控制在 1690℃ 左右。当钢液温度过高时，生产中常采用降低氧氩比和加入冷却剂来控制。

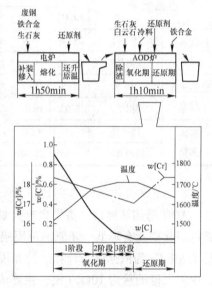

图 8-51　电弧炉-AOD 双联法的操作曲线（SUS304）

B　吹炼时间

吹炼时间对钢液纯净度（钢液、渣中成分是否达到要求或稳定）、成分控制、炉壳耐材的侵蚀影响至关重要。在生产中，可以先根据初炼钢液的化学成分和每个吹炼阶段末的含碳量，计算出每阶段需要吹入的氧量，再根据供氧速度及氩氧比例，计算出每阶段的吹炼时间。但一般情况下，吹炼时间通过经验确定。

C　吹炼强度

AOD 炉的吹炼强度对脱碳速度、脱硫率、铬收得率及炉衬寿命有直接的影响。早期设计的 AOD 炉的供气速度较低，一般为 $0.5 \sim 0.9 m^3/(t \cdot min)$；日本住友金属和歌山厂 1976 年投产的 90t AOD 炉，其最大供气强度达到了 $1.8 m^3/(t \cdot min)$，每炉冶炼时间为 95min，炉衬寿命达到 184 炉，为当时的最高纪录。

D 造渣制度

在 AOD 炉吹炼过程中必须加入碱性渣料石灰，降低渣中 SiO_2 的活度可以提高铬的回收率，一般炉渣 $R = 1.5$ 左右较为理想。碱度太低容易侵蚀炉衬，碱度过高则使炉渣黏稠而减慢铬的还原。

因此，渣料加入的时机把握非常重要。通常在兑入初炼钢液前，先在 AOD 炉内加入占料重 0.7%~0.8% 的石灰；在吹炼第 I 阶段结束时，根据钢液温度及炉渣碱度再补加部分石灰，起到造渣及冷却的作用；然后在停吹后随还原剂一同加入料重 3%~4% 的石灰。还原后根据情况决定是否扒渣造新渣，以总渣量控制在料重的 5%~6% 为宜。整个冶炼过程中炉渣成分的变化见表 8-20。

表 8-20 AOD 精炼过程不同阶段的炉渣成分

冶炼过程		炉渣成分/%								CaO/SiO_2
		Cr_2O_3	Al_2O_3	SiO_2	CaO	MgO	FeO	MnO	TiO_2	
脱碳精炼结束	国 外	25~40	5~9	16~24	7~20	8~15	6~10	10~20		3~1.5
	国内某厂	29.50	14.70	19.96	13.88	6.90	6.11	7.08		0.7
还原精炼结束	国 外	1~3	7~9	30~40	15~48	6~18	1~6	1~6		5~1.2
	国内某厂	7.93	19.54	26.36	24.50	10.77	2.44	4.09		0.9
脱硫加钛	国 外	<1	9~10	16~25	52~59	5~9	<1	<1		2.2~3.6
	国内某厂	1.94	25.96	18.60	39.39	15.98	1.33	0.24	1.28	2.9

E 还原操作及还原剂的用量

AOD 精炼结束后，渣中含有大量的氧化铬，应加足够数量的还原剂进行还原，否则铬的回收率就会降低。还原剂可用铝或硅，国外一般用硅铁，加入量是以假定脱碳期氧化掉 2.5% Cr 为依据进行计算。譬如说，如果要把氧化掉的 2.5% Cr 全部还原出来，理论上应加入硅的量为 10kg/t 钢，换算成含硅 75% 的硅铁为 13.5kg/t，而硅铁的实际加入量通常为 15~20kg/t。此外，AOD 炉在还原期会吹入纯氩进行还原。CO 分压的下降及氩气搅拌作用，可以使钢液中的碳氧反应继续，在还原剂的作用下，渣中的铬有一半以上可以被还原到钢中。

8.5.4 AOD 精炼的冶金效果

8.5.4.1 AOD 精炼的冶金效果

脱碳：AOD 精炼后，钢液中的 [C] 可降低至 0.015% 以下，最低可达 0.002% 以下；

脱硫：AOD 炉对脱硫十分有效。由于加入石灰、硅铁可造高碱度炉渣，又有强烈的氩气搅拌，因此可以深度脱硫，其脱硫能力超过电炉白渣法冶炼。[S] 可降至 0.005%，甚至可低于 0.001%，这是电炉难以达到的。

脱氢：AOD 法虽然没有真空脱气过程，但是吹入氩气搅拌，也有一定的脱氢效果，[H] 约 0.0001%~0.0004%，比电炉钢低 25%~65%。

脱氮：[N] 比电炉钢低 30%~60%。

脱氧：由于 AOD 炉氩气的激烈搅拌，可使钢中的氧化物分离上浮，T[O] 比电炉钢低 10%~30%。基本上比电炉-DH 真空处理还低 $10 \times 10^{-4}\%$ 左右。

去夹杂物：由于钢中氧化物夹杂易于分离上浮，纯净度提高，不仅夹杂物含量少，而且几乎不存在太颗粒夹杂。夹杂物主要由硅酸盐组成，其颗粒细小，分布均匀。

8.5.4.2 AOD 与 VOD 的对比

从两种方法的使用情况看，AOD 法的应用更为普遍。这是因为，AOD 法虽然在非真空下冶炼，但操作自由，能直接观察，造渣及取样方便，原料适应性强，生产成本低，生产效率高，设备投资比 VOD 法低，且易于实现自动控制。

但与 VOD 法相比，AOD 也存在一些不足之处。首先 AOD 法的氩气消耗量大，其成本约占 AOD 法生产不锈钢成本的 20%以上，通常冶炼普通不锈钢氩气消耗量达 11~12m³/t，冶炼超低碳不锈钢时约为 18~23m³/t；由于使用大量氩气和硅铁合金，AOD 的操作成本更高；由于气体强烈的搅拌作用、各期操作温度的变化及侧吹工艺等原因，对 AOD 炉衬耐火材料的熔损较严重，明显降低了 AOD 炉的寿命，一般只有几十炉，国内太钢 180t AOD 炉龄的最好水平也仅 150~200 炉；此外，AOD 法没有通用性，只能用于冶炼不锈钢，而 VOD 法作为脱气装置具有通用性，对钢种的适应更广泛。特别是在冶炼抗点腐蚀及应力腐蚀的超纯铁素体不锈钢时，VOD 法显示出其独特的优越性，能炼出 $w([C]+[N])<0.02\%$ 的超低氮不锈钢。两种方法的比较见表 8-21。

表 8-21 AOD 法和 VOD 法的比较

项 目	AOD 法	VOD 法
钢水条件	$w[C]=0.5\%~2.0\%$；$w[Si]\approx0.5\%$	$w[C]=0.3\%~0.5\%$；$w[Si]\approx0.3\%$
成分控制	大气下操作，控制方便	真空下只能间接控制
温度控制	可以改变吹入混合气体比例及加冷却剂，温度容易控制	真空下控制较困难
脱 氧	$w[O]=0.004\%~0.008\%$	$w[O]=0.004\%~0.008\%$
脱 硫	$w[S]=0.01\%~0.005\%$	$w[S]\approx0.01\%$
脱 气	$w[H]\leqslant5\times10^{-4}\%$；$w[N]<0.03\%$	$w[H]\leqslant2\times10^{-4}\%$；$w[N]<0.01\%~0.015\%$
铬总回收率	96%~98%	比 AOD 法低 3%~4%
操作费用	要用昂贵的氩气和大量的硅铁	氩气用量小于 AOD 法的 1/10
设备费用	AOD 法比 VOD 法便宜一半	
生产率	AOD 法大约是 VOD 法的 1.5 倍	
适应性	原则上是不锈钢专用，也可用于镍基合金	不锈钢精炼及其他钢的真空脱气处理

思 考 题

8-1 炉外精炼的目的、任务及功能有哪些？

8-2 炉外精炼设备通常可分为哪几类，发展趋势是什么？

8-3 RH 法的基本设备包括哪些部分，主要工艺参数有哪些，其冶金功能与冶金效果如何？

8-4 简述钢包精炼炉（LF）的工作原理、主要设备、技术特点及冶金效果。

8-5 在 AOD 操作工艺中，一般分几个阶段把氧与不同比例的氩混合吹入炉中，每个阶段的氧氩比、冶炼任务、[C] 及温度的控制范围是多少？

8-6 试述不锈钢炉外精炼方法的种类，AOD 与 VOD 炉的各自特点，解释"降碳保铬"的含义，并说明如何在精炼过程中实现。

8-7 简述 RH、LF、VOD 和 AOD 设备分别有哪些改进，其目的是什么？

8-8 试比较 RH 炉、LF 炉、VOD 炉和 AOD 炉在工作原理上的异同。

9 连续铸钢机

9.1 连续铸钢机发展历程及新技术

9.1.1 连续铸钢机发展历程

连续铸造是金属材料的高效制备技术，这个概念由英国人 Bessemer 于 1856 年提出，并于 1930 年在铜、铝等有色金属的生产方面开始应用。目前，全球钢铁行业的连铸比已达到 96% 以上，有色金属也有 90% 的连铸率。我国自 20 世纪 60 年代开始研制和应用连铸生产线，最早有上海电缆研究所研制的上引连铸生产线，用于生产铜及铜合金、带铸坯。20 世纪以来连铸技术处于一个发展较快的阶段。例如我国钢铁行业 20 世纪 90 年代初的连铸比仅为 30%，2000 年仅为 85.73%，到 2010 年增加到 98.12%，2015 年已达到 99.61%，远远超出了世界连铸比。

连铸技术的发展已经持续了 170 多年，今天它已成为生产上将金属凝固成型的主流技术。具有工业生产意义的 3 种连铸技术方法如下：

（1）固定结晶器（immobile mold）。固定结晶器可以与注入液体金属的容器相连（密封浇铸），也可在自由弯液面下浇铸（敞开浇铸）。经常与间断拉坯相结合以减轻摩擦的影响（因为润滑被取消或润滑低效），如水平连铸（钢）和立式连铸（有色金属）等。

（2）振动结晶器（oscillating mold）。在自由弯液面下结晶器做上下振动，可以在低的摩擦力下实行连续拉坯，同时连续加入润滑剂。如现在大量使用的常规连续铸钢机，包括薄板坯连铸机等。就生产率和质量而言，它是最成熟可靠的技术方式。支持技术包括结晶器振动、液面控制、浸入式水口/保护渣浇铸、结晶器内腔锥度、板坯机在线变宽、辊列设计、凝固控制和末端轻压下等。

（3）随动结晶器（traveling mold）。由轮/辊或轮/带形成结晶器型腔（多数为自由弯液面浇铸），实际上因为没有摩擦，故不用加润滑剂（但为了防止坯壳黏结可以添加防黏剂）。如薄板坯、薄带、小断面坯和钢丝（棒）等的高速连铸等。表面振痕也不复存在。

对于铝、铜和钢来说，它们之间的明显区别在于：（1）由于热/物理性质不同而造成浇铸速度即生产率的巨大差异；（2）对铜和铝可以采用摩擦力较大的固定式结晶器技术；（3）对要求高生产率的钢，可以采用振动、随动结晶器技术。

在钢铁厂生产各类钢铁产品过程中，使钢水凝固成型的方法有两种：传统的模铸法和连续铸钢法。20 世纪 50 年代在欧美国家出现的连铸技术是一项把钢水直接浇注成形的先进技术，即连续铸钢（continuous steel casting）。这种把液态钢水经连铸机直接铸造成成型钢铁制品的工艺相比于传统的先铸造再轧制工艺大大缩短了生产时间，提高了工作效率，具有大幅提高金属收得率和铸坯质量、节约能源等显著优势。到了 80 年代，连铸技术作为主导技术逐步完善，并在世界主要产钢国得到大幅应用；到了 90 年代初，世界各主要产钢国已经实现了 90% 以上的连铸比。

　　世界连续铸钢的发展可概括为 20 世纪 40 年代的试验探索，50 年代开始步入工业化，60 年代弧形铸机的出现引发一场革命，70 年代两次能源危机推动大发展，80 年代技术日趋成熟和 90 年代以来面临高生产率、高速浇铸、高质量产品、节能环保、改善劳动者工作条件、过程和质量控制技术和近终形连铸（薄板坯、薄带连铸等）等的不断挑战和创新并取得显著成就的 6 个阶段。现在所有连铸工艺都是基于常规的凝固机制，即凝固一经开始，就是通过坯壳向结晶器或在二冷区向周围气氛传热来消除潜热、过热来进行的。

　　尽管今天连铸技术已经相当成熟，但以振动结晶器为标志的常规连铸法存在的三大问题，即表面振痕、凝固组织和传热机制，依然是有待克服的技术障碍。常规连铸凝固传热机制中至今仍存在有待进一步研发的问题。例如：（1）在炼钢温度下，钢水中或凝固时二次枝晶间液体中的二次相析出，将影响浇铸性能和钢的质量；（2）结晶器中钢的凝固，将影响钢的表面质量和凝固组织的形成；（3）结晶器保护渣的结晶化，将影响连铸结晶器中总的传热效率。为了解决上述障碍和问题，近几十年来新的技术、新的理念和新的方法层出不穷。凭借这些，连续铸钢技术取得一次次突破和飞跃。连铸技术发展中的关键突破包括：（1）结晶器振动的引入；（2）弧形铸机的出现；（3）采用浸入式水口保护渣浇铸；（4）近终形连铸/连续铸轧的发展；（5）直接连铸钢带登上舞台。

　　我国连铸技术发展中的一些标志性亮点如下：（1）1956 年，重工业部钢铁综合试验研究所从苏联新图拉引进一台半连续试验机，曾经过试浇工字型坯并轧成轻轨做铺轨运行等试验研究工作。这套设备后转给首钢，后者曾做过浇铸中空圆坯的试验。（2）1957 年，上钢钢研所中心试验室在吴大珂主持下设计并建成一台立式工业试验性铸机，浇铸 75mm×180mm 小方坯。（3）1958 年，徐宝升在重钢三厂主持建成一台双流立式生产性铸机，浇铸 175mm×250mm 矩形坯。（4）1960 年，徐宝升在北京钢铁研究总院试验厂建成一台弧形试验性铸机，浇铸 200mm×200mm 方坯。（5）1964 年 6 月 24 日，重钢三厂投产一台弧形方板坯兼用机，浇铸 180mm×（1200~1500）mm 板坯或 3 流 180mm×250mm 大方坯。（6）1965 年，吴大珂主持设计在上钢三厂建成一台双流矩型坯弧形连铸机，浇铸断面为 145mm×270mm。（7）1967 年，重钢公司又投产一台半径 10m 的大型方板坯兼用机，浇铸断面（250~300）mm×（1500~2100）mm 板坯或 3 流 300mm×300mm 大方坯或 4 流 250mm×250mm 大方坯。（8）20 世纪 70 年代初，冶金工业部和机械工业部联合组织技术攻关，在上钢一厂应用浸入水口保护渣技术解决板坯纵裂获突破性进展。（9）1978—1979 年，武钢引进 3 台单流板坯机，1985 年实现全连铸。该厂总结实际生产经验提出的"以连铸为中心、炼钢为基础、设备为保证"的生产组织方针，曾对推动国内连铸生产发展起到积极的指导作用。（10）20 世纪 80 年代掀起一波连铸装备和技术引进大潮，包括德马克 R5.25m 小方坯机、康卡斯特 8 流小方坯铸机、奥钢联不锈钢板坯机、克虏伯特钢方坯铸机和日本大型板坯机等。（11）1993 年，冶金工业部提出，到 20 世纪末，中国连铸比达到 70%~80% 的目标（1992 年连铸比为 32%）。（12）20 世纪 90 年代，立足国内的设计、制造和引进并举，在连铸引进方面重点转向近终形连铸，如 CSP、FTSC 生产线和 H 型坯连铸机等。（13）2000 年，中国钢产量 1.12 亿吨，连铸比 87.3%，超出冶金部 1993 年提出的连铸比达到 70%~80% 的目标。（14）进入 21 世纪以来，铸机以国产化为主，引进技术瞄准规格大型化（大圆坯、特厚特宽板坯）。产量增长的同时，质量品种规格进一步发展，国产相关技术配套和科技开发实力增强，涌现出一批很有生机的科技企业，展现了中国连铸装备技术水平。(15) 2014 年，中国钢产量高达 8.3 亿吨时，连铸比就已经接近 99%。

不仅世界连铸比已达到 93%（曾被认为是连铸比的极限值），而且已经达到高生产率、高质量、能浇铸各种不同的钢种，而且浇铸断面尺寸范围大而灵活（包括各种近终形），能接受钢水温度、成分、夹杂物含量和种类的显著变化的技艺相当成熟。此外，还能把轧钢和炼钢设备直接连接起来，实现在线连续化长时间的运转。特别是许多过程环节已做到智能数字化控制。

9.1.2 连铸新技术发展现状

在实际的工业生产中连铸新技术、新设备开发追求的是提高连铸坯质量，降低连铸生产成本。连铸新技术主要方向如下。

(1) 近终型固态成型技术。薄带连铸生产工艺技术是近终型连铸技术的主要产品之一，是一种能够节省投资、降低生产成本、减少能源消耗保护环境的一项新技术。2007 年上海宝山钢铁公司建设了一条较大规模的双辊薄带连铸生产线，并经实验证明其生产的 AISI304 不锈钢有较高的塑性和强度，有较好的力学性能。双辊带铸轧技术被誉为 21 世纪冶金工业最具革命性的技术，也是一种近终型连铸工艺。其技术核心为侧封系统，主要有机械侧封、电磁侧封、气体侧封和组合式侧封 4 种形式。

(2) 电磁冶金技术。电磁冶金技术起源于 20 世纪 70 年代，包括电磁制动技术和电磁搅拌技术，在连铸领域中应用的最为活跃。随着电磁制动技术的不断成熟，在薄板坯结晶器采用电磁制动技术方面取得了一定的成果。北京科技大学魏军等人开发出利用电磁制动技术原理的 CSP 结晶器，具有良好的内部质量，可以明显提高薄板坯洁净度水平。类似于电磁搅拌技术，燕山大学周超等人开发出了一种新型的回字形结晶器，用以降低铸坯液穴深度，并达到了电磁搅拌的冶金效果，降低了铸造机基础建设费用，减少了铸造成本。

(3) 消除内部缺陷的技术方法。连铸过程中，如何减少铸件中出现的缺陷，实现铸件的高质量凝固一直是连铸技术发展的核心。其中衍生出一系列的新技术。1) 压下技术包括在板坯连铸过程中的轻压下技术以及大压下技术。轻压下技术又包括静态轻压下技术和动态轻压下技术，用以消除中心疏松和中心偏析；大压下技术是一种主要针对厚板坯的技术，可以完全取代模铸坯生产。2) 连铸中间包是设置在钢包与结晶器之间的冶金反应器，是一种可以促进非金属夹杂物去除的重要冶金手段。3) TRIZ 理论辅助研究。用于辅助分析 CSP 薄板坯连铸机结晶器的研究，并进一步解决连铸板坯的纵裂问题，取得了较好的效果。

(4) 结晶器监控系统。连铸结晶器摩擦力可以定量反映结晶器与铸坯之间的润滑情况及连铸生产状况，是优化和开发连铸新工艺时需在线监测的重要参数。而近几年发展的检测方法有基于傅里叶变换得来的小波理论，这是一种有效的信号分析方法，可以较好地监测结晶器的润滑情况。除此之外还有振动加速法、测力计法、电阻应变片法、振动电机电流法和功率法等。

9.2 连续铸钢工艺优势

连铸技术的迅速发展是当代钢铁工业发展一个非常引人注目的动向，连铸之所以发展迅速，主要是它与传统的钢锭模浇铸相比具有较大的技术经济优越性，主要表现在以下几个方面。

（1）简化生产工序。由于连铸可以省去初轧开坯工序，不仅节约了均热炉加热的能耗，而且也缩短了从钢水到成坯的周期时间。近年来连铸的主要发展趋势之一是浇铸接近成品断面尺寸的铸坯，这将更会简化轧钢的工序。

（2）提高金属的收得率。采用钢锭模浇铸，从钢水到成坯的收得率大约是84%~88%，而连铸约为95%~96%，因此采用连铸工艺可节约金属7%~12%，将会获得可观的经济效益。

（3）节约能量消耗。据有关资料介绍，生产1t连铸坯比模铸开坯可节省627~1046kJ，相当于21.4~35.7kg标准煤，再加上提高成材率所节约的能耗大于100kg标准煤，按我国能耗水平测算，每吨连铸坯综合节能约为130kg标准煤。

（4）改善劳动条件，易于实现自动化。连铸的机械化和自动化程度比较高，连铸过程已实现计算机自动控制，使操作工人从笨重的体力劳动中解放出来。近年来，随着科学技术的发展，自动化水平的提高，电子计算机也用于连铸生产的控制，除浇钢开浇操作外，全部都由计算机控制。

（5）铸坯质量好。由于连铸冷却速度快，连续拉坯，浇铸条件可控、稳定，因此铸坯内部组织均匀、致密、偏析少，性能也稳定。用连铸坯轧成的板材，横向性能优于模铸，深冲性能也好，其他性能指标也优于模铸。近年来采用连铸已能生产表面无缺陷的铸坯，直接热送轧成钢材。

9.3 连铸机类型及特点

连续铸钢技术的工艺流程如下：首先将处于液态的钢水不断地通过连铸机的水冷结晶器，然后钢水会逐渐凝结成硬壳，从水冷结晶器中出来，但其仍处于高温状态，需要喷水冷却，这样才能够保证其全部凝固，最后就可以使用切割装置来将其切割成定尺铸坯，连续不断地重复这个过程。

在使用连铸钢技术进行钢铁生产的过程中需要用到多种设备，可以将这些设备分成两类：一类是主体设备，其中包括钢包旋转台、结晶器及其振动装置、拉坯矫直设备、切割设备、中间罐及其运载小车、二次冷却支导装置等；另一类是辅助设备，主要包括出坯及精整设备、自动控制和测量仪表以及公益性设备等。

9.3.1 连续铸钢机分类

连铸机有很多类型，可以按铸坯运行轨迹、断面形状、铸机高度及结晶器是否移动等方式进行分类。具体分类方法如下。

（1）按连铸机外形结构分类：立式连铸机、弧形连铸机、立弯式连铸机、水平式连铸机、椭圆形连铸机等。

各种连铸机机型如图 9-1 所示。

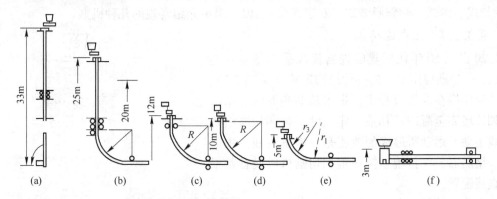

图 9-1　连铸机机型示意图（外形结构）

（a）立式；（b）立弯式；（c）直结晶器弧形；（d）弧形；（e）椭圆形；（f）水平式

（2）按浇铸坯断面大小和形状分类。

1）板坯连铸机。宽厚比大于 3 的矩形铸坯为板坯。

2）方坯连铸机。宽厚比等于 1 的正方形铸坯为方坯。又分为大方坯（大于 200×200mm）及小方坯（小于 160×160mm）。

3）圆坯连铸机。

4）异形坯连铸机。

5）薄板坯连铸机。

（3）按浇铸坯承受的钢水静压头分类。

1）高头连铸机（$H/D>50$）；

2）标准头连铸机（$H/D=40\sim50$）；

3）低头连铸机（$H/D=20\sim40$）；

4）超低头连铸机（$H/D<20$）。

（4）按连铸机组数和流数进行分类。

1）机组数。凡是具有独立的传动和工作系统，当其他机出事故时仍可独立进行正常工作的一组设备，称为一个机组（一机）。一台连铸机可由一机或多机组成。

2）流数。凡是不经切割而连续浇注一根长的铸坯，称为一流。每台连铸机所能同时浇注的铸坯总根数，称为连铸机的流数。

一台连铸机只有 1 个机组，浇注 1 根铸坯，称为一机一流；浇注 2 根铸坯，称这为一机二流；一台连铸机有 6 个机组，浇注 6 根铸坯，称为六机六流连铸机。

（5）按连铸机功能分类。可分为方/板坯复合式连铸机、方/圆坯复合式连铸机。

（6）按浇注的钢种分类。可分为特殊钢连铸机、不锈钢连铸机等。

9.3.2　各类连续连铸机特点

20 世纪 50 年代连铸工业化开始时，连铸机的机型主要为立式、立弯式，60 年代出现弧形连铸机。目前使用最广泛的机型为弧形连铸机。弧形连铸机又分为纯弧形、直弧形，

458

其中有单点矫直、多点矫直以及直结晶器多点弯曲、多点矫直弧形连铸机。另外，弧形连铸机中还包括一部分超低头水（椭圆形）铸机。此外，还有水平连铸机及非常规的机型（轮带式、槽式、倾斜履带式、双辊式等）。以下简单介绍常规的几种机型。

9.3.2.1　立式连铸机

20 世纪 50 年代所建的连铸机几乎都是立式连铸机，是早期应用最广的一种结构形式（见图 9-2）。立式连铸机在浇注过程中，钢水从结晶器内开始凝固到铸坯完全凝固后切成一定尺寸，铸坯始终沿垂直线运动，运动所形成的轨迹是一根垂直线，中间罐、结晶器、夹持辊、拉坯辊和切割机等设备都沿垂直线配置。

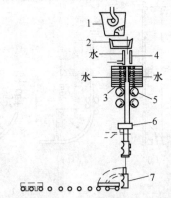

图 9-2　立式连铸机示意图
1—钢包；2—中间包；3—导辊；4—结晶器；
5—拉辊；6—切割装置；7—移出装置（翻钢斗）

立式连铸机具有如下特点：

（1）连铸机主要设备布置在垂直中心线上，从钢水浇铸到铸坯切成定尺，整个工序是在垂直位置完成的，占地面积小。

（2）钢水在直立的结晶器和二冷区逐渐凝固，铸坯不需弯曲、矫直，有利于钢水中非金属夹杂物上浮和在铸坯中均匀分布，坯壳冷却比较均匀，这对浇铸优质钢和合金钢是有利的；尤其适用于裂纹敏感性高的钢种。

（3）铸坯切成定尺后，由升降机或运输机运到地面。设备高度大（总高度在 20～50m），尤其当提高拉速、加大铸坯断面和加长定尺时，设备总高度会进一步增加，投资建设费用大，设备维护困难。

（4）铸坯因钢水静压头大，板坯的鼓肚变形突出。

立式连铸机布置方式有高架式、地坑式、半高架式、半地坑式。适合浇铸的钢种是优质钢、合金钢和裂纹敏感钢种。

9.3.2.2　立弯式连铸机

20 世纪 60 年代初出现了一种从立式向弧型连铸机过渡的机型，称为立弯式板坯连铸机，是由于人们希望生产定尺较长的板坯（如 12m 定尺）而产生的。其上半部与立式连铸机相同，在垂直方上进行浇注和冷却凝固，铸坯完全凝固后，使铸坯由垂直方向高水平方向弯曲，然后在水平向上对铸坯进行切断。这种连铸机以结晶器开始凝固到完全凝固后进入弯曲段，然后从水平方向出坯，铸坯的运动轨迹成直弯形。中间包、结晶器、夹持辊、引锭杆和引锭杆存放装置沿垂直线布置，拉矫机、切割机和出坯设备沿水平线布置。这种机型的高度主要取决于液相入穴深度和弯曲段的弯曲半径。其主要优点是，除了保留立式铸机的优点外，还可降低铸机高度，铸坯尺寸不受限制，运输也较方便。这种立弯式连铸机的设备高度虽然可比立式连铸机的设备高度降低一些，但减少设备费用的效果并不明显。立弯式连铸机适合浇铸小断面铸坯（<100mm×100mm）。当浇注大断面铸坯时，其液相穴很长，铸坯的弯曲半径也大，铸机高度降低很有限。另外，顶弯设备也很庞大。

9.3.2.3　全弧型连铸机

全弧型板坯连铸机又称单点矫直弧型连铸机，其铸坯的运动轨迹是一条弧线。结晶器和二冷区夹辊安装在一个圆的 1/4 弧度上（见图 9-3），铸坯在结晶器内形成弧形，拉出后沿着弧形轨道运动，接受喷水冷却，直至完全凝固。全凝固后的铸坯在垂直中心线水平切点位置被矫直，从水平方向出坯，切割成定尺，拉矫机、切割机和出坯系统是布置在水平线上。这种铸机的设备高度主要取决于铸坯的凝固段的长度和弧形段曲率半径的大小。由于这种机型的设备高度不超出其

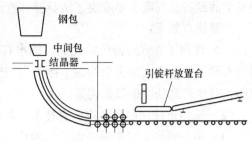

图 9-3 全弧型连铸机示意图

圆弧半径，因此，极大地降低了连铸机设备的总高度。

主要优点如下：

（1）由于它置在 1/4 圆弧范围内，因此它的高度比立式、立弯式低，设备重量较轻，投资费用较低，设备安装和维护方便，因而应用广泛。

（2）由于设备高度低，在凝固过程中的钢水静压力相对较小，可减少因鼓肚变形而产生的内裂和偏析，有利于提高拉速和改善铸坯质量。

主要缺点如下：

（1）钢在凝固过程中，非金属夹杂物有向内聚集的倾向，易造成铸坯靠内弧侧约 1/4 处夹杂物聚集的缺陷。

（2）弧形连铸机的铸坯经过弯曲矫直，易产生裂纹。为防止产生内裂，要求铸坯在矫直前完全凝固，限制了拉速的提高，影响生产能力。

（3）为了进一步提高拉速，增大浇注断面，提高铸机生产能力，必须增大铸机长度，使未凝固的铸坯延伸到水平段。

9.3.2.4 多点矫直弧型连铸机

多点矫直弧形连铸机是把圆弧部分的曲率半径依次分段改变（见图 9-4），采用多对小直径辊的多点矫直，减少铸坯的变形应力，把全凝固矫直改为带液心矫直，使未凝固的铸坯延伸到水平段凝固。采用多点矫直技术，将总的应变分到每一矫直点的应变中去，使铸坯固液界面变形率降低。这样铸坯可以带液心矫直，而不产生内部裂纹，有利于提高拉速。

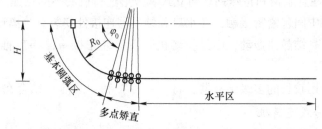

图 9-4 多点矫直弧型连铸机示意图

9.3.2.5 带直线段的弧形连铸机

只采用直结晶器，结晶器和结晶器以下一段距离是直的，有 2~3m 的直线段夹辊，带有液心的铸坯经直线段后被连续弯曲成弧形，然后通过拉矫机把弧形铸坯矫直、运出。这

种机型的设备总高度主要取决于结晶器和直线段长度、液心长度和曲率半径大小。

主要优点如下：

（1）保留了立式连铸机的优点，钢水在直结晶器及其下部的直线段凝固过程中停留时，有利于钢液中大型夹杂物的上浮和均匀分布，避免了铸坯内弧侧 1/4 处夹杂物富集的缺陷，对生产高洁净钢效果明显。

（2）采用连续弯曲和多点矫直技术，防止在两相区产生裂纹。

（3）由于铸坯采用带液心渐近弯曲成弧形，因而设备高度较低、建设费用较低。

主要缺点：这种铸机多一个弯曲过程，对于裂纹敏感钢种增加了在外弧侧产生裂纹的可能性。

直结晶器弧形连铸机是集立式和弧形铸机优点的新型铸机，目前越来越多钢厂的板坯铸机采用这种机型，因为它能更好地满足对铸坯质量要求，提高生产效益。

9.3.2.6　多半径椭圆形连铸机

多半径椭圆形连铸机也称超低头连铸机，该机型通过依次改变圆弧部分的曲率半径，使结晶器和二冷段夹辊布置在 1/4 椭圆形圆弧上，其铸流轨迹是由椭圆的 1/4 及其水平切线组成，故也称椭圆形铸机。由于其几何特征，可使基本圆弧半径 R 选取得较小，矫直点取得较多，过渡圆弧半径取得较大，达到降低连铸机高度和钢水静压力的目的。

其主要优点如下：

（1）基本半径 R 可在 $3 \sim 8m$ 之间选取，较弧形连铸机高度降低，投资节省，设备制造维修简化，适宜在老厂房内布置。

（2）钢水静压力小，铸坯鼓肚的可能性小，中心裂纹及中间裂纹等缺陷得到改善。

主要缺点：进入结晶器钢水中的夹杂物几乎无上浮机会，铸坯的夹杂物缺陷严重。因此这种机型在对铸坯质量要求日益严格的形势下，已无发展前景。

9.3.2.7　水平连铸机

中间包、结晶器、二冷段和拉坯机、切割设备布置在同一水平位置上。设备高度更低，投资省，适用于老车间改造。水平连铸采用全封闭浇注，铸坯质量好，凝固过程无弯曲和矫直，适合浇注合金钢和特殊钢。与立式和弧形连铸机的不同点如下：

（1）结晶器和中间包紧密接触，在水口和结晶器连接处安装有分离环。

（2）拉坯时不是结晶器振动，而是拉坯机带着铸坯作拉→停→反推→停不同组合的周期运动。

（3）结晶器采用较长的多级结晶器，将"一冷"和"二冷"结合在一起。

9.3.2.8　旋转式连铸机

旋转式连铸机也称旋转离心连铸机，用于浇注圆坯。其结晶器、二冷段导辊和浇注过程中都与铸坯一起绕垂直中心线旋转，铸坯在旋转中下行。旋转式连铸机设备较复杂，投资费用大，维护困难。

旋转产生的离心力使坯壳与结晶器表面紧密接触，从而形成均匀致密的结晶组织和光滑的表面，获得无缺陷铸坯。

9.3.3 连铸机型号与规格

9.3.3.1 连铸机规格

弧形连铸机是连铸生产中使用最多的一种机型，是机械自动化程度高、连续性很强的一种流水作业式生产设备。

弧形连铸机规格的表示方法为：

$$aRb-C$$

其中 a——组成 1 台连铸机的机数；

R——机型为弧形或椭圆形连铸机；

b——连铸机的圆弧半径，m；也可表示椭圆形连铸机多个半径的乘积，也标志可浇铸坯的最大厚度，坯厚 $= b/(30 \sim 36)$ mm；

C——铸机拉坯辊辊身长度，mm，还标志可容纳铸坯的最大宽度：坯宽 $= C - (150 \sim 200)$ mm。

如：2R10-2300 表示 2 机弧形连铸机，圆弧半径 10m，拉坯辊辊身长度 2300mm，浇注板坯的最大宽度 2100 ~ 2150mm。

R3×4×6×12-350 表示 1 机椭圆形连铸机，四段弧半径为 3m、4m、6m 和 12m，拉辊辊身长度 350mm。

9.3.3.2 连铸机流数

一定容量的钢包允许的最大浇注时间是一定的，一定断面铸坯的工作拉速也是确定的，为了使一个钢包的钢水能在规定的时间内浇完，往往需要一台连铸机同时浇注几根（流）铸坯。

当一台连铸机只浇注一种断面时，其流数 N 的计算式如下：

$$N = G/(tFv\rho) \tag{9-1}$$

式中 G——钢包容量，t；

t——钢包浇注时间，min，一般钢包允许最大浇注时间由炼钢炉与连铸的工艺配合而定；

F——铸坯断面面积，m^2；

v——该流铸坯的工作拉速，m/min；

ρ——铸坯密度，镇静钢取 $7.6 \sim 7.8 t/m^3$。

若是一台连铸机浇多种断面时，应分别计算流数，取计算结果中的最大流数为连铸机的流数。

每台连铸机的流数确定后，还要确定每台连铸机的机组数目。

一般以一流配一机的多机多流连铸生产方式较好，也可以板坯以 2 流，方坯以 2 ~ 4 流为一个机组。一机多流设备轻，有利于发挥设备的生产能力，要求高水平操作，否则其中一流出事故有可能造成整个该机组停产。多机多流的可靠性较好，但设备较庞大。

目前，小方坯连铸机最多可浇 12 流，大多数为 4 ~ 6 流；大方坯连铸机最多浇 8 流，多数为 2 ~ 4 流；大板坯连铸机最多 2 ~ 4 流，多数用 1 ~ 2 流。

9.3.3.3 冶金长度

从本质上讲，根据最大拉速计算出来的液相深度就等于冶金长度，但是在设计时，不仅要考虑连铸机可能达到的最大拉速和最大的铸坯厚度，而且还要考虑到在投产后连铸技术的发展，应有进一步提高拉速的可能性，因此，往往连铸机的冶金长度（机身长度）大于铸坯的液相深度。

铸坯在连铸机内是边运动边凝固，在铸坯内形成了很长的液相穴。液相深度（即液心长度）是指从结晶器液面到铸坯全部凝固点的长度。它是确定弧形连铸机弧形半径和二次冷却区长度的一个重要工艺参数。就具体连铸机而言，液相深度随拉速的变化而变化。

根据凝固定律可得液相深度计算式：

$$L_1 = tv = (D/2K)^2 v = D^2 v/(4K^2) \tag{9-2}$$

式中　L_1——液相深度，m；

　　　t——铸坯完全凝固所需时间，min；

　　　v——拉坯速度，m/min；

　　　D——铸坯厚度，mm；

　　　K——综合凝固系数，$mm/min^{1/2}$。

可见，液相深度与拉坯速度成正比，与冷却强度成反比。

连铸机冶金长度 L 计算式

$$L \geqslant (D^2 v_{max})/(4K^2) \tag{9-3}$$

一般来说，在不带液心矫直的条件下，连铸机的冶金长度是指结晶器钢液面至拉矫机第一对拉矫辊中心的长度。在带液芯矫直的条件下，则是指结晶器钢液面至拉矫机最后一对拉矫辊中心的长度。

9.3.3.4　弧形半径

弧形半径是指连铸机铸坯外弧的曲率半径。它既影响铸坯质量，也影响连铸机的总高度和设备质量，还是标志能浇注最大铸坯厚度的一个重要参数。弧形半径的确定有以下几种方法。

A　按矫直时铸坯允许的表面伸长率计算

弧形铸坯在矫直时，外弧受到压缩变形，内弧受到拉伸变形，假定铸坯中心线不变形，断面仍为平面。设铸坯外弧半径为 R，铸坯厚度为 D。

在对铸坯矫直时，当内弧表面伸长变形率超过铸坯表面允许的伸长率时，在铸坯内弧表面尤其是脚部会出现横裂纹。因此，矫直时铸坯内弧表面的伸长率 ε 必须小于铸坯表面允许的伸长率 $[\varepsilon]$，即可得到弧形半径如下：

$$R \geqslant (0.5D)/[\varepsilon] \tag{9-4}$$

式中，铸坯表面允许的伸长率 $[\varepsilon]$ 主要取决于钢种、铸坯温度及对铸坯表面质量的要求等。根据经验，碳素钢和低合金钢可取 $[\varepsilon] = 1.5\% \sim 2.0\%$。

B　按矫直前铸坯完全凝固计算

对于采用普通拉矫机的连铸机和浇注某些要求特别严格的钢种（如易产生内裂纹的钢）的连铸机，由于铸坯必须在进入拉矫机前完全凝固，因此，从结晶器钢液面至第一对拉矫辊中心线之间的弧线段长度 L_B，必须等于或稍大于铸坯的液芯长度 L_1（例如 $L_B \geqslant 1.8 L_1$）。

$$R \geq (L_1 - h_1)57.3/\alpha \qquad (9\text{-}5)$$

式中　R——铸坯中心曲率半径，m；

　　　α——第一对拉矫辊中心线与连铸机圆弧中心水平线的夹角，(°)；

　　　h_1——结晶器内钢液面至圆弧中心水平线的距离，m。

当用弧形结晶器时，$h_1 = L_m/2 - 0.1$（L_m 为结晶器长度），当连铸机用直结晶器和采用液芯拉矫、压缩浇注等新工艺，计算前述弧形段总长度时，还应把连铸机圆弧中心到二冷区直线段末端的直线段长度 h_2 和拉矫区所包含的长度 L_0 计算在内，即

$$R \geq (L_1 - h_1 - h_2 - L_0)57.3/\alpha \qquad (9\text{-}6)$$

C　按经验式确定

连铸机圆弧半径还可按式（9-7）初步估算：

$$R = KD \qquad (9\text{-}7)$$

式中，K 为系数，一般取 35~45；中小型铸坯取 35~40，大型板坯取 40~45，碳素钢取下限值，特殊钢取上限值。

连铸机圆弧半径的最后确定，通常根据以上几方面的结果，同时考虑已投产连铸机的经验，综合考虑后选择确定。

一般板坯连铸机的圆弧半径在 6~12m 之间，小方坯连铸机的圆弧半径在 4~6m 之间，大方坯连铸机的圆弧半径由于铸坯厚度不同而变化较大，大致在 8~16m 之间。

9.3.4　连铸机选型的依据

通常根据生产的钢种、铸坯断面规格、产品质量要求选择机型。铸坯断面尺寸是确定连铸机的依据，由于成材的需要，铸坯断面形状和尺寸也不相同，确定铸坯断面和尺寸的依据如下：

（1）根据轧材需要的压缩比确定。一般钢材需要的最小压缩比为 3。为提高性能，压缩比要大些，如碳素钢和低合金钢一般压缩比为 6，不锈钢和耐热钢等钢种最小压缩比为 8，高速钢和工具钢等钢种最小压缩比为 10。

（2）根据炼钢炉容量和铸机生产能力及轧机规格确定。如供高速线材，小方坯断面为（100mm×100m）~（140mm×140mm）；供 1700 热连轧机的板坯断面为（200~250）mm×（700~1600）mm。

（3）连铸工艺的要求。若采用浸入式水口浇注，铸坯的最小断面尺寸为方坯 150mm×150mm 以上，板坯厚度在 120mm 以上。

9.3.5　连铸生产过程主要技术经济指标及计算

连铸工厂连铸生产过程的各项技术经济指标的统计及计算方法如下。

（1）连铸坯产量。连铸坯产量指在一定时间内（一般以月、季、年统计）生产的合格坯量。计算方法为：

连铸坯产量 = 生产铸坯总量 - 检验废品量 - 轧制过程中属于炼钢或连铸原因造成的废品量。

（2）连铸比。连铸比指连铸坯合格产量占总钢产量的百分比。计算方法为：

　　　　　连铸比 = （连铸合格坯产量/总合格钢产量）×100%

总钢产量指全厂或全公司的钢产量。

(3) 连铸机达产率。连铸机达产率指在某一时间内（一般以年统计），连铸机实际产量占该台连铸机设计产量的百分比。该指标反映连铸机设备的发挥水平。计算方法为：

连铸机达产率＝(连铸合格坯产量/连铸机设计产量)×100%

(4) 连铸坯合格率。连铸坯合格率指连铸合格坯量占连铸坯总检验量的百分比，又称为质量指标（一般以月、年统计）。计算方法为：

连铸坯合格率＝(连铸合格坯产量/连铸坯总检验量)×100%

连铸坯总检验量＝连铸合格坯产量＋检验废品量＋用户或轧后退废量

连铸坯切头、切尾、中间包更换接头与中间包内残钢的厚度在 300mm 以下的余钢不计算废品。

(5) 连铸机溢漏率。连铸机溢漏率指在某一时间内连铸机发生溢漏钢事故的流数占该段时间内浇铸总炉数乘以该连铸机拥有流数之积的百分比。该指标反映连铸机的设备、操作、工艺及管理水平。计算方法为：

连铸机溢漏率＝[溢漏钢流数之和/(浇铸总炉数×连铸机拥有流数)]×100%

(6) 连铸坯收得率。连铸坯收得率指连铸合格坯产量占连铸浇铸钢水量的百分比。该指标反映连铸生产的消耗及钢水收得状况。计算方法为：

连铸坯收得率＝(连铸合格坯产量/连铸浇铸钢水量)×100%

连铸浇铸钢水量＝连铸合格坯产量＋废品量＋中间包更换接头总量＋中间包余钢总量＋钢包开浇后回炉钢水总量＋钢包铸余钢水总量＋引流损失钢水总量＋切头切尾总量＋浇铸过程及火焰切割时铸坯表面及被氧化的钢的总量＋溢流损失的钢水量

(7) 连铸机作业率。连铸机作业率为连铸机作业时间与日历时间的百分比，可以月、季、年为单位统计。计算方法为：

连铸机作业率＝(连铸机作业时间/日历时间)× 100%

连铸机作业率中的作业时间＝连铸机开浇至浇钢完毕的时间＋连铸机开浇前的准备工作（插入引锭杆（嵌塞缝隙）＋合理的等待时间＋浇铸完毕后铸坯尾坯离开连铸机（包含尾坯出拉矫机、尾坯的处理、在道上最后一根坯脱离辊道）。

(8) 连铸浇成率。连铸浇成率指浇铸成功的炉数占浇铸总炉数的百分比。计算方法为：

连铸浇成率＝(浇铸成功炉数/浇铸总炉数)×100%

浇铸成功炉数：一般一炉钢水至少有 2/3 以上浇成铸坯，方能算作该炉钢浇铸成功。

(9) 平均连浇炉数。平均连浇炉数指浇铸钢水炉数与连铸机开浇次数之比。该指标反映了连铸机连续作业能力。计算方法为：

平均连浇炉数＝浇铸钢水炉数/连铸机开浇次数

(10) 平均连浇时间。平均连浇时间指连铸机实际作业时间与连铸机开浇次数之比。该指标同样反映了连铸机连续作业状况。计算方法为：

平均连浇时间＝连铸机实际作业时间（h）/连铸机开浇次数

在生产过程中，还有一些技术经济指标，用以考核生产及设备的运转状况及生产工艺的顺畅与否，如：

(1) 结晶器使用寿命：

1) 连铸小方坯结晶器普遍使用管状结晶器，结晶器铜管只使用一次，计算（统计）

结晶器寿命时以通钢量计算。但是由于方坯断面尺寸不同，所以通钢量的可比性差，用通过结晶器铸坯长度计算较为合理。但是，统计过程中常常以吨钢的铜耗计算。计算方法为：

结晶器铜耗=结晶器铜管（铜板）重量（kg）/使用寿命期间通过合格铸坯的总量（t）

2）板坯连铸结晶器为组合式，内壁铜板可经修复后多次使用，其使用寿命为数次修复期间的浇钢量。

（2）中间包寿命。中间包寿命有以下几种计算方式：

1）一次浇钢量（浇铸时间）。

2）大修周期寿命（大修间隔中的寿命）。中间包浇钢后，对内衬做适当修补可继续使用，到下次大修，一般中间包可以修补数次，统计此期间的累计浇钢炉数（通钢量）。

3）耐火材料消耗。该指标有可比性，也可作为生产厂成本核算用。计算方法为：

中间包耐火材料消耗=大修期间中间包使用耐火材料总量（kg）/大修期间的通钢量（t）

（3）铸坯无缺陷率。这是考核连铸设备和生产工艺的综合性指标。计算方法为：

无缺陷率=（经检验铸坯无缺陷可进入轧钢加热炉的铸坯量/检验铸坯的总量）×100%

9.4 连续铸钢机设备

连铸机主要出钢水包及回转塔、中间罐、结晶器、振动机构、电磁搅拌器、引锭杆、二次冷却道、拉矫机和切割机组成，其外形如图 9-5 所示。

9.4.1 钢包及运载设备与回转台

9.4.1.1 钢包

钢包是盛接钢水并进行浇注的设备，也称盛钢桶，也可用于炉外精炼。钢包的容量应与炼钢炉的最大出钢量相匹配，同时考虑出钢量的波动及下渣量，留有 10% 的余量。为方便在钢包内进行炉外精炼操作，钢包上口要留有 200mm 以上的净空。

钢包是一个上大下小的倒锥形桶装容器（见图 9-6），为减少热量损失和方便夹杂物上浮，钢包的高宽比（砌砖后深度

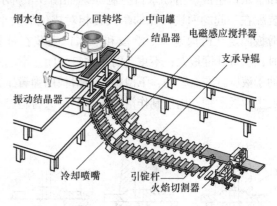

图 9-5 连铸机设备外形

H_1 和上口内径 d_1 之比）一般取（1.1~1.2）∶1。为了吊运稳定，耳轴的位置应高于满载重心 200~400mm；为了便于清除残钢残渣，钢包包壁应有 10%~15% 的倒锥度；大型钢包包底的砌砖应向水口方向倾斜 3%~5%。

钢包由外壳、内衬和注流控制机构、底部供气装置等部分组成，如图 9-7 所示。钢包的外壳用锅炉钢板焊接而成，包壁钢板厚度 14~40mm，包底钢板厚度 24~60mm，同时钢包外壳上钻有一些直径 8~10mm 的小孔，便于烘烤时顺利排出耐火材料的水分，钢包外壳腰部还焊有加强箍和加强筋，耳轴对称地安装在加强箍上。

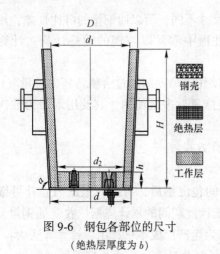

图 9-6 钢包各部位的尺寸

（绝热层厚度为 b）

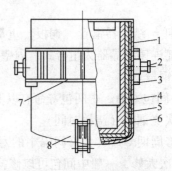

图 9-7 钢包结构示意图

1—包壳；2—耳轴；3—支撑座；4—保温层；
5—永久层；6—工作层；7—腰箍；8—倾翻吊环

钢包内衬由保温层、永久层和工作层组成，保温层紧贴钢板外壳，厚约 10~20mm，主要为减少热量损失，防止外壳变形，常用多晶耐火纤维板或石棉板砌筑；永久层厚约 30~60mm，以防止钢包烧穿事故，常用黏土砖或高铝砖砌筑；工作层直接与高温钢水和熔渣接触，是钢包内衬中最重要的砌层，可根据钢包工作环境的不同砌筑不同材质、厚度的耐火砖，尽量使内衬各部位蚀损程度同步。

钢包通过滑动水口开启、关闭来调节钢水注流。滑动水口由上水口、上滑板、下滑板和下水口组成。滑动水口控制原理如图 9-8 所示，是通过安装在包底的滑动机构上连接、装配在一起的两块开孔的耐火砖相对错位的大小来控制钢流的机构。滑动水口上水口和上滑板固定在机构里，下滑板和下水口安装在拖板里，可以左右移动，上下滑板内孔重合时，水口开度最大；不重合时，水口关闭。滑动水口的机构如图 9-9 所示，滑动水口拖板借助于液压缸左右移动，下滑板与上滑板用弹簧压紧，使移动过程中滑板间不产生间隙，防止发生滑板漏钢。用于制作滑动水口的耐火材料有高铝质、铝碳质、锆碳质、铝锆碳质等。

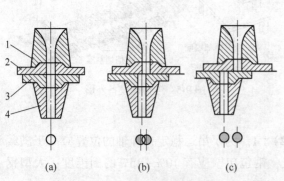

图 9-8 滑动水口控制原理图

（a）全开；（b）半开；（c）全闭
1—上水口；2—上滑板；3—下滑板；4—下水口

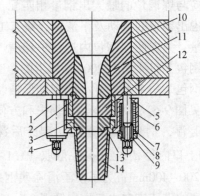

图 9-9 滑动水口机构图

1—框架；2—上滑板套；3—下滑板套；4—菱形螺母；
5—螺杆柱；6—弹簧；7—压套；8—压盖；9—垫圈；10—座砖；
11—上水口；12—上滑板；13—下滑板；14—下水口

采用滑动水口控制钢水流量，可改善劳动条件，加快钢包周转，节省耐火材料，减少漏包事故，提高钢水质量，便于炉外精炼。

氩气通过钢包底吹透气砖进入钢水起搅拌作用。透气砖是圆锥台体，周围包有金属外壳，常用的有弥散式、狭缝式、多孔塞砖、迷宫式等，多用刚玉质、镁质和高铝质耐火材料制作。

长水口用于钢包和中间包之间，保护钢水浇注时不受二次氧化，防止钢流飞溅，对提高铸坯质量有明显效果。目前材质主要有熔融石英质和铝碳质两种。长水口的安装主要用杠杆固定装置，如图9-10所示，开浇前旋转长水口与钢包下水口连接。

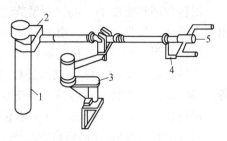

图9-10　长水口的安装示意图
1—长水口；2—托圈；3—支座；
4—配重；5—操作杆

9.4.1.2　钢包运载设备

钢包运载设备有天车或钢包移动浇铸车。承载钢包的设备一般用钢包回转台。

9.4.1.3　钢包回转台

钢包回转台使钢包停在中间包上方。浇铸完的空钢包可通过回转台回转，再运回钢水接收跨。旋转台可承托一个或两个钢包，一包在浇注位置时，另一包备用。采用旋转台以后，大大缩短了换包时间，为实现多炉连浇创造了条件。

钢包回转台按转臂旋转方式不同可以分为两大类：一类是两个转臂可各自作单独旋转；另一类是两臂不能单独旋转。按臂的结构形式可分为直臂式和双臂式两种。因此，钢包回转台有直臂整体旋转整体升降式、直臂整体旋转单独升降式、双臂整体旋转单独升降式和双臂单独旋转单独升降式等形式。

蝶形钢包回转台属于比较受钢厂欢迎的双臂整体旋转单独升降式回转台，如图9-11所示，回转台有两个用来支承钢包的叉型臂，每个叉型臂通过球面推力轴承支承在旋转盘上，由一个单独的液压缸推动钢包升降。液压缸垂直地布置在塔座的中央，并分别处在每个叉型臂的延长端与安装在旋转盘上方的背撑梁之间。每个升降液压缸的上下端均用球面推力轴承支承，即缸座通过球面推力轴承顶在背撑梁上，而柱塞头通过球面推力轴承顶在叉型臂的延长端。每个叉型臂的鞍座底部与旋转盘之间安装有使钢包垂直升降的导向连杆，形成一个四连杆机构。在叉型臂升降时，始终将鞍座和钢包保持在垂直的位置上。每个叉型臂的叉口上安装有两个枢轴式接受鞍座，在每个鞍座下装有称量用的称量秤、用以接收钢包并显示钢水重量。为给钢水保温，回转台旋转盘上方的立柱上还安装有钢包加

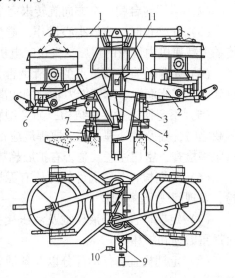

图9-11　蝶形钢包回转台
1—钢包盖装置；2—叉型壁；3—旋转盘；
4—升降装置；5—塔座；6—称量装置；
7—回转环；8—回转夹紧装置；9—回转
驱动装置；10—气动马达；11—背撑梁

盖装置，可以单独旋转和升降。

多功能回转台指带有吹气调温、钢包加盖、钢包倾翻以及快速更换中间包等功能之一的回转台。回转台主要由钢结构部分（包括旋转盘）、回转驱动装置、回转夹紧装置、升降装置、称量装置、润滑装置以及事故驱动装置、电气动控制系统等组成。

回转台回转速度 1r/min，正常旋转 180° 需要 30s；事故旋转 180° 需 60s。正常操作时由电力驱动，发生故障时，启动气动马达工作，以保证生产安全。转臂的升降用机械或液压驱动，为保证回转台定位准确，驱动装置设有制动和锁定机构。

回转台的主要设计参数包括公称容量、回转半径、旋转速度、升降行程及电机功率等。如宝钢板坯连铸回转台的主要技术性能如下。

回转台公称容量：450t×2（钢水包自重 150t，盛钢水 300t）；

回转半径：6.5m（回转台中心到钢水包中心之间的距离）；

旋转速度：0.1~1.0r/min；

升降行程：700mm；

电机功率：电力驱动 55kW、气动马达 25.73kW。

9.4.1.4　钢包回转台使用和维护要点

（1）回转台可以正反 360° 角任意旋转，但必须在钢包升到一定高度时，才能开始旋转。

（2）当回转台朝一个方向旋转未完全停止时，不允许反方向操作。

（3）在坐包时，应该小心操作，避免对回转台产生过大的冲击。为了避免冲击造成传动大减速机内齿轮的损坏，坐包时电机与减速机之间的抱闸应处于打开状态。

（4）定期检查各润滑点的润滑是否正常，特别是回转环的多点润滑、柱销齿圈喷合点处的气雾脂润滑、球面推力轴承的润滑以及传动大减速机的稀油循环润滑。

（5）不定期检查各钢结构，如叉型臂旋转盘、塔座和回转环等，发现有开裂或变形等缺陷时，要及时处理。对主要焊缝应每年进行超声波或射线探伤，对有缺陷的焊缝应进行跟踪检查，密切注意其是否有扩展趋势。

（6）定期检查各紧固件的螺栓有无松动现象，特别是预应力地脚螺栓要每年进行抽检，发现问题及时处理。

（7）定期检查升降液压缸及液压接头是否漏油，动作是否正常，其球面推力轴承是否严重磨损和损坏。

（8）定期检查各传动部分以及各活动部位是否动作灵活正常，检查柱销齿轮的喷合是否良好。

（9）定期试运转事故驱动装置，检查气动马达的运转及气压等情况。

（10）要定期检查气动夹紧装置是否有磨损、损坏现象，动作是否灵活、正常。

9.4.2　中间包及运载设备

中间包是装盛钢水的部位，液态钢水首先装在钢包中，由天车拉运至中间包上方，并把钢水倒入中间包中。中间包中的钢水再经由水口进入结晶器。液态金属的温度可以随合金大幅增加严格控制。此外，中间包通过相关运载设备，在空间产生一定位移，满足浇注工艺的需要。

9.4.2.1 中间包

中间包是钢包和结晶器之间的浇注设备，其主要作用如下：稳定钢流，减少钢流对结晶器中坯壳的冲刷；均匀成分、温度，促使夹杂物上浮；多流连铸机，可对钢水进行分流；多炉连浇时，起承上启下的作用；根据连铸对钢水质量的要求，可实施中间包冶金。

为发挥中间包冶金作用，中间包设计要考虑以下几点：

（1）容量和最佳的内腔形状。20 世纪 90 年代中后期，小方坯连铸机（四机四流）配备的中间包容量可达 20~40t，板坯用中间包容量可达 80t，而中间包钢水液面深度为 500~850mm。大方坯、合金钢方坯和板坯连铸机的中间包钢水液面高度为 1000~1200mm。

（2）钢水在中间包停留足够的时间，应不小于 10min，使夹杂物有充分上浮的条件，使包内钢水温度尽量均匀，各水口处钢水温度差最小（通常应小于±3~±5℃）。

（3）钢包长水口中心到中间包水口连线的距离应不小于 400mm。20 世纪 90 年代后期，趋势是 600mm。

中间包一般由包体、包盖、水口和塞棒等机构组成（见图 9-12、图 9-13）。包体的外壳要有足够的刚性，长期在高温环境下承受浇铸、清渣和翻包等操作时金属结构不变形，一般用厚度 12~20mm 的钢板焊成。中间包内衬有耐火材料，包内一般设有挡渣墙和坝结构。包盖也用钢板焊成，内衬耐火材料，包盖上设有钢流注入孔、塞棒孔和取样、观测孔。

包体由钢板焊接，包底有安装水口的孔，上方有吊包用钩或耳轴，内砌耐火砖或打结料。包盖是钢板焊接或铸钢件的框架，中间砌耐火砖或打结料，具有防钢水辐射散热和防二次氧化的作用。中间包内衬包括工作层、永久层和绝热层。

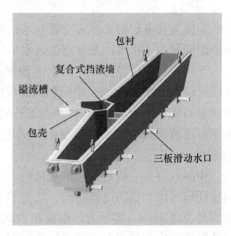

图 9-12　中间包设备构成外形图

中间包外壳钢板应有均匀的排气孔及加强筋，以保证烘烤时水汽的逸出和中间包良好的抗变形性（刚度），尤其是包底，防止变形，以利于水口安装。

中间包外形最初大多是矩形，现有多种形状，包括矩形、三角形、椭圆形，也有做成"T"形、"V"形、"H"形的。矩形包应用最多，一水口或二水口的用于板坯或方坯，多水口的用于小方坯。根据现场条件及浇铸工艺确定中间包形状，例如，"V"形包多用于多流小方坯；三角形、"T"形包也多用于方坯和小方坯。

中间包如果按其结构分类，大体分为板坯连铸用中间包和小方坯连铸用中间包。常用中间包断面形状如图 9-14 所示。

三角形中间包具有钢包流股到中间包水口中心连线较长距离的最佳形状。另外三角形外形也使中间包的内腔形状更加合理，温度场更均匀，有利于夹杂物上浮。

中间包的结构参数主要包括中间包的长度、宽度、高度和容量。

长度主要取决于铸机的流数和流间距，水口距包臂端部不小于 200mm。

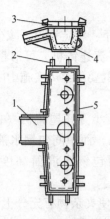

图 9-13　矩形中间包结构示意图
1—溢流槽；2—吊耳；3—中间包盖；
4—耐火材料；5—壳体

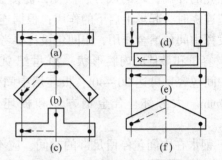

图 9-14　中间包的断面形状示意图
(a) 矩形；(b) "V" 形；(c) "T" 形；
(d) "C" 形；(e) "H" 形；(f) 三角形

宽度主要考虑钢水注入位置与水口间的距离，应有利于钢水的分配，且钢水在中间包内不形成死角，钢水冲击点到最近水口中心的距离不小于 500mm。

连铸板坯中间包内最大钢水液面深度应不小于 100mm，小方坯中间包内最大钢水液面深度应不小于 700mm，中间包的高度应在液面以上留约 200mm 的净空，所以板坯连铸中间包高度不小于 1300mm，小方坯连铸中间包高度不小于 900mm，浇注中当中间包液面低于可浇液面高度时，钢水在水口的上方会形成涡流，可能卷渣进入结晶器，影响钢坯质量。

中间包容量一般是钢包钢水量的 20%~40%，有增大的趋势。多炉连浇时，中间包的容量还应考虑钢包的更换时间，如更换钢包的时间为 3min，则中间包内的钢水量至少应能满足浇注 5min。实际上，钢液在中间包内的停留时间和中间包的容量和拉速有关，为了使钢液在中间包内有必要的停留时间，应根据拉速来核算中间包的容量。随高效连铸技术的发展，拉速显著增大，中间包容量也应相应增大。

中间包容量应与存储钢液量相匹配，中间包钢水量计算公式如下：

$$Q = \rho DB(t_1 + t_2 + t_3)v \tag{9-8}$$

式中　Q——中间包钢水量，t；

　　　ρ——铸坯密度，t/m^3；

　　　D——铸坯厚度，m；

　　　B——铸坯宽度，m；

　　　t_1——关闭水口等空包开出所需的时间，min；

　　　t_2——满载钢包回转到浇钢位置所需时间，min；

　　　t_3——从装浸入式水口到打开水口所需时间，min；

$t_1+t_2+t_3$——更换钢包所需总时间，min；

　　　v——拉速，m/min。

大容量中间包对于提高钢液质量、改善连铸操作有很大好处，但需要增加厂房高度，增加投资，同时包内的残钢多，金属损失和耐火材料消耗均增加，因此要根据所生产铸坯的质量要求、连铸机类型、拉速等因素综合考虑，选择合适的中间包容量。

通常在中间包内部设置挡渣墙和坝（见图 9-15），以改善浇注效果。

（1）挡渣墙：在中间包内设置的高出钢液面的墙称为挡渣墙。其作用为隔离冲击区与浇铸水口区；形成循环流，有利去除夹杂；减少死区，有利于钢水温度分布均匀。

（2）坝：设置在中间包内钢液面以下的障碍物。其作用是与挡渣墙配合引起倒流，促进夹杂物上浮，达到精炼钢水的作用。

中间包湍流杯可减少钢水飞溅和高速注流对中间包钢水的吸氮和吸氧。湍流杯通常与挡渣坝、墙配合使用，使得钢水的流动合理，热流分布均匀，延长钢水在中间包的动态停留时间（减少"无效腔"），有利于夹杂物上浮。

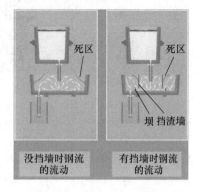

图 9-15　中间包内部设置挡渣墙和坝的结构示意图

9.4.2.2　水口和塞棒

中间包钢流控制装置包括定径水口、塞棒和滑动水口。定径水口是用固定直径的水口控制钢水流量，流量大小的调节由中间包内液面高度控制。塞棒的头部与水口的碗部配合，上下运动塞棒可调节钢水的流量。移动滑动水口下滑板（或中间滑板），可调节钢水流量。浇铸板坯和大方坯常用塞棒式水口或滑动水口，控制方式可以手动，也可以自动。浇铸小方坯多用定径水口。中间包用滑动水口控制钢流安全可靠，寿命较长，能精确控制，有利于实现自动化，也有利于更换浸入式水口及停浇操作。

水口直径应满足连铸机在最大拉速时的钢水流量。根据中间包水口流出的钢水量与结晶器拉走的钢水量相等的原则，水口直径可由下式计算确定：

$$d = \sqrt{\dfrac{4abv}{C_\mathrm{D}\pi\sqrt{2gH}}} \tag{9-9}$$

式中　d——水口直径，mm；

　　　H——中间包内钢液深度，m；

　　ab——结晶器断面积，m^2；

　　　v——拉速，m/min；

　　C_D——水口流量系数，对镇静钢为 0.86~0.97。

用塞棒控制注流时，其水口流量应稍大于计算值。浇注小方坯用定径水口直径可根据铸坯断面尺寸、拉速和中间包液面深度确定。如浇注 100mm×100mm 的小方坯，拉速 27m/min，中间包深度 400mm，水口直径为 14.5mm。若浇注后期水口直径扩大了，需要相应提高拉速才能保证正常连铸生产。

中间包采用滑动水口机构比较复杂，装有浸入式水口时，滑动水口通常做成三层滑板结构，如图 9-16 所示。上下滑板固定不动，通过中间活动滑板移动控制注流。滑动水口分为往复式和旋转式两种。

除部分小方坯连铸机外，一般大都采用浸入水口进行保护浇注。浸入式水口的形状和

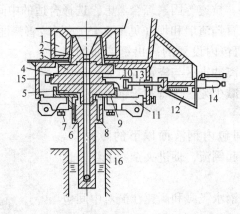

图 9-16　三层式滑动水口示意图

1—座砖；2—上水口；3—上滑板；4—滑动板；5—下滑板；6—浸入式水口；7—螺栓；8—夹具；9—下滑套；
10—滑动框架；11—盖板；12—刻度；13—连杆；14—油缸；15—水口箱；16—结晶器

尺寸直接影响结晶器内钢水流动的状况，目前使用最多的浸入式水口有单孔直筒形和双侧开孔形两种，双侧开孔形的浸入式水口其侧孔有向上倾角、向下倾角和水平 3 类，如图 9-17 所示。

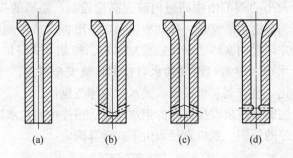

图 9-17　浸入式水口钢水流出方向的基本类型

（a）单孔直筒形水口；（b）侧孔向上倾斜状水口；（c）侧孔向下倾斜呈倒形水口；（d）侧孔呈水平状水口

　　单孔直筒形浸入式水口一般用于浇注方坯、矩形坯。双侧开孔形的浸入式水口通常用于浇注板坯，双侧开孔向下倾角 15°~35°；浇注不锈钢可选用向上倾角 10°~15°，可避免结晶器钢水液面凝壳。

　　浸入式水口与中间包水口的接缝，与钢包的长水口接口一样必须密封，密封环可用铝碳质、镁碳质或锆碳质耐火材料制成，也可抹耐火泥密封，浸入式水口与中间包连接形式的类型如图 9-18 所示。图 9-18（d）所示的滑动水口型连接形式可用于中间包水口快速更换，以提高连铸机的连浇炉数。

　　塞棒一般用碳质或铝碳质耐火材料等静压整体成型制成，上部中心有钢管棒芯，浇注过程中在芯管内插入直径稍小的钢管，引入氩气、氮气或压缩空气冷却塞头，如图 9-19 所示，通入气体对提高塞棒寿命有一定效果，同时保证在高温时不变形。通入氩气时，可作为吹棒使用，如图 9-19（d）、（e）所示可以起到防止浸入式水口结瘤、净化钢水的作用。

　　现在一般大中型中间包采用双重控制，既装有滑动水口，也装有塞棒。使用塞棒，开

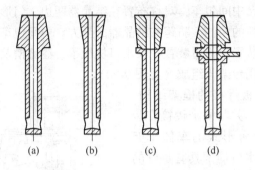

图 9-18　浸入式水口与中间包连接形式

（a）外装型；（b）内装型；（c）组合型；（d）滑动水口型

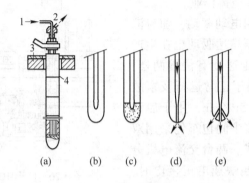

图 9-19　塞棒结构类型示意图

（a）塞棒空气冷却；（b）普通型；（c）复合型；（d）单孔型；（e）多孔型

1—空气入口；2—空气出口；3—中间包盖；4—塞棒

浇时非常稳定，也能防止滑动水口打不开，浇注结束时可防止中间包内钢水产生旋涡卷渣；使用滑动水口，能精确控制钢流，实现自动控制，也有利于更换浸入式水口和停浇操作。

9.4.2.3　中间包运载设备

中间包运载设备包括中间包车和中间包回转台，对中间包车的功能要求如下：（1）中间包车是中间包的运载工具和称重工具；（2）完成中间包水口和结晶器的对中，即上下左右对中及前后微调对中，纵横向微调方便、准确。在浇铸平台上能准确地往浇铸位置运载中间包的同时不妨碍其他设备的运行；（3）浇钢时能够迅速将事故中间包驶离浇铸位避免事故扩大，保证正常的多炉连浇及正常的烘烤浇铸转换操作；（4）能快速更换中间包；（5）采用保护浇注时，中间包应有升降机构，便于装卸浸入式水口。

中间包车的工艺技术要求为：有利于浇钢操作；方便观察结晶器钢液面、捞渣、中间包车的行走、升降、横移、微调精确对中等；可实现换中间包连浇，换包时间不大于 2min。

中间包车按中间包水口相对主梁的位置及轨道的布置方式可分为门形、半门形和悬臂形（其中有单侧全悬挂和双侧全悬挂）、高架形、半高架形。门形中间包车应用较为普遍，特别是在板坯连铸机上用得较多。

每台铸机常配有两台中间包车，对称布置在结晶器两边。门形中间包车的轨道铺设在浇铸平台上结晶器内外弧的两侧，骑跨在结晶器的上方。中间包车由中间包车车体、走行装置、升降装置、对中装置、称量装置、长水口机械手、溢流槽及其台车、电缆拖链、润滑给脂装置及钢包操作用台架等组成（见图9-20）。

中间包车车体是钢板焊接的框架结构，它有两个焊接的沟形梁，并与一个铰接安装的横向构件相连接。此种形式的车体车架短，能使中间包浸入式水口周围具有足够的空间，不阻挡视线，便于对结晶器内的钢水情况进行监视，在结晶器内取样，加保护渣以及去除结晶器内残渣等浇铸作业。

行走机构大多数采用电动驱动，随着液压技术的不断进步，液压马达驱动也在生产上应用。中间包车的行走速度有快慢两档，快速为15～20m/min，用于正常运行及事故情况运行。慢速为1～1.5m/min，用于启动及结晶器对中。目前较多中间包车仍采用双输入轴行星减速传动方式。两台交流电机分别与行星减速器相连。当快速电机接电时，其制动器打开（此时慢速电机不接电，其制动器闭合），快速电机转动，使行星轮绕固定轴旋转，实现快速驱动。当慢速电机接电

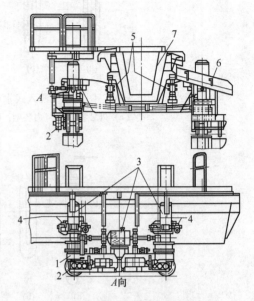

图9-20　门形中间包车结构示意图
1—车体；2—走行装置；3—升降装置；4—对中装置；
5—称量装置；6—溢流槽及其台车；7—中间包

时，其制动器打开（此时快速电机不接电，其制动器闭合），慢速电机转动，通过两级圆柱齿轮使行星轮围绕与快速电机相连的太阳轮旋转，实现慢速驱动。这种传动方式可简化电控设计，快速与慢速电机互不影响，维护简单。也有采用双交流电动机组变速方式；或一台交流电机通过变频方式带动常规减速器以获得快慢两种速度，这样可简化传动。

落地式中间包车的行走机构一般采用单侧驱动，通常行走传动机构安置在内弧侧，主动车轮为双轮缘，从动车轮不带轮缘，以防车架变形后出现卡轨现象。此驱动方式可不用连接轴连接两侧车轮，留出车架底部的空间，便于车架跨过结晶器，工人操作方便。

双侧布置驱动装置也称集中驱动方式。大容量中间包车常用此驱动方式，运行平稳、可靠。驱动侧通过一根横轴带动另一侧车轮同时转动。

为了便于安装浸入式水口，中间包车应设有升降机构，升降行程为500～750mm，提升速度1.2～2.4m/min，升降方式有电动和液压两种。电动升降一般采用蜗轮蜗杆螺母丝杠的传动方式，驱动中间包的提升框架，丝杠可采用滑动的普通梯形螺纹丝杠或滚珠丝杠。落地式中间包车的提升机构配有4根丝杠，有两套传动机构分别驱动同侧的两根丝杠，并用同步轴连接两套传动机构，保证升降同步。

液压机构比电动提升简单，可省掉两套升降传动装置及同步轴。为保证中间包水平升降，考虑可靠的同步措施，例如用液压同步马达或采用分流阀，配合4个液压缸传动做到中间包水平升降平稳。也有用2个液压缸提升的形式，配备完善的同步导向系统，使升降

机构更加简单。

中间包车的横移机构（微调机构）用于中间包水口与结晶器的对中，它可采用手动或液压传动或电动缸传动。近年来由于连铸技术的迅速发展，中间包容量不断加大，手动微调机构都改为液压缸驱动或电动缸驱动。

称量装置。在中间包车上装 4 个压力传感器。为防止吊、放中间包或中间包车制动时产生的横向力损害传感器，在称量装置上装有高强度橡胶套，但压头容易损坏。液压升降装置的应用将传感器与液压缸结合在一起，当中间包吊放在支承座圈上时，压力传感器缩在支承圈内，中间包放平稳后，液压缸将传感器升起，使其受力，采用此办法，压力传感器免受冲击，免受钢水、钢渣、粉尘的侵害，使精度和寿命都有所保证。

中间包车的供电方式广泛使用电缆拖链排，虽然占用空间较多，但随着动力控制电缆的增多、电缆直径的增大，使用电缆拖链排比较安全、规范、整齐，是一种可靠的供电方式，将逐渐替代电缆卷筒和电缆滑线。

中间包回转台的基本结构和运动方式与钢包回转台相似，只是相对小一些。其优点是换包快、可靠、处理事故方便，缺点是占用操作平台面积大，设备费用高。

9.4.3 结晶器及振动装置

9.4.3.1 结晶器传热原理

结晶器是连铸设备的核心部件，是连铸机的心脏。连铸生产是把液态的钢水直接铸造成成型产品，结晶器就是把液态钢水冷却出固态钢坯的部件，由一个内部不断通冷却水的金属外壳组成，这个不断输送冷却水的外壳把与之相接触的钢水冷却成固态。结晶器的形状还决定了连铸出的钢坯外形，如果结晶器的横截面是长方形，连铸出的钢坯将是薄板坯；正方形形状的结晶器横截面拉出的钢坯是长条形，即方坯。

从本质上来说，连铸过程就是一个热量传输过程，也是液态钢水变成固体钢的加工过程，该过程所传输的热量包括过热、潜热和显热。

过热是指钢液在从浇铸温度冷却到钢的液相线温度所放出的热量。一般把开始浇铸10min 左右经均匀混合后在中间包测得的温度作为浇铸温度。

潜热是指钢液由液相线温度冷却到固相线温度，即完成从液相到固相转变的凝固过程中因相变放出的热量。

显热是指从固相线温度冷却到出连铸机时，表面喷水冷却温度达到 1000℃ 左右时放出的热量。

钢液在连铸机中的凝固传热通过辐射、传导和对流三种方式在三个冷却区内实现，即结晶器（一次冷却区）、包括辊子冷却系统的喷水冷却区（二次冷却）和向周围环境辐射传热（三次冷却）三个区域，如图 9-21 所示。从结晶器到最后一个支撑辊之间的传热包括了辐射、传热和对流这三种传热机制的综合作用。而辐射传热一般从完全凝固后即从液相穴末端开始的。在液相穴内，特别是在结晶器内注流出水口的区域附近，传热主要取决于钢液的流动状态以及凝固前沿与铸坯表面之间的温度梯度。液相穴的长短和浇铸速度的高低、钢水过热度及铸坯在铸机内的传热过程密切相关。

连铸过程的传热不仅影响铸机的生产率，甚至影响铸坯质量。因为凝固前沿的晶体强度和塑性都很低，当有应力（如热应力、鼓肚应力、矫直弯曲应力等）作用时，很容易产生裂纹，凝固坯壳由于冷却不均也会造成很大的热应力。坯壳在冷却过程中，会发生相变（β→γ→α），特别是在二次冷却区内，铸坯与夹辊和喷水交替接触，坯壳温度反复下降和回升，使铸坯组织发生变化，相当于经受反复"热处理"，从而影响溶质偏析和硫化物、氮化物在晶界的析出和沉积，进而影响钢的高温性能，增加钢的高温脆性。

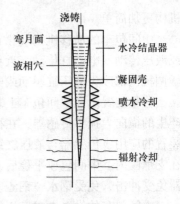

图 9-21　连铸机钢水冷却凝固结晶过程示意图

钢液在结晶器内的凝固传热可分为拉坯方向的传热和垂直于拉坯方向的传热两部分。拉坯方向的传热包括结晶器内弯月面上钢液表面的辐射传热和铸坯本身沿拉坯方向的传热，相对而言这部分热量是很小的，仅占总传热量的3%~6%。钢液和坯壳的绝大部分热量是通过垂直于拉坯方向传递的，包括铸坯液心与坯壳间的传热、坯壳与结晶器壁间的传热、结晶器壁与冷却水之间的传热。结晶器内的温度分布如图 9-22 所示。

（1）铸坯液心与坯壳间的传热。从中间包水口注入结晶器的钢流造成了钢液的复杂运动，使过热的液心与坯壳之间产生对流热交换，不断地把过热量传给坯壳。

液心与坯壳之间的热流密度随钢液过热度的增加而增大，但由于在液心内钢液的对流传热，可使钢液的过热度很快消失。虽然过热度变化对结晶器总热流的影响并不大，结晶器铸坯四个面中部的坯壳厚度基本相同，但铸坯角部坯壳厚度则是随浇铸温度升高（过热度加大）而减薄（见图 9-23），这样就增加了拉漏的危险性。因此，必须把过热度限制在一定范围内。

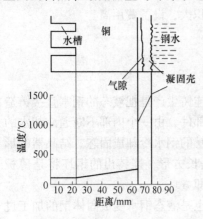

图 9-22　结晶器内的温度分布

（2）凝固坯壳内的导热。在忽略沿拉坯方向传热的前提下，可以认为在凝固坯壳内的传热是单方向传导传热，坯壳靠钢水一侧温度很高，靠结晶器铜板一侧温度较低，坯壳内的这种温度梯度可高达 550℃/cm。这一传热过程中的热阻取决于坯壳的厚度和钢的导热系数。因此坯壳对液心过热量，特别是

图 9-23　连铸板坯凝固坯壳示意图

两相区的凝固潜热向外传递构成了很大热阻。凝固坯壳内的传热速率取决于垂直于铸坯表面的温度梯度。当温度梯度为 550℃，坯壳厚度为 1cm 时，相对的传热系数为 0.3W/（cm² · ℃），热流为 105W/cm²。

（3）坯壳与结晶器壁间的传热。当钢液进入结晶器时，除了在弯月面附近有很小面积的结晶器壁表面与钢液直接接触进行热交换外，其余部分为结晶器壁表面与凝固坯壳之间进行的是固-固间热交换。根据接触条件的不同，可以把铸坯与结晶器表面接触的区域划分为 3 个不同的区域（见图 9-24）。

1）弯月面区。钢液与铜壁直接接触时，热流密度相当大，高达 150~200W/cm²，可使钢液迅速凝固成坯壳，冷却速度达 100℃/s。

2）紧密接触区。在钢水静压力作用下，坯壳与铜壁紧密接触，二者以无界面热阻的方式进行导热热交换。在这个区域里导热效果比较好。

3）气隙区。当坯壳凝固到一定厚度时，其外表面温度的降低使坯壳开始收缩，因而在坯壳与铜壁之间形成充有气体的缝隙，称为气隙。由于坯壳与铜壁紧密接触时结晶器角部冷却最快，因此首先会在角部出现气隙，随后再向中部扩展。在气隙中，坯壳与铜壁之间的热交换以辐射和对流方式进行。因为气隙造成了很大界面热阻，降低了热交换速率，所以坯壳在气隙处可出现回温膨胀，或抵抗不住钢水静压力而重新紧贴到铜壁之上使气隙很快消失。气隙消失后，界面热阻也随之消失，导热量增加会使坯壳再降温收缩而重新形成气隙，然后再消失，再形成，如此重复。因此，在结晶器内坯壳与铜壁的接触表现为时断时续。气隙一般都是以小面积且不连续的形式散布在铜壁与坯壳之间，气隙出现的位置具有随机性，并没有固定的空间位置。但统计结果表明，距弯月面越远，气隙出现得越多，厚度也越大。所以使结晶器具有一定的锥度，对于减少气隙的存在、增强结晶器冷却效果是行之有效的一个必要措施。

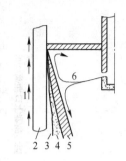

图 9-24　结晶器壁与凝固坯壳的接触状态示意图
1—冷却水；2—结晶器；3—气隙；
4—渣膜；5—坯壳；6—钢流

因为坯壳角部的刚度较大，所以出现在角部的气隙厚于出现在坯壳表面中部的气隙，因此角部气隙的界面热阻也比中部的大，故当气隙存在时，从中部至角部的坯壳与铜壁间的热流密度是逐渐减小的。这说明沿结晶器截面上的冷却强度是不均匀的，易导致角部冷却慢，坯壳厚度比中部薄。

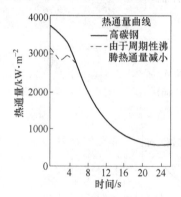

图 9-25　结晶器的热流密度与时间的关系

由于气隙的存在和坯壳表面温度的变化，沿结晶器长度方向上坯壳与铜壁间的热流密度也是变化的。图 9-25 所示为小方坯连铸结晶器中热流密度随时间的变化关系。从图中可以看出，热流密度沿结晶器长度方向是逐渐降低的。

（4）结晶器铜壁内的导热。因为铜壁的导热性能很好，并且一般铜壁都比较薄，所以它的热阻很低，传热系数为 $2W/(cm^2 \cdot \text{℃})$。热阻可表示为 e_{Cu}/λ_{Cu}（e_{Cu} 为铜壁厚度，λ_{Cu} 为铜导热系数）。决定铜壁散热量大小的主要因素是铜壁两个表面的温度分布。习惯上把铜壁面向坯壳的一面称为热面，把面向冷却水的一面称为冷面。图 9-26 所示为沿结晶器长度方向上铜壁热面和冷面的温度分布情况。

影响铜壁面温度分布的主要因素包括冷却水流速、结晶器壁厚和钢种含碳量。

由图 9-27 可知，在水流速为 $5 \sim 8m/s$ 时，接近结晶器钢液面区域的水缝中的冷却水开始沸腾。水流速较低时，在结晶器壁温度较低的条件下就可以产生冷却水沸腾；水流速增高至 $11m/s$ 时，可使冷面温度明显下降，沸腾完全消失，热面温度也相应降低。

一般热面温度将随壁厚的增加而提高（见图 9-28）。由于壁厚结晶器常用于浇铸较大断面铸坯，故与小断面浇铸相比，较少遇到冷却水沸腾现象。

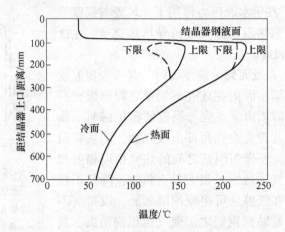

图 9-26　结晶器铜壁面温度

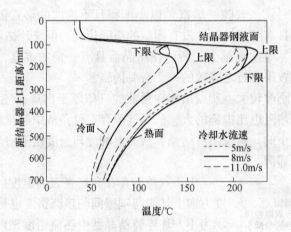

图 9-27　冷却水流速对铜壁面温度的影响

（钢中含碳量大于 0.2%，结晶器壁厚为 9.53mm）

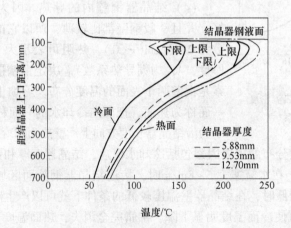

图 9-28　结晶器壁厚对铜壁面温度分布的影响

（钢含碳量大于 0.2%，冷却水流速为 8m/s）

　　浇铸高碳钢与低碳钢相比,铜壁面温度分布有较大差别(见图9-29)。高碳钢温度较高,浇铸时易产生冷却水沸腾,而同样条件下浇铸低碳钢时,则不会产生沸腾。

　　(5)E 结晶器壁与冷却水间的传热。在结晶器水缝中,强制流动的冷却水可迅速将结晶器铜壁散发出的热量带走,保证铜壁处于再结晶温度之下,不发生晶粒粗化和永久变形。

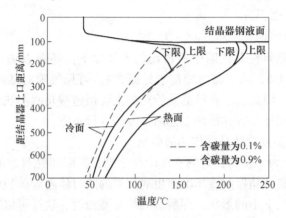

图 9-29　钢液含碳量对铜壁面温度分布的影响

(结晶器壁厚为 9.53mm,冷却水流速为 8m/s)

　　铜壁和冷却水之间传热分 3 个区域,如图 9-30所示。第一区为冷却水与壁面间的强制对流传热区,热流密度与结晶器壁温差呈线性关系,进行强制对流换热,两者间的传热系数受水缝的几何形状和水流速的影响。第二区为泡态沸腾区,可看到当结晶器壁与水温差稍有增加,热流密度会急剧增加,原因是冷却水被汽化生成许多气泡,造成水流的强度扰动,从而形成了泡态沸腾传热。第三区为膜态沸腾区,当热流密度由增加转为下降,而结晶器壁温度升高很快时,会使结晶器产生永久变形,甚至烧坏结晶器,这是由于结晶器与水温差进一步加大时,冷却水汽化过于强烈,气泡富集成一层气膜,将冷却水与结晶器壁隔开,形成很大的热阻,传热学称之为膜态沸腾。

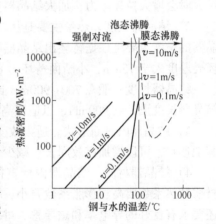

图 9-30　结晶器壁与冷却水的界面传热

(水缝宽 5mm,水温 40℃)

　　对于结晶器来说,应力求避免在泡态沸腾和膜态沸腾区内工作,尽量保持在强制对流传热区,这对于延长结晶器使用寿命相当重要。因此,结晶器水缝中的水流速应大于8m/s,以避免水的沸腾,保证良好的传热;结晶器进出口水温差控制在 5~6℃,不宜超过 10℃。

9.4.3.2　结晶器传热影响因素分析

　　从上述结晶器传热机理的分析中可知,钢液把热量传给冷却水要经过以下环节,即坯壳与钢液间界面、坯壳内部、坯壳与铜壁界面、铜壁内部、铜壁与冷却水界面等。若在结晶器某一横断面上观察钢液与冷却水的热交换，则可以把二者之间的传热看成是一个稳定态传热过程，结晶器散热热流密度可以表示为：

$$q = (T_s - T_w)/R \qquad (9\text{-}10)$$

式中　q——结晶器散热热流密度，W/m^2；

　　　T_s——钢液温度，℃；

　　　T_w——冷却水温度，℃；

　　　R——结晶器内传热总热阻，$m^2 \cdot ℃/W$。

结晶器内各部分热阻在总热阻中所占比例大体如下：坯壳26%，坯壳与结晶器之间气隙71%，结晶器壁1%，结晶器与冷却水界面2%。可见气隙对结晶器内热交换和钢液的凝固起决定性作用。因此，改善结晶器传热的主要措施应是减小热阻，尤其是减少气隙的热阻，可从结晶器设计参数和操作工艺两个方面进行考虑。

(1) 结晶器结构参数对结晶器传热的影响：

1) 结晶器锥度。为了获得良好的一次冷却效果，凝固坯壳与结晶器铜板必须保持良好的接触。由于钢液在结晶器内冷却凝固生成坯壳的同时伴随着体积收缩，因此结晶器铜板内腔必须设计成上大下小的形状，即所谓的结晶器锥度。这样可以减少因收缩产生的气隙，改善结晶器的导热。此外，结晶器的倒锥度，除可增加坯壳厚度外，也能降低结晶器出口坯表面温度，减少铸坯表面裂纹的生成，有利于提高拉速。但倒锥度应有一定限制，过大时会增大拉坯阻力，加大结晶器壁的磨损和引起铸坯表面横裂。

2) 结晶器长度。热量主要是从结晶器上部传递，相对而言其下部传热量比较小。结晶器的长度主要是根据铸坯出结晶器下口时的坯壳最小厚度确定。对于大断面铸坯，要求坯壳厚度大于15mm，小断面铸坯为8~10mm。

结晶器长度一般在700~900mm比较合适，最长的达1200mm。目前大多数倾向于把结晶器长度设计到900mm，以适应高拉速的需要。结晶器过长，传热效率下降。

3) 结晶器内表面形状。适当改变结晶器内壁面形状，如制成锯齿形、凹形、凸形或其他形状，可以增加有效周长、减少气隙、改善传热、减少表面热裂纹。

4) 结晶器材质。结晶器内壁直接与钢水接触，要求有良好的机械性能和导热性能，材质导热系数要高、膨胀系数要小，在高温下有足够的强度和耐磨性。若安装电磁搅拌，还要求有良好的导电率和磁导率。过去多用磷脱氧铜和紫铜加工，现在多使用铜合金，如铜铬合金、铜银合金、铜皱合金和铜锆合金等，为提高结晶器的使用寿命，也可在表面镀铬、镍、镍钴合金等，镀层厚度一般为0.1~0.15mm。

5) 结晶器壁厚度。结晶器壁厚度增加，其热面温度也增加。40mm壁厚的结晶器热面温度可达300~400℃，在此温度下，普通铜会发生再结晶甚至软化，因此要限制结晶壁的厚度。但若厚度太薄，浇铸时结晶器会产生弹性变形，因此需要有一个最佳厚度，这取决于具体的浇铸条件。方坯结晶厚度为8~10mm，对传热影响不大；板坯结晶器铜板厚度由40mm减少到20mm时，热流仅增加10%。

(2) 操作工艺对结晶器传热的影响：

1) 拉速。结晶器平均热流密度随拉速的增加而增加，结晶器壁的温度也随之增加，但结晶器内单位质量钢液传出的热量却随之减少，因而导致坯壳减薄。拉速是控制结晶器出口坯壳厚度最敏感的因素。操作时，在保证铸坯出结晶器下口坯壳不致拉漏的安全厚度的条件下，通常小断面铸坯坯壳安全厚度为 8~10mm，大断面板坯坯壳厚度应不小于15mm。在此前提下应尽可能采用高的拉速，以充分发挥铸机的生产能力。

2）过热度。当拉速和其他工艺条件一定时，过热度每增加 10℃，结晶器最大热流密度可增加 4%~7%，坯壳厚度可减小 3%，但过热度对平均热流密度的影响并不大。过热度过高时，因结晶器液相穴内钢液的搅动冲刷，会使凝固的坯壳部分重熔，这样会增加拉漏的危险。

3）结晶器润滑剂。为防止铸坯坯壳与结晶器内壁黏结，减少拉坯阻力和结晶器内壁的磨损，改善传热效果和铸坯表面质量，结晶器必须进行润滑。目前的润滑手段主要有两种：一是油润滑。可以采用植物油或矿物油，通过送油压板内的管道，流到锯齿形的给油铜垫片上，从锯齿端面均匀地流向结晶器铜壁表面，形成一层 0.025~0.05mm 厚度的油气膜，达到润滑的目的。此润滑方式主要用于敞开式浇注的结晶器上；二是保护渣润滑。熔融的液渣在钢水静压力和结晶器振动的作用下随坯壳下移，填充于内壁和坯壳之间，形成熔渣薄膜，起润滑作用。

4）结晶器冷却水流速和温度。结晶器水流速的增高可明显降低结晶器壁温度，但总热流不会发生很大变化。其原因是结晶器冷面传热的提高被热面坯壳收缩量增加引起气隙厚度的增加给抵消了。

冷却水温度在 20~40℃ 范围内波动时，结晶器总热流变化不大。冷却水压力是保证冷却水在结晶器水缝之中流动的主要动力，结晶器冷却水流速在 6~12m/s 内变化，总热流量的变化不会超过 3%。冷却水压力必须控制在 0.5~0.66MPa，提高水压可以加大流速，也可以减少铸坯菱变和角裂，还有利于提高拉坯速度。水质差容易形成水垢，影响传热效果。因此，生产中要保持结晶器冷却水量和进出温度差的稳定。

9.4.3.3　结晶器类型和结构

连铸工艺对结晶器的要求如下：良好的导热性能，能迅速形成足够厚度的初生坯壳；有良好的结构刚性和结构工艺性，易于制造、安装和调整；有较好的耐磨性和较高的寿命；重量要轻，造价要低。

结晶器按外形可分为直结晶器和弧形结晶器，直结晶器用于立式、立弯式和直弧形连铸机，弧形结晶器用于全弧形连铸机和椭圆形连铸机。结晶器按结构可分为管式结晶器和组合式结晶器。小方坯、圆坯和小型矩形坯浇铸多用管式结晶器，大型方坯、矩形坯和板坯浇铸多用组合式结晶器。

A　管式结晶器

管式结晶器由无缝弧形铜管、钢质外套和足辊组成。铜管和钢质外套之间形成约7mm 的冷却水缝，冷却水以 0.39~0.59MPa 的工作压力从给水管进入下水室，以 6~8m/s的速度流经水缝进入上水室，从排水管排出，管式结晶器的结构如图 9-31 所示。结晶器外套是圆筒形的，其中部设有底足板，用底足板上 2 个定位销和 3 个连接螺栓将结晶器固定在振动框架上。

有的管式结晶器取消钢质外套，冷却水直接喷射到铜管上冷却，其结构如图 9-32 所示。为保证铸坯的外形尺寸，减少铸坯脱方，在结晶器下部安装有足辊。足辊对弧精度要求很高，对弧误差要控制在 0.1mm 以内，与结晶器一起按同一轨迹振动。管式结晶器结构简单，易于制造和维护。

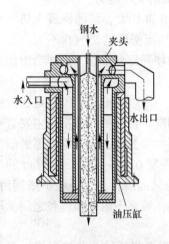

图 9-31　管式结晶器

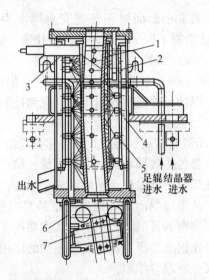

图 9-32　喷淋式管式结晶器

1—结晶器铜管；2—放射源；3—闪烁计算器；4—结晶器
外壳；5—喷嘴；6—足架；7—足辊

B　组合式结晶器

组合式结晶器分为调宽和不调宽两种。

组合式结晶器由 4 块壁板组成，每块壁板由一块铜板和一块钢板用螺栓联结而成。铜板上铣出很多沟槽，在铜板和钢板之间形成冷却水缝，冷却水从下部水管进入，经水缝从上部排出。组合式结晶器的结构如图 9-33 所示。组合式结晶器用于浇铸大方坯、矩形坯和板坯。为改善铸坯角部质量，应在宽面和窄面壁板的结合处垫 4~5mm 厚带 45° 倾角的紫铜片，防止铸坯角裂。

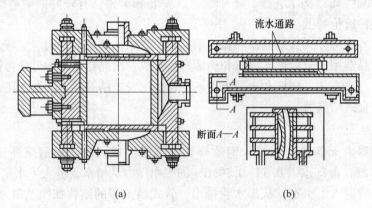

(a)　　　　　　　　　　　(b)

图 9-33　组合式结晶器的结构

（a）方坯组合结晶器；（b）板坯组合结晶器

C　在线调宽结晶器

结晶器在线调宽是连铸板坯热送和连轧的前提之一。为了在浇注过程中获得不同宽度的板坯，而开发了在线结晶器宽度调整技术。结晶器在线调宽有两种方法：

（1）L式宽度调整方法。将结晶器窄面壁板分成上下两段，每段都有各自的移动机构，其由窄调宽的调整步骤如图9-34所示。

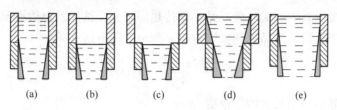

图9-34　L式调宽步骤示意图

（a）正常浇注状态；（b）停止浇注使钢水液面降到下半部结晶器；（c）窄面上半部调宽；（d）继续
浇注使钢液面恢复正常位置；（e）下半部结晶器调宽到与上半部对齐并恢复拉坯和振动

（2）Y式宽度调整方法。在浇铸过程中，逐步把两个窄边无级地向内或向外移动，达到预定的铸坯宽度所需的尺寸，这种浇注过程中调宽的方法如图9-35所示。改变铸坯宽度时，为了安全，可适当降低拉速。

D　多级结晶器

多级结晶器是为提高拉速而开发的一种技术，其结构如图9-36所示，其在结晶器下口安装足辊或铜板，与带足辊的结晶器相比，多级结晶器由2级结晶器组成，第二级结晶器由4块铜板组成，用弹簧轻轻压在铸坯上，铜板由喷嘴喷水冷却。

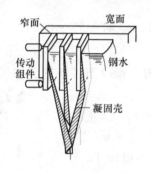

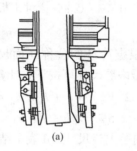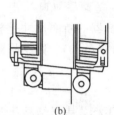

图9-35　Y式宽度调整技术

图9-36　多级结晶器结构示意图

（a）带冷却板的多级结晶器；（b）带足辊的结晶器

9.4.3.4　结晶器结构参数设计

铸坯和铜壁之间的传热情况比较复杂，坯壳和结晶器之间的传热系数是结晶器内的位置、拉速及保护渣特性参数等因素的函数，而且还与钢的线性收缩性、高温强度，结晶器锥度、长度以及坯壳的表面温度等有关。从理论上对此做出准确的预测是相当困难的，曾经有各种根据经验关系函数进行边界条件设定和根据实测结果进行边界条件设定的方法。目前，一般采用热平衡方法研究结晶器的传热速率，即结晶器导出的热量=冷却水带走的热量。基于此进行结晶器相关结构参数设计。

A　结晶器长度

结晶器长度是根据铸坯出结晶器时的坯壳厚度确定的。管式结晶器长度多数为700mm，其他类型结晶器，随着拉速提高，结晶器长度提高到800~900mm，也有采用较长的结晶器长度，在 1050~1200mm 之间。

B　结晶器锥度

为减少铸坯凝固收缩形成气隙对结晶器传热的影响，结晶器都做成倒锥度形状，结晶的下口断面略小于上口。结晶器倒锥度有以下两种表示方法：

$$\varepsilon_1 = \frac{|S_1 - S_2|}{S_1 L} \times 100\% \qquad (9-11)$$

式中　ε_1——结晶器每米长度的倒锥度，%/m；

　　　S_2——结晶器下口断面积，mm²；

　　　S_1——结晶器上口断面积，mm²；

　　　L——结晶器的长度，m。

对于板坯结晶器，因铸坯宽厚比比较大，厚度方向的凝固比宽度方向收缩要小得多，因此可仅考虑宽度方向的收缩，结晶器的锥度可按上下口的宽度来计算，计算公式如下：

$$\varepsilon_1 = \frac{|L_1 - L_2|}{L_1 L} \times 100\% \qquad (9-12)$$

式中　ε_1——结晶器每米长度的倒锥度，%/m；

　　　L_1——结晶器下口宽度，m；

　　　L_2——结晶器上口宽度，m；

　　　L——结晶器长度，m。

对于方坯连铸机，ε_1 取 0.4%~0.8%；对于板坯连铸机，ε_1 取 0.5%~1.0%。

C　结晶器断面尺寸

结晶器的断面尺寸是根据冷坯的公称断面尺寸确定的。若冷态铸坯的公称尺寸为 a (mm)$\times b$(mm)，则结晶器内腔尺寸可按下式计算：

$$a_u = (1 + 2.5\%) \times a + K; \quad a_d = (1 + 1.9\%) \times a + K \qquad (9-13)$$
$$b_u = (1 + 2.5\%) \times b - K; \quad b_d = (1 + 1.9\%) \times b - K \qquad (9-14)$$

式中，下标 u 表示结晶器内腔上口尺寸，d 表示结晶器内腔下口尺寸。

K 取值如下：对于大于 160mm×160mm 的方坯，$K = 1.5$；对于小于 160mm×160mm 的方坯，$K = 1.0$；对于 $a \times b$ 矩形断面铸坯，a 面 K 取 2；b 面 K 取 0。

管式结晶器内腔应有合适的圆角半径，铸坯断面尺寸大于 100mm×100mm 时，圆角半径取 6mm；铸坯断面尺寸在（140mm×140m）~（200mm×200mm）之间时，圆角半径取 8~10mm；铸坯断面尺寸大于 200mm×200mm 时，圆角半径取 ≥15mm。

D　结晶器水缝面积

钢水在结晶器内形成坯壳所放出的热量主要由冷却水带走，结晶器水缝面积可按下式计算：

$$F = \frac{1000}{36} \cdot \frac{QS}{v} \qquad (9-15)$$

式中　Q——结晶器单位周边耗水量，一般取 $Q = 100~160 \mathrm{m^3/(h \cdot m)}$；

　　　F——结晶器水缝面积，mm²；

　　　S——结晶器周边长度，m；

v——冷却水流速，一般方坯结晶器取 $9\sim12\mathrm{m/s}$，板坯结晶器取 $3.5\sim5\mathrm{m/s}$。

9.4.3.5 结晶器的振动装置

与结晶器相连的部件是振动机构，该机构在生产过程中通过不断振动，带动结晶器一同振动，排除液态金属中的气体，帮助凝结成固态外壳的钢坯从下方拉出。

A 结晶器振动装置的作用和技术要求

结晶器振动的目的就是防止初生坯壳与结晶器之间黏结而被拉裂，同时由于结晶器上下振动，周期性地改变着液面与结晶器壁的相对位置，有利于润滑油或保护渣向结晶器壁与坯壳之间渗漏，改善润滑条件，减少拉坯摩擦阻力、黏结及漏钢事故的可能，使连铸顺行。

对结晶器振动装置的技术要求如下：

（1）振动曲线（波形）符合规范要求，振动的方式能有效防止因坯壳黏结造成的拉漏事故；

（2）振动参数有利于改善铸坯表面质量，形成表面光滑的铸坯；

（3）振动装置性能稳定，能准确实现圆弧轨迹，不产生过大的加速度引起的冲击和摆动；水平偏摆应不大于 $\pm(0.2\sim0.3)\mathrm{mm}$；

（4）运动精度高，寿命长；

（5）容易制造、安装和操作，在线调频、调幅、调波形（液压振动），维护方便。

B 振动波形及特点

结晶器振动一般有四种方式，包括同步振动（矩形波）、负滑脱振动（梯形波）、正弦波振动和非正弦波振动。每种振动方式具有各自的波形和特点。

（1）同步振动。振动装置的下降速度与铸坯拉速相同，上升速度等于拉坯速度的 3 倍，这种振动方式是通过凸轮机构实现的，对减少拉坯阻力，防止漏钢事故，改善铸坯质量是有效的；但振动在上升到下降的速度转折点上，加速度很大，产生较大的冲击力。目前生产中已不再使用。

（2）负滑脱振动。振动过程中结晶器下降速度大于拉坯速度，铸坯与结晶器壁有相对滑动，结晶器下降时对铸坯产生一种压力，有利于坯壳表面细小横裂的焊合和脱模，称为负滑脱。该模式同样需要凸轮机构来实现振动，与同步振动相仿，其在机械、电气及使用效果上的弱点同样存在。因此，同样在生产中不再使用。

（3）正弦波振动。正弦波振动是目前广泛采用的一种振动方式。以偏心轮代替凸轮的振动过程，速度曲线呈正弦曲线，结晶器从向上到往下运动转变时速度变化平缓，振动冲击小、加速度小，易于实现高频振动，脱模效果好；能有效实现负滑动运动，提高拉速；易于改变振动频率和振幅，实现高频小振幅的要求；有利于改善铸坯表面质量；正弦振动通过偏心轮连杆机构实现，制造简单，易于安装，目前已被广泛采用。

（4）非正弦波振动。随着高效连铸技术的开发，拉速越来越大，造成结晶器向上振动时与铸坯之间的相对运动速度加大，高频振动造成的这个速度更大。由于高效连铸结晶器保护渣用量相对减少，坯壳与结晶器之间发生黏结而导致漏钢的可能性增加。解决这一问题的有效方法之一是采用非正弦振动方式。因此，非正弦波振动更适应高拉速连铸过程。

非正弦波振动是结晶器在振动时可以分别控制结晶器上升与下降的速度与时间，使结晶器向上振动时间大于向下振动时间，以缩小铸坯和结晶器向上振动之间的相对运动速度，具有很大的灵活性。其优点是，振动时结晶器上升时间相对较长，速度平稳，减少对坯壳的拉伸应力；下降速度快，对坯壳施加压应力较大，利于修复裂的坯壳和脱模顺利；负滑脱时间减少，可减轻振痕深度，振痕轻；减少结晶器的摩擦阻力和拉坯阻力。

正弦与非正弦振动曲线如图 9-37 所示。

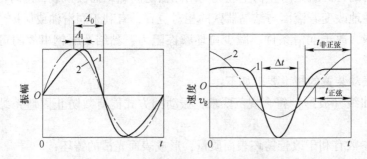

图 9-37　正弦振动与非正弦振动曲线
1—非正弦振动；2—正弦振动

C　振动装置类型

振动装置包括导轨型振动机构、长臂型振动机构、差动齿轮型振动机构、四连杆型振动、液压振动机构等类型。其中导轨型振动机构是早期的振动机构，由于导轨易于磨损，运动轨迹误差很大，现已不用。长臂型振动机构通过一根与圆弧半径等长度的长臂来实现弧形运动，一端为支点，即连铸机的圆弧中心，它铰接在固定端架上；另一端装结晶器上，可以绕支点作弧线运动，结构简单，可以实现结晶器的弧线运动。但是长臂易变形，铰接点有间隙，使用时会磨损，因此难以保证精确的弧线运动。可以在小半径（$R = 2.5 \sim 3.0$m）连铸机采用。差动齿轮型振动结构较为复杂，导向机构为齿轮差动啮合原理，振动框架的两侧齿条上的线速度不一样，使结晶器产生弧形运动。这种振动机构运动轨迹准确，也比较耐用，能准确实现结晶器的弧线运动、快速更换，多用于板坯连铸机。目前应用较多的是四连杆型振动、四偏心轮式振动机构及液压振动机构等类型，以下重点介绍其结构及特点。

a　四连杆型振动装置

四连杆型振动装置是被广泛采用的一种结构简单的仿弧振动机构，分外弧短臂四连杆和内弧短臂四连杆两种类型（见图 9-38、图 9-39）。这两种类型原理相同，上下两臂的延长线交于连铸机弧形中心点，该点也是四连杆运动的瞬时中心。四连杆振动机构结晶器均固定在振动框架上，振动框架铰接在两连杆上的一端，在驱动杆的带动下，结晶器绕另一端支点往复摆动，可较准确地实现结晶器的弧线运动，有利于提高铸坯质量。一般小方坯连铸机的振动机构布置在内弧侧，要求设计精度不大于 0.02mm；大方坯和板坯连铸机布置在外弧侧，要求设计精度不大于 0.1mm。

短臂四连杆振动装置整体更换性好，变频电机替代直流电机，成本相对较低。由于铰点多，局部易出现严重磨损，使振动装置精度下降并产生水平偏摆。由于安装在二冷室

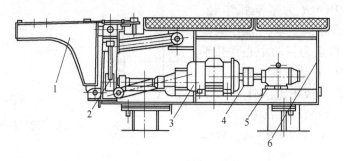

图 9-38　内弧侧布置的四连杆振动机构示意图
1—振动台；2—振动臂；3—无级变速器；4—安全联轴器；5—交流电动机；6—箱架

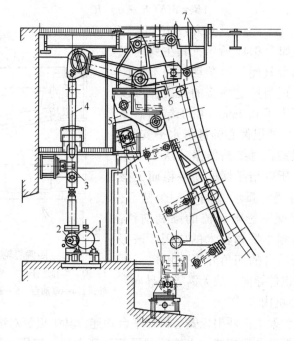

图 9-39　外弧侧布置的四连杆振动机构示意图
1—电极及减速机；2—偏心轴；3—导向部件；4—拉杆；5—座架；6—摇杆；7—结晶器鞍座

内，有蒸汽腐蚀，检修不便。

延长振动臂的四连杆振动装置是将传动装置移到二冷喷水室之外，振动机构仍为普通短臂四连杆，但振动台不直接受连杆传动，而是把振动臂一端延长，形成传动臂，机构简化，检修方便，电机减速机的环境条件得到改善。

b　四偏心轮式振动机构

四偏心振动装置是近 30 年来发展起来的较为先进的机构，具有结构简单、运动轨迹准确的优点，属于正弦振动方式，其设计原理与差动齿轮相似，结晶器壁的弧线运行是依靠两对偏心距不等的偏心轮及连杆机构来进行的。结晶器弧线运行的定中（导向）是利用两条板式弹簧，一头连接在快速更换台框架上，另一头连接在振动头的恰当位置上来实现的，以防止左右偏摆（见图 9-40）。

图 9-40 中 $OM = R$ 为基准弧半径，$AM = a$，$MC = b$ 为结构要求，AMC 为振动台，当振动台以点为转动中心作弧形振动时，则 A、M、C 诸点的位移，与该点至转动中心的距离成正比，则：

$$AB/BO = MN/NO = CD/DO$$

设：$BO = R - a$，$DO = R + b$，$NO = R$，则：

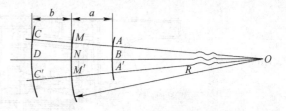

图 9-40　四偏心振动机构原理图

$$AB/(R - a) = CD/(R + b) = MN/R \qquad (9\text{-}16)$$

这就是四偏心振动原理，当 R、M、N 及 a、b 确定时，则可求出：

$$AB = MN(R - a)/R$$

$$CD = MIN(R + 6)/R$$

四偏心振动机构如图 9-41 所示，其主要优点为：板式弹簧使振动台只能弧形摆动，而不能产生前后左右的位移，适当选定弹簧的长度，可以使运行轨迹的误差不大于 0.2mm，由于结晶器振动的振幅不大，可以把两根偏心轴进行水平安装，而不会引起明显的误差；对结晶器振动从 4 个角部位置上进行支撑，所以结晶器振动平稳而无摆动现象；振动曲线与浇铸弧形线同属一个圆心，无任何卡阻现象，丝毫不影响铸流的顺利前移；结构稳定，适合于高频小振幅技术的应用；该振动机构中，除结晶振动台的四角外不使用短行程轴承，因使用平弹簧组件导向，故无需导辊导向。

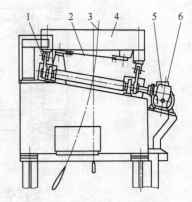

图 9-41　四偏心轮式振动机构示意图
1—偏心轮和连杆；2—定中心弹簧板；3—铸坯外弧；4—振动台；5—涡轮副；6—直流电动机

　　c　差动液压振动机构

结晶器放在振动台架上，两根板簧与操作平台相连，其中板簧对结晶器起导向定位和蓄能作用。振动杆与振动台架相连，由铰链和平衡弹簧支撑。液压油缸不承受弯扭力矩，仅承受轴向载荷。振动信号通过比例伺服阀控制油缸动作，带动振动台架上的结晶器进行振动，其振动时的平衡点可以微调。液压振动机构有单液压缸和双液压缸两种，小方坯一般采用单液压缸，大方坯采用双液压缸，布置有偏心布置和中心布置方式。液压振动机构如图 9-42 所示。

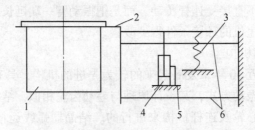

图 9-42　结晶器液压振动机构示意图
1—结晶器；2—振动台架；3—平衡弹簧；4—液压油缸；5—比例伺服阀；6—板簧

结晶器采用液压振动，旨在改善铸坯与结晶器壁的接触。通过自由选择的非正弦波振动曲线，按选定的运动方程振动，可使负滑脱时间缩短，即减少熔融保护渣进入铸坯和器壁间接触区域的机会，有利于铸坯表面质量的提高。目前新设计连铸机一般均采用液压振动装置，可快速改变冲程和振动频率，更好地控制振动。根据不同的钢种而改变振动参数能提高铸坯表面质量，而且通过提高振动频率还能提高连铸机的拉速。

目前液压缸驱动有两种方式，广泛运用的是伺服阀控制方式。该方式较为昂贵，装置也复杂，但成熟可靠。另一种是新研发的数字缸控制，该方式又分为三种：数字阀（位置旋变编码器）控制油缸运动；同步马达控制油缸运动；大推力数字伺服电动缸驱动，由数字电机驱动数字伺服缸，使滚柱丝杆做直线往复运动而实现结晶器振动。

液压振动驱动装置具有可在线调整振幅、振频、波形等功能，振动精度也高，其稳定性更好；可提高铸坯的质量，振动装置的寿命长，故障率低。

D　结晶器振动参数

结晶器振动的运动参数主要是振动速度 $v(\text{m/s})$、振幅 $S(\text{mm})$ 和频率 $f(\text{次/min})$。

结晶器从最高位置下降到最低位置，或从最低位置上升到最高位置，所移动的距离称振动行程。结晶器振动行程 $h = 2S$。

振动行程的一半称为振幅，也就是最高点到平衡点或平衡点到最低点的距离，$S = h/2$。

结晶器上下振动一次的时间称为振动周期 T，1min 内振动的次数即为频率 f，根据定义有 $f = 60/T$。

正弦振动方式采用高频率、小振幅、较大的负滑脱率的振动较为有利。

a　振幅和频率的关系

以正弦振动为例，结晶器任一时刻的振动速度为

$$v_m = v_a \sin(\omega t) \tag{9-17}$$

式中　v_m——结晶器振动速度，m/min；

　　　v_a——振动最大速度，m/min；

　　　ω——偏心轮角速度，rad/s；

　　　t——时间，s。

角速度和频率的关系为

$$f = \omega/2\pi \tag{9-18}$$

对于正弦振动，负滑动率 ε 用式（9-19）计算

$$\varepsilon = \frac{v_m - v}{v} \times 100\% \tag{9-19}$$

式中　v_m——结晶器最大下振速度，m/min；

　　　v——拉坯速度，m/min。

按平均速度计算半波面积，同时其等于振动行程，则得

$$2S = v_m \frac{\pi}{\omega} \tag{9-20}$$

由式（9-18）和式（9-20）整理得

$$v_m = 4Sf/1000 \tag{9-21}$$

将式（9-21）代入式（9-19）可求得振幅和频率的关系为：

$$f = \frac{1000v(1 + \varepsilon)}{4S} \tag{9-22}$$

b 负滑动时间

在结晶器下振动速度大于拉坯速度时，会出现负滑动。负滑动时铸坯产生与拉坯方向相反的运动，能帮助铸坯"脱模"，有利于拉裂坯壳的愈合。在一个振动周期内，结晶器下振速度大于拉坯速度的时间就是负滑动时间。对正弦振动来说，可用下式计算：

$$\Delta t = \frac{60}{\pi f}\arccos\left(\frac{v_{\mathrm{m}}}{v_{\mathrm{a}}}\right) \tag{9-23}$$

c 振动参数对铸坯质量的影响

振幅越大，振痕越深。例如，振动频率为 $f = 200$ 次/min，振幅 S 由 3mm 增加到 8mm 时，振痕深度由 0.25mm 扩展到 0.45mm。振动频率越高，振痕深度越浅。例如：振幅 $S = 3$mm，f 由 100 次/min 增大到 300 次/min 时，振痕深度由 0.3mm 降低为 0.1mm。

随着负滑动时间延长，振痕深度变深。例如：振动速度 $v = 1$m/min，负滑动时间 Δt 由 0.05s 延长到 0.25s 时，振痕深度由 0.1 ~ 0.2mm 扩大到 0.4 ~ 0.6mm；负滑动时间延长，横向裂纹指数增大。例如：负滑动时间 Δt 由 0.26s 延长 0.29s，裂纹指数大约由 0.3 增大 1.0。

9.4.4 二次冷却装置

铸坯从出结晶器开始到完全凝固这一过程称为二次冷却。二次冷却系统装置又称为二次冷却段或二次冷却区，简称二冷区。在拉出钢坯之后，第一个经过的区域是二次冷却道，在二次冷却道中向钢坯喷射水雾冷却，将钢坯将逐渐从外表冷却到中心，以使铸坯完全凝固，同时控制其表面温度沿出坯方向均匀降低，使铸坯沿着辊道进入拉矫机。

9.4.4.1 二次冷却装置的结构形式

A 连铸工艺对二次冷却装置的作用及技术要求

二次冷却的作用是铸坯在二冷区喷水或气水喷雾冷却，加速凝固；通过夹辊和导向辊，对带液芯的铸坯起支撑和导向作用，并防止鼓肚变形；对引锭杆起导向和支撑作用；对带直结晶器的直弧形连铸机，在二冷区完成铸坯的顶弯作用；装有多辊拉矫机的二冷区，对部分夹辊起驱动的拉坯作用。

连铸工艺对二次冷却装置的技术要求如下：足够的强度和刚度；结构简单，调整方便；能按要求灵活调整二冷区水量，以适应铸坯断面、钢种、浇注温度和拉速的变化。

B 二次冷却装置的结构形式

a 小方坯二次冷却装置

小方坯连铸机二次冷却装置的结构如图 9-43 所示。一般小方坯连铸机是管式结构，由三段无缝钢管制成，钢管支撑在底座上，每段钢管又由内外两层钢管构成，中间的夹缝通水冷却，二冷区头两段在冷却室内，第三段在冷却室外。

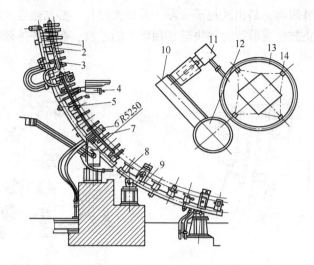

图 9-43　小方坯连铸机的铸坯导向及冷却装置

1—Ⅰ段；2—供水管；3—侧导辊；4—吊挂；5—Ⅱ段；6—夹辊；7—喷水环管；8—导板；
9—Ⅲ段；10—总管支架；11—总管；12—导向支架；13—环管；14—喷嘴

b　板坯二次冷却装置

板坯二冷装置比小方坯要复杂，为便于加工制造、安装调整和快速处理事故，一般分成若干扇形段。结晶器下口的第一段，要求能和结晶器准确对中，并要能快速更换，以方便处理事故。一般把结晶器振动装置和二冷的零段（足辊处）装在一起，以快速整体吊换。结晶器下的第一扇形段有板式和辊式两种。

（1）板式结构也叫冷却格栅，是为加强铸坯冷却、防止拉漏和改善铸坯支撑、限制铸坯鼓肚变形而设计的一种结构，如图 9-44 所示。其由四块格板组成，每块格板上开有许多交错布置的方孔，冷却水通过这些孔直接喷射到铸坯表面上。这种结构的优点是冷却效果好，能有效防止铸坯鼓肚，但易磨损，使用寿命较短。

（2）辊式结构。二冷一段应用较多的是辊式结构，是用密排小直径夹辊来达到强制冷却和防止鼓肚变形，图 9-45所示为一段辊式结构简图。图 9-46 所示为用于立弯式连铸机的头段二冷夹辊，它支撑在导轨上，可以从侧面或上面快速拉出，快速更换。

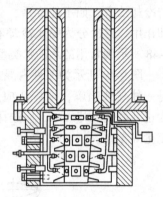

图 9-44　冷却格栅

为提高连铸机作业率，现在均采用快速更换、离线检修的方法来更换二冷扇形段，常用的方法有三种：（1）用小车侧向更换扇形段；（2）用导槽提运扇形段；（3）利用摆动臂更换扇形段。

以上三种方法，后两种方法较为常用，尤其第二种方法应用更为普遍。

c　夹辊

沿铸机半径方向水平布置，起支撑和导向作用的导辊，称为夹辊。夹辊可以减少摩擦力，以减小拉坯阻力。夹辊有长夹辊、短夹辊和分节夹辊之分，如图 9-47 所示。在二冷第一段，因工作条件限制，易出现辊子变形，若增大辊径，必然会增大辊距，对板坯连铸来说，不能有效防止鼓肚变形，为解决辊径和辊距的矛盾，在板坯连铸机上采用短夹辊和分节夹辊。

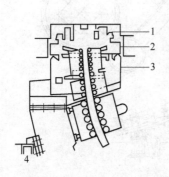

图 9-45　一段辊结构图

1—结晶器；2—振动台；3—扇形段；4—基础框架

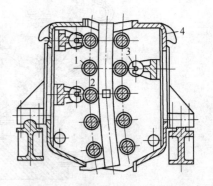

图 9-46　立弯式连铸机头段二冷夹辊

1—夹辊；2—侧导；3—支撑；4—框架

d　二冷喷嘴

冷却水喷嘴的工作性能直接影响铸坯的质量及拉速的提高，连铸对喷嘴的要求如下：（1）冷却水充分雾化；（2）有较高的喷射速度；（3）在铸坯表面上覆盖面大。

水滴是否能穿透铸坯表面上的蒸汽膜影响水的冷却效率，如不能穿透，就不能产生强烈的冷却作用。二冷分为喷水冷却和气水喷雾冷却，图9-48 所示为常用的水喷嘴类型及喷水雾化的形貌。

图 9-49 所示为三种内混式气水雾化喷嘴，这是一种高效喷嘴，现广泛应用于各种连铸机上，为达到最佳冷却效果，应选择合适的气、水压力、流量等参数。

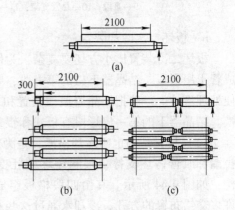

图 9-47　长夹辊、短夹辊和分节夹辊

（a）长夹辊；（b）短夹辊；（c）分节夹辊

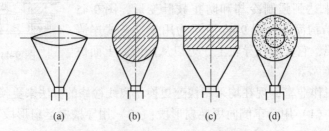

图 9-48　常用水喷嘴的类型及喷雾形貌

（a）扁平形喷嘴；（b）圆锥形喷嘴；（c）矩形喷嘴；（d）环形喷嘴

喷嘴的布置应以铸坯得到均匀冷却为原则，喷嘴的数量沿铸坯拉坯方向逐渐减少。对于小方坯连铸机，普遍使用压力喷嘴，在足辊部位多用扁平喷嘴，喷淋段用实心圆锥喷

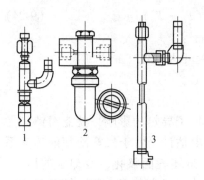

图 9-49 气水雾化喷嘴

1—双孔型内混式广角喷嘴；2，3—单孔型内混式气水喷嘴

嘴，二冷区后段可空冷，喷嘴的布置方式如图 9-50 所示。大方坯连铸可用单孔气水雾化喷嘴冷却，但必须使用多喷嘴喷淋。大板坯连铸多用双孔气水雾化喷嘴冷却，喷嘴布置如图 9-51 所示。

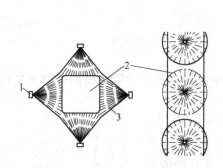

图 9-50 小方坯连铸机二冷喷嘴布置图

1—喷嘴；2—方坯；3—圆锥喷嘴的喷雾形式

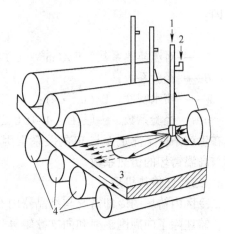

图 9-51 双孔气水雾化喷嘴单喷嘴布置

1—水；2—空气；3—板坯；4—夹辊

9.4.4.2 二冷区工作原理

A 二次冷却区的凝固传热机理

在二次冷却区，铸坯中心的热量是通过坯壳传到铸坯表面的，当喷雾水滴打到铸坯表面时就会带走一定的热量，使铸坯表面温度突然降低，中心与表面形成很大的温度梯度，而这就是铸坯冷却的动力；相反，突然停止水滴的喷射，铸坯表面的温度就会回升。图 9-52 所示为二冷区铸坯表面热量传递的方式，雾化水滴以一定速度喷射到铸坯表面，大约有 20% 的水滴被汽化，带走的热量约占 55%；铸坯辐射散热占 25% 左右；铸坯与夹辊间的传导散热约占 17%；空气对流传热约占 3%。

在设备和工艺条件一定时，板坯辐射传热和支撑辊的传热基本变化不大，而喷淋水的传热占主导地位。因此，要提高二冷区的冷却效率，就必须研究喷雾水滴与高温铸坯之间的热交换。它是一个复杂的传热过程，可用对流传热方程来表示：

$$\Phi = h(T_s - T_w) \tag{9-24}$$

式中　Φ——热流密度，W/m²；

　　　h——传热系数，最大可达 4kW/(m²·℃)；

　　　T_s——铸坯表面温度，℃；

　　　T_w——冷却水温度，℃。

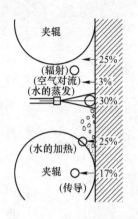

图 9-52　二冷区铸坯传热方式

综合考虑纯气雾冷却和辊子导热的影响，就能对铸坯尤其是铸坯表面温度的分布做出估计。由于气雾冷却的传热系数与喷嘴形式、铸坯特征、铸坯表面氧化、冷却水的压力、流量都有关系，因此，其经验公式也各不相同。针对具体问题，只能根据实际情况寻找比较相符的关系式。

由公式（9-24）可知，除冷却水温度和铸坯表面温度对传热有影响外，其他因素对铸坯表面传热的影响反映在传热系数上。要提高二冷区冷却效率和保证板坯质量，就要提高传热系数 h 值和在二冷各段 h 值的合理分布。而 h 值与单位时间单位面积的铸坯表面接受的水量（水流密度）有关，即：

$$h = BW^n \tag{9-25}$$

式中　h——对流换热系数，W/(m²·℃)；

　　　B——经验系数；

　　　W——喷水密度，L/(m²·s)；

　　　n——经验系数，一般在 0.4~0.8 之间。

在生产条件下测定 h 与 W 的关系很困难，一般是在实验室内用热模拟装置测定喷雾水滴与高温铸坯的传热系数。

a　二冷区传热机理

二冷区内铸坯的冷却情况与结晶器内有很大的不同。在二冷区，铸坯除了向周围辐射和向支撑辊导热之外，主要的散热方式是表面喷水强制冷却。铸坯在二冷区每一个辊距之内都要周期性地通过 4 种不同的冷却区域，如图 9-53 所示的 AB、BC、CD、DA 段。

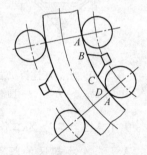

图 9-53　一个辊距之内的不同冷却区域

（1）AB 空冷段：喷淋水不能直接覆盖的区域。在该区内坯壳主要以辐射形式向外散热，另外还与空气和喷溅过来的小水滴或水汽进行对流换热。在该区的热流密度可按式（9-26）进行计算：

$$q = \varepsilon C_0\left[\left(\frac{T_S}{100}\right)^4 - \left(\frac{T_g}{100}\right)^4\right] + h(T_S - T_g) \tag{9-26}$$

式中　q——坯壳表面热流密度，W/m²；

　　　ε——坯壳表面黑度，0.7~0.8；

　　　C_0——黑体辐射系数，W/(m²·K)，约为 5.675W/(m²·K)；

　　　T_S——坯壳表面温度，K；

　　　T_g——周围空气温度，K；

h——对流换热系数，W/（m²·K），若邻接铸坯表面的空气流速不大于 2～3m/s 时，$h = 20～23W/(m^2·K)$。

（2）BC 水冷区：被喷淋水直接覆盖的区域。在该区内一部分冷却水被汽化，由于汽化吸热量很大，每 1kg 水可吸收 2200kJ 左右的热量，从而使铸坯表面大量散热。实测结果表明铸坯表面喷水冷却，铸坯表面温度保持在 1050℃ 时，若耗水量在 0.56～1.94L/（m²·s）内变化，则汽化水相对量为 8%～10%。铸坯消耗于冷却水的热流密度可按式（9-27）进行计算：

$$q_v = \eta C_e \rho_w W \tag{9-27}$$

式中　q_v——消耗于冷却水汽化的热流密度，W/m²；

　　　η——变为蒸汽的水的比例，%；

　　　C_e——水的汽化热，J/kg；

　　　ρ_w——水的密度，kg/m³；

　　　W——单位坯表面积耗水量，也称喷水密度，m³/（m²·s）。

未被汽化的水还要沿坯壳表面流动，与坯壳进行着强制对流换热。若坯壳为水平放置而喷嘴进行纵向冲洗时。对流换热系数可由式（9-28）确定：

$$h = C \frac{\lambda}{d} \left(\frac{vd}{\mu} \right)^n \tag{9-28}$$

式中　h——对流换热系数，W/（m²·℃）；

　　　C——经验常数（紊流下 $C = 0.032$）；

　　　λ——喷淋水导热系数，W/（m²·℃）；

　　　d——坯壳特征尺寸，m；

　　　v——喷淋水沿坯表面流速，m/s；

　　　μ——喷淋水黏度，m²/s；

　　　n——经验常数（紊流下 $n = 0.8$）。

事实上，二冷区铸坯表面热交换不完全符合式（9-24）的应用条件，因为水的沸腾以及气膜的形成破坏了铸坯表面的边界层，而且喷嘴水流速度场不均匀等许多因素都使对流换热系数的确定变得十分困难和复杂。目前工程计算中多采用式（9-10）进行计算。

（3）CD 空冷与水冷混冷区：该区虽不能被喷淋水直接覆盖，但有一部分水在重力作用下从 BC 段沿坯表面流入该区。因此该区兼有 AB 段和 BC 段的传热形式，究竟空冷辐射与水冷蒸发、对流各占多大的比例，还要根据坯的空间位置、喷嘴形式和辊列布置等影响因素确定。

（4）DA 辊冷区：由于坯壳的鼓肚变形，夹辊与坯壳表面不是线接触而是面接触，DA 弧即为该接触面的截线，在该区内坯壳以接触导热的形式向辊散热。

b　二冷区传热系数

二冷区传热系数 h 表示了铸坯表面与二冷区冷却水之间的传热效率，h 大则传热效率就高，它与喷水量、水流密度、喷水面积、喷水压力、喷水距离、喷嘴结构、铸坯表面温度和水温等因素有关。一般需要通过试验测定统计后，用经验公式表示。不同作者所得出的经验公式形式各异。

B　二次冷却区传热的影响因素分析

一般情况下，二冷区内辐射散热与冷却主要受连铸机设备类型与布置的制约，在生产中属于基本固定或不易调整的因素。而水冷是二冷区内主要的冷却手段，对喷淋水冷却效率有影响的很多因素在生产中是可变和可调整的，这些因素的变化直接影响着二冷区内的热交换。

a　喷嘴结构和布置

理想的喷嘴具有很好的雾化特性，具体地说就是喷嘴应能使喷淋水雾化得很细，又有较高的喷淋速度，水滴在铸坯表面分布均匀。喷嘴的形式有许多种，目前常用的有扁平喷嘴、螺旋喷嘴、圆锥喷嘴和薄片喷嘴等（见图9-48）。

（1）压力喷嘴。这类喷嘴具有结构和管路系统简单、耗能小等优点。但喷嘴出口尺寸较小，容易堵塞，喷水量不易调节。按喷淋水雾化流股的形状，可分为扁平喷嘴和圆锥喷嘴。

一般扁平喷嘴水流量大、冷却强度大，大都用来冷却大断面铸坯二冷区的头段。由于水的表面张力作用，流股边缘光滑、水底直径较大，水量分布为中间高、两边低。

圆锥喷嘴又可分为空心型、实心型和半实心型。空心型圆锥喷嘴水流量小、冷却强度低，适用于小断面的合金钢铸坯。这种喷嘴有一个使水旋转的空间，水通过一个切线方向的通道或是通过一个有螺旋的轮子进入这个空间高速旋转。喷嘴的开口在这个空间的轴线上，水离开喷嘴后，在离心力的作用下雾化成空气的锥形流股。

实心型圆锥喷嘴可被看成是一个空心型圆锥喷嘴外加一个中心股流。在中心股流与空心股流相互作用下，雾化成实心的锥形流股。

（2）气水喷嘴。这种喷嘴是一种高效喷嘴，它正逐渐代替其他喷嘴而被广泛用于各种连铸机上。气水喷嘴把水与压缩空气进行混合，再利用压缩空气能量把水滴进一步雾化，从而喷射出比较理想的广角射流股。它的水流量容易调节，冷却能力变化范围广，喷口不易堵塞，特别是对水底的细化效果明显优于压力喷嘴，可增大蒸发量以提高冷却效率，并使冷却更加均匀。

喷嘴的布置对铸坯冷却的均匀程度有很大影响，应尽量保证铸坯表面喷雾覆盖的连续性，因此布置喷嘴时，应使两相邻喷嘴喷雾面之间有一定的重叠。试验证明，当喷雾面重叠10%时，对重叠面上的铸坯冷却的均匀性影响不大。图9-50和图9-51所示分别为小方坯和板坯喷嘴的典型布置。

b　喷水密度和坯表面温度

在一定范围内，喷水密度的提高可显著提高二冷区的传热效率。当喷水密度较低时，传热系数随其增加而明显升高；当喷水密度增加到一定程度时，传热系数曲线随之呈平坦趋势，这说明喷水密度超出一定范围之后，对传热系数的影响就不大了。其原因在于当喷水密度增加到一定程度时，接近表面的水滴与从表面弹回来的水滴相撞的几率增大，使动能损失增大，而且易于在铸坯表面形成蒸汽膜，妨碍水滴与铸坯表面的直接接触，从而影响水滴的传热效率。当喷水密度超过 $20m^3/(m^2 \cdot h)$ 时，传热系数就不再增加。

根据试验，喷淋水滴落到铸坯表面时，可能出现两种不同传热形式。如果铸坯表面温度不高（低于300℃），水滴始终与坯表面保持接触，这种现象称为润湿。水滴碰到铸坯表面后，由于水滴的蒸发不大，不会影响到它与铸坯的接触，经过一段时间接触传热后，水滴沿坯表面流走,这种水滴的传热效率比较高。如果铸坯表面温度比较高,水滴一碰到铸坯就会破裂并且超速蒸发,水滴与坯的接触只是瞬间,炸裂的细水滴很快从铸坯表面离开,然后又聚集起来,而后又炸裂,这种现象称为"干壁",它的冷却效率比较低。

   c 喷淋水滴速度和喷嘴压力

喷淋水滴与坯表面碰撞速度的高低对传热有很大影响。当水滴的韦伯数 $We>80$ 时,水滴碰撞到铸坯表面后铺展并分裂成若干个小水滴;当水滴的韦伯数 $We<30$ 时,水滴在铸坯表面铺展开,加热后自身旋转,最后离开铸坯表面,而始终没有分裂;当水滴的韦伯数 We 在 $30\sim80$ 之间时,水滴在铸坯表面铺展开后并不分裂,在自身旋转过程中才分裂。韦伯数用式(9-29)表示:

$$We = \rho dv^2 / \sigma \tag{9-29}$$

式中　ρ——水滴密度,kg/m³;

　　　d——水滴直径,m;

　　　v——水滴流速,m/s;

　　　σ——水滴表面张力,N/m²。

水滴碰撞到铸坯表面后,若能够马上分裂成若干小水滴则可以增加水滴与铸坯的传热接触面积、提高传热效率。当水滴的密度、直径、表面张力确定之后,韦伯数与水滴流速的平方成正比,因此,提高水滴碰撞铸坯表面的速度就能提高水滴的传热效率。

喷淋水在喷嘴的出口速度取决于管道中的压力。压力增加,喷淋水出口流速提高。在已知喷淋水出口流速和水滴直径的情况下,水滴在大气中运行的速度可用式(9-30)计算:

$$v = v_0\exp[-0.33(\rho/\rho_0)zdQ^2] \tag{9-30}$$

式中　v——水滴距喷嘴长为 2m 时的流速,m/s;

　　　v_0——水滴在喷嘴出口时的流速,m/s;

　　　ρ——大气密度,kg/m³;

　　　ρ_0——水滴密度,kg/m³;

　　　z——测流速位置至喷嘴的距离,m;

　　　d——水滴直径,m;

　　　Q——喷淋水流量,m³/s。

   d 喷嘴的堵塞

由于管道壁脱落的锈蚀物和喷淋水内泥沙等杂质的不断堆积,喷嘴在使用一段时间后会出现不同程度的堵塞,甚至堵死。这种现象的发生不仅会加重铸坯冷却不均的程度,而且对传热效率有很大影响,因此,改善喷淋水的纯净度,定期和及时检修或更换堵塞的喷嘴是极其必要的。

   e 比水量

比水量即单位质量铸坯所需的冷却水量,是一个重要参数,其变化直接影响着二冷区的传热效率。比水量由式(9-31)定义:

$$P = \frac{Q}{S\rho v} \tag{9-31}$$

式中　P——比水量,L/kg;

Q——二冷区喷水量，m^3/s，喷水密度与喷水总面积之乘积；

S——铸坯断面积，m^2；

ρ——铸坯密度，kg/m^3；

v——拉速，m/s。

当铸坯断面尺寸、钢种、喷嘴形式及其布置确定之后，比水量主要受喷水密度和拉速的影响。当拉速固定时，比水量与喷水密度成正比。因此，比水量对传热系数的影响与喷水密度的影响相同，比水量高过一定程度时，也会出现"热饱和"现象。当喷水密度固定时，比水量的变化与拉速的变化成反比关系，所以说二冷区冷却效率的高低不能单独以比水量的大小来衡量，还应该同时考虑拉速对比水量值的影响。

C 二次冷却制度优化

连铸机的生产能力和铸坯质量在很大程度上取决于二冷区各冷却段配水方案的选择。二次冷却制度优化的含义是在制定各段喷淋水量、喷嘴形式与布置、喷淋区长度时，使连铸机达到最大生产率来浇铸无缺陷的产品，建立起合理的二冷制度。

二冷配水优化方案在制定时要遵循冶金冷却准则和工艺条件。冶金冷却准则包括：

(1) 液心长度限制准则。即为了避免内裂、鼓肚和减轻中心偏析，要求对铸坯液心长度进行限制。

(2) 局部温度限制准则。很多钢种在某些温度区间延展性变差，这与钢组织相变有关，不同钢种有不同的低延展性温度区间。

(3) 表面回温限制准则。由于二冷区与结晶器冷却强度的不同以及二冷区内不同位置冷却强度的变化，铸坯表面沿出坯方向上会出现温度回升现象，这种再加热现象严重时，会使局部产生较大张应力而造成横裂、内裂等缺陷，因此应限制铸坯表面沿出坯方向上的回温率，一般应把回温率限制在 100℃/m 之内。

(4) 冷却速度限制准则。铸坯表面冷却速度过快会使局部处于高张应力状态，使得已形成的裂纹变大，并会生成新的裂纹，因此，最大表面冷却降温速率应限制在 200℃/m 之内。

(5) 表面温度限制准则。为了能使支撑辊间的坯壳鼓肚达到最小，应把带液心段的铸坯表面温度限制在一定水平之下，以免因温度过高使坯壳刚度降低，而引起鼓肚量加大，加重鼓肚缺陷，一般情况下，带液心的铸坯表面温度不宜超过 1100℃。

为了满足冶金冷却准则的要求，二冷制度优化需要在现场实际冷却工艺条件允许的情况下进行。冷却工艺条件对配水优化有两种约束：

(1) 喷嘴约束。二冷各区段内热交换的强弱、均匀程度等将受到各区段喷嘴的特性，包括形式、喷水角、雾化程度、压力、喷淋覆盖面及最大喷水量，以及喷嘴的密度与布置的约束。

(2) 管网约束。二冷区内总喷水量的大小以及在各区段内水量的分配，不仅受到供水管网特性包括流动阻力、几何位置等约束，还要受到管网动力系统如水泵的压力、流量、功率等条件的约束。

在统筹考虑整体目标、冶金冷却准则和工艺条件约束的前提下，可以着手进行配水优化方案的制订与选择。但应该注意目标、准则与约束之间有时是不能兼顾的，甚至是相互矛盾的。在实际优化工作中，冷却强度的确定一般都是根据主要目标进行综合优化的过程。有时候在各种矛盾着的要求之间制定的折中方案也能导致综合性的"优化"。

9.4.5　拉坯矫直装置

拉矫机的作用是将连铸坯拉直，以便于下一步工序的进行。连铸机都必须有拉坯机，因为铸坯的运行需要拉动，因此具有驱动力的辊子也叫拉辊。对于弧形连铸机，弯曲的铸坯需矫直后从水平拉出，所以实际生产中，拉坯和矫直是在同一机组里完成的，称为拉坯矫直机。

连铸工艺对拉矫机的要求如下：在浇铸过程中能克服结晶器和二冷区阻力，顺利拉出铸坯；能调节拉速，适应钢种、断面变化的要求和快速上引锭杆的要求，对自动控制液面的拉坯系统能实现闭环控制；实现弧形全凝固或带液芯铸坯的矫直，并保证矫直过程不影响铸坯质量；满足工艺要求的条件下，结构简单，便于安装。

图9-54所示为多流小方坯连铸机用的五辊拉矫机，其布置在水平段上，拉坯辊的下辊表面与连铸机的弧形相切，通过上辊来调节上下辊的距离，以适应铸坯断面变化的要求。

对于大方坯、大板坯，由于厚度较厚，若等铸坯完全凝固再进行矫直，会增加连铸机的高度和长度，因而采用带液芯的多点矫直，如图9-55所示为矫直时的配辊方式。多点矫直采用内弧2个辊，外弧1个辊，每3个辊完成1点矫直，依次类推，一般多点矫直有3~5个矫直点，最多可达19个矫直点。多点矫直把集中于一点的应变量分散到多个点完成，可以消除产生内裂的可能性，有利于实现铸坯的带液芯矫直。

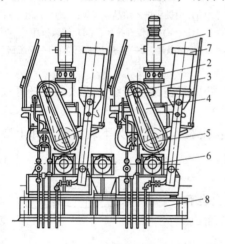

图 9-54　五辊拉矫机
1—电机；2—制动器；3—齿轮箱；4—传动链；
5—上辊；6—下辊；7—压下气缸；8—底座

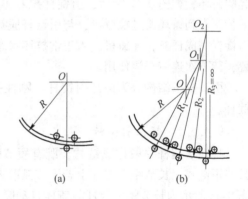

图 9-55　矫直配辊方式
（a）1点矫直；（b）多点矫直

图9-56所示为板坯连铸机的多辊拉矫机，由两段组成，第一段在弧形区内，第二段在切点以后的水平段内。为克服拉坯时的阻力，降低每对辊对铸坯产生过大的压力，采用了多辊驱动；为防止铸坯鼓肚变形，采用小直径密排拉辊，每个辊的压力略大于钢水静压力。在切点处的下辊有一个大直径的支撑辊，来承受较大的矫直力，所有上辊均带有液压压下装置，第二段的压下行程较大，以方便未被矫直的铸坯通过。

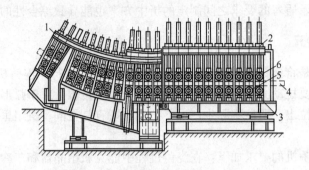

图 9-56　多辊拉矫机

1—牌坊式机架；2—压下装置；3—拉矫及升降装置；4—铸坯；5—驱动辊；6—从动辊

9.4.6　引锭装置

引锭杆在连铸机刚开始生产时起拉动第一块钢坯的作用。当液态钢水在结晶器中凝结之后，引锭杆将钢坯从下方拉出，同时拉开连铸生产的序幕。引锭装置包括引锭头、引锭杆和引锭杆存放装置。

引锭杆作为开浇前结晶器的"活底"堵在结晶器的下口，使钢水在引锭杆头部凝固，通过拉矫机从结晶器拉出引锭杆和与引锭杆头部连在一起的铸坯，如图 9-57 所示，引锭杆拉着铸坯继续下行，直到铸坯通过拉矫机，与引锭杆脱钩为止，引锭杆完成任务，连铸机进入正常拉坯状态。引锭杆离开连铸生产线，进入引锭杆存放位置，待下次连铸开浇使用。

引锭杆按结构分为挠性引锭杆和刚性引锭杆；按装入方式分为下装引锭杆和上装引锭杆。

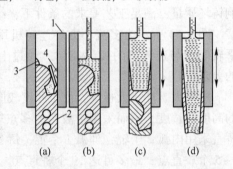

图 9-57　开浇时用引锭杆引锭过程示意图

(a) 引锭头进入结晶器底部；(b) 开始浇注；
(c) 引锭杆拉坯；(d) 继续拉坯

1—结晶器；2—引头；3—石绳；4—碎废钢

9.4.6.1　挠性引锭杆

挠性引锭杆一般作成链式，既有短节距链式，也有长节距链式。长节距引锭杆由若干节弧形链板铰接而成，图 9-58 所示为长节距引锭杆与铸坯自动脱钩示意图。引锭头做成钩形，每节弧形链板的外弧半径应等于连铸机的曲率半径，每节链板的节距为 800~1200mm。

图 9-59 所示为短节距链式引锭杆和钩式引锭头，适合多拉矫机使用。其链节的节距不能大于二冷区夹辊和多辊拉矫机辊子的辊距。由于节距小，链板均可做成直

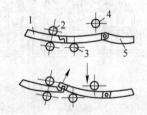

图 9-58　长节距引锭杆自动脱钩示意

1—铸坯；2—拉辊；3—下矫直辊；
4—上矫直辊；5—长节距引锭杆

线形，加工方便，使用中不易变形，改变铸坯断面仅需改变引锭头。当通过最后一对拉矫辊时自动开动液压缸推动引锭头向上摆动，使引锭杆与铸坯脱开，然后引锭杆快速进入存放位置。

9.4.6.2 刚性引锭杆

刚性引锭杆用于小方坯连铸机，是一根带有钩头的实心弧形钢棒，如图9-60所示。在开浇前，专用的驱动装置通过轨道将其送入拉辊，再由拉辊送入结晶器。使用刚性引锭杆可简化小方坯连铸机二冷段的结构，操作方便。

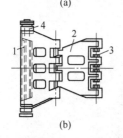

图 9-59 短节距链式引锭杆和钩式引锭头
（a）引锭链；（b）钩式引锭头；
1—引锭头；2—接头链环；3—短节距链环；4—调宽块

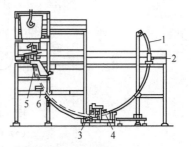

图 9-60 刚性引锭杆
1—引锭杆；2—驱动装置；3—拉辊；
4—矫直辊；5—二冷区；6—托坯辊

引锭杆进入结晶器的方式有上装式和下装式两种。上装引锭杆从结晶器上口装入，当上一个浇次的尾坯离开结晶器一定距离后，就可以从结晶器上口送入引锭杆。因此，采用引锭杆上装方式，可大大缩短连铸生产准备时间，提高连铸机的作业率。上装引锭杆装置如图9-61所示，适用于板坯连铸机。下装引锭杆应用广泛，通过拉坯辊的反向运转从结晶器下口送入，设备简单，但浇铸前的准备时间较长，引锭杆与坯脱钩后，存放在道上方的空间或辐道的侧面或末端。

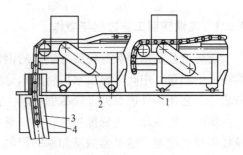

图 9-61 上装引锭杆装置示意图
1—浇铸平台；2—引锭杆小车；
3—结晶器；4—引锭杆

9.4.7 铸坯切割装置

拉矫机的后方是切割机。根据轧钢要求，将连铸坯切割成定尺长度。切割是在铸坯运行过程中完成的，切割装置与铸坯同步运行。铸坯切割分火焰切割和机械切割两类。火焰切割具有投资少、切割设备重量轻、切口平整、灵活的特点，但切口有金属消耗，铸坯收得率减少。机械切割剪切速度快、无金属消耗、操作安全可靠；但设备重量大、切口不平整。

对于生产出不同形状的钢坯，使用的切割机也就不同。一般小方坯采用机械切割，连铸薄板坯多用大型飞剪，大方坯、圆坯和板坯大多采用火焰切割。条状坯则多使用与钢坯同步前进的火焰切割机。

切割嘴的类型根据燃气和低压氧的混合位置，分为内混式和外混式，如图9-62所示。

外混式切割枪具有对铸坯热清理效率高、切缝小、切割枪寿命长等优点。切割枪用铜合金制成，并通水冷却。

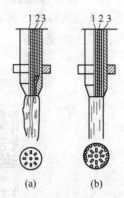

图 9-62　切割嘴的形式

(a) 内燃式；(b) 外燃式

1—切割氧气；2—热氧气；3—燃料气体

9.5　连铸机操作与维护

9.5.1　连续铸钢工艺过程与操作

连铸工艺是指将装有精炼好钢水的钢包运至回转台，回转台转动到浇注位置后，将钢水注入中间包，中间包再由水口将钢水分配到各个结晶器中去。结晶器是连铸机的核心设备之一，它使铸件成型并迅速凝固结晶。拉矫机与结晶振动装置共同作用，将结晶器内的铸件拉出，经冷却、电磁搅拌后，切割成一定长度的板坯。连铸自动化控制主要有连铸机拉坯辊速度控制、结晶器振动频率的控制、定长切割控制等控制技术。

9.5.1.1　开浇操作

A　开浇准备

(1) 结晶器检查。检查内容包括检查结晶器内腔，如铜壁轻微划伤，可用砂轮机进行打磨，尤其在结晶器钢液面附近区域；检查结晶器连接的冷却水管、软管、接头等，不得有漏水现象，否则必须处理好或更换结晶器；检查足辊是否弯曲，转动是否自如，与铜板对中是否符合要求。

(2) 二冷水检查。按照控制回路逐个进行检查，主要检查足辊区和零段喷嘴有否堵塞，喷水形状是否正常，要确保冷却水喷到铸坯表面。二冷区下部几个区段主要是检查其流量和压力，以此判断喷嘴是否堵塞和水管是否脱落。如果有自动检测二冷水装置的仪器，可用仪器工作。

(3) 结晶器调整与密封。结晶器锥度的检查和设定，必须认真执行，必须用锥度仪进行检查确认。锥度值超过规定公差，要重新打开结晶器进行调整。调整后仍需用锥度仪复检，没有锥度仪的情况下用"吊线锤"的办法进行检查。锥度调整后，检查结晶器宽面和窄面的接缝，使之小于规定公差。如果存在超过规定公差的间隙，还需用特殊的胶泥填塞缝隙，以免在开浇或浇钢过程中发生挂钢而导致漏钢。在进行结晶器锥度检查、调整前应按规定程序将引锭头送入结晶器（对在线调宽结晶器而言），并注意引锭头密封：

1）将保护板放于铜板表面，以免送引锭时划伤铜板。

2）确认引锭头必须是干燥和干净的，否则用压缩空气吹扫。

3）引锭头进入结晶器，其顶面与结晶器下口的距离（穿入距离）：700mm结晶器为100~150mm；900mm结晶器为180~300mm。

4）引锭头四周与结晶器铜板的间隙符合要求并大致相同。

5）用直径为10~15mm的纸绳对引锭头与结晶器的间隙进行仔细填充。纸绳必须填满、填实并略高于引锭头上表面。

6）将铁钉末撒在引锭头表面，铺平，厚度为20~30mm。

7）放入冷却废钢，位于钢流易冲到之处，并注意需与结晶器铜板保持10mm的间距。

8）把菜籽油涂在铜板表面，防止钢水与铜板黏结。

9）所有剩余的材料、工具从结晶器盖板上取走，并准备好所需的保护渣。

（4）其他准备工作。准备好所有开浇、浇铸需要的东西，如保护渣、加保护渣的工具、氧管、取样器等。主控室对各种参数进行确认，如各种冷却水、事故水、电气、液压、火焰切割机等。

B 开浇操作

（1）钢包开浇前准备。当钢包到达回转塔时，立即按下列程序将中间包开到浇铸位：

1）停止烘烤并关闭塞棒或滑板。

2）将中间包小车由烘烤位开到浇铸位，并重新对中。

3）下降中间包，直到浸入式水口达到结晶器内的设定位置：700mm结晶器，浸入式水口底距离引锭头50mm；900mm结晶器，浸入式水口侧孔上缘距离液面180mm。

4）重新试塞棒或滑板，确定都是正常的，并再次关闭。

（2）钢包开浇。从"停止中间包烘烤"到"钢包开浇"的时间应尽可能短，否则会因浸入式水口等耐火材料降温过大而导致开浇困难，如塞棒头结冷钢引起的塞棒失灵，或水口完全被堵死等。具体步骤如下：

1）将钢包旋转到浇铸位，下降钢包并安装保护管。

2）打开钢包滑动水口，钢水流入中间包，如钢包不能自开，则需卸下保护管进行烧氧引流，然后再恢复保护管进行正常操作。

3）按规定数量向中间包钢液面投加保护渣（保温剂）。

（3）中间包开浇。通常当中间包钢水达到1/2时就可进行中间包开浇操作。

1）用塞棒开浇。用塞棒开浇通常是以手动方式进行的。开浇步骤如下：打开塞棒，钢水流入结晶器。打开塞棒要小心，要控制钢流不能过大，防止钢水将引锭头密封材料冲离原来位置或向铜板喷溅；试棒在钢水淹没浸入式水口侧孔之前进行；钢水淹没浸入式水口侧孔时，向钢液面添加保护渣；"中间包开浇"到钢水接近正常钢液面的时间为（按断面大小）35~50s。当钢水温度较低时，中间包开浇时间可提前。

2）用滑板开浇。中间包滑动水口控流，易于采用自动方式开浇。通常在中间包滑板上水口安装一个开浇管。开浇前滑板是打开的，并设定一个与控制结晶器"出苗"时间相适应的开口度，同时结晶器液面自动控制系统投入工作状态。当中间包内钢水超过开浇管高度时，钢水就自动流入结晶器，由预先设定的滑板开口度控流；当钢水达到规定液面高度时，检测系统发出信号启动拉矫机，实现连铸机的自动开浇。也可作手动开浇。

（4）铸机开始运转。随着拉矫机的启动，连铸机的相关设备都自动启动了。要特别注意拉速（升速）的控制。过快地升速会导致开浇漏钢，过慢地升速会堵水口。因此，升速控制如下：

1）开浇前，根据钢种、断面预先设定起步拉速：板坯 0.3~0.5m/min；方坯 0.48m/min。

2）保持起步拉速到缓慢升速 1~2min 内，将起步拉速上升到正常拉速。

3）第一次中间包钢水测温（通常在钢包开浇的 35min 内测温），根据温度调整拉速。

9.5.1.2　正常浇铸

A　正常浇铸

完成上述步骤后就可进入正常浇铸操作，正常浇铸操作重点注意事项包括以下几个方面：

（1）保护管的密封性能、中间包钢液面保温，按规定对中间包钢水进行测温、取样。

（2）根据钢水温度及时调节拉速。

（3）结晶器液面的控制。为了稳定结晶器液面，保证铸坯质量，在结晶器液面的控制过程中必须注意以下六个方面：

1）准确控流，结晶器液面波动范围控制在±3mm 之内（最大为±5mm）；

2）添加保护渣必须均匀，不能局部透红，但粉渣厚度应小于 30mm，渣条、渣圈要及时捞除；

3）吹氩量要尽可能小，以保持钢液面的平静，且减少铸坯表面或皮下针孔；

4）注意调整浸入式水口插入深度，使结晶器内热流分布均匀；

5）结晶器钢液面高度距铜板上缘 75~100mm；

6）主控室监视设备状况和各种浇铸参数正常。

B　更换钢包

换钢包时中间包要有足够钢水，换钢包过程中尽可能不降低拉速。小容量中间包尤其要注意。保持钢包长水口良好的密封性，钢包渣不能流入中间包，适时关闭滑动水口（最好采用钢包下渣监测技术），卸下保护管，烧氧清洗保护管的水口碗。

C　更换中间包

为实现多炉连浇，更换中间包通常在停机状况下进行，其操作步骤如下：

（1）将下一炉钢包旋转到浇铸位置。

（2）当上一个中间包钢水为 15t 时（对 60t 中间包而言），降低拉速。

（3）停止下一个中间包的烘烤，并将其开到还在浇铸的中间包旁。

（4）关闭上一个中间包，停止拉矫机。提升中间包，同时同向开动两个中间包，下一个中间包到达浇铸位置。

（5）打开钢包，使钢水注入新中间包。

（6）当中间包钢水达到 5~6t 时，中间包开始下降。

（7）当浸入式水口插入结晶器钢水时，打开塞棒或滑板并启动拉矫机，拉速为 0.3~

0.6m/min。

（8）更换结晶器保护渣。

（9）当接痕离开结晶器后，可按开浇升速方法逐步提高拉速并转入正常浇铸。

更换中间包操作要求在 2min 内完成，最长时间不超过 4min，升速也必须小心，否则会使接痕拉脱而发生漏钢。

9.5.1.3 浇铸结束

钢包浇铸结束：钢包浇完后，中间包继续维持浇铸。当中间包钢水量降低到 1/2 时，就要开始逐步降低拉速，直至 0.4m/min。

中间包停止操作：当中间包钢水量降低到接近最低限度时，迅速清除结晶器保护渣，渣要捞净。捞净保护渣后，关闭中间包并开走，按下"浇铸结束"按钮。

封顶操作：当捞净结器保护渣后，用细钢棒或吹氧管轻轻搅动钢液，然后用喷淋水喷铸坯尾端，以快速凝固，形成钢壳。

尾坯输出：当封顶操作完毕，将按钮打到"尾坯输出"，拉坯速度缓慢上升，以免液态钢从尾端挤出。尾坯输出的最高拉速可达正常拉速的 1.2~1.3 倍。

9.5.2 浇铸异常及处理

本节主要介绍一些常见的操作故障及其发生的原因和可采取的相应对策。

9.5.2.1 钢包滑动水口故障

钢包滑动水口出现故障，导致漏钢或无法控流。主要可能是耐火材料质量不好、安装时滑板间隙过大、结合部泥料未填实或者因电气、液压故障等原因所致。如果漏钢不严重，可维持浇钢，或以中间包溢流来平衡拉速，但以不损坏设备为前提；如果漏钢严重，应立即将钢包开离浇铸位置。

9.5.2.2 中间包故障

（1）开浇自动流钢。钢包开浇后，出现钢水立即从中间包流出的现象。主要原因可能是使用的塞棒头与水口碗配合不严或存有异物；或使用滑板时未装开浇管或开浇管倒脱等造成。解决办法是打开塞棒或滑板，正常启动拉矫机。

（2）中间包开浇后结晶器内钢水迅速上涨。中间包开浇后控制失灵，导致结晶器内钢水迅速上涨。可能是因为使用塞棒，钢水温度过低，棒头结冷钢，塞棒与水口之间有异物，塞棒机构失灵；使用滑板，电气或液压故障。解决办法是瞬时提高拉速，关闭钢包，反复开关塞棒；如都不起作用，应立即开走中间包，防止溢钢。

（3）中间包滑板漏钢。可能是滑板压力调节不对，耐火材料质量不好，浇铸时间过长等原因导致。应通过采取关闭钢包，开走中间包，停止浇铸等措施加以解决。

9.5.2.3 引锭头与铸坯脱不开

出现引锭头与铸坯脱不开的困难，可能是因为引锭头密封不良，有残钢粘连；引锭头有严重裂纹；脱锭装置不动作或动作异常，由液压、电气、机械等多种原因导致。可采取降低拉速，借助吊车再次脱锭；或用事故割枪将铸坯和引锭头分开等办法加以解决。

9.5.2.4 浸入式水口故障

（1）浸入式水口和座砖间隙漏钢。可能是水口安装不合要求，耐火材料质量不好，浇铸时间过长等原因造成的。应立即关闭钢包，开走中间包，停止浇铸。

（2）浸入式水口穿孔、开裂。造成此现象的原因可能是因为耐火材料质量不好，浇铸时间过长等因素导致。可采用钢条或铝条塞住孔洞，用泥料抹于裂纹处，同时降低中间包钢水高度和拉速等措施应对。如果达不到预期效果，则停止该流的浇铸。

（3）水口逐渐堵塞，结晶器钢液面逐渐下降。可能是钢水温度过低，中间包预热不良，或由三氧化二铝沉积引起堵塞。可使用塞棒，降低拉速，迅速开或闭塞棒以冲洗水口内沉积物，如果效果不好，则继续降低拉速，直至完全堵塞；使用滑板，如条件允许，可用钢棒从中间包上方插入水口以去除沉积物，当然滑板需全开，操作人员还需注意突然间钢流的增大。

（4）水口突然堵塞。水口被耐火材料碎片堵塞，如塞棒头、滑板及内衬等局部脱落所致。

9.5.2.5　结晶器漏钢

A　开浇漏钢

在开浇时发生漏钢现象，表现在结晶器液面突然下降，并出现黄绿色火焰。可能是引锭头密封不良，冷却废钢数量不够，结晶器内潮湿，钢流过大，二冷水启动太迟或完全没有启动，结晶器没有振动等原因造成的。应关闭中间包，停止结晶器振动，尽可能拉出引锭杆。如无效，开走钢包、中间包，吊走结晶器、消除引锭头与辊子的残钢，再将引锭杆拉走；如不能拉动，则往上反送引锭杆，用吊车吊走。

B　挂钢、黏结和结冷钢拉漏

在结晶器角部、窄面顶部及压条上挂有固体钢，出现黏结和结冷钢的现象，或者在浸入式水口和铜板之间结有冷钢，有拉漏的危险。可能是结晶器液面过高，喷溅过大，水口严重不对中或过冷造成的。另外，如果铸坯宽度过大，钢流不能将足够热量带到该处也是粘连的原因之一。应采取中断浇铸，用氧管烧除冷钢的措施进行解决。如果时间不长可重新启动拉矫机，否则停浇。如果结晶器壁上出现向上移动的薄壳，必须立即停浇，以免漏钢。

9.5.2.6　浇铸过程漏钢和中控流失灵

A　浇铸过程中漏钢

在浇铸过程中产生漏钢，可能是因为浇铸温过高、拉速过快、结晶器液面大幅度剧烈频繁波动、结晶器窄边锥度过小、方坯结晶器正锥度过大、结晶器对中严重不良、错用保护渣、钢水与铜板粘连、溢钢后拉断铸坯、因夹渣形成铸坯局部薄弱点、坯壳严重机械损伤、水口偏流严重等原因导致的。

较常见的漏钢为"粘连"漏钢，即坯壳局部与铜板粘连，随着铸坯继续往下运动，振动负滑脱消失变正滑脱，坯壳在粘连处就会被拉裂。这种漏钢一个明显的特征是在坯壳上（有时也发生在窄面区域）留下一条斜向的裂纹。发生粘连的原因主要是因为保护渣润滑不良，如用错了保护渣、保护渣熔融层太薄、因液面波动过大引起保护渣液膜断层等。目前，许多研究结果表明，这种不良的保护渣行为直接与钢水的洁净度有关，如保护渣过多吸附了钢中的三氧化二铝引起特性改变，钢中氢含量过高也会对保护渣产生影响。

B 浇铸过程中控流失灵

浇铸时间过长，耐火材料侵蚀过快，电气、液压故障等原因，导致浇铸过程中控流失灵，可采取短时间提高拉速，同时关小钢包钢流或开走中间包等办法加以解决。

9.5.2.7 铸坯变形及其他

A 铸坯鼓肚

(1) 铸坯出连铸机后的鼓肚。可能是因为铸坯液相穴长度超过了铸机的冶金长度，常因拉速过高或二冷过弱所致。应降低拉速 25% ~ 50%，增强二次冷却强度通常可继续浇铸。如果铸坯鼓肚太严重，通不过火焰切割机时，就中断浇铸。

(2) 连铸机内的鼓肚。铸坯在连铸机内产生鼓肚现象，可能是液压压力过低，液压系统故障，辊子断裂等原因造成的。应采取的措施如下：中断浇铸，降低拉速至少 50%，增大二冷水；还要注意此时绝不能向铸坯施加任何压力，否则会将鼓肚处钢水向上挤出结晶器。

(3) 支撑辊之间的鼓肚。在支撑辊之间铸坯产生鼓肚的现象，又可称为铸坯表面留下与辊间距对应的鼓肚迹象。导致此现象的主要原因是：拉速过高、冷却不良，在浇铸过程中会发生辊间的小鼓肚。因为铸坯温度过高，坯壳刚性太低也会发生鼓肚，比如硅钢及其他铁素体钢。另外当浇铸突然中断，也会在辊间发生严重鼓肚，甚至可使拉矫机不能再次启动。

(4) 铸坯窄面鼓肚。在拉坯过程中在铸坯窄面产生鼓肚。可能是因为窄面锥度过小，拉速过高，窄面冷却不够，窄面支撑不够等导致的。采取的应对措施如下：如果鼓肚严重 (如坯厚 200mm，鼓肚超过 15mm)，则中断浇铸，以免发生漏钢；如果鼓肚程度中等 (如鼓肚量约 15mm)，则可降低拉速并增大窄面配水量；如果鼓肚轻微 (如鼓肚小于 15mm)，可持续生产。

B 坯尾漏钢

坯尾漏钢是指封顶后，坯尾端钢水漏出的现象。可能是由于以下原因导致的：封顶前渣子未捞净，二冷过强，铸坯出结晶器收缩过大，铸坯鼓肚又受到支撑的挤压。

应采取的措施有：用喷淋水、细铁屑或铝线重新进行封顶；降低拉速，但不能停止拉矫机，否则会产生鼓肚，导致坯尾再次漏钢。

C 结晶器下渣

结晶器下渣是指因中间包浇空而下渣或中间包液面过低使渣子流入结晶器内。可通过短时间关闭中间包，停止拉矫机加以解决，并尽可能换渣。如不能解决则只得停浇，以免发生漏钢。

思 考 题

9-1 连铸机通常分为哪几种类型，各种连铸机有何特点？

9-2 连铸机主体设备包括哪些部分，各完成哪些基本功能？

9-3 连铸机选型的依据是什么？

9-4 中间包的作用和类型有哪些，中间包的容量如何确定，中间包钢流如何控制？

9-5 简述中间包车的作用和类型及特点。

9-6 论述结晶器的作用、要求、类型和材质。

9-7 如何确定结晶器的断面尺寸和长度？结晶器内腔为什么要有倒锥度，其大小如何确定？

9-8 简述结晶器振动装置的作用、方式及特点。

9-9 简述二次冷却的作用、结构形式及特点。

9-10 简述拉矫机的作用、类型及选择的依据。

9-11 简述引锭杆的作用、类型及特点。

9-12 铸坯的切割装置有哪几种，如何应用？

参 考 文 献

[1] 世界钢铁协会.《世界钢铁统计数据 2021》. http：//www.csteelnews.com/xwzx/gjgt/202106/t20210604_ 50900. html。

[2] 周传典. 高炉炼铁技术手册 [M]. 北京：冶金工业出版社，2003.

[3] 李慧. 钢铁冶金概论 [M]. 北京：冶金工业出版社，2005.

[4] 选矿设计手册编委会. 选矿设计手册 [M]. 北京：冶金工业出版社，1994.

[5] 王继生. 粉碎与辊压机 [M]. 北京：机械工业出版社. 2013.

[6] 姜涛. 铁矿造块学 [M]. 长沙：中南大学出版社.

[7] 肖琪. 团矿理论与实践 [M]. 长沙：中南工业大学出版社，1989.

[8] 傅菊英，朱德庆. 铁矿氧化球团原理、工艺及设备 [M]. 长沙：中南大学出版社，2005.

[9] 姜涛. 烧结球团技术手册 [M]. 北京：冶金工业出版社，2014.

[10] 冶金工业部长沙黑色冶金矿山设计研究院. 烧结设计手册 [M]. 北京：冶金工业出版社，1990.

[11] 国外铁矿粉造块编写组. 国外铁矿粉造块 [M]. 北京：冶金工业出版社，1981.

[12] Lu Liming. Iron Ore Mineralogy, Processing and Environmental Sustainability [M]. Cambridge, UK：Woodhead Publisher，2015.

[13] 汪用澎，张信. 大型烧结设备 [M]. 北京：机械工业出版社，1997.

[14] 王宏启，王明海，于钧. 高炉炼铁设备 [M]. 北京：冶金工业出版社，2008.

[15] 郑金星. 炼铁工艺及设备 [M]. 北京：冶金工业出版社，2011.

[16] 王平. 炼铁设备 [M]. 北京：冶金工业出版社，2006.

[17] 郝素菊，张玉柱，蒋武锋. 高炉炼铁设计与设备 [M]. 北京：冶金工业出版社，2011.

[18] 孟志伟. 高炉炼铁操作 [M]. 北京：化学工业出版社，2018.

[19] 王庆春. 冶金通用机械与冶炼设备 [M]. 北京：冶金工业出版社，2004.

[20] 杨天钧，张建良，刘征建，等. 中国炼铁工业 70 年的发展 [C]. 贵阳：中国金属学会 2019 年全国高炉炼铁学术年会，2019.

[21] 郑金星，王振光，王庆春. 炼钢工艺及设备 [M]. 北京：冶金工业出版社，2011.

[22] 王令福. 炼钢设备及车间设计 [M] 2 版. 北京：冶金工业出版社，2007.

[23] 罗振才. 炼钢机械 [M]. 2 版. 北京：冶金工业出版社，2018.

[24] 朱仁良. 宝钢大型高炉操作与管理 [M]. 北京：冶金工业出版社，2015.

[25] Jiang Tao, Qiu Guanzhou, Xu Jingcang, et al. Direct Reduction of Composite Binder Pellets and Use of DRI [M]. AHMEDABAD, India：Electotherm（India）LTD. 2007.

[26] 朱荣，刘会林. 电弧炉炼钢技术及装备 [M]. 北京：冶金工业出版社，2018.

[27] 罗振才. 炼钢机械 [M]. 北京：冶金工业出版社，2013.

[28] 包燕平，冯捷. 钢铁冶金学教程 [M]. 北京：冶金工业出版社，2008.

[29] 傅杰. 现代电炉炼钢理论与应用 [M]. 北京：冶金工业出版社，2009.

[30] 雷亚，杨治立，任正德，等. 炼钢学 [M]. 北京：冶金工业出版社，2014.

[31] 杨金岱. 现代化电弧炉及其辅助设备的设计思想 [J]. 钢铁冶金学报，1991（3）：42.

[32] 阎立懿，肖玉光. 偏心底出钢（EBT）电弧炉冶炼工艺 [J]. 工业加热，2005（3）：48-50.

[33] 花皑，吴培珍. 高阻抗电弧炉主电路的设计 [J]. 工业加热，2005（6）：35-39.

[34] 高泽平. 炉外精炼教程 [M]. 北京：冶金工业出版社，2011.

[35] 陈建斌. 炉外处理 [M]. 北京：冶金工业出版社，2008.

[36] 徐曾啟. 炉外精炼 [M]. 北京：冶金工业出版社，2008.

[37] 冯聚和. 铁水预处理与钢水炉外精炼 [M]. 北京：冶金工业出版社，2006.

[38] 刘玠. 连铸及炉外精炼自动化技术［M］. 北京：冶金工业出版社，2006.

[39] 赵沛. 炉外精炼及铁水预处理实用技术手册［M］. 北京：冶金工业出版社，2004.

[40] 梶冈博幸（日）. 炉外精炼［M］. 北京：冶金工业出版社，2002.

[41] 张鉴. 炉外精炼的理论与实践［M］. 北京：冶金工业出版社，1993.

[42] 陈家祥. 钢铁冶金学（炼钢部分）［M］. 北京：冶金工业出版社，1990.

[43] 史宸兴. 连铸历史回顾与未来. 连铸，2016，41（4）：1-11.

[44] 殷瑞钰，潘荫华，苏天森. 中国加快发展连铸的途径［J］. 钢铁，1998（3）：72-76.

[45] 张曦月，陈孝阳，李孔德，等. 连续铸造技术发展与应用（二）［J］. 铸造技术，2019. 40（9）：1012-1018.

[46] 朱苗勇. 新一代高效连铸技术发展思考［J］. 钢铁，2019，54（8）：21-36.

[47] 何宇明. 提高大型板坯连铸机通钢能力和备件寿命探讨［J］. 连铸，2020（4）：76-82.

[48] 干勇，倪满生，余志祥. 现代连续铸钢实用手册［M］. 北京：冶金工业出版社. 2010.

[49] 张芳，杨吉春. 连续铸钢［M］. 北京：化学工业出版社，2013.

[50] 樊锋，张峰，卞大鹏. 连铸机械常见故障与维修措施探讨［J］. 中国设备工程，2019，12（下）：52-53.